U0197554

作 者 简 介

魏木生, 1982 年 1 月获南京大学数学系学士学位, 分别于 1984 年 5 月和 1986 年 5 月获美国布朗大学应用数学系硕士和博士学位. 上海师范大学数理学院教授，博士生导师，聊城大学特聘教授. 原华东师范大学数学系教授，博士生导师，终身教授. 主要研究方向为计算数学. 享受国务院政府特殊津贴，并先后获得国家教委科技进步奖、宝钢教育基金优秀教师奖、上海市科技进步奖、上海市育才奖和上海市自然科学奖（两项）. 主持国家自然科学基金六项、国家教委优秀年轻教师基金一项、上海市科委基础研究重点项目基金一项，并参加美国、巴西和加拿大多个基金项目. 长期从事计算数学和科学计算方面的教学与科研工作, 先后研究了偏微分方程的散射问题和散射频率的计算, 指数型非线性信号的参数辨识, 秩亏 LS、TLS 和 LSE 问题的理论和扰动分析及数值计算, 刚性最小二乘问题的上确界, 稳定性扰动和算法研究，矩阵乘积的广义逆的反序律, 图像重构, 控制论中的系统的标准分解和解耦问题，谱范数下矩阵逼近问题的极小秩解，Yang-Baxter 矩阵方程的解, 四元数矩阵计算和彩色图像处理等问题, 在国内外知名杂志上发表论文 150 余篇. 已出版书籍: *Supremum and Stability of Weighted Pseudoinverses and Weighted Least Squares Problems: Analysis and Computations*（Nova Science Publishers, New York, 2001）,《数学分析习题精解》（科学出版社，北京，2002）,《广义最小二乘问题的理论和计算》（科学出版社，北京，2006）,《奇异值分解及其在广义逆理论中的应用》（科学出版社，北京，2008）, *Quaternion Matrix Computations*（Nova Science Publishers, New York, 2018）.

大学数学科学丛书　39

广义最小二乘问题的理论和计算

(第二版)

魏木生　李　莹　赵建立　著

科　学　出　版　社

北　京

内 容 简 介

本书总结了各种广义的最小二乘问题的理论与计算的最新成果. 主要包括最小二乘问题、总体最小二乘问题、等式约束最小二乘问题以及刚性加权最小二乘问题等的理论与科学计算问题. 由于四元数矩阵及四元数矩阵的计算在彩色图像处理、量子物理和量子化学等领域有广泛应用, 在第二版中添加了四元数矩阵及四元数矩阵的实保结构算法等最新内容.

由于各种广义奇异值分解在解决矩阵论和数值代数问题中有着重要的作用, 书中也较详细地介绍了广义的奇异值分解, 并应用于解决若干矩阵论和数值代数问题. 本书需要的预备知识为数值代数、矩阵论和四元数矩阵分析.

本书可作为高年级本科生和研究生的教材, 也可作为相关领域科技工作者的参考书.

图书在版编目(CIP)数据

广义最小二乘问题的理论和计算/魏木生, 李莹, 赵建立著. —2 版. —北京: 科学出版社, 2020.3
(大学数学科学丛书; 39)
ISBN 978-7-03-064342-1

Ⅰ. ①广… Ⅱ. ①魏… ②李… ③赵… Ⅲ. ①最小二乘法–高等学校–教材 Ⅳ. ①O241.5

中国版本图书馆 CIP 数据核字(2020) 第 014870 号

责任编辑: 胡庆家 / 责任校对: 邹慧卿
责任印制: 吴兆东 / 封面设计: 陈 敬

科学出版社 出版
北京东黄城根北街 16 号
邮政编码: 100717
http://www.sciencep.com

北京厚诚则铭印刷科技有限公司 印刷
科学出版社发行 各地新华书店经销

*

2006 年 9 月第 一 版 开本: 720 × 1000 B5
2020 年 3 月第 二 版 印张: 27 1/4
2024 年 3 月第二次印刷 字数: 550 000

定价: 168.00 元

(如有印装质量问题, 我社负责调换)

《大学数学科学丛书》序

按照恩格斯的说法，数学是研究现实世界中数量关系和空间形式的科学．从恩格斯那时到现在，尽管数学的内涵已经大大拓展了，人们对现实世界中的数量关系和空间形式的认识和理解已今非昔比，数学科学已构成包括纯粹数学及应用数学内含的众多分支学科和许多新兴交叉学科的庞大的科学体系，但恩格斯的这一说法仍然是对数学的一个中肯而又相对来说易于为公众了解和接受的概括，科学地反映了数学这一学科的内涵．正由于忽略了物质的具体形态和属性、纯粹从数量关系和空间形式的角度来研究现实世界，数学表现出高度抽象性和应用广泛性的特点，具有特殊的公共基础地位，其重要性得到普遍的认同．

整个数学的发展史是和人类物质文明和精神文明的发展史交融在一起的．作为一种先进的文化，数学不仅在人类文明的进程中一直起着积极的推动作用，而且是人类文明的一个重要的支柱．数学教育对于启迪心智、增进素质、提高全人类文明程度的必要性和重要性已得到空前普遍的重视．数学教育本质是一种素质教育；学习数学，不仅要学到许多重要的数学概念、方法和结论，更要着重领会到数学的精神实质和思想方法．在大学学习高等数学的阶段，更应该自觉地去意识并努力体现这一点．

作为面向大学本科生和研究生以及有关教师的教材，教学参考书或课外读物的系列，本丛书将努力贯彻加强基础、面向前沿、突出思想、关注应用和方便阅读的原则，力求为各专业的大学本科生或研究生（包括硕士生及博士生）走近数学科学、理解数学科学以及应用数学科学提供必要的指引和有力的帮助，并欢迎其中相当一些能被广大学校选用为教材，相信并希望在各方面的支持及帮助下，本丛书将会愈出愈好．

李大潜

2003 年 12 月 27 日

第二版前言

四元数广义最小二乘问题在彩色图像处理和量子力学的分析和数值计算中有广泛的应用. 我们最近提出了用实保结构算法计算各种四元数矩阵的分解、广义最小二乘问题的数值解和四元数矩阵的右特征值问题. 实保结构算法是稳定的, 大量的数值例子说明了实保结构算法比其他已有的算法的计算速度快得多.

矩阵条件数和有效条件数在广义最小二乘问题和矩阵方程的扰动分析中起重要作用. 我们将把上述方法推广到四元数最小二乘问题和加权最小二乘问题的扰动分析中, 讨论如何在不同的情形下得到更精确的扰动界.

随着电子技术的高速发展, 计算机软件、硬件的设计也日臻先进, 在计算机上安装多中心处理器已是常态. 被广泛使用的科学计算软件 Matlab 设计了大量的内置程序, 使得人们进行计算时, 可以方便地采用流水线式的操作, 以加快计算速度. 在本书 2006 年出版的初版中, 上述内容均未有体现, 因此在第二版中我们将把上述内容包括进去.

为了保持本书的基本结构不变, 我们保留了第一章到第十一章 (即初版的内容), 在第十二章到第十四章中, 添加了四元数矩阵及计算的内容.

本书共分十四章. 第一章包括必要的矩阵论和数值代数的基本知识; 第二章讨论奇异值和奇异子空间的扰动; 第三章讨论最小二乘问题和加权最小二乘问题; 第四章讨论广义的总体最小二乘问题; 第五章讨论广义的约束最小二乘问题; 第六章讨论加权 MP 逆和加权约束 MP 逆的上确界; 第七章讨论加权 MP 逆和加权约束 MP 逆的稳定性条件和相应的加权最小二乘问题和等式约束加权最小二乘问题的稳定性和扰动分析; 第八章讨论当加权矩阵给定, 但为刚性矩阵时, 加权 MP 逆和对应的加权最小二乘问题的稳定性条件和扰动分析; 第九章讨论广义最小二乘问题的直接算法; 第十章讨论广义最小二乘问题的迭代算法; 第十一章讨论非线性的最小二乘问题; 第十二章讨论四元数矩阵及其性质; 第十三章讨论四元数广义最小二乘问题的数值计算; 第十四章讨论四元数最小二乘问题与加权最小二乘问题的误差分析.

读者在阅读第三章时, 可同时参阅第十四章的内容; 在阅读第九章和第十章时, 可同时参阅第十三章的内容.

本书可以作为高年级本科生和研究生的教材, 也可以作为计算数学和应用学科中需要科学计算的科技工作者的参考资料. 本书需要的预备知识为数值代数和矩阵论.

李莹教授和赵建立教授参与了第二版的编纂, 科学出版社的赵彦超编审和胡家庆编辑对本书的编排和出版进行了精心的指导, 聊城大学数学科学学院对本书的出版提供了资助, 我们在这里表示衷心的感谢.

魏木生
2019 年 9 月于聊城大学

第一版前言

最小二乘方法的产生可以追溯到 1795 年. 那一年, 伟大的数学家 Gauss 年仅 18 岁, 就应用了最小二乘方法准确地预测神谷星 (Ceres) 的运行轨道. 然而, 对于最小二乘问题的深入研究, 从 20 世纪 60 年代才真正开始, 而且随着计算机技术和计算速度的飞跃进步, 以及科学计算问题的实际需要而有了长足的发展, 各种广义的和修正的最小二乘问题的研究方兴未艾, 各种相应的直接和迭代算法被提出.

1965 年, Golub 提出用 Householder 变换来实现矩阵的 QR 分解; 1970 年, Kahan, Golub 和 Wilkinson 提出用隐式 QR 方法计算矩阵的奇异值分解. 从那时开始, 线性最小二乘和约束最小二乘问题的性质和算法的研究一直是数值代数的热门课题. Eldén, Wedin 等在 20 世纪 80 年代对等式约束最小二乘问题的扰动进行了分析. 后来, 人们又对加权约束最小二乘问题进行了研究. 1980 年, Golub 和 van Loan 提出了总体最小二乘问题, 掀起了研究各种广义的总体最小二乘问题的性质和算法的研究热潮. 1984 年, Karmarkar 提出的内点算法成功地计算了线性规划问题, 同时对先前人们对数值分析的结果提出了挑战. 1989 年, Stewart 首先研究了和 Karmarkar 算法相应的刚性加权矩阵的广义逆, 证明了该加权广义逆是上有界的. 现在, 对刚性加权最小二乘问题的性质和算法的数值稳定性的研究正深入开展. 另一方面, 许多实际的科学计算问题最后都归纳到大型稀疏矩阵的线性方程组, 或广义的最小二乘问题的求解. 对于各种 Krylov 子空间和矩阵分裂迭代算法, 包括预条件数方法等被提出并得到深入的研究.

广义最小二乘问题, 在很多应用学科的科学计算中有广泛的应用. 本书的目的是总结各种广义最小二乘问题的最新成果, 以利于这类问题研究的进一步发展, 并满足应用学科的科学计算的实际需要.

本书共分十一章. 第一章包括必要的矩阵论和数值代数的基本知识; 第二章讨论奇异值和奇异子空间的扰动; 第三章讨论最小二乘和加权最小二乘问题; 第四章讨论广义的总体最小二乘问题; 第五章讨论广义的约束最小二乘问题; 第六章讨论加权 MP 逆和加权约束 MP 逆的上确界; 第七章讨论加权 MP 逆和加权约束 MP 逆的稳定性条件和相应的加权最小二乘问题和等式约束加权最小二乘问题的稳定性和扰动分析; 第八章讨论当加权矩阵给定, 但是为刚性矩阵时, 加权 MP 逆和对应的加权最小二乘问题的稳定性条件和扰动分析; 第九章讨论广义最小二乘问题的直接算法; 第十章讨论广义最小二乘问题的迭代算法; 第十一章讨论非线性的最小二乘问题.

本书可以作为研究生和高年级本科生的教材, 也可以作为计算数学和应用学科中需要科学计算的科技工作者的参考资料. 本书需要的预备知识为数值代数和矩阵论.

关于各种广义最小二乘问题研究的文献非常丰富, 本书不可能包括所有的参考文献, 主要包括最新的和最精练的内容, 而且列出的参考文献也不太全面. 因此对未能列入参考文献的作者, 在这里表示谦意.

作者在编写本书时, 得到蒋尔雄教授、孙继广教授、曹志浩教授、王国荣教授、袁亚湘教授的热情鼓励和支持, 他们提出了很多建设性的建议, 白中治教授和贾仲孝教授提供了他们出色的研究材料, 作者的学生们也帮助进行了大量的文字处理和编排工作, 作者在此深表谢意.

科学出版社的吕虹编审对该书的编排和出版进行了精心的指导, 在这里表示衷心的感谢.

作者在编写本书时, 得到国家自然科学基金 (编号: 10371044)、上海市基础研究重点项目 (编号: 04JC14031)、华东师范大学研究生教材基金和华东师范大学数学系的资助.

编写本书时, 作者的家人毫无怨言地全力支持, 使得作者可以全身心地投入该专著的编写.

由于本人水平的限制, 书中难免有错误和不妥之处, 希望读者能及时指出, 便于以后纠正.

魏木生

2006 年 8 月于华东师范大学

符 号 表

- $\mathbf{C}^{m\times n}$： 所有 $m\times n$ 复数矩阵的全体, $\mathbf{C}^n=\mathbf{C}^{n\times 1}$, $\mathbf{C}=\mathbf{C}^1$
- $\mathbf{R}^{m\times n}$： 所有 $m\times n$ 实数矩阵的全体, $\mathbf{R}^n=\mathbf{R}^{n\times 1}$, $\mathbf{R}=\mathbf{R}^1$
- $\mathbf{Q}^{m\times n}$： 所有 $m\times n$ 四元数矩阵的全体, $\mathbf{Q}^n=\mathbf{Q}^{n\times 1}$, $\mathbf{Q}=\mathbf{Q}^1$
- $\mathbf{i},\mathbf{j},\mathbf{k}$: 四元数中三个不同的虚数单位, 其中 $\mathbf{i}$ 也是复数中的虚数单位
- $\mathbf{C}_r^{m\times n}$： $\mathbf{C}^{m\times n}$ 中所有秩为 r 的矩阵的全体
- $\mathcal{U}_n$： 所有 $n\times n$ 酉矩阵的全体
- $\mathbf{R}_0$: 非负实数的集合
- $\bar{A}$： 矩阵 A 的共轭
- A^T： 矩阵 A 的转置
- A^H： 矩阵 A 的共轭转置 (即 $\bar{A}^T$)
- A^{-1}： 矩阵 A 的逆
- $A^{\dagger}$： 矩阵 A 的 MP 逆 (即 A 的 Moore-Penrose 广义逆)
- $A>0$： 指矩阵 A 是正定的 Hermite 矩阵
- $A\geqslant 0$： 指矩阵 A 是半正定的 Hermite 矩阵
- A^R： 四元数矩阵 A 的实表示矩阵
- A_c^R, A_r^R： 分别表示四元数矩阵 A 的实表示矩阵的第一列块和第一行块
- I_n： $n\times n$ 单位矩阵, 当不会引起混淆时, 也记为 I
- $0_{m\times n}$： $m\times n$ 零矩阵, 当不会引起混淆时, 也记为 0
- $\mathcal{R}(A)$： 由矩阵 A 的所有列向量所张成的子空间
- $\mathrm{span}\,(u_1,\cdots,u_i)$： 表示由向量 $u_1,\cdots,u_i$ 张成的子空间
- $\mathcal{N}(A)$： 矩阵 A 的零空间
- P_A： 到 $\mathcal{R}(A)$ 上的正交投影算子
- $\det(A)$： 矩阵 A 的行列式
- $\mathrm{rank}(A)$： 矩阵 A 的秩
- $\mathrm{tr}(A)$： 矩阵 A 的迹
- $\rho(A)$： 矩阵 A 的谱半径
- $\lambda(A)$： 矩阵 A 的所有特征值全体
- $\sigma(A)$： 矩阵 A 的所有奇异值的全体

- $\sigma_{\min+}(A)$： 矩阵 A 的最小正奇异值
- $\|x\|_2$： 向量 x 的 Euclid 范数
- $\|A\|_2$： 矩阵 A 的谱范数
- $\|A\|_F$： 矩阵 A 的 Frobenius 范数
- $|x|$： 当 x 为实向量时, 由 x 的每个元素取绝对值得到的新向量; 当 x 为四元数时, 为 x 的模
- $|A|$： 由实矩阵 A 的每个元素取绝对值得到的新矩阵

目　录

第一章　预备知识

§1.1　引　　言

各种广义的最小二乘问题、包括最小二乘问题、总体最小二乘问题、等式约束最小二乘问题, 刚性加权最小二乘问题等, 是计算数学研究的一个重要领域, 也是一个非常活跃的研究领域. 它在统计学、最优化问题、材料和结构力学、大地测量、摄影测量、卫星定位、信号处理、控制理论和经济学、计算物理、计算化学、地球物理、通信网络及信息科学的科学计算中均有广泛的应用.

由于在最近二十多年以来, 各种新的广义的最小二乘问题的方法被提出, 相应问题的研究成果不断涌现. 在许多科技工作者的不懈努力下, 这些问题的研究得到了丰富的结果, 现有的国内外有关专著已经不能反映广义最小二乘问题的最新进展. 另一方面, 实际的科学计算要求全面反映广义最小二乘问题的理论和计算算法的论著. 本书的目的是总结各种广义的最小二乘问题的最新成果, 以利于这类问题研究的进一步发展和应用学科的科技工作者的科学计算的需要. 这是一件十分有意义的工作, 也是一件很重要的工作.

本书包含了各种广义最小二乘问题的理论研究和稳定、快速的计算方法, 为计算数学和其他应用学科的科学计算的科技工作者提供了系统而全面的参考资料. 本书不但有重要的理论价值, 并且有广泛的应用前景.

本书需要的预备知识为数值代数和矩阵论方面的基本知识. 同时, 根据魏木生多年研究的体会, 发现各种广义的奇异值分解在解决矩阵论和数值代数问题中有重要作用, 因此较详细地介绍了广义的奇异值分解, 并应用于解决若干矩阵论和数值代数问题.

为了便于读者阅读, 本章包含了线性代数, 数值代数和矩阵论方面的必要内容. §1.2 介绍特征值和特征向量方面的基本概念; §1.3 介绍各种矩阵分解, 并较详细地推导了广义的奇异值分解; §1.4 介绍 Hermite 矩阵的特征值和奇异值的极大极小定理, 以及奇异值的分隔定理; §1.5 介绍了 MP 逆和其他广义逆的概念和性质; §1.6 讨论投影和正交投影的性质; §1.7 介绍向量范数和矩阵范数的概念和基本性质; §1.8 介绍 Binet-Cauchy 公式, Hadamard 不等式, 和 Kronecker 乘积; §1.9 介绍魏木生应用广义奇异值分解解决的矩阵广义逆理论中若干困难问题, 像矩阵乘积广义逆的反序律, 加边矩阵的广义逆及加权广义逆的结构等.

§ 1.2　特征值和特征向量

本节列举矩阵代数的几条熟知的定义和结论.

定义 1.2.1　设 $A \in \mathbf{C}^{n\times n}$. 如果存在 $\lambda \in \mathbf{C}$ 和非零向量 $x \in \mathbf{C}^n$, 使得 $Ax = \lambda x$, 则 λ 称为 A 的特征值, x 称为 A 的属于特征值 λ 的特征向量.

A 的所有特征值的全体, 称为 A 的谱 (spectrum), 记为 $\lambda(A)$.

据定义 1.2.1, $\lambda \in \lambda(A)$ 的必要和充分条件是

$$\det(\lambda I - A) = 0. \tag{1.2.1}$$

$p(\lambda) \equiv \det(\lambda I - A)$ 称为 A 的特征多项式. 如果 A 有 r 个不同的特征值 $\lambda_1, \cdots, \lambda_r$, 其重数分别为 $n(\lambda_1), \cdots, n(\lambda_r)$, 则

$$p(\lambda) = \prod_{i=1}^{r} (\lambda - \lambda_i)^{n(\lambda_i)}, \quad \lambda_i \neq \lambda_j \ (i \neq j), \tag{1.2.2}$$

其中 $n(\lambda_i)$ 称为 λ_i 的代数重数, $\sum\limits_{i=1}^{r} n(\lambda_i) = n$. 如果

$$\operatorname{rank}(\lambda_i I - A) = n - m(\lambda_i), \tag{1.2.3}$$

则 $m(\lambda_i)$ 称为 λ_i 的几何重数, 它表示 A 的属于 λ_i 的线性无关特征向量的个数. 显然有

$$1 \leqslant m(\lambda_i) \leqslant n(\lambda_i) \leqslant n.$$

定理 1.2.1(Jordan 分解)　设 $A \in \mathbf{C}^{n\times n}$ 有 r 个不同的特征值 $\lambda_1, \cdots, \lambda_r$, 其代数重数分别为 $n(\lambda_1), \cdots, n(\lambda_r)$. 则必存在非奇异矩阵 $P \in \mathbf{C}^{n\times n}$, 使得

$$P^{-1}AP = J \equiv \operatorname{diag}(J_1(\lambda_1), \cdots, J_r(\lambda_r)), \tag{1.2.4}$$

其中 $1 \leqslant i \leqslant r$,

$$J_i(\lambda_i) = \operatorname{diag}(J_i^{(1)}(\lambda_i), \cdots, J_i^{(k_i)}(\lambda_i)) \in \mathbf{C}^{n(\lambda_i)\times n(\lambda_i)}, \tag{1.2.5}$$

$$J_i^{(k)}(\lambda_i) = \begin{pmatrix} \lambda_i & 1 & & \\ & \ddots & \ddots & \\ & & & 1 \\ & & & \lambda_i \end{pmatrix} \in \mathbf{C}^{n_k(\lambda_i)\times n_k(\lambda_i)}, \quad 1 \leqslant k \leqslant k_i \tag{1.2.6}$$

$$\sum_{k=1}^{k_i} n_k(\lambda_i) = n(\lambda_i), \quad 1 \leqslant i \leqslant r,$$

并且除了 $J_i^{(k)}(\lambda_i)(1 \leqslant k \leqslant k_i,\ 1 \leqslant i \leqslant r)$ 的排列次序可以改变外, J 是唯一确定的.

(1.2.6) 式所示的每个矩阵 $J_i^{(k)}(\lambda_i)(1 \leqslant k \leqslant k_i, 1 \leqslant i \leqslant r)$ 称为 Jordan 块, (1.2.4) 式中的矩阵 J 称为 A 的 Jordan 标准形. 定理 1.2.1 是矩阵论的基本结果之一, 它的证明可以在普通的线性代数教程中找到.

定义 1.2.2 设 $A \in \mathbf{C}^{n\times n}$. 如果 $AA^H = A^H A$, 则称 A 为正规矩阵; 如果 $A^H = A$, 则称 A 为 Hermite 矩阵; 如果 $A^T = \overline{A} = A$, 则称 A 为实对称矩阵; 如果 $A^H A = I$, 则称 A 为酉矩阵; 如果 $A^T A = I$ 并且 $\overline{A} = A$, 则称 A 为实正交矩阵.

定理 1.2.2 (Schur 分解定理) 设 $A \in \mathbf{C}^{n\times n}$, 则存在酉矩阵 $U \in \mathcal{U}_n$, 使得

$$U^H AU = T, \tag{1.2.7}$$

其中 T 是上三角阵; 而且适当选取 U, 可使 T 的对角线元素按任一指定顺序排列.

证明 对 n 用归纳法. 当 $n=1$ 时显然成立. 设 $1 \leqslant n \leqslant k$ 时也成立. 当 $n = k+1$ 时, 选择 $\lambda \in \lambda(A)$, $x \in \mathbf{C}^{k+1}$ 是相应的单位特征向量, $x^H x = 1$. 令矩阵 $\widetilde{U} = (x, U_1) \in \mathcal{U}_{k+1}$. 于是有 $U_1^H x = 0$, 并且

$$\widetilde{U}^H A\widetilde{U} = \begin{pmatrix} x^H Ax & x^H AU_1 \\ U_1^H Ax & U_1^H AU_1 \end{pmatrix} \equiv \begin{pmatrix} \lambda & x^H AU_1 \\ 0 & A_1 \end{pmatrix}.$$

根据归纳法假设, 存在 $\widehat{U} \in \mathcal{U}_k$, 使得

$$\widehat{U}^H A_1 \widehat{U} = T_1,$$

其中 $T_1 \in \mathbf{C}^{k\times k}$ 是上三角矩阵. 令 $U = \widetilde{U}\mathrm{diag}(1, \widehat{U})$, $T = \begin{pmatrix} \lambda & x^H AU_1\widehat{U} \\ 0 & T_1 \end{pmatrix}$, 则 T 和 U 满足 $U^H AU = T$. 于是结论对所有的 n 成立. □

由定理 1.2.2 可得如下推论.

推论 1.2.3 下列结论成立:

(1) A 是正规矩阵 $\Leftrightarrow$ 存在酉矩阵 U, 使得

$$U^H AU = \mathrm{diag}(\lambda_1, \cdots, \lambda_n),$$

即 $\mathbf{C}^n$ 存在由 A 的特征向量构成的标准正交基.

(2) A 是 Hermite 矩阵 $\Leftrightarrow$ A 是正规矩阵, 并且 $\lambda(A) \subseteq \mathbf{R}$.

(3) A 是酉矩阵 $\Leftrightarrow$ A 是正规矩阵, 并且

$$\lambda(A) \subseteq \varphi \equiv \{\lambda \in \mathbf{C} : |\lambda| = 1\}.$$

同理可得实对称矩阵和实正交矩阵的类似结论.

定义 1.2.3　设 $A \in \mathbf{C}^{n\times n}$ 是 Hermite 矩阵. 如果

$$\begin{aligned} x^H Ax > 0, \quad \forall x \in \mathbf{C}^n, \quad x \neq 0 \\ (\text{或} \quad x^H Ax \geqslant 0, \quad \forall x \in \mathbf{C}^n, \quad x \neq 0), \end{aligned} \tag{1.2.8}$$

则 A 称为正定 (或半正定) 矩阵. 以下用 $A > 0$ ($A \geqslant 0$) 表示 A 是正定 (半正定) 矩阵.

设 $A \in \mathbf{C}^{n\times n}$ 为 Hermite 矩阵. 容易验证下面的 5 种叙述是互相等价的:

(1) A 是正定 (半正定) 矩阵;

(2) A 的每个特征值 $> 0(\geqslant 0)$;

(3) A 的每个主子阵都是正定 (半正定) 矩阵;

(4) A 的每个主子式 (即主子阵的行列式) $> 0(\geqslant 0)$;

(5) 对任一 $n\times n$ 非奇异矩阵 Q, $Q^H AQ$ 是正定 (半正定) 矩阵.

§ 1.3　矩阵分解

§1.2 中介绍了矩阵的 Jordan 分解、Schur 分解, 以及正规矩阵的酉对角分解. 本节将推导矩阵的 QR 分解、酉分解、满秩分解、奇异值分解和酉矩阵的 CS 分解, 以及多个矩阵的广义奇异值分解. 它们在矩阵分析和矩阵扰动分析等方面十分有用.

1.3.1　若干基本分解

这小节列出矩阵的如下的基本分解.

定理 1.3.1(块分解)　设复矩阵 $M = \begin{pmatrix} A & B \\ C & D \end{pmatrix}$, 其中 A 是非奇异方阵. 则 M 有如下分解:

$$M = \begin{pmatrix} A & B \\ C & D \end{pmatrix} = \begin{pmatrix} I & 0 \\ CA^{-1} & I \end{pmatrix} \begin{pmatrix} A & B \\ 0 & D - CA^{-1}B \end{pmatrix}, \tag{1.3.1}$$

其中 $D - CA^{-1}B$ 称为 A 的 Schur 补. 若 M 也是方阵, 则

$$\det(M) = \det(A)\det(D - CA^{-1}B). \tag{1.3.2}$$

证明　直接验算. □

定理 1.3.2(QR 分解)　设 $A \in \mathbf{C}_r^{m\times n}, r > 0$. 则存在 n 阶置换矩阵 Π, $Q \in \mathcal{U}_m$ 和上梯形矩阵 $R \in \mathbf{C}_r^{r\times n}$, 使得

$$A\Pi = Q \begin{pmatrix} R \\ 0 \end{pmatrix}. \tag{1.3.3}$$

证明 对 A 的秩 r 用归纳法. 当 $r=1$ 时结论显然成立. 若 $1 \leqslant r < k$ 时结论成立, 则当 $r=k$ 时, 存在置换矩阵 Π_k 使 $\widetilde{A} \equiv A\Pi_k$ 的第一列 $\widetilde{a}_1 \neq 0$. 令 $\|\widetilde{a}_1\|_2 = r_{11}$, $\widetilde{q}_1 = \widetilde{a}_1/r_{11}$, $\widetilde{Q} = (\widetilde{q}_1, \widetilde{Q}_2) \in \mathcal{U}_m$. 则有

$$\widetilde{Q}^H \widetilde{A} = \begin{pmatrix} r_{11} & * \\ 0 & A_1 \end{pmatrix},$$

其中 $\operatorname{rank}(A_1) = k-1$. 由归纳法假设, 存在 $n-1$ 阶置换矩阵 $\widetilde{\Pi}_1$, $\widetilde{Q}_1 \in \mathcal{U}_{m-1}$ 和上梯形矩阵 $R_1 \in \mathbf{C}_{k-1}^{(k-1)\times(n-1)}$, 使得 $A_1\widetilde{\Pi}_1 = \widetilde{Q}_1 \begin{pmatrix} R_1 \\ 0 \end{pmatrix}$. 取 $\Pi = \Pi_k \operatorname{diag}(1, \widetilde{\Pi}_1)$, $Q = \widetilde{Q}\operatorname{diag}(1, \widetilde{Q}_1)$, 则有 $A\Pi = Q\begin{pmatrix} R \\ 0 \end{pmatrix}$. □

推论 1.3.3 (满秩分解) 设 $A \in \mathbf{C}_r^{m\times n}, r > 0$. 则存在 $F \in \mathbf{C}_r^{m\times r}$ 和 $G \in \mathbf{C}_r^{r\times n}$, 使得

$$A = FG. \tag{1.3.4}$$

证明 在定理 1.3.2 中, 取 $F = Q_1 \in \mathbf{C}_r^{m\times r}$ 为 Q 的前 r 列, $G = R\Pi^T \in \mathbf{C}_r^{r\times n}$, 则有 $A = FG$. □

注 1.3.1 若把 A 的 QR 分解改写成 $A = Q_1\widetilde{R}$, 其中 Q_1 为 Q 的前 r 列, $\widetilde{R} = R\Pi^T$. 称分解 $A = Q_1\widetilde{R}$ 为 A 的**酉分解**.

定理 1.3.4(奇异值分解 (SVD)) 设 $A \in \mathbf{C}_r^{m\times n}$, $r > 0$. 则存在酉矩阵 U 和 V, 使得

$$U^H AV = \begin{pmatrix} \Sigma_1 & 0 \\ 0 & 0 \end{pmatrix} \begin{matrix} r \\ m-r \end{matrix}, \tag{1.3.5}$$
$$\qquad\qquad r \quad n-r$$

其中 $\Sigma_1 = \operatorname{diag}(\sigma_1, \cdots, \sigma_r), \sigma_1 \geqslant \cdots \geqslant \sigma_r > 0$.

证明 由于 $A^HA \in \mathbf{C}_r^{n\times n}$ 是半正定矩阵, 其特征值皆为非负实数, 记为 $\sigma_1^2, \cdots, \sigma_n^2$, 并设它们满足 $\sigma_1 \geqslant \cdots \geqslant \sigma_r > 0$, $\sigma_{r+1} = \cdots = \sigma_n = 0$. 设 $v_1, \cdots, v_n$ 分别是 A^HA 的属于 $\sigma_1^2, \cdots, \sigma_n^2$ 的标准正交特征向量, 并令 $V_1 = (v_1, \cdots, v_r), V_2 = (v_{r+1}, \cdots, v_n), V = (V_1, V_2)$, $\Sigma_1 = \operatorname{diag}(\sigma_1, \cdots, \sigma_r)$. 则有

$$\begin{aligned} A^HAV_1 &= V_1\Sigma_1^2, \quad & V_1^HA^HAV_1 &= \Sigma_1^2, \\ A^HAV_2 &= 0, & V_2^HA^HAV_2 &= 0. \end{aligned}$$

于是 $AV_2 = 0$. 令 $U_1 = AV_1\Sigma_1^{-1}$, 则 $U_1^HU_1 = I_r$. 取 $U_2 \in \mathbf{C}^{m\times(m-r)}$, 使 $U = (U_1, U_2)$ 为酉矩阵. 则有

$$U^HAV = \begin{pmatrix} U_1^HAV_1 & U_1^HAV_2 \\ U_2^HAV_1 & U_2^HAV_2 \end{pmatrix} = \begin{pmatrix} U_1^HU_1\Sigma_1 & 0 \\ U_2^HU_1\Sigma_1 & 0 \end{pmatrix} = \begin{pmatrix} \Sigma_1 & 0 \\ 0 & 0 \end{pmatrix}.$$ □

定义 1.3.1 分解式 (1.3.5) 称为矩阵 A 的奇异值分解 (SVD),

$$\sigma_1 \geqslant \cdots \geqslant \sigma_r > 0 = \sigma_{r+1} = \cdots = \sigma_l$$

称为 A 的奇异值, 其中 $l = \min\{m, n\}$, u_j 和 v_j 分别为矩阵 A 对应于 σ_j 的左、右奇异向量, $j = 1 : l$. A 的奇异值全体记作 $\sigma(A)$.

注 1.3.2 由定理 1.3.4 的证明过程易知, 若 $\sigma_1, \cdots, \sigma_l$ 为矩阵 $A \in \mathbf{C}^{m\times n}$ 的奇异值, 则 $\sigma_1^2, \cdots, \sigma_l^2, 0, \cdots, 0$ 为矩阵 A^HA 的特征值. 在 $\sigma_1 \geqslant \cdots \geqslant \sigma_r$ 的限制下, 分解式 (1.3.5) 中的 Σ_1 显然是唯一的, 但 U 和 V 并不唯一.

1.3.2 SVD 的推广

本小节给出基于 SVD 的矩阵分解, 它们对于研究子空间, 正交投影, 广义逆的扰动分析和其他矩阵论问题十分有用.

下面的定理是由 Paige 和 Saunders 得到的 [156].

定理 1.3.5(CS 分解) 设 $W \in \mathcal{U}_n$. 把 W 分块如下

$$W = \begin{pmatrix} W_{11} & W_{12} \\ W_{21} & W_{22} \end{pmatrix} \begin{matrix} r_1 \\ r_2 \end{matrix}, \qquad (1.3.6)$$
$$\qquad\quad c_1 \qquad c_2$$

其中 $r_1 + r_2 = c_1 + c_2 = n$. 则存在如下的分解式

$$W = \begin{pmatrix} U_1 & 0 \\ 0 & U_2 \end{pmatrix} \begin{pmatrix} D_{11} & D_{12} \\ D_{21} & D_{22} \end{pmatrix} \begin{pmatrix} V_1^H & 0 \\ 0 & V_2^H \end{pmatrix}, \qquad (1.3.7)$$

这里 $U_1 \in \mathcal{U}_{r_1}, U_2 \in \mathcal{U}_{r_2}, V_1 \in \mathcal{U}_{c_1}, V_2 \in \mathcal{U}_{c_2}$,

$$\begin{pmatrix} D_{11} & D_{12} \\ D_{21} & D_{22} \end{pmatrix} = \left(\begin{array}{ccc|ccc} I & & & 0_S^H & & \\ & C & & & S & \\ & & 0_C & & & I \\ \hline 0_S & & & I & & \\ & S & & & -C & \\ & & I & & & 0_C^H \end{array}\right), \qquad (1.3.8)$$

其中

$$\begin{aligned} C &= \mathrm{diag}(c_1, c_2, \cdots, c_l), \quad 1 > c_1 \geqslant c_2 \geqslant \cdots \geqslant c_l > 0, \\ S &= \mathrm{diag}(s_1, s_2, \cdots, s_l), \quad 0 < s_1 \leqslant s_2 \leqslant \cdots \leqslant s_l < 1, \end{aligned} \qquad (1.3.9)$$

满足

$$C^2 + S^2 = I_l.$$

证明 设 W_{11} 的 SVD 为 $W_{11} = U_1 D_{11} V_1^H$, 其中 U_1 和 V_1 均为酉矩阵. 由于 W 为酉矩阵, $W_{11}^H W_{11} + W_{21}^H W_{21} = I_{c_1}$, 而 $W_{11}^H W_{11}$ 和 $W_{21}^H W_{21}$ 均为 Hermite 半正定矩阵, 于是 $W_{11}^H W_{11}$ 和 $W_{21}^H W_{21}$ 的特征值均在 $[0,1]$ 中, 故 D_{11} 有定理中的形式. 由于

$$(W_{21}V_1)^H(W_{21}V_1) = I - D_{11}^H D_{11} = \begin{pmatrix} 0_t & & \\ & I - C^2 & \\ & & I \end{pmatrix},$$

于是 $W_{21}V_1$ 的列是正交的, 且前 t 列均为零向量. 把 $W_{21}V_1$ 的后 $c_1 - t$ 列标准化并且扩充成 C^{r_2} 的一组标准正交基, 记为 $U_2' \in \mathcal{U}_{r_2}$, 则有 $(U_2')^H W_{21} V_1 = D_{21}$. 类似可证, 存在酉矩阵 $V_2 \in \mathcal{U}_{c_2}$, 使得 $U_1^H W_{12} V_2 = D_{12}$. 于是可得

$$\begin{pmatrix} D_{11} & D_{12} \\ D_{21} & D_{22} \end{pmatrix} = \left(\begin{array}{ccc|ccc} I & & & & 0_S^H & \\ & C & & & S & \\ & & 0_C & & & I \\ \hline 0_S & & & X_{11} & X_{12} & X_{13} \\ & S & & X_{21} & X_{22} & X_{23} \\ & & I & X_{31} & X_{32} & X_{33} \end{array}\right),$$

该矩阵也是酉矩阵, 其中 $D_{22} = (U_2')^H W_{22} V_2$. 利用上述矩阵最后一行块和最后一列块的单位性, 得到 $X_{i3} = 0,\ i = 1:3,\ X_{3j} = 0,\ j = 1:3$; 由第二, 四列块和第二, 四行块的正交性得到 $X_{21} = 0,\ X_{12} = 0$; 由二, 五列块的正交性可知 $C^H S + S^H X_{22} = 0$, 从而得到 $X_{22} = -C$; 由第四行块和第四列块的单位性可知 $X_{11}^H X_{11} = I$ 和 $X_{11} X_{11}^H = I$, 也即 X_{11} 为酉矩阵. 取 $U_2 = U_2' \mathrm{diag}(X_{11}, I, I)$, 则得到分解式 (1.3.7)~(1.3.9). □

注 1.3.3 Stewart [178] 对于 $W \in \mathcal{U}_n$ 的分块

$$W = \begin{pmatrix} W_{11} & W_{12} \\ W_{21} & W_{22} \end{pmatrix} \begin{matrix} l \\ n-l \end{matrix}, \qquad (1.3.10)$$
$$\qquad\begin{matrix} l & \quad n-l \end{matrix}$$

其中 $2l \leqslant n$, 得到如下的分解式

$$\begin{pmatrix} U_1^H & 0 \\ 0 & U_2^H \end{pmatrix} W \begin{pmatrix} V_1 & 0 \\ 0 & V_2 \end{pmatrix} = \begin{pmatrix} \Gamma_l & -\Sigma_l & 0 \\ \Sigma_l & \Gamma_l & 0 \\ 0 & 0 & I_{n-2l} \end{pmatrix}, \qquad (1.3.11)$$

这里 $U_1,\ V_1 \in \mathcal{U}_l,\ U_2,\ V_2 \in \mathcal{U}_{n-l}$ 均为酉矩阵,

$$\Gamma_l = \mathrm{diag}(\gamma_1, \cdots, \gamma_l) \geqslant 0, \quad \Sigma_l = \mathrm{diag}(\sigma_1, \cdots, \sigma_l) \geqslant 0,$$
$$\Gamma_l^2 + \Sigma_l^2 = I_l.$$

定理 1.3.5 是上述结果的推广, 形式更加简洁, 应用范围也更广泛. 对于 CSD 的历史和推广的综合性论述, 见 [159].

下面利用 SVD 和 CSD 推导两个矩阵的商-SVD(Q-SVD)[204], 积-SVD(P-SVD) [115], 标准相关分解 (CCD) 和多个矩阵的广义 SVD[56]

定理 1.3.6 (Q-SVD) 给定矩阵 $A \in \mathbf{C}^{m\times n}, B \in \mathbf{C}^{p\times n}, C^H = (A^H, B^H), k = \text{rank}(C)$. 则存在酉矩阵 $U \in \mathcal{U}_m, V \in \mathcal{U}_p, W \in \mathcal{U}_k$ 和 $Q \in \mathcal{U}_n$, 使得

$$U^H AQ = \Sigma_A(W^H\Sigma_C, 0), \quad V^H BQ = \Sigma_B(W^H\Sigma_C, 0), \tag{1.3.12}$$

其中 $\Sigma_C = \text{diag}(\sigma_1(C), \cdots, \sigma_k(C))$, $\sigma_1(C), \cdots, \sigma_k(C)$ 为 C 的非零奇异值, Σ_A, Σ_B 形如

$$\Sigma_A = \begin{pmatrix} I_A & & \\ & S_A & \\ & & 0_A \end{pmatrix}, \quad \Sigma_B = \begin{pmatrix} 0_B & & \\ & S_B & \\ & & I_B \end{pmatrix}, \tag{1.3.13}$$

$$\qquad r, \quad s, \quad k-r-s \qquad\qquad\qquad r, \quad s, \quad k-r-s$$

其中 I_A, I_B 为单位阵, $0_A, 0_B$ 为零矩阵或为空矩阵,

$$\begin{aligned} &S_A = \text{diag}(\alpha_{r+1}, \cdots, \alpha_{r+s}), \quad 1 > \alpha_{r+1} \geqslant \cdots \geqslant \alpha_{r+s} > 0, \\ &S_B = \text{diag}(\beta_{r+1}, \cdots, \beta_{r+s}), \quad 0 < \beta_{r+1} \leqslant \cdots \leqslant \beta_{r+s} < 1, \\ &\alpha_i^2 + \beta_i^2 = 1, \ i = r+1 : r+s. \end{aligned}$$

证明 因为 $\text{rank}(C) = k$, 则 C 有 SVD

$$P^H CQ = \begin{pmatrix} \Sigma_C & 0 \\ 0 & 0 \end{pmatrix},$$

其中 $P \in \mathcal{U}_{m+p}, Q \in \mathcal{U}_n$. 划分 P 为 $P = \begin{pmatrix} P_{11} & P_{12} \\ P_{21} & P_{22} \end{pmatrix}$, 其中 $P_{11} \in \mathbf{C}^{m\times k}$. 于是由 P 的 CS 分解

$$\begin{pmatrix} U^H & \\ & V^H \end{pmatrix} \begin{pmatrix} P_{11} \\ P_{21} \end{pmatrix} W = \begin{pmatrix} \Sigma_A \\ \Sigma_B \end{pmatrix},$$

其中 $U \in \mathcal{U}_m, V \in \mathcal{U}_p, W \in \mathcal{U}_k, \Sigma_A, \Sigma_B$ 形如 (1.3.13) 式. 因此,

$$\begin{pmatrix} A \\ B \end{pmatrix} Q = \begin{pmatrix} P_{11}\Sigma_C & 0 \\ P_{21}\Sigma_C & 0 \end{pmatrix} = \begin{pmatrix} U\Sigma_A W^H \Sigma_C & 0 \\ V\Sigma_B W^H \Sigma_C & 0 \end{pmatrix}. \qquad \Box$$

注 1.3.4 分解式 (1.3.12) 可改写成

$$A = U(\Sigma_A, 0)X, \quad B = V(\Sigma_B, 0)X, \tag{1.3.14}$$

其中 $X=\mathrm{diag}(W^H\Sigma_C, I_{n-k})Q^H$ 是一个非奇异矩阵.

下面讨论两个矩阵的 P-SVD. 首先需要如下块分解引理.

引理 1.3.7 设 $B\in\mathbf{C}^{n\times p}$, $B=\begin{pmatrix} B_1 \\ B_2 \end{pmatrix}\begin{matrix} n_1 \\ n_2 \end{matrix}$, $n=n_1+n_2$. 则 B 有如下的分解式

$$B=T\Sigma_B V^H, \tag{1.3.15}$$

其中

$$T=\underset{r_1,\ n_1-r_1,\ r_2,\ n_2-r_2}{\begin{pmatrix} T_{11} & T_{12} & 0 & 0 \\ T_{21} & 0 & T_{23} & T_{24} \end{pmatrix}}\begin{matrix} n_1 \\ n_2 \end{matrix}, \qquad \Sigma_B=\underset{r_1,\quad r_2,\quad p-r}{\begin{pmatrix} \Sigma_B^1 & 0 & 0 \\ 0 & 0 & 0 \\ 0 & \Sigma_B^2 & 0 \\ 0 & 0 & 0 \end{pmatrix}}\begin{matrix} r_1 \\ n_1-r_1 \\ r_2 \\ n_2-r_2 \end{matrix}, \tag{1.3.16}$$

这里 $(T_{11},T_{12})\in\mathcal{U}_{n_1}$, $(T_{23},T_{24})\in\mathcal{U}_{n_2}$, $V\in\mathcal{U}_p$.

$$r_1=\mathrm{rank}(B_1),\quad r_2=\mathrm{rank}(B)-\mathrm{rank}(B_1),\ r=\mathrm{rank}(B)=r_1+r_2.$$

证明 由 B_1 的 SVD, 存在酉矩阵 $U\in\mathcal{U}_{n_1}, W\in\mathcal{U}_p$, 使得

$$B_1=U\begin{pmatrix} \Sigma_B^1 & 0 \\ 0 & 0 \end{pmatrix}W^H=\begin{pmatrix} T_{11}, & T_{12} \end{pmatrix}\begin{pmatrix} \Sigma_B^1 & 0 \\ 0 & 0 \end{pmatrix}\begin{pmatrix} W_1^H \\ W_2^H \end{pmatrix}, \tag{1.3.17}$$

其中 T_{11} 和 W_1 分别是 $U=(T_{11},T_{12})$ 和 $W=(W_1,W_2)$ 的前 r_1 列. 于是有

$$\begin{pmatrix} B_1 \\ B_2 \end{pmatrix}=\begin{pmatrix} T_{11} & T_{12} & 0 \\ B_2W_1(\Sigma_B^1)^{-1} & 0 & I_{n_2} \end{pmatrix}\begin{pmatrix} \Sigma_B^1 & 0 \\ 0 & 0 \\ 0 & B_2W_2 \end{pmatrix}\begin{pmatrix} W_1^H \\ W_2^H \end{pmatrix}. \tag{1.3.18}$$

再由 B_2W_2 的 SVD, 存在酉矩阵 $P\in\mathcal{U}_{n_2}, Q\in\mathcal{U}_{p-r_1}$, 使得

$$B_2W_2=P\begin{pmatrix} \Sigma_B^2 & 0 \\ 0 & 0 \end{pmatrix}Q^H=\begin{pmatrix} T_{23}, & T_{24} \end{pmatrix}\begin{pmatrix} \Sigma_B^2 & 0 \\ 0 & 0 \end{pmatrix}\begin{pmatrix} Q_1^H \\ Q_2^H \end{pmatrix},$$

其中 T_{23} 和 Q_1 分别是 $P=(T_{23},T_{24})$ 和 $Q=(Q_1,Q_2)$ 的前 r_2 列. 于是得到 (1.3.15)~(1.3.16) 式, 其中 $V=(W_1,W_2Q_1,W_2Q_2)$ 为 p 阶酉矩阵, $T_{21}=B_2W_1(\Sigma_B^1)^{-1}$. □

定理 1.3.8 (P-SVD) 设 $A\in\mathbf{C}^{m\times n}, B\in\mathbf{C}^{n\times p}$. 则存在酉矩阵 $U\in\mathcal{U}_m$, $V\in\mathcal{U}_p$ 和非奇异矩阵 $X\in\mathbf{C}^{n\times n}$, 使得

$$A=UD_AX^{-1},\quad B=XD_BV^H, \tag{1.3.19}$$

其中

$$D_A = \begin{pmatrix} I & 0 \\ 0 & 0 \end{pmatrix} \begin{matrix} r_1 \\ m-r_1 \end{matrix}, \quad D_B \begin{pmatrix} \Sigma_B^1 & 0 & 0 \\ 0 & 0 & 0 \\ 0 & \Sigma_B^2 & 0 \\ 0 & 0 & 0 \end{pmatrix} \begin{matrix} r_2^1 \\ r_1 - r_2^1 \\ r_2^2 \\ n - r_1 - r_2^2 \end{matrix}, \tag{1.3.20}$$
$$\qquad r_1, \quad n-r_1 \qquad\qquad\qquad r_2^1, \quad r_2^2, \quad p-r_2$$

这里 $r_1 = \text{rank}(A)$, $r_2 = r_2^1 + r_2^2 = \text{rank}(B)$.

证明　由 A 的 SVD, 存在酉矩阵 $\widetilde{U} \in \mathcal{U}_m, W = (W_1, W_2) \in \mathcal{U}_n$, 其中 $W_1 \in \mathbf{C}^{n\times r_1}$, 使得

$$A = \widetilde{U} \begin{pmatrix} \Sigma_A & 0 \\ 0 & 0 \end{pmatrix} \begin{pmatrix} W_1^H \\ W_2^H \end{pmatrix}.$$

令 $Y = \begin{pmatrix} \Sigma_A W_1^H \\ W_2^H \end{pmatrix}$, 则 $A = \widetilde{U} \begin{pmatrix} I_{r_1} & 0 \\ 0 & 0 \end{pmatrix} Y$. 记 $X_1 = Y^{-1} = \begin{pmatrix} W_1 \Sigma_A^{-1}, & W_2 \end{pmatrix}$. 则由引理 1.3.7,

$$X_1^{-1} B = \begin{pmatrix} \Sigma_A W_1^H \\ W_2^H \end{pmatrix} B = T D_B V^H,$$

其中 T 和 $D_B = \Sigma_B$ 有如 (1.3.16) 式的结构, $V \in \mathcal{U}_p$. 因此 $B = X_1 T D_B V^H$. 令

$$P = \begin{pmatrix} T_{11} & T_{12} & 0 \\ 0 & 0 & I_{n-r_1} \end{pmatrix},$$

则有

$$P \begin{pmatrix} I_{r_1} & 0 \\ 0 & 0 \end{pmatrix} T^{-1} = \begin{pmatrix} I_{r_1} & 0 \\ 0 & 0 \end{pmatrix}.$$

于是

$$A = \widetilde{U} P \begin{pmatrix} I_{r_1} & 0 \\ 0 & 0 \end{pmatrix} T^{-1} X_1^{-1} = U \begin{pmatrix} I_{r_1} & 0 \\ 0 & 0 \end{pmatrix} X^{-1},$$

其中 $U = \widetilde{U} P, X = X_1 T$. 显然 U 是酉矩阵, X 非奇异, 而且 $B = X D_B V^H$. □

定理 1.3.9(CCD)　设 $A \in \mathbf{C}_p^{m\times n}, B \in \mathbf{C}_q^{m\times l}$. 则存在酉矩阵 $Q \in \mathcal{U}_m$ 和非奇异矩阵 X_A, X_B, 使得

$$A = Q(\Sigma_A, 0) X_A^{-1}, \quad B = Q(\Sigma_B, 0) X_B^{-1}, \tag{1.3.21}$$

其中 $\Sigma_A \in R^{m\times p}, \Sigma_B \in R^{m\times q}$ 形如

$$\Sigma_A = \begin{pmatrix} I_i & & \\ & C & \\ & & 0 \\ \hline 0 & & \\ & S & \\ & & I_k \end{pmatrix}, \qquad \Sigma_B = \begin{pmatrix} I_q \\ \hline 0 \end{pmatrix}, \tag{1.3.22}$$

并且 Σ_A, Σ_B 有相同的行分块,

$$\begin{aligned} &C = \operatorname{diag}(\alpha_{i+1}, \cdots, \alpha_{i+j}), \qquad 1 > \alpha_{i+1} \geqslant \cdots \geqslant \alpha_{i+j} > 0, \\ &S = \operatorname{diag}(\beta_{i+1}, \cdots, \beta_{i+j}), \qquad 0 < \beta_{i+1} \leqslant \cdots \leqslant \beta_{i+j} < 1, \\ &\alpha_{i+t}^2 + \beta_{i+t}^2 = 1, \quad t = 1:j. \end{aligned} \tag{1.3.23}$$

证明 A 的酉分解 $A = Q_A R_1$ 可表示为

$$A = Q_A R_1 = (Q_A, 0)\begin{pmatrix} R_1 \\ R_2 \end{pmatrix} \equiv (Q_A, 0) R_A,$$

其中 $Q_A \in \mathbf{C}^{m\times p}$ 列正交, $R_1 \in \mathbf{C}_p^{p\times n}$, $R_A \in \mathbf{C}^{n\times n}$ 非奇异. 同理, B 有分解式 $B = (Q_B, 0)R_B$, 其中 $Q_B \in \mathbf{C}^{m\times q}$ 列正交, $R_B \in \mathbf{C}^{l\times l}$ 非奇异. 扩充 Q_A, Q_B, 使 $Q_1 = (Q_A, \widehat{Q}_A) \in \mathcal{U}_m$, $Q_2 = (Q_B, \widehat{Q}_B) \in \mathcal{U}_m$. 由于 $Q_2^H Q_1$ 也是酉矩阵, 存在 $U_1 \in \mathcal{U}_q$, $U_2 \in \mathcal{U}_{m-q}$, $V_1 \in \mathcal{U}_p$, 使得

$$\begin{pmatrix} U_1^H & \\ & U_2^H \end{pmatrix} \begin{pmatrix} Q_B^H Q_A \\ \widehat{Q}_B^H Q_A \end{pmatrix} V_1 = \Sigma_A.$$

令 $U = \operatorname{diag}(U_1, U_2) \in \mathcal{U}_m$, $\widetilde{U} = \operatorname{diag}(U_1, I_{l-q}) \in \mathcal{U}_l$, $\widetilde{V} = \operatorname{diag}(V_1, I_{n-p}) \in \mathcal{U}_n$, $Q = Q_2 U \in \mathcal{U}_m$, $X_A^{-1} = \widetilde{V}^H R_A$, $X_B^{-1} = \widetilde{U}^H R_B$. 则有

$$\begin{aligned} Q_A &= Q_2 U \Sigma_A V_1^H = Q \Sigma_A V_1^H, \\ Q_B &= Q U^H \begin{pmatrix} I_q \\ 0 \end{pmatrix} = Q \begin{pmatrix} U_1^H \\ 0 \end{pmatrix} = Q \Sigma_B U_1^H, \\ A &= (Q_A, 0) R_A = (Q \Sigma_A V_1^H, 0) R_A = Q(\Sigma_A, 0) X_A^{-1}, \\ B &= (Q_B, 0) R_B = (Q \Sigma_B U_1^H, 0) R_B = Q(\Sigma_B, 0) X_B^{-1}. \end{aligned}$$

□

定理 1.3.10 (多个矩阵的广义 SVD) 给定矩阵 $A_j \in \mathbf{C}^{n_{j-1}\times n_j}$, $j = 1:k$. 则存在:

(1) 酉矩阵 $U \in \mathcal{U}_{n_0}$, $V \in \mathcal{U}_{n_k}$.

(2) 矩阵 $D_j \in \mathbf{R}^{n_{j-1}\times n_j}$, $j=1:k-1$, 具有结构

$$D_j = \begin{pmatrix} I & 0 & \cdots & 0 & 0 \\ 0 & 0 & \cdots & 0 & 0 \\ 0 & I & \cdots & 0 & 0 \\ 0 & 0 & \cdots & 0 & 0 \\ \vdots & \vdots & & \vdots & \vdots \\ 0 & 0 & \cdots & I & 0 \\ 0 & 0 & \cdots & 0 & 0 \end{pmatrix} \begin{matrix} r_j^1 \\ r_{j-1}^1 - r_j^1 \\ r_j^2 \\ r_{j-1}^2 - r_j^2 \\ \vdots \\ r_j^j \\ n_{j-1} - r_{j-1} - r_j^j \end{matrix} \quad , \tag{1.3.24}$$
$$\qquad\qquad r_j^1,\quad r_j^2,\quad \cdots \quad r_j^j,\quad n_j - r_j$$

其中 $r_0=0$, $\quad r_j = \sum\limits_{i=1}^{j} r_j^i = \operatorname{rank}(A_j)$.

(3) 矩阵 $S_k \in \mathbf{R}^{n_{k-1}\times n_k}$, 具有结构

$$S_k = \begin{pmatrix} S_k^1 & 0 & \cdots & 0 & 0 \\ 0 & 0 & \cdots & 0 & 0 \\ 0 & S_k^2 & \cdots & 0 & 0 \\ 0 & 0 & \cdots & 0 & 0 \\ \vdots & \vdots & & \vdots & \vdots \\ 0 & 0 & \cdots & S_k^k & 0 \\ 0 & 0 & \cdots & 0 & 0 \end{pmatrix} \begin{matrix} r_k^1 \\ r_{k-1}^1 - r_k^1 \\ r_k^2 \\ r_{k-1}^2 - r_k^2 \\ \vdots \\ r_k^k \\ n_{k-1} - r_{k-1} - r_k^k \end{matrix} \quad , \tag{1.3.25}$$
$$\qquad\qquad r_k^1,\quad r_k^2,\quad \cdots \quad r_k^k,\quad n_k - r_k$$

其中 $r_k = \sum\limits_{i=1}^{k} r_k^i = \operatorname{rank}(A_k)$, 且当 $r_k^i > 0$ 时, $S_k^i \in \mathbf{R}^{r_k^i \times r_k^i}$ 是正定对角矩阵; 当 $r_k^i = 0$ 时, S_k^i 是空矩阵.

(4) 非奇异矩阵 $X_j, Z_j \in \mathbf{C}^{n_j\times n_j}$, $j=1:k-1$, 其中 Z_j 取 $Z_j = X_j^{-H}$ 或取 $Z_j = X_j$, 使得矩阵 A_j, $j=1:k$, 有如下的分解式, 其中 $Z_0 = U$, $X_k = V$,

$$A_j = Z_{j-1} D_j X_j^{-1}. \tag{1.3.26}$$

该定理的证明比较复杂, 在此不再赘述. 有兴趣的读者可参考 [56].

注 1.3.5 由定理 1.3.10 可以看出, 当 $k=1$ 时, 对矩阵 A_1 的分解其实就是一般的奇异值分解. 当 $k>1$ 和 $1\leqslant i\leqslant k-1$ 时, 矩阵对 A_i, A_{i+1}, 分解形式中的 Z_i 取 $Z_i = X_i$, 则称矩阵对 A_i, A_{i+1} 之间的分解是 P 型的; 若取 $Z_i = X_i^{-H}$, 则称矩阵对 A_i, A_{i+1} 之间的分解是 Q 型的. 本节描述的各种矩阵分解应用于矩阵论问题时, 由于矩阵的结构形式已经刻画得十分清楚, 往往能够大大降低问题的复杂程度, 达到事半功倍的效果.

§ 1.4　Hermite 矩阵的特征值和矩阵的奇异值

本节讨论 Hermite 矩阵的特征值和矩阵的奇异值问题, 这些问题和矩阵奇异值和奇异子空间的扰动理论密切相关.

1.4.1　Hermite 矩阵特征值的极小极大定理

本小节讨论 Hermite 矩阵特征值的极小极大定理和相关的结果. 首先证明一条引理.

引理 1.4.1　设 $\mathcal{X}$ 和 $\mathcal{Y}$ 是 $\mathbf{C}^n$ 的子空间. 如果 $\dim(\mathcal{X}) > \dim(\mathcal{Y})$, 则必存在非零向量 $x \in \mathcal{X}$, 使得 $x \perp \mathcal{Y}$.

证明　设 $x_1, \cdots, x_l \in \mathbf{C}^n$ 和 $y_1, \cdots, y_m \in \mathbf{C}^n$ 分别形成$\mathcal{X}$和$\mathcal{Y}$的基底, $l > m$. 记

$$X = (x_1, \cdots, x_l), \quad Y = (y_1, \cdots, y_m).$$

则 $\mathcal{X}$ 中任一向量 x 可以表示成 $x = Xu, u \in \mathbf{C}^l$. 注意到方程组 $Y^H X u = 0$ 中方程的个数 m 小于未知数个数 l, 所以必有非零解 u. 令 $x = Xu \neq 0$, 即有 $x \perp \mathcal{Y}$. □

定理 1.4.2(Courant-Fischer)　设 $A \in \mathbf{C}^{n \times n}$ 为 Hermite 矩阵, 其特征值为 $\lambda_1 \geqslant \cdots \geqslant \lambda_n$. 则有

$$\begin{aligned} \lambda_i &= \max_{\substack{\mathcal{X} \\ \dim(\mathcal{X})=i}} \min_{\substack{x \in \mathcal{X} \\ x \neq 0}} \frac{x^H A x}{x^H x} \\ &= \max_{\substack{\mathcal{X} \\ \dim(\mathcal{X})=i}} \min_{\substack{u \in \mathcal{X} \\ \|u\|_2=1}} u^H A u \end{aligned} \tag{1.4.1}$$

和

$$\begin{aligned} \lambda_i &= \min_{\substack{\mathcal{X} \\ \dim(\mathcal{X})=n-i+1}} \max_{\substack{x \in \mathcal{X} \\ x \neq 0}} \frac{x^H A x}{x^H x} \\ &= \min_{\substack{\mathcal{X} \\ \dim(\mathcal{X})=n-i+1}} \max_{\substack{u \in \mathcal{X} \\ \|u\|_2=1}} u^H A u, \end{aligned} \tag{1.4.2}$$

其中 $i = 1:n, \|u\|_2 = \left(\sum_{j=1}^n |u_j|^2 \right)^{\frac{1}{2}}$.

证明　取 A 的酉对角分解 $A = U \Lambda U^H$, 其中 $U = (u_1, \cdots, u_n)$ 为酉矩阵, $\Lambda = \mathrm{diag}(\lambda_1, \cdots, \lambda_n)$. 则任一 $x \in \mathbf{C}^n$ 可表示为 $x = U\xi, \xi = (\xi_1, \cdots, \xi_n)^T$. 考虑 $\mathbf{C}^n$ 的任一 i 维子空间 $\mathcal{X}$. 根据引理 1.4.1, 存在非零向量 $x \in \mathcal{X}$, 使得

$$x \perp \mathrm{span}(u_1, \cdots, u_{i-1}).$$

因此 $U^H x = (0, \cdots, 0, \xi_i, \cdots, \xi_n)^T$, 且

$$\begin{aligned} \frac{x^H A x}{x^H x} &= \frac{(U^H x)^H \Lambda (U^H x)}{(U^H x)^H (U^H x)} \\ &= \frac{\lambda_i |\xi_i|^2 + \cdots + \lambda_n |\xi_n|^2}{|\xi_i|^2 + \cdots + |\xi_n|^2} \leqslant \lambda_i, \end{aligned}$$

即有

$$\max_{\substack{\mathcal{X} \\ \dim(\mathcal{X})=i}} \min_{\substack{x\in\mathcal{X} \\ x\neq 0}} \frac{x^H A x}{x^H x} \leqslant \lambda_i.$$

另一方面, 取 $x \in \mathcal{X}' = \mathrm{span}(u_1, \cdots, u_i)$. 则 $U^H x = (\xi_1, \cdots, \xi_i, 0, \cdots, 0)^T$. 因此

$$\min_{\substack{x\in\mathcal{X}' \\ x\neq 0}} \frac{x^H A x}{x^H x} = \min_{\substack{(\xi_1,\cdots,\xi_i)^T\in\mathbf{C}^i \\ (\xi_1,\cdots,\xi_i)^T\neq 0}} \frac{\lambda_1|\xi_1|^2 + \cdots + \lambda_i|\xi_i|^2}{|\xi_1|^2 + \cdots + |\xi_i|^2} = \lambda_i.$$

由上两式, 则得到 (1.4.1) 式. 在 (1.4.1) 式中用 $-A$ 代替 A, 又可得到 (1.4.2) 式.

□

由 Hermite 矩阵的极小极大定理可以导出一些重要的结论.

推论 1.4.3　设 $A \in \mathbf{C}^{n\times n}$ 为 Hermite 矩阵, 其特征值为 $\lambda_1 \geqslant \cdots \geqslant \lambda_n$, 则有

$$\lambda_1 = \max_{\substack{u\in\mathbf{C}^n \\ \|u\|_2=1}} u^H A u, \ \lambda_n = \min_{\substack{u\in\mathbf{C}^n \\ \|u\|_2=1}} u^H A u. \tag{1.4.3}$$

定理 1.4.4(分隔定理)　设 $A \in \mathbf{C}^{n\times n}$ 为 Hermite 矩阵, $U_{n-1} \in \mathbf{C}^{n\times(n-1)}$, 满足 $U_{n-1}^H U_{n-1} = I_{n-1}$. 令 $A' = U_{n-1}^H A U_{n-1}$,A 和 A' 的特征值分别为 $\lambda_1(A) \geqslant \cdots \geqslant \lambda_n(A)$ 和 $\lambda_1(A') \geqslant \cdots \geqslant \lambda_{n-1}(A')$. 则

$$\lambda_1(A) \geqslant \lambda_1(A') \geqslant \lambda_2(A) \geqslant \cdots \geqslant \lambda_{n-1}(A) \geqslant \lambda_{n-1}(A') \geqslant \lambda_n(A). \tag{1.4.4}$$

证明　根据定理 1.4.2, 有

$$\begin{aligned} \lambda_i(A') &= \max_{\substack{\mathcal{Y} \\ \dim(\mathcal{Y})=i}} \min_{\substack{v\in\mathcal{Y} \\ \|v\|_2=1}} v^H A' v \\ &= \min_{\substack{\mathcal{Y} \\ \dim(\mathcal{Y})=(n-1)-i+1}} \max_{\substack{v\in\mathcal{Y} \\ \|v\|_2=1}} v^H A' v. \end{aligned} \tag{1.4.5}$$

设 $\widehat{\mathcal{Y}} \subseteq \mathbf{C}^{n-1}$ 是等式 (1.4.5) 中的极大化子空间, 于是有

$$\begin{aligned} \lambda_i(A') &= \min_{\substack{v\in\widehat{\mathcal{Y}} \\ \|v\|_2=1}} v^H A' v = \min_{\substack{v\in\widehat{\mathcal{Y}} \\ \|v\|_2=1}} (U_{n-1}v)^H A (U_{n-1}v) \\ &= \min_{\substack{u\in U_{n-1}\widehat{\mathcal{Y}} \\ \|u\|_2=1}} u^H A u \leqslant \max_{\substack{\mathcal{X} \\ \dim(\mathcal{X})=i}} \min_{\substack{u\in\mathcal{X} \\ \|u\|_2=1}} u^H A u \\ &= \lambda_i(A). \end{aligned}$$

另一方面, 设 $\widetilde{\mathcal{Y}} \subseteq \mathbf{C}^{n-1}$ 是等式 (1.4.5) 中的极小化子空间, 于是有

$$\begin{aligned} \lambda_i(A') &= \max_{\substack{v\in\widetilde{\mathcal{Y}} \\ \|v\|_2=1}} v^H A' v = \max_{\substack{v\in\widetilde{\mathcal{Y}} \\ \|v\|_2=1}} (U_{n-1}v)^H A (U_{n-1}v) \\ &= \max_{\substack{u\in U_{n-1}\widetilde{\mathcal{Y}} \\ \|u\|_2=1}} u^H A u \geqslant \min_{\substack{\mathcal{X} \\ \dim(\mathcal{X})=n-(i+1)+1}} \max_{\substack{u\in\mathcal{X} \\ \|u\|_2=1}} u^H A u \\ &= \lambda_{i+1}(A). \end{aligned}$$

由上两式得到 (1.4.4) 式. □

推论 1.4.5 设 $A \in \mathbf{C}^{n\times n}$ 为 Hermite 矩阵, 去掉 A 的第 i 行和第 i 列得到 A'. 则对于 $i=1:n-1$,

$$\lambda_i(A) \geqslant \lambda_i(A') \geqslant \lambda_{i+1}(A).$$

1.4.2 矩阵奇异值的极小极大定理

由于矩阵 A 的奇异值和矩阵 A^HA 的特征值有密切的关系, 由上小节的结果可推导矩阵奇异值的相关结果.

定理 1.4.6 设 $A \in \mathbf{C}^{m\times n}$ 有奇异值 $\sigma_1 \geqslant \cdots \geqslant \sigma_l \geqslant 0$, $l=\min\{m,n\}$. 则对于 $i=1:l$, 有

$$\begin{aligned}\sigma_i &= \max_{\substack{\mathcal{X}\\ \dim(\mathcal{X})=i}} \min_{\substack{x\in\mathcal{X}\\ x\neq 0}} \frac{\|Ax\|_2}{\|x\|_2}\\ &= \min_{\substack{\mathcal{X}\\ \dim(\mathcal{X})=n-i+1}} \max_{\substack{x\in\mathcal{X}\\ x\neq 0}} \frac{\|Ax\|_2}{\|x\|_2}.\end{aligned} \tag{1.4.6}$$

特别地, 有

$$\sigma_1 = \max_{x\neq 0}\frac{\|Ax\|_2}{\|x\|_2}, \quad \sigma_l = \min_{x\neq 0}\frac{\|Ax\|_2}{\|x\|_2}. \tag{1.4.7}$$

此外,

$$\sigma_1 = \max_{\|x\|_2=\|y\|_2=1} |y^HAx|. \tag{1.4.8}$$

证明 由奇异值的定义, $\sigma_i(A)^2=\lambda_i(A^HA)$, $i=1:l$, 其中 $\sigma_i(A)$ 和 $\lambda_i(A^HA)$ 都按从大到小排列. 于是由定理 1.4.2, 即得 (1.4.6)~(1.4.7) 式.

又设 A 的 SVD 为 $A=U\Sigma V^H$. 则当 $x^Hx=1=y^Hy$ 时, 有

$$|y^HAx| = |(U^Hy)^H\Sigma(V^Hx)| \leqslant \sigma_1.$$

若取 x,y 分别为 A 的对应于 σ_1 的右, 左奇异向量, 则有

$$|y^HAx| = |(U^Hy)^H\Sigma(V^Hx)| = \sigma_1.$$

结合上述两式, 可得 $\sigma_1 = \max\limits_{\|x\|_2=\|y\|_2=1} |y^HAx|$. □

定理 1.4.7 设 $A \in \mathbf{C}^{m\times n}$ 有奇异值 $\sigma_1 \geqslant \cdots \geqslant \sigma_l \geqslant 0$, $l=\min\{m,n\}$. 由 A 删除一行或删除一列得到 $A' \in \mathbf{C}^{m'\times n'}$, A' 的奇异值 $\sigma_1' \geqslant \cdots \geqslant \sigma_{l'}' \geqslant 0$, $l'=\min\{m',n'\}$. 则

$$\sigma_i \geqslant \sigma_i' \geqslant \sigma_{i+1}, \quad i=1:l'. \tag{1.4.9}$$

证明 记

$$H = \begin{pmatrix} 0 & A \\ A^H & 0 \end{pmatrix}, \tag{1.4.10}$$

则 H 是 $m+n$ 阶 Hermite 矩阵. 当 $m \geqslant n$ 时, 设 A 的奇异值分解为 $A = U_1 \Sigma V^H$, 其中 $U = (U_1,\ U_2) \in \mathcal{U}_m$, $V \in \mathcal{U}_n$, U_1 是矩阵 U 的前 n 列,$\Sigma = \mathrm{diag}(\sigma_1, \cdots, \sigma_n)$. 记

$$Q = \frac{1}{\sqrt{2}} \begin{pmatrix} U_1 & \sqrt{2} U_2 & U_1 \\ V & 0 & -V \end{pmatrix}, \tag{1.4.11}$$

则 $Q \in \mathcal{U}_{m+n}$, 并且直接演算可知

$$Q^H H Q = \begin{pmatrix} \Sigma & 0 & 0 \\ 0 & 0 & 0 \\ 0 & 0 & -\Sigma \end{pmatrix}. \tag{1.4.12}$$

当 $m < n$ 时, 设 A 的奇异值分解为 $A = U \Sigma V_1^H$, 其中 $V = (V_1,\ V_2) \in \mathcal{U}_n$, $U \in \mathcal{U}_m$, V_1 是矩阵 V 的前 m 列,$\Sigma = \mathrm{diag}(\sigma_1, \cdots, \sigma_m)$. 记

$$Q = \frac{1}{\sqrt{2}} \begin{pmatrix} U & 0 & U \\ V_1 & \sqrt{2} V_2 & -V_1 \end{pmatrix}, \tag{1.4.13}$$

则 $Q \in \mathcal{U}_{m+n}$, 并且直接演算可知 (1.4.12) 式也成立. 于是在任何情形下,H 的特征值集合为

$$\lambda(H) = \{\sigma_1, \cdots, \sigma_l,\ 0, \cdots, 0,\ -\sigma_l, \cdots, -\sigma_1\},$$

而且 H 最大的 l 个特征值就是 A 的奇异值. 令

$$H' = \begin{pmatrix} 0 & A' \\ A'^H & 0 \end{pmatrix}.$$

则 H' 是 $m+n-1$ 阶 Hermite 矩阵, 它可以看成由 H 删除第 i 行并删除第 i 列得到, 而且 H' 最大的 l' 个特征值就是 A' 的奇异值. 于是由 Hermite 矩阵特征值的分隔定理, 有

$$\sigma_i \geqslant \sigma_i' \geqslant \sigma_{i+1}, \quad i = 1 : l'. \qquad \square$$

§ 1.5　广　义　逆

本节讨论矩阵的常用的矩阵广义逆.

1.5.1　Moore-Penrose 逆

设 $A \in \mathbf{C}^{n \times n}$. 如果 A 是非奇异矩阵, 则 A 存在唯一的逆矩阵 A^{-1}, 满足 $AA^{-1} = A^{-1}A = I_n$. 如果方程组 $Ax = b$ 的系数矩阵 A 是非奇异矩阵, 则该方程组

存在唯一解 $x = A^{-1}b$. 但是, 如果矩阵 A 是奇异方阵, 或者是长方阵, 这时矩阵 A 的逆矩阵不存在. 在这种情形下, 就需要研究 A 的广义逆.

广义逆矩阵的概念最早由 Moore [148] 引进, 他给出了矩阵广义逆的如下定义. 给定 $A \in C^{m\times n}$, 若 $X \in C^{n\times m}$ 满足

$$AX = P_{\mathcal{R}(A)}, \quad XA = P_{\mathcal{R}(X)}, \tag{1.5.1}$$

则 X 称为 A 的广义逆矩阵, 记为 $A^\dagger$, 其中 $P_{\mathcal{R}(A)}$ 和 $P_{\mathcal{R}(X)}$ 分别是 $\mathcal{R}(A)$ 和 $\mathcal{R}(X)$ 上的正交投影算子. Penrose [160] 利用下面四个矩阵方程给出了矩阵 $A \in \mathbf{C}^{m\times n}$ 的广义逆 $X \in \mathbf{C}^{n\times m}$ 的定义:

$$\begin{aligned}
&(1) && AXA = A,\\
&(2) && XAX = X,\\
&(3) && (AX)^H = AX,\\
&(4) && (XA)^H = XA.
\end{aligned} \tag{1.5.2}$$

以上两个定义是等价的, 而且两个定义下的广义逆矩阵是存在并唯一的.

定理 1.5.1 设 $A \in \mathbf{C}^{m\times n}$. 则方程组 (1.5.2) 存在唯一解 $X \in \mathbf{C}^{n\times m}$.

证明 唯一性. 假设方程组 (1.5.2) 有两个解 X, Y, 则有

$$\begin{aligned}
Y &= YAY = A^HY^HY = (AXA)^HY^HY = (XA)^H(YA)^HY\\
&= XAY = XAXAY = XX^HA^HY^HA^H = XX^HA^H\\
&= XAX = X.
\end{aligned}$$

存在性. 若 $A = 0$, 则易知 $X = 0$ 是 (1.5.2) 式的解. 若 $\operatorname{rank}(A) > 0$, 记 A 的奇异值分解为 $A = U\begin{pmatrix}\Sigma_1 & 0\\ 0 & 0\end{pmatrix}V^H$, 其中 U 和 V 为酉矩阵, $\Sigma_1 = \operatorname{diag}(\sigma_1, \cdots, \sigma_r) > 0$, 令

$$X = V\begin{pmatrix}\Sigma_1^{-1} & 0\\ 0 & 0\end{pmatrix}U^H.$$

则容易验证, X 满足 (1.5.2) 式中所有四个方程. □

定义 1.5.1 设 $A \in \mathbf{C}^{m\times n}$. 满足 (1.5.2) 式四个方程的解 X 称为 A 的 Moore-Penrose 逆, 简称 MP 逆, 记作 $A^\dagger$. (1.5.2) 式的四个方程称为 MP 逆 $A^\dagger$ 的定义方程.

注 1.5.1 由方程 (1.5.2) 式可以看出, 当 A 非奇异时, $A^\dagger = A^{-1}$. 因此, MP 逆 $A^\dagger$ 是非奇异矩阵的逆的一种推广.

利用 (1.5.2) 式中的一个或几个条件可以定义出 A 的不同类型的广义逆矩阵. 若 η 是数集 $\{1, 2, 3, 4\}$ 的一个子集, 矩阵 $X \in \mathbf{C}^{n\times m}$ 满足 (1.5.2) 式中所有方程标

号在 η 中的条件, 则称 X 为 A 的一个 η 逆, 记为 A^{η}. 当 A 不是非奇异矩阵时, $A\eta=\{X\in \mathbf{C}^{n\times m}: X=A^{\eta}\}$ 是一个无穷个矩阵的集合.

设 $\operatorname{rank}(A)=r>0$, $A\in\mathbf{C}^{m\times n}$ 的奇异值分解为 $A=U\begin{pmatrix}\Sigma_1 & 0\\ 0 & 0\end{pmatrix}V^H$, 其中 U 和 V 为酉矩阵, $\Sigma_1=\operatorname{diag}(\sigma_1,\cdots,\sigma_r)>0$. 容易验证

$$
\begin{aligned}
A^{(1)}&=V\begin{pmatrix}\Sigma_1^{-1} & K\\ L & M\end{pmatrix}U^H,\\
A^{(1,2)}&=V\begin{pmatrix}\Sigma_1^{-1} & K\\ L & L\Sigma_1 K\end{pmatrix}U^H,\\
A^{(1,2,3)}&=V\begin{pmatrix}\Sigma_1^{-1} & 0\\ L & 0\end{pmatrix}U^H,\\
A^{(1,2,4)}&=V\begin{pmatrix}\Sigma_1^{-1} & K\\ 0 & 0\end{pmatrix}U^H,\\
A^{\dagger}&=V\begin{pmatrix}\Sigma_1^{-1} & 0\\ 0 & 0\end{pmatrix}U^H=A^{(1,2,4)}AA^{(1,2,3)},
\end{aligned}
\tag{1.5.3}
$$

其中 K, L, M 是有相应维数的任意矩阵.

下面给出 MP 逆的若干性质. 由 (1.5.3) 式中 $A^{\dagger}$ 的表达式, 通过直接验证可得

(1) $(A^{\dagger})^{\dagger}=A$.

(2) $(A^H)^{\dagger}=(A^{\dagger})^H$.

(3) $(A^T)^{\dagger}=(A^{\dagger})^T$.

(4) $\operatorname{rank}(A)=\operatorname{rank}(A^{\dagger})=\operatorname{rank}(A^{\dagger}A)$.

(5) $(AA^H)^{\dagger}=A^{H\dagger}A^{\dagger}$, $(A^HA)^{\dagger}=A^{\dagger}A^{H\dagger}$.

(6) $(AA^H)^{\dagger}AA^H=AA^{\dagger}$, $(A^HA)^{\dagger}A^HA=A^{\dagger}A$.

(7) $A^{\dagger}=(A^HA)^{\dagger}A^H$, $A^{\dagger}=A^H(AA^H)^{\dagger}$. 特别地, 若 $A\in\mathbf{C}_n^{m\times n}$, 则 $A^{\dagger}=(A^HA)^{-1}A^H$. 若 $A\in\mathbf{C}_m^{m\times n}$, 则 $A^{\dagger}=A^H(AA^H)^{-1}$.

(8) 若 $A\in\mathbf{C}_r^{m\times n}$ 有满秩分解 $A=FG$, 则

$$
A^{\dagger}=G^{\dagger}F^{\dagger}=G^H(GG^H)^{-1}(F^HF)^{-1}F^H=G^H(F^HAG^H)^{-1}F^H. \tag{1.5.4}
$$

证明 把 $X=G^{\dagger}F^{\dagger}$ 直接代入 (1.5.2) 式演算, 知 $X=A^{\dagger}$. 又由性质 (7) 易证

$$
\begin{aligned}
G^{\dagger}F^{\dagger}&=G^H(GG^H)^{-1}(F^HF)^{-1}F^H,\\
(GG^H)^{-1}(F^HF)^{-1}&=(F^HFGG^H)^{-1}=(F^HAG^H)^{-1}.
\end{aligned}
$$

□

(9) 若 U 和 V 为酉矩阵, 则

$$
(UAV)^{\dagger}=V^HA^{\dagger}U^H.
$$

注 1.5.2 A^{-1} 的许多性质, $A^\dagger$ 已不再具备. 比如当 A 为方阵时, 一般地说:

(1) $(AB)^\dagger \neq B^\dagger A^\dagger$.

(2) $AA^\dagger \neq A^\dagger A$.

(3) 当 $A \in \mathbf{C}^{n\times n}$, $k \geqslant 2$ 时, 则 $(A^k)^\dagger \neq (A^\dagger)^k$.

(4) A 和 $A^\dagger$ 的非零特征值, 并不互为倒数.

1.5.2 其他广义逆

随着广义逆研究的深入, 人们又发现了许多其他类型的广义逆, 如加权 MP 逆, Drazin 逆, Bott-Duffin 逆等. 对广义逆的详细讨论, 见 [14], [166], [210].

定义 1.5.2 设 $A \in C^{m\times n}$, $M \in C_m^{m\times m}$, $K \in C_n^{n\times n}$. 若 $X \in C^{n\times m}$ 满足

$$\begin{aligned}
&(1) && AXA = A;\\
&(2) && XAX = X;\\
&(3)_M && (M^H MAX)^H = M^H MAX;\\
&(4)_K && (K^H KXA)^H = K^H KXA.
\end{aligned} \tag{1.5.5}$$

则 X 称为 A 的加权 MP 逆, 记为 $A_{MK}^\dagger$.

定义 1.5.3 设 $A \in C^{n\times n}$, Ind $(A) = k$. 若 $X \in C^{n\times n}$ 满足

$$\begin{aligned}
&(1) && A^k XA = A^k,\\
&(2) && XAX \ = X,\\
&(3) && AX \quad = XA.
\end{aligned} \tag{1.5.6}$$

则 X 称为 A 的 Drazin 逆, 记为 A^D. 其中 $k = \mathrm{Ind}(A)$ 称为 A 的指标, 是指 k 满足

$$\begin{aligned}
&\mathrm{rank}(A^j) \neq \mathrm{rank}(A^{j+1}),\ j < k,\\
&\mathrm{rank}(A^k) = \mathrm{rank}(A^{k+1}).
\end{aligned} \tag{1.5.7}$$

特别地, 当Ind $(A) = 1$ 时, 则 X 称为 A 的群逆, 记为 A_g.

以上各种类型的广义逆都是具有指定值域 T 和零空间 S 的 (2) 逆, 记为 $A_{T,S}^{(2)}$. Ben-Israel 和 Greville [14] 刻画了 $A_{T,S}^{(2)}$ 的等价性性质.

定理 1.5.2 设 $A \in C_r^{m\times n}$, T 为 C^n 的子空间, $\dim T = s \leqslant r$; S 为 C^m 的子空间, $\dim S = m - s$. 则 A 有 (2) 逆 X 满足 $\mathcal{R}(X) = T$, $\mathcal{N}(X) = S$, 当且仅当

$$AT \oplus S = C^m, \tag{1.5.8}$$

且满足此条件的 X 是唯一的, 记为 $A_{T,S}^{(2)}$.

魏益民 [256] 推导了 $A_{T,S}^{(2)}$ 的特征和表示.

定理 1.5.3 设 $A \in C_r^{m\times n}$, T 为 C^n 的子空间, $\dim T = s \leqslant r$; S 为 C^m 的子空间, $\dim S = m - s$, 若有 $G \in C^{n\times m}$ 使得 $\mathcal{R}(G) = T$ 和 $\mathcal{N}(G) = S$, 如果 A 有一个 $\{2\}$ 逆 $A_{T,S}^{(2)}$, 则必有

$$\mathrm{Ind}(AG) = \mathrm{Ind}(GA) = 1, \tag{1.5.9}$$

并且

$$A_{T,S}^{(2)} = G(AG)_g = (GA)_g G. \tag{1.5.10}$$

这里不给出定理 1.5.2~1.5.3 的证明. 感兴趣的读者可以查阅 [14] 和 [256].

设 $A \in C^{m\times n}$, 则有

$$\begin{aligned} A^{\dagger} &= A_{\mathcal{R}(A^H),\mathcal{N}(A^H)}^{(2)} = A^H(AA^H)_g = (A^HA)_g A^H, \\ A_{M,N}^{\dagger} &= A_{\mathcal{R}(N^{-1}A^HM),\mathcal{N}(N^{-1}A^HM)}^{(2)} = N^{-1}A^HM(AN^{-1}A^HM)_g \\ &= (N^{-1}A^HMA)_g N^{-1}A^HM, \end{aligned} \tag{1.5.11}$$

这里 M, N 分别为给定的 m 阶和 n 阶正定矩阵.

设 $A \in C^{n\times n}$, 则有

$$\begin{aligned} A^D &= A_{\mathcal{R}(A^k),\mathcal{N}(A^k)}^{(2)} = A^k(A^{k+1})_g = (A^{k+1})_g A^k, \\ A_g &= A_{\mathcal{R}(A),\mathcal{N}(A)}^{(2)} = A(A^2)_g = (A^2)_g A, \\ A_g &= A(A^3)^{\dagger} A; \end{aligned} \tag{1.5.12}$$

$$A_{(L)}^{(-1)} = A_{L,L^{\perp}}^{(2)} = P_L(AP_L)_g = (P_LA)_g P_L, \tag{1.5.13}$$

这里 L 是 C^n 的子空间, 并且满足 $AL \oplus L^{\perp} = C^n$.

§ 1.6　投　　影

本节论述投影的概念和性质. 首先引述有关子空间的几个概念.

定义 1.6.1　设 $A \in C^{m\times n}$, 则

$$\mathcal{R}(A) = \{x \in \mathbf{C}^m :\ x = Ay,\ y \in \mathbf{C}^n\}, \quad \mathcal{N}(A) = \{y \in \mathbf{C}^n :\ Ay = 0\}$$

分别称为 A 的列空间和零空间.

定义 1.6.2　设 L 和 M 是 $\mathbf{C}^n$ 的两个子空间. 如果 $\forall x \in \mathbf{C}^n$, 存在 $x_1 \in L$ 和 $x_2 \in M$, 使得 $x = x_1 + x_2$, 而且若 $x \in L \cap M$, 则必有 $x = 0$. 那么称 $\mathbf{C}^n$ 是两个子空间 L 和 M 的直接和, 并记作

$$\mathbf{C}^n = L \oplus M.$$

如果 $\mathbf{C}^n = L \oplus M$, 则 L 和 M 称为互补的子空间. 如果 $x \perp y, \forall x \in L, \forall y \in M$, 则称 M 是 L 的正交补子空间, L 是 M 的正交补子空间, 记作 $M = L^{\perp}$ 或 $L = M^{\perp}$. 易知, 如果 $\mathbf{C}^n = L \oplus M$, 则任一向量 $x \in \mathbf{C}^n$ 可唯一地表示成

$$x = y + z, \quad y \in L,\ z \in M.$$

引理 1.6.1 对于任一 $A \in \mathbf{C}^{m\times n}$, 下列关系式成立:

$$\mathcal{N}(A) = \mathcal{R}(A^H)^{\perp},\ \mathcal{R}(A) = \mathcal{N}(A^H)^{\perp}. \tag{1.6.1}$$

证明 设 $x \in \mathbf{C}^n$, $y \in \mathbf{C}^m$. 如果 $x \in \mathcal{N}(A)$, 则有

$$(A^H y)^H x = y^H(Ax) = 0,\ \forall y \in \mathbf{C}^m,$$

即 $x \in \mathcal{R}(A^H)^{\perp}$, 因此 $\mathcal{N}(A) \subseteq \mathcal{R}(A^H)^{\perp}$. 如果 $x \in \mathcal{R}(A^H)^{\perp}$, 则有

$$y^H(Ax) = (A^H y)^H x = 0,\ \forall y \in \mathbf{C}^m,$$

因而 $x \in \mathcal{N}(A)$, 即有 $\mathcal{R}(A^H)^{\perp} \subseteq \mathcal{N}(A)$. 类似可得 $\mathcal{R}(A) = \mathcal{N}(A^H)^{\perp}$. □

1.6.1 幂等矩阵和投影

定义 1.6.3 如果 $E \in \mathbf{C}_r^{n\times n}$ 满足 $E^2 = E$, 则称 E 为幂等矩阵.

定理 1.6.2 设 $E \in \mathbf{C}^{n\times n}$ 为幂等矩阵. 则

(1) E^H 和 $I_n - E$ 也为幂等矩阵;

(2) E 的 Jordan 标准形为 $\begin{pmatrix} I_r & 0 \\ 0 & 0 \end{pmatrix}$, $r \leqslant n$;

(3) $\mathrm{rank}(E) = \mathrm{tr}(E)$;

(4) $\mathcal{R}(I_n - E) = \mathcal{N}(E)$, $\mathcal{N}(I_n - E) = \mathcal{R}(E)$;

(5) 如果 E 有满秩分解 $E = FG$, 则 $GF = I_r$.

证明 (1)~(3) 容易推出. 以下只证 (4) 和 (5).

(4) 如果 $x \in \mathcal{R}(I_n - E)$, 则存在 $y \in \mathbf{C}^n$, 使得 $x = (I_n - E)y$, 从而

$$Ex = E(I_n - E)y = Ey - E^2 y = 0,$$

即 $x \in \mathcal{N}(E)$, 因此 $\mathcal{R}(I_n - E) \subseteq \mathcal{N}(E)$. 反之, 如果 $x \in \mathcal{N}(E)$, 则 $Ex = 0$, 于是 $(I_n - E)x = x$, 即 $x \in \mathcal{R}(I_n - E)$. 所以 $\mathcal{N}(E) \subseteq \mathcal{R}(I_n - E)$. 因此 $\mathcal{R}(I_n - E) = \mathcal{N}(E)$. 同理可得 $\mathcal{N}(I_n - E) = \mathcal{R}(E)$.

(5) 由 $E^2 = E$ 知 $F(GF - I_r)G = 0$, 因而

$$F^H F(GF - I)GG^H = 0.$$

注意到 $F^H F$ 和 GG^H 均为非奇异矩阵, 所以有 $GF - I_r = 0$, 即 $GF = I_r$. □

定义 1.6.4 设 $\mathbf{C}^n = L \oplus M$, $x \in \mathbf{C}^n$ 有分解式

$$x = y + z, \quad y \in L,\ z \in M. \tag{1.6.2}$$

则 y 称为 x 沿 M 到 L 的投影. 用 $P_{L,M}$ 表示相应的由 $\mathbf{C}^n$ 到 L 上的映射, 称其为沿 M 到 L 上的投影变换, 或投影算子.

推论 1.6.3 若 $\mathbf{C}^n = L \oplus M$, 则 $\mathbf{C}^n$ 内任一向量 x 的唯一分解式 (1.6.2) 式中的 y 和 z 可表示为

$$y = P_{L,M}x, \quad z = (I - P_{L,M})x. \tag{1.6.3}$$

定理 1.6.4 如果 $E \in \mathbf{C}^{n\times n}$ 是一个幂等矩阵, 则

$$\mathbf{C}^n = \mathcal{R}(E) \oplus \mathcal{N}(E),$$

并且

$$E = P_{\mathcal{R}(E),\mathcal{N}(E)}.$$

反之, 如果 $\mathbf{C}^n = L \oplus M$, 则存在唯一的幂等矩阵 $P_{L,M}$, 使得

$$\mathcal{R}(P_{L,M}) = L, \quad \mathcal{N}(P_{L,M}) = M.$$

证明 设 $E \in \mathbf{C}^{n\times n}$ 是一幂等矩阵. 则一方面, 由

$$x = Ex + (I - E)x, \quad \forall x \in \mathbf{C}^n,$$

其中 $Ex \in \mathcal{R}(E)$, $(I-E)x \in \mathcal{R}(I-E) = \mathcal{N}(E)$. 另一方面, 如果 $z \in \mathcal{R}(E) \cap \mathcal{N}(E)$, 即存在 $x_1, x_2 \in \mathbf{C}^n$, 使得

$$z = Ex_1 = (I - E)x_2,$$

则必有

$$z = Ex_1 = E^2x_1 = E(I-E)x_2 = 0.$$

因此 $\mathbf{C}^n = \mathcal{R}(E) \oplus \mathcal{N}(E)$. 于是 Ex 是沿 $\mathcal{N}(E)$ 到 $\mathcal{R}(E)$ 上的投影, 所以

$$E = P_{\mathcal{R}(E),\mathcal{N}(E)}.$$

反之, 如果 $\mathbf{C}^n = L \oplus M$, 则可分别在 L 和 M 内取基底

$$\{x_1, \cdots, x_l\}, \quad \{y_1, \cdots, y_m\},$$

$l + m = n$. 于是, 记 $P_{L,M}$ 为沿着 M 到 L 上的投影算子, 则

$$\begin{cases} P_{L,M}x_i = x_i, & i = 1:l, \\ P_{L,M}y_j = 0, & j = 1:m. \end{cases} \tag{1.6.4}$$

令 $X = (x_1, \cdots, x_l)$, $Y = (y_1, \cdots, y_m)$. 则 (1.6.4) 可表示成

$$P_{L,M}(X, Y) = (X, 0). \tag{1.6.5}$$

因为 $(X,Y) \in \mathbf{C}^{n\times n}$ 为非奇异矩阵, 所以有

$$P_{L,M} = (X,0)(X,Y)^{-1},$$

且 $\mathcal{R}(P_{L,M}) = L$, $\mathcal{N}(P_{L,M}) = M$. 此外有

$$P_{L,M}^2 = P_{L,M}(X,0)(X,Y)^{-1} = (X,0)(X,Y)^{-1} = P_{L,M},$$

即 $P_{L,M}$ 为幂等矩阵. □

1.6.2 正交投影

前一小段所说的投影是斜投影, 它和幂等矩阵相对应. 本小节讨论正交投影.

定理 1.6.5 设 L 是 $\mathbf{C}^n$ 的子空间, x 是 $\mathbf{C}^n$ 内任一向量. 则在 L 中存在唯一的向量 u_x, 使得

$$\|x-u_x\|_2 < \|x-u\|_2, \quad \forall u \in L,\ u \neq u_x, \tag{1.6.6}$$

其中 $\|x\|_2^2 = x^H x$.

证明 令 $L^\perp$ 表示 L 的正交补子空间. 容易验证 $\mathbf{C}^n = L \oplus L^\perp$. 因此, 对于任一 $x \in \mathbf{C}^n$, 有唯一分解

$$x = u_x + (x-u_x), \quad u_x \in L,\ x-u_x \in L^\perp.$$

于是, 对任一 $u \in L$, 有

$$\begin{aligned}\|x-u\|_2^2 &= \|(u_x-u)+(x-u_x)\|_2^2\\ &= \|u_x-u\|_2^2 + \|x-u_x\|_2^2.\end{aligned}$$

显然, 当且仅当 $u = u_x$ 时, $\|x-u\|_2$ 达到极小值 $\|x-u_x\|_2$. □

对任一 $x \in \mathbf{C}^n$, 由定理 1.6.5 在 L 中所唯一确定的 u_x, 称为 x 沿 $L^\perp$ 到 L 的正交投影. 如果用 P_L 表示相应的由 $\mathbf{C}^n$ 到 L 上的映射, 则 P_L 称为沿 $L^\perp$ 到 L 的正交投影变换, 或正交投影算子. 如果用 $P_{L^\perp}$ 表示相应的由 $\mathbf{C}^n$ 到 $L^\perp$ 上的映射, 则

$$P_{L^\perp} = I - P_L,$$

称为沿 L 到 $L^\perp$ 的正交投影变换, 或正交投影算子.

所谓矩阵 P 是 Hermite 幂等矩阵, 就是指 P 既是幂等矩阵, 又是 Hermite 矩阵. 下述定理说明了正交投影算子和 Hermite 幂等矩阵的关系.

定理 1.6.6 设 $\mathbf{C}^n = L\oplus M$. 则 $P_{L,M}$ 是 Hermite 矩阵的充要条件是 $M = L^\perp$.

证明 由引理 1.6.1 和定理 1.6.4 知

$$\begin{cases}\mathcal{R}(P_{L,M}^H) = \mathcal{N}(P_{L,M})^\perp = M^\perp,\\ \mathcal{N}(P_{L,M}^H) = \mathcal{R}(P_{L,M})^\perp = L^\perp.\end{cases} \tag{1.6.7}$$

因为 $P_{L,M}^H$ 是幂等矩阵, 据定理 1.6.4, $\mathcal{R}(P_{L,M}^H)$ 和 $\mathcal{N}(P_{L,M}^H)$ 互补, 即 $M^\perp$ 和 $L^\perp$ 互补.

再据定理 1.6.4, 存在幂等矩阵 $P_{M^\perp,L^\perp}$, 使得

$$\mathcal{R}(P_{M^\perp,L^\perp}) = M^\perp, \quad \mathcal{N}(P_{M^\perp,L^\perp}) = L^\perp. \tag{1.6.8}$$

并且这个幂等矩阵是唯一的. 比较 (1.6.7)~(1.6.8) 式知

$$P_{L,M}^H = P_{M^\perp,L^\perp}.$$

于是, $P_{L,M}$ 是 Hermite 矩阵的必要和充分条件是

$$P_{L,M} = P_{M^\perp,L^\perp}.$$

于是, $P_{L,M}$ 是 Hermite 矩阵充要条件是 $M = L^\perp$. □

1.6.3 投影 $AA^\dagger$ 和 $A^\dagger A$ 的几何意义

下面是关于 $AA^\dagger$ 和 $A^\dagger A$ 的列空间和零空间的命题.

定理 1.6.7 设 $A \in \mathbf{C}^{m\times n}$. 则有

$$\begin{aligned} &\mathcal{R}(AA^\dagger) = \mathcal{R}(AA^H) = \mathcal{R}(A), \\ &\mathcal{R}(A^\dagger A) = \mathcal{R}(A^H A) = \mathcal{R}(A^H) = \mathcal{R}(A^\dagger), \end{aligned} \tag{1.6.9}$$

$$\begin{aligned} &\mathcal{N}(AA^\dagger) = \mathcal{N}(AA^H) = \mathcal{N}(A^H) = \mathcal{N}(A^\dagger), \\ &\mathcal{N}(A^\dagger A) = \mathcal{N}(A^H A) = \mathcal{N}(A). \end{aligned} \tag{1.6.10}$$

证明 设 $\operatorname{rank}(A) = r > 0$, 并设 A 的 SVD 为 $A = U\begin{pmatrix} \Sigma & 0 \\ 0 & 0 \end{pmatrix}V^H$, 其中 $U = (U_1, U_2)$, $V = (V_1, V_2)$ 是酉矩阵, U_1, V_1 分别是 U, V 的前 r 列, $\Sigma = \operatorname{diag}(\sigma_1, \cdots, \sigma_r) > 0$. 于是

$$\begin{aligned} A = U_1\Sigma V_1^H, &\quad A^H = V_1\Sigma U_1^H, \quad A^\dagger = V_1\Sigma^{-1}U_1^H, \\ AA^H = U_1\Sigma^2 U_1^H, &\quad A^H A = V_1\Sigma^2 V_1^H, \\ AA^\dagger = U_1 U_1^H, &\quad A^\dagger A = V_1 V_1^H. \end{aligned}$$

因此

$$\begin{aligned} \mathcal{R}(A) = \mathcal{R}(U_1), &\quad \mathcal{R}(A^H) = \mathcal{R}(V_1), \quad \mathcal{R}(A^\dagger) = \mathcal{R}(V_1), \\ \mathcal{R}(AA^H) = \mathcal{R}(U_1), &\quad \mathcal{R}(A^H A) = \mathcal{R}(V_1), \quad \mathcal{R}(AA^\dagger) = \mathcal{R}(U_1), \\ \mathcal{R}(A^\dagger A) = \mathcal{R}(V_1), & \end{aligned}$$

$$\mathcal{N}(A) = \mathcal{R}(V_2),\ \mathcal{N}(A^H) = \mathcal{R}(U_2), \mathcal{N}(A^\dagger) = \mathcal{R}(U_2),$$
$$\mathcal{N}(AA^H) = \mathcal{R}(U_2),\ \mathcal{N}(A^H A) = \mathcal{R}(V_2),\ \mathcal{N}(AA^\dagger) = \mathcal{R}(U_2),$$
$$\mathcal{N}(A^\dagger A) = \mathcal{R}(V_2),$$

由此立即得到 (1.6.9)~(1.6.10) 式. 当 $A=0$ 时, 结论显然. □

现在考虑 $AA^\dagger$ 和 $A^\dagger A$ 的几何意义. 显然, $AA^\dagger \in \mathbf{C}^{m\times m}$ 是 Hermite 幂等矩阵, 且有

$$\mathbf{C}^m = \mathcal{R}(AA^\dagger) \oplus \mathcal{N}(AA^\dagger),$$

并且 $AA^\dagger$ 是到 $\mathcal{R}(A)$ 上的正交投影算子, 记为

$$P_{\mathcal{R}(A)} = AA^\dagger \equiv P_A.$$

其次, $A^\dagger A \in \mathbf{C}^{n\times n}$ 显然也是 Hermite 幂等矩阵, 且有

$$\mathbf{C}^n = \mathcal{R}(A^\dagger A) \oplus \mathcal{N}(A^\dagger A),$$

并且 $A^\dagger A$ 是到 $\mathcal{R}(A^H)$ 的正交投影算子, 记为

$$P_{\mathcal{R}(A^H)} = A^\dagger A \equiv P_{A^H}.$$

§ 1.7 范 数

本节讨论向量和矩阵范数. 范数是矩阵论和数值代数中一个重要的概念. 在讨论各种广义的最小二乘问题的理论分析和扰动估计时, 都要用到向量范数和矩阵范数. 对范数的详细讨论, 见 [121], [183] 和 [188].

1.7.1 向量范数

$\mathbf{C}^n$ 上向量范数的概念是复数模的概念的推广.

定义 1.7.1 由 $\mathbf{C}^n$ 到非负实数集合 $\mathbf{R}_0$ 上的函数 ν 称为 $\mathbf{C}^n$ 上的范数, 如果对 $\forall\ x,\ y \in \mathbf{C}^n$, $a \in \mathbf{C}$, 有

(1) $x \neq 0 \Rightarrow \nu(x) > 0$ (正定性),

(2) $\nu(ax) = |a|\nu(x)$ (齐次性),

(3) $\nu(x+y) \leqslant \nu(x) + \nu(y)$ (三角不等式).

由定义 1.7.1 容易导出

$$\nu(0) = 0, \quad \nu(-x) = \nu(x), \quad |\nu(x) - \nu(y)| \leqslant \nu(x-y), \quad \forall x,\ y \in \mathbf{C}^n.$$

对任何 $x = (\xi_1, \cdots, \xi_n)^T \in \mathbf{C}^n$,

$$\|x\|_p = \left(\sum_{i=1}^n |\xi_i|^p\right)^{\frac{1}{p}}, \quad 1 \leqslant p \leqslant \infty. \tag{1.7.1}$$

$\|\cdot\|_p$ 称为 $\mathbf{C}^n$ 上的 Hölder 范数 (或 p 范数). 常用的 p 范数是 $\|x\|_1$, $\|x\|_2$ 和 $\|x\|_\infty$, 其中

$$\|x\|_\infty = \max_{1\leqslant i\leqslant n} |\xi_i|, \forall x = (\xi_1, \cdots, \xi_n)^T \in \mathbf{C}^n.$$

可以利用已知的范数去构造新范数. 例如, 设 μ 是 $\mathbf{C}^m$ 上的范数, $A \in \mathbf{C}_n^{m\times n}$. 则由

$$\nu(x) = \mu(Ax), \quad x \in \mathbf{C}^n$$

所定义的 ν 是 $\mathbf{C}^n$ 上的范数.

另外, 设 $A \in C^{n\times n}$ 为正定矩阵. 则由

$$\nu(x) = \sqrt{x^H Ax}, \quad x \in \mathbf{C}^n$$

定义的 ν 是 $\mathbf{C}^n$ 上的范数.

由 $\|\cdot\|_2$ 在 $\mathbf{C}^n$ 上诱导出的度量, 称为 Euclid 度量, 即对于 $\mathbf{C}^n$ 内的任意两点 $x = (\xi_1, \cdots, \xi_n)^T$ 和 $y = (\eta_1, \cdots, \eta_n)^T$, 用

$$\|x - y\|_2 = \sqrt{\sum_{i=1}^n |\xi_i - \eta_i|^2}$$

作为它们之间的距离, 从而 $\mathbf{C}^n$ 成了一个度量空间.

引理 1.7.1 设 ν 是 $\mathbf{C}^n$ 上的范数, 则 $\nu(x)$ 是 $x \in \mathbf{C}^n$ 的连续函数.

证明 以 e_i 表示 I_n 的第 i 列, 并记 $\gamma = \sqrt{\sum\limits_{i=1}^n \nu^2(e_i)} > 0$. 则 $\forall x = (\xi_1, \cdots, \xi_n)^T$, $y = (\eta_1, \cdots, \eta_n)^T \in \mathbf{C}^n$, 由范数的性质和 Cauchy 不等式, 有

$$\begin{aligned}|\nu(y) - \nu(x)| &\leqslant \nu(y - x) = \nu\left(\sum_{i=1}^n (\eta_i - \xi_i)e_i\right) \leqslant \sum_{i=1}^n |\eta_i - \xi_i|\nu(e_i) \\ &\leqslant \sqrt{\sum_{i=1}^n |\eta_i - \xi_i|^2} \times \sqrt{\sum_{i=1}^n \nu^2(e_i)} = \gamma\|y - x\|_2.\end{aligned}$$

对于 $\forall\varepsilon > 0$, 取 $\delta = \frac{\varepsilon}{\gamma}$, 当 $\|y - x\|_2 < \delta$ 时, 必有 $|\nu(y) - \nu(x)| < \varepsilon$. □

引理 1.7.2 点集

$$\mathcal{F}_\infty = \{x \in \mathbf{C}^n : \|x\|_\infty = 1\}$$

是 $\mathbf{C}^n$ 内一有界闭集.

证明 对于任一点 $x = (\xi_1, \cdots, \xi_n)^T \in \mathcal{F}_\infty$, 由

$$\|x\|_2 = \sqrt{\sum_{i=1}^n |\xi_i|^2} \leqslant \sqrt{n}\|x\|_\infty = \sqrt{n},$$

知 $\mathcal{F}_\infty$ 是 $\mathbf{C}^n$ 内一有界集.

设 $\{x^{(k)}\}$ 是 $\mathcal{F}_\infty$ 内一无穷点列, 并且 $\lim\limits_{k\to\infty}\|x^{(k)}-x\|_2=0$. 显然存在 $\{x^{(k)}\}$ 的一个无穷子列 $\{x^{(k_i)}\}$, 使得对于某一个确定的 $j(1\leqslant j\leqslant n)$, $x^{(k_i)}$ 的第 j 个分量 $\xi_j^{(k_i)}$ 的模为 1, $i=1,2,\cdots$. 设 x 的第 j 个分量为 ξ_j, 则由

$$|1-|\xi_j||=||\xi_j^{(k_i)}|-|\xi_j||\leqslant|\xi_j^{(k_i)}-\xi_j|\leqslant\|x^{(k_i)}-x\|_2\to 0\quad(i\to\infty),$$

立即得到 $|\xi_j|=1$. 又对于任何 $i=1:n$, 和 $k=1,\ 2,\cdots$, 有 $|\xi_i^{(k)}|\leqslant 1$. 于是 $|\xi_i|=\lim\limits_{k\to\infty}|\xi_i^{(k)}|\leqslant 1$. 因此有 $x\in\mathcal{F}_\infty$, 即 $\mathcal{F}_\infty$ 是 $\mathbf{C}^n$ 内一有界闭集. □

定理 1.7.3 (范数的等价性定理) 设 ν 和 μ 是 $\mathbf{C}^n$ 上的任意两种范数. 则存在仅和 ν, μ 有关的正数 r_1 和 r_2, 使得

$$r_1\nu(x)\leqslant\mu(x)\leqslant r_2\nu(x),\quad\forall x\in\mathbf{C}^n.\tag{1.7.2}$$

证明 当 $x=0$ 时, (1.7.2) 式显然成立. 设 $0\neq x=(\xi_1,\cdots,\xi_n)\in\mathbf{C}^n$. 则有

$$\mu(x)=\mu\left(\sum_{i=1}^n\xi_ie_i\right)\leqslant\sum_{i=1}^n|\xi_i|\mu(e_i)\leqslant\|x\|_\infty p_2,$$

其中 $p_2=\sum\limits_{i=1}^n\mu(e_i)>0$ 和 x 无关. 另一方面, 由于 μ 是 $\mathbf{C}^n$ 上的连续函数, $\mathcal{F}_\infty$ 是 $\mathbf{C}^n$ 内的一有界闭集, 因此 μ 必在 $\mathcal{F}_\infty$ 上达到极小值 $p_1=\min\limits_{y\in\mathcal{F}_\infty}\mu(y)>0$. 令 $y=\dfrac{x}{\|x\|_\infty}$, 则 $y\in\mathcal{F}_\infty$, 因此

$$\mu(x)=\mu(y\|x\|_\infty)=\|x\|_\infty\mu(y)\geqslant p_1\|x\|_\infty,$$

从而有

$$p_1\|x\|_\infty\leqslant\mu(x)\leqslant p_2\|x\|_\infty,\tag{1.7.3}$$

其中正数 p_1, p_2 和 x 无关. 同理可得

$$q_1\|x\|_\infty\leqslant\nu(x)\leqslant q_2\|x\|_\infty,\tag{1.7.4}$$

其中正数 q_1,q_2 也和 x 无关. 由 (1.7.3) 式和 (1.7.4) 式立即推出

$$0<r_1=\frac{p_1}{q_2}\leqslant\frac{\mu(x)}{\nu(x)}\leqslant\frac{p_2}{q_1}=r_2.$$

□

例 1.7.1 设 $x\in\mathbf{C}^n$. 则有

$$\begin{aligned}&\|x\|_\infty\leqslant\|x\|_1\leqslant n\|x\|_\infty,\\&\frac{1}{\sqrt{n}}\|x\|_1\leqslant\|x\|_2\leqslant\|x\|_1,\\&\frac{1}{\sqrt{n}}\|x\|_2\leqslant\|x\|_\infty\leqslant\|x\|_2.\end{aligned}\tag{1.7.5}$$

例 1.7.1 的证明留给读者.

由 $\mathbf{C}^n$ 上的不同范数, 可以诱导出 $\mathbf{C}^n$ 上的不同度量, 从而在 $\mathbf{C}^n$ 上建立不同的拓扑. 定理 1.7.3 表明, 这些拓扑是等价的.

1.7.2 矩阵范数

把 $\mathbf{C}^n$ 上的范数概念推广到 $\mathbf{C}^{m\times n}$, 则得到 $\mathbf{C}^{m\times n}$ 上的矩阵范数.

定义 1.7.2 一个由 $\mathbf{C}^{m\times n}$ 到 $\mathbf{R}_0$ 上的函数 ν 称为 $\mathbf{C}^{m\times n}$ 上的矩阵范数, 如果它满足:

(1) $A \neq 0 \Rightarrow \nu(A) > 0$ (正定性),

(2) $\nu(\alpha A) = |\alpha|\nu(A)$ (齐次性),

(3) $\nu(A+B) \leqslant \nu(A) + \nu(B)$ (三角不等式),

其中 A, B 是 $\mathbf{C}^{m\times n}$ 中任意矩阵, α 是任意复数.

由定义 1.7.2 容易得到

$$\nu(0) = 0, \quad \nu(-A) = \nu(A), \quad |\nu(A) - \nu(B)| \leqslant \nu(A-B).$$

例 1.7.2 对于 $A = (a_{ij}) \in \mathbf{C}^{m\times n}$, 令

$$\|A\|_F = \sqrt{\sum_{i,j} |a_{ij}|^2}.$$

$\|A\|_F$ 称为 A 的 Frobenius 范数, 或者称为 A 的 Euclid 范数, 简称 A 的 F 范数. 矩阵的 F 范数是向量的 Euclid 范数的自然推广.

例 1.7.3 对于 $A = (a_{ij}) \in \mathbf{C}^{m\times n}$, 令

$$\|A\|'_\infty = \max_{i,j} |a_{ij}|.$$

范数 $\|\cdot\|'_\infty$ 是向量范数 $\|\cdot\|_\infty$ 的自然推广.

例 1.7.4 对于 $A = (a_{ij}) \in \mathbf{C}^{m\times n}$, 令

$$\|A\|_\alpha = \frac{1}{n}\sum_{i=1}^{m}\sum_{j=1}^{n} |a_{ij}|.$$

范数 $\|\cdot\|_\alpha$ 是向量范数 $\|\cdot\|_1$ 的一个推广.

注意到, 如果把 $A \in \mathbf{C}^{m\times n}$ 看作 $\mathbf{C}^{mn}$ 中的一个向量, 则 $\mathbf{C}^{m\times n}$ 上的任一矩阵函数, 可以看作 $\mathbf{C}^{mn}$ 上的任一向量函数. 根据定理 1.7.3 立即得出

定理 1.7.4 设 ν 和 μ 是 $\mathbf{C}^{m\times n}$ 上的范数. 则存在仅和 ν, μ 有关的正数 s_1 和 s_2, 使得

$$s_1\nu(A) \leqslant \mu(A) \leqslant s_2\nu(A), \quad \forall A \in \mathbf{C}^{m\times n}. \tag{1.7.6}$$

在数值分析中, 具备相容性条件的范数使用时特别方便.

定义 1.7.3 设 $\rho: \mathbf{C}^{m\times k} \to \mathbf{R}_0$, $\mu: \mathbf{C}^{m\times n} \to \mathbf{R}_0$, $\nu: \mathbf{C}^{n\times k} \to \mathbf{R}_0$ 是矩阵范数. 如果 $\forall A \in \mathbf{C}^{m\times n}$, $B \in \mathbf{C}^{n\times k}$,

(4) $\rho(AB) \leqslant \mu(A)\nu(B)$ (相容性),

则称 μ, ν 和 ρ 是相容的. 特别地, 如果 $\mathbf{C}^{m\times m}$ 上的范数 ν 满足

$$\nu(AB) \leqslant \nu(A)\nu(B),$$

则称 ν 是自相容的矩阵范数, 或简单地称 ν 是相容范数.

范数 $\|\cdot\|_F$ 是相容范数, 而范数 $\|\cdot\|'_\infty$ 和 $\|\cdot\|_\alpha$ 都不是相容范数.

定理 1.7.5 设 $\|\cdot\|: \mathbf{C}^{n\times n} \to \mathbf{R}_0$ 是一相容的矩阵范数. 则在 $\mathbf{C}^n$ 上必存在和 $\|\cdot\|$ 相容的向量范数 ν.

证明 任意取定一非零向量 $a \in \mathbf{C}^n$. 定义

$$\nu(x) = \|xa^H\|, \quad x \in \mathbf{C}^n.$$

容易验证 ν 是 $\mathbf{C}^n$ 上的向量范数, 并且由

$$\nu(Ax) = \|Axa^H\| \leqslant \|A\| \, \|xa^H\| = \|A\|\nu(x),$$

立即得知 ν 和 $\|\cdot\|$ 相容. □

相容的矩阵范数还有一个重要性质, 即

定理 1.7.6 设 $\|\cdot\|: \mathbf{C}^{n\times n} \to R_0$ 是一相容的矩阵范数. 则对任一 $A \in \mathbf{C}^{n\times n}$, 有

$$|\lambda_i| \leqslant \|A\|, \quad \forall \lambda_i \in \lambda(A). \tag{1.7.7}$$

证明 根据定理 1.7.5, 在 $\mathbf{C}^n$ 上存在和 $\|\cdot\|$ 相容的向量范数 ν. 设 x 是 A 的属于 λ_i 的特征向量, 即

$$Ax = \lambda_i x, \quad x \in \mathbf{C}^n, \quad x \neq 0.$$

则由

$$|\lambda_i|\nu(x) = \nu(\lambda_i x) = \nu(Ax) \leqslant \|A\|\nu(x)$$

和 $\nu(x) > 0$, 立即得到定理的结论. □

由不同的角度, 可以把矩阵范数加以分类. 在数值分析中常常使用的是算子范数和酉不变范数, 下面分别讨论.

定理 1.7.7　设 $\mu: \mathbf{C}^m \to \mathbf{R}_0$ 和 $\nu: \mathbf{C}^n \to \mathbf{R}_0$ 是向量范数. 定义 $\|\cdot\|_{\mu,\nu}: \mathbf{C}^{m\times n} \to \mathbf{R}_0$,

$$\|A\|_{\mu,\nu} = \sup_{\substack{x\in\mathbf{C}^n\\ x\neq 0}} \frac{\mu(Ax)}{\nu(x)} = \max_{\substack{x\in\mathbf{C}^n\\ \nu(x)=1}} \mu(Ax). \tag{1.7.8}$$

则 $\|\cdot\|_{\mu,\nu}$ 是 $\mathbf{C}^{m\times n}$ 上的矩阵范数.

证明　对任何 $x\in\mathbf{C}^n$, $x\neq 0$, 令 $y=\dfrac{x}{\nu(x)}$. 则 $\nu(y)=1$. 易知 $\mu(Ay)$ 是 y 的连续函数, 并在有界闭集 $\{y\in\mathbf{C}^n:\nu(y)=1\}$ 上有最大值. 因此, (1.7.8) 式中后一个等式有意义. 于是有

$$\mu(Ax) \leqslant \|A\|_{\mu,\nu}\nu(x), \quad \forall A\in\mathbf{C}^{m\times n},\ \forall x\in\mathbf{C}^n. \tag{1.7.9}$$

以下证明 $\|\cdot\|_{\mu,\nu}$ 满足矩阵范数定义中的性质 (1), (2) 和 (3).

(1) 正定性. 设 $A\neq 0$. 则必有正整数 $i\leqslant n$, 使得 $Ae_i\neq 0$. 于是有

$$0<\mu(Ae_i)\leqslant \|A\|_{\mu,\nu}\nu(e_i) \Rightarrow \|A\|_{\mu,\nu}>0.$$

(2) 齐次性. 任取 $\alpha\in\mathbf{C}$. 有

$$\begin{aligned}\|\alpha A\|_{\mu,\nu} &= \max_{\substack{x\in\mathbf{C}^n\\ \nu(x)=1}} \mu(\alpha Ax) = \max_{\substack{x\in\mathbf{C}^n\\ \nu(x)=1}} |\alpha|\mu(Ax)\\ &= |\alpha|\|A\|_{\mu,\nu}.\end{aligned}$$

(3) 三角不等式. 任取 $A,B\in\mathbf{C}^{m\times n}$. 设 x 满足 $\nu(x)=1$, 并且 $\mu((A+B)x)=\|A+B\|_{\mu,\nu}$. 则有

$$\begin{aligned}\|A+B\|_{\mu,\nu} &= \mu((A+B)x) \leqslant \mu(Ax)+\mu(Bx)\\ &\leqslant \|A\|_{\mu,\nu}\nu(x)+\|B\|_{\mu,\nu}\nu(x)\\ &= \|A\|_{\mu,\nu}+\|B\|_{\mu,\nu}.\end{aligned}$$

□

定义 1.7.4　设 μ 和 ν 分别是 $\mathbf{C}^m$ 和 $\mathbf{C}^n$ 上的范数. 则由 (1.7.8) 式所定义的矩阵范数 $\|\cdot\|_{\mu,\nu}:\mathbf{C}^{m\times n}\to\mathbf{R}_0$, 称为 $\mathbf{C}^{m\times n}$ 上的算子范数, 或从属于 μ 和 ν 的范数.

关于算子范数的相容性, 有下述结果.

定理 1.7.8　设 μ, ν, ω 分别是 $\mathbf{C}^m$, $\mathbf{C}^n$ 和 $\mathbf{C}^k$ 上的范数. 如果按照 (1.7.8) 式分别定义 $\mathbf{C}^{m\times n}$, $\mathbf{C}^{n\times k}$ 和 $\mathbf{C}^{m\times k}$ 上的算子范数 $\|\cdot\|_{\mu,\nu}$, $\|\cdot\|_{\nu,\omega}$ 和 $\|\cdot\|_{\mu,\omega}$, 则有

$$\|AB\|_{\mu,\omega} \leqslant \|A\|_{\mu,\nu}\|B\|_{\nu,\omega}, \quad \forall A\in\mathbf{C}^{m\times n},\ \forall B\in\mathbf{C}^{n\times k}. \tag{1.7.10}$$

证明　设 $u\in\mathbf{C}^k$, $\omega(u)=1$, 并且 $\mu(ABu)=\|AB\|_{\mu,\omega}$. 则由不等式 (1.7.9), 有

$$\|AB\|_{\mu,\omega} = \mu(ABu) = \mu(A(Bu)) \leqslant \|A\|_{\mu,\nu}\nu(Bu)$$

$$\leqslant \|A\|_{\mu,\nu}\|B\|_{\nu,\omega}\omega(u) = \|A\|_{\mu,\nu}\|B\|_{\nu,\omega}. \qquad \square$$

推论 1.7.9 设 ν 是 $\mathbf{C}^n$ 上的范数, 则在 $\mathbf{C}^{n\times n}$ 上从属于 ν 的矩阵范数 $\|\cdot\|_\nu$ 是相容范数, 即

$$\|AB\|_\nu \leqslant \|A\|_\nu\|B\|_\nu, \quad \forall A, B \in \mathbf{C}^{n\times n}.$$

定理 1.7.10 设 ν 是 $\mathbf{C}^n$ 上的范数, $\|\cdot\|_\nu$ 是 $\mathbf{C}^{n\times n}$ 上从属于 ν 的矩阵范数. 又设 $\|\cdot\|$ 是 $\mathbf{C}^{n\times n}$ 上和 ν 相容的任一种矩阵范数. 则 $\|A\|_\nu \leqslant \|A\|$, $\forall A \in \mathbf{C}^{n\times n}$.

证明 设 $x \in \mathbf{C}^n$ 满足 $\nu(x) = 1$, 并且 $\nu(Ax) = \|A\|_\nu$. 则

$$\|A\|_\nu = \nu(Ax) \leqslant \|A\|\nu(x) = \|A\|. \qquad \square$$

对于 $p = 1, 2, \infty$, $\|\cdot\|_p$ 是 $\mathbf{C}^{m\times n}$ 上最常用的的算子范数:

$$\|A\|_p = \max_{\|x\|_p=1} \|Ax\|_p, \quad A \in \mathbf{C}^{m\times n}. \tag{1.7.11}$$

而且由定理 1.7.8 可知, 这些算子范数都是相容范数.

关于 $\|\cdot\|_1, \|\cdot\|_2$ 和 $\|\cdot\|_\infty$, 有下面的表达式.

例 1.7.5 设 $A = (a_{ij}) \in \mathbf{C}^{m\times n}$. 则有

$$\|A\|_1 = \max_{1\leqslant j\leqslant n} \sum_{i=1}^{m} |a_{ij}|, \tag{1.7.12}$$

$$\|A\|_\infty = \max_{1\leqslant i\leqslant m} \sum_{j=1}^{n} |a_{ij}|, \tag{1.7.13}$$

$$\|A\|_2 = \sqrt{\lambda_{\max}(A^HA)} = \max_i \sigma_i(A). \tag{1.7.14}$$

证明 当 $A = 0$ 时, 结论显然. 当 $A \neq 0$ 时, 记 $A = (a_1, \cdots, a_n)$. 任取 $x = (\xi_1, \cdots, \xi_n)^T \neq 0$, 有

$$\begin{aligned}\|Ax\|_1 = \Big\|\sum_{j=1}^{n} \xi_j a_j\Big\|_1 &\leqslant \sum_{j=1}^{n} |\xi_j|\|a_j\|_1 \\ &\leqslant \max_{1\leqslant j\leqslant n} \|a_j\|_1 \cdot \|x\|_1,\end{aligned}$$

于是有 $\|A\|_1 \leqslant \max\limits_{1\leqslant j\leqslant n} \|a_j\|_1$. 另一方面, 如果 $\max\limits_{1\leqslant j\leqslant n} \|a_j\|_1 = \|a_k\|_1$, 则有

$$\frac{\|Ae_k\|_1}{\|e_k\|_1} = \|a_k\|_1 = \max_{1\leqslant j\leqslant n} \|a_j\|_1.$$

于是 $\|A\|_1 \geqslant \max_{1\leqslant j\leqslant n} \|a_j\|_1$. 这样证明了 (1.7.12) 式. (1.7.13) 式的证明留给读者.

要证明 (1.7.14) 式, 只需利用 A 的奇异值分解

$$A = U\begin{pmatrix} \Sigma_1 & 0 \\ 0 & 0 \end{pmatrix}V^H, \quad \Sigma_1 = \mathrm{diag}(\sigma_1, \cdots, \sigma_r) > 0,$$

其中 U 和 V 为酉矩阵. 于是

$$\begin{aligned}\|A\|_2^2 &= \max_{\|x\|_2=1} x^H A^H A x = \max_{\|x\|_2=1} (V^H x)^H \begin{pmatrix} \Sigma_1^2 & 0 \\ 0 & 0 \end{pmatrix} V^H x \\ &= \max_{\|y\|_2=1} y^H \begin{pmatrix} \Sigma_1^2 & 0 \\ 0 & 0 \end{pmatrix} y = \lambda_{\max}(A^H A) = \max_i \sigma_i(A)^2. \end{aligned}$$ □

由于表示式 (1.7.12)~(1.7.14), 通常将 $\|A\|_1$ 和 $\|A\|_\infty$ 分别称为 A 的列和范数和行和范数, 而把 $\|A\|_2$ 称为 A 的谱范数. 对于 A 的谱范数, 可以证明

$$\begin{aligned}\|A\|_2 &= \max_{\substack{\|x\|_2=1 \\ \|y\|_2=1}} |y^H A x|, \\ \|A^H\|_2 &= \|A^T\|_2 = \|A\|_2, \\ \|A^H A\|_2 &= \|A\|_2^2, \\ \|A\|_2^2 &\leqslant \|A\|_1 \|A\|_\infty, \end{aligned}$$

并且对于任意的酉矩阵 $U \in \mathbf{C}^{m\times m}$ 和 $V \in \mathbf{C}^{n\times n}$, 有

$$\|UAV\|_2 = \|A\|_2.$$

设 $A \in \mathbf{C}^{n\times n}$. 则 $\rho(A) = \max\{|\lambda| : \lambda \in \lambda(A)\}$ 称为 A 的谱半径. 定理 1.7.6 表明, 如果 $\|\cdot\|$ 是 $\mathbf{C}^{n\times n}$ 上的相容范数, 则

$$\rho(A) \leqslant \|A\|, \quad \forall A \in \mathbf{C}^{n\times n}.$$

定理 1.7.11　设 $A \in \mathbf{C}^{n\times n}, \varepsilon > 0$. 则存在 $\mathbf{C}^{n\times n}$ 上的相容范数 $\|\cdot\|$ (依赖于 A 和 ε), 满足 $\|I_n\| = 1$, 且

$$\|A\| \leqslant \rho(A) + \varepsilon. \tag{1.7.15}$$

证明　由 A 的 Schur 分解 $A = UTU^H$, 其中 U 为酉矩阵, $T = \Lambda + M, M = (m_{ij})$ 为严格上三角矩阵, $\Lambda = \mathrm{diag}(\lambda_1, \cdots, \lambda_n)$, 而 $\lambda_1, \cdots, \lambda_n$ 为 A 的特征值. 若 $M = 0$, 则有 $\|A\|_2 = \rho(A) \leqslant \rho(A) + \varepsilon$. 若 $M \neq 0$, 取 $D = \mathrm{diag}(1, \delta, \delta^2, \cdots, \delta^{n-1})$, 其中

$$\delta = \min\left\{1, \frac{\varepsilon}{(n-1)\max\limits_{1\leqslant i<j\leqslant n} |m_{ij}|}\right\},$$

$$D^{-1}TD = \begin{pmatrix} \lambda_1 & m_{12}\delta & m_{13}\delta^2 & \cdots & m_{1n}\delta^{n-1} \\ & \lambda_2 & m_{23}\delta & \cdots & m_{2n}\delta^{n-2} \\ & & \ddots & & \vdots \\ & 0 & & \ddots & \vdots \\ & & & & \lambda_n \end{pmatrix}.$$

于是有

$$\begin{aligned}\|D^{-1}U^HAUD\|_\infty &= \|D^{-1}TD\|_\infty \\ &\leqslant \max_i |\lambda_i| + (1+\delta+\cdots+\delta^{n-2})\delta \max_{i<j}|m_{ij}| \\ &\leqslant \rho(A) + (n-1)\delta\max_{i<j}|m_{ij}| \leqslant \rho(A)+\varepsilon. \end{aligned} \tag{1.7.16}$$

现定义 $\mathbf{C}^{n\times n}$ 到 $\mathbf{R}_0$ 的函数 $\|\cdot\|$,

$$\|G\| = \|D^{-1}U^HGUD\|_\infty, \quad \forall G\in\mathbf{C}^{n\times n}.$$

易知 $\|\cdot\|$ 是 $\mathbf{C}^{n\times n}$ 上的相容范数, 满足 $\|I_n\|=1$, 并且 (1.7.15) 式成立. □

定理 1.7.12 设 $A\in\mathbf{C}^{n\times n}$. 则

$$\sum_{k=0}^{\infty} A^k \text{收敛} \Leftrightarrow \lim_{k\to\infty} A^k = 0, \tag{1.7.17}$$

而且当 (1.7.17) 式右端条件满足时, 有

$$\sum_{k=0}^{\infty} A^k = (I-A)^{-1}. \tag{1.7.18}$$

此外, 存在 $\mathbf{C}^{n\times n}$ 上满足 $\|A\|<1$ 的相容范数 $\|\cdot\|$, 使得

$$\|(I-A)^{-1} - \sum_{k=0}^{m} A^k\| \leqslant \frac{\|A\|^{m+1}}{1-\|A\|}. \tag{1.7.19}$$

证明 必要性. 记 $A^k = (a_{ij}^{(k)}), k=0,1,2,\cdots$. $\sum\limits_{k=0}^{\infty} A^k$ 收敛, 即指每个级数 $\sum\limits_{k=0}^{\infty} a_{ij}^{(k)}$ 都收敛 ($1\leqslant i,j\leqslant n$). 因此, $\lim\limits_{k\to\infty} a_{ij}^{(k)} = 0 (1\leqslant i,j\leqslant n)$, 即 $\lim\limits_{k\to\infty} A^k = 0$.

充分性. 由 $\lim\limits_{k\to\infty} A^k = 0$ 知 $\rho(A)<1$, 因而 $I-A$ 为非奇异矩阵. 于是由

$$\sum_{k=0}^{m} A^k(I-A) = I - A^{m+1},$$

知

$$\sum_{k=0}^{m} A^k = (I-A)^{-1} - A^{m+1}(I-A)^{-1}. \tag{1.7.20}$$

上式两端取极限 $m \to \infty$, 即得到 (1.7.18) 式. 这表明级数 $\sum\limits_{k=0}^{\infty} A^k$ 收敛, 并且有

$$(I-A)^{-1} - \sum_{k=0}^{m} A^k = A^{m+1}(I-A)^{-1}.$$

由 $\rho(A) < 1$ 和定理 1.7.11, 存在 $\mathbf{C}^{n\times n}$ 上的相容范数 $\|\cdot\|$ 满足 $\|I_n\| = 1$, 并且 $\|A\| < 1$, 从而

$$\begin{aligned}\left\|(I-A)^{-1} - \sum_{k=0}^{m} A^k\right\| &\leqslant \|A^{m+1}\| \, \|(I-A)^{-1}\| \\ &\leqslant \|A\|^{m+1}\|(I-A)^{-1}\|.\end{aligned} \tag{1.7.21}$$

再由等式 $(I-A)^{-1} = I + A(I-A)^{-1}$,

$$\begin{aligned}\|(I-A)^{-1}\| &\leqslant \|I\| + \|A(I-A)^{-1}\| \\ &\leqslant 1 + \|A\| \, \|(I-A)^{-1}\|,\end{aligned}$$

于是 $\|(I-A)^{-1}\| \leqslant (1-\|A\|)^{-1}$, 即得 (1.7.19) 式中的不等式. □

$\mathbf{C}^{m\times n}$ 上的酉不变范数在讨论广义最小二乘问题时起重要作用.

定义 1.7.5 一个定义在 $\mathbf{C}^{m\times n}$ 上的非负实值函数 $\|\cdot\|$, 称为 $\mathbf{C}^{m\times n}$ 上的酉不变范数, 如果它满足矩阵范数定义的条件 (1)~(3), 并且还满足

(4) $\|UAV\| = \|A\|, \quad \forall U \in \mathcal{U}_m, \ \forall V \in \mathcal{U}_n$,

(5) $\|A\| = \|A\|_2, \qquad \forall A$ 满足 $\mathrm{rank}(A) = 1$.

矩阵的谱范数 $\|\cdot\|_2$ 和 F 范数 $\|\cdot\|_F$ 是酉不变范数. 但 $\|\cdot\|_1$ 和 $\|\cdot\|_\infty$ 不是酉不变范数. 设 $A \in \mathbf{C}_r^{m\times n}$, $r > 0$, A 的奇异值分解是 $A = U\Sigma V^H$, 其中 $U \in \mathcal{U}_m, V \in \mathcal{U}_n$, $\Sigma = \mathrm{diag}(\Sigma_1, 0)$, $\Sigma_1 = \mathrm{diag}(\sigma_1, \cdots, \sigma_r) > 0$. 则对于 $\mathbf{C}^{m\times n}$ 上的任一酉不变范数 $\|\cdot\|$, 有

$$\|A\| = \|\Sigma\|. \tag{1.7.22}$$

可见, 酉不变范数必是奇异值的函数.

§ 1.8 行列式, Hadamard 不等式和 Kronecker 乘积

本节讨论行列式的 Binet-Cauchy 公式, Hadamard 不等式和 Kronecker 乘积. 本节内容的详细介绍, 见 [121] 和 [188].

1.8.1 Binet-Cauchy 公式

设 $A = (a_{ij}) \in \mathbf{C}^{m\times n}$,$p$ 个互不相同的数 $i_1, \cdots, i_p$ 和 $k_1, \cdots, k_p$ 满足

$$J \equiv \{i_1, \cdots, i_p\} \subseteq \{1, \cdots, m\}, \ K \equiv \{k_1, \cdots, k_p\} \subseteq \{1, \cdots, n\}.$$

定义 $A_{J,K}$ 如下:

$$A_{J,K}=\begin{pmatrix} a_{i_1k_1} & \cdots & a_{i_1k_p} \\ \vdots & & \vdots \\ a_{i_pk_1} & \cdots & a_{i_pk_p} \end{pmatrix}. \tag{1.8.1}$$

分别定义 $A_{:,K}$, $A_{J,:}$ 如下:

$$A_{:,K}=\begin{pmatrix} a_{1,k_1} & \cdots & a_{1,k_m} \\ \vdots & & \vdots \\ a_{m,k_1} & \cdots & a_{m,k_m} \end{pmatrix},\ A_{J,:}=\begin{pmatrix} a_{i_1,1} & \cdots & a_{i_1,n} \\ \vdots & & \vdots \\ a_{i_n,1} & \cdots & a_{i_n,n} \end{pmatrix}. \tag{1.8.2}$$

定理 1.8.1 (Binet-Cauchy) 设 $A=(a_{ij})\in\mathbf{C}^{m\times n}$, $B=(b_{ij})\in\mathbf{C}^{n\times m}$. 则

$$\det(AB)=\begin{cases} 0, & m>n, \\ \sum\limits_{K}\det(A_{:,K})\det(B_{K,:}), & m\leqslant n. \end{cases} \tag{1.8.3}$$

上式中的和号 $\sum\limits_{K}$ 取遍 $K\equiv\{k_1,\cdots,k_m\}\subseteq\{1,\cdots,n\}$, 且 $1\leqslant k_1<\cdots<k_m\leqslant n$.

证明 若 $m>n$, 则由 $\operatorname{rank}(AB)\leqslant n<m$ 立即导出 $\det(AB)=0$.

若 $m\leqslant n$, 对 m 用数学归纳法. 当 $m=1$ 时, 有 $\det(AB)=\sum\limits_{j=1}^{m}a_{1j}b_{j1}$, 即当 $m=1$ 时, 结论成立.

设当 $1\leqslant m<t\leqslant n$ 时, 定理的结论成立. 对 $m=t$, 令 $C=(c_{ij})=AB\in\mathbf{C}^{t\times t}$, T_j 表示由 $\{1,2,\cdots,t\}$ 去掉 j 后得到的指标集, K_j 表示由 $\{1,2,\cdots,n\}$ 任取 j 个元素得到的指标集. 则由行列式的 Laplace 展开式和对 $m<t$ 时的假设, 有

$$\begin{aligned}\det(AB)=\det(C)&=\sum_{j=1}^{t}(-1)^{t+j}c_{tj}\det(C_{T_t,T_j})\\ &=\sum_{j=1}^{t}(-1)^{t+j}\sum_{l=1}^{n}a_{tl}b_{lj}\sum_{K_{t-1}}\det(A_{T_t,K_{t-1}})\det(B_{K_{t-1},T_j})\\ &=\sum_{K_{t-1}}\sum_{l=1}^{n}(-1)^{t+l}a_{tl}\det(A_{T_t,K_{t-1}})\left(\sum_{j=1}^{t}(-1)^{l+j}b_{lj}\det(B_{K_{t-1},T_j})\right).\end{aligned}$$

注意到

$$\sum_{j=1}^{t}(-1)^{l+j}b_{lj}\det(B_{K_{t-1},T_j})=\begin{cases} 0, & \text{当 } l\in K_{t-1}, \\ \det(B_{K_t,:}), & \text{当 } l\notin K_{t-1},\ K_t=\{l\}\cup K_{t-1}, \end{cases}$$

因此

$$\begin{aligned}\det(AB) &= \sum_{K_t=\{l\}\cup K_{t-1}} \sum_{\substack{l=1\\ l\notin K_{t-1}}}^{n} (-1)^{t+l} a_{tl} \det(A_{T_t,K_{t-1}}) \det(B_{K_t,:}) \\ &= \sum_{K_t} \det(B_{K_t,:}) \sum_{\substack{l\in K_t\\ l\notin K_{t-1}}} (-1)^{t+l} a_{tl} \det(A_{T_t,K_{t-1}}) \\ &= \sum_{K_t} \det(A_{:,K_t}) \det(B_{K_t,:}).\end{aligned}$$

于是由归纳法知, 定理的结论成立. □

1.8.2 Hadamard 不等式

定义 1.8.1 设 $A=(a_1,\cdots,a_m)\in \mathbf{C}^{n\times m}$, $a_i\in \mathbf{C}^n$, $i=1:m$. 则

$$G(A)=\det(A^H A), \tag{1.8.4}$$

称为向量 $a_1,\cdots,a_m$ 的 Gram 行列式, 或 A 的 Gram 行列式.

对于 $A\in \mathbf{C}^{n\times m}$, 当 $m>n$ 时, 必有 $G(A)=0$. 设 $A_l\in \mathbf{C}^{n\times l}(1\leqslant l<n)$, $\mathbf{C}^n$ 中的向量 a 关于 $\mathcal{R}(A_l)$ 和 $\mathcal{R}(A_l)^\perp$ 的唯一分解为

$$\begin{aligned}&a=r+\widehat{n}, r=P_{\mathcal{R}(A_l)}a\in \mathcal{R}(A_l),\\ &\widehat{n}=P_{\mathcal{R}(A_l)^\perp}a\in \mathcal{R}(A_l)^\perp.\end{aligned}$$

则有

$$\|a\|_2^2=\|r\|_2^2+\|\widehat{n}\|_2^2,\ 0\leqslant \frac{\|\widehat{n}\|_2}{\|a\|_2}\leqslant 1.$$

因此可记

$$\sin\theta(a,\mathcal{R}(A_l))=\frac{\|\widehat{n}\|_2}{\|a\|_2},\quad 0\leqslant \sin\theta(a,\mathcal{R}(A_l))\leqslant \frac{\pi}{2}. \tag{1.8.5}$$

引理 1.8.2 设 $A_l=(a_1,\cdots,a_l)$, $a_i\in \mathbf{C}^n$, $i=1:l$. 对于任一向量 $a\in \mathbf{C}^n$, 如果记 $A=(A_l,a)$, 则有

$$G(A)=\|a\|_2^2 G(A_l)\sin^2\theta(a,\mathcal{R}(A_l)). \tag{1.8.6}$$

证明 当 $\operatorname{rank}(A_l)<l$, 或者 $\operatorname{rank}(A_l)=l=n$ 时, (1.8.7) 式两端均取零值. 所以, 只需讨论 $\operatorname{rank}(A_l)=l<n$ 的情形. 这时由矩阵的块分解式 (1.3.1), 有

$$\begin{aligned}G(A)&=\det\begin{pmatrix} A_l^H A_l & A_l^H a\\ a^H A_l & a^H a\end{pmatrix}\\ &=\det(A_l^H A_l)(\|a\|_2^2-a^H A_l(A_l^H A_l)^{-1}A_l^H a).\end{aligned}$$

由于 $(A_l^H A_l)^{-1} A_l^H = A_l^\dagger$,

$$\|a\|_2^2 - a^H A_l A_l^\dagger a = \|a\|_2^2 \left(1 - \frac{a^H A_l A_l^\dagger a}{\|a\|_2^2}\right) = \|a\|_2^2 \left(1 - \frac{\|P_{A_l} a\|_2^2}{\|a\|_2^2}\right)$$
$$= \|a\|_2^2 \sin^2 \theta(a, \mathcal{R}(A_l)),$$

于是有 (1.8.6) 式. □

利用引理 1.8.2 可得

定理 1.8.3 设 $a_1, \cdots, a_l \in \mathbf{C}^n$, $A_k = (a_1, \cdots, a_k)$, $k = 1 : l$. 则

$$G(A_l) = \prod_{i=1}^{l} \|a_i\|_2^2 \cdot \prod_{i=2}^{l} \sin^2 \theta(a_i, \mathcal{R}(A_{i-1})). \tag{1.8.7}$$

定理 1.8.4 (Hadamard 不等式) 设 $a_1, \cdots, a_l \in \mathbf{C}^n$, $A_k = (a_1, \cdots, a_k)$, $k = 1 : l$. 则

$$G(A_l) \leqslant \prod_{i=1}^{l} \|a_i\|_2^2. \tag{1.8.8}$$

等式成立的充要条件是 A 的列向量互相正交, 或 A 有一零列.

由 Hadamard 不等式可得

定理 1.8.5 设 $A = (a_{ij}) \in \mathbf{C}^{n \times n}$. 则有

$$|\det(A)|^2 \leqslant \prod_{j=1}^{n} \left(\sum_{i=1}^{n} |a_{ij}|^2\right), \quad |\det(A)|^2 \leqslant \prod_{i=1}^{n} \left(\sum_{j=1}^{n} |a_{ij}|^2\right). \tag{1.8.9}$$

定理 1.8.6 设 $A = (a_{ij}) \in \mathbf{C}^{n \times n}$ 为半正定矩阵. 则

$$\det(A) \leqslant \prod_{i=1}^{n} a_{ii}. \tag{1.8.10}$$

证明 由于 A 为半正定矩阵, 存在一个半正定矩阵 $H = (h_{ij}) \in \mathbf{C}^{n \times n}$, 满足 $A = H^2 = H^H H$. 于是

$$\det(A) = |\det(H)|^2 \leqslant \prod_{i=1}^{n} \left(\sum_{j=1}^{n} |h_{ij}|^2\right) = \prod_{i=1}^{n} a_{ii}.$$ □

1.8.3 Kronecker 乘积

定义 1.8.2 设 $A = (a_{ij}) \in \mathbf{C}^{m \times n}$, $B \in \mathbf{C}^{p \times q}$. 则矩阵

$$A \otimes B \equiv \begin{pmatrix} a_{11}B & a_{12}B & \cdots & a_{1n}B \\ \vdots & \vdots & & \vdots \\ a_{m1}B & a_{m2}B & \cdots & a_{mn}B \end{pmatrix} \in \mathbf{C}^{mp \times nq}$$

称为 A 和 B 的 Kronecker 乘积, 或称为 A 和 B 的直积, 或张量积.

由定义 1.8.2 知, 如果 $C=(c_{ij})\in \mathbf{C}^{n\times k},\ D\in \mathbf{C}^{q\times r}$, 则 $C\otimes D\in \mathbf{C}^{nq\times kr}$.

定理 1.8.7 设 $A=(a_{ij})\in \mathbf{C}^{m\times n},\ B\in \mathbf{C}^{p\times q}$, $C=(c_{ij})\in \mathbf{C}^{n\times k},\ D\in \mathbf{C}^{q\times r}$. 则

$$(A\otimes B)(C\otimes D)=(AC)\otimes(BD). \tag{1.8.11}$$

证明 记

$$(A\otimes B)(C\otimes D)=\begin{pmatrix} P_{11} & \cdots & P_{1k}\\ \vdots & & \vdots \\ P_{m1} & \cdots & P_{mk}\end{pmatrix},$$

$P_{st}\in \mathbf{C}^{p\times r},\ s=1:m,\ t=1:k$. 显然有

$$P_{st}=\sum_{j=1}^{n}(a_{sj}B)(c_{jt}D)=\left(\sum_{j=1}^{n}a_{sj}c_{jt}\right)BD,$$

而 $\sum\limits_{j=1}^{n}a_{sj}c_{jt}$ 恰好是矩阵 AC 的第 (s,t) 位置的元素. □

易证 $A\otimes B$ 有下列性质:

(1) $(A\otimes B)^T=A^T\otimes B^T$, $\overline{(A\otimes B)}=\overline{A}\otimes\overline{B}$,
$(A\otimes B)^H=A^H\otimes B^H$;

(2) 若 A 和 B 均为非奇异矩阵, 则 $A\otimes B$ 也为非奇异矩阵, 且有

$$(A\otimes B)^{-1}=A^{-1}\otimes B^{-1};$$

(3) 若 $A\in \mathbf{C}^{m\times m}, B\in \mathbf{C}^{n\times n}$, 则

$$\det(A\otimes B)=(\det A)^n(\det B)^m;$$

(4) $\operatorname{rank}(A\otimes B)=\operatorname{rank}A\cdot\operatorname{rank}B$.

对于 $X=(x_1,\cdots,x_n)\in \mathbf{C}^{m\times n}$, 运算 $\operatorname{vec}(X)\equiv(x_1^T,\cdots,x_n^T)^T$ 通常称为矩阵 X 的拉长运算, 或 vec 运算. 下面对于一个矩阵方程, 说明 Kronecker 乘积的应用.

设 $A\in \mathbf{C}^{m\times m},\ B\in \mathbf{C}^{n\times n}$ 和 $C\in \mathbf{C}^{m\times n}$ 给定. 考虑矩阵方程

$$AX-XB=C. \tag{1.8.12}$$

定理 1.8.8 矩阵方程 (1.8.12) 可表示成

$$(I_n\otimes A-B^T\otimes I_m)x=c,\ x=\operatorname{vec}(X),\ c=\operatorname{vec}(C). \tag{1.8.13}$$

证明 令 $Y = AX = (y_1, \cdots, y_n)$, $Z = XB = (z_1, \cdots, z_n)$, $y = \text{vec}(Y)$, $z = \text{vec}(Z)$. 显然有

$$y = \text{vec}(AX) = (I_n \otimes A)x. \tag{1.8.14}$$

另一方面, 如果记 B 的第 (s,t) 位置的元素为 $(B)_{st}$, 则由

$$\begin{aligned} z_t &= (x_1, \cdots, x_n)\begin{pmatrix} (B)_{1t} \\ \vdots \\ (B)_{nt} \end{pmatrix} = \sum_{s=1}^{n} (B)_{st} x_s \\ &= \sum_{s=1}^{n} (B^T)_{ts} x_s = \sum_{s=1}^{n} (B^T)_{ts} I_m x_s, \end{aligned}$$

有

$$z = \text{vec}(XB) = (B^T \otimes I_m)x. \tag{1.8.15}$$

由 (1.8.14)~(1.8.15) 式即得 (1.8.13) 式. □

定理 1.8.9 设 $A \in \mathbf{C}^{m\times m}, B \in \mathbf{C}^{n\times n}$. 如果 $\lambda(A) = \{\lambda_i\}_{i=1}^m, \lambda(B) = \{\mu_j\}_{j=1}^n$, 则

$$\begin{aligned} &\lambda(I_n \otimes A - B^T \otimes I_m) \\ &\quad = \{\lambda_i - \mu_j : \ i = 1:m, \ j = 1:n\}. \end{aligned} \tag{1.8.16}$$

因此矩阵方程 (1.8.12) 存在唯一解的必要和充分条件是, $\lambda(A) \cap \lambda(B) = \emptyset$.

证明 取 A 和 B^T 的 Schur 分解

$$A = UT_AU^H, \quad B^T = VT_BV^H,$$

其中 $U \in \mathcal{U}_m, V \in \mathcal{U}_n$, T_A 和 T_B 为上三角阵, 它们的对角元素分别是 A 和 B 的特征值. 于是可得 $I_n \otimes A - B^T \otimes I_m$ 的 Schur 分解

$$\begin{aligned} I_n \otimes A - B^T \otimes I_m &= (VI_nV^H) \otimes (UT_AU^H) - (VT_BV^H) \otimes (UI_mU^H) \\ &= (V \otimes U)(I_n \otimes T_A)(V^H \otimes U^H) \\ &\quad - (V \otimes U)(T_B \otimes I_m)(V^H \otimes U^H) \\ &= (V \otimes U)(I_n \otimes T_A - T_B \otimes I_m)(V \otimes U)^H, \end{aligned}$$

其中 $V \otimes U \in \mathcal{U}_{mn}$, $I_n \otimes T_A - T_B \otimes I_m$ 为上三角阵, 其对角线元素为 $\lambda_i - \mu_j$, $i = 1:m$, $j = 1:n$. □

§ 1.9 矩阵广义逆的进一步讨论

由 §1.5 可以看出, 利用矩阵的奇异值分解, 可以大大简化矩阵广义逆的性质的讨论. 本节简要介绍如何利用推广的 SVD, 来推导矩阵乘积 {1} 逆的反序律, 加边矩阵的广义逆的结构, 和矩阵的加权广义逆的结构和唯一性等疑难问题.

1.9.1 矩阵乘积广义逆的反序律

对给定的 $\eta \subseteq \{1,2,3,4\}$, 记 $A\eta$ 为矩阵 A 的, 满足广义逆定义的所有四个条件中的第 $i \in \eta$ 个条件的广义逆的集合. 广义逆理论中一个有趣的问题是: 对给定的两个矩阵 A, B (AB 有意义), 在什么条件下 $B\eta A\eta = (AB)\eta$?

对于 MP 逆, Greville [93] 得到了如下结果:

定理 1.9.1 设 $A \in \mathbf{C}^{m\times n}$, $B \in \mathbf{C}^{n\times p}$. 则 $B^\dagger A^\dagger = (AB)^\dagger$ 的充分必要条件为

$$\mathcal{R}(A^H AB) \subseteq \mathcal{R}(B) \text{ 且 } \mathcal{R}(BB^H A^H) \subseteq \mathcal{R}(A^H).$$

Hartwig [113], 田永革 [189] 分别讨论了三个和多个矩阵乘积 MP 逆的反序律. 王国荣 [209], 王国荣和郑兵 [209, 211] 分别讨论了多个矩阵乘积 Drazin 逆和广义逆 $A_{T,S}^{(2)}$ 的反序律.

下面介绍两个矩阵乘积 $\{1\}$ 逆的反序律, 内容取自 [231] 和 [57]. 两个矩阵乘积 $\{1,3\}$ 逆的反序律, 见魏木生和郭文彬 [244], 多个矩阵乘积 $\{1\}$ 逆和 $\{1,2\}$ 逆的反序律, 见魏木生 [234].

设 $A \in \mathbf{C}^{m\times n}$, $B \in \mathbf{C}^{n\times p}$. A, B 的 P-SVD 为

$$A = UD_A W^{-1}, \quad B = WD_B V^H, \tag{1.9.1}$$

其中 $U \in \mathcal{U}_m$, $V \in \mathcal{U}_p$, $W \in \mathbf{C}_n^{n\times n}$,

$$D_A = \begin{array}{c} \begin{pmatrix} I_{r_2^1} & 0 & 0 & 0 \\ 0 & I_{r_1 - r_2^1} & 0 & 0 \\ 0 & 0 & 0 & 0 \end{pmatrix} \begin{array}{l} r_2^1 \\ r_1 - r_2^1 \\ m - r_1 \end{array} \\ r_2^1, \quad r_1 - r_2^1, \ r_2^2, \ n_0 \end{array}, \qquad D_B = \begin{array}{c} \begin{pmatrix} S_1 & 0 & 0 \\ 0 & 0 & 0 \\ 0 & S_2 & 0 \\ 0 & 0 & 0 \end{pmatrix} \begin{array}{l} r_2^1 \\ r_1 - r_2^1 \\ r_2^2 \\ n_0 \end{array} \\ r_2^1, \ r_2^2, \ p - r_2 \end{array}, \tag{1.9.2}$$

$r_1 = \operatorname{rank}(A)$, $r_2 = r_2^1 + r_2^2 = \operatorname{rank}(B)$, $S_i (i = 1,2)$ 是正对角方阵 (当 $r_2^i > 0$), 或为空 (当 $r_2^i = 0$), $n_0 = n - r_1 - r_2^2$. 则容易验证, $A^{(1)} \in A\{1\}$, $B^{(1)} \in B\{1\}$ 和 $(AB)^{(1)} \in (AB)\{1\}$ 分别具有形式

$$A^{(1)} = WYU^H, \quad B^{(1)} = VZW^{-1}, \quad (AB)^{(1)} = VGU^H,$$

其中

$$Y=\begin{pmatrix} I & 0 & Y_{13} \\ 0 & I & Y_{23} \\ Y_{31} & Y_{32} & Y_{33} \\ Y_{41} & Y_{42} & Y_{43} \end{pmatrix}\begin{matrix} r_2^1 \\ r_1-r_2^1 \\ r_2^2 \\ n_0 \end{matrix}, \tag{1.9.3}$$
$$\quad r_2^1, r_1-r_2^1,\ m-r_1$$

$$Z=\begin{pmatrix} S_1^{-1} & Z_{12} & 0 & Z_{14} \\ 0 & Z_{22} & S_2^{-1} & Z_{24} \\ Z_{31} & Z_{32} & Z_{33} & Z_{34} \end{pmatrix}\begin{matrix} r_2^1 \\ r_2^2 \\ p-r_2 \end{matrix}, \tag{1.9.4}$$
$$\quad r_2^1,\ r_1-r_2^1,\ r_2^2,\ n_0$$

$$G=\begin{pmatrix} S_1^{-1} & G_{12} & G_{13} \\ G_{21} & G_{22} & G_{23} \\ G_{31} & G_{32} & G_{33} \end{pmatrix}\begin{matrix} r_2^1 \\ r_2^2 \\ p-r_2 \end{matrix}, \tag{1.9.5}$$
$$\quad r_2^1,\ r_1-r_2^1,\ m-r_1$$

这里 Y_{ij}, Z_{ij} 和 G_{ij} 都是具有指定维数的任意矩阵.

1. $B\{1\}A\{1\}\subseteq(AB)\{1\}$ 的等价性条件

定理 1.9.2 设 $A\in\mathbf{C}^{m\times n}$, $B\in\mathbf{C}^{n\times p}$, A, B 的 P-SVD 由 (1.9.1)~(1.9.2) 式给出. 则下列条件等价:

$$\begin{aligned} &\text{(i)} \qquad B\{1\}A\{1\}\subseteq(AB)\{1\}; \\ &\text{(ii)} \qquad r_2^1=0\ \text{或}\ n-r_1-r_2^2=0. \end{aligned} \tag{1.9.6}$$

证明 (i)⇒(ii). 设 $B\{1\}A\{1\}\subseteq(AB)\{1\}$. 则对任意 $A^{(1)}\in A\{1\}$, $B^{(1)}\in B\{1\}$, 由 (1.9.3)~(1.9.5) 知, 存在 $VGU^H\in(AB)\{1\}$, 使得

$$VZYU^H=VGU^H\ \text{或等价地},\ ZY=G.$$

比较矩阵 ZY 和 G 在 (1, 1) 位置的子矩阵, 有 $S_1^{-1}+Z_{14}Y_{41}=S_1^{-1}$. 由 Z_{14} 和 Y_{41} 的任意性, 必有 $r_2^1=0$ 或 $n-r_1-r_2^2=0$, 这时 Z_{14} 和 Y_{41} 都是空的.

(ii)⇒(i). 若 $r_2^1=0$ 或 $n-r_1-r_2^2=0$, 则由 (1.9.3)~(1.9.5) 式知, Z_{14} 和 Y_{41} 都是空的, 这时对任意 $A^{(1)}$ 和 $B^{(1)}$, 有

$$B^{(1)}A^{(1)}=V\begin{pmatrix} S_1^{-1} & \times & \times \\ \times & \times & \times \\ \times & \times & \times \end{pmatrix}U^H\in(AB)\{1\}. \qquad \square$$

2. $(AB)\{1\} \subseteq B\{1\}A\{1\}$ 的等价性条件

定理 1.9.3　设 $A \in \mathbf{C}^{m\times n}$, $B \in \mathbf{C}^{n\times p}$, A, B 的 P-SVD 由 (1.9.1)~(1.9.2) 式给出. 则下列条件等价:

$$\begin{aligned} &\text{(i)} \quad (AB)\{1\} \subseteq B\{1\}A\{1\};\\ &\text{(ii)} \quad n \geqslant \min\{m + r_2^2,\ p + r_1 - r_2^1\}. \end{aligned} \tag{1.9.7}$$

证明　(i) $\Rightarrow$ (ii). 假设 $(AB)\{1\} \subseteq B\{1\}A\{1\}$. $A^{(1)}$, $B^{(1)}$ 和 $(AB)^{(1)}$ 的形式由 (1.9.3)~(1.9.5) 式给出. 如果取

$$G_{ij} = 0,\ 对(i,j) \neq (3,3),\ \operatorname{rank}(G_{33}) = \min\{m - r_1,\ p - r_2\},$$

对方程 $ZY = G$ 通过不断地替换, 则 G_{33} 有下面的形式:

$$\begin{aligned} G_{33} &= (Z_{33}S_2Z_{24} - Z_{34})Y_{41}S_1Z_{14}(Y_{42}Y_{23} - Y_{43}) + (-Z_{33}Y_{32} - Z_{34}Y_{42})Y_{23}\\ &\quad + Z_{33}S_2((S_2^{-1}Y_{32} + Z_{24}Y_{42})Y_{23} - Z_{24}Y_{43}) + Z_{34}Y_{43}\\ &= (Z_{33}S_2Z_{24} - Z_{34})(Y_{41}S_1Z_{14} + I_{n_0})(Y_{42}Y_{23} - Y_{43}), \end{aligned}$$

其中 $n_0 = n - r_1 - r_2^2$. 因此, 对上述 G 要使 $ZY = G$ 可解, 必须有

$$\begin{aligned} \operatorname{rank}(G_{33}) = \min\{m - r_1,\ p - r_2\} &\leqslant \operatorname{rank}(Y_{41}S_1Z_{14} + I_{n_0})\\ &\leqslant n - r_1 - r_2^2 = n_0, \end{aligned}$$

或等价地, $n \geqslant \min\{m + r_2^2,\ p + r_1 - r_2^1\}$.

(ii)$\Rightarrow$(i). 设 $n \geqslant \min\{m + r_2^2,\ p + r_1 - r_2^1\}$. 则对任意形为 (1.9.5) 式的矩阵 G, 取

$$Y = \begin{pmatrix} I & 0 & S_1G_{13}\\ 0 & I & 0\\ S_2G_{21} & 0 & S_2G_{23}\\ 0 & 0 & Y_{43} \end{pmatrix},\quad Z = \begin{pmatrix} S_1^{-1} & G_{12} & 0 & 0\\ 0 & G_{22} & S_2^{-1} & 0\\ G_{31} & G_{32} & 0 & Z_{34} \end{pmatrix},$$

其中当 $m - r_1 \leqslant p - r_2$ 时取

$$Y_{43} = \begin{pmatrix} I_{m-r_1}\\ 0 \end{pmatrix},\quad Z_{34} = (G_{33} - G_{31}S_1G_{13}, 0);$$

否则取

$$Y_{43} = \begin{pmatrix} G_{33} - G_{31}S_1G_{13}\\ 0 \end{pmatrix},\quad Z_{34} = (I_{p-r_2}, 0),$$

就有 $ZY = G$.　□

3. $(AB)\{1\} = B\{1\}A\{1\}$ 的等价性条件

因为 $B\{1\}A\{1\} = (AB)\{1\}$ 等价于 $B\{1\}A\{1\} \subseteq (AB)\{1\}$ 和 $(AB)\{1\} \subseteq B\{1\}A\{1\}$, 所以把定理 1.9.2~1.9.3 的结果结合起来, 就得到下面的主要结论.

定理 1.9.4 设 $A \in \mathbf{C}^{m\times n}$, $B \in \mathbf{C}^{n\times p}$ 矩阵 A, B 的 P-SVD 由 (1.9.1)~(1.9.2) 式给出. 则下列条件等价:

(i) $(AB)\{1\} = B\{1\}A\{1\}$;

(ii a) $r_2^1 = 0$, 且$n \geqslant \min\{m + r_2,\ p + r_1\}$; 或

(ii b) $r_1 + r_2^2 = n$, 且$m = r_1$ 或 $p = r_2$;

(iii a) $\operatorname{rank}(AB) = 0$, 且$n \geqslant \min\{m + \operatorname{rank}(B),\ p + \operatorname{rank}(A)\}$; 或

(iii b) $\operatorname{rank}(A) + \operatorname{rank}(B) - \operatorname{rank}(AB) = n$, 且$m = \operatorname{rank}(A)$ 或 $p = \operatorname{rank}(B)$;

(iv a) $\mathcal{R}(B) \subseteq \mathcal{N}(A)$, 且$n \geqslant \min\{m + \operatorname{rank}(B),\ p + \operatorname{rank}(A)\}$; 或

(iv b) $\mathcal{N}(A) \subseteq \mathcal{R}(B)$, 且$m = \operatorname{rank}(A)$ 或$p = \operatorname{rank}(B)$.

1.9.2 加边矩阵的广义逆

加边矩阵及其广义逆在很多实际问题中都有应用, 引起学者的广泛注意. 相关的研究结果, 见 [38], [39], [104]— [106]. 由于加边矩阵广义逆结构的复杂性, 上述文献的研究结果有局限性. 本小节利用矩阵的 QQ-SVD 讨论加边矩阵 $\{1\}$ 逆的结构, 其内容取自 [245]. 用 QQ-SVD 讨论加边矩阵广义逆的性质的讨论, 见 [100]—[102], [143].

对于给定的矩阵 $C \in C^{q\times n}$, $A \in C^{m\times n}$ 和 $B \in C^{m\times p}$, 由三个矩阵的 QQ-SVD, 则存在非奇异矩阵 X_1, X_2, V 和酉矩阵 U, 使得

$$M = \begin{pmatrix} A & B \\ C & 0 \end{pmatrix} = \begin{pmatrix} X_2 & 0 \\ 0 & U \end{pmatrix} \begin{pmatrix} D_A & D_B \\ D_C & 0 \end{pmatrix} \begin{pmatrix} X_1 & 0 \\ 0 & V \end{pmatrix}, \tag{1.9.8}$$

$$D_C = \begin{pmatrix} I & 0 & 0 & 0 & 0 & 0 \\ 0 & I & 0 & 0 & 0 & 0 \\ 0 & 0 & I & 0 & 0 & 0 \\ 0 & 0 & 0 & 0 & 0 & 0 \end{pmatrix} \begin{matrix} r_3^1 \\ r_2^1 - r_3^1 \\ r_1 - r_2^1 \\ q - r_1 \end{matrix}, \tag{1.9.9}$$

$$r_3^1,\quad r_2^1 - r_3^1,\ r_1 - r_2^1,\ r_3^2,\ r_2^2 - r_3^2,\quad n_0$$

$$D_A = \begin{pmatrix} I & 0 & 0 & 0 & 0 & 0 \\ 0 & I & 0 & 0 & 0 & 0 \\ 0 & 0 & 0 & I & 0 & 0 \\ 0 & 0 & 0 & 0 & I & 0 \\ 0 & 0 & 0 & 0 & 0 & 0 \\ 0 & 0 & 0 & 0 & 0 & 0 \end{pmatrix} \begin{matrix} r_3^1 \\ r_2^1 - r_3^1 \\ r_3^2 \\ r_2^2 - r_3^2 \\ r_3^3 \\ m_0 \end{matrix}, \tag{1.9.10}$$

$$r_3^1,\quad r_2^1 - r_3^1,\ r_1 - r_2^1,\quad r_3^2,\quad r_2^2 - r_3^2,\quad n_0$$

$$D_B = \begin{array}{c}\begin{pmatrix} I & 0 & 0 & 0 \\ 0 & 0 & 0 & 0 \\ 0 & I & 0 & 0 \\ 0 & 0 & 0 & 0 \\ 0 & 0 & I & 0 \\ 0 & 0 & 0 & 0 \end{pmatrix} \\ r_3^1,\ r_3^2,\ r_3^3,\ p-r_3 \end{array} \begin{array}{l} r_3^1 \\ r_2^1-r_3^1 \\ r_3^2 \\ r_2^2-r_3^2 \\ r_3^3 \\ m_0 \\ \ \end{array}, \tag{1.9.11}$$

其中 $m_0 = m - r_2 - r_3^3$, $n_0 = n - r_1 - r_2^2$,

$$r_1 = \operatorname{rank}(C),\ r_2 = r_2^1 + r_2^2 = \operatorname{rank}(A),\ r_3 = r_3^1 + r_3^2 + r_3^3 = \operatorname{rank}(B).$$

由矩阵 A, B, 和 C 的表达式, 可以直接验证 $A^{(1)}$, $B^{(1)}$ 和 $C^{(1)}$ 具有下面的形式:

$$A^{(1)} = X_1^{-1} D_A^{(1)} X_2^{-1}, \quad B^{(1)} = V^{-1} D_B^{(1)} X_2^{-1}, \quad C^{(1)} = X_1^{-1} D_C^{(1)} U^H, \tag{1.9.12}$$

$$D_A^{(1)} = \begin{array}{c}\begin{pmatrix} I & 0 & 0 & 0 & A_{15} & A_{16} \\ 0 & I & 0 & 0 & A_{25} & A_{26} \\ A_{31} & A_{32} & A_{33} & A_{34} & A_{35} & A_{36} \\ 0 & 0 & I & 0 & A_{45} & A_{46} \\ 0 & 0 & 0 & I & A_{55} & A_{56} \\ A_{61} & A_{62} & A_{63} & A_{64} & A_{65} & A_{66} \end{pmatrix} \\ r_3^1,\ r_2^1-r_3^1,\ r_3^2,\ r_2^2-r_3^2,\ r_3^3,\quad m_0 \end{array} \begin{array}{l} r_3^1 \\ r_2^1-r_3^1 \\ r_1-r_2^1 \\ r_3^2 \\ r_2^2-r_3^2 \\ n_0 \\ \ \end{array},$$

$$D_B^{(1)} = \begin{array}{c}\begin{pmatrix} I & B_{12} & 0 & B_{14} & 0 & B_{16} \\ 0 & B_{22} & I & B_{24} & 0 & B_{26} \\ 0 & B_{32} & 0 & B_{34} & I & B_{36} \\ B_{41} & B_{42} & B_{43} & B_{44} & B_{45} & B_{46} \end{pmatrix} \\ r_3^1,\ r_2^1-r_3^1,\ r_3^2,\ r_2^2-r_3^2,\ r_3^3,\quad m_0 \end{array} \begin{array}{l} r_3^1 \\ r_3^2 \\ r_3^3 \\ p-r_3 \\ \ \end{array},$$

$$D_C^{(1)} = \begin{array}{c}\begin{pmatrix} I & 0 & 0 & C_{14} \\ 0 & I & 0 & C_{24} \\ 0 & 0 & I & C_{34} \\ C_{41} & C_{42} & C_{43} & C_{44} \\ C_{51} & C_{52} & C_{53} & C_{54} \\ C_{61} & C_{62} & C_{63} & C_{64} \end{pmatrix} \\ r_3^1,\ r_2^1-r_3^1, r_1-r_2^1,\ q-r_1 \end{array} \begin{array}{l} r_3^1 \\ r_2^1-r_3^1 \\ r_1-r_2^1 \\ r_3^2 \\ r_2^2-r_3^2 \\ n_0 \\ \ \end{array},$$

其中 $m_0=m-r_2-r_3^3$, $n_0=n-r_1-r_2^2$, A_{ij}, B_{ij}, C_{ij} 都是具有指定维数的任意矩阵.

由 (1.9.8)~(1.9.11) 式, 可得矩阵 M 和子矩阵 A, B, C 的秩的关系.

推论 1.9.5 设矩阵 $C\in C^{q\times n}$, $A\in C^{m\times n}$ 和 $B\in C^{m\times p}$, $\{C,\ A,\ B\}$ 的 QQ-SVD 由 (1.9.8)~(1.9.11) 式给出. 则有

$$\begin{aligned}
&\operatorname{rank}(A)=r_2=r_2^1+r_2^2,\ \operatorname{rank}(B)=r_3=r_3^1+r_3^2+r_3^3,\\
&\operatorname{rank}(C)=r_1,\ \operatorname{rank}(AQ_C)=r_2^2,\ \operatorname{rank}(R_BA)=r_2+r_3^3-r_3,\\
&\operatorname{rank}(CQ_A)=r_1-r_2^1,\ \operatorname{rank}(R_AB)=r_3^3,\ \operatorname{rank}(R_BAQ_C)=r_2^2-r_3^2,\\
&\operatorname{rank}\begin{pmatrix}A\\ C\end{pmatrix}=r_1+r_2^2,\ \operatorname{rank}(A,\ B)=r_2+r_3^3,\\
&\operatorname{rank}(M)=r_1+r_2^2+r_3^1+r_3^3,
\end{aligned}\tag{1.9.13}$$

其中

$$Q_A=I-A^{(1)}A,\ R_A=I-AA^{(1)},\ R_B=I-BB^{(1)},\ Q_C=I-C^{(1)}C.$$

证明 由分解式 (1.9.8)~(1.9.12) 直接验算. □

定理 1.9.6 设矩阵 $A\in C^{m\times n}, B\in C^{m\times p}, C\in C^{q\times n}$, $\{C,A,B\}$ 的 QQ-SVD 由 (1.9.8)~(1.9.11) 式给出. 则 $M^{(1)}$ 具有下面的结构形式:

$$M^{(1)}=\begin{pmatrix}X_1^{-1}&0\\0&V^{-1}\end{pmatrix}\begin{pmatrix}E&F\\G&H\end{pmatrix}\begin{pmatrix}X_2^{-1}&0\\0&U^H\end{pmatrix},\tag{1.9.14}$$

其中 $E\in C^{n\times m}$, $F\in C^{n\times q}$, $G\in C^{p\times m}$, $H\in C^{p\times q}$,

$$E=\begin{array}{c}\left(\begin{array}{cccccc}
0&E_{12}&0&0&0&E_{16}\\
0&E_{22}&0&0&0&E_{26}\\
0&E_{32}&0&0&0&E_{36}\\
E_{41}&E_{42}&E_{43}&E_{44}&E_{45}&E_{46}\\
0&E_{52}&0&I&0&E_{56}\\
E_{61}&E_{62}&E_{63}&E_{64}&E_{65}&E_{66}
\end{array}\right)\begin{array}{l}r_3^1\\ r_2^1-r_3^1\\ r_1-r_2^1\\ r_3^2\\ r_2^2-r_3^2\\ n-r_1-r_2^2\end{array}\\
\begin{array}{cccccc}r_3^1,&r_2^1-r_3^1,&r_3^2,&r_2^2-r_3^2,&r_3^3,&m-r_2-r_3^3\end{array}\end{array},\tag{1.9.15}$$

$$F=\begin{array}{c}\left(\begin{array}{cccc}
I&-E_{12}&0&F_{14}\\
0&I-E_{22}&0&F_{24}\\
0&-E_{32}&I&F_{34}\\
F_{41}&F_{42}&F_{43}&F_{44}\\
0&-E_{52}&0&F_{54}\\
F_{61}&F_{62}&F_{63}&F_{64}
\end{array}\right)\begin{array}{l}r_3^1\\ r_2^1-r_3^1\\ r_1-r_2^1\\ r_3^2\\ r_2^2-r_3^2\\ n-r_1-r_2^2\end{array}\\
\begin{array}{cccc}r_3^1,&r_2^1-r_3^1,&r_1-r_2^1,&q-r_1\end{array}\end{array},\tag{1.9.16}$$

$$G=\begin{pmatrix} I & G_{12} & 0 & 0 & 0 & G_{16} \\ -E_{41} & G_{22} & I-E_{43} & -E_{44} & -E_{45} & G_{26} \\ 0 & G_{32} & 0 & 0 & I & G_{36} \\ G_{41} & G_{42} & G_{43} & G_{44} & G_{45} & G_{46} \end{pmatrix} \begin{matrix} r_3^1 \\ r_3^2 \\ r_3^3 \\ p-r_3 \end{matrix}, \tag{1.9.17}$$
$$\quad r_3^1,\ \ r_2^1-r_3^1,\ \ r_3^2,\ \ r_2^2-r_3^2,\ \ r_3^3,\ \ m-r_2-r_3^3$$

$$H=\begin{pmatrix} -I & -G_{12} & 0 & H_{14} \\ -F_{41} & -(E_{42}+F_{42}+G_{22}) & -F_{43} & H_{24} \\ 0 & -G_{32} & 0 & H_{34} \\ H_{41} & H_{42} & H_{43} & H_{44} \end{pmatrix} \begin{matrix} r_3^1 \\ r_3^2 \\ r_3^3 \\ p-r_3 \end{matrix}, \tag{1.9.18}$$
$$\quad r_3^1 \qquad r_2^1-r_3^1 \qquad r_1-r_2^1,\ q-r_1$$

这里的 E_{ij}, F_{ij}, G_{ij} 和 H_{ij} 都是具有指定维数的任意矩阵.

证明 由 M, $M^{(1)}$ 的分块, 和条件 $MM^{(1)}M=M$, 可以推出:

$$\begin{aligned}
&(\mathrm{a})\ D_A=D_AED_A+D_BGD_A+D_AFD_C+D_BHD_C,\\
&(\mathrm{b})\ D_B=D_AED_B+D_BGD_B,\\
&(\mathrm{c})\ D_C=D_CED_A+D_CFD_C,\\
&(\mathrm{d})\ 0=D_CED_B.
\end{aligned} \tag{1.9.19}$$

把 E, F, G, H 按照推论 1.9.4 中的 $D_A^{(1)}$, $D_C^{(1)}$, $D_B^{(1)}$ 进行分块, 记为 $E=(E_{ij})$, $F=(F_{ij})$, $G=(G_{ij})$, $H=(H_{ij})$. 则由 (1.9.19) 式按照 $(d)\to(c)\to(b)\to(a)$ 的顺序, 可依次得到 E, F,G, H 和 $M^{(1)}$ 的表达式. □

1.9.3 矩阵加权广义逆的结构

矩阵加权广义逆在加权最小二乘问题和约束加权最小二乘问题的研究中起相当重要的作用. 本小节讨论三类加权 MP 逆的结构. 设 $M\in\mathbf{C}^{m_1\times s}$, $A\in\mathbf{C}^{s\times n}$, $K\in\mathbf{C}^{m_2\times n}$ 给定.

A. 任何 $X\in S_1$ 满足如下四个方程:

$$\begin{aligned}
&1)_M && MAXA=MA,\\
&2) && XAX=X,\\
&3)_M && (M^HMAX)^H=M^HMAX,\\
&4)_K && (K^HKXA)^H=K^HKXA.
\end{aligned} \tag{1.9.20}$$

B. 任何 $X\in S_2$ 满足如下四个方程:

$$\begin{aligned}
&1) && AXA=A,\\
&2) && XAX=X,\\
&3)_M && (M^HMAX)^H=M^HMAX,\\
&4)_K && (K^HKXA)^H=K^HKXA.
\end{aligned} \tag{1.9.21}$$

C. 任何 $X \in S_3$ 满足下列条件:

$$\min_{X\in\mathbf{S}} \|X\|_K, \text{ 其中} \mathbf{S} = \{X : \|AX - I\|_M = \min_{W\in\mathbf{C}^{n\times s}} \|AW - I\|_M\}, \tag{1.9.22}$$

其中 $\|X\|_K = \|KX\|_F$, $\|X\|_M = \|MX\|_F$ 是半范数.

当 M 和 K 都是非奇异矩阵时, 显然有 $S_1 = S_2$. 事实上, 令

$$\widetilde{A} = MAK^{-1}, \quad \widetilde{X} = KXM^{-1},$$

并代入 (1.9.20) 式或 (1.9.21) 式中, 则 $\widetilde{A}$ 和 $\widetilde{X}$ 满足

$$\begin{aligned}
&1) && \widetilde{A}\widetilde{X}\widetilde{A} = \widetilde{A},\\
&2) && \widetilde{X}\widetilde{A}\widetilde{X} = \widetilde{X},\\
&3) && (\widetilde{A}\widetilde{X})^H = \widetilde{A}\widetilde{X},\\
&4) && (\widetilde{X}\widetilde{A})^H = \widetilde{X}\widetilde{A}.
\end{aligned} \tag{1.9.23}$$

也就是说, $\widetilde{X} = \widetilde{A}^\dagger = (MAK^{-1})^\dagger$, 并且

$$A^\dagger_{MK} = K^{-1}\widetilde{X}M = K^{-1}(MAK^{-1})^\dagger M$$

为 S_1 或 S_2 中唯一的加权 MP 逆. 这时, 利用本节的讨论, 可以推出 $A^\dagger_{MK}$ 也是 S_3 中唯一的加权 MP 逆. 由此容易由 MP 逆的代数性质得到加权 MP 逆的代数性质.

一般情形下的加权 MP 逆的结构和代数性质的讨论则要复杂得多. Eldén [70] 在某些特殊情形得到加权 MP 逆的结构. 魏木生和张必荣 [253], 魏木生和陈果良 [241], 应用三个矩阵的 PQ-SVD, 较全面的解决了上述三种加权 MP 逆的结构和代数性质问题.

对于一般的矩阵 K, M, 讨论 S_1, S_2, S_3 中的加权 MP 逆的结构和唯一性条件. 由 $\{M, A, K\}$ 的 PQ-SVD, 存在非奇异矩阵 Y, Z 和酉矩阵 U, V, 使得

$$M = UD_MY, \ A = Y^{-1}D_AZ \ \text{ 且 } K = VD_KZ, \tag{1.9.24}$$

其中

$$D_M = \begin{pmatrix} I & 0 \\ 0 & 0 \end{pmatrix} \begin{matrix} r_1 \\ m_1 - r_1 \end{matrix}, \tag{1.9.25}$$
$$\qquad r_1, \ \ s - r_1$$

$$D_A = \begin{pmatrix} I & 0 & 0 \\ 0 & 0 & 0 \\ 0 & I & 0 \\ 0 & 0 & 0 \end{pmatrix} \begin{matrix} r_2^1 \\ r_1 - r_2^1 \\ r_2^2 \\ s - r_1 - r_2^2 \end{matrix}, \tag{1.9.26}$$
$$\qquad r_2^1, \ \ r_2^2, \ \ n - r_2$$

$$D_K = \begin{pmatrix} S_1 & 0 & 0 & 0 & 0 & 0 \\ 0 & 0 & S_2 & 0 & 0 & 0 \\ 0 & 0 & 0 & 0 & S_3 & 0 \\ 0 & 0 & 0 & 0 & 0 & 0 \end{pmatrix} \begin{matrix} r_3^1 \\ r_3^2 \\ r_3^3 \\ m_2 - r_3 \end{matrix}, \tag{1.9.27}$$
$$r_3^1,\ r_2^1 - r_3^1, r_3^2, r_2^2 - r_3^2,\quad r_3^3,\ n - r_2 - r_3^3$$

这里 $r_1 = \text{rank}(M)$, $r_2 = r_2^1 + r_2^2 = \text{rank}(A)$, $r_3 = r_3^1 + r_3^2 + r_3^3 = \text{rank}(K)$, 而对于 $i = 1, 2, 3$, $S_i > 0$ 是对角方阵, 或为空矩阵.

现在考虑幂等矩阵的一些性质. 设 B 是一个 m 阶幂等矩阵, 且 $\text{rank}(B) = p$. 则 B 的特征值只能是 1 或 0. 由 B 的 Schur 分解容易得到, B 有如下的结构形式.

$$B = H \begin{pmatrix} I_p & F \\ 0 & 0 \end{pmatrix} H^H = H_1(I_p, F)H^H, \tag{1.9.28}$$

其中 $H = (H_1, H_2)$ 是酉矩阵,H_1 为 H 的前 p 列. 令 $E = I_m - B$, 则 E 也是一个 m 阶幂等矩阵, 且 $E^2 = E = H \begin{pmatrix} -F \\ I_{m-p} \end{pmatrix} H_2^H$,

$$EE^\dagger + B^\dagger B = H(\begin{pmatrix} -F \\ I_{m-p} \end{pmatrix} \begin{pmatrix} -F \\ I_{m-p} \end{pmatrix}^\dagger + (I_p, F)^\dagger (I_p, F))H^H = I_m. \tag{1.9.29}$$

1. 关于 S_1

设 $\{M, A, K\}$ 的 PQ-SVD 由 (1.9.24)~(1.9.27) 式给出. 若 $X = Z^{-1}CY \in \mathbf{C}^{n\times s}$ 是 S_1 中的加权 MP 逆, 当且仅当矩阵 $C = ZXY^{-1}$ 满足下列四个条件:

$$\begin{aligned} &(1)_M \quad && D_M D_A C D_A = D_M D_A; \\ &(2) && C D_A C = C; \\ &(3)_M && (D_M^H D_M D_A C)^H = D_M^H D_M D_A C; \\ &(4)_K && (D_K^H D_K C D_A)^H = D_K^H D_K C D_A. \end{aligned} \tag{1.9.30}$$

定理 1.9.7 设 $\{M, A, K\}$ 的 PQ-SVD 由 (1.9.24)~(1.9.27) 式给出. 则矩阵 $X \in S_1$, 当且仅当矩阵 $C = ZXY^{-1}$ 具有下列结构形式:

$$C = \begin{pmatrix} I & 0 & 0 & 0 & 0 \\ 0 & C_{22} & C_{23} & 0 & C_{25} \\ C_{31} & C_{32} & C_{33} & C_{34} & C_{35} \\ 0 & 0 & 0 & 0 & 0 \\ C_{51} & C_{52} & C_{53} & C_{54} & C_{55} \end{pmatrix} \begin{matrix} r_2^1 \\ r_3^2 \\ r_2^2 - r_3^2 \\ r_3^3 \\ n - r_2 - r_3^3 \end{matrix}, \tag{1.9.31}$$
$$r_2^1,\quad r_1 - r_2^1,\quad r_3^2,\quad r_2^2 - r_3^2,\ s - r_1 - r_2^2$$

其中

$$
\begin{aligned}
&C_{23}=Q_1(I_p,G)Q^H,\ 0\leqslant p\leqslant r_3^2,\ Q=(Q_1,Q_2),Q^HQ=I_{r_3^2},\ G\text{任意},C_{23}\ \text{满足}\\
&\qquad S_2^2C_{23}=(S_2^2C_{23})^H,\\
&C_{22}=Q_1(I,G)Q^HX_{22},\ C_{25}=Q_1(I,G)Q^HX_{25};\\
&C_{34}=H_1(I_q,F)H^H,\ 0\leqslant q\leqslant r_2^2-r_3^2,\ H=(H_1,H_2),H^HH=I_{r_2^2-r_3^2},\ F\ \text{任意},\\
&C_{31}=H(I-(I,F)^\dagger(I,F))H^HX_{31},\\
&C_{32}=H_2\begin{pmatrix}-F\\ I\end{pmatrix}^\dagger H^HX_{33}^{(2)}Q_1(I,G)Q^HX_{22}+H_1H_1^HX_{32},\\
&C_{33}=H_1H_1^HX_{33}^{(1)}Q_2Q_2^H+H(I-(I,F)^\dagger(I,F))H^HX_{33}^{(2)}Q_1(I,G)Q^H,\\
&C_{35}=H_2\begin{pmatrix}-F\\ I\end{pmatrix}^\dagger H^HX_{33}^{(2)}Q_1(I,G)Q^HX_{25}+H_1H_1^HX_{35};\\
&C_{54}=X_{54}H_1(I,F)H^H,\ C_{51}=X_{51},\\
&C_{52}=X_{53}Q(I,G)^\dagger(I,G)Q^HX_{22}+X_{54}H_1H_1^HX_{32}\\
&\qquad+X_{54}H_1\left(F\begin{pmatrix}-F\\ I\end{pmatrix}^\dagger H^HX_{33}^{(2)}Q_1(I,G)\right.\\
&\qquad\left.-H_1^HX_{33}^{(1)}Q_2(I+G^HG)^{-1}(G^H,G^HG)\right)Q^HX_{22},\\
&C_{53}=X_{54}H_1H_1^HX_{33}^{(1)}Q_2\begin{pmatrix}-G\\ I\end{pmatrix}^\dagger Q^H+X_{53}Q(I,G)^\dagger(I,G)Q^H,\\
&C_{55}=X_{53}Q(I,G)^\dagger(I,G)Q^HX_{25}+X_{54}H_1H_1^HX_{35}\\
&\qquad+X_{54}H_1\left(F\begin{pmatrix}-F\\ I\end{pmatrix}^\dagger H^HX_{33}^{(2)}Q_1(I,G)\right.\\
&\qquad\left.-H_1^HX_{33}^{(1)}Q_2(I+G^HG)^{-1}(G^H,G^HG)\right)Q^HX_{25},
\end{aligned}
$$

所有的 X_{ij} 是任意的, 并且有和 C_{ij} 相同的维数.

证明 必要性. 把 C 分块如下:

$$
C=\begin{pmatrix}
C_{11} & C_{12} & C_{13} & C_{14} & C_{15}\\
C_{21} & C_{22} & C_{23} & C_{24} & C_{25}\\
C_{31} & C_{32} & C_{33} & C_{34} & C_{35}\\
C_{41} & C_{42} & C_{43} & C_{44} & C_{45}\\
C_{51} & C_{52} & C_{53} & C_{54} & C_{55}
\end{pmatrix}
\begin{matrix} r_2^1\\ r_3^2\\ r_2^2-r_3^2\\ r_3^3\\ n-r_2-r_3^3\end{matrix},
\tag{1.9.32}
$$
$$
\qquad r_2^1,\ r_1-r_2^1,\ r_3^2,\ r_2^2-r_3^2, s-r_1-r_2^2
$$

由 (1.9.30) 式的 $(1)_M$ 和 $(3)_M$, 有

$$C_{11} = I_{r_2^1},\ C_{1j} = 0,\ j = 2:5,$$

所以 C 的第一行块和 (1.9.31) 式相同.

由 (1.9.30) 式的 $(4)_K$, 有

$$(S_2^2 C_{23})^H = S_2^2 C_{23}, \quad C_{2j} = 0,\ j = 1, 4; \quad C_{4j} = 0,\ j = 1, 3, 4.$$

由 (1.9.30) 式的 (2), 有 $C_{42} = 0$ 且 $C_{45} = 0$. 所以 C 的零子块和 (1.9.31) 式的相同.

另外, 比较 (1.9.32) 式中 C 和 CD_AC 的第二行块, 有

$$C_{23}C_{22} = C_{22}, \quad C_{23}^2 = C_{23}, \quad C_{23}C_{25} = C_{25}.$$

由幂等矩阵的性质, C_{23}, C_{22} 和 C_{25} 应具有定理中的结构.

比较 (1.9.32) 式中的 C 和 CD_AC 中第三行块, 有

$$\begin{gathered} C_{34}C_{31} = 0, \quad C_{33}C_{22} + C_{34}C_{32} = C_{32}, \\ C_{33}C_{23} + C_{34}C_{33} = C_{33}, \quad C_{34}^2 = C_{34}, \quad C_{33}C_{25} + C_{34}C_{35} = C_{35}. \end{gathered}$$

由幂等矩阵的性质, $C_{34} = H_1(I_q, F)H^H$, $H = (H_1, H_2)$ 为酉矩阵. 由 $C_{34}C_{31} = 0$, 得 $C_{31} = H(I - (I, F)^\dagger (I, F))H^H X_{31}$.

类似可以推出 (1.9.32) 式中其他的 C_{ij} 也应该有定理中的形式.

充分性. 可直接验证, 由定理所给出的 C 满足 (1.9.30) 式中的四个条件. □

定理 1.9.8 S_1 中的加权 MP 逆唯一, 当且仅当 M, A, K 满足下列两条件之一:

(1) $$A = 0,$$

(2) $$\operatorname{rank}(MA) = \operatorname{rank}(A) \ \text{且}\ \operatorname{rank}\left(\begin{pmatrix} MA \\ K \end{pmatrix}\right) = n. \tag{1.9.33}$$

证明 (1) 设 $A = 0$. 则由 (1.9.20) 式的条件 (2), 有 $X = 0$. 注意到 $X = 0$ 也满足 (1.9.20) 式的其他三个条件. 所以当 $A = 0$, S_1 中的加权 MP 逆就是 $X = 0$.

(2) 设 rank $(A) > 0$. 则由 $\{M,\ A,\ K\}$ 的 PQ-SVD 和定理 1.9.7, S_1 中的加权 MP 逆唯一, 当且仅当 C 唯一, 即

$$r_3^2 = 0,\ r_2^2 - r_3^2 = 0 \ \text{且} n - r_2 - r_3^3 = 0.$$

上述条件等价于

$$\operatorname{rank}(A) = r_2 = r_2^1 = \operatorname{rank}(MA) \ \text{且}\ \operatorname{rank}\begin{pmatrix} MA \\ K \end{pmatrix} = n.$$ □

2. 关于 S_2

定理 1.9.9 设 $\{M, A, K\}$ 的 PQ-SVD 由 (1.9.24)~(1.9.27) 式给出. 则任一矩阵 $X \in S_2$, 当且仅当矩阵 $C = ZXY^{-1}$ 具有下列结构形式:

$$C = \begin{pmatrix} I & 0 & 0 & 0 & 0 \\ 0 & C_{22} & I & 0 & C_{25} \\ 0 & C_{32} & 0 & I & C_{35} \\ 0 & 0 & 0 & 0 & 0 \\ C_{51} & C_{52} & C_{53} & C_{54} & C_{55} \end{pmatrix} \begin{matrix} r_2^1 \\ r_3^2 \\ r_2^2 - r_3^2 \\ r_3^3 \\ n - r_2 - r_3^3 \end{matrix}, \tag{1.9.34}$$
$$\qquad r_2^1, \quad r_1 - r_2^1, \quad r_3^2, \quad r_2^2 - r_3^2, \quad s - r_1 - r_2^2$$

其中

$$C_{52} = C_{53}C_{22} + C_{54}C_{32}, \quad C_{55} = C_{53}C_{25} + C_{54}C_{35}, \tag{1.9.35}$$

其他 C_{ij} 是给定维数的任意矩阵. 因此加权 MP 逆 $X \in S_2$ 唯一, 当且仅当 M, A, K 满足下列三个条件之一:

$$\begin{aligned} &(1) \qquad A = 0, \\ &(2) \qquad \operatorname{rank}(MA) = \operatorname{rank}(A) \text{ 且} \operatorname{rank}\begin{pmatrix} MA \\ K \end{pmatrix} = n, \text{ 或} \\ &(3) \qquad \operatorname{rank}(M) = \operatorname{rank}(MA), \ \operatorname{rank}(A) = s \ \text{ 且 } \operatorname{rank}\begin{pmatrix} A \\ K \end{pmatrix} = n. \end{aligned} \tag{1.9.36}$$

证明 易知 $S_2 \subseteq S_1$. 所以由定理 1.9.7, C 应该满足 (1.9.31) 式. 再把 $X = Z^{-1}CY$ 代入 (1.9.21) 式中的方程 (1), 经计算得

$$C_{23} = I_{r_3^2}, \quad C_{34} = I_{r_2^2 - r_3^2}, \quad C_{31} = 0, \quad C_{33} = 0.$$

则由定理 1.9.7 中 C_{ij} 的表达式, X 具有 (1.9.34)~(1.9.35) 式中的结构形式.

现在推导 $X \in S_2$ 唯一性条件.

(1) 设 $A = 0$. 则由 (1.9.21) 式中的方程 (2), 有 $X = 0$. 注意到 $X = 0$ 也满足 (1.9.21) 式的其他三个条件. 所以当 $A = 0$, $X = 0$ 就是唯一的加权 MP 逆.

(2) 设 rank $(A) > 0$. 则 S_2 中的加权 MP 逆唯一, 当且仅当 C 唯一, 即当且仅当 (1.9.34) 式中所有的 C_{ij} 为空, 其等价于下列条件之一:

(a) $r_3^2 = 0$, $r_2^2 - r_3^2 = 0$ 且 $n - r_2 - r_3^3 = 0$; 或

(b) $r_1 - r_2^1 = 0$, $s - r_1 - r_2^2 = 0$ 且 $n - r_2 - r_3^3 = 0$.

由 $\{M, A, K\}$ 的 (1.9.24)~(1.9.27) 式, 条件 (a), (b) 分别等价于 (1.9.36) 式中的条件 (2) 和条件 (3). □

3. 关于 S_3

定理 1.9.10 设矩阵 $M \in \mathbf{C}^{m_1 \times s}$, $A \in \mathbf{C}^{s \times n}$ 和 $K \in \mathbf{C}^{m_2 \times n}$ 给定,$\{M, A, K\}$ 的 PQ-SVD 由 (1.9.24)~(1.9.27) 式给出. 则任一 S_3 中的加权 MP 逆 X 具有形式 $X = Z^{-1}CY$, 其中

$$C = \begin{pmatrix} I & 0 & 0 & 0 & 0 \\ 0 & 0 & 0 & 0 & 0 \\ C_{31} & C_{32} & C_{33} & C_{34} & C_{35} \\ 0 & 0 & 0 & 0 & 0 \\ C_{51} & C_{52} & C_{53} & C_{54} & C_{55} \end{pmatrix} \begin{matrix} r_2^1 \\ r_3^2 \\ r_2^2 - r_3^2 \\ r_3^3 \\ n - r_2 - r_3^3 \end{matrix} . \tag{1.9.37}$$
$$\qquad r_2^1, \quad r_1 - r_2^1, \quad r_3^2, \quad r_2^2 - r_3^2, s - r_1 - r_2^2$$

因此 S_3 中的加权 MP 逆唯一当且仅当

$$\operatorname{rank}\begin{pmatrix} MA \\ K \end{pmatrix} = n. \tag{1.9.38}$$

证明 取 C 的分块同 (1.9.32) 式. 则由 (1.9.24)~(1.9.27) 式,

$$\begin{aligned} \|AX - I\|_M^2 = \|MAX - M\|_F^2 &= \|U(D_M D_A C - D_M)Y\|_F^2 \\ &= \|(C_{11} - I, C_{12}, C_{13}, C_{14}, C_{15})Y\|_F^2 + \alpha \geqslant \alpha, \end{aligned}$$

其中 α 是和 C 无关的常数. 因此 $X \in \mathbf{S}$ 当且仅当

$$C_{11} = I_{r_2^1}, \quad C_{1j} = 0, j = 2:5.$$

注意到条件 $X \in \mathbf{S}$ 和 (1.9.20) 式的条件 $(1)_M$ 和 $(3)_M$ 等价. 对于 $X \in \mathbf{S}$, 有

$$\|X\|_K^2 = \|KX\|_F^2 = \left\| \begin{pmatrix} S_2C_{21} & S_2C_{22} & S_2C_{23} & S_2C_{24} & S_2C_{25} \\ S_1C_{41} & S_1C_{42} & S_1C_{43} & S_1C_{44} & S_1C_{45} \end{pmatrix} Y \right\|_F^2 + \beta \geqslant \beta,$$

其中 β 是和 C 无关的常数. 由此知 $X \in S_3$ 当且仅当

$$C_{2j} = 0 \text{ 且 } C_{4j} = 0\ , j = 1:5.$$

所以 C 具有 (1.9.37) 式的结构. 其次, 由 (1.9.37) 式,X 唯一当且仅当

$$r_2^2 - r_3^2 = 0 \text{ 且 } n - r_2 - r_3^3 = 0,$$

上述条件等价于

$$\operatorname{rank}\begin{pmatrix} MA \\ K \end{pmatrix} = n.$$

□

习 题 一

1. 设 A 为可对角化矩阵. 试证: A 的特征值皆为实数的必要和充分条件是存在正定矩阵 H, 使得 HA 为 Hermite 矩阵.

2. 设 $AB = BA$, 其中 B 为零幂等矩阵 (即存在自然数 m, 使得 $B^m = 0$). 则 $\det(A + B) = \det A$.

3. 设 $A = \begin{pmatrix} A_{11} & A_{12} \\ A_{21} & A_{22} \end{pmatrix}$, 其中 A_{ij} 均为方阵, 并且满足 $A_{11}A_{21} = A_{21}A_{11}$. 则

$$\det A = \det(A_{11}A_{22} - A_{21}A_{12}).$$

4. 设 $\det \begin{pmatrix} A & a \\ a^H & \alpha \end{pmatrix} = 0$. 则

$$\det \begin{pmatrix} A & a \\ a^H & \beta \end{pmatrix} = (\beta - \alpha)\det A.$$

5. 证明 AB 和 BA 的特征多项式除了一个 λ 的幂之外是相等的.

6. 设 H_1 为正定矩阵, H_2 是和 H_1 同阶的 Hermite 矩阵. 试证: $H_1 + H_2$ 为正定矩阵的必要和充分条件是 $H_1^{-1}H_2$ 的特征值均大于 -1.

7. 证明: 任一方阵 A 有极分解式 $A = HQ$, 其中 Q 为酉矩阵, H 为半正定矩阵. 此外, 若 A 为非奇异矩阵, 则 H 为正定矩阵, 并且上述分解是唯一的.

8. 设 $A \in \mathbf{C}^{m\times n}, B \in \mathbf{C}^{n\times p}, C \in \mathbf{C}^{p\times q}$. 试证:

$$\operatorname{rank}(AB) + \operatorname{rank}(BC) \leqslant \operatorname{rank}(B) + \operatorname{rank}(ABC).$$

9. 设 $A = \begin{pmatrix} A_{11} & A_{12} \\ A_{21} & A_{22} \end{pmatrix} \in \mathbf{C}_n^{n\times n}$. 利用酉矩阵的 CS 分解证明: $\dim(\mathcal{N}(A_{11})) = \dim(\mathcal{N}(A_{22}^H))$, $\dim(\mathcal{N}(A_{12})) = \dim(\mathcal{N}(A_{21}^H))$.

10. 证明 Stewart 的 CSD (1.3.10)~(1.3.11) 式.

11. 设 $A,\ B \in \mathbf{C}^{m\times n}$ 是 Hermite 矩阵,$A \geqslant B \geqslant 0$. $\lambda(A) = \{\lambda_i\}_{i=1}^n$ 和 $\lambda(A) = \{\mu_i\}_{i=1}^n$ 满足 $\lambda_1 \geqslant \cdots \geqslant \lambda_n \geqslant 0, \mu_1 \geqslant \cdots \geqslant \mu_n \geqslant 0$. 试证 $\lambda_i \geqslant \mu_i,\ i = 1:n$.

12. 设 $A = (a_{ij}) \in \mathbf{C}^{m\times n}$ 是 Hermite 矩阵. 证明: 在每个圆盘

$$\mathcal{D}_i = \left\{ z \in \mathbf{C} : |z - a_{ii}| \leqslant \left(\sum_{j\neq i} |a_{ij}|^2 \right)^{\frac{1}{2}} \right\}, \quad i = 1:n$$

内, 必有 A 的特征值.

13. 设 $A \in \mathbf{C}^{n\times n}$. 记 $A = H_1 + iH_2$, 其中

$$H_1 = \frac{1}{2}(A + A^H), \quad H_2 = \frac{1}{2i}(A - A^H)$$

为 Hermite 矩阵. 设 $\lambda(H_1)=\{\alpha_i\}$, $\lambda(H_2)=\{\beta_i\}$, $\alpha_1\geqslant\cdots\geqslant\alpha_n$, $\beta_1\geqslant\cdots\geqslant\beta_n$. 试证对于任何 $\lambda\in\lambda(A)$, 有

$$\alpha_1\geqslant\Re(\lambda)\geqslant\alpha_m,\ \beta_1\geqslant\Im(\lambda)\geqslant\beta_n.$$

14. 设 $A\in\mathbf{C}^{n\times n}$ 为正定矩阵, 其特征值为 $\lambda_1\geqslant\cdots\geqslant\lambda_n>0$. 任取 $X_1\in\mathbf{C}^{n\times m}(1\leqslant m\leqslant n)$. 试证

$$\begin{aligned}\lambda_1\cdots\lambda_m\det(X_1^HX_1)&\geqslant\det(X_1^HAX_1)\\&\geqslant\lambda_{n-m+1}\cdots\lambda_n\det(X_1^HX_1).\end{aligned}$$

15. 设 $A\in\mathbf{C}^{n\times n},\lambda(A)=\{\lambda_i\},\sigma(A)=\{\sigma_i\}$. 试证: 如果

$$|\lambda_1|\geqslant\cdots\geqslant|\lambda_n|,\quad \sigma_1\geqslant\cdots\geqslant\sigma_n,$$

则

$$\prod_{i=1}^k\sigma_i\geqslant\prod_{i=1}^k|\lambda_i|,\ k=1:n.$$

16. 设 $D=A+B\in\mathbf{C}^{n\times n}$. A, B 和 D 的奇异值分别为

$$\alpha_1\geqslant\cdots\geqslant\alpha_n,\quad \beta_1\geqslant\cdots\geqslant\beta_n,\quad \delta_1\geqslant\cdots\geqslant\delta_n.$$

试证

$$\delta_{i+j+1}\leqslant\alpha_{i+1}+\beta_{j+1},\quad i+j+1\leqslant n.$$

17. 证明下列结论:

(1) $A^\dagger=(A^HA)^\dagger A^H=A^H(AA^H)^\dagger$,

(2) 设 a 和 b 为列向量, 则

$$(ab^H)^\dagger=(a^Ha)^\dagger(b^Hb)^\dagger ba^H.$$

18. 设 A 为正规阵. 证明 $AA^\dagger=A^\dagger A$, 并且对任一自然数 k, 有 $(A^k)^\dagger=(A^\dagger)^k$.

19. 设 $A\in\mathbf{C}^{n\times n}$, 则 $AA^\dagger=A^\dagger A$ 的必要和充分条件是 $\mathcal{N}(A)=\mathcal{N}(A^H)$.

20. 如果 $\mathrm{rank}(A)=\mathrm{rank}(BA)$, 试证

$$\mathrm{rank}(AC)=\mathrm{rank}(BAC).$$

21. 设 A 和 B 为同阶幂等矩阵, 并且满足 $\mathcal{R}(A)=\mathcal{R}(B)$ 和 $\mathcal{N}(A)=\mathcal{N}(B)$. 试证 $A=B$.

22. 试证: 任一正交投影算子 P 必可表示为 $P=VV^H$, 其中 V 满足 $V^HV=I$.

23. 设 A 是一奇异方阵, $\{u_1,\cdots,u_k\}$ 和 $\{x_1,\cdots,x_k\}$ 分别是 $\mathcal{N}(A^H)$ 和 $\mathcal{N}(A)$ 的标准正交基, $\alpha_1,\cdots,\alpha_k$ 是 k 个非零复数. 试证: 矩阵

$$A_0=A+\sum_{i=1}^k\alpha_iu_ix_i^H$$

是非奇异矩阵, 并且

$$A_0^{-1} = A^\dagger + \sum_{i=1}^{k} \frac{1}{\alpha_i} x_i u_i^H.$$

24. 证明: 对任一 $y \in \mathbf{C}^n$ 和 $p \geqslant 1$, 有

$$\|y\|_q = \max_{\substack{x \in \mathbf{C}^n \\ \|x\|_p = 1}} |y^H x|,$$

其中 q 满足 $\frac{1}{p} + \frac{1}{q} = 1$.

25. 设 $x \in \mathbf{C}^n$. 证明

$$\|x\|_\infty \leqslant \|x\|_1 \leqslant n\|x\|_\infty,$$

$$\frac{1}{\sqrt{n}}\|x\|_1 \leqslant \|x\|_2 \leqslant \|x\|_1,$$

$$\frac{1}{\sqrt{n}}\|x\|_2 \leqslant \|x\|_\infty \leqslant \|x\|_2.$$

26. 设 $A = (a_{ij}) \in \mathbf{C}^{m \times n}$. 证明 $\|A\|_\infty = \max\limits_{1 \leqslant i \leqslant m} \sum\limits_{j=1}^{n} |a_{ij}|$.

27. 设 $A \in \mathbf{C}^{n \times n}$. 则

$$\lim_{k \to \infty} = 0 \Leftrightarrow \rho(A) < 1.$$

28. 设 ν 是 $\mathbf{C}^n$ 上的范数, $B \in \mathbf{C}^{n \times n}$ 是非奇异矩阵, μ 表示 $\mathbf{C}^n$ 上由 $\mu(x) = \nu(Bx)$ 定义的范数. 令 $\|\cdot\|_\nu$ 和 $\|\cdot\|_\mu$ 分别表示 $\mathbf{C}^{n \times n}$ 上从属于 ν 和 μ 的算子范数. 试证

$$\|A\|_\mu = \|BAB^{-1}\|_\nu, \quad \forall A \in \mathbf{C}^{n \times n}.$$

29. 证明: $\rho(A) < 1$ 当且仅当存在正定矩阵 Q, 使得 $Q - AQA^H$ 也为正定矩阵.

30. 特征值的实部均为负数的矩阵称为稳定矩阵. 证明 $-B$ 为稳定矩阵的充分必要条件是存在正定矩阵 M, 使得 $BM + MB^H > 0$.

31. 设 A 为 Hermite 矩阵. 证明

$$\|A\|_2 \leqslant \|A\|_\infty = \|A\|_1 \leqslant n^{\frac{1}{2}}\|A\|_2.$$

32. 设 $A \in \mathbf{C}^{n \times n}, \lambda(A) = \{\lambda_i\}$. 试证

$$\inf_{S \in \mathbf{C}_n^{n \times n}} \|S^{-1}AS\|_F^2 = \sum_{i=1}^{n} |\lambda_i|^2.$$

33. 设 P 是非零幂等矩阵, 试证对任一相容的矩阵范数 $\|\cdot\|$, 必有 $\|P\| \geqslant 1$.

34. 设函数 $\|\cdot\| : \mathbf{C}^{n \times n} \to \mathbf{R}_0$, 其定义为

$$\|A\| = n \max_{i,j} |a_{ij}|, \quad \forall A = (a_{ij}) \in \mathbf{C}^{n \times n}.$$

试证: $\|\cdot\|$ 是 $\mathbf{C}^{n \times n}$ 上的相容范数.

35. 设 ν 是 $\mathbf{C}^{n\times n}$ 上的范数. 试证: 存在 $\sigma > 0$, 使得由

$$\|A\| = \sigma\nu(A)$$

所定义的 $\|\cdot\|$ 是 $\mathbf{C}^{n\times n}$ 上的相容范数.

36. 设 $a,\ b \in \mathbf{C}^n$. 试利用 Binet-Cauchy 公式证明 Cauchy 不等式

$$|a^H b| \leqslant \|a\|_2 \|b\|_2.$$

37. 设 A 和 B 为同阶半正定矩阵. 则

$$\det(A+B) \geqslant \det(A) + \det(B).$$

38. 设 $A = (a_{ij}) \in \mathbf{C}^{n\times n}$, $a = \max\limits_{i,j} |a_{ij}|$. 试证

$$|\det(A)| \leqslant n^{\frac{n}{2}} a^n.$$

39. 设 $\begin{pmatrix} A_{11} & \cdots & A_{1k} \\ \vdots & & \vdots \\ A_{k1} & \cdots & A_{kk} \end{pmatrix}$ 为半正定矩阵, 其中 A_{ii} 均为方阵. 试证推广的 Hadamard 不等式:

$$\det(A) \leqslant \prod_{i=1}^{k} \det(A_{ii}).$$

40. 设 $H = \begin{pmatrix} A & B \\ B^H & C \end{pmatrix}$ 为半正定矩阵, 其中 $B \in \mathbf{C}^{m\times n}$. 试证: 对于任何 $R \in \mathbf{C}^{m\times n}$, 恒有

$$\det(H) \leqslant \det(A)\cdot\det(C + R^H B + B^H R + R^H AR),$$

并且等号成立的必要和充分条件是 $AR + B = 0$.

41. 证明 $(A\otimes B)^\dagger = A^\dagger \otimes B^\dagger$.

42. 证明: $B^\dagger A^\dagger = (AB)^\dagger$, 当且仅当 $\mathcal{R}(A^H AB) \subseteq \mathcal{R}(B)$, 并且 $\mathcal{R}(BB^H A^H) \subseteq \mathcal{R}(A^H)$.

第二章　奇异值, 奇异子空间和 MP 逆的扰动

本章讨论奇异值、奇异子空间和 MP 逆的扰动分析. 由于本书讨论各种广义的最小二乘问题的扰动时, 主要采用矩阵的酉不变范数. 因此 §2.1 首先讨论酉不变范数的性质, §2.2 讨论奇异值的扰动和降秩最佳逼近, §2.3 讨论奇异子空间的扰动, §2.4 讨论 MP 逆的扰动.

§ 2.1　酉不变范数的性质

本节讨论酉不变范数的性质. 首先需要介绍 von Neumann 定理和 SG 函数. 对上述问题的详细讨论, 见文献 [183] 和 [188].

2.1.1　Von Neumann 定理

引理 2.1.1　设 $A \in \mathbf{C}^{n\times n}$. 则 $A \geqslant 0$ 当且仅当

$$\text{Re tr}(A) \geqslant \text{Re tr}(WA), \quad \forall W \in \mathcal{U}_n. \tag{2.1.1}$$

证明　必要性. 设 $A \geqslant 0$. 记 A 的酉分解式为 $A = V\Sigma V^H$, 其中 $V \in \mathcal{U}_n$, $\Sigma = \text{diag}(\sigma_1, \cdots, \sigma_n) \geqslant 0$. 对任意 $W \in \mathcal{U}_n$, 记 $U = V^H W V = (u_{ij}) \in \mathcal{U}_n$. 于是有

$$\begin{aligned}\text{Re tr}(WA) &= \text{Re tr}(WV\Sigma V^H) = \text{Re tr}(U\Sigma)\\ &= \text{Re}\sum_{i=1}^n \sigma_i u_{ii} \leqslant \sum_{i=1}^n \sigma_i |u_{ii}| \leqslant \sum_{i=1}^n \sigma_i = \text{tr}(A).\end{aligned}$$

充分性. 设 $\text{rank}(A) = r$, 于是 A 有奇异值分解 $A = U\Sigma V^H$, 其中

$$U = (U_1, U_2) \in \mathcal{U}_n,\ V = (V_1,\ V_2) \in \mathcal{U}_n,\ \Sigma = \text{diag}(\Sigma_1, 0),$$

U_1, V_1 分别是 U, V 的前 r 列,$\Sigma_1 = \text{diag}(\sigma_1, \cdots, \sigma_r) > 0$. 记 $V^H U = W_0 = (w_{ij})$, 则

$$\text{Re tr}(A) = \text{Re tr}(U\Sigma V^H) = \text{Re tr}(W_0\Sigma) = \sum_{i=1}^r \sigma_i \text{Re}(w_{ii}).$$

另一方面, 取 $W = VU^H$, 则有

$$\text{Re tr}(WA) = \text{Re tr}(VU^H U\Sigma V^H) = \sum_{i=1}^r \sigma_i.$$

由假设应有

$$\sum_{i=1}^{r}\sigma_i\mathrm{Re}(w_{ii})\geqslant\sum_{i=1}^{r}\sigma_i.$$

由于 $|w_{ii}|\leqslant 1,i=1:r$. 所以由上式, 必有 $w_{ii}=1$, $i=1:r$, 即 $V_1^HU_1=I_r$. 从而 $V_1=U_1,A=U_1\Sigma_1U_1^H\geqslant 0$. □

引理 2.1.2 设 $\Lambda=\mathrm{diag}(\alpha_1,\cdots,\alpha_n)\geqslant 0$, $\Omega=\mathrm{diag}(\beta_1,\cdots,\beta_n)$, 其中 $\beta_1>\cdots>\beta_n>0$. 如果存在 U_0, $V_0\in\mathcal{U}_n$, 使得

$$\mathrm{Re}\ \mathrm{tr}(U_0\Lambda V_0\Omega)\geqslant\mathrm{Re}\ \mathrm{tr}(U\Lambda V\Omega),\quad\forall U,\ V\in\mathcal{U}_n,$$

则 $U_0\Lambda V_0$ 必为半正定对角矩阵.

证明 对任何 $W\in\mathcal{U}_n$, 取 $U=WU_0$, $V=V_0$, 则有

$$\mathrm{Re}\ \mathrm{tr}(U_0\Lambda V_0\Omega)\geqslant\mathrm{Re}\ \mathrm{tr}(WU_0\Lambda V_0\Omega),\quad\forall W\in\mathcal{U}_n;$$

取 $U=U_0$, $V=V_0W$, 则有

$$\mathrm{Re}\ \mathrm{tr}(\Omega U_0\Lambda V_0)\geqslant\mathrm{Re}\ \mathrm{tr}(W\Omega U_0\Lambda V_0),\quad\forall W\in\mathcal{U}_n.$$

由引理 2.1.1,$U_0\Lambda V_0\Omega$ 和 $\Omega U_0\Lambda V_0$ 皆为半正定矩阵. 令 $U_0\Lambda V_0=\Gamma$, 则有

$$\Gamma\Omega=\Omega\Gamma^H\geqslant 0,\quad\Omega\Gamma=\Gamma^H\Omega\geqslant 0.$$

由此可得

$$\Gamma\Omega^2=\Omega\Gamma^H\Omega=\Omega^2\Gamma.$$

由条件 $\beta_1>\beta_2>\cdots>\beta_n>0$, 知 Γ 为对角矩阵. 再由 $\Gamma\Omega\geqslant 0$ 和 $\Omega>0$, 知 $\Gamma\geqslant 0$. □

引理 2.1.3 设 $\alpha_1\geqslant\cdots\geqslant\alpha_n$, $\beta_1\geqslant\cdots\geqslant\beta_n$. 若 $\pi(1),\cdots,\pi(n)$ 是 $1,\cdots,n$ 的任一排列, 则

$$\sum_{i=1}^{n}\alpha_{\pi(i)}\beta_i\leqslant\sum_{i=1}^{n}\alpha_i\beta_i.\tag{2.1.2}$$

证明 假设对于 $i=1:r$, 已有 $\pi(i)=i$, 但 $\pi(r+1)=r+t(t>1)$, 而 $\pi(r+s)=r+1(s>1)$. 现把 $\sum\limits_{i=1}^{n}\alpha_{\pi(i)}\beta_i$ 中的 $\alpha_{\pi(r+1)}\beta_{r+1}$ 和 $\alpha_{\pi(r+s)}\beta_{r+s}$ 分别换成 $\alpha_{\pi(r+s)}\beta_{r+1}$ 和 $\alpha_{\pi(r+1)}\beta_{r+s}$, 其余各项不变. 由

$$\begin{aligned}&(\alpha_{\pi(r+s)}\beta_{r+1}+\alpha_{\pi(r+1)}\beta_{r+s})-(\alpha_{\pi(r+1)}\beta_{r+1}+\alpha_{\pi(r+s)}\beta_{r+s})\\=&\alpha_{r+1}\beta_{r+1}+\alpha_{r+t}\beta_{r+s}-\alpha_{r+t}\beta_{r+1}-\alpha_{r+1}\beta_{r+s}\\=&(\alpha_{r+1}-\alpha_{r+t})(\beta_{r+1}-\beta_{r+s})\geqslant 0\end{aligned}$$

知

$$\sum_{i=r+1}^{n} \alpha_{\pi(i)}\beta_i \leqslant \alpha_{r+1}\beta_{r+1} + \sum_{i=r+2}^{n} \alpha_{\pi'(i)}\beta_i,$$

其中 $\pi'(r+2),\cdots,\pi'(n)$ 是 $r+2,\cdots,n$ 的一个排列. 依次类推, 可得 (2.1.2) 式. □

定理 2.1.4 (von Neumann [208]) 设 $A,\ B \in \mathbf{C}^{m\times n}$ 分别有奇异值 $\alpha_1 \geqslant \cdots \geqslant \alpha_l$ 和 $\beta_1 \geqslant \cdots \geqslant \beta_l$, $l = \min\{m, n\}$. 则

$$\max_{U\in\mathcal{U}_m,\ V\in\mathcal{U}_n} \operatorname{Re}\operatorname{tr}(UAVB^H) = \sum_{i=1}^{l} \alpha_i\beta_i. \tag{2.1.3}$$

证明 以下仅证明当 $m = n = l$ 时, (2.1.3) 式成立. 当 $m \neq n$ 时可先把 A 和 B 补以若干行列的零元素, 构成方阵, 然后引用 $m = n$ 时的结论来证明.

设 A 和 B 的奇异值分解为

$$A = W_A \Lambda Z_A^H, \quad B = W_B \Omega Z_B^H,$$

其中 $W_A,\ Z_A,\ W_B,\ Z_B \in \mathcal{U}_n$, $\Lambda = \operatorname{diag}(\alpha_1,\cdots,\alpha_n)$, $\Omega = \operatorname{diag}(\beta_1,\cdots,\beta_n) \geqslant 0$. 首先考虑

$$\alpha_1 \geqslant \cdots \geqslant \alpha_n \geqslant 0, \quad \beta_1 > \cdots > \beta_n > 0$$

的情形. 设 (2.1.3) 式中的极大值在 U_0 和 V_0 达到. 则由引理 2.1.2, 有

$$\max_{U,\ V\in\mathcal{U}_n} \operatorname{Re}\operatorname{tr}(UAVB^H) = \max_{U,\ V\in\mathcal{U}_n} \operatorname{Re}\operatorname{tr}(U\Lambda V\Omega) = \operatorname{tr}(\Gamma\Omega) = \sum_{i=1}^{n} \gamma_i\beta_i,$$

其中

$$U_0\Lambda V_0 = \Gamma = \operatorname{diag}(\gamma_1,\cdots,\gamma_n) \geqslant 0,\ \text{满足}\ U_0\Lambda^2 U_0^H = \Gamma^2.$$

因此 $\gamma_1,\cdots,\gamma_n$ 是 $\alpha_1,\cdots,\alpha_n$ 的一个排列. 应用引理 2.1.3, 立即得到

$$\max_{U,\ V\in\mathcal{U}_n} \operatorname{Re}\operatorname{tr}(UAVB^H) = \sum_{i=1}^{n} \alpha_i\beta_i.$$

当

$$\alpha_1 \geqslant \cdots \geqslant \alpha_n \geqslant 0, \quad \beta_1 \geqslant \cdots \geqslant \beta_n \geqslant 0$$

时, 取 $1 > \varepsilon > 0$, 并令

$$B_\varepsilon = W_B \operatorname{diag}(\beta_1 + \varepsilon, \cdots, \beta_n + \varepsilon^n) Z_B^H.$$

则由前面已证的结论, 由

$$\max_{U,\ V\in\mathcal{U}_n} \operatorname{Re}\operatorname{tr}(UAVB_\varepsilon^H) = \sum_{i=1}^{n} \alpha_i(\beta_i + \varepsilon^i).$$

上式中令 $\varepsilon \to 0$, 即得定理中的等式. □

2.1.2　SG 函数

定义 2.1.1　一个定义在 $\mathbf{R}^n$ 上的实值函数 Φ 叫做对称度规函数 (symmetric gauge function, 以下简称 SG 函数), 如果它满足下列条件:

(1)$x \neq 0 \Rightarrow \Phi(x) > 0$;

(2)$\Phi(\rho x) = |\rho|\Phi(x),\ \forall \rho \in \mathbf{R}$;

(3)$\Phi(x+y) \leqslant \Phi(x) + \Phi(y)$;

(4)$\Phi(Jx_\pi) = \Phi(x)$;

(5)$\Phi(e_1) = 1$,

其中 x 和 y 是任意的实 n 维列向量, π 是 $1, \cdots, n$ 的任一排列, J 是对角线元素为 1 或 -1 的对角矩阵, e_1 是 I_n 的第一列.

对于 $x = (\xi_1, \cdots, \xi_n)^T$, $\Phi(x)$ 记为

$$\Phi(x) = \Phi(\xi_1, \cdots, \xi_n).$$

定义 2.1.2　令函数

$$\Phi_k(x) = \max_{1 \leqslant i_1 < \cdots < i_k \leqslant n} \{|\xi_{i_1}| + \cdots + |\xi_{i_k}| : x = (\xi_1, \cdots, \xi_n)^T \in \mathbf{R}^n\}.$$

$\Phi_k(x)\ (k = 1:n)$ 称为 $\mathbf{R}^n$ 上特殊的 SG 函数.

引理 2.1.5　设 $\Phi(x)$ 是 $\mathbf{R}^n$ 上的 SG 函数, $x = (\xi_1, \cdots, \xi_n)^T$. 则对于 $0 \leqslant p_i \leqslant 1$, 有

$$\Phi(p_1\xi_1, \cdots, p_n\xi_n) \leqslant \Phi(\xi_1, \cdots, \xi_n). \tag{2.1.4}$$

证明　据定义 2.1.1 中的条件 (4), 只需证明当 $0 \leqslant p \leqslant 1$ 时, 有

$$\Phi(p\xi_1, \xi_2, \cdots, \xi_n) \leqslant \Phi(\xi_1, \xi_2, \cdots, \xi_n).$$

由 SG 函数的定义, 可直接验证

$$\begin{aligned}
&\Phi(p\xi_1, \xi_2, \cdots, \xi_n) \\
&= \Phi\left(\frac{1+p}{2}\xi_1 + \frac{1-p}{2}(-\xi_1), \frac{1+p}{2}\xi_2 + \frac{1-p}{2}\xi_2, \cdots, \frac{1+p}{2}\xi_n + \frac{1-p}{2}\xi_n\right) \\
&\leqslant \frac{1+p}{2}\Phi(\xi_1, \xi_2, \cdots, \xi_n) + \frac{1-p}{2}\Phi(-\xi_1, \xi_2, \cdots, \xi_n) = \Phi(x).
\end{aligned}$$

□

引理 2.1.6　设 $\Phi(x)$ 是 $\mathbf{R}^n$ 上的 SG 函数, $x = (\xi_1, \cdots, \xi_n)^T$. 则

$$\max_{1 \leqslant i \leqslant n} |\xi_i| \leqslant \Phi(x) \leqslant \sum_{i=1}^{n} |\xi_i|. \tag{2.1.5}$$

证明 由 SG 函数的定义和引理 2.1.5, 对 $i=1:n$, 有

$$|\xi_i| \leqslant \Phi(x) \leqslant \sum_{i=1}^{n} \Phi(0,\cdots,0,\xi_i,0,\cdots,0) = \sum_{i=1}^{n} |\xi_i|. \qquad \square$$

引理 2.1.7 SG 函数是 $\mathbf{R}^n$ 上的连续函数.

证明 显然 SG 函数为 $\mathbf{R}^n$ 上定义的向量范数, 因此连续. $\square$

定义 2.1.3 设 $\Phi(\xi_1,\cdots,\xi_n)$ 是 $\mathbf{R}^n$ 上的 SG 函数. 对于任一矩阵 $A\in\mathbf{C}^{m\times n}$, 如果 $\sigma(A)=\{\sigma_1,\cdots,\sigma_l\}$, $l=\min\{m,\ n\}$, 则定义

$$\Phi(A)=\Phi(\sigma_1,\cdots,\sigma_l).$$

引理 2.1.8 设 $x=(\xi_1,\cdots,\xi_n)^T$ 和 $y=(\eta_1,\cdots,\eta_n)^T$ 满足

$$\xi_1\geqslant\cdots\geqslant\xi_n\geqslant 0, \quad \eta_1\geqslant\cdots\geqslant\eta_n\geqslant 0, \tag{2.1.6}$$

则

$$\xi_1+\cdots+\xi_k\leqslant\eta_1+\cdots+\eta_k, \quad k=1:n, \tag{2.1.7}$$

当且仅当关系式

$$\Phi(x)\leqslant\Phi(y) \tag{2.1.8}$$

对 $\mathbf{R}^n$ 上每一个 SG 函数 Φ 都成立.

证明 必要性. 利用 $\mathbf{R}^n$ 上特殊的 SG 函数 Φ_k, 立即导出分量满足 (2.1.6) 式的 x 和 y 必满足 (2.1.7) 式.

充分性. 如果 x 和 y 的分量满足 (2.1.6) 式和 (2.1.7) 式, 则由 Markus 的一个结果, 向量 x 必可表示为

$$x=\sum_{l=1}^{N}\tau_l y^{(l)} \quad (N=2^n n!),$$

其中每个 $\tau_l\geqslant 0$ 并满足 $\sum\limits_{l=1}^{N}\tau_l=1$, $y^{(l)}=Jy_\pi$, $(l=1:N)$, y_π 表示 y 经某一置换 π 所得到的向量,J 是对角元素由 1 和 -1 组成的对角矩阵. 设 Φ 是 $\mathbf{R}^n$ 上的 SG 函数. 则由上式和 SG 函数的性质, 有

$$\begin{aligned}\Phi(x)&=\Phi\left(\sum_{l=1}^{N}\tau_l y^{(l)}\right)\leqslant\sum_{l=1}^{N}\tau_l\Phi(y^{(l)})\\&=\sum_{l=1}^{N}\tau_l\Phi(y)=\Phi(y).\end{aligned} \qquad \square$$

2.1.3　酉不变范数的性质

定理 2.1.9(von Neumann [208])　设 $l=\min\{m,\ n\}$, Φ 是 $\mathbf{R}^l$ 上的 SG 函数. 则 $\Phi(A)$ 是 $\mathbf{C}^{m\times n}$ 上的酉不变范数. 反之, 对于 $\mathbf{C}^{m\times n}$ 上的每一个酉不变范数 $\|\cdot\|$, 必存在 $\mathbf{R}^l$ 上的 SG 函数, 使得 $\|A\|=\Phi(A)$, $\forall A\in\mathbf{C}^{m\times n}$.

证明　设 Φ 是 $\mathbf{R}^l$ 上的 SG 函数. 设 A 的奇异值为 $\sigma_1\geqslant\cdots\geqslant\sigma_l\geqslant 0$. 则由 $\Phi(A)$ 和 R^l 上 SG 函数的定义, 显然 $\Phi(A)$ 是 $\mathbf{C}^{m\times n}$ 上的酉不变范数.

反之, 设 $\|\cdot\|$ 是 $\mathbf{C}^{m\times n}$ 上的酉不变范数. 定义

$$\Phi(\xi_1,\cdots,\xi_l)=\left\|\begin{pmatrix}\xi_1 & & \\ & \ddots & \\ 0 & & \xi_l\end{pmatrix}\right\|,\quad (\xi_1,\cdots,\xi_l)^T\in\mathbf{R}^l.$$

直接验证可知, Φ 是 $\mathbf{R}^l$ 上的 SG 函数, 而且显然有

$$\|A\|=\Phi(A),\quad \forall A\in\mathbf{C}^{m\times n}.$$

□

用 $\sigma_+(A)$ 表示矩阵 A 的正奇异值的集合. 由定理 2.1.9 立即得出下述结论: 对于任意两个矩阵 A_1 和 A_2, 如果 $\sigma_+(A_1)=\sigma_+(A_2)$, 则对于任一酉不变范数 $\|\cdot\|$, 有 $\|A_1\|=\|A_2\|$.

定理 2.1.10　设 $l=\min\{m,\ n\}$, $A,\ B\in\mathbf{C}^{m\times n}$, 它们的奇异值分别为 $\sigma_1\geqslant\cdots\geqslant\sigma_l\geqslant 0$ 和 $\tau_1\geqslant\cdots\geqslant\tau_l\geqslant 0$. 如果 $\sigma_i\leqslant\tau_i$, $i=1:l$, 则对 $\mathbf{C}^{m\times n}$ 上的任一酉不变范数 $\|\cdot\|$, 必有 $\|A\|\leqslant\|B\|$.

证明　根据定理 2.1.9, 存在 $\mathbf{R}^l$ 上的 SG 函数 Φ, 使得 $\|A\|=\Phi(A),\forall A\in\mathbf{C}^{m\times n}$. 再由不等式 $\sigma_i\leqslant\tau_i$ $(1\leqslant i\leqslant l)$ 和引理 2.1.5 即得定理的结论. □

定理 2.1.11　设 $\|\cdot\|$ 为 $\mathbf{C}^{m\times n}$ 上的酉不变范数, 则有

$$\|AB\|\leqslant\|A\|_2\|B\|,\quad \forall A\in\mathbf{C}^{m\times m},\ \forall B\in\mathbf{C}^{m\times n}\tag{2.1.9}$$

和

$$\|AB\|\leqslant\|A\|\ \|B\|_2,\quad \forall A\in\mathbf{C}^{m\times n},\ \forall B\in\mathbf{C}^{n\times n}.\tag{2.1.10}$$

证明　设

$$\sigma(AB)=\{\gamma_1,\cdots,\gamma_l\},\quad \sigma(B)=\{\tau_1,\cdots,\tau_l\},$$

其中 $\gamma_1\geqslant\cdots\geqslant\gamma_l\geqslant 0$, $\tau_1\geqslant\cdots\geqslant\tau_l\geqslant 0$. 由不等式

$$B^HA^HAB\leqslant\|A\|_2^2B^HB$$

和 Hermite 矩阵的特征值的极大极小性质知

$$\gamma_i\leqslant\|A\|_2\tau_i,\quad i=1:l.$$

设 $\mathbf{R}^l$ 上和 $\|\cdot\|$ 相对应的 SG 函数为 Φ. 利用定理 2.1.10 和上式, 得到

$$\begin{aligned}\|AB\| &= \Phi(AB) = \Phi(\gamma_1, \cdots, \gamma_l) \\ &\leqslant \Phi(\|A\|_2\tau_1, \cdots, \|A\|_2\tau_l) \\ &= \|A\|_2\Phi(\tau_1, \cdots, \tau_l) = \|A\|_2\|B\|.\end{aligned}$$

即不等式 (2.1.9) 成立. 同理可证不等式 (2.1.10). □

定理 2.1.12 $\mathbf{C}^{m\times n}$ 上的酉不变范数必和向量的 Euclid 范数相容, 并且

$$\|A\|_2 \leqslant \|A\| \leqslant r\|A\|_2, \quad \forall A \in \mathbf{C}_r^{m\times n}. \tag{2.1.11}$$

证明 任取一非零向量 $x \in \mathbf{C}^n$, 构造矩阵 $(x, 0, \cdots, 0) \in \mathbf{C}^{n\times n}$. 于是根据定理 2.1.11, 对于任一矩阵 $A \in \mathbf{C}^{m\times n}$, 有

$$\begin{aligned}\|Ax\|_2 &= \|A(x, 0, \cdots, 0)\| \leqslant \|A\| \ \|(x, 0, \cdots, 0)\|_2 \\ &= \|A\| \ \|x\|_2,\end{aligned}$$

即 $\|\cdot\|$ 和向量的 Euclid 范数相容, 并且有 $\|A\|_2 \leqslant \|A\|$.

另一方面, 根据定理 2.1.9, 存在 $\mathbf{R}^l$ 上的 SG 函数 Φ, 使得

$$\|A\| = \Phi(\sigma_1, \cdots, \sigma_l), \quad l = \min\{m, \ n\},$$

其中 $\sigma_1, \cdots, \sigma_l$ 是 A 的奇异值. 于是有

$$\begin{aligned}\|A\| &\leqslant \sum_{i=1}^{l} \sigma_i \Phi(1, 0, \cdots, 0) = \sum_{i=1}^{l} \sigma_i \\ &\leqslant \operatorname{rank}(A) \cdot \max_i \sigma_i = r\|A\|_2.\end{aligned}$$ □

推论 2.1.13 $\mathbf{C}^{n\times n}$ 上的酉不变范数是相容范数. 即: 如果 $\|\cdot\|$ 是 $\mathbf{C}^{n\times n}$ 上的酉不变范数, 则

$$\|AB\| \leqslant \|A\| \ \|B\|, \quad \forall A, B \in \mathbf{C}^{n\times n}. \tag{2.1.12}$$

定义 2.1.4 设 $A \in \mathbf{C}^{m\times n}$, $l = \min\{m, \ n\}$, $\sigma(A) = \{\sigma_1, \cdots, \sigma_l\}$ 满足 $\sigma_1 \geqslant \cdots \geqslant \sigma_l \geqslant 0$. 令

$$\|A\|_{(k)} = \sigma_1 + \cdots + \sigma_k, \quad k = 1 : l, \ \forall A \in \mathbf{C}^{m\times n}.$$

则 $\|\cdot\|_{(k)}$ 称为 $\mathbf{C}^{m\times n}$ 上特殊的酉不变范数.

定理 2.1.14 设 $A, B \in \mathbf{C}^{m\times n}$, $l = \min\{m, \ n\}$. 则

$$\|A\| \leqslant \|B\| \tag{2.1.13}$$

对于 $\mathbf{C}^{m\times n}$ 上所有的酉不变范数均成立的必要和充分条件是

$$\|A\|_{(k)} \leqslant \|B\|_{(k)}, \quad k = 1 : l.$$

§ 2.2 奇异值的扰动和降秩最佳逼近

本节讨论矩阵奇异值的扰动和矩阵的降秩最佳逼近.

2.2.1 奇异值的扰动

由于矩阵奇异值和 Hermite 矩阵的特征值有密切的联系, 首先讨论 Hermite 矩阵的特征值的扰动.

定理 2.2.1 设 $A,\ \widehat{A}=A+\Delta A\in\mathbf{C}^{n\times n}$, $A,\ \widehat{A}$ 和 ΔA 均为 Hermite 矩阵, 它们的特征值分别是

$$\begin{aligned}&\lambda_1\geqslant\cdots\geqslant\lambda_n,\ \mu_1\geqslant\cdots\geqslant\mu_n,\\&\varepsilon_1\geqslant\cdots\geqslant\varepsilon_n.\end{aligned}\tag{2.2.1}$$

则有

$$\lambda_i+\varepsilon_n\leqslant\mu_i\leqslant\lambda_i+\varepsilon_1,\quad i=1:n.\tag{2.2.2}$$

证明 设 $x_1,\cdots,x_n$ 是由 A 的特征向量组成的标准正交基, 对应的特征值分别为 $\lambda_1,\cdots,\lambda_n$. 令 $\mathcal{X}_i=\mathrm{span}(x_i,\cdots,x_n)$. 于是由 (2.2.1) 式和 Hermite 矩阵的特征值的极大极小定理, 有

$$\begin{aligned}\mu_i=&\min_{\dim(\mathcal{Y}_i)=n-i+1}\ \max_{\substack{u\in\mathcal{Y}_i\\\|u\|_2=1}}u^H\widehat{A}u\\\leqslant&\max_{\substack{u\in\mathcal{X}_i\\\|u\|_2=1}}u^H\widehat{A}u\leqslant\max_{\substack{u\in\mathcal{X}_i\\\|u\|_2=1}}u^HAu+\max_{\substack{u\in\mathcal{X}_i\\\|u\|_2=1}}u^H\Delta Au\\\leqslant&\lambda_i+\max_{\substack{u\in\mathbf{C}^n\\\|u\|_2=1}}u^H\Delta Au=\lambda_i+\varepsilon_1,\quad i=1:n.\end{aligned}$$

类似由 $A=\widehat{A}-\Delta A$, 可得

$$\lambda_i\leqslant\mu_i-\varepsilon_n,\quad i=1:n.$$

□

推论 2.2.2 在定理 2.2.1 的条件和记号下, 有

$$|\mu_i-\lambda_i|\leqslant\|\Delta A\|_2,\quad i=1:n.\tag{2.2.3}$$

定理 2.2.3 设 $l=\min\{m,n\}$, $A,\ \widehat{A}=A+\Delta A\in\mathbf{C}^{m\times n}$, $A,\ \widehat{A}$ 和 ΔA 的奇异值分别是

$$\begin{aligned}&\sigma_1\geqslant\cdots\geqslant\sigma_l\geqslant0,\ \tau_1\geqslant\cdots\geqslant\tau_l\geqslant0,\\&\delta_1\geqslant\cdots\geqslant\delta_l\geqslant0.\end{aligned}\tag{2.2.4}$$

则有

$$|\tau_i-\sigma_i|\leqslant\|\Delta A\|_2,\quad i=1:l.\tag{2.2.5}$$

证明　令

$$H_1 = \begin{pmatrix} 0 & A \\ A^H & 0 \end{pmatrix},\ H_2 = \begin{pmatrix} 0 & \widehat{A} \\ \widehat{A}^H & 0 \end{pmatrix},\ H_3 = \begin{pmatrix} 0 & \Delta A \\ \Delta A^H & 0 \end{pmatrix}. \tag{2.2.6}$$

则由定理 1.4.7, Hermite 矩阵 H_1, H_2 和 H_3 的特征值分别是

$$\begin{aligned} &\sigma_1 \geqslant \cdots \geqslant \sigma_l \geqslant 0 = \cdots = 0 \geqslant -\sigma_l \geqslant \cdots \geqslant -\sigma_1, \\ &\tau_1 \geqslant \cdots \geqslant \tau_l \geqslant 0 = \cdots = 0 \geqslant -\tau_l \geqslant \cdots \geqslant -\tau_1, \\ &\delta_1 \geqslant \cdots \geqslant \delta_l \geqslant 0 = \cdots = 0 \geqslant -\delta_l \geqslant \cdots \geqslant -\delta_1. \end{aligned} \tag{2.2.7}$$

于是应用定理 2.2.1 和推论 2.2.2 即得 (2.2.5) 式. □

定理 2.2.4(Wielandt [261])　设 $l = \min\{m,\ n\}$, $A,\ \Delta A,\ \widehat{A} = A + \Delta A \in \mathbf{C}^{m\times n}$, A, $\widehat{A}$ 和 ΔA 的奇异值满足 (2.2.4) 式. 则

$$\sqrt{\sum_{i=1}^{l}(\tau_i - \sigma_i)^2} \leqslant \|\Delta A\|_F, \tag{2.2.8}$$

证明　不妨设 $m = n = l$, 否则可以同时在 A 和 $\widehat{A}$ 中添加零行或零列, 使得两个矩阵均为方阵, 而且不改变矩阵的非零奇异值. 根据 von Nuemann 定理, 有

$$\begin{aligned} \|\widehat{A} - A\|_F^2 &= \mathrm{tr}((\widehat{A} - A)(\widehat{A} - A)^H) \\ &= \mathrm{tr}(\widehat{A}\widehat{A}^H) + \mathrm{tr}(AA^H) - 2\mathrm{Re}\ \mathrm{tr}(\widehat{A}A^H) \\ &\geqslant \sum_{i=1}^{l}\tau_i^2 + \sum_{i=1}^{l}\sigma_i^2 - 2\max_{U,\ V\in\mathcal{U}_n} \mathrm{Re}\ \mathrm{tr}(U\widehat{A}VA^H) \\ &= \sum_{i=1}^{l}\tau_i^2 + \sum_{i=1}^{l}\sigma_i^2 - 2\sum_{i=1}^{l}\tau_i\sigma_i = \sum_{i=1}^{l}(\tau_i - \sigma_i)^2. \end{aligned}$$

□

注 2.2.1　定理 2.2.3~2.2.4 说明奇异值具有良好的稳定性质, 这是矩阵的奇异值分解有着广泛的实际应用的理论根据之一.

2.2.2　降秩最佳逼近

定理 2.2.5[68]　设 $A \in \mathbf{C}_r^{m\times n}$, A 的 SVD 为 $A = U\Sigma V^H$, 其中 $U \in \mathcal{U}_m$, $V \in \mathcal{U}_n$, $\Sigma = \mathrm{diag}(\sigma_1, \cdots, \sigma_r, 0, \cdots, 0)$, $\sigma_1 \geqslant \cdots \geqslant \sigma_r > 0$. 则对任意 $0 \leqslant k < r$, 有

$$\min_{\widehat{A}\in C_k^{m\times n}} \|A - \widehat{A}\|_F = \sqrt{\sum_{i=k+1}^{l}\sigma_i^2}, \tag{2.2.9}$$

并且当 $\sigma_k > \sigma_{k+1}$ 时,

$$\widehat{A} = A_k = U\mathrm{diag}(\sigma_1, \cdots, \sigma_k, 0, \cdots, 0)V^H \tag{2.2.10}$$

是达到 (2.2.9) 式中极小值的唯一矩阵. 当 $p<k<q\leqslant r$ 且 $\sigma_p>\sigma_{p+1}=\cdots=\sigma_q>\sigma_{q+1}$ 时, 任何达到 (2.2.9) 式中极小值的矩阵 $\widehat{A}$ 都形如

$$\widehat{A}=A_k=U\mathrm{diag}(\sigma_1,\cdots,\sigma_p,\sigma_k QQ^H,0,\cdots,0)V^H, \tag{2.2.11}$$

其中 $Q\in\mathbf{C}^{(q-p)\times(k-p)}$, 而且 $Q^HQ=I_{k-p}$.

证明 先设 $m=n=l$. 若 $\widehat{A}\in C_k^{n\times n}$, 则 $\widehat{A}$ 必有形式 $\widehat{A}=\widehat{U}\mathrm{diag}(\widehat{\sigma}_1,\cdots,\widehat{\sigma}_k,0\cdots,0)\widehat{V}^H$, 其中 $\widehat{U}$, $\widehat{V}\in\mathcal{U}_n$, $\widehat{\sigma}_1\geqslant\cdots\geqslant\widehat{\sigma}_k>0$ 是 $\widehat{A}$ 的正奇异值. 于是由定理 2.2.4, 有

$$\|\widehat{A}-A\|_F^2\geqslant\sum_{i=1}^k(\widehat{\sigma}_i-\sigma_i)^2+\sum_{i=k+1}^n\sigma_i^2\geqslant\sum_{i=k+1}^n\sigma_i^2.$$

上式右端等式成立当且仅当 $\widehat{\sigma}_i=\sigma_i$, $i=1:k$. 令 $B=U_0\Sigma_kV_0^H$, 其中 $\Sigma_k=\mathrm{diag}(\sigma_1,\cdots,\sigma_k,0\cdots,0)$, $U_0\in\mathcal{U}_m$, $V_0\in\mathcal{U}_n$, 使得当 $B=\widehat{A}$ 时, $\|A-\widehat{A}\|_F$ 达到极小值. 则必有

$$\begin{aligned}\sum_{i=1}^k\sigma_i^2&=\mathrm{Re\ tr}(AB^H)\\&=\mathrm{Re\ tr}(\Sigma V^HV_0\Sigma_kU_0^HU)\\&=\max_{W\in\mathcal{U}_m,\ Z\in\mathcal{U}_n}\mathrm{Re\ tr}(\Sigma Z\Sigma_kW).\end{aligned}$$

类似于引理 2.1.2 的证明, 可得 $\Gamma\Sigma$ 和 $\Sigma\Gamma$ 都是半正定 Hermite 矩阵, 其中 $\Gamma=U^HU_0\Sigma_kV_0^HV$, 并且有

$$\Gamma\Sigma^2=\Sigma^2\Gamma. \tag{2.2.12}$$

设矩阵 A 有 t 个不同的奇异值 $\tau_1>\cdots>\tau_t\geqslant0$, 其重数分别为 $l_1,\cdots,l_t$. 记 $L_1=l_1$, $L_i=\sum\limits_{\beta=1}^i l_\beta$, 即有

$$\begin{aligned}&\tau_1=\sigma_1=\cdots=\sigma_{L_1},\\&\tau_i=\sigma_{L_{i-1}+1}=\cdots=\sigma_{L_i},\quad i=2:t,\end{aligned}$$

而且 $\sigma_k=\tau_j$. 于是

$$\Sigma=\mathrm{diag}(\tau_1I_{l_1},\cdots,\tau_jI_{l_j},\cdots,\tau_tI_{l_t}),\quad\Sigma_k=\mathrm{diag}(\tau_1I_{l_1},\cdots,\tau_jI_{l_{k-p}},0).$$

记 $\Gamma=(\Gamma_{\alpha\beta})$, α, $\beta=1:t$, 其中 $\Gamma_{\alpha\beta}\in\mathbf{C}^{l_\alpha\times l_\beta}$. 则由 (2.2.12) 式, 当 $\alpha\neq\beta$ 时必有 $\Gamma_{\alpha\beta}=0$, 即

$$\Gamma=\mathrm{diag}(\Gamma_{11},\cdots,\Gamma_{tt}),\quad\Sigma\Gamma=\mathrm{diag}(\tau_1\Gamma_{11},\cdots,\tau_t\Gamma_{tt})\geqslant0.$$

于是 $\Gamma_{11},\cdots,\Gamma_{tt}$ 都是半正定 Hermite 矩阵, 且有

$$\sigma(\Gamma)=\sigma(\Sigma_k)=\bigcup_{i=1}^{t}\sigma(\Gamma_{ii}).$$

因此由引理 2.1.3 可得, 等式

$$\sum_{i=1}^{k}\sigma_i^2=\text{Re tr}(AB^H)=\sum_{i=1}^{t}\tau_i\text{Re tr}(\Gamma_{ii})$$

成立当且仅当 $\Gamma_{ii}=\tau_i I_{l_i}$, $i=1:j-1$, $\Gamma_{jj}=\tau_j QQ^H$, 其中 $Q\in\mathbf{C}^{(q-p)\times(k-p)}$, $Q^HQ=I_{k-p}$. 从而

$$U^HU_0\Sigma_kV_0^HV=\Gamma=\text{diag}(\tau_1I_{l_1},\cdots,\tau_{j-1}I_{l_{j-1}},\tau_iQQ^H,0),$$
$$B=U_0\Sigma_kV_0^H=U\text{diag}(\tau_1I_{l_1},\cdots,\tau_{j-1}I_{l_{j-1}},\tau_jQQ^H,0)V^H.$$

于是 $B=\widehat{A}$ 应有 (2.2.11) 式中的形式. 又当 $\sigma_k>\sigma_{k+1}$ 时, $k=L_j$, $Q\in\mathcal{U}_{l_j}$, $QQ^H=I_{l_j}$. 因此

$$B=U_0\Sigma_kV_0^H=U\text{diag}(\tau_1I_{l_1},\cdots,\tau_{j-1}I_{l_{j-1}},\tau_jI_{l_j},0)V^H,$$

即 $B=\widehat{A}$ 应有 (2.2.10) 式中的形式.

反过来, 当 $\sigma_k>\sigma_{k+1}$, 而且 $B=\widehat{A}$ 有 (2.2.10) 式中的形式, 或当 $\sigma_k=\sigma_{k+1}$, 而且 $B=\widehat{A}$ 有 (2.2.11) 式中的形式, 则必使 $\|A-B\|_F$ 达到极小值. 这样当 $m=n=l$ 时, 定理的结论已证. 当 $m\neq n$ 时, 只要在矩阵 A 中添加若干零行或若干零列, 使得矩阵变为方阵, 也可证得定理的结论. □

定理 2.2.6[147]　设 $A\in\mathbf{C}_r^{m\times n}$, A 的 SVD 为 $A=U\Sigma V^H$, 其中 $U\in\mathcal{U}_m, V\in\mathcal{U}_n$ $\Sigma=\text{diag}(\sigma_1,\cdots,\sigma_r,0,\cdots,0)$, $\sigma_1\geqslant\cdots\geqslant\sigma_r$. 对任意 $1\leqslant k<r$, 定义 $A_k=U_1\Sigma_1V_1^H$, 其中 $\Sigma_1=\text{diag}(\sigma_1,\cdots,\sigma_k)$ U_1, V_1 分别是 U,V 的前 k 列. 则

$$\|A-A_k\|_2=\min_{\widehat{A}\in\mathbf{C}_k^{m\times n}}\|A-\widehat{A}\|_2=\sigma_{k+1}. \tag{2.2.13}$$

证明　设 $\widehat{A}\in\mathbf{C}_k^{m\times n}$. 则 $\widehat{A}$ 必有形式 $\widehat{A}=\widehat{U}\text{diag}(\widehat{\sigma}_1,\cdots,\widehat{\sigma}_k,0,\cdots,0)\widehat{V}^H$, 其中 $\widehat{U}\in\mathcal{U}_m$, $\widehat{V}\in\mathcal{U}_n$, $\widehat{\sigma}_1\geqslant\cdots\geqslant\widehat{\sigma}_k>0$ 是 $\widehat{A}$ 的正奇异值. 于是由定理 2.2.3, 有

$$\|A-\widehat{A}\|_2\geqslant\max\{|\sigma_1-\widehat{\sigma}_1|,\cdots,|\sigma_k-\widehat{\sigma}_k|,\sigma_{k+1},\cdots,\sigma_r\}\geqslant\sigma_{k+1}.$$

显然, 当 $\widehat{A}=A_k$ 时,$\|A-\widehat{A}\|_2$ 达到 (2.2.13) 式中的极小值. □

注 2.2.2　一般来说, 满足 (2.2.13) 式中极小值的矩阵 A_k 不唯一. 如

$$A_k=U_1\text{diag}(\widehat{\sigma}_1,\cdots,\widehat{\sigma}_k)V_1^H,$$

其中 $|\sigma_i-\widehat{\sigma}_i|\leqslant\sigma_{k+1}$, $i=1:k$, 则 A_k 满足 (2.2.13) 式.

§ 2.3 正交投影和奇异子空间的扰动

本节讨论正交投影和奇异子空间的扰动, 所用的范数 $\|\cdot\|$ 是酉不变范数. Wedin [218], Stewart [178] 推导了正交投影和奇异子空间的扰动. 文献 [232], [233], [242] 和 [252] 应用酉矩阵的 CS 分解, 采用简单的方法, 得到更好的估计.

设 $W \in \mathcal{U}_n$. 把 W 分块如下:

$$W = \begin{pmatrix} W_{11} & W_{12} \\ W_{21} & W_{22} \end{pmatrix} \begin{matrix} r_1 \\ r_2 \end{matrix}, \qquad (2.3.1)$$
$$\qquad\quad c_1 \qquad c_2$$

其中 $r_1 + r_2 = c_1 + c_2 = n$. 则由定理 1.3.5, W 存在如下的 CS 分解:

$$W = \begin{pmatrix} R_1 & 0 \\ 0 & R_2 \end{pmatrix} \begin{pmatrix} D_{11} & D_{12} \\ D_{21} & D_{22} \end{pmatrix} \begin{pmatrix} Q_1^H & 0 \\ 0 & Q_2^H \end{pmatrix}, \qquad (2.3.2)$$

这里 $R_1 \in \mathcal{U}_{r_1}, R_2 \in \mathcal{U}_{r_2}, Q_1 \in \mathcal{U}_{c_1}, Q_2 \in \mathcal{U}_{c_2}$,

$$\begin{pmatrix} D_{11} & D_{12} \\ D_{21} & D_{22} \end{pmatrix} = \left(\begin{array}{ccc|ccc} I & & & 0_S^H & & \\ & C & & & S & \\ & & 0_C & & & I \\ \hline 0_S & & & I & & \\ & S & & & -C & \\ & & I & & & 0_C^H \end{array}\right), \qquad (2.3.3)$$

其中

$$C = \mathrm{diag}(c_1, c_2, \cdots, c_l), \quad 1 > c_1 \geqslant c_2 \geqslant \cdots \geqslant c_l > 0,$$
$$S = \mathrm{diag}(s_1, s_2, \cdots, s_l), \quad 0 < s_1 \leqslant s_2 \leqslant \cdots \leqslant s_l < 1,$$

满足

$$C^2 + S^2 = I_l.$$

定理 2.3.1 设 $A, \widehat{A} \in \mathbf{C}^{m\times n}$. 则对任意酉不变范数 $\|\cdot\|$, 下述结论成立:

(1) 若 $\mathrm{rank}(A) = \mathrm{rank}(\widehat{A})$, 则 $P_A P_{\widehat{A}}^{\perp}$ 和 $P_A^{\perp} P_{\widehat{A}}$ 具有相同的奇异值, 因而

$$\|P_A P_{\widehat{A}}^{\perp}\| = \|P_A^{\perp} P_{\widehat{A}}\|. \qquad (2.3.4)$$

(2) 若 $\|P_A - P_{\widehat{A}}\|_2 < 1$, 则 $\mathrm{rank}(A) = \mathrm{rank}(\widehat{A})$, 且

$$\|P_A - P_{\widehat{A}}\|_2 = \|P_A^{\perp} P_{\widehat{A}}\|_2 = \|P_A P_{\widehat{A}}^{\perp}\|_2. \qquad (2.3.5)$$

(3) 若 $\mathrm{rank}(A) > \mathrm{rank}(\widehat{A})$, 则

$$\|P_A P_{\widehat{A}}^{\perp}\| \geqslant \|P_A^{\perp} P_{\widehat{A}}\|. \tag{2.3.6}$$

证明 设 $A \in \mathbf{C}_r^{m\times n}$, $\widehat{A} \in \mathbf{C}_p^{m\times n}$ 的 SVD 为

$$A = (U_1, U_2)\mathrm{diag}(\Sigma, 0)(V_1, V_2)^H, \quad \widehat{A} = (\widehat{U}_1, \widehat{U}_2)\mathrm{diag}(\widehat{\Sigma}, 0)(\widehat{V}_1, \widehat{V}_2)^H, \tag{2.3.7}$$

其中 U_1 是 $U \in \mathcal{U}_m$ 的前 r 列, V_1 是 $V \in \mathcal{U}_n$ 的前 r 列,$\widehat{U}_1$ 是 $\widehat{U} \in \mathcal{U}_m$ 的前 p 列,$\widehat{V}_1$ 是 $\widehat{V} \in \mathcal{U}_n$ 的前 p 列,$\Sigma \in \mathbf{R}^{r\times r}$ 和 $\widehat{\Sigma} \in \mathbf{R}^{p\times p}$ 是正对角矩阵. 定义

$$W = (U_1, U_2)^H(\widehat{U}_1, \widehat{U}_2) = \begin{pmatrix} U_1^H\widehat{U}_1 & U_1^H\widehat{U}_2 \\ U_2^H\widehat{U}_1 & U_2^H\widehat{U}_2 \end{pmatrix} \equiv \begin{pmatrix} W_{11} & W_{12} \\ W_{21} & W_{22} \end{pmatrix}.$$

显然, $\|P_A P_{\widehat{A}}^{\perp}\| = \|U_1^H\widehat{U}_2\| = \|W_{12}\|$, $\|P_A^{\perp}P_{\widehat{A}}\| = \|U_2^H\widehat{U}_1\| = \|W_{21}\|$.

(1) 当 $r = \mathrm{rank}(A) = \mathrm{rank}(\widehat{A}) = p$, 由 W 的 CS 分解 (2.3.1)~(2.3.3) 式易知,W_{11} 是方阵, 因此 0_C 也是方阵, W_{12} 和 W_{21} 具有相同的非零奇异值, 因而 $\|P_A P_{\widehat{A}}^{\perp}\| = \|P_A^{\perp}P_{\widehat{A}}\|$.

(2) 由于

$$\begin{aligned} 1 > \|P_A - P_{\widehat{A}}\|_2 &= \|(U_1, U_2)^H(U_1U_1^H - \widehat{U}_1\widehat{U}_1^H)(\widehat{U}_1, \widehat{U}_2)\|_2 \\ &= \left\| \begin{pmatrix} 0 & U_1^H\widehat{U}_2 \\ -U_2^H\widehat{U}_1 & 0 \end{pmatrix} \right\|_2 = \max\{\|P_A P_{\widehat{A}}^{\perp}\|_2, \|P_A^{\perp}P_{\widehat{A}}\|_2\}, \end{aligned}$$

因此, W_{12} 和 W_{21} 的所有的奇异值都小于 1, 即 W_{11} 和 W_{22} 是方阵, 于是 $r = p$.

(3) 若 $\mathrm{rank}(A) > \mathrm{rank}(\widehat{A})$, 则 W_{12} 的奇异值为 1 的个数多于 W_{21}, 而 W_{12} 和 W_{21} 小于 1 的正奇异值相同, 即有

$$\|P_A P_{\widehat{A}}^{\perp}\| \geqslant \|P_A^{\perp} P_{\widehat{A}}\|.$$

□

定义 2.3.1 设 $Z, W \in \mathbf{C}_r^{m\times n}$, 子空间 $\mathcal{Z} = \mathcal{R}(Z)$ 和 $\mathcal{W} = \mathcal{R}(W)$ 之间的夹角 $\theta(\mathcal{Z}, \mathcal{W})$ 定义为

$$\cos\theta(\mathcal{Z}, \mathcal{W}) = \sqrt{P_W P_Z P_W}, \quad \sin\theta(\mathcal{Z}, \mathcal{W}) = \sqrt{I - \cos^2\theta(\mathcal{R}(Z), \mathcal{R}(W))}.$$

定理 2.3.2 设 A, $\widehat{A} \in \mathbf{C}_p^{m\times n}$, 则有

$$\|P_A - P_{\widehat{A}}\| \begin{cases} = \|\sin\theta(\mathcal{R}(A), \mathcal{R}(\widehat{A}))\|, & (2\ \text{范数}) \\ = \sqrt{2}\|\sin\theta(\mathcal{R}(A), \mathcal{R}(\widehat{A}))\|, & (F\ \text{范数}) \\ \leqslant 2\|\sin\theta(\mathcal{R}(A), \mathcal{R}(\widehat{A}))\|. & (\text{其他酉不变范数}) \end{cases} \tag{2.3.8}$$

$$\|P_{A^H} - P_{\widehat{A}^H}\| \begin{cases} = \|\sin\theta(\mathcal{R}(A^H), \mathcal{R}(\widehat{A}^H))\|, & (2\ \text{范数}) \\ = \sqrt{2}\|\sin\theta(\mathcal{R}(A^H), \mathcal{R}(\widehat{A}^H))\|, & (F\ \text{范数}) \\ \leqslant 2\|\sin\theta(\mathcal{R}(A^H), \mathcal{R}(\widehat{A}^H))\|. & (\text{其他酉不变范数}) \end{cases} \tag{2.3.9}$$

证明　设 A, $\widehat{A}$ 的 SVD 同 (2.3.7) 式. 记 $W = U^H\widehat{U} \in U_m$. 令 W 的 CS 分解为 (2.3.1)~(2.3.3) 式, 其中 $c_1 = r_1 = p$. 于是

$$\begin{aligned} \|P_A - P_{\widehat{A}}\| &= \|U_1U_1^H - \widehat{U}_1\widehat{U}_1^H\| = \|U^H(U_1U_1^H - \widehat{U}_1\widehat{U}_1^H)\widehat{U}\| \\ &= \left\|\begin{pmatrix} 0 & U_1^H\widehat{U}_2 \\ -U_2^H\widehat{U}_1 & 0 \end{pmatrix}\right\| = \left\|\begin{pmatrix} 0 & W_{12} \\ -W_{21} & 0 \end{pmatrix}\right\|. \end{aligned}$$

由 $\sin\theta(\mathcal{R}(A), \mathcal{R}(\widehat{A}))$ 的定义, 定理的条件和定理 2.3.1 知, $\|U_1^H\widehat{U}_2\| = \|U_2^H\widehat{U}_1\| = \|\sin\theta(\mathcal{R}(A), \mathcal{R}(\widehat{A}))\|$, 从而得到 (2.3.8) 式. (2.3.9) 式类似可得. □

定义 2.3.2　设 $A, \widehat{A} \in \mathbf{C}^{m\times n}$. 如果 $\|P_A - P_{\widehat{A}}\|_2 < 1$, 则称 $\mathcal{R}(A)$ 和 $\mathcal{R}(\widehat{A})$ 互为锐角. 如果 $\mathcal{R}(A)$ 和 $\mathcal{R}(\widehat{A})$ 互成锐角, 同时 $\mathcal{R}(A^H)$ 和 $\mathcal{R}(\widehat{A}^H)$ 也互成锐角, 则称矩阵 A 和 $\widehat{A}$ 互成锐角, 或者说 $\widehat{A}$ 是 A 的锐角扰动.

定理 2.3.3　设 $A, \widehat{A} \in \mathbf{C}^{m\times n}$. $\mathcal{R}(A)$ 和 $\mathcal{R}(\widehat{A})$ 互成锐角扰动的必要和充分条件是在 $\mathcal{R}(A)$ 内不存在向量和 $\mathcal{R}(\widehat{A})$ 正交, 同时在 $\mathcal{R}(\widehat{A})$ 内不存在向量和 $\mathcal{R}(A)$ 正交.

证明　必要性. 如果存在向量 $0 \neq x \in \mathbf{C}^m$, 满足 $P_Ax = x$ 和 $P_{\widehat{A}}x = 0$, 则有 $(P_{\widehat{A}} - P_A)x = -x$, 从而 $\|P_A - P_{\widehat{A}}\|_2 \geqslant 1$. 这和 $\|P_A - P_{\widehat{A}}\|_2 < 1$ 矛盾.

充分性. 如果 $\|P_A - P_{\widehat{A}}\|_2 = 1$, 由于 $P_A - P_{\widehat{A}}$ 是 Hermite 矩阵, 必存在向量 $0 \neq x \in \mathbf{C}^m$, 满足 $(P_{\widehat{A}} - P_A)x = x$. 若 $P_Ax = 0$, 则有 $P_{\widehat{A}}x = x$, 这表示存在和 $\mathcal{R}(A)$ 正交的向量 $x \in \mathcal{R}(\widehat{A})$, 和题设矛盾. 假若 $P_Ax \neq 0$, 则由 $P_Ax = -(I - P_{\widehat{A}})x$ 知, $P_{\widehat{A}}(P_Ax) = 0$, 这表示存在非零向量 $P_Ax \in \mathcal{R}(A)$, 使得 $P_Ax \in \mathcal{R}(\widehat{A})^\perp$, 也和题设矛盾. □

定理 2.3.4　设 A, $\widehat{A} = A + \Delta A \in \mathbf{C}^{m\times n}$. 则 A 和 $\widehat{A}$ 互成锐角的必要和充分条件是

$$\operatorname{rank}(A) = \operatorname{rank}(\widehat{A}) = \operatorname{rank}(P_A\widehat{A}P_{A^H}). \tag{2.3.10}$$

证明　假设 $\operatorname{rank}(A) = r$. 则存在酉矩阵 $U \in \mathcal{U}_m$, $V \in \mathcal{U}_n$, 满足

$$\begin{aligned} A &= U\begin{pmatrix} A_{11} & 0 \\ 0 & 0 \end{pmatrix}V^H = U_1A_{11}V_1^H, \\ \Delta A &= U\begin{pmatrix} E_{11} & E_{12} \\ E_{21} & E_{22} \end{pmatrix}V^H, \quad \widehat{A} = U\begin{pmatrix} \widehat{A}_{11} & E_{12} \\ E_{21} & E_{22} \end{pmatrix}V^H, \end{aligned}$$

其中, U_1, V_1 分别为 U, V 的前 r 列, A_{11}, E_{11} 和 $\widehat{A}_{11}$ 是 $r\times r$ 矩阵.

充分性. 由 (2.3.10) 式知,$\mathrm{rank}(A_{11})=\mathrm{rank}(\widehat{A})=\mathrm{rank}(\widehat{A}_{11})=r$. 于是有

$$\mathcal{R}(\widehat{A})=U\mathcal{R}\begin{pmatrix}\widehat{A}_{11}\\E_{21}\end{pmatrix}=U\mathcal{R}\begin{pmatrix}I_r\\E_{21}\widehat{A}_{11}^{-1}\end{pmatrix},$$
$$\mathcal{R}(A)=U\mathcal{R}\begin{pmatrix}A_{11}\\0\end{pmatrix}=U\mathcal{R}\begin{pmatrix}I_r\\0\end{pmatrix}.$$

设 $E_{21}\widehat{A}_{11}^{-1}$ 的奇异值分解为 $E_{21}\widehat{A}_{11}^{-1}=\widehat{U}\widehat{\Sigma}\widehat{V}^H$, 其中 $\widehat{U}$ 和 $\widehat{V}$ 为酉矩阵,

$$\widehat{\Sigma}=\mathrm{diag}(\widehat{\sigma}_1,\widehat{\sigma}_2,\cdots,\widehat{\sigma}_l),\ \widehat{\sigma}_1\geqslant\widehat{\sigma}_2\geqslant\cdots\geqslant\widehat{\sigma}_l\geqslant 0,$$

$l=\min\{m-r,r\}$. 于是由定理 2.3.1,

$$\begin{aligned}\|P_A-P_{\widehat{A}}\|_2&=\|P_A^{\perp}P_{\widehat{A}}\|_2=\left\|\begin{pmatrix}0&0\\0&I_{m-r}\end{pmatrix}\begin{pmatrix}I_r\\E_{21}\widehat{A}_{11}^{-1}\end{pmatrix}\begin{pmatrix}I_r\\E_{21}\widehat{A}_{11}^{-1}\end{pmatrix}^{\dagger}\right\|_2\\&=\|\widehat{\Sigma}(I_r+\widehat{\Sigma}^H\widehat{\Sigma})^{-1}(I_r,\widehat{\Sigma}^H)\|_2=\|\left(\widehat{\Sigma}(I_r+\widehat{\Sigma}^H\widehat{\Sigma})^{-1}\widehat{\Sigma}^H\right)^{\frac{1}{2}}\|_2\\&=\frac{\widehat{\sigma}_1}{\sqrt{1+\widehat{\sigma}_1^2}}<1.\end{aligned}$$

同理可得 $\|P_{\widehat{A}^H}-P_{A^H}\|_2<1$.

必要性. 设 A 和 $\widehat{A}$ 互成锐角. 根据定理 2.3.1, 应有 $\mathrm{rank}(A)=\mathrm{rank}\widehat{A}\geqslant\mathrm{rank}(\widehat{A}_{11})$. 假若 $\mathrm{rank}(\widehat{A}_{11})<\mathrm{rank}(A)$, 即 $\widehat{A}_{11}$ 为方奇异矩阵. 则存在单位向量 $p,\ q\in\mathbf{C}^r$, 使得 $p^H\widehat{A}_{11}=0$, $\widehat{A}_{11}q=0$. 构造酉矩阵 $P=(p,P_1)$, $Q=(q,Q_1)\in\mathcal{U}_r$, 并令

$$B=\mathrm{diag}(P^H,I_{m-r})U^HAV\mathrm{diag}(Q,I_{n-r})=\begin{pmatrix}P^HA_{11}Q&0\\0&0\end{pmatrix},$$
$$\widehat{B}=\mathrm{diag}(P^H,I_{m-r})U^H\widehat{A}V\mathrm{diag}(Q,I_{n-r})=\begin{pmatrix}P^H\widehat{A}_{11}Q&P^HE_{12}\\E_{21}Q&E_{22}\end{pmatrix}.$$

则 B 和 $\widehat{B}$ 互成锐角. 注意 $P^H\widehat{A}_{11}Q$ 的第 1 行和第 1 列元素均为零.

情形 1. 若 $E_{21}q\neq 0$, 记 $c=(0_r^H,(E_{21}q)^H)^H\neq 0$, 则 $c\perp\mathcal{R}(B)$, $c\in\mathcal{R}(\widehat{B})$.

情形 2. 若 $p^HE_{12}\neq 0$, 记 $d=(0_r^H,p^HE_{12})^H\neq 0$, 则 $d\perp\mathcal{R}(B^H)$, $d\in\mathcal{R}(\widehat{B}^H)$.

情形 3. 若 $E_{21}q=0$ 且 $p^HE_{12}=0$, 则 $I_m(:,1)\in\mathcal{R}(B)$,$I_m(:,1)\perp\mathcal{R}(\widehat{B})$; $I_n(:,1)\in\mathcal{R}(B^H)$, $I_n(:,1)\perp\mathcal{R}(\widehat{B}^H)$.

因此, 上述所有情形都和定理 2.3.3 矛盾. 于是 $\widehat{A}_{11}$ 必为非奇异矩阵. □

现在讨论奇异子空间的扰动界. 首先给出下面的引理.

引理 2.3.5 设 $0\neq A\in\mathbf{C}^{m\times n}$, $D\in\mathbf{C}^{n\times p}$. 则对任意酉不变范数 $\|\cdot\|$, 有

$$\mathcal{R}(D)\subseteq\mathcal{R}(A^H)\Rightarrow\sigma_{\min+}(A)\|D\|\leqslant\|AD\|,\tag{2.3.11}$$

其中 $\sigma_{\min+}(A)$ 为 A 最小非零奇异值. 若 A 为列秩亏的非零矩阵, 则存在 $D\in\mathbf{C}^{n\times p}$, 使得

$$\sigma_{\min+}(A)\|D\|>\|AD\|.$$

证明　设 $\operatorname{rank}(A)=p>0$, 且 A 的 SVD 为 $A=U\Sigma V^H$, 其中 $U\in\mathcal{U}_m$, $V\in\mathcal{U}_n$,

$$\Sigma=\operatorname{diag}(\sigma_1,\cdots,\sigma_p,0,\cdots,0),\quad \sigma_1\geqslant\cdots\geqslant\sigma_p>0.$$

则 $\mathcal{R}(D)\subseteq\mathcal{R}(A^H)\Rightarrow D=V_1V_1^HD$, U_1, V_1 分别是 U, V 的前 p 列. 于是有

$$\begin{aligned}V_1^HD&=\operatorname{diag}(\sigma_1,\cdots,\sigma_p)^{-1}U_1^HAD,\\ \|D\|&=\|V_1V_1^HD\|=\|V_1^HD\|\\ &=\|\operatorname{diag}(\sigma_1,\cdots,\sigma_p)^{-1}U_1^HAD\|\\ &\leqslant\sigma_p^{-1}\|U_1^HAD\|\leqslant\sigma_p^{-1}\|AD\|,\end{aligned}$$

即有

$$\|AD\|\geqslant\sigma_{\min+}(A)\|D\|.$$

若A为列秩亏的非零矩阵, 取 $\mathcal{R}(D)\subseteq\mathcal{N}(A)$, $D\neq0$, 则 $\sigma_{\min+}(A)\|D\|>\|AD\|=0$. □

设 A, $\widehat{A}=A+\Delta A\in\mathbf{C}^{m\times n}$, $l=\min\{m,n\}$, $1\leqslant p<l$, A, $\widehat{A}$ 的 SVD 分别为

$$\begin{aligned}A&=(U_1,U_2)\operatorname{diag}(\Sigma_1,\Sigma_2)(V_1,V_2)^H,\\ \widehat{A}&=(\widehat{U}_1,\widehat{U}_2)\operatorname{diag}(\widehat{\Sigma}_1,\widehat{\Sigma}_2)(\widehat{V}_1,\widehat{V}_2)^H,\end{aligned}\tag{2.3.12}$$

其中 U, $\widehat{U}\in\mathcal{U}_m$, V, $\widehat{V}\in\mathcal{U}_n$, U_1, $\widehat{U}_1$, V_1 和 $\widehat{V}_1$ 分别是 U, $\widehat{U}$, V 和 $\widehat{V}$ 的前 p 列, A 的奇异值 $\{\sigma_1,\cdots,\sigma_l\}$ 和 $\widehat{A}$ 的奇异值 $\{\widehat{\sigma}_1,\cdots,\widehat{\sigma}_l\}$ 满足

$$\begin{aligned}&\sigma_1\geqslant\cdots\geqslant\sigma_p>\sigma_{p+1}\geqslant\cdots\sigma_l,\\ &\widehat{\sigma}_1\geqslant\cdots\geqslant\widehat{\sigma}_p\geqslant\widehat{\sigma}_{p+1}\geqslant\cdots\widehat{\sigma}_l,\end{aligned}\tag{2.3.13}$$

$$\begin{aligned}\Sigma_1&=\operatorname{diag}(\sigma_1,\cdots,\sigma_p),\quad \Sigma_2=\operatorname{diag}(\sigma_{p+1},\cdots,\sigma_l),\\ \widehat{\Sigma}_1&=\operatorname{diag}(\widehat{\sigma}_1,\cdots,\widehat{\sigma}_p),\quad \widehat{\Sigma}_2=\operatorname{diag}(\widehat{\sigma}_{p+1},\cdots,\widehat{\sigma}_l).\end{aligned}\tag{2.3.14}$$

记

$$A_p=U_1\Sigma_1V_1^H,\quad \widehat{A}_p=\widehat{U}_1\widehat{\Sigma}_1\widehat{V}_1^H.\tag{2.3.15}$$

例 2.3.1　设 $0<\varepsilon\ll1$,

$$A=\operatorname{diag}(1+\varepsilon,1),\quad \widehat{A}=\operatorname{diag}\left(1+\frac{\varepsilon}{2},1+\frac{\varepsilon}{2}+\varepsilon^2\right).$$

对于 $p=1$,

$$A_p=\operatorname{diag}(1+\varepsilon,0),\quad \widehat{A}_p=\operatorname{diag}\left(0,1+\frac{\varepsilon}{2}+\varepsilon^2\right).$$

因此,$\|\Delta A\|_2=\frac{\varepsilon}{2}+\varepsilon^2$, $\sigma_p-\sigma_{p+1}=\varepsilon<2\|\Delta A\|_2$, 而

$$\|P_{A_p}P_{\widehat{A}_p}^{\perp}\|_2=\|P_{A_p^H}P_{\widehat{A}_p^H}^{\perp}\|_2=1.$$

下面将证明, 若 $2\|\Delta A\|_2<\sigma_p-\sigma_{p+1}$, 则 $\|P_{A_p}P_{\widehat{A}_p}^{\perp}\|_2$ 和 $\|P_{A_p^H}P_{\widehat{A}_p^H}^{\perp}\|_2$ 的阶为 $O(\|\Delta A\|_2)$.

定理 2.3.6[232, 233]　设 A, $\widehat{A}=A+\Delta A\in\mathbf{C}^{m\times n}$, A, $\widehat{A}$ 的 SVD 和 $A_p,\widehat{A}_p$ 如 (2.3.12)~(2.3.15) 式给定. 若 $\sigma_p-\sigma_{p+1}>2\|\Delta A\|_2$, 则 A_p 和 $\widehat{A}_p$ 互为锐角扰动, 且对任何酉不变范数 $\|\cdot\|$, 有如下的估计式

$$\begin{aligned}\min\left\{\frac{\eta^{(1)}}{\widehat{\sigma}_p-\sigma_{p+1}},\frac{\eta^{(2)}}{\sigma_p-\widehat{\sigma}_{p+1}}\right\}&\geqslant\|\sin\theta(\mathcal{R}(A_p^H),\mathcal{R}(\widehat{A}_p^H))\|\\&\geqslant\max\left\{0,\frac{\widehat{\sigma}_p\|\widehat{U}_1^H\Delta AV_2\|-\sigma_{p+1}\|U_2^H\Delta A\widehat{V}_1\|}{\widehat{\sigma}_1\widehat{\sigma}_p+\sigma_{p+1}^2}\right\},\end{aligned}\tag{2.3.16}$$

$$\begin{aligned}\min\left\{\frac{\eta^{(1)}}{\widehat{\sigma}_p-\sigma_{p+1}},\frac{\eta^{(2)}}{\sigma_p-\widehat{\sigma}_{p+1}}\right\}&\geqslant\|\sin\theta(\mathcal{R}(A_p),\mathcal{R}(\widehat{A}_p))\|\\&\geqslant\max\left\{0,\frac{\widehat{\sigma}_p\|U_2^H\Delta A\widehat{V}_1\|-\sigma_{p+1}\|\widehat{U}_1^H\Delta AV_2\|}{\widehat{\sigma}_1\widehat{\sigma}_p+\sigma_{p+1}^2}\right\},\end{aligned}\tag{2.3.17}$$

$$\begin{aligned}\eta^{(1)}&=\max\{\|\widehat{U}_1^H\Delta AV_2\|,\|U_2^H\Delta A\widehat{V}_1\|\},\\\eta^{(2)}&=\max\{\|U_1^H\Delta A\widehat{V}_2\|,\|\widehat{U}_2^H\Delta AV_1\|\}.\end{aligned}\tag{2.3.18}$$

证明　由奇异值的扰动分析, 有

$$\begin{aligned}&\widehat{\sigma}_p-\sigma_{p+1}\geqslant\sigma_p-\sigma_{p+1}-\|\Delta A\|_2>0,\\&\sigma_p-\widehat{\sigma}_{p+1}\geqslant\sigma_p-\sigma_{p+1}-\|\Delta A\|_2>0,\\&\widehat{\sigma}_p-\widehat{\sigma}_{p+1}\geqslant\sigma_p-\sigma_{p+1}-2\|\Delta A\|_2>0,\end{aligned}\tag{2.3.19}$$

而且 Σ_1 和 $\widehat{\Sigma}_1$ 非奇异. 由 A, $\widehat{A}$ 的 SVD 式 (2.3.12), 有

$$\widehat{U}_1^H\Delta AV_2=\widehat{\Sigma}_1\widehat{V}_1^HV_2-\widehat{U}_1^HU_2\Sigma_2,\quad U_2^H\Delta A\widehat{V}_1=U_2^H\widehat{U}_1\widehat{\Sigma}_1-\Sigma_2V_2^H\widehat{V}_1,$$

从而有

$$\begin{aligned}\widehat{\Sigma}_1\widehat{V}_1^HV_2&=\widehat{U}_1^H\Delta AV_2+\widehat{U}_1^HU_2\Sigma_2\\&=\widehat{U}_1^H\Delta AV_2+\widehat{\Sigma}_1^{-1}(U_2^H\Delta A\widehat{V}_1+\Sigma_2V_2^H\widehat{V}_1)^H\Sigma_2.\end{aligned}\tag{2.3.20}$$

应用引理 2.3.4, 有

$$\widehat{\sigma}_p\|\widehat{V}_1^HV_2\|\leqslant\|\widehat{U}_1^H\Delta AV_2\|+\frac{\sigma_{p+1}}{\widehat{\sigma}_p}(\|U_2^H\Delta A\widehat{V}_1\|+\sigma_{p+1}\|V_2^H\widehat{V}_1\|),$$

即

$$\|\widehat{V}_1^H V_2\| \leqslant \frac{\widehat{\sigma}_p \|\widehat{U}_1^H \Delta A V_2\| + \sigma_{p+1} \|U_2^H \Delta \widehat{V}_1\|}{\widehat{\sigma}_p^2 - \sigma_{p+1}^2} \leqslant \frac{\eta^{(1)}}{\widehat{\sigma}_p - \sigma_{p+1}}.$$

类似于上式的推导, 有

$$\|\widehat{V}_1^H V_2\| = \|\widehat{V}_2^H V_1\| \leqslant \frac{\eta^{(2)}}{\sigma_p - \widehat{\sigma}_{p+1}},$$

即得 (2.3.16) 式中上界的估计.

由 (2.3.20) 式, 再应用引理 2.3.5, 有

$$\widehat{\sigma}_1 \|\widehat{V}_1^H V_2\| \geqslant \|\widehat{U}_1^H \Delta A V_2\| - \frac{\sigma_{p+1}}{\widehat{\sigma}_p} (\|U_2^H \Delta A \widehat{V}_1\| + \sigma_{p+1} \|V_2^H \widehat{V}_1\|),$$

即得 (2.3.16) 式中下界的估计. (2.3.17) 式中的不等式可类似证明.

又由定理的条件和 (2.3.16)~(2.3.19) 式, 易知

$$\|\sin\theta(\mathcal{R}(A_p), \mathcal{R}(\widehat{A}_p))\|_2 \leqslant \frac{\|\Delta A\|_2}{\sigma_p - \sigma_{p+1} - \|\Delta A\|_2} < 1,$$

$$\|\sin\theta(\mathcal{R}(A_p^H), \mathcal{R}(\widehat{A}_p^H))\|_2 \leqslant \frac{\|\Delta A\|_2}{\sigma_p - \sigma_{p+1} - \|\Delta A\|_2} < 1,$$

即 A_p 和 $\widehat{A}_p$ 互为锐角扰动. □

推论 2.3.7 设 $A,\ \widehat{A} = A + \Delta A \in \mathbf{C}^{m\times n}$, A, $\widehat{A}$ 的 SVD 和 A_p, $\widehat{A}_p$ 分别由 (2.3.12)~(2.3.15) 式给出. 若 $A_p = A \in \mathbf{C}_p^{m\times n}$, $\sigma_p > 2\|\Delta A\|_2$, 则对任何酉不变范数 $\|\cdot\|$, 有如下的估计式:

$$\min\left\{\frac{\|\widehat{U}_1^H \Delta A V_2\|}{\widehat{\sigma}_p}, \frac{\eta^{(2)}}{\sigma_p - \widehat{\sigma}_{p+1}}\right\} \geqslant \|\sin\theta(\mathcal{R}(A_p^H), \mathcal{R}(\widehat{A}_p^H))\| \geqslant \frac{\|\widehat{U}_1^H \Delta A V_2\|}{\widehat{\sigma}_1}, \tag{2.3.21}$$

$$\min\left\{\frac{\|U_2^H \Delta A \widehat{V}_1\|}{\widehat{\sigma}_p}, \frac{\eta^{(2)}}{\sigma_p - \widehat{\sigma}_{p+1}}\right\} \geqslant \|\sin\theta(\mathcal{R}(A_p), \mathcal{R}(\widehat{A}_p))\| \geqslant \frac{\|U_2^H \Delta A \widehat{V}_1\|}{\widehat{\sigma}_1}, \tag{2.3.22}$$

且 $\widehat{A}_p$ 是对 A 的锐角扰动.

推论 2.3.8 设 $A,\ \widehat{A} = A + \Delta A \in \mathbf{C}_p^{m\times n}$, A, $\widehat{A}$ 的 SVD 由 (2.3.12)~(2.3.14) 式给出. 则对任何酉不变范数 $\|\cdot\|$, 有如下的估计式:

$$\min\left\{\frac{\|\widehat{U}_1^H \Delta A V_2\|}{\widehat{\sigma}_p}, \frac{\|U_1^H \Delta A \widehat{V}_2\|}{\sigma_p}\right\} \geqslant \|\sin\theta(\mathcal{R}(A^H), \mathcal{R}(\widehat{A}^H))\| \geqslant \max\left\{\frac{\|\widehat{U}_1^H \Delta A V_2\|}{\widehat{\sigma}_1}, \frac{\|U_1^H \Delta A \widehat{V}_2\|}{\sigma_1}\right\}, \tag{2.3.23}$$

$$\min\left\{\frac{\|U_2^H\Delta A\widehat{V}_1\|}{\widehat{\sigma}_p}, \frac{\|\widehat{U}_2^H\Delta AV_1\|}{\sigma_p}\right\} \geqslant \|\sin\theta(\mathcal{R}(A),\mathcal{R}(\widehat{A}))\|$$
$$\geqslant \max\left\{\frac{\|U_2^H\Delta A\widehat{V}_1\|}{\widehat{\sigma}_1}, \frac{\|\widehat{U}_2^H\Delta AV_1\|}{\sigma_1}\right\}. \tag{2.3.24}$$

且当 $2\|\Delta A\|_2 < \sigma_p$ 时, $\widehat{A}$ 是 A 的锐角扰动.

定理 2.3.9[242]　设 A, $\widehat{A}=A+\Delta A\in \mathbf{C}_p^{m\times n}$, A 的酉分解为

$$A=U_1R, \tag{2.3.25}$$

其中 $U_1^HU_1=I_p$, R 是行满秩矩阵. 则存在 $\widehat{A}$ 的一个酉分解,

$$\widehat{A}=\widehat{U}_1\widehat{R}, \tag{2.3.26}$$

其中 $\widehat{U}_1^H\widehat{U}_1=I_p$, $\widehat{R}$ 是行满秩矩阵, 使得对任意酉不变范数 $\|\cdot\|$, 有

$$\|\widehat{U}_1^HU_2\| \leqslant \inf_{Q\in\mathcal{U}_p}\|U_1-\widehat{U}_1Q\| \leqslant \|U_1-\widehat{U}_1\| \leqslant \sqrt{\frac{2}{1+\sqrt{1-\|\widehat{U}_1^HU_2\|_2^2}}}\|\widehat{U}_1^HU_2\|, \tag{2.3.27}$$

其中 U_2 和 $\widehat{U}_2$ 使得 (U_1,U_2) 和 $(\widehat{U}_1,\widehat{U}_2)$ 为酉矩阵, 且

$$\begin{aligned}\|\widehat{U}_1^HU_2\| \leqslant \min\{&\|I_p\|,\ \|I_{m-p}\|,\ \inf_{D\in\mathcal{D}}(\|U_2^H\Delta AD\|\cdot\|(\widehat{A}D)^\dagger\|_2),\\ &\inf_{D\in\mathcal{D}}(\|\widehat{U}_2^H\Delta AD\|\cdot\|(AD)^\dagger\|_2)\},\end{aligned} \tag{2.3.28}$$

这里 $\mathcal{D}$ 是 $n\times n$ 正定对角矩阵的集合.

证明　设 $\widehat{A}$ 的一个酉分解为 $\widehat{A}=\overline{U}_1\overline{R}$, 其中 $\overline{U}_1^H\overline{U}_1=I_p$, $\overline{R}$ 是行满秩矩阵. 记 $\overline{U}\equiv(\overline{U}_1,\overline{U}_2)\in U_m$. 则对任意正定对角矩阵 $D\in\mathcal{D}$, 有

$$\widehat{A}D=\overline{U}_1\overline{R}D=(A+\Delta A)D=U_1RD+\Delta AD.$$

上式两边同时左乘 U_2^H 并右乘 $(\overline{R}D)^\dagger$, 得到

$$U_2^H\overline{U}_1=U_2^H\Delta AD(\overline{R}D)^\dagger,$$

类似可得

$$\overline{U}_2^HU_1=-\overline{U}_2^H\Delta AD(RD)^\dagger.$$

从而根据定理 2.3.1, 有

$$\|U_2^H\overline{U}_1\|=\|\overline{U}_2^HU_1\| \leqslant \min\{\|U_2^H\Delta AD\|\cdot\|(\widehat{A}D)^\dagger\|_2, \|\overline{U}_2^H\Delta AD\|\cdot\|(AD)^\dagger\|_2\}. \tag{2.3.29}$$

记

$$\overline{U}_1 = (U_1, U_2)\begin{pmatrix} E \\ F \end{pmatrix}, \text{ 即 } E = U_1^H\overline{U}_1, \ F = U_2^H\overline{U}_1. \tag{2.3.30}$$

则 $\begin{pmatrix} E \\ F \end{pmatrix}^H \begin{pmatrix} E \\ F \end{pmatrix} = \overline{U}_1^H\overline{U}_1 = I_p$. 设 $\begin{pmatrix} E \\ F \end{pmatrix}$ 的 CS 分解为

$$\begin{pmatrix} E \\ F \end{pmatrix} = \begin{pmatrix} W_1 & \\ & W_2 \end{pmatrix}\begin{pmatrix} D_1 \\ D_2 \end{pmatrix} Z^H, \tag{2.3.31}$$

其中 W_1, W_2, Z 为酉矩阵,D_1, D_2 为对角矩阵, 且 $D_1^2 + D_2^T D_2 = I_p$. 取

$$\widehat{U}_1 = \overline{U}_1 Z W_1^H = (U_1, \ U_2)\begin{pmatrix} W_1 D_1 \\ W_2 D_2 \end{pmatrix} W_1^H, \ \widehat{R} = W_1 Z^H \overline{R}. \tag{2.3.32}$$

则 $\widehat{A} = \widehat{U}_1\widehat{R} = \overline{U}_1\overline{R}$. 从而由 (2.3.29)~(2.3.32) 式, 有

$$\begin{aligned} \|\widehat{U}_1^H U_2\| &= \|W_2 D_2 W_1^H\| = \|D_2\| = \|\overline{U}_1^H U_2\| \\ &\leqslant \min\{\|U_2^H \Delta A D\| \cdot \|(\widehat{A}D)^\dagger\|_2, \|\widehat{U}_2^H \Delta A D\| \cdot \|(AD)^\dagger\|_2\}. \end{aligned}$$

由于上述不等式对任意正定对角矩阵 $D \in \mathcal{D}$ 都成立, 且

$$\|\widehat{U}_1^H U_2\| \leqslant \min\{\|U_2\|, \|\widehat{U}_1\|\} = \min\{\|I_{m-p}\|, \|I_p\|\},$$

这样即得估计式 (2.3.28). 由 (2.3.32) 式还有

$$\begin{aligned} \|U_1 - \widehat{U}_1\| &= \left\|(U_1, U_2)\begin{pmatrix} I - W_1 D_1 W_1^H \\ -W_2 D_2 W_1^H \end{pmatrix}\right\| \\ &= \left\|\begin{pmatrix} I - D_1 \\ -D_2 \end{pmatrix}\right\| = \|\sqrt{(I - D_1)^2 + D_2^T D_2}\| \\ &= \|\sqrt{2(I - D_1)}\| = \|\sqrt{2(I - D_1^2)(I + D_1)^{-1}}\|, \end{aligned}$$

即得 (2.3.27) 式中的最后一个不等式. 此外, 对任意酉矩阵 $Q \in \mathcal{U}_p$, 总有

$$\begin{aligned} \|U_1 - \widehat{U}_1 Q\| &= \left\|(U_1, U_2)\begin{pmatrix} I - W_1 D_1 W_1^H Q \\ -W_2 D_2 W_1^H Q \end{pmatrix}\right\| \\ &\geqslant \|W_2 D_2 W_1^H Q\| = \|D_2\| = \|\widehat{U}_1^H U_2\|, \end{aligned}$$

即得 (2.3.27) 式中的第一个不等式. □

注 2.3.1 $\|\widehat{U}_1^H U_2\|$, $\|P_A - P_{\widehat{A}}\|$ 和 $\inf\limits_{Q \in \mathcal{U}_p} \|U_1 - \widehat{U}_1 Q\|$ 是估计子空间 $\mathcal{R}(A)$ 和 $\mathcal{R}(\widehat{A})$ 之间扰动的三个等价的度量. 实际上, 对于满足 $-1 < x < 1$ 的实数 x, 有

$$\sqrt{\frac{2}{1 + \sqrt{1 - x^2}}} = 1 + \frac{1}{8}x^2 + O(x^4),$$

于是当 $\|\widehat{U}_1^H U_2\|_2 \ll 1$ 时, 有

$$\begin{aligned}\|\widehat{U}_1^H U_2\| &\leqslant \|U_1 - \widehat{U}_1\| \\ &= \|\widehat{U}_1^H U_2\|\Big(1 + \frac{1}{8}\|\widehat{U}_1^H U_2\|_2^2 + O(\|\widehat{U}_1^H U_2\|_2^4)\Big).\end{aligned}$$

§ 2.4 MP 逆的扰动

本节讨论矩阵的 MP 逆的扰动界, 内容取自文献 [177] 和 [220].

定理 2.4.1[177, 220] 设 $A \in \mathbf{C}_r^{m\times n}$, $\widehat{A} = A + \Delta A \in \mathbf{C}^{m\times n}$, 则有如下结果成立:

(1) 若 $\|\Delta A\|_2 \cdot \|A^\dagger\|_2 < 1$, 则rank $(\widehat{A}) \geqslant$ rank (A).

(2) 若 $\|\Delta A\|_2 \cdot \|A^\dagger\|_2 < 1$ 且rank $(\widehat{A}) >$ rank (A), 则 $\|\widehat{A}^\dagger\|_2 \geqslant \dfrac{1}{\|\Delta A\|_2}$.

(3) 若 $\|\Delta A\|_2 \cdot \|A^\dagger\|_2 < 1$ 且rank $(\widehat{A}) =$ rank (A), 则

$$\frac{\|A^\dagger\|_2}{1 + \|\Delta A\|_2 \cdot \|A^\dagger\|_2} \leqslant \|\widehat{A}^\dagger\|_2 \leqslant \frac{\|A^\dagger\|_2}{1 - \|\Delta A\|_2 \cdot \|A^\dagger\|_2}. \tag{2.4.1}$$

因此对于满足 $\|\Delta A\|_2 \cdot \|A^\dagger\|_2 \leqslant \eta < 1$ 的小扰动 ΔA, 当且仅当 rank$(\widehat{A})$ = rank(A) 时,$\|A^\dagger\|_2$ 是连续的.

证明 记 $l = \min\{m, n\}$. 设 $\sigma_1 \geqslant \cdots \geqslant \sigma_r > 0$ 为 A 的非零奇异值, $\widehat{\sigma}_1 \geqslant \cdots \geqslant \widehat{\sigma}_q > 0$ 为 $\widehat{A}$ 的非零奇异值. 则由奇异值的扰动分析, 有

$$|\widehat{\sigma}_j - \sigma_j| \leqslant \|\Delta A\|_2, \quad j = 1 : l.$$

由以上的不等式, 及等式 $\sigma_r = \|A^\dagger\|_2^{-1}$, 可以得到

(1) 当 $\|\Delta A\|_2 \cdot \|A^\dagger\|_2 < 1$ 时, 有

$$\widehat{\sigma}_r \geqslant \sigma_r - \|\Delta A\|_2 = \sigma_r(1 - \|\Delta A\|_2 \cdot \|A^\dagger\|_2) > 0,$$

因此 $q \geqslant r$, 即有rank $(\widehat{A}) \geqslant$ rank (A).

(2) 当 $\|\Delta A\|_2 \cdot \|A^\dagger\|_2 < 1$ 且rank $(\widehat{A}) >$ rank (A) 时, 有 $0 < \widehat{\sigma}_q \leqslant \|\Delta A\|_2$, 于是 $\|\widehat{A}^\dagger\|_2 \geqslant \frac{1}{\|\Delta A\|_2}$.

(3) 当 $\|\Delta A\|_2 \cdot \|A^\dagger\|_2 < 1$ 且rank $(\widehat{A}) =$ rank (A) 时, 由不等式

$$\sigma_r + \|\Delta A\|_2 \geqslant \widehat{\sigma}_r \geqslant \sigma_r - \|\Delta A\|_2,$$

可得

$$\frac{\|A^\dagger\|_2}{1 + \|\Delta A\|_2 \cdot \|A^\dagger\|_2} \leqslant \|\widehat{A}^\dagger\|_2 \leqslant \frac{\|A^\dagger\|_2}{1 - \|\Delta A\|_2 \cdot \|A^\dagger\|_2}.$$

□

注 2.4.1 由定理 2.4.1 可以得到, 在小扰动 ΔA 下, 扰动矩阵 $\widehat{A}=A+\Delta A$ 的 MP 逆连续, 当且仅当 $\text{rank}(\widehat{A})=\text{rank}(A)$. 这个条件称为 MP 逆的**稳定性条件**, 或称为 MP 逆的**连续性条件**.

现在讨论 $\|\widehat{A}^\dagger-A^\dagger\|$ 的上界. 首先给出 MP 逆的分解定理. 记

$$P_A=AA^\dagger,\quad P_A^\perp=I_m-P_A,\quad P_{A^H}=A^\dagger A,\quad P_{A^H}^\perp=I_n-P_{A^H}.$$

定理 2.4.2[220] 设 $A\in\mathbf{C}^{m\times n}$, $\widehat{A}=A+\Delta A$. 则

$$\begin{aligned}\widehat{A}^\dagger-A^\dagger&=-\widehat{A}^\dagger\Delta AA^\dagger+\widehat{A}^\dagger P_A^\perp-P_{\widehat{A}^H}^\perp A^\dagger\\&=-\widehat{A}^\dagger P_{\widehat{A}}\Delta AP_{A^H}A^\dagger+\widehat{A}^\dagger P_{\widehat{A}}P_A^\perp-P_{\widehat{A}^H}^\perp P_{A^H}A^\dagger\\&=-\widehat{A}^\dagger P_{\widehat{A}}\Delta AP_{A^H}A^\dagger+(\widehat{A}^H\widehat{A})^\dagger\Delta A^HP_A^\perp+P_{\widehat{A}^H}^\perp\Delta A^H(AA^H)^\dagger.\end{aligned}\tag{2.4.2}$$

证明 由

$$\begin{aligned}\widehat{A}^\dagger-A^\dagger&=-\widehat{A}^\dagger(\widehat{A}-A)A^\dagger+\widehat{A}^\dagger(I_m-AA^\dagger)-(I_n-\widehat{A}^\dagger\widehat{A})A^\dagger\\&=-\widehat{A}^\dagger\Delta AA^\dagger+\widehat{A}^\dagger P_A^\perp-P_{\widehat{A}^H}^\perp A^\dagger,\end{aligned}$$

得到第一个等式. 第二, 第三个等式类似可得. □

以下分两种情形, 讨论 MP 逆的扰动界.

情形 1. 一般情形. 这时有

定理 2.4.3(Wedin [220]) 设 A, $\widehat{A}=A+\Delta A\in\mathbf{C}^{m\times n}$. 则对任何酉不变范数 $\|\cdot\|$, 有

$$\|\widehat{A}^\dagger-A^\dagger\|\leqslant\mu\max\{\|A^\dagger\|_2^2,\|\widehat{A}^\dagger\|_2^2\}\|\Delta A\|,\tag{2.4.3}$$

其中 μ 由表 2.4.1 给出:

表 2.4.1 一般情形下 μ 的值

$\|\cdot\|$	任何酉不变范数	2 范数	F 范数
μ	3	$\frac{1+\sqrt{5}}{2}$	$\sqrt{2}$

证明 只证 2 范数的情形. 其他情形的证明留给读者.

当 $\|\cdot\|=\|\cdot\|_2$ 时, 由 (2.4.2) 式, 并由等式 $P_{\widehat{A}^H}^\perp\widehat{A}^\dagger=0$, $P_{\widehat{A}^H}^\perp(\widehat{A}^H\widehat{A})^\dagger=0$ 知, 对于任一向量 $u\in\mathbf{C}^m$, $\|u\|_2=1$, 有

$$\begin{aligned}\|(\widehat{A}^\dagger-A^\dagger)u\|_2^2&=\|-\widehat{A}^\dagger P_{\widehat{A}}\Delta AP_{A^H}A^\dagger u+(\widehat{A}^H\widehat{A})^\dagger\Delta A^HP_A^\perp u\|_2^2\\&\quad+\|P_{\widehat{A}^H}^\perp\Delta A^H(AA^H)^\dagger u\|_2^2\\&\leqslant\left(\|\widehat{A}^\dagger P_{\widehat{A}}\Delta AA^\dagger\|_2\|P_Au\|_2+\|(\widehat{A}^H\widehat{A})^\dagger\Delta A^H\|_2\|P_A^\perp u\|_2\right)^2\\&\quad+\|P_{\widehat{A}^H}^\perp\Delta A^H(AA^H)^\dagger\|_2^2\|P_Au\|_2^2\\&\leqslant\beta^2\left((\|P_Au\|_2+\|P_A^\perp u\|_2)^2+\|P_Au\|_2^2\right),\end{aligned}\tag{2.4.4}$$

其中

$$\begin{aligned}\beta=&\max\{\|\widehat{A}^{\dagger}P_{\widehat{A}}\Delta AA^{\dagger}\|_2,\ \|(\widehat{A}^H\widehat{A})^{\dagger}\Delta A^H\|_2,\ \|P_{\widehat{A}^H}^{\perp}\Delta A^H(AA^H)^{\dagger}\|_2\}\\ \leqslant&\max\{\|A^{\dagger}\|_2^2,\|\widehat{A}^{\dagger}\|_2^2\}\|\Delta A\|_2.\end{aligned}$$

注意到 $\|P_Au\|_2^2+\|P_A^{\perp}u\|_2^2=\|u\|_2^2=1$, 可令

$$\cos\theta=\|P_Au\|_2\geqslant 0,\quad \sin\theta=\|P_A^{\perp}u\|_2\geqslant 0,$$

于是由 (2.4.4) 式, 得到

$$\begin{aligned}\|(\widehat{A}^{\dagger}-A^{\dagger})u\|_2^2&\leqslant\beta^2\left((\cos\theta+\sin\theta)^2+\cos^2\theta\right)\\ &=\beta^2\left(\frac{3}{2}+\frac{2\sin(2\theta)+\cos(2\theta)}{2}\right)\\ &\leqslant\frac{3+\sqrt{5}}{2}\beta^2,\end{aligned}$$

即有

$$\|\widehat{A}^{\dagger}-A^{\dagger}\|_2\leqslant\frac{1+\sqrt{5}}{2}\beta\leqslant\frac{1+\sqrt{5}}{2}\max\{\|A^{\dagger}\|_2^2,\|\widehat{A}^{\dagger}\|_2^2\}\|\Delta A\|_2,$$

证得 2 范数情形的不等式. □

情形 2. $\mathrm{rank}(A)=\mathrm{rank}(\widehat{A})$ 的情形. 这时定理 2.4.3 的结论可以在两个方面得到加强. 一方面是可用 $\|A^{\dagger}\|_2\|\widehat{A}^{\dagger}\|_2$ 代替 $\max\{\|A^{\dagger}\|_2^2,\|\widehat{A}^{\dagger}\|_2^2\}$, 另一方面, 是对 $\|\widehat{A}^{\dagger}-A^{\dagger}\|$ 上界中的常数 μ, 可区分更多的不同情况, 进行更细致的讨论.

定理 2.4.4[220] 设 $A\in\mathbf{C}^{m\times n}$, $\widehat{A}=A+\Delta A$. 如果 $\mathrm{rank}(\widehat{A})=\mathrm{rank}(A)$, 则对任何酉不变范数 $\|\cdot\|$, 有

$$\|\widehat{A}^{\dagger}-A^{\dagger}\|\leqslant\mu\|A^{\dagger}\|_2\|\widehat{A}^{\dagger}\|_2\|\Delta A\|,\tag{2.4.5}$$

其中 μ 由表 2.4.2 给出:

表 2.4.2 $\mathrm{rank}(A)=\mathrm{rank}(\widehat{A})$ 时 μ 的值

$\|\cdot\|$	任何酉不变范数	2 范数	F 范数
$\mathrm{rank}A<\min(m,n)$	3	$\frac{1+\sqrt{5}}{2}$	$\sqrt{2}$
$\mathrm{rank}A=\min\limits_{m\neq n}(m,n)$	2	$\sqrt{2}$	1
$\mathrm{rank}A=m=n$	1	1	1

证明 由条件 $\mathrm{rank}(\widehat{A})=\mathrm{rank}(A)$, 应用定理 2.3.1, 对任一酉不变范数 $\|\cdot\|$, 有

$$\begin{aligned}\|P_{\widehat{A}^H}^{\perp}P_{A^H}\|&=\|P_{\widehat{A}^H}P_{A^H}^{\perp}\|,\\ \|P_{\widehat{A}}^{\perp}P_A\|&=\|P_{\widehat{A}}P_A^{\perp}\|.\end{aligned}$$

因此,

$$\|P_{\widehat{A}}P_A^{\perp}\|\begin{cases}=0, & 当\ \mathrm{rank}(A)=m\ 时,\\ \leqslant \min\{\|A^{\dagger}\|_2,\ \|\widehat{A}^{\dagger}\|_2\}\|\Delta A\|, & 当\ \mathrm{rank}(A)<m\ 时,\end{cases}$$
$$\|P_{\widehat{A}^H}P_{A^H}^{\perp}\|\begin{cases}=0, & 当\ \mathrm{rank}(A)=n\ 时,\\ \leqslant \min\{\|A^{\dagger}\|_2,\ \|\widehat{A}^{\dagger}\|_2\}\|\Delta A\|, & 当\ \mathrm{rank}(A)<n\ 时.\end{cases}$$

在定理 2.4.3 的证明中应用上面两个不等式, 即可得到定理的结论. □

习 题 二

1. 设 $A, B \in \mathbf{C}^{m\times n}$, $l=\min\{m,\ n\}$, $\sigma(A)=\{\alpha_i\}$ 和 $\sigma(B)=\{\beta_i\}$ 满足 $\alpha_1\geqslant\cdots\geqslant\alpha_l\geqslant 0$ 和 $\beta_1\geqslant\cdots\geqslant\beta_l$. 试利用定理 2.1.4 证明

$$\|A-B\|_F^2\geqslant\sum_{i=1}^{l}(\alpha_i-\beta_i)^2.$$

2. 设 $A=U\Sigma V^H$ 是 $A\in\mathbf{C}^{n\times n}$ 的奇异值分解, 其中 $U, V\in\mathcal{U}_n, \Sigma=\mathrm{diag}(\sigma_1,\cdots,\sigma_n)>0$. 试证

$$\mathrm{Re}\ \mathrm{tr}(U\Sigma V^H)\leqslant \mathrm{tr}(\Sigma),$$

并且等式成立的必要和充分条件是 $U=V$. 进而证明: 当且仅当 $A\widehat{W}>0$ 时, $\max\limits_{W\in\mathcal{U}_n}\mathrm{Re}\ \mathrm{tr}(AW)$ 在 $W=\widehat{W}$ 时达到.

3. 设 $A,\ H\in\mathbf{C}^{n\times n}$. 若 H 为 Hermite 矩阵, 证明对于 $\mathbf{C}^{n\times n}$ 上的任一酉不变范数 $\|\cdot\|$, 有

$$\left\|A-\frac{A+A^H}{2}\right\|\leqslant\|A-H\|.$$

4. 设 $\Phi^*(y)$ 是 $\mathbf{R}^m$ 上的 SG 函数. 在 $\mathbf{R}^n$ $(n>m)$ 上定义函数:

$$\Phi(x)=\Phi^*(\xi_{i_1},\cdots,\xi_{i_m}),\quad x=(\xi_1,\cdots,\xi_n)^T\in\mathbf{R}^n,$$
$$|\xi_{i_1}|\geqslant\cdots\geqslant|\xi_{i_m}|.$$

试证 Φ 是 $\mathbf{R}^n$ 上的 SG 函数.

5. 在 $\mathbf{C}^{n\times n}$ 上定义非负实值函数 ν_k : 对任一 $A\in\mathbf{C}^{n\times n}$, 如果 $\sigma(A)=\{\sigma_i(A)\}$ 满足 $\sigma_1(A)\geqslant\cdots\geqslant\sigma_n(A)\geqslant 0$, 则令

$$\nu_k(A)=(\sigma_1^2(A)+\cdots+\sigma_k^2(A))^{\frac{1}{2}},\quad k=1:n.$$

试证 ν_k $(k=1:n)$ 是 $\mathbf{C}^{n\times n}$ 上的酉不变范数.

6. 设 $C=A+B\in\mathbf{C}^{m\times n}$, $l=\min\{m,\ n\}$, $\sigma(A)=\{\alpha_i\}$, $\sigma(B)=\{\beta_i\}$ 和 $\sigma(C)=\{\gamma_i\}$ 满足

$$\alpha_1\geqslant\cdots\geqslant\alpha_l\geqslant 0,\quad \beta_1\geqslant\cdots\geqslant\beta_l\geqslant 0$$

和

$$\gamma_1 \geqslant \cdots \geqslant \gamma_l \geqslant 0.$$

试证

$$\sum_{i=1}^{k} \gamma_i \leqslant \sum_{i=1}^{k} \alpha_i + \sum_{i=1}^{k} \beta_i, \quad k = 1:l.$$

7. 设 $A \in \mathbf{C}^{n\times n}$. 试证

$$\frac{1}{2}\|A\|_2 \leqslant \sup_{\|u\|_2=1} |u^H A u| \leqslant \|A\|_2.$$

8. 设 A 为 $n\times n$ 半正定 Hermite 矩阵, 其特征值全为 λ. 证明 $A = \lambda I_n$.

9. 设 $A,\ \Sigma \in \mathbf{C}^{n\times n}$, $\tau_1 > \tau_2 > \cdots > \tau_t$, $\sum\limits_{i=1}^{t} l_i = n$,

$$\Sigma = \operatorname{diag}(\tau_1 I_{l_1}, \cdots, \tau_j I_{l_j}, \cdots, \tau_t I_{l_t}),$$

且有 $A\Sigma = \Sigma A$. 证明 A 必为

$$A = \operatorname{diag}(A_{11}, A_{22}, \cdots, A_{tt}),$$

其中 $A_{ii} \in \mathbf{C}^{l_i\times l_i}$.

10. 在定理 2.2.5 的记号下, 详细证明如下结论:

$$\begin{aligned}\sum_{i=1}^{k} \sigma_i^2 &= \operatorname{Re}\ \operatorname{tr}(AB^H) \\ &= \operatorname{Re}\ \operatorname{tr}(\Sigma V^H V_0 \Sigma_k U_0^H U) \\ &= \sum_{i=1}^{t} \tau_i \operatorname{Re}\ \operatorname{tr}(\Gamma_{ii})\end{aligned}$$

成立, 当且仅当 $\Gamma_{ii} = \tau_i I_{l_i}, i = 1:j-1, \Gamma_{jj} = \tau_j QQ^H$, 其中 $Q \in \mathbf{C}^{(q-p)\times(k-p)}$, $Q^H Q = I_{k-p}$.

11. 设 $A, B \in \mathbf{C}^{n\times n}$ 皆为 Hermite 矩阵, 它们的特征值分别为

$$\lambda_1 \geqslant \cdots \geqslant \lambda_n, \quad \mu_1 \geqslant \cdots \geqslant \mu_n.$$

证明对于 $\mathbf{C}^{n\times n}$ 上的任一酉不变范数 $\|\cdot\|$, 有

$$\|\operatorname{diag}(\mu_1 - \lambda_1, \cdots, \mu_n - \lambda_n)\| \leqslant \|B - A\|.$$

12. 设 $m \geqslant r$, $U,\ V \in \mathbf{C}^{m\times r}$, $U^H U = V^H V = I_r$. $\sigma_1, \cdots, \sigma_r$ 为矩阵 $U^H V$ 的奇异值. 证明

$$\inf_{Q\in\mathcal{U}_r} \|U - VQ\|_F = \sqrt{2\sum_{i=1}^{r}(1-\sigma_i)}.$$

13. 设 $Z,\ W \in \mathbf{C}^{n\times l}$ 满足 $Z^H Z = W^H W = I_l$. 给出 $\sin\theta(\mathcal{R}(Z), \mathcal{R}(W))$ 的酉分解式, 并说明 $\sin\theta(\mathcal{R}(Z), \mathcal{R}(W))$ 的特征值的几何意义.

14. 设 $Z,\ W \in \mathbf{C}^{n\times l}$ 满足 $Z^HZ = W^HW = I_l$. 试证

$$\begin{aligned}\|\sin\theta(\mathcal{R}(Z),\mathcal{R}(W))\|_2 &= \|(I-P_W)Z\|_2 = \|(I-P_Z)W\|_2\\ &= \|(I-P_W)P_Z\|_2 = \|(I-P_Z)P_W\|_2.\end{aligned}$$

15. 设 $A,\ \widehat{A} \in \mathbf{C}_p^{m\times n}$, $\|\cdot\|$ 为任意酉不变范数. 证明推论 2.3.8 中的不等式可以放大为

$$\|\sin\theta(\mathcal{R}(A),\mathcal{R}(\widehat{A}))\| \leqslant \min\{\|A^\dagger\|_2,\ \|\widehat{A}^\dagger\|_2\}\|\widehat{A}-A\|,$$
$$\|\sin\theta(\mathcal{R}(A^H),\mathcal{R}(\widehat{A}^H))\| \leqslant \min\{\|A^\dagger\|_2,\ \|\widehat{A}^\dagger\|_2\}\|\widehat{A}-A\|.$$

若 $0<\varepsilon\ll 1$,

$$A=\begin{pmatrix}2&0\\0&1\\0&0\end{pmatrix},\ \Delta A_1=\begin{pmatrix}\varepsilon&0\\0&2\varepsilon\\0&0\end{pmatrix},\ \Delta A_2=\begin{pmatrix}0&\varepsilon\\\varepsilon&0\\0&0\end{pmatrix},\ \Delta A_3=\begin{pmatrix}0&0\\0&0\\\varepsilon&0\end{pmatrix}.$$

当 $\widehat{A}$ 分别为 $A+\Delta A_1,\ A+\Delta A_2,\ A+\Delta A_3$ 时, 用上述不等式和推论 2.3.8 中的不等式估计

$$\|\sin\theta(\mathcal{R}(A),\mathcal{R}(\widehat{A}))\|_2 \text{ 和 } \|\sin\theta(\mathcal{R}(A^H),\mathcal{R}(\widehat{A}^H))\|_2,$$

并计算其真值.

16. 设 $a>0,\ b>0,\ H,\ \widehat{H}=H+\Delta H\in\mathbf{C}^{n\times n}$ 全为 Hermite 矩阵, $\|\cdot\|$ 为任意酉不变范数,

$$\lambda(H)=\lambda_1(H)\cup\lambda_2(H),$$
$$\min_{\lambda\in\lambda_1(H)}\lambda=-a,\qquad \max_{\lambda\in\lambda_1(H)}\lambda=a,$$

$\lambda_2(H)$ 中的特征值全在 $(-\infty,-a-2b)\cup(a+2b,+\infty)$ 中, $\|\Delta H\|_2<b$. 记 $\widehat{H}$ 在 $(-a-b,a+b)$ 中的特征值的全体为 $\lambda_1(\widehat{H})$. 求证: $\lambda_1(\widehat{H})$ 和 $\lambda_1(H)$ 的个数相同. 记 $\lambda_1(H)$ 和 $\lambda_1(\widehat{H})$ 的特征子空间分别为 $\mathcal{R}(H_1)$ 和 $\mathcal{R}(\widehat{H}_1)$. 利用和证明定理 2.3.6 相同的方法, 对任意酉不变范数 $\|\cdot\|$, 推导

$$\|\sin\theta(\mathcal{R}(H_1),\mathcal{R}(\widehat{H}_1))\|$$

的上下界.

17. 设 $A,\ \widehat{A}\in\mathbf{C}^{m\times n}$. 如果 $\operatorname{rank}(\widehat{A})>\operatorname{rank}A$, 则投影 $P_{\widehat{A}}$ 必可表示成两个投影之和: $P_{\widehat{A}}=P_1+P_2$, 其中 $\operatorname{rank}(P_1)=\operatorname{rank}A$, 并且 $P_AP_2=0$.

18. 利用上题的结论证明: 如果 $A,\ \widehat{A}\in\mathbf{C}^{m\times n}$, 满足 $\operatorname{rank}(\widehat{A})\geqslant\operatorname{rank}A$, 则对于任一酉不变范数 $\|\cdot\|$, 有

$$\|P_{\widehat{A}}P_A^\perp\|\leqslant\|P_{\widehat{A}}^\perp P_A\|.$$

19. 设 $A,\ \widehat{A}=A+\Delta A\in\mathbf{C}^{m\times n}$. 证明恒等式

$$P_{\widehat{A}}-P_A=\widehat{A}^{\dagger H}P_{\widehat{A}^H}\Delta A^HP_A^\perp+P_{\widehat{A}}^\perp\Delta AP_{A^H}A^\dagger.$$

又若 $\operatorname{rank}(A)=\operatorname{rank}(\widehat{A})$, 试证渐进公式

$$P_{\widehat{A}}=P_A+P_A^\perp\Delta AP_{A^H}A^\dagger+A^{\dagger H}P_{A^H}\Delta A^HP_A^\perp+O(\|\Delta A\|^2).$$

20. 设 $\alpha > 0, \varepsilon > 0$,

$$A = \begin{pmatrix} \alpha & 0 \\ 0 & 0 \end{pmatrix}, \quad \Delta A = \begin{pmatrix} 0 & \varepsilon \\ \varepsilon & 0 \end{pmatrix}, \quad \widehat{A} = A + \Delta A = \begin{pmatrix} \alpha & \varepsilon \\ \varepsilon & 0 \end{pmatrix}.$$

计算

$$A^\dagger, \ \widehat{A}^\dagger, \ \widehat{A}^\dagger - A^\dagger.$$

21. 对一般的酉不变范数和 F 范数, 证明定理 2.4.3.

第三章　线性最小二乘问题

当给定的矩阵 $A \in \mathbf{C}^{n\times n}$ 非奇异, 则对任何向量 $b \in \mathbf{C}^n$, 线性方程组 $Ax = b$ 总有唯一解 $x = A^{-1}b$. 但是, 在很多实际问题中, 矩阵 A 不是方阵, 甚至不是满秩矩阵, 而且 $b \notin \mathcal{R}(A)$. 于是线性方程组 $Ax = b$ 没有通常意义下的解.

例如, 假设在 $m(>2)$ 个不同的观测时间点

$$t_1,\ t_2, \cdots, t_m\ \in [\alpha, \beta]$$

观测到另一组数

$$y_1,\ y_2, \cdots,\ y_m,$$

而 y 近似满足函数关系式 $y = f(t) = a_0 + a_1 t$, 其中 a_0 和 a_1 未知. 由于观测误差, 通常线性方程组

$$Ax = b,\ A = \begin{pmatrix} 1 & t_1 \\ \vdots & \vdots \\ 1 & t_m \end{pmatrix},\ b = \begin{pmatrix} y_1 \\ \vdots \\ y_m \end{pmatrix},\ x = \begin{pmatrix} a_0 \\ a_1 \end{pmatrix}$$

无解. 这时, 通常构造一个关于未知变量 $a_0,\ a_1$ 的函数

$$\rho(a_0,\ a_1) = \sum_{i=1}^{m} (y_i - a_0 + a_1 t_i)^2,$$

并求出使得 $\rho(a_0,\ a_1)$ 达到极小时的 a_0 和 a_1 作为线性函数 $f(t) = a_0 + a_1 t$ 的系数. 这种方法称为最小二乘拟合, 即线性最小二乘问题.

本章将研究线性最小二乘问题 (LS). §3.1 讨论 LS 问题的定义及其等价性问题; §3.2 推导 LS 问题的扰动界; §3.3 介绍若干矩阵方程的最小二乘问题; §3.4 讨论加权最小二乘问题 (WLS) 及其等价性问题; §3.5 推导 WLS 问题的扰动界.

§ 3.1　线性最小二乘问题

本小节讨论线性最小二乘及其等价性问题和正则化问题.

3.1.1 线性最小二乘及其等价性问题

定义 3.1.1 设 $A \in \mathbf{C}^{m\times n}$, $b \in \mathbf{C}^m$. 所谓线性最小二乘问题 (LS), 是指求 $x \in \mathbf{C}^n$, 满足

$$\rho(x) = \|Ax - b\|_2 = \min_{v\in\mathbf{C}^n} \|Av - b\|_2. \tag{3.1.1}$$

定理 3.1.1 LS 问题 (3.1.1) 的解由

$$x = A^\dagger b + (I - P_{A^H})z = A^\dagger b + P_{A^H}^\perp z \tag{3.1.2}$$

给出, 其中 z 表示 $\mathbf{C}^n$ 中任一向量. (3.1.1) 式有唯一的极小范数解 $x_{\mathrm{LS}} = A^\dagger b$, 它同时满足 (3.1.1) 式和

$$\|x_{\mathrm{LS}}\|_2 = \min_{x\in S} \|x\|_2,$$

其中 S 为 LS 问题 (3.1.1) 的解集. 又当 A 的列向量线性无关时, LS 问题 (3.1.1) 有唯一解 $x_{\mathrm{LS}} = A^\dagger b$.

证明 首先注意到, 对任何 $x \in \mathbf{C}^n$, 都有 $Ax \in \mathcal{R}(A)$. 因此, 可以把向量 b 分解成 $b = b_1 + b_2$, 其中 $b_1 = AA^\dagger b$ 是 b 到 $\mathcal{R}(A)$ 的正交投影, $b_2 = b - b_1 = P_A^\perp b$. 由

$$\rho(x)^2 = \|b - Ax\|_2^2 = \|b_1 - Ax\|_2^2 + \|b_2\|_2^2$$

知, 使 $\rho(x) = \min\limits_{v\in\mathbf{C}^n} \|Av - b\|_2$ 的必要和充分条件是 $Ax = AA^\dagger b$.

现设 $x = A^\dagger b + y$, 且 x 满足 $Ax = AA^\dagger b$. 由

$$Ay = A(x - A^\dagger b) = b_1 - b_1 = 0$$

知 $y \in \mathcal{N}(A) = \mathcal{R}(A^H)^\perp$. 而 $\mathcal{R}(A^H)^\perp$ 中的向量 y 必可表示成

$$y = (I_n - P_{A^H})z = P_{A^H}^\perp z, \quad z \in \mathbf{C}^n.$$

于是 x 有形式

$$x = A^\dagger b + P_{A^H}^\perp z = x_{\mathrm{LS}} + P_{A^H}^\perp z.$$

注意到 $A^\dagger b$ 和 $P_{A^H}^\perp z$ 正交, 所以由

$$\|x\|_2^2 = \|A^\dagger b\|_2^2 + \|P_{A^H}^\perp z\|_2^2 \geqslant \|A^\dagger b\|_2^2,$$

立即得到极小范数解为 $x_{\mathrm{LS}} = A^\dagger b$.

当 $A \in \mathbf{C}_n^{m\times n}$ 时有 $P_{A^H} = I_n$, 所以有唯一 LS 解 $x_{\mathrm{LS}} = A^\dagger b$. □

下面给出和 LS 问题 (3.1.1) 等价的两个问题.

1. 法方程

定理 3.1.2 设 $A \in \mathbf{C}^{m\times n}$, $b \in \mathbf{C}^m$. 则线性方程组

$$A^H Ax = A^H b \tag{3.1.3}$$

相容. 上述方程叫 LS 问题 (3.1.1) 的法方程, 且法方程 (3.1.3) 和 LS 问题 (3.1.1) 有相同的解集.

证明 显然 $\mathcal{R}(A^H b) \subseteq \mathcal{R}(A^H A)$, 因而 (3.1.3) 式相容. 由 LS 问题通解的表示及广义逆的性质, (3.1.3) 式的通解有如下形式

$$x = (A^H A)^\dagger A^H b + (I_n - (A^H A)^\dagger (A^H A))z = A^\dagger b + (I - A^\dagger A)z,\ z \in C^n.$$

因此 (3.1.3) 式和 LS 问题 (3.1.1) 有相同的解集. □

2. KKT 方程

对 (3.1.1) 式的任一 LS 解 x, $r = b - Ax = b - Ax_{\mathrm{LS}}$ 称为 LS 问题 (3.1.1) 的残量.

定理 3.1.3 设 $A \in \mathbf{C}^{m\times n}$, $b \in \mathbf{C}^m$. 则 x 和 $r = b - Ax$ 分别是 (3.1.1) 式的 LS 解及残量当且仅当 x 和 r 为相容系统

$$\begin{pmatrix} I & A \\ A^H & 0 \end{pmatrix} \begin{pmatrix} r \\ x \end{pmatrix} = \begin{pmatrix} b \\ 0 \end{pmatrix} \tag{3.1.4}$$

的解. 上述线性系统叫 LS 问题 (3.1.1) 的 Karush- Kuhn -Tucker 方程 (KKT 方程).

证明 若 x 和 r 分别表示 (3.1.1) 式的 LS 解和残量, 则

$$x = A^\dagger b + (I - A^\dagger A)z,\ r = b - Ax = b - AA^\dagger b = (I - AA^\dagger)b.$$

因而, 由广义逆 $A^\dagger$ 的性质, 及等式 $r + Ax = b$ 得

$$A^H r = A^H (I - AA^\dagger)b = ((I - AA^\dagger)A)^H b = 0.$$

因此 (3.1.4) 式是相容的线性系统, 且 x 和 r 满足 (3.1.4) 式.

反之, 通过验证 MP 逆的四个条件, 可以验证

$$T^\dagger \equiv \begin{pmatrix} I & A \\ A^H & 0 \end{pmatrix}^\dagger = \begin{pmatrix} I - AA^\dagger & (A^\dagger)^H \\ A^\dagger & -A^\dagger (A^\dagger)^H \end{pmatrix}.$$

故 (3.1.4) 式的任意解向量 x, r 有如下形式

$$\begin{pmatrix} r \\ x \end{pmatrix} = T^\dagger \begin{pmatrix} b \\ 0 \end{pmatrix} + (I - T^\dagger T)\begin{pmatrix} y \\ z \end{pmatrix} = \begin{pmatrix} (I - AA^\dagger)b \\ A^\dagger b + (I - A^\dagger A)z \end{pmatrix},$$

其中 $y \in \mathbf{C}^m$, $z \in \mathbf{C}^n$ 是任意向量. 所以, 满足 (3.1.4) 式的任一组向量 x, r 分别是 (3.1.1) 式的 LS 解和残量. □

3.1.2 LS 问题的正则化

设矩阵 $A \in \mathbf{C}_r^{m\times n}$ 的奇异值分解为

$$A = U\Sigma V^H, \tag{3.1.5}$$

其中 $U \in \mathcal{U}_m$, $V \in \mathcal{U}_n$, $l = \min\{m, n\}$, $\sigma_1 \geqslant \cdots \geqslant \sigma_r > 0 = \sigma_{r+1} = \cdots = \sigma_l$,

$$\Sigma = \operatorname{diag}(\sigma_1, \cdots, \sigma_l). \tag{3.1.6}$$

则 LS 问题 (3.1.1) 的极小范数最小二乘解 x_{LS} 可以表示为

$$x_{\mathrm{LS}} = A^\dagger b = \sum_{i=1}^{r} \frac{u_i^H b}{\sigma_i} v_i. \tag{3.1.7}$$

因为舍入误差的存在, 所有用于计算 $A^\dagger$ 和 x_{LS} 的算法, 实际上是计算某个扰动矩阵 $\widehat{A} = A + \Delta A$ 的 MP 逆 $\widehat{A}^\dagger$, 以及 $\widehat{x}_{\mathrm{LS}} = \widehat{A}^\dagger \widehat{b}$.

当 A 为病态的满秩矩阵, 即存在 k, $1 \leqslant k < l$, 使得 $\sigma_k \gg \sigma_{k+1} \approx 0$. 由于在 LS 解 x_{LS} 的表达式中存在项 $\dfrac{u_i^H b}{\sigma_i} v_i$, $i \geqslant k+1$, 因此对矩阵 A 较小的扰动, 将会使 LS 解 x_{LS} 产生很大的误差. 此时称 A 为数值亏秩的. 当矩阵 A 亏秩而 ΔA 很小, 则 MP 逆的不连续性表明了原来意义上的秩不再适用于数值计算. 当 $\widehat{A}$ 和 A 的秩不相同时, $\widehat{A}^\dagger$ 和 $A^\dagger$, x_{LS} 和 $\widehat{x}_{\mathrm{LS}}$ 可能会相差很大, 而且扰动 ΔA 越小, 则相差的程度会越大.

1. 截断的 LS 问题

LS 问题的第一种正则化方法是截断的 LS 问题. 首先给出矩阵 A 的 δ 秩的定义.

定义 3.1.2 设 $A \in \mathbf{C}^{m\times n}$ 和 $\delta > 0$ 给定. 若

$$k = \min_{B \in \mathbf{C}^{m\times n}} \{\operatorname{rank}(B) : \ \|A - B\|_2 \leqslant \delta\}, \tag{3.1.8}$$

则称矩阵 A 的 δ 秩为 k.

由上面的定义和矩阵的降秩最佳逼近定理, 当 $k < l$ 时, 有

$$\min_{\operatorname{rank}(B) \leqslant k} \|A - B\|_2 = \sigma_{k+1},$$

且极小值当

$$A_k = \sum_{i=1}^{k} \sigma_i u_i v_i^H$$

时达到. 因此矩阵 A 的 δ 秩为 k 当且仅当

$$\sigma_1 \geqslant \cdots \geqslant \sigma_k > \delta > \sigma_{k+1} \geqslant \cdots \geqslant \sigma_l.$$

对于 LS 问题 (3.1.1), 截断的 LS 问题为

$$\|A_k x - b\|_2 = \min_{y \in \mathbf{C}^n} \|A_k y - b\|_2, \tag{3.1.9}$$

其中 A_k 为 A 的最佳秩-k 逼近. 此时 (3.1.9) 式的极小范数 LS 解 x_{LS} 可表示为

$$\overline{x}_{\mathrm{LS}} = A_k^{\dagger} b = \sum_{i=1}^{k} \frac{u_i^H b}{\sigma_i} v_i. \tag{3.1.10}$$

2. Tikhonov 正则化

LS 问题的第二种正则化方法为 Tikhonov 正则化, 即考虑如下的正则化问题:

$$\|Ax - b\|_2^2 + \tau^2 \|Dx\|_2^2 = \min_{y \in \mathbf{C}^n} \{\|Ay - b\|_2^2 + \tau^2 \|Dy\|_2^2\}, \tag{3.1.11}$$

其中 $\tau > 0$, $D = \mathrm{diag}(d_1, \cdots, d_n)$ 为正定的对角矩阵.

显然, 问题 (3.1.11) 式等价于

$$\left\| \begin{pmatrix} \tau D \\ A \end{pmatrix} x - \begin{pmatrix} 0 \\ b \end{pmatrix} \right\|_2 = \min_{y \in \mathbf{C}^n} \left\| \begin{pmatrix} \tau D \\ A \end{pmatrix} y - \begin{pmatrix} 0 \\ b \end{pmatrix} \right\|_2, \tag{3.1.12}$$

当 $\tau > 0$ 时, 系数矩阵列满秩, 因此有唯一的 LS 解.

设 $m \geqslant n$. 则当 $D = I$ 时, (3.1.12) 式中系数矩阵的奇异值为 $\tilde{\sigma}_i = (\sigma_i^2 + \tau^2)^{1/2}$, $i = 1:n$. 此时 (3.1.11) 式的解可表示为

$$x(\tau) = \sum_{i=1}^{n} \frac{u_i^H b \sigma_i}{\sigma_i^2 + \tau^2} v_i = \sum_{i=1}^{n} \frac{u_i^H b f_i}{\sigma_i} v_i, \quad f_i = \frac{\sigma_i^2}{\sigma_i^2 + \tau^2}, \tag{3.1.13}$$

其中 f_i 称为滤波因子. 当 $\tau \ll \sigma_i$ 时, $f_i \approx 1$; 当 $\tau \gg \sigma_i$ 时, $f_i \ll 1$.

正则化问题 (3.1.11) 的优点是, 它的解可通过计算 QR 分解

$$\begin{pmatrix} \tau D \\ A \end{pmatrix} = Q \begin{pmatrix} R \\ 0 \end{pmatrix}$$

得到.

注 3.1.1 LS 问题的正则化已经把原来 LS 问题化为新的 LS 问题. 实际上, 由 (3.1.10) 式和 (3.1.13) 式可以看出, 截断的 LS 问题和 Tikhonov 正则化方法的 LS 解, 和 LS 问题 (3.1.1) 的极小范数 LS 解, 以及相应的残量各不相同. 正则化方法经常用于处理病态 LS 问题和反问题等不适定问题.

§ 3.2 LS 问题的扰动

本节讨论 $A \in \mathbf{C}^{m\times n}$ 和 $b \in \mathbf{C}^m$ 的扰动对于 LS 问题 (3.1.1) 的 LS 解的影响. 设 $\widehat{A} = A + \Delta A \in \mathbf{C}^{m\times n}, \widehat{b} = b + \Delta b \in \mathbf{C}^m$, 扰动的 LS 问题

$$\|\widehat{A}\widehat{x} - \widehat{b}\|_2 = \min_{y\in\mathbf{C}^n} \|\widehat{A}y - \widehat{b}\|_2 \tag{3.2.1}$$

的极小范数 LS 解为 $\widehat{x}_{\mathrm{LS}} = x_{\mathrm{LS}} + \Delta x_{\mathrm{LS}}$.

首先讨论 $\mathrm{rank}(A) = \mathrm{rank}(\widehat{A})$ 的情形. 这种情形下，对极小范数 LS 解的扰动分析由 Stewart[177, 178] 和 Wedin[218, 220] 得到. 下面的定理是在他们结果基础上的改进.

定理 3.2.1 设 $A,\ \widehat{A} = A + \Delta A \in \mathbf{C}^{m\times n},\ b,\ \widehat{b} = b + \Delta b \in \mathbf{C}^m$, LS 问题 (3.1.1) 和 (3.2.1) 的极小范数解分别为 x_{LS} 和 $\widehat{x}_{\mathrm{LS}} = x_{\mathrm{LS}} + \Delta x_{\mathrm{LS}}$, LS 问题 (3.1.1) 的残量为 $r = b - Ax_{\mathrm{LS}}$. 如果 $\mathrm{rank}(A) = \mathrm{rank}(\widehat{A}) = p$, 并且 $\|A^\dagger\|_2\|\Delta A\|_2 < 1$, 则 $\|\widehat{A}^\dagger\|_2 \leqslant \|A^\dagger\|_2/(1 - \|A^\dagger\|_2\|\Delta A\|_2)$, 并且

(1) 当 $m = n = p$ 时,

$$\|\Delta x_{\mathrm{LS}}\|_2 \leqslant \|\widehat{A}^\dagger\|_2(\|\Delta b\|_2 + \|\Delta A\|_2\|x_{\mathrm{LS}}\|_2). \tag{3.2.2}$$

(2) 当 $n > m = p$ 时,

$$\|\Delta x_{\mathrm{LS}}\|_2 \leqslant \|\widehat{A}^\dagger\|_2\Big\{\|\Delta b\|_2 + \left(\|\Delta AP_{A^H}\|_2^2 + \|\Delta AP_{A^H}^\perp\|_2^2\right)^{\frac{1}{2}}\|x_{\mathrm{LS}}\|_2\Big\}. \tag{3.2.3}$$

(3) 当 $m > n = p$ 时,

$$\begin{aligned}\|\Delta x_{\mathrm{LS}}\|_2 \leqslant\, & \|\widehat{A}^\dagger\|_2(\|P_{\widehat{A}}\Delta b\|_2 + \|P_{\widehat{A}}\Delta A\|_2\|x_{\mathrm{LS}}\|_2 \\ & + \|A^\dagger\|_2\|P_{\widehat{A}}^\perp\Delta A\|_2\|r\|_2).\end{aligned} \tag{3.2.4}$$

(4) 当 $m > p$ 且 $n > p$ 时,

$$\begin{aligned}\|\Delta x_{\mathrm{LS}}\|_2 \leqslant\, & \|\widehat{A}^\dagger\|_2\Big\{\|P_{\widehat{A}}\Delta b\|_2 + \left(\|P_{\widehat{A}}\Delta AP_{A^H}\|_2^2 + \|P_{\widehat{A}}\Delta AP_{A^H}^\perp\|_2^2\right)^{\frac{1}{2}}\|x_{\mathrm{LS}}\|_2 \\ & + \|A^\dagger\|_2\|P_{\widehat{A}}^\perp\Delta AP_{A^H}\|_2\|r\|_2\Big\}.\end{aligned} \tag{3.2.5}$$

证明 由 $\widehat{A}^\dagger - A^\dagger$ 的分解式 (定理 2.4.2) 知

$$\begin{aligned}\Delta x_{\mathrm{LS}} &= \widehat{A}^\dagger(b + \Delta b) - A^\dagger b = (\widehat{A}^\dagger - A^\dagger)b + \widehat{A}^\dagger\Delta b \\ &= (-\widehat{A}^\dagger P_{\widehat{A}}\Delta AP_{A^H}A^\dagger + \widehat{A}^\dagger P_{\widehat{A}}P_A^\perp - P_{\widehat{A}^H}^\perp P_{A^H}A^\dagger)b + \widehat{A}^\dagger\Delta b \\ &= \widehat{A}^\dagger\Delta b + (-\widehat{A}^\dagger P_{\widehat{A}}\Delta AP_{A^H}x_{\mathrm{LS}} + \widehat{A}^\dagger P_{\widehat{A}}P_A^\perp r - P_{\widehat{A}^H}^\perp P_{A^H}x_{\mathrm{LS}}).\end{aligned} \tag{3.2.6}$$

(1) 当 $m=n=p$ 时, $P_A=P_{\widehat{A}}=P_{\widehat{A}^H}=P_{A^H}=I_n$, $P_{\widehat{A}}^{\perp}=P_{\widehat{A}^H}^{\perp}=0$. 于是由 (3.2.6) 式立即得到 (3.2.2) 式.

(2) 当 $n>m=p$ 时, $P_A=P_{\widehat{A}}=I_m$, $P_{\widehat{A}}^{\perp}=0$. 于是由 (3.2.6) 式,

$$\begin{aligned}\|\Delta x_{\mathrm{LS}}\|_2 &\leqslant \|\widehat{A}^{\dagger}\Delta b\|_2+(\|-\widehat{A}^{\dagger}\Delta A P_{A^H}x_{\mathrm{LS}}-P_{\widehat{A}^H}^{\perp}P_{A^H}x_{\mathrm{LS}}\|_2)\\ &\leqslant \|\widehat{A}^{\dagger}\Delta b\|_2+(\|\widehat{A}^{\dagger}\Delta A P_{A^H}x_{\mathrm{LS}}\|_2^2+\|P_{\widehat{A}^H}^{\perp}P_{A^H}x_{\mathrm{LS}}\|_2^2)^{\frac{1}{2}}.\end{aligned}$$

由上式, 定理 2.3.1 和推论 2.3.8, 立即得到 (3.2.3) 式.

(3) 当 $m>n=p$ 时, $P_{\widehat{A}^H}=P_{A^H}=I_n$, $P_{\widehat{A}^H}^{\perp}=0$. 于是由 (3.2.6) 式,

$$\|\Delta x_{\mathrm{LS}}\|_2\leqslant\|\widehat{A}^{\dagger}P_{\widehat{A}}\Delta b\|_2+\|\widehat{A}^{\dagger}P_{\widehat{A}}\Delta A x_{\mathrm{LS}}\|_2+\|\widehat{A}^{\dagger}P_{\widehat{A}}P_{\widehat{A}}^{\perp}r\|_2.$$

由上式, 定理 2.3.1 和推论 2.3.8, 立即得到 (3.2.4) 式.

(4) 当 $m>p$ 且 $n>p$ 时, 由 (3.2.6) 式, 定理 2.3.1 和推论 2.3.8, 可得 (3.2.5) 式. □

注 3.2.1 当 A, $\widehat{A}\in\mathbf{C}_n^{n\times n}$ 时, LS 问题 (3.1.1) 和 (3.2.1) 即成为非奇异方程组, 其解的扰动界即由 (3.2.2) 式给出.

当 A, $\widehat{A}=A+\Delta A\in\mathbf{C}_p^{m\times n}$ 并且 $p<n$ 时, LS 问题 (3.1.1) 和 (3.2.1) 有无穷多个解. 这种情形下, 对一般 LS 解的扰动分析由魏木生[222, 223] 得到, 下面的定理有所改进.

定理 3.2.2 设 A, $\widehat{A}=A+\Delta A\in\mathbf{C}_p^{m\times n}$, 其中 $p<n$, 且 $\|A^{\dagger}\|_2\|\Delta A\|_2<1$. 则对 LS 问题 (3.1.1) 的任一 LS 解

$$x=A^{\dagger}b+(I-A^{\dagger}A)z, \tag{3.2.7}$$

存在 LS 问题 (3.2.1) 的一个 LS 解 $\widehat{x}$, 满足

$$\|\widehat{x}-x\|_2\leqslant\|\widehat{A}^{\dagger}\|_2(\|P_{\widehat{A}}\Delta b\|_2+\|P_{\widehat{A}}\Delta A\|_2\|x\|_2+\|A^{\dagger}\|_2\|P_{\widehat{A}}^{\perp}\Delta A P_{A^H}\|_2\|r\|_2), \tag{3.2.8}$$

其中 $r=b-Ax=b-Ax_{\mathrm{LS}}$. 反之, 对 LS 问题 (3.2.1) 的任一 LS 解

$$\widehat{x}=\widehat{A}^{\dagger}\widehat{b}+(I-\widehat{A}^{\dagger}\widehat{A})z, \tag{3.2.9}$$

存在 LS 问题 (3.1.1) 的一个 LS 解 x, 满足

$$\|\widehat{x}-x\|_2\leqslant\|A^{\dagger}\|_2(\|P_A\Delta b\|_2+\|P_A\Delta A\|_2\|\widehat{x}\|_2+\|A^{\dagger}\|_2\|P_{\widehat{A}}^{\perp}\Delta A P_{A^H}\|_2\|\widehat{r}\|_2), \tag{3.2.10}$$

其中 $\widehat{r}=\widehat{b}-\widehat{A}\widehat{x}=\widehat{b}-\widehat{A}\widehat{x}_{\mathrm{LS}}$.

证明 对 LS 问题 (3.1.1) 的形如 (3.2.7) 式的 LS 解 x, 令

$$\widehat{x}=\widehat{A}^{\dagger}\widehat{b}+(I-\widehat{A}^{\dagger}\widehat{A})(A^{\dagger}b+(I-A^{\dagger}A)z), \tag{3.2.11}$$

则 $\widehat{x}$ 为 LS 问题 (3.2.1) 的一个 LS 解. 于是由 $\widehat{A}^\dagger - A^\dagger$ 的分解式 (定理 2.4.2), 知

$$\begin{aligned}\widehat{x} - x &= \widehat{A}^\dagger \Delta b + (I - \widehat{A}^\dagger \widehat{A}) A^\dagger b - \widehat{A}^\dagger \widehat{A}(I - A^\dagger A) z + (\widehat{A}^\dagger - A^\dagger) b \\ &= \widehat{A}^\dagger \Delta b + (I - \widehat{A}^\dagger \widehat{A}) A^\dagger b - \widehat{A}^\dagger (A + \Delta A)(I - A^\dagger A) z \\ &\quad + (-\widehat{A}^\dagger (\Delta A) A^\dagger + \widehat{A}^\dagger (I - AA^\dagger) - (I - \widehat{A}^\dagger \widehat{A}) A^\dagger) b \\ &= \widehat{A}^\dagger P_{\widehat{A}} \Delta b - \widehat{A}^\dagger P_{\widehat{A}} \Delta A x + \widehat{A}^\dagger (\widehat{A}\widehat{A}^\dagger (I - AA^\dagger)) r.\end{aligned}$$

于是由定理 2.3.1 和推论 2.3.8, 立即得到 (3.2.8) 式. 用类似的技巧, 并由定理 2.3.1, 有等式

$$\|\widehat{A}\widehat{A}^\dagger (I - AA^\dagger)\|_2 = \|(I - \widehat{A}\widehat{A}^\dagger) AA^\dagger\|_2,$$

可得 (3.2.10) 式. □

注 3.2.2　(3.2.11) 式中的 $\widehat{x}$ 是向量 x 在线性流形

$$\widehat{S}_{\rm LS} = \{\widehat{A}^\dagger \widehat{b} + (I - \widehat{A}^\dagger \widehat{A}) y :\ y \in \mathbf{C}^n\}$$

上的投影. 对 LS 问题 (3.1.1) 的形如 (3.2.7) 式的 LS 解 x, (3.2.11) 式中的 $\widehat{x}$ 是 LS 问题 (3.2.1) 所有 LS 解中和 x 的 Eucldi 距离最小的. 事实上,

$$\min_{z \in \widehat{S}_{\rm LS}} \|z - x\|_2 = \min_{y \in \mathbf{C}^n} \|\widehat{A}^\dagger \widehat{b} + (I - \widehat{A}^\dagger \widehat{A}) y - x\|_2,$$

且上述极小值当且仅当 $(I - \widehat{A}^\dagger \widehat{A}) y = (I - \widehat{A}^\dagger \widehat{A})(x - \widehat{A}^\dagger \widehat{b}) = (I - \widehat{A}^\dagger \widehat{A}) x$ 时达到.

现在讨论 $\mathrm{rank}(\widehat{A}) \neq \mathrm{rank}(A)$ 的情形. 由第二章的讨论, 知道这时 $\widehat{A}^\dagger$ 和 $A^\dagger$ 可能相差很大, LS 问题 (3.1.1) 和 (3.2.1) 的 LS 解集也可能相差很大. 利用截断的 LS 方法, 可以证明当扰动矩阵 ΔA 和扰动向量 Δb 很小时, 扰动的 LS 问题的解集一定和原 LS 问题解集的一个子集相近. 这种情形下, LS 解的扰动分析由魏木生[222, 223] 得到, 下面的定理有所改进.

定理 3.2.3　设 $A \in \mathbf{C}_p^{m \times n}$, $\widehat{A} = A + \Delta A \in \mathbf{C}_r^{m \times n}$, b, $\widehat{b} = b + \Delta b \in \mathbf{C}^m$. 如果 $p \neq r$ 且 $\|A^\dagger\|_2 \|\Delta A\|_2 < \frac{1}{2}$, 则 $p < r$. 令 A 和 $\widehat{A}$ 的 SVD 分别由 (2.3.12)~(2.3.14) 式给出, 则有 $\widehat{\sigma}_p > \widehat{\sigma}_{p+1}$. 定义 $\widehat{A}_p = \widehat{U}_1 \widehat{\Sigma}_1 \widehat{V}_1^H$, 并考虑 LS 问题

$$\|\widehat{A} x - \widehat{b}\|_2 = \min_{y \in \mathbf{C}^n} \|\widehat{A} y - \widehat{b}\|_2. \tag{3.2.12}$$

则对于 LS 问题 (3.2.12) 的任意 LS 解

$$\widehat{x} = \widehat{A}^\dagger \widehat{b} + (I - \widehat{A}^\dagger \widehat{A}) z, \tag{3.2.13}$$

存在 LS 问题 (3.1.1) 的一个 LS 解 x, 满足

$$\begin{aligned}\|\widehat{x} - x\|_2 \leqslant \|A^\dagger\|_2 (&\|P_A \Delta b\|_2 + \|\Delta A\|_2 (1 + \|\widehat{A}_p^\dagger\|_2 \|P_A^\perp \Delta A P_{\widehat{A}_p^H}\|_2) \|\widehat{x}\|_2 \\ &+ \|\widehat{A}_p^\dagger\|_2 \|P_A^\perp \Delta A P_{\widehat{A}_p^H}\|_2 \|\widehat{r}\|_2).\end{aligned} \tag{3.2.14}$$

证明 由定理 2.4.1 知, 条件 $p \neq r$ 和 $\|A^\dagger\|_2\|\Delta A\|_2 < \frac{1}{2}$ 隐含 $p < r$. 又由奇异值的扰动分析, 有

$$\widehat{\sigma}_p - \widehat{\sigma}_{p+1} \geqslant (\sigma_p - \|\Delta A\|_2) - \|\Delta A\|_2 > 0.$$

由 $\widehat{A}$ 的 SVD 和 $\widehat{A}_p$ 的定义, 有 $\mathcal{R}(\widehat{A}_p) \perp \mathcal{R}(\widehat{A} - \widehat{A}_p)$, $\mathcal{R}(\widehat{A}_p^H) \perp \mathcal{R}(\widehat{A}^H - \widehat{A}_p^H)$. 于是有

$$\widehat{A}^\dagger = \widehat{A}_p^\dagger + (\widehat{A} - \widehat{A}_p)^\dagger = \widehat{A}_p^\dagger + (I - \widehat{A}_p^\dagger \widehat{A}_p)(\widehat{A} - \widehat{A}_p)^\dagger,$$

而且 $\widehat{x}$ 可以表示成

$$\widehat{x} = \widehat{A}_p^\dagger \widehat{b} + (I - \widehat{A}_p^\dagger \widehat{A}_p) y, \tag{3.2.15}$$

其中

$$y = (\widehat{A} - \widehat{A}_p)^\dagger \widehat{b} + (I - (\widehat{A} - \widehat{A}_p)^\dagger (\widehat{A} - \widehat{A}_p)) z.$$

令

$$x = A^\dagger b + (I - A^\dagger A)(\widehat{A}_p^\dagger \widehat{b} + (I - \widehat{A}_p^\dagger \widehat{A}_p) y), \tag{3.2.16}$$

则 x 是 LS 问题 (3.1.1) 的一个 LS 解, 且有

$$\begin{aligned}\widehat{x} - x &= A^\dagger \Delta b - (I - A^\dagger A)\widehat{A}_p^\dagger \widehat{b} + A^\dagger A (I - \widehat{A}_p^\dagger \widehat{A}_p) y - (A_p^\dagger - \widehat{A}_p^\dagger)\widehat{b} \\ &= A^\dagger \Delta b - (I - A^\dagger A)\widehat{A}_p^\dagger \widehat{b} + A^\dagger (A - \widehat{A}_p)(I - \widehat{A}_p^\dagger \widehat{A}_p) y \\ &\quad + (A^\dagger (A - \widehat{A}_p)\widehat{A}_p^\dagger - A^\dagger (I - \widehat{A}_p \widehat{A}_p^\dagger) + (I - A^\dagger A)\widehat{A}_p^\dagger)\widehat{b} \\ &= A^\dagger \Delta b + A^\dagger A A^\dagger (A - \widehat{A}_p)\widehat{x} - A^\dagger A A^\dagger (I - \widehat{A}_p \widehat{A}_p^\dagger)\widehat{r},\end{aligned}$$

这里利用了等式 $\widehat{A}_p \widehat{A}_p^\dagger = \widehat{A}\widehat{A}_p^\dagger$ 和

$$(I - \widehat{A}_p \widehat{A}_p^\dagger)\widehat{b} = (I - \widehat{A}_p \widehat{A}_p^\dagger)(I - \widehat{A}_p \widehat{A}_p^\dagger)\widehat{b} = (I - \widehat{A}_p \widehat{A}_p^\dagger)(I - \widehat{A}\widehat{A}_p^\dagger)\widehat{b} = (I - \widehat{A}_p \widehat{A}_p^\dagger)\widehat{r}.$$

于是得到不等式

$$\begin{aligned}\|\widehat{x} - x\|_2 \leqslant \|A^\dagger\|_2 (\|P_A \Delta b\|_2 &+ \|AA^\dagger (A - \widehat{A}_p)\|_2 \|\widehat{x}\|_2 \\ &+ \|AA^\dagger (I - \widehat{A}_p \widehat{A}_p^\dagger)\|_2 \|\widehat{r}\|_2).\end{aligned} \tag{3.2.17}$$

由奇异值的扰动定理, $\widehat{\sigma}_{p+1} \leqslant \|\Delta A\|_2$, 并应用推论 2.3.7, 有

$$\begin{aligned}\|AA^\dagger (A - \widehat{A}_p)\|_2 &= \|U_1 U_1^H (\widehat{A} - \Delta A - \widehat{A}_p)\|_2 \\ &\leqslant \|P_A \Delta A\|_2 + \|U_1 U_1^H \widehat{U}_2 \widehat{\Sigma}_2 \widehat{V}_2^H\|_2 \\ &\leqslant \|P_A \Delta A\|_2 + \|U_1^H \widehat{U}_2\|_2 \|\Delta A\|_2 \\ &\leqslant \|\Delta A\|_2 (1 + \|\widehat{A}_p^\dagger\|_2 \|P_A^\perp \Delta A P_{\widehat{A}_p^H}\|_2), \\ \|AA^\dagger (I - \widehat{A}_p \widehat{A}_p^\dagger)\|_2 &\leqslant \|\widehat{A}_p^\dagger\|_2 \|P_A^\perp \Delta A P_{\widehat{A}_p^H}\|_2.\end{aligned}$$

把上面两式代入 (3.2.17) 式, 即得定理中的不等式. □

注 3.2.3　条件 $\|A^{\dagger}\|_2\|\Delta A\|_2<\dfrac{1}{2}$ 保证了 $\widehat{A}_p$ 是 A 的锐角扰动. 另外有

$$1+\|\widehat{A}_p^{\dagger}\|_2\|P_{\widehat{A}}^{\perp}\Delta AP_{\widehat{A}_p^H}\|_2<2,$$

这是由于 $\|\widehat{A}_p^{\dagger}\|_2\|P_{\widehat{A}}^{\perp}\Delta AP_{\widehat{A}_p^H}\|_2\leqslant\dfrac{\|\Delta A\|_2}{\widehat{\sigma}_p}\leqslant\dfrac{\|\Delta A\|_2}{\sigma_p-\|\Delta A\|_2}<1.$

下面讨论 LS 问题的相对扰动误差.

定理 3.2.4　设 $A\in\mathbf{C}_p^{m\times n}, \widehat{A}=A+\Delta A\in\mathbf{C}_r^{m\times n}$, b, $\widehat{b}=b+\Delta b\in\mathbf{C}^m$, 而且 $x_{\mathrm{LS}}\neq 0$. 记 $\kappa_2=\|A^{\dagger}\|_2\|A\|_2$, $\widehat{\kappa}_2=\|\widehat{A}^{\dagger}\|_2\|A\|_2$.

(1) 若 $\operatorname{rank}(A)=\operatorname{rank}(\widehat{A})=p$, 且 $\|A^{\dagger}\|_2\|\Delta A\|_2<1$, 令

$$\varepsilon_A^{(0)}=\frac{\|\Delta A\|_2}{\|A\|_2},\ \varepsilon_A^{(1)}=\frac{\|P_{\widehat{A}}\Delta A\|_2}{\|A\|_2},\ \varepsilon_A^{(2)}=\frac{\|P_{\widehat{A}}^{\perp}\Delta AP_{A^H}\|_2}{\|A\|_2},\ \varepsilon_b=\frac{\|P_{\widehat{A}}\Delta b\|_2}{\|P_Ab\|_2}. \tag{3.2.18}$$

则有

$$\begin{aligned}\frac{\|x_{\mathrm{LS}}-\widehat{x}_{\mathrm{LS}}\|_2}{\|x_{\mathrm{LS}}\|_2}&\leqslant\widehat{\kappa}_2\left(\varepsilon_b+\beta\varepsilon_A^{(1)}+\kappa_2\varepsilon_A^{(2)}\frac{\|r\|_2}{\|P_Ab\|_2}\right)\\&\leqslant\frac{\kappa_2}{1-\varepsilon_A^{(0)}\kappa_2}\left(\varepsilon_b+\beta\varepsilon_A^{(1)}+\kappa_2\varepsilon_A^{(2)}\frac{\|r\|_2}{\|P_Ab\|_2}\right),\end{aligned} \tag{3.2.19}$$

其中

$$\beta=\begin{cases}1, & \text{当 } n=p;\\ \sqrt{2}, & \text{当 } n>p.\end{cases}$$

又当 $n>p$ 时, 对 (3.2.7) 式中的 x 和 (3.2.11) 式中的 $\widehat{x}$, 有

$$\begin{aligned}\frac{\|x-\widehat{x}\|_2}{\|x\|_2}&\leqslant\widehat{\kappa}_2\left(\varepsilon_b+\varepsilon_A^{(1)}+\kappa_2\varepsilon_A^{(2)}\frac{\|r\|_2}{\|P_Ab\|_2}\right)\\&\leqslant\frac{\kappa_2}{1-\varepsilon_A^{(0)}\kappa_2}\left(\varepsilon_b+\varepsilon_A^{(1)}+\kappa_2\varepsilon_A^{(2)}\frac{\|r\|_2}{\|P_Ab\|_2}\right).\end{aligned} \tag{3.2.20}$$

(2) 若 $\operatorname{rank}(A)=p<\operatorname{rank}(\widehat{A})$, 且 $\|A^{\dagger}\|_2\|\Delta A\|_2<\dfrac{1}{2}$, 令

$$\varepsilon_A^{(0)}=\frac{\|\Delta A\|_2}{\|A\|_2},\ \varepsilon_A^{(2)}=\frac{\|P_{\widehat{A}}^{\perp}\Delta AP_{\widehat{A}_p^H}\|_2}{\|A\|_2},\ \varepsilon_b=\frac{\|P_A\Delta b\|_2}{\|P_Ab\|_2}. \tag{3.2.21}$$

则对 (3.2.13) 式中的 $\widehat{x}$ 和 (3.2.16) 式中的 x, 有

$$\frac{\|\widehat{x}-x\|_2}{\|x\|_2}\leqslant\frac{(1-\varepsilon_A^{(0)}\kappa_2)\kappa_2}{(1-\varepsilon_A^{(0)}\kappa_2)^2-\varepsilon_A^{(2)}\kappa_2}\left(\varepsilon_b+\varepsilon_A^{(0)}\left(1+\frac{\varepsilon_A^{(2)}\kappa_2}{1-\varepsilon_A^{(0)}\kappa_2}\right)+\frac{\varepsilon_A^{(2)}\kappa_2}{1-\varepsilon_A^{(0)}\kappa_2}\frac{\|\widehat{r}\|_2}{\|P_Ab\|_2}\right). \tag{3.2.22}$$

证明 (1) 注意到不等式 $\|P_A b\|_2 = \|Ax_{\rm LS}\|_2 \leqslant \|A\|_2\|x_{\rm LS}\|_2$, 于是由定理 3.2.1, 有

$$\begin{aligned}\frac{\|x_{\rm LS}-\widehat{x}_{\rm LS}\|_2}{\|x_{\rm LS}\|_2} &\leqslant \|\widehat{A}^\dagger\|_2\left\{\frac{\|P_{\widehat{A}}\Delta b\|_2}{\|x_{\rm LS}\|_2}+\beta\|P_{\widehat{A}}\Delta A\|_2+\|A^\dagger\|_2\|P_{\widehat{A}}^\perp\Delta AP_{A^H}\|_2\frac{\|r\|_2}{\|x_{\rm LS}\|_2}\right\}\\ &\leqslant \widehat{\kappa}_2\left\{\varepsilon_b+\beta\varepsilon_A^{(1)}+\kappa_2\varepsilon_A^{(2)}\frac{\|r\|_2}{\|A\|_2\|x_{\rm LS}\|_2}\right\}\\ &\leqslant \widehat{\kappa}_2\left\{\varepsilon_b+\beta\varepsilon_A^{(1)}+\kappa_2\varepsilon_A^{(2)}\frac{\|r\|_2}{\|P_Ab\|_2}\right\}.\end{aligned}$$

由于 $\|\widehat{A}^\dagger\|_2^{-1}=\widehat{\sigma}_p\geqslant\sigma_p-\|\Delta A\|_2$, 因此得到 (3.2.19) 式中的不等式. 类似可得 (3.2.20) 式中的不等式.

(2) 对 (3.2.13) 式中的 $\widehat{x}$ 和 (3.2.16) 式中的 x, 由定理 3.2.3 中的 (3.2.14) 式, 并利用不等式

$$\begin{gathered}\|\widehat{A}_p^\dagger\|_2=\frac{1}{\widehat{\sigma}_p}\leqslant\frac{1}{\sigma_p-\|\Delta A\|_2}=\frac{\|A^\dagger\|_2}{1-\varepsilon_A^{(2)}\kappa_2},\\ \|P_Ab\|_2=\|Ax\|_2\leqslant\|A\|_2\|x\|_2,\quad \|\widehat{x}\|_2\leqslant\|x\|_2+\|\widehat{x}-x\|_2,\end{gathered}$$

有

$$\frac{\|\widehat{x}-x\|_2}{\|x\|_2}\leqslant\kappa_2\left(\varepsilon_b+\varepsilon_A^{(0)}\left(1+\frac{\varepsilon_A^{(2)}\kappa_2}{1-\varepsilon_A^{(0)}\kappa_2}\right)\left(1+\frac{\|\widehat{x}-x\|_2}{\|x\|_2}\right)+\frac{\varepsilon_A^{(2)}\kappa_2}{1-\varepsilon_A^{(0)}\kappa_2}\frac{\|\widehat{r}\|_2}{\|P_Ab\|_2}\right).$$

由上式经过化简即得 (3.2.22) 式中的不等式. □

注 3.2.4 定理 3.2.4 中的 κ_2 称为矩阵 A 的谱 - 条件数, 它反映了 LS 问题的解对于矩阵 A 和向量 b 小扰动的灵敏程度. 当 $A\neq 0$ 时, 总有 $\kappa_2\geqslant 1$, 而且当 κ_2 越大, LS 解受到矩阵 A 和向量 b 扰动影响的灵敏程度也越大. 对于截断的 LS 问题的扰动估计, 将在第四章给出.

§ 3.3 若干矩阵方程的 LS 解

矩阵方程在实际的科学问题中应用很广, 它们可以看成是 LS 问题的推广.

本节就两类简单的矩阵方程来说明奇异值分解在矩阵方程问题中的应用. 第一类矩阵方程是

$$\|AXB-C\|_F=\min, \tag{3.3.1}$$

其中 $A\in\mathbf{C}^{p\times m}$, $B\in\mathbf{C}^{n\times q}$ 和 $C\in\mathbf{C}^{p\times q}$ 给定, 矩阵 $X\in\mathbf{C}^{m\times n}$ 是未知的.

考虑如下问题:

(1) 求矩阵 $X \in \mathbf{C}^{m\times n}$ 满足 (3.3.1) 式. 记满足 (3.3.1) 式的矩阵集合为 S_1.

(2) 确定 $X \in S_1$, 使得 $\|X\|_F = \min$.

(3) 在什么条件下, 矩阵方程

$$AXB = C \tag{3.3.2}$$

相容.

下述定理解决了由方程 (3.3.1) 提出的三个问题.

定理 3.3.1　设 $A \in \mathbf{C}_{r_A}^{p\times m}$, $B \in \mathbf{C}_{r_B}^{n\times q}$ 和 $C \in \mathbf{C}^{p\times q}$ 给定, A, B 的 SVD 分别为

$$A = U_A \mathrm{diag}(\Sigma_A, 0)V_A^H, \quad B = U_B \mathrm{diag}(\Sigma_B, 0)V_B^H, \tag{3.3.3}$$

其中 U_A, U_B, V_A, V_B 为相应阶数的酉矩阵,

$$\Sigma_A = \mathrm{diag}(\sigma(A)_1, \cdots, \sigma(A)_{r_A}) > 0, \quad \Sigma_B = \mathrm{diag}(\sigma(B)_1, \cdots, \sigma(B)_{r_B}) > 0.$$

令

$$\tilde{X} = V_A^H X U_B = \begin{pmatrix} X_{11} & X_{12} \\ X_{21} & X_{22} \end{pmatrix}, \quad \tilde{C} = U_A^H C V_B = \begin{pmatrix} C_{11} & C_{12} \\ C_{21} & C_{22} \end{pmatrix}, \tag{3.3.4}$$

其中 X_{11}, $C_{11} \in \mathbf{C}^{r_A\times r_B}$. 则满足 (3.3.1) 式的任一矩阵 X 具有如下形式:

$$X = V_A \begin{pmatrix} \Sigma_A^{-1} C_{11} \Sigma_B^{-1} & Z_{12} \\ Z_{21} & Z_{22} \end{pmatrix} U_B^H = A^\dagger C B^\dagger + Z - P_{A^H} Z P_B, \tag{3.3.5}$$

这里 $Z = V_A \begin{pmatrix} Z_{11} & Z_{12} \\ Z_{21} & Z_{22} \end{pmatrix} U_B^H \in \mathbf{C}^{m\times n}$ 为任意矩阵, 且 $Z_{11} \in \mathbf{C}^{r_A\times r_B}$. 在所有满足 (3.3.1) 式的矩阵中,

$$X_{\mathrm{LS}} = V_A \begin{pmatrix} \Sigma_A^{-1} C_{11} \Sigma_B^{-1} & 0 \\ 0 & 0 \end{pmatrix} U_B^H \tag{3.3.6}$$

具有极小 F 范数. 并且当且仅当 A, B 和 C 满足

$$P_A C P_{B^H} = C, \tag{3.3.7}$$

矩阵方程 (3.3.2) 相容.

证明　由 A, B 的 SVD 及 $\tilde{X}$, $\tilde{C}$ 的分块形式, 有

$$\|AXB - C\|_F = \left\| U_A \begin{pmatrix} \Sigma_A & 0 \\ 0 & 0 \end{pmatrix} V_A^H X U_B \begin{pmatrix} \Sigma_B & 0 \\ 0 & 0 \end{pmatrix} V_B^H - C \right\|_F$$

$$= \left\| \begin{pmatrix} \Sigma_A & 0 \\ 0 & 0 \end{pmatrix} \tilde{X} \begin{pmatrix} \Sigma_B & 0 \\ 0 & 0 \end{pmatrix} - \tilde{C} \right\|_F$$

$$= \left\| \begin{pmatrix} \Sigma_A X_{11} \Sigma_B - C_{11} & -C_{12} \\ -C_{21} & -C_{22} \end{pmatrix} \right\|_F . \tag{3.3.8}$$

显然 $\|AXB - C\|_F = \min$, 当且仅当 $X_{11} = \Sigma_A^{-1} C_{11} \Sigma_B^{-1}$. 另外, 对任意 $Z \in \mathbf{C}^{m\times n}$,

$$Z - P_{A^H} Z P_B = V_A \begin{pmatrix} 0 & Z_{12} \\ Z_{21} & Z_{22} \end{pmatrix} U_B^H, \quad \text{其中} \begin{pmatrix} Z_{11} & Z_{12} \\ Z_{21} & Z_{22} \end{pmatrix} = V_A^H Z U_B,$$

于是 X 具有 (3.3.5) 式中的形式. 其中, 当 $(i,j) \neq (1,1)$ 时, $Z_{ij} = 0$, 则所得解 X_{LS} 具有极小 F 范数. 又由 (3.3.8) 式知, (3.3.2) 式相容当且仅当 $0 = \|AXB - C\|_F$, 即等价于当 $(i,j) \neq (1,1)$ 时, $C_{ij} = 0$. 于是

$$C = U_A \tilde{C} V_B^H = U_A \begin{pmatrix} C_{11} & 0 \\ 0 & 0 \end{pmatrix} V_B^H = P_A C P_{B^H}. \qquad \square$$

第二类矩阵方程是

$$\|HB - C\|_F = \min, \tag{3.3.9}$$

其中 $B, C \in \mathbf{C}^{n\times l}$ 给定, Hermite 矩阵 $H \in \mathbf{C}^{n\times n}$ 是未知的.

考虑如下问题:

(1) 求 Hermite 矩阵 $H \in \mathbf{C}^{n\times n}$ 满足 (3.3.9) 式. 记满足 (3.3.9) 式的 Hermite 矩阵集合为 S_2.

(2) 确定 $H \in S_2$, 使得 $\|H\|_F = \min$.

(3) 在什么条件下, 矩阵方程

$$HB = C \tag{3.3.10}$$

相容.

下述定理解决了由矩阵方程 (3.3.9) 提出的三个问题.

定理 3.3.2 设 $B \in \mathbf{C}_{r_B}^{n\times l}$, $C \in \mathbf{C}^{n\times l}$ 给定, B 的 SVD 为

$$B = U_B \mathrm{diag}(\Sigma_B, 0) V_B^H, \tag{3.3.11}$$

其中 U_B, V_B 为相应阶数的酉矩阵, $\Sigma_B = \mathrm{diag}(\sigma(B)_1, \cdots, \sigma(B)_{r_B}) > 0$. 令

$$\tilde{H} = U_B^H H U_B = \begin{pmatrix} H_{11} & H_{12} \\ H_{21} & H_{22} \end{pmatrix}, \quad \tilde{C} = U_B^H C V_B = \begin{pmatrix} C_{11} & C_{12} \\ C_{21} & C_{22} \end{pmatrix}, \tag{3.3.12}$$

其中 H_{11}, $C_{11} \in \mathbf{C}^{r_B \times r_B}$. 则满足 (3.3.9) 式的任一 Hermite 矩阵 H 具有如下形式:

$$H = U_B \begin{pmatrix} K * (C_{11}\Sigma_B + \Sigma_B C_{11}^H) & \Sigma_B^{-1} C_{21}^H \\ C_{21}\Sigma_B^{-1} & T_{22} \end{pmatrix} U_B^H = H_{\text{LS}} + P_B^{\perp} T P_B^{\perp}, \quad (3.3.13)$$

$$H_{\text{LS}} = U_B \begin{pmatrix} K * (C_{11}\Sigma_B + \Sigma_B C_{11}^H) & \Sigma_B^{-1} C_{21}^H \\ C_{21}\Sigma_B^{-1} & 0 \end{pmatrix} U_B^H, \quad (3.3.14)$$

其中 $K = (k_{ij}) \in \mathbf{C}^{r_b \times r_B}$, $k_{ij} = 1/(\sigma_i^2 + \sigma_j^2)$, 这里 $K * D$ 表示矩阵 K 和 D 的 Hadamard 积,

$$T = U_B \begin{pmatrix} T_{11} & T_{12} \\ T_{21} & T_{22} \end{pmatrix} U_B^H \in \mathbf{C}^{n \times n}$$

为任一 Hermite 矩阵, $T_{11} \in \mathbf{C}^{r_B \times r_B}$. 在所有满足 (3.3.9) 式的 Hermite 矩阵中, H_{LS} 有极小的 F 范数. 进一步, 当且仅当 B 和 C 满足

$$CP_{B^H} = C \ \text{且}\ (P_B C B^\dagger)^H = P_B C B^\dagger \quad (3.3.15)$$

时, 方程 (3.3.10) 相容, 此时 H 有如下形式:

$$H = CB^\dagger + B^{\dagger H} C^H - B^{\dagger H} C^H P_B + P_{B^\perp} T P_{B^\perp}, \quad (3.3.16)$$

其中 T 为任意 $n \times n$ Hermite 矩阵.

证明　由 B 的 SVD 及 $\tilde{H}$, $\tilde{C}$ 的分块形式, 可得

$$\begin{aligned} \|HB - C\|_F &= \left\| HU_B \begin{pmatrix} \Sigma_B & 0 \\ 0 & 0 \end{pmatrix} V_B^H - C \right\|_F \\ &= \|\tilde{H} \begin{pmatrix} \Sigma_B & 0 \\ 0 & 0 \end{pmatrix} - \tilde{C}\|_F \\ &= \left\| \begin{pmatrix} H_{11}\Sigma_B - C_{11} & -C_{12} \\ H_{21}\Sigma_B - C_{21} & -C_{22} \end{pmatrix} \right\|_F. \end{aligned} \quad (3.3.17)$$

显然 $\|HB - C\|_F = \min$, 当且仅当 $H_{21}\Sigma_B = C_{21}$, 且 $\|H_{11}\Sigma_B - C_{11}\|_F = \min$. 因此, 必有 $H_{21} = C_{21}\Sigma_B^{-1}$. 令

$$f(H_{11}) = \|H_{11}\Sigma_B - C_{11}\|_F^2.$$

则 f 是由 Hermite 矩阵 H_{11} 的元素构成的二次多项式. 由可微函数达到极小的必要条件, $\partial f(H_{11})/\partial H_{11} = 0$, 得到 $H_{11} = K * (C_{11}\Sigma_B + \Sigma_B C_{11}^H)$, 于是有 (3.3.13) 式中的第一个等式.

对任一 Hermite 矩阵 $T \in \mathbf{C}^{n\times n}$, 有

$$P_B^{\perp} T P_B^{\perp} = U_B \begin{pmatrix} 0 & 0 \\ 0 & T_{22} \end{pmatrix} U_B^H,$$

即得 (3.3.12) 式的第二个等式. 显然, 在所有满足 (3.3.13) 式的所有 Hermite 矩阵中, H_{LS} 的 F 范数极小. 由 (3.3.17) 式, 方程 (3.3.10) 相容, 当且仅当

$$C_{12} = 0,\ C_{22} = 0,\ H_{21} = C_{21}\Sigma_B^{-1},\ C_{11}\Sigma_B^{-1} = \Sigma_B^{-1}C_{11}^H = H_{11}. \tag{3.3.18}$$

由 C 和 $\tilde{C}$ 的关系式 (3.3.12), 条件 $C_{12} = 0,\ C_{22} = 0$ 等价于 $C = CP_{B^H}$, 条件 $C_{11}\Sigma_B^{-1} = \Sigma_B^{-1}C_{11}^H$ 等价于 $(P_B C B^\dagger)^H = P_B C B^\dagger$. 于是 (3.3.18) 式和 (3.3.15) 式中的条件是等价的.

反过来, 当 (3.3.15) 式成立即 (3.3.18) 式成立时, 由 (3.3.12) 式中定义的 H, 有 $H_{11} = H_{11}^H$, 且有

$$\begin{aligned} H_{11} &= K * (C_{11}\Sigma_B + \Sigma_B C_{11}^H) \\ &= K * (C_{11}\Sigma_B + \Sigma_B^2 \Sigma_B^{-1} C_{11}^H) \\ &= K * (C_{11}\Sigma_B + \Sigma_B^2 C_{11}\Sigma_B^{-1}) \\ &= K * (C_{11}\Sigma_B^2 + \Sigma_B^2 C_{11})\Sigma_B^{-1} = C_{11}\Sigma_B^{-1}. \end{aligned}$$

于是

$$H_{21}\Sigma_B = C_{21},\ H_{11}\Sigma_B = C_{11},\ C_{12} = 0,\ C_{22} = 0,$$

即有 $HB - C = 0$, 并且

$$H = CB^\dagger + B^{\dagger H}C^H - B^{\dagger H}C^H P_B + P_{B^\perp} T P_{B^\perp},$$

其中 T 为任意 $n \times n$ Hermite 矩阵. □

注 3.3.1 对于更加复杂的矩阵方程, 需要用广义的奇异值分解处理. 比如矩阵方程 $AXB + CYD = E$, 其中 $A,\ B,\ C,\ D,\ E$ 给定, 可用 Q-SVD 或 CCD 处理[35, 138, 265, 267].

§ 3.4 加权最小二乘问题

很多科学计算需要考虑加权最小二乘问题, 比如, 在求解最小二乘问题时, 如果某些方程的系数和右端项精确知道, 而其他方程的系数和右端项有误差, 则在计算时, 往往把那些系数和右端项精确知道的方程乘上很大的因子, 而其他方程则乘上较小的因子, 以保持尽量多的有用信息. 这就得到了加权最小二乘问题.

本节本节讨论加权最小二乘问题的解集和等价公式. 对于给定的矩阵 $A \in \mathbf{C}_r^{m\times n}$, 记 $\mathcal{P}(A)$ 为 $m\times m$ 实对称半正定矩阵的集合, 使得当 $W\in\mathcal{P}(A)$ 时, 则有 $\operatorname{rank}(WA)=\operatorname{rank}(A)$.

定义 3.4.1 设 $A\in\mathbf{C}_r^{m\times n}$, $W\in\mathcal{P}(A)$, 及向量 $b\in\mathbf{C}^m$. 所谓加权最小二乘问题 (WLS), 是求向量 $x\in\mathbf{C}^n$, 满足

$$\begin{aligned}\|W^{\frac{1}{2}}(Ax-b)\|_2^2 &= \min_{y\in\mathbf{C}^n}(Ay-b)^HW(Ay-b)\\ &= \min_{y\in\mathbf{C}^n}\|W^{\frac{1}{2}}(Ay-b)\|_2^2,\end{aligned}\tag{3.4.1}$$

这里 $W^{\frac{1}{2}}$ 是满足 $Z^2=W$ 的唯一实对称半正定矩阵 Z.

由 LS 问题的分析结果, 知道 WLS 问题 (3.4.1) 的任意解为

$$\begin{aligned}x &= (W^{\frac{1}{2}}A)^\dagger W^{\frac{1}{2}}b+(I-(W^{\frac{1}{2}}A)^\dagger W^{\frac{1}{2}}A)z\\ &= Yb+(I-YA)z,\end{aligned}\tag{3.4.2}$$

这里 $Y=(W^{\frac{1}{2}}A)^\dagger W^{\frac{1}{2}}$, $z\in\mathbf{C}^n$ 为任意向量. 称

$$Y=(W^{\frac{1}{2}}A)^\dagger W^{\frac{1}{2}}\tag{3.4.3}$$

为矩阵 A 的加权 MP 逆.

引理 3.4.1[230] 对于给定的矩阵 $A\in\mathbf{C}_r^{m\times n}$ 和 $W\in\mathcal{P}(A)$, 定义

$$A_W=WA(WA)^\dagger A.\tag{3.4.4}$$

则有

$$\begin{aligned}Y&=A_W^\dagger,\\ A_W^\dagger A_W&=A_W^\dagger A=A^\dagger A,\\ A_WA_W^\dagger&=WA(WA)^\dagger.\end{aligned}\tag{3.4.5}$$

证明 设 A 的酉分解为 $A=QR$, 其中 $Q^HQ=I_r$, R 为行满秩. 则有

$$\begin{aligned}\operatorname{rank}(WA)&=\operatorname{rank}(A)=\operatorname{rank}(Q)=r,\\ \operatorname{rank}(Q^HWQ)&=\operatorname{rank}(Q^HW^2Q)=\operatorname{rank}(A)=r.\end{aligned}$$

于是 Q^HWQ 和 Q^HW^2Q 都是非奇异的, 并由 MP 逆的性质, 有

$$\begin{aligned}Y&=(W^{\frac{1}{2}}QR)^\dagger W^{\frac{1}{2}}=R^\dagger(Q^HWQ)^{-1}Q^HW,\\ A_W&=WQR(WQR)^\dagger QR=WQ(Q^HW^2Q)^{-1}Q^HWQR.\end{aligned}\tag{3.4.6}$$

因此

$$YA_W=(R^\dagger(Q^HWQ)^{-1}Q^HW)(WQ(Q^HW^2Q)^{-1}Q^HWQR)$$

$$
\begin{aligned}
&= R^\dagger R = A^\dagger A = (YA_W)^H, \\
A_W Y &= (WQ(Q^H W^2 Q)^{-1} Q^H WQR)(R^\dagger (Q^H WQ)^{-1} Q^H W) \\
&= WQ(Q^H W^2 Q)^{-1} Q^H W = WA(WA)^\dagger = (A_W Y)^H, \\
&YA_W Y = (YA_W)Y = R^\dagger R Y = Y, \\
&A_W Y A_W = A_W (YA_W) = A_W R^\dagger R = A_W.
\end{aligned}
$$

从而 Y 满足作为 A_W 的 MP 逆的全部四个条件. 因此 $Y = A_W^\dagger$.

又由 A_W 和 $A_W^\dagger$ 的表达式 (3.4.6), 有

$$
A_W^\dagger A = R^\dagger (Q^H WQ)^{-1} Q^H WQR = R^\dagger R = A^\dagger A.
$$

这样就得到了 (3.4.5) 式中所有的等式. □

定理 3.4.2[230]　对于给定的矩阵 $A \in \mathbf{C}_r^{m\times n}$, $W \in \mathcal{P}(A)$ 及向量 $b \in \mathbf{C}^m$, WLS 问题 (3.4.1) 等价于下面的 LS 问题: 求向量 $x \in \mathbf{C}^n$, 满足

$$
\|A_W x - b\|_2 = \min_{y\in\mathbf{C}^n} \|A_W y - b\|_2. \tag{3.4.7}
$$

证明　由定理 3.2.1 及引理 3.4.1, 上述 LS 问题的解集为

$$
\begin{aligned}
S &= \{x = A_W^\dagger b + (I - A_W^\dagger A_W)z : z \in \mathbf{C}^n\} \\
&= \{x = A_W^\dagger b + (I - A^\dagger A)z : z \in \mathbf{C}^n\} \\
&= \{x = A_W^\dagger b + (I - A_W^\dagger A)z : z \in \mathbf{C}^n\}.
\end{aligned}
$$

于是 $S = S_{\mathrm{WLS}}$. □

对于 WLS 问题 (3.4.1) 的任意解 x, $r = b - Ax$ 称为 WLS 问题 (3.4.1) 的残量, 而 $r_W = W(b - Ax)$ 称为 WLS 问题 (3.4.1) 的加权残量.

下面推导当 $W \in \mathcal{P}(A)$ 非奇异时, WLS 问题 (3.4.1) 的第二个等价问题, 即 Karush- Kuhn -Tucker 方程 (KKT 方程).

定理 3.4.3　设矩阵 $A \in \mathbf{C}_r^{m\times n}$, 非奇异矩阵 $W \in \mathcal{P}(A)$ 和向量 $b \in \mathbf{C}^m$ 给定. 则 WLS 问题 (3.4.1) 等价于下面的相容系统

$$
B\begin{pmatrix} r_W \\ x \end{pmatrix} = \begin{pmatrix} b \\ 0 \end{pmatrix}, \quad \text{其中 } B = \begin{pmatrix} W^{-1} & A \\ A^H & 0 \end{pmatrix}, \tag{3.4.8}
$$

B 的 MP 逆为

$$
B^\dagger = \begin{pmatrix} W(I - A(W^{\frac12}A)^\dagger W^{\frac12}) & W^{\frac12}(W^{\frac12}A)^{\dagger H} \\ (W^{\frac12}A)^\dagger W^{\frac12} & -(W^{\frac12}A)^\dagger (W^{\frac12}A)^{\dagger H} \end{pmatrix}. \tag{3.4.9}
$$

证明　记等式 (3.4.9) 右端的矩阵为 Z. 首先证明 $Z=B^\dagger$. 注意到 B 和 Z 都为 Hermite 矩阵, 因此由引理 3.4.1 及 MP 逆的性质, 有

$$BZ=\begin{pmatrix} I_m & 0 \\ 0 & A^\dagger A \end{pmatrix}=(BZ)^H=ZB=(ZB)^H.$$

易证 $BZB=B$, $ZBZ=Z$. 所以 Z 满足作为 B 的 MP 逆的全部四个条件, 从而 (3.4.8) 式的任一 LS 解有下面的形式,

$$\begin{aligned}\begin{pmatrix} r_W \\ x \end{pmatrix}&=B^\dagger\begin{pmatrix} b \\ 0 \end{pmatrix}+(I-B^\dagger B)\begin{pmatrix} y \\ z \end{pmatrix}\\ &=\begin{pmatrix} W(b-A(W^{\frac{1}{2}}A)^\dagger W^{\frac{1}{2}}b) \\ (W^{\frac{1}{2}}A)^\dagger W^{\frac{1}{2}}b+(I-A^\dagger A)z \end{pmatrix},\end{aligned}$$

这里 $y\in\mathbf{C}^m$, $z\in\mathbf{C}^n$ 为任意向量. 从而 r_W 和 x 分别是为 WLS 问题 (3.4.1) 的加权残量和 WLS 解. 同时, 由上式也可以验证方程组 (3.4.8) 的相容性:

$$B\begin{pmatrix} r_W \\ x \end{pmatrix}=BB^\dagger\begin{pmatrix} b \\ 0 \end{pmatrix}+B(I-B^\dagger B)\begin{pmatrix} y \\ z \end{pmatrix}=\begin{pmatrix} b \\ 0 \end{pmatrix}.$$ □

§ 3.5　WLS 问题的误差估计

本节讨论 WLS 问题的误差估计. 令 A, $\widehat{A}=A+\Delta A\in\mathbf{C}^{m\times n}$, b, $\widehat{b}=b+\Delta b\in\mathbf{C}^m$, $W\in\mathcal{P}(A)$, $\widehat{W}=W+\Delta W\in\mathcal{P}(\widehat{A})$. 则根据定理 3.4.2, 扰动的 WLS 问题

$$\|\widehat{W}^{\frac{1}{2}}(\widehat{A}x-\widehat{b})\|_2=\min_{y\in\mathbf{C}^n}\|\widehat{W}^{\frac{1}{2}}(\widehat{A}y-\widehat{b})\|_2 \tag{3.5.1}$$

的解集为

$$\widehat{S}=\{x=\widehat{A}^\dagger_{\widehat{W}}\widehat{b}+(I-\widehat{A}^\dagger\widehat{A})z:\ z\in\mathbf{C}^n\ \text{任意}\}.$$

为了简单起见, 本节只讨论

$$\mathrm{rank}(A)=\mathrm{rank}(\widehat{A})=r \tag{3.5.2}$$

的情形. 当条件 (3.5.2) 式不满足时, 可以参照定理 3.2.3 的方法进行分析.

这里给出两种不同类型的误差界, 第一种类型的误差界包含 $\|\widehat{A}^\dagger_{\widehat{W}}\|_2$, 而第二种类型的误差界不包含 $\|\widehat{A}^\dagger_{\widehat{W}}\|_2$. 以下内容取自文献 [230] 和 [58].

3.5.1　第一种类型的误差界

对 WLS 问题 (3.4.1) 的包含 $\|\widehat{A}^\dagger_{\widehat{W}}\|_2$ 的误差估计, 有

定理 3.5.1　设 $A,\ \widehat{A}=A+\Delta A\in \mathbf{C}^{m\times n},\ b,\ \widehat{b}=b+\Delta b\in \mathbf{C}^m,\ W\in\mathcal{P}(A),\ \widehat{W}=W+\Delta W\in\mathcal{P}(\widehat{A})$, 并满足 $\mathrm{rank}(\widehat{A})=\mathrm{rank}(A)=r$. 则对 WLS 问题 (3.4.1) 和 (3.5.1) 的极小范数 WLS 解 x_{WLS} 和 $\widehat{x}_{\mathrm{WLS}}$, 有

$$\begin{aligned}\|\Delta x_{\mathrm{WLS}}\|_2 \leqslant{}& \|\widehat{A}^\dagger_{\widehat{W}}\|_2(\|P_{\widehat{A}_{\widehat{W}}}\Delta b\|_2+\|P_{\widehat{A}_{\widehat{W}}}\Delta A P_{A^H}\|_2\|x_{\mathrm{WLS}}\|_2)\\ &+\delta_{rn}\|A^\dagger\|_2\|P_A\Delta A P^\perp_{\widehat{A}^H}\|_2\|x_{\mathrm{WLS}}\|_2\\ &+(\|\widehat{A}^\dagger_{\widehat{W}}\|_2\|P_{\widehat{A}_{\widehat{W}}}\widehat{W}^{-1}\Delta W\|_2\\ &+\|(\widehat{W}^{\frac12}\widehat{A})^\dagger\|_2^2\|W\Delta A P_{(\widehat{W}^{\frac12}\widehat{A})^H}\|_2)\|r\|_2,\end{aligned}\tag{3.5.3}$$

其中 $\Delta x_{\mathrm{WLS}}=\widehat{x}_{\mathrm{WLS}}-x_{\mathrm{WLS}},\ r=b-Ax_{\mathrm{WLS}}$,

$$\delta_{rn}=\begin{cases}0, & 当\ r=n\ 时,\\ 1, & 当\ r<n\ 时.\end{cases}$$

证明　由引理 3.4.1, $\widehat{A}^\dagger_{\widehat{W}}-A^\dagger_W$ 有以下的分解

$$\begin{aligned}\widehat{A}^\dagger_{\widehat{W}}-A^\dagger_W &= \widehat{A}^\dagger_{\widehat{W}}(I-\widehat{A}A^\dagger_W)-(I-\widehat{A}^\dagger_{\widehat{W}}\widehat{A})A^\dagger_W\\ &=\widehat{A}^\dagger_{\widehat{W}}(I-(A+\Delta A)A^\dagger_W)-(I-\widehat{A}^\dagger\widehat{A})A^\dagger AA^\dagger_W\\ &=-\widehat{A}^\dagger_{\widehat{W}}\Delta AA^\dagger_W+\widehat{A}^\dagger_{\widehat{W}}(I-AA^\dagger_W)-(I-\widehat{A}^\dagger\widehat{A})A^\dagger AA^\dagger_W.\end{aligned}\tag{3.5.4}$$

由于

$$\begin{aligned}(I-AA^\dagger_W)^2=I-2AA^\dagger_W+AA^\dagger_WAA^\dagger_W=I-AA^\dagger_W,\\ r=(I-AA^\dagger_W)b=(I-AA^\dagger_W)r,\end{aligned}$$

从而有

$$\begin{aligned}\Delta x_{\mathrm{WLS}} &= \widehat{A}^\dagger_{\widehat{W}}\widehat{b}-A^\dagger_Wb=\widehat{A}^\dagger_{\widehat{W}}\Delta b+(\widehat{A}^\dagger_{\widehat{W}}-A^\dagger_W)b\\ &=\widehat{A}^\dagger_{\widehat{W}}P_{\widehat{A}_{\widehat{W}}}(\Delta b-\Delta AP_{A^H}x_{\mathrm{WLS}})-(I-\widehat{A}^\dagger\widehat{A})A^\dagger Ax_{\mathrm{WLS}}\\ &\quad+\widehat{A}^\dagger_{\widehat{W}}(I-AA^\dagger_W)r.\end{aligned}\tag{3.5.5}$$

根据 MP 逆的性质和矩阵 $A^\dagger_W$ 的表达式, 有

$$\begin{aligned}(WA)^H(I-AA^\dagger_W)&=A^HW(I-A(A^HWA)^\dagger A^HW)\\ &=(I-A^HW^{\frac12}(A^HW^{\frac12})^\dagger)A^HW=0,\end{aligned}$$

于是

$$\begin{aligned}
\widehat{A}_{\widehat{W}}^{\dagger}(I-AA_W^{\dagger})r &= (\widehat{A}^H\widehat{W}\widehat{A})^{\dagger}\widehat{A}^H\widehat{W}(I-AA_W^{\dagger})r \\
&= (\widehat{A}^H\widehat{W}\widehat{A})^{\dagger}(\widehat{A}^H\widehat{W}-A^HW)(I-AA_W^{\dagger})r \\
&= (\widehat{A}^H\widehat{W}\widehat{A})^{\dagger}(\widehat{A}^H(\widehat{W}-W)+(\widehat{A}-A)^HW)(I-AA_W^{\dagger})r, \\
\|\widehat{A}_{\widehat{W}}{}^{\dagger}(I-AA_W^{\dagger})r\|_2 &\leqslant \|\widehat{A}_{\widehat{W}}^{\dagger}P_{\widehat{A}_{\widehat{W}}}(I-\widehat{W}^{-1}W)(I-AA_W^{\dagger})r\|_2 \\
&\quad + \|(\widehat{A}^H\widehat{W}\widehat{A})^{\dagger}P_{(\widehat{W}^{\frac{1}{2}}\widehat{A})^H}(\Delta A)^HW(I-AA_W^{\dagger})r\|_2 \\
&\leqslant \|\widehat{A}_{\widehat{W}}^{\dagger}\|_2\|P_{\widehat{A}_{\widehat{W}}}\widehat{W}^{-1}\Delta W\|_2\|r\|_2 \\
&\quad + \|(\widehat{W}^{\frac{1}{2}}\widehat{A})^{\dagger}\|_2^2\|W\Delta AP_{(\widehat{W}^{\frac{1}{2}}\widehat{A})^H}\|_2\|r\|_2.
\end{aligned}$$

另外还有

$$\begin{cases}
\|(I-\widehat{A}^{\dagger}\widehat{A})A^{\dagger}A\|_2 = 0, & \text{当 } r=n \text{ 时}, \\
\|(I-\widehat{A}^{\dagger}\widehat{A})A^{\dagger}A\|_2 \leqslant \|P_A\Delta AP_{\widehat{A}^H}^{\perp}\|_2\|A^{\dagger}\|_2, & \text{当 } r<n \text{ 时}.
\end{cases}$$

对 (3.5.5) 式的两端取范数并把上面二式中的不等式代入, 即得定理中的估计式. □

定理 3.5.2 在定理 3.5.1 的记号和条件下, 如果还有 $r<n$, 那么对于 WLS 问题 (3.4.1) 的任一 WLS 解

$$x = A_W^{\dagger}b+(I-A^{\dagger}A)z, \tag{3.5.6}$$

存在 WLS 问题 (3.5.1) 的一个 WLS 解 $\widehat{x}$, 满足

$$\begin{aligned}
\|\widehat{x}-x\|_2 \leqslant\ & \|\widehat{A}_{\widehat{W}}^{\dagger}\|_2(\|P_{\widehat{A}_{\widehat{W}}}\Delta b\|_2+\|P_{\widehat{A}_{\widehat{W}}}\Delta A\|_2\|x\|_2) \\
& + (\|\widehat{A}_{\widehat{W}}^{\dagger}\|_2\|P_{\widehat{A}_{\widehat{W}}}\widehat{W}^{-1}\Delta W\|_2 \\
& + \|(\widehat{W}^{\frac{1}{2}}\widehat{A})^{\dagger}\|_2^2\|W\Delta AP_{(\widehat{W}^{\frac{1}{2}}\widehat{A})^H}\|_2)\|r\|_2.
\end{aligned} \tag{3.5.7}$$

反之, 对于 WLS 问题 (3.5.1) 的任一 WLS 解

$$\widehat{x} = \widehat{A}_{\widehat{W}}^{\dagger}\widehat{b}+(I-\widehat{A}^{\dagger}\widehat{A})z, \tag{3.5.8}$$

存在 WLS 问题 (3.4.1) 的一个 WLS 解 x, 满足

$$\begin{aligned}
\|\widehat{x}-x\|_2 \leqslant\ & \|A_W^{\dagger}\|_2(\|P_{A_W}\Delta b\|_2+\|P_{A_W}\Delta A\|_2\|\widehat{x}\|_2) \\
& + (\|A_W^{\dagger}\|_2\|W^{-1}\Delta W\|_2+\|(W^{\frac{1}{2}}A)^{\dagger}\|_2^2\|\widehat{W}\Delta A\|_2)\|\widehat{r}\|_2.
\end{aligned} \tag{3.5.9}$$

证明 对于 WLS 问题 (3.4.1) 的任一个形如 (3.5.6) 式的 WLS 解 x, 令 $\widehat{x}$ 为

$$\widehat{x} = \widehat{A}_{\widehat{W}}^{\dagger}\widehat{b}+(I-\widehat{A}^{\dagger}\widehat{A})(A_W^{\dagger}b+(I-A^{\dagger}A)z). \tag{3.5.10}$$

则 $\widehat{x}$ 为 WLS 问题 (3.5.1) 的一个 WLS 解. 再结合 (3.5.5) 式, 有

$$\begin{aligned}\widehat{x}-x&=\widehat{A}_{\widehat{W}}^{\dagger}(\Delta b-\Delta Ax_{\mathrm{WLS}})-\widehat{A}^{\dagger}\widehat{A}(I-A^{\dagger}A)z+\widehat{A}_{\widehat{W}}^{\dagger}(I-AA_{W}^{\dagger})r\\&=\widehat{A}_{\widehat{W}}^{\dagger}(\Delta b-\Delta Ax)+\widehat{A}_{\widehat{W}}^{\dagger}(I-AA_{W}^{\dagger})r,\end{aligned}\tag{3.5.11}$$

其中利用了等式

$$\widehat{A}^{\dagger}\widehat{A}(I-A^{\dagger}A)z=\widehat{A}_{\widehat{W}}^{\dagger}\widehat{A}(I-A^{\dagger}A)z=\widehat{A}_{\widehat{W}}^{\dagger}\Delta A(I-A^{\dagger}A)z.$$

由 (3.5.11) 式, 即得 (3.5.7) 式的估计. 在证明过程中交换 x 和 $\widehat{x}$ 的位置, 可以得到 (3.5.9) 式的估计. □

3.5.2 第二种类型的误差界

对 WLS 问题 (3.4.1) 的不包含 $\|\widehat{A}_{\widehat{W}}^{\dagger}\|_2$ 的误差估计, 有

定理 3.5.3 设 A, $\widehat{A}=A+\Delta A\in\mathbf{C}^{m\times n}$, b, $\widehat{b}=b+\Delta b\in\mathbf{C}^{m}$, W, $\widehat{W}=W+\Delta W\in\mathcal{P}(\widehat{A})$, 并满足 $\mathrm{rank}(\widehat{A})=\mathrm{rank}(A)=r$. 则对 WLS 问题 (3.4.1) 和 (3.5.1) 的极小范数 WLS 解 x_{WLS} 和 $\widehat{x}_{\mathrm{WLS}}$, 有

$$\begin{aligned}\|\Delta x_{\mathrm{WLS}}\|_2\leqslant{}&\|(\widehat{D}\widehat{A})^{\dagger}\|_2(\|P_{\widehat{D}\widehat{A}}\widehat{D}\Delta b\|_2+\|P_{\widehat{D}\widehat{A}}\widehat{D}\Delta AP_{(DA)^H}\|_2\|x_{\mathrm{WLS}}\|_2)\\&+\delta_{rn}\|A^{\dagger}\|_2\|\Delta A\|_2\|x_{\mathrm{WLS}}\|_2+\|(\widehat{D}\widehat{A})^{\dagger}\|_2(\|P_{\widehat{D}\widehat{A}}\Delta DD^{-1}P_{DA}^{\perp}\|_2\\&+\|(DA)^{\dagger}\|_2\|P_{\widehat{D}\widehat{A}}^{\perp}(\Delta D\widehat{A}+D\Delta A)P_{(DA)^H}\|_2)\|Dr\|_2,\end{aligned}\tag{3.5.12}$$

其中 $D=W^{\frac{1}{2}}$, $\widehat{D}=\widehat{W}^{\frac{1}{2}}$, $\Delta D=\widehat{D}-D$.

证明 由于 $\widehat{D}=\Delta D+D=(\Delta DD^{-1}+I)D$,

$$\begin{aligned}\widehat{D}(I-AA_{W}^{\dagger})r&=(\Delta DD^{-1}+I)D(I-A(DA)^{\dagger}D)r\\&=(\Delta DD^{-1}+I)(I-DA(DA)^{\dagger})Dr,\end{aligned}$$

于是由 $\widehat{A}_{\widehat{W}}^{\dagger}$ 的表达式, (3.5.5) 式可以改写成

$$\begin{aligned}\Delta x_{\mathrm{WLS}}&=(\widehat{D}\widehat{A})^{\dagger}(\widehat{D}\Delta b-\widehat{D}\Delta Ax_{\mathrm{WLS}})-(I-\widehat{A}^{\dagger}\widehat{A})A^{\dagger}Ax_{\mathrm{WLS}}\\&\quad+(\widehat{D}\widehat{A})^{\dagger}\widehat{D}(I-AA(DA)^{\dagger}D)r\\&=(\widehat{D}\widehat{A})^{\dagger}(\widehat{D}\Delta b-\widehat{D}\Delta Ax_{\mathrm{WLS}})-(I-\widehat{A}^{\dagger}\widehat{A})A^{\dagger}Ax_{\mathrm{WLS}}\\&\quad+(\widehat{D}\widehat{A})^{\dagger}P_{\widehat{D}\widehat{A}}(\Delta DD^{-1}+I)P_{DA}^{\perp}Dr.\end{aligned}\tag{3.5.13}$$

由定理 2.3.1, 有

$$\|P_{\widehat{D}\widehat{A}}P_{DA}^{\perp}\|_2=\|P_{\widehat{D}\widehat{A}}^{\perp}P_{DA}\|_2=\|P_{\widehat{D}\widehat{A}}^{\perp}(\widehat{D}\widehat{A}-DA)P_{(DA)^H}(DA)^{\dagger}\|_2.$$

由上式和 (3.5.13) 式, 即得定理中的估计. □

定理 3.5.4 在定理 3.5.3 的记号和条件下, 如果还有 $r < n$, 则对于 WLS 问题 (3.4.1) 的任一形如 (3.5.10) 式的 WLS 解 x, 存在 WLS 问题 (3.5.1) 的一个 WLS 解 $\widehat{x}$, 满足

$$\begin{aligned}\|\Delta x_{\rm WLS}\|_2 \leqslant & \|(\widehat{D}\widehat{A})^\dagger\|_2(\|P_{\widehat{D}\widehat{A}}\widehat{D}\Delta b\|_2 + \|P_{\widehat{D}\widehat{A}}\widehat{D}\Delta A\|_2\|x\|_2) \\ & + \|(\widehat{D}\widehat{A})^\dagger\|_2(\|P_{\widehat{D}\widehat{A}}\Delta D D^{-1}P_{DA}^\perp\|_2 \\ & + \|(DA)^\dagger\|_2\|P_{\widehat{D}\widehat{A}}^\perp(\Delta D\widehat{A} + D\Delta A)P_{(DA)^H}\|_2)\|Dr\|_2, \quad (3.5.14)\end{aligned}$$

反之, 对于 WLS 问题 (3.5.1) 的任一形如 (3.5.8) 式的 WLS 解 $\widehat{x}$, 存在 WLS 问题 (3.4.1) 的一个 WLS 解 x, 满足

$$\begin{aligned}\|\Delta x_{\rm WLS}\|_2 \leqslant & \|(DA)^\dagger\|_2(\|P_{DA}D\Delta b\|_2 + \|P_{DA}D\Delta A\|_2\|\widehat{x}\|_2) \\ & + \|(DA)^\dagger\|_2(\|P_{DA}\Delta D D^{-1}P_{\widehat{D}\widehat{A}}^\perp\|_2 \\ & + \|(DA)^\dagger\|_2\|P_{\widehat{D}\widehat{A}}^\perp(\Delta D\widehat{A} + D\Delta A)P_{(DA)^H}\|_2)\|\widehat{D}\widehat{r}\|_2, \quad (3.5.15)\end{aligned}$$

证明 对于 (3.5.6) 式中的 x 和 (3.5.10) 式中的 $\widehat{x}$, $\widehat{x} - x$ 有 (3.5.11) 式中的表达式, 并由定理 3.5.3 的证明, (3.5.11) 式可改写成

$$\begin{aligned}\widehat{x} - x &= \widehat{A}_{\widehat{W}}^\dagger(\Delta b - \Delta A x) + \widehat{A}_{\widehat{W}}^\dagger(I - AA_W^\dagger)r \\ &= (\widehat{D}\widehat{A})^\dagger(\widehat{D}\Delta b - \widehat{D}\Delta A x) + (\widehat{D}\widehat{A})^\dagger(\Delta D D^{-1} + I)P_{DA}^\perp Dr.\end{aligned}$$

于是可得 (3.5.14) 式中的估计式. (3.5.15) 式中的估计式类似可得. □

习 题 三

1. 验证定理 3.1.3 中的矩阵 T 的 MP 逆 $T^\dagger$ 的表达式.

2. 证明问题 (3.1.11)~(3.1.12) 的等价性, 并证明 (3.1.13) 式.

3. 比较 LS 问题, 截断的 LS 问题与 Tikhonov 正则化得到的解.

4. 设 A, $\widehat{A} = A + \Delta A \in \mathbf{C}^{m\times n}$ 满足 $\mathrm{rank}(A) = \mathrm{rank}(\widehat{A})$, b, $\widehat{b} = b + \Delta b \in \mathbf{C}^m$, $x_{\rm LS}$ 和 $\widehat{x}_{\rm LS}$ 分别是 LS 问题 (3.1.1) 和 (3.2.1) 的极小范数 LS 解, $r = b - Ax_{\rm LS}$ 和 $\widehat{r} = \widehat{b} - \widehat{A}\widehat{x}_{\rm LS}$ 分别是 LS 问题 (3.1.1) 和 (3.2.1) 的残量. 试证不等式

$$\|\widehat{r} - r\|_2 \leqslant \min\{\|A^\dagger\|_2\|P_{\widehat{A}}^\perp\Delta A P_{A^H}\|_2,\ \|\widehat{A}^\dagger\|_2\|P_A^\perp\Delta A P_{\widehat{A}^H}\|_2\}\|b\|_2 + \|\Delta b\|_2.$$

5. 设 A, $\widehat{A} = A + \Delta A \in \mathbf{C}^{m\times n}$ 满足 $\mathrm{rank}(A) = \mathrm{rank}(\widehat{A})$, $b = \widehat{b} \in \mathbf{C}^m$, $x_{\rm LS}$ 和 $\widehat{x}_{\rm LS}$ 分别是 LS 问题 (3.1.1) 和 (3.2.1) 的极小范数 LS 解. 试证渐进公式

$$\widehat{x}_{\rm LS} = x_{\rm LS} - A^\dagger P_A\Delta A P_{A^H}x_{\rm LS} - P_{A^H}^\perp\Delta A^H A^{H^\dagger}x_{\rm LS}$$

$$+(A^HA)^\dagger P_{A^H}\Delta A^H P_A^\perp b+O(\|\Delta A\|_2^2).$$

6. 设 $A,\ \widehat{A}=A+\Delta A\in \mathbf{C}^{m\times n}$ 满足 $\operatorname{rank}(A)\neq \operatorname{rank}(\widehat{A})$, $b=\widehat{b}\in \mathbf{C}^m$, $x_{\rm LS}$ 和 $\widehat{x}_{\rm LS}$ 分别是 LS 问题 (3.1.1) 和 (3.2.1) 的极小范数 LS 解. 试推出 $\widehat{x}_{\rm LS}$ 的渐进公式.

7. 设

$$A=\begin{pmatrix}2&1\\1&0\\1&0\end{pmatrix},\ \widehat{A}=\begin{pmatrix}2.1&1.1\\1.2&0\\0.9&0.1\end{pmatrix},\ b=\begin{pmatrix}2\\1\\1\end{pmatrix},\ \widehat{b}=\begin{pmatrix}2.1\\0.8\\1.1\end{pmatrix}.$$

求 LS 问题 (3.1.1) 和 (3.2.1) 的 LS 解 $x_{\rm LS}$ 和 $\widehat{x}_{\rm LS}$, 并比较 $\|x_{\rm LS}-\widehat{x}_{\rm LS}\|_2$ 与定理 3.2.1 中的扰动界.

8. 设 $f\in R^m$, $g\in R^n$ 给定. 定义

$$\mathcal{X}=\{X\in R^{m\times n}:\ f^TX=g^T\}.$$

则当且仅当 $gf^\dagger f=g$ 时, $\mathcal{X}\neq\emptyset$; 并且当 $\mathcal{X}\neq\emptyset$ 时, 任一 $X\in\mathcal{X}$ 可以表示成

$$X=f^{T\dagger}g^T+(I-ff^\dagger)Z,$$

其中 $Z\in R^{m\times n}$.

9. 设矩阵 $B,\ C\in \mathbf{C}^{n\times l}$ 给定. 分别定义集合 $\mathcal{A}$ 和 $\mathcal{G}$ 为

$$\mathcal{A}=\{A\in \mathbf{C}^{m\times n}: A^HA=I,\ AB=C\}$$

和

$$\mathcal{G}=\{CB^\dagger+WP_{B\perp}: W^HW=I,\ WP_B=P_CW\}.$$

证明: 当且仅当 B 和 C 满足

$$B^HB=C^HC$$

时, $\mathcal{A}\neq\emptyset$; 并且当 $\mathcal{A}\neq\emptyset$ 时, 有 $\mathcal{A}=\mathcal{G}$.

10. 设矩阵 $A\in \mathbf{C}^{m\times m}$, $B\in \mathbf{C}^{n\times n}$, $C\in \mathbf{C}^{m\times n}$ 给定. 求 $X\in \mathbf{C}^{m\times n}$ 满足

$$\|AX-XB-C\|_F=\min,$$

并讨论 $AX-XB=C$ 相容的条件.

11. 设矩阵 $A\in \mathbf{C}^{m\times k}$, $B\in \mathbf{C}^{m\times p}$, $C\in \mathbf{C}^{l\times n}$, $D\in \mathbf{C}^{q\times n}$, $E\in \mathbf{C}^{m\times n}$ 给定, 矩阵 $X\in \mathbf{C}^{k\times l}$ 和 $Y\in \mathbf{C}^{p\times q}$ 未知. 利用矩阵对 $(A,\ B)$ 和 $(C^T,\ D^T)^T$ 的 Q-SVD, 讨论矩阵方程 $AXC+BYD=E$ 相容的条件.

12. 设矩阵 $A\in \mathbf{C}^{m\times k}$, $B\in \mathbf{C}^{m\times p}$, $C\in \mathbf{C}^{l\times n}$, $D\in \mathbf{C}^{q\times n}$, $E\in \mathbf{C}^{m\times n}$ 给定. 利用矩阵对 $(A,\ B)$ 和 $(C^T,\ D^T)^T$ 的 CCD, 求矩阵 $X\in \mathbf{C}^{k\times l}$ 和 $Y\in \mathbf{C}^{p\times q}$, 使得

$$\|AXC+BYD-E\|_F=\min,$$

并讨论矩阵方程 $AXC+BYD=E$ 相容的条件.

13. 详细证明 (3.4.9) 式.

14. $\text{rank}(\widehat{A}) \neq \text{rank}(A) = r$ 时, 讨论 WLS 问题 (3.4.1) 解的扰动分析.

15. 详细证明 (3.5.5) 式和 (3.5.13) 式.

16. 详细证明 (3.5.11) 式.

第四章　总体最小二乘问题

最小二乘是科学计算中求解线性方程组 $AX=B$ 的一个经典的方法. 但是, 很多实际问题得到的线性方程组 $AX=B$ 用最小二乘方法求解会导致较大的误差, 而用总体最小二乘方法 (TLS) 来求解线性方程组 $AX=B$ 可能效果更好. 对 TLS 问题的研究从 20 世纪 80 年代开始, 现在已经获得了非常丰富的理论结果和数值计算方法. §4.1 分析 TLS 问题的不同定义, 以及 TLS 问题的解的形式; §4.2 推导 TLS 问题和截断的 LS 问题的扰动界; §4.3 比较全面地比较 TLS 问题和 LS 问题的解、残量和极小 F 范数修正矩阵; §4.4 介绍推广的降秩最佳逼近定理及其扰动分析; §4.5 和 §4.6 分别讨论 LS-TLS 问题和约束 TLS 问题.

§ 4.1　总体最小二乘问题及其解集

本节讨论 TLS 问题的相关定义和 TLS 问题的解集.

4.1.1　总体最小二乘问题的定义

设 $A\in\mathbf{C}^{m\times n}$, $B\in\mathbf{C}^{m\times d}$ 分别是精确但不可观测的矩阵 $A_0\in\mathbf{C}^{m\times n}$, $B_0\in\mathbf{C}^{m\times d}$ 的近似, $\mathcal{R}(B_0)\subseteq\mathcal{R}(A_0)$. 为了讨论方便, 本章假设 $m\geqslant n+d$. 对于 $m<n+d$ 的情形, 可以类似讨论.

观测线性系统

$$AX=B, \tag{4.1.1}$$

所对应的精确线性系统

$$A_0X=B_0 \tag{4.1.2}$$

是相容的. 一般来讲, 由于矩阵 A 和 B 中都含有误差, 线性系统 (4.1.1) 是不相容的. 由第三章的讨论, 如果把 (4.1.1) 式看成是 LS 问题, 则 (4.1.1) 式的 LS 解集和相容的线性方程组

$$AX=AA^{\dagger}B \tag{4.1.3}$$

的解集相同, 其任一 LS 解 X 有以下的形式:

$$X=A^{\dagger}B+(I-A^{\dagger}A)Z,\quad Z\in\mathbf{C}^{n\times d}.$$

于是, 求解 LS 问题 (4.1.1) 等价于求解相容的线性方程组 (4.1.3), 这相当于保持系数矩阵 A 不变, 认为所有的误差都由 B 引起. 这在很多科学计算问题中显然

是不合理的. 于是人们就考虑对矩阵 $(A,\ B)$ 用降秩最佳逼近的方法来得到新的、相容的线性方程组

$$\widehat{A}X = \widehat{B}, \tag{4.1.4}$$

这就导致了总体最小二乘问题.

在 1980 年, Golub 和 Van Loan[90] 从数学的角度来研究总体最小二乘问题 (TLS), 并给出了如下的 TLS 问题的定义.

定义 4.1.1　设 $A \in \mathbf{C}^{m\times n}$, $B \in \mathbf{C}^{m\times d}$ 给定. 求解线性系统 (4.1.4), 其中 $(\widehat{A}, \widehat{B}) = (A - E_A, B - E_B)$ 满足

$$\|(E_A, E_B)\|_F = \min_{\widetilde{E}_A, \widetilde{E}_B} \|(\widetilde{E}_A, \widetilde{E}_B)\|_F, \quad 且\ \mathcal{R}(\widehat{B}) \in \mathcal{R}(\widehat{A}). \tag{4.1.5}$$

由 (4.1.5) 式, $n \geqslant \mathrm{rank}(\widehat{A}) = \mathrm{rank}(\widehat{A}, \widehat{B})$, 于是 (4.1.5) 式等价于

$$\|(A - \widehat{A}, B - \widehat{B})\|_F = \min_{\mathrm{rank}(G)\leqslant n} \|(A, B) - G\|_F, \quad 且\ \mathcal{R}(\widehat{B}) \in \mathcal{R}(\widehat{A}). \tag{4.1.6}$$

注意到定义 4.1.1 不总是有解.

例 4.1.1　令

$$A = \begin{pmatrix} 12 & -9 \\ 0 & 0 \\ 3 & 4 \end{pmatrix},\ B = \begin{pmatrix} 0 \\ 10 \\ 0 \end{pmatrix}.$$

则有

$$(A, B) = \begin{pmatrix} 12 & -9 & 0 \\ 0 & 0 & 10 \\ 3 & 4 & 0 \end{pmatrix} = \begin{pmatrix} 15 & 0 & 0 \\ 0 & 10 & 0 \\ 0 & 0 & 5 \end{pmatrix} \begin{pmatrix} 0.8 & -0.6 & 0 \\ 0 & 0 & 1 \\ 0.6 & 0.8 & 0 \end{pmatrix}.$$

应用降秩最佳逼近定理, 有

$$\widehat{A} = \begin{pmatrix} 12 & -9 \\ 0 & 0 \\ 0 & 0 \end{pmatrix},\ \widehat{B} = B = \begin{pmatrix} 0 \\ 10 \\ 0 \end{pmatrix},\ \|(A - \widehat{A}, B - \widehat{B})\|_F = 5.$$

但是由 $\mathrm{rank}(\widehat{A}) = 1$, $\mathrm{rank}(\widehat{A}, \widehat{B}) = 2$, 知 (4.1.4) 式不是相容的.

为了使 TLS 问题在任何情形下都有意义, Van Huffel 和 Vandewalle[198] 推广了 TLS 问题的定义, 魏木生[226, 227] 则进一步给出了 TLS 问题的如下定义.

定义 4.1.2　设 $A \in \mathbf{C}^{m\times n}$, $B \in \mathbf{C}^{m\times d}$. 确定整数 p ($0 \leqslant p \leqslant n$), 以及 $\widehat{A} \in \mathbf{C}^{m\times n}$, $\widehat{B} \in \mathbf{C}^{m\times d}$, $\widehat{G} = (\widehat{A}, \widehat{B})$, 使得

$$\|(A, B) - \widehat{G}\|_F = \min_{\mathrm{rank}(G)\leqslant p} \|(A, B) - G\|_F, \quad 且\ \mathcal{R}(\widehat{B}) \in \mathcal{R}(\widehat{A}). \tag{4.1.7}$$

例 4.1.2 在例 4.1.1 中, 若取 $p=1$, 应用降秩最佳逼近定理, 有

$$\widehat{A}=\begin{pmatrix}12 & -9\\ 0 & 0\\ 0 & 0\end{pmatrix},\ \widehat{B}=B=\begin{pmatrix}0\\0\\0\end{pmatrix},\ \|(A-\widehat{A},B-\widehat{B})\|_F=5\sqrt{5}.$$

由 $\mathrm{rank}(\widehat{A})=\mathrm{rank}(\widehat{A},\widehat{B})=1$, 知 (4.1.4) 式是相容的.

由定义 4.1.1～ 定义 4.1.2 可以看出, TLS 问题牵涉到矩阵的降秩最佳逼近, 因此, SVD 和 CS 分解是研究 TLS 问题的重要工具.

设 $A\in\mathbf{C}^{m\times n}$, $B\in\mathbf{C}^{m\times d}$, A 和 $C=(A,B)$ 的 SVD 分别为

$$A=\overline{U\Sigma V}^H,\quad C=(A,B)=U\Sigma V^H, \tag{4.1.8}$$

其中 $\overline{U},U,\overline{V},V$ 为酉矩阵,

$$\begin{aligned}&\Sigma=\mathrm{diag}(\sigma_1,\cdots,\sigma_{n+d}),\quad \overline{\Sigma}=\mathrm{diag}(\overline{\sigma}_1,\cdots,\overline{\sigma}_n),\\&\sigma_1\geqslant\sigma_2\geqslant\cdots\geqslant\sigma_{n+d},\ \overline{\sigma}_1\geqslant\cdots\geqslant\overline{\sigma}_n,\\&\Sigma_1=\mathrm{diag}(\sigma_1,\cdots,\sigma_p),\ \Sigma_2=\mathrm{diag}(\sigma_{p+1},\cdots,\sigma_{n+d}),\end{aligned} \tag{4.1.9}$$

对某一整数 $p\leqslant n$, 并把 V 写成分块形式

$$V=\begin{matrix}\begin{pmatrix}V_{11}(p) & V_{12}(p)\\ V_{21}(p) & V_{22}(p)\end{pmatrix}\begin{matrix}n\\d\end{matrix}\\ \begin{matrix}p, & \quad n+d-p\end{matrix}\end{matrix}, \tag{4.1.10}$$

引理 4.1.1[226, 227] 设 $A\in\mathbf{C}^{m\times n}$, $B\in\mathbf{C}^{m\times d}$, A 和 $(A,\ B)$ 的 SVD 如 (4.1.8)～(4.1.9) 式给出. 对某一整数 $p\leqslant n$, 把 V 按 (4.1.10) 式分块. 则

(1) $V_{22}(p)$ 行满秩, 当且仅当 $V_{11}(p)$ 列满秩.

(2) 如果 $\overline{\sigma}_p>\sigma_{p+1}$, 则 $V_{22}(p)$ 行满秩, 且 $V_{11}(p)$ 列满秩.

证明 (1) 由 V 的分块形式 (4.1.10) 式, 并由 V 的 CS 分解, 立刻得到 $V_{22}(p)$ 行满秩当且仅当 $V_{11}(p)$ 列满秩.

(2) 若 $\overline{\sigma}_p>\sigma_{p+1}$, 但 $\mathrm{rank}(V_{11}(p))=p_1<p$, 则由 (4.1.8)～(4.1.10) 式可得

$$A=U_1\Sigma_1V_{11}(p)^H+U_2\Sigma_2V_{12}(p)^H,\quad B=U_1\Sigma_1V_{21}(p)^H+U_2\Sigma_2V_{22}(p)^H,$$

其中 U_1 , U_2 分别是 U 的前 p 列和后 $m-p$ 列. 则由奇异值的扰动分析, 对 $j=1:n$,

$$\overline{\sigma}_j\leqslant\sigma_j(U_1\Sigma_1V_{11}(p)^H)+\|U_2\Sigma_2V_{12}(p)^H\|_2\leqslant\sigma_j(U_1\Sigma_1V_{11}(p)^H)+\sigma_{p+1}.$$

由于 $p_1<p$, 当 $j\geqslant p_1+1$ 时, 有 $\sigma_j(U_1\Sigma_1V_{11}(p)^H)=0$. 特别地, 有

$$\overline{\sigma}_p\leqslant\sigma_{p+1},$$

矛盾. 因此 $\mathrm{rank}(V_{11}(p)) = p$, $\mathrm{rank}(V_{22}(p)) = d$. $\square$

推论 4.1.2[226, 227]　设 $A \in \mathbf{C}^{m\times n}$, $B \in \mathbf{C}^{m\times d}$, A 和 (A, B) 的 SVD 如 (4.1.8)~(4.1.9) 式给出. 对某一整数 $p \leqslant n$, 把 V 按 (4.1.10) 式分块. 如果 $V_{11}(p)$ 非列满秩, 则

$$\sigma_{p+d} \leqslant \overline{\sigma}_p \leqslant \sigma_{p+1}. \tag{4.1.11}$$

推论 4.1.3[226, 227]　设 $A \in \mathbf{C}^{m\times n}$, $B \in \mathbf{C}^{m\times d}$, A 和 (A, B) 的 SVD 如 (4.1.8)~(4.1.9) 式给出. 对某一整数 $p \leqslant n$, 把 V 按 (4.1.10) 式分块. 则下列两条件等价:

$$\begin{aligned} &(1) \qquad \sigma_p > \sigma_{p+1} = \cdots = \sigma_{n+d},\ V_{11}(p)\ \text{列满秩};\\ &(2) \qquad \overline{\sigma}_p > \sigma_{p+1} = \cdots = \sigma_{n+d}. \end{aligned} \tag{4.1.12}$$

证明　(2) ⇒ (1). 由引理 4.1.1 和不等式 $\sigma_p \geqslant \overline{\sigma}_p$, 即得 (1) 中的结论.

(1) ⇒ (2). 考虑矩阵 $A^HA - \sigma_{p+1}^2 I$. 一方面, 由

$$\begin{aligned} A^HA - \sigma_{p+1}^2 I &= A^HA - \sigma_{p+1}^2(V_{11}(p)V_{11}(p)^H + V_{12}(p)V_{12}(p)^H)\\ &= V_{11}(p)\mathrm{diag}(\sigma_1^2 - \sigma_{p+1}^2, \cdots, \sigma_p^2 - \sigma_{p+1}^2)V_{11}(p)^H \end{aligned}$$

和 $V_{11}(p)$ 列满秩的条件, 有

$$\begin{aligned} p &= \mathrm{rank}(\mathrm{diag}(\sigma_1^2 - \sigma_{p+1}^2, \cdots, \sigma_p^2 - \sigma_{p+1}^2))\\ &= \mathrm{rank}(A^HA - \sigma_{p+1}^2 I). \end{aligned}$$

另一方面, 由 (4.1.12) 式 (1) 中的条件和奇异值的分隔定理, 有 $\overline{\sigma}_{p+1} = \cdots = \overline{\sigma}_n = \sigma_{p+1}$. 于是

$$\begin{aligned} A^HA - \sigma_{p+1}^2 I &= \overline{V}\mathrm{diag}(\overline{\sigma}_1^2, \cdots, \overline{\sigma}_n^2)\overline{V}^H - \sigma_{p+1}^2\overline{V}\overline{V}^H\\ &= \overline{V}\mathrm{diag}(\overline{\sigma}_1^2 - \sigma_{p+1}^2, \cdots, \overline{\sigma}_p^2 - \sigma_{p+1}^2, 0, \cdots, 0)\overline{V}^H, \end{aligned}$$

$$\mathrm{rank}(A^HA - \sigma_{n+1}^2 I) = \mathrm{rank}(\mathrm{diag}(\overline{\sigma}_1^2 - \sigma_{p+1}^2, \cdots, \overline{\sigma}_p^2 - \sigma_{p+1}^2, 0, \cdots, 0)) = p,$$

即有 $\overline{\sigma}_p > \sigma_{p+1}$. $\square$

定义 4.1.3　设 $A \in \mathbf{C}^{m\times n}$, $B \in \mathbf{C}^{m\times d}$, $X \in \mathbf{C}^{n\times d}$ 给定, 则使得矩阵方程 $(A - \delta A)X = B - \delta B$ 相容, 且满足

$$\|(\delta A, \delta B)\|_F = \min_{(A-E_A)X=B-E_B} \|(E_A, E_B)\|_F \tag{4.1.13}$$

的矩阵 $M(X) \equiv (\delta A, \delta B)$ 称为线性系统 $AX = B$ 的极小 F 范数修正矩阵.

引理 4.1.4　设 $A \in \mathbf{C}^{m\times n}$, $B \in \mathbf{C}^{m\times d}$, $X \in \mathbf{C}^{n\times d}$ 给定. 线性系统 $AX = B$ 的极小 F 范数修正矩阵 $M(X)$ 为

$$M(X) = (A, B)\begin{pmatrix} X \\ -I_d \end{pmatrix}(X^H X + I_d)^{-1}(X^H, -I_d). \tag{4.1.14}$$

证明　根据 $M(X)$ 的定义, 有

$$(E_A, E_B)\begin{pmatrix} X \\ -I_d \end{pmatrix} = (A, B)\begin{pmatrix} X \\ -I_d \end{pmatrix},$$

在所有的 (E_A, E_B) 中,

$$\begin{aligned}(\delta A, \delta B) &= (A, B)\begin{pmatrix} X \\ -I_d \end{pmatrix}\begin{pmatrix} X \\ -I_d \end{pmatrix}^{\dagger} \\ &= (A, B)\begin{pmatrix} X \\ -I_d \end{pmatrix}(X^H X + I_d)^{-1}(X^H, -I_d)\end{aligned}$$

的 F 范数达到极小. □

现在讨论定义 4.1.1 下的 TLS 问题的可解性. 定理 4.1.5 综合了刘新国[141] 和魏木生[226, 227] 的结果.

定理 4.1.5　设 $A\in\mathbf{C}^{m\times n}, B\in\mathbf{C}^{m\times d}$, 且 $C = (A, B)$ 的 SVD 由 (4.1.8)~(4.1.9) 式给出. 则定义 4.1.1 中的 TLS 问题可解当且仅当下列条件之一成立,

(1) 若 $\sigma_n > \sigma_{n+1}$, 则 $\mathrm{rank}(V_{22}(n)) = d$.

(2) 若 $p < n$ 满足 $\sigma_p > \sigma_{p+1} = \cdots = \sigma_{n+d}$, 则 $\mathrm{rank}(V_{22}(p)) = d$.

(3) 若 $p < n < q < n + d$ 满足 $\sigma_p > \sigma_{p+1} = \cdots = \sigma_q > \sigma_{q+1}$, 则

$$\mathrm{rank}(V_{22}(p)) = d \ \text{且}\ \mathrm{rank}(V_{22}(q)) = n + d - q.$$

这里为了简单起见, 记 $\sigma_0 = +\infty$, $\sigma_{n+d+1} = -\infty$.

证明　若定义 4.1.1 中的 TLS 问题可解, 则由降秩最佳逼近定理, $(\delta A, \delta B)$ 应满足

$$\|(\delta A, \delta B)\|_F = \sqrt{\sum_{j=n+1}^{n+d} \sigma_j^2}, \tag{4.1.15}$$

$$\mathrm{rank}(A - \delta A, B - \delta B) = \mathrm{rank}(A - \delta A). \tag{4.1.16}$$

(1) 若 $\sigma_n > \sigma_{n+1}$, 则由降秩最佳逼近定理, $(\delta A, \delta B)$ 有唯一的形式:

$$(\delta A, \delta B) = U_2(n)\mathrm{diag}(\sigma_{n+1}, \cdots, \sigma_{n+d})(V_{12}(n)^H, V_{22}(n)^H),$$

且

$$(A-\delta A, B-\delta B)=U_1(n)\mathrm{diag}(\sigma_1,\cdots,\sigma_n)(V_{11}(n)^H, V_{21}(n)^H),$$

其中 $U_1(n)$, $U_2(n)$ 分别是 U 的前 n 列和后 d 列. 于是定义 4.1.1 中的 TLS 问题可解当且仅当

$$\mathrm{rank}\left(\begin{pmatrix} V_{11}(n) \\ V_{21}(n) \end{pmatrix}\right)=\mathrm{rank}(V_{11}(n))=n.$$

(2) 若 $p<n$, 且 $\sigma_p>\sigma_{p+1}=\cdots=\sigma_{n+d}$, 则由降秩最佳逼近定理, 存在酉矩阵 $Q\equiv(Q_1,Q_2)\in\mathcal{U}_{n+d-p}$, 其中 Q_1 和 Q_2 分别为酉矩阵 Q 的前 $n-p$ 列和后 d 列, 使得

$$\begin{aligned}(\delta A,\delta B)&=\sigma_{p+1}U_2(p)Q_2Q_2^H(V_{12}(p)^H, V_{22}(p)^H),\\ &(A-\delta A, B-\delta B)\\ &=(U_1(p),U_2(p)Q_1)\mathrm{diag}(\Sigma_1,\sigma_{p+1}I_{n-p})\begin{pmatrix} V_{11}(p) & V_{12}(p)Q_1 \\ V_{21}(p) & V_{22}(p)Q_1 \end{pmatrix}^H,\end{aligned}$$

其中 $U_1(p)$, $U_2(p)$ 分别是 U 的前 p 列和后 $n+d-p$ 列.

情形 (i) $\sigma_{p+1}=0$, 则有 $\delta A=0,\delta B=0$. 定义 4.1.1 中的 TLS 问题可解当且仅当

$$\mathrm{rank}(V_{11}(p))=\mathrm{rank}(A)=\mathrm{rank}(A,B)=\mathrm{rank}(V_{11}(p)^H,V_{21}(p)^H)=p.$$

根据引理 4.1.1, 上述等式等价于 $\mathrm{rank}(V_{22}(p))=d$.

情形 (ii) $\sigma_{p+1}>0$. 因为矩阵

$$\left(\begin{array}{cc|c} V_{11}(p) & V_{12}(p)Q_1 & V_{12}(p)Q_2 \\ \hline V_{21}(p) & V_{22}(p)Q_1 & V_{22}(p)Q_2 \end{array}\right)\in\mathcal{U}_{n+d},$$

所以定义 4.1.1 中的 TLS 问题可解当且仅当

$$\begin{aligned}\mathrm{rank}(A-\delta A)&=\mathrm{rank}((V_{11}(p),V_{12}(p)Q_1))=\mathrm{rank}\left(\begin{pmatrix} V_{11}(p) & V_{12}(p)Q_1 \\ V_{21}(p) & V_{22}(p)Q_1 \end{pmatrix}\right)\\ &=\mathrm{rank}(A-\delta A,B-\delta B)=n.\end{aligned}$$

根据引理 4.1.1, 上述等式等价于 $\mathrm{rank}(V_{22}(p)Q_2)=d$, 即 $\mathrm{rank}(V_{22}(p))=d$.

另一方面, 当 $\mathrm{rank}(V_{22}(p))=d$ 时, $V_{22}(p)$ 为行满秩. 由矩阵的酉分解知, 存在 $Q_2\in\mathbf{C}^{(n+d-p)\times d}$, 且满足 $Q_2^HQ_2=I_d$, 使得 $\mathrm{rank}(V_{22}(p)Q_2)=d$. 若令

$$(\delta A,\delta B)=\sigma_{p+1}U_2(p)Q_2Q_2^H(V_{12}(p)^H,V_{22}(p)^H),$$

则矩阵 $(\delta A, \delta B)$ 满足 (4.1.15) 式, 且有

$$\operatorname{rank}(A-\delta A)=\operatorname{rank}(A-\delta A, B-\delta B)=n,$$

于是定义 4.1.1 中的 TLS 问题可解.

(3) 若 $p<n<q<n+d$, 且 $\sigma_p>\sigma_{p+1}=\cdots\sigma_q>\sigma_{q+1}$, 则由降秩最佳逼近定理, 存在酉矩阵 $Q\equiv(Q_1,Q_2)\in\mathcal{U}_{q-p}$, 其中 Q_1 和 Q_2 分别为酉矩阵 Q 的前 $n-p$ 列和后 $q-n$ 列, 使得

$$(\delta A, \delta B)=U_2(p)\operatorname{diag}(\sigma_{p+1}Q_2Q_2^H, \sigma_{q+1}, \cdots, \sigma_{n+d})(V_{12}(p)^H, V_{22}(p)^H),$$

$$(A-\delta A, B-\delta B)=(U_1(p), \widetilde{U}_2(p)Q_1)\operatorname{diag}(\Sigma_1, \sigma_{p+1}I_{n-p})\begin{pmatrix} V_{11}(p) & \widetilde{V}_{12}(p)Q_1 \\ V_{21}(p) & \widetilde{V}_{22}(p)Q_1 \end{pmatrix}^H,$$

其中 $U_1(p)$, $U_2(p)$ 分别是 U 的前 p 列和后 $n+d-p$ 列, $\widetilde{U}_2(p)$ 为 $U_2(p)$ 的前 $q-p$ 列, $\widetilde{V}_{12}(p)$ 和 $\widetilde{V}_{22}(p)$ 分别为 $V_{12}(p)$ 和 $V_{22}(p)$ 的前 $q-p$ 列. 因为矩阵

$$\left(\begin{array}{cc|cc} V_{11}(p) & \widetilde{V}_{12}(p)Q_1 & \widetilde{V}_{12}(p)Q_2 & V_{12}(q) \\ \hline V_{21}(p) & \widetilde{V}_{22}(p)Q_1 & \widetilde{V}_{22}(p)Q_2 & V_{22}(q) \end{array}\right)\in\mathcal{U}_{n+d},$$

所以定义 4.1.1 中的 TLS 问题可解当且仅当

$$\begin{aligned}\operatorname{rank}(A-\delta A)&=\operatorname{rank}((V_{11}(p), \widetilde{V}_{12}(p)Q_1))=\operatorname{rank}\left(\begin{pmatrix} V_{11}(p) & \widetilde{V}_{12}(p)Q_1 \\ V_{21}(p) & \widetilde{V}_{22}(p)Q_1 \end{pmatrix}\right)\\ &=\operatorname{rank}(A-\delta A, B-\delta B)=n.\end{aligned}$$

根据引理 4.1.1, 上式等价于 $\operatorname{rank}(\widetilde{V}_{22}(p)Q_2, V_{22}(q))=d$, 即 $(\widetilde{V}_{22}(p)Q_2, V_{22}(q))$ 非奇异. 因而有 $\operatorname{rank}(V_{22}(q))=n+d-q$, 而且

$$d\geqslant\operatorname{rank}(V_{22}(p))=\operatorname{rank}(\widetilde{V}_{22}(p), V_{22}(q))\geqslant\operatorname{rank}(\widetilde{V}_{22}(p)Q_1, V_{22}(q))=d,$$

即 $\operatorname{rank}(V_{22}(p))=d$.

另一方面, 当 $\operatorname{rank}(V_{22}(p))=d$ 而且 $\operatorname{rank}(V_{22}(q))=n+d-q$ 时, 易知存在矩阵 $Q_2\in\mathbf{C}^{(q-p)\times(q-n)}$, $Q_2^HQ_2=I_{q-n}$, 使得 $(\widetilde{V}_{22}(p)Q_2, V_{22}(q))$ 非奇异. 若令

$$(\delta A, \delta B)=U_2(p)\operatorname{diag}(\sigma_{p+1}Q_2Q_2^H, \sigma_{q+1}, \cdots, \sigma_{n+d})(V_{12}(p)^H, V_{22}(p)^H),$$

则矩阵 $(\delta A, \delta B)$ 满足 (4.1.15) 式, 且有

$$\operatorname{rank}(A-\delta A)=\operatorname{rank}(A-\delta A, B-\delta B)=n,$$

于是定义 4.1.1 中的 TLS 问题可解. □

注 4.1.1　由定理 4.1.5, 知定义 4.1.1 中的 TLS 问题不总是有解的. 另一方面, 由于 $V_{22}(p)$ 是酉矩阵 V 的一部分, 故定义 4.1.2 中满足 $\sigma_p > \sigma_{p+1}$, $\mathrm{rank}(V_{22}(p)) = d$ 的整数总是存在的, 比如可取 $p = 0$, 因而定义 4.1.2 总是有解. 如果对若干个 p 满足定义 4.1.2 的条件, 则一般取较大的 p. 考虑到数值稳定性, p 并不是越大越好. 需要指出的是, 当定义 4.1.1 中的 TLS 问题可解时, 则定义 4.1.2 中的 TLS 问题也可解, 而且, 这时定义 4.1.1 中的 TLS 问题的解必定是定义 4.1.2 中的 TLS 问题的解.

以下讨论的 TLS 问题都是按照定义 4.1.2 所定义的 TLS 问题.

4.1.2　TLS 问题的解集

本小节讨论 TLS 问题的解集. 定理 4.1.6, 当 $p = n$ 时, 由 Zoltowski[274] 得到; 当 $p \leqslant n$ 时, 由魏木生[226, 227] 得到.

定理 4.1.6　设 $A \in \mathbf{C}^{m\times n}$, $B \in \mathbf{C}^{m\times d}$. A 和 $C = (A, B)$ 的 SVD 由 (4.1.8)~(4.1.9) 式给出. 对某一整数 $p \leqslant n$, 把 V 写成分块形式如下:

$$V = \underset{\qquad p, \qquad\quad n+d-p}{\begin{pmatrix} V_{11}(p) & V_{12}(p) \\ V_{21}(p) & V_{22}(p) \end{pmatrix}} \begin{matrix} n \\ d \end{matrix} \quad \equiv \begin{pmatrix} V_{11} & V_{12} \\ V_{21} & V_{22} \end{pmatrix}. \tag{4.1.17}$$

设 $\sigma_p > \sigma_{p+1}$, V_{22} 行满秩. 则定义 4.1.2 中的 $\widehat{A}$, $\widehat{B}$ 为

$$\widehat{A} = U_1\Sigma_1 V_{11}^H,\ \widehat{B} = U_1\Sigma_1 V_{21}^H, \tag{4.1.18}$$

其中矩阵 U_1 是 U 的前 p 列. 相容的线性方程组 $\widehat{A}X = \widehat{B}$ 的极小范数 TLS 解 X_{TLS} 为

$$\begin{aligned} X_{\mathrm{TLS}} &= \widehat{A}^\dagger\widehat{B} = (V_{11}^H)^\dagger V_{21}^H = \widehat{A}^\dagger B = -V_{12}V_{22}^\dagger \\ &= (A^HA - V_{12}\Sigma_2^H\Sigma_2V_{12}^H)^\dagger(A^HB - V_{12}\Sigma_2^H\Sigma_2V_{22}^H), \end{aligned} \tag{4.1.19}$$

TLS 问题的解集 S_{TLS} 为

$$\begin{aligned} S_{\mathrm{TLS}} &= \{X = X_{\mathrm{TLS}} + (I - \widehat{A}^\dagger\widehat{A})Z:\ Z \in \mathbf{C}^{m\times d}\} \\ &= \{X = -V_{12}Q(V_{22}Q)^{-1}:\ Q^HQ = I_d \text{ 使得} V_{22}Q \text{ 非奇异}\}, \end{aligned} \tag{4.1.20}$$

且对应于 X 的极小 F 范数修正矩阵 $(\delta A, \delta B)$ 满足

$$\begin{aligned} &(\delta A, \delta B) = U_2\Sigma_2QQ^H(V_{12}^H, V_{22}^H), \\ &\sqrt{\sum_{i=1}^{d}\sigma_{p+i}^2} \geqslant \|(\delta A, \delta B)\|_F \geqslant \sqrt{\sum_{i=1}^{d}\sigma_{n+i}^2}. \end{aligned} \tag{4.1.21}$$

证明　由于 V_{22} 行满秩, 根据引理 4.1.1, V_{11} 列满秩. 因此

$$\operatorname{rank}(\widehat{A},\widehat{B})=\operatorname{rank}\begin{pmatrix}V_{11}\\V_{21}\end{pmatrix}=p=\operatorname{rank}(V_{11})=\operatorname{rank}(\widehat{A}),$$

即线性方程组 $\widehat{A}X=\widehat{B}$ 是相容的.

由矩阵 $\widehat{A}$, $\widehat{B}$ 的形式, TLS 问题的极小范数 TLS 解为 $X_{\mathrm{TLS}}=\widehat{A}^{\dagger}\widehat{B}=(V_{11}^H)^{\dagger}V_{21}^H$, 且有 $\widehat{A}^{\dagger}\widehat{B}=\widehat{A}^{\dagger}B$. 利用 V 的 CS 分解, 不难证得 $(V_{11}^H)^{\dagger}V_{21}^H=-V_{12}V_{22}^{\dagger}$, 从而得到 (4.1.19) 式的前四个式子. 此外有

$$\begin{aligned}X_{\mathrm{TLS}}&=(V_{11}^H)^{\dagger}V_{21}^H=(V_{11}\Sigma_1^2V_{11}^H)^{-1}(V_{11}\Sigma_1^2V_{21}^H)\\&=(A^HA-V_{12}\Sigma_2^H\Sigma_2V_{12}^H)^{-1}(A^HB-V_{12}\Sigma_2^H\Sigma_2V_{22}^H),\end{aligned}$$

从而得到 (4.1.19) 式的第五个式子.

若 X 是相容的线性方程组 $\widehat{A}X=\widehat{B}$ 的任一解, 则由 LS 问题解的表达式, 有

$$X=\widehat{A}^{\dagger}\widehat{B}+(I-\widehat{A}^{\dagger}\widehat{A})Z,$$

其中 $Z\in\mathbf{C}^{n\times d}$ 为任意矩阵. 另外, 由等式

$$(\widehat{A},\widehat{B})\begin{pmatrix}X\\-I_d\end{pmatrix}=0,\ \text{即}\ \mathcal{R}\begin{pmatrix}X\\-I_d\end{pmatrix}\subseteq\mathcal{R}\begin{pmatrix}V_{12}\\V_{22}\end{pmatrix},$$

存在矩阵 $D\in\mathbf{C}^{(n+d-p)\times d}$ 使得 $\begin{pmatrix}X\\-I_d\end{pmatrix}=\begin{pmatrix}V_{12}\\V_{22}\end{pmatrix}D$, 因此

$$-I_d=V_{22}D,\ X=V_{12}D=-V_{12}D(V_{22}D)^{-1}.$$

对 D 进行 QR 分解 $D=QR$, 其中 $Q^HQ=I_d$, R 非奇异. 把 D 的分解式代入 X 的表达式, 即得 (4.1.20) 式. 对于这样的 TLS 解 $X=-V_{12}Q(V_{22}Q)^{-1}$, 有

$$\begin{pmatrix}X\\-I_d\end{pmatrix}=-\begin{pmatrix}V_{12}\\V_{22}\end{pmatrix}Q(V_{22}Q)^{-1},$$

再由引理 4.1.4, 其极小 F 范数解修正矩阵 $M(X)$ 满足

$$M(X)=(\delta A,\delta B)=(A,B)\begin{pmatrix}X\\-I_d\end{pmatrix}\begin{pmatrix}X\\-I_d\end{pmatrix}^{\dagger}=U_2\Sigma_2QQ^H(V_{12}^H,V_{22}^H).$$

$$\sqrt{d}\sigma_{p+1}\geqslant\sqrt{\sum_{i=1}^{d}\sigma_{p+i}^2}\geqslant\|M(X)\|_F=\|\Sigma_2Q\|_F\geqslant\sqrt{\sum_{j=n+1}^{n+d}\sigma_j^2}.$$

□

§ 4.2　TLS 和截断的 LS 问题的扰动

本节讨论 TLS 问题和截断的 LS 问题的扰动界. Golub 和 Van Loan[90] 首先推导了 TLS 问题的扰动界. 魏木生[227], 魏木生和 Majda[252], Fierro 和 Bunch[73], 魏木生[233] 先后推导了 TLS 问题和截断的 LS 问题的扰动界. 本节的内容取自 [233].

设 $A,\ A'=A+\Delta A\in\mathbf{C}^{m\times n},\ B,\ B'=B+\Delta B\in\mathbf{C}^{m\times d}$, A 和 $C=(A,B)$ 的 SVD 分别由 (4.1.8)~(4.1.9) 式给出, A' 和 $C'=(A',B')$ 的 SVD 分别为

$$A'=\overline{U}'\overline{\Sigma}'\overline{V}'^H,\quad C'=(A',B')=U'\Sigma'V'^H, \tag{4.2.1}$$

其中 $\overline{U}',U',\overline{V}',V'$ 为酉矩阵,

$$\begin{aligned}
&\Sigma'=\operatorname{diag}(\sigma_1',\cdots,\sigma_{n+d}'),\quad \overline{\Sigma}'=\operatorname{diag}(\overline{\sigma}_1',\cdots,\overline{\sigma}_n'),\\
&\sigma_1'\geqslant\sigma_2'\geqslant\cdots\geqslant\sigma_{n+d}',\ \overline{\sigma}_1'\geqslant\cdots\geqslant\overline{\sigma}_n',\\
&\Sigma_1'=\operatorname{diag}(\sigma_1',\cdots,\sigma_p'),\ \Sigma_2'=\operatorname{diag}(\sigma_{p+1}',\cdots,\sigma_{n+d}'),
\end{aligned} \tag{4.2.2}$$

并记

$$\begin{aligned}
&V=\begin{pmatrix} V_{11} & V_{12}\\ V_{21} & V_{22}\end{pmatrix}\begin{matrix} n\\ d\end{matrix}\ =(V_1,V_2),\\
&\qquad\ \ p\qquad n+d-p\\
&V'=\begin{pmatrix} V_{11}' & V_{12}'\\ V_{21}' & V_{22}'\end{pmatrix}\begin{matrix} n\\ d\end{matrix}\ =(V_1',V_2'),\\
&\qquad\ \ p\qquad n+d-p
\end{aligned} \tag{4.2.3}$$

$$\begin{aligned}
&\widehat{A}=U_1\Sigma_1V_{11}^H,\ \widehat{B}=U_1\Sigma_1V_{21}^H,\ \widehat{A}'=U_1{}'\Sigma_1{}'V_{11}'^H,\\
&\widehat{B}'=U_1{}'\Sigma_1'V'^H_{21},\ A_p=\overline{U}_1\overline{\Sigma}_1\overline{V}_1^H,\ A_p'=\overline{U}_1{}'\overline{\Sigma}_1{}'\overline{V}'^H_1,
\end{aligned} \tag{4.2.4}$$

$$\begin{aligned}
&P_{\mathrm{TLS}}=\begin{pmatrix} X_{\mathrm{TLS}}\\ -I\end{pmatrix}\begin{pmatrix} X_{\mathrm{TLS}}\\ -I\end{pmatrix}^{\dagger}\equiv V_2V_{22}^{\dagger}V_{22}V_2^H,\\
&P_{\mathrm{LS}}=\begin{pmatrix} X_{\mathrm{LS}}\\ -I\end{pmatrix}\begin{pmatrix} X_{\mathrm{LS}}\\ -I\end{pmatrix}^{\dagger},
\end{aligned} \tag{4.2.5}$$

其中 $U_1,\ U_1{}',\overline{U}_1$ 和 $\overline{U}_1{}'$ 分别为 $U,U',\overline{U}$ 和 $\overline{U}'$ 的前 p 列; $U_2,\ U_2{}',\overline{U}_2$ 和 $\overline{U}_2{}'$ 分别为 $U,U',\overline{U}$ 和 $\overline{U}'$ 的后 $m-p$ 列; $V_1,\ V_1{}',\overline{V}_1$ 和 $\overline{V}_1{}'$ 分别为 $V,V',\overline{V}$ 和 $\overline{V}'$ 的前 p 列; $V_2,\ V_2{}'$ 分别为 V 和 V' 的后 $n+d-p$ 列; $\overline{V}_2,\overline{V}_2{}'$ 分别为 $\overline{V}$ 和 $\overline{V}'$ 的后 $n-p$ 列.

为了简单起见, 本章中 $\|\cdot\|_u$ 表示谱范数或 F 范数,

$$a(u)=\begin{cases}1, & \text{当 } u \text{ 为 2 范数时;}\\ d, & \text{当 } u \text{ 为 } F \text{ 范数时.}\end{cases}$$

4.2.1　TLS 问题的扰动

引理 4.2.1　设 $A\in\mathbf{C}^{m\times n}$, $B\in\mathbf{C}^{m\times d}$, $1\leqslant p\leqslant n$, $C=(A,\ B)$ 的 SVD 由 (4.1.8)~(4.1.9) 式给出, $\widehat{A}$, $\widehat{B}$ 由 (4.2.4) 式给出, 且有 $\sigma_p>\sigma_{p+1}$, $\operatorname{rank}(V_{22})=d$. 则对于 TLS 问题的极小范数 TLS 解 $X_{\rm TLS}$ 和任何矩阵 $F\in\mathbf{C}^{k\times(n+d)}$, 有

$$\begin{aligned}1\leqslant\|(V_{11}^H)^\dagger\|_2&\leqslant\sqrt{\|X_{\rm TLS}\|_2^2+1},\\ \|FP_{\rm TLS}\|_u\leqslant\|F\begin{pmatrix}X_{\rm TLS}\\ -I_d\end{pmatrix}\|_u&=\|FP_{\rm TLS}V_2V_{22}^\dagger\|_u\\ &\leqslant\|FP_{\rm TLS}\|_2\sqrt{\|X_{\rm TLS}\|_u^2+a(u)}.\end{aligned}\tag{4.2.6}$$

证明　由引理的条件知, 线性方程组 $\widehat{A}X=\widehat{B}$ 相容, 且 $X_{\rm TLS}=(V_{11}^H)^\dagger V_{21}^H=-V_{12}V_{22}^\dagger$. 由于 V_{11} 和 V_{22} 都是酉矩阵 V 的子矩阵, 其奇异值都不大于 1. 于是有

$$\begin{aligned}1\leqslant\|(V_{11}^H)^\dagger\|_2&=\|(V_{11}^H)^\dagger V_1^H\|_2=\|((V_{11}^H)^\dagger V_{11}^H,X_{\rm TLS})\|_2\\ &\leqslant\sqrt{\|X_{\rm TLS}\|_2^2+\|(V_{11}^H)^\dagger V_{11}^H\|_2}=\sqrt{\|X_{\rm TLS}\|_2^2+1}.\end{aligned}$$

另外, 由恒等式

$$\begin{pmatrix}X_{\rm TLS}\\ -I_d\end{pmatrix}=P_{\rm TLS}\begin{pmatrix}X_{\rm TLS}\\ -I_d\end{pmatrix}=-P_{\rm TLS}V_2V_{22}^\dagger,$$

并注意到 $\sigma_{\min+}(V_2V_{22}^\dagger)\geqslant 1$, 则应用引理 2.3.5, 有

$$\begin{aligned}\|FP_{\rm TLS}\|_u\leqslant\|FP_{\rm TLS}V_2V_{22}^\dagger\|_u&=\|FP_{\rm TLS}\begin{pmatrix}X_{\rm TLS}\\ -I_d\end{pmatrix}\|_u\\ &\leqslant\|FP_{\rm TLS}\|_2\sqrt{\|X_{\rm TLS}\|_u^2+a(u)}.\end{aligned}$$

□

注 4.2.1　在引理 4.2.1 中, 若取 $F=I_{n+d}$, 则有

$$\sqrt{a(u)}\leqslant\|\begin{pmatrix}X_{\rm TLS}\\ -I_d\end{pmatrix}\|_u=\|V_{22}^\dagger\|_u\leqslant\sqrt{\|X_{\rm TLS}\|_u^2+a(u)}.\tag{4.2.7}$$

引理 4.2.2　设 $A,\ A'=A+\Delta A\in\mathbf{C}^{m\times n}$, $B,\ B'=B+\Delta B\in\mathbf{C}^{m\times d}$, $C=(A,\ B)$, $C'=(A',\ B')=C+\Delta C$, C, C' 的 SVD 分别由 (4.1.8)~(4.1.9) 式和 (4.2.1)~(4.2.2) 式给出. 对整数 $1\leqslant p\leqslant n$, $\widehat{A}$, $\widehat{B}$, $\widehat{A}'$, $\widehat{B}'$ 由 (4.2.4) 式给出.

(1) 若 $\sigma_p > \sigma_{p+1} \geqslant 0$, $\sigma_p - \sigma_{p+1} > 2\|\Delta C\|_2$, $\operatorname{rank}(V_{22}) = \operatorname{rank}(V_{22}{}') = d$, 则有

$$\|\widehat{A}'^{\dagger}\|_2 \leqslant \frac{\sqrt{\|X'_{\mathrm{TLS}}\|_2^2 + 1}}{\sigma_p - \|\Delta C\|_2}. \tag{4.2.8}$$

(2) 若 $\overline{\sigma}_p > \sigma_{p+1} \geqslant 0$, $\overline{\sigma}_p - \sigma_{p+1} > 2\|\Delta C\|_2$, 则有

$$\|\widehat{A}'^{\dagger}\|_2 \leqslant \frac{1}{\overline{\sigma}_p - \sigma_{p+1} - 2\|\Delta C\|_2}. \tag{4.2.9}$$

证明　由引理 4.1.1 知, 在条件 (1) 或条件 (2) 的情形下, 线性方程组 $\widehat{A}'X = \widehat{B}'$ 都是相容的.

(1) 若 $\sigma_p > \sigma_{p+1} \geqslant 0$, $\sigma_p - \sigma_{p+1} > 2\|\Delta C\|_2$, $\operatorname{rank}(V_{22}) = \operatorname{rank}(V'_{22}) = d$, 则有

$$\begin{aligned} \sigma'_p &\geqslant \sigma_p - \|\Delta C\|_2 > 0, \\ \sigma'_p - \sigma'_{p+1} &\geqslant (\sigma_p - \|\Delta C\|_2) - (\sigma_{p+1} + \|\Delta C\|_2) > 0, \end{aligned}$$

因此由引理 4.2.1,

$$\|\widehat{A}'^{\dagger}\|_2 = \|({V'}_{11}^{H})^{\dagger}{\Sigma'}_1^{-1}{U'}_1^{H}\|_2 \leqslant \frac{\|({V'}_{11}^{H})^{\dagger}\|_2}{\sigma'_p} \leqslant \frac{\sqrt{\|X'_{\mathrm{TLS}}\|_2^2 + 1}}{\sigma_p - \|\Delta C\|_2}.$$

(2) 若 $\overline{\sigma}_p > \sigma_{p+1} \geqslant 0$, $\overline{\sigma}_p - \sigma_{p+1} > 2\|\Delta C\|_2$, 则有

$$\sigma_p(\widehat{A}') = \sigma_p(A' - U'_2\Sigma'_2{V'}_{12}^{H}) \geqslant \overline{\sigma}'_p - \sigma'_{p+1} \geqslant \overline{\sigma}_p - \sigma_{p+1} - 2\|\Delta C\|_2 > 0,$$

即得 (4.2.9) 式中不等式. □

对应于引理 4.2.2 的条件 (1), 对 TLS 问题有如下的结果.

定理 4.2.3　设 A, $A' = A + \Delta A \in \mathbf{C}^{m\times n}$, B, $B' = B + \Delta B \in \mathbf{C}^{m\times d}$, $C = (A,\ B)$, $C' = (A',\ B') = C + \Delta C$, C, C' 的 SVD 分别由 (4.1.8)~(4.1.9) 式和 (4.2.1)~(4.2.2) 式给出, $\widehat{A}$, $\widehat{B}$, $\widehat{A}'$, $\widehat{B}'$ 由 (4.2.4) 式给出. 设 $\sigma_p > \sigma_{p+1} \geqslant 0$, $\sigma_p - \sigma_{p+1} > 2\|\Delta C\|$, 且 $\operatorname{rank}(V_{22}) = \operatorname{rank}({V'}_{22}) = d$. 定义 $\sin\beta = \|(I - \widehat{A}'^{\dagger}\widehat{A}')\widehat{A}^{\dagger}\widehat{A}\|_2$. 则原始的和扰动的 TLS 问题对应的线性方程组

$$\widehat{A}X = \widehat{B},\ \widehat{A}'X = \widehat{B}' \tag{4.2.10}$$

都相容, 且对于相应的极小范数 TLS 解 X_{TLS} 和 ${X'}_{\mathrm{TLS}}$, 有

(1) 当 $p = n$ 时,

$$\begin{aligned} \|{V'}_1^{H}V_2\|_u &\leqslant \|{X'}_{\mathrm{TLS}} - X_{\mathrm{TLS}}\|_u \\ &\leqslant \|{V'}_1^{H}V_2\|_2 \cdot \sqrt{(\|X_{\mathrm{TLS}}\|_u^2 + a(u))(\|{X'}_{\mathrm{TLS}}\|_2^2 + 1)}. \end{aligned} \tag{4.2.11}$$

(2) 当 $p < n$ 时,

$$
\begin{aligned}
\|{V'}_1^H P_{\mathrm{TLS}}\|_u &\leqslant \|{X'}_{\mathrm{TLS}} - X_{\mathrm{TLS}}\|_u \\
&\leqslant (\|{V'}_1^H P_{\mathrm{TLS}}\|_2^2 (\|X_{\mathrm{TLS}}\|_u^2 + a(u))(\|{X'}_{\mathrm{TLS}}\|_2^2 + 1) \\
&\quad + \sin^2\beta \|X_{\mathrm{TLS}}\|_u^2)^{\frac{1}{2}}.
\end{aligned} \tag{4.2.12}
$$

(3) 当 $p < n$ 时, 对于 $\widehat{A}X = \widehat{B}$ 的任一 TLS 解 X, 存在 $\widehat{A}'X = \widehat{B}'$ 的 TLS 解 X', 满足

$$
\begin{aligned}
\|X' - X\|_u &\leqslant \|{V'}_1^H P_{\mathrm{TLS}}\|_2 \cdot \sqrt{(\|X_{\mathrm{TLS}}\|_u^2 + a(u))(\|{X'}_{\mathrm{TLS}}\|_2^2 + 1)} \\
&\quad + \sin\beta \|X - X_{\mathrm{TLS}}\|_u,
\end{aligned} \tag{4.2.13}
$$

其中 $\|{V'}_1^H P_{\mathrm{TLS}}\|_u \leqslant \|{V'}_1^H V_2\|_u$, $\|{V'}_1^H V_2\|_u$ 的上下界由定理 2.3.6 给出:

$$
\begin{aligned}
&\max\left\{0, \frac{\sigma'_p \|{U'}_1^H \Delta C V_2\|_u - \sigma_{p+1} \|U_2^H \Delta C {V'}_1\|_u}{\sigma'_1 \sigma'_p + \sigma_{p+1}^2}\right\} \\
&\leqslant \|{V'}_1^H V_2\|_u \leqslant \frac{\eta_u}{\sigma_p - \sigma_{p+1} - \|\Delta C\|_2}, \\
&\eta_u = \min\{\max\{\|{U'}_1^H \Delta C V_2\|_u, \|{U'}_2^H \Delta C {V'}_1\|_u\}, \\
&\qquad \max\{\|U_1^H \Delta C {V'}_2\|_u, \|{U'}_2^H \Delta C V_1\|\}_u\},
\end{aligned} \tag{4.2.14}
$$

$$
\sin\beta \leqslant \frac{\sqrt{\|{X'}_{\mathrm{TLS}}\|_2^2 + 1}}{\sigma_p - \|\Delta C\|_2} \left(\|P_{\widehat{A}'} \Delta A P_{\widehat{A}^H}^{\perp}\|_2 + \frac{\sigma_{p+1}\eta_2}{\sigma_p - \sigma_{p+1} - \|\Delta C\|_2} \right). \tag{4.2.15}
$$

证明　由定理的条件和引理 4.1.1 知, (4.2.10) 式中两个方程组相容, 且方程组的解分别是原始的和扰动后的 TLS 问题的解. 于是由定理 4.1.6,

$$
\begin{aligned}
X'_{\mathrm{TLS}} - X_{\mathrm{TLS}} &= \widehat{A}'^{\dagger} B' - \widehat{A}^{\dagger} B \\
&= \widehat{A}'^{\dagger} B' - \widehat{A}'^{\dagger} A' X_{\mathrm{TLS}} - (I - \widehat{A}'^{\dagger}\widehat{A}') X_{\mathrm{TLS}} \\
&= -\widehat{A}'^{\dagger}(A', B') \begin{pmatrix} X_{\mathrm{TLS}} \\ -I_d \end{pmatrix} - (I - \widehat{A}'^{\dagger}\widehat{A}')\widehat{A}^{\dagger}\widehat{A} X_{\mathrm{TLS}}.
\end{aligned}
$$

由引理 4.2.1, 有

$$
\begin{aligned}
\|\widehat{A}'^{\dagger}(A', B') P_{\mathrm{TLS}}\|_u^2 &\leqslant \|\widehat{A}'^{\dagger}\widehat{A}'(X'_{\mathrm{TLS}} - X_{\mathrm{TLS}})\|_u^2 \leqslant \|X'_{\mathrm{TLS}} - X_{\mathrm{TLS}}\|_u^2 \\
&\leqslant \|\widehat{A}'^{\dagger}(A', B') P_{\mathrm{TLS}} V_{22}^{\dagger}\|_u^2 + \|(I - \widehat{A}'^{\dagger}\widehat{A}')\widehat{A}^{\dagger}\widehat{A} X_{\mathrm{TLS}}\|_u^2 \\
&\leqslant \|\widehat{A}'^{\dagger}(A', B') P_{\mathrm{TLS}}\|_2^2 \sqrt{\|X_{\mathrm{TLS}}\|_u^2 + a(u)} \\
&\quad + \sin^2\beta \|X_{\mathrm{TLS}}\|_u^2.
\end{aligned} \tag{4.2.16}
$$

由恒等式

$$\widehat{A}'^{\dagger}(A', B')P_{\rm TLS} = (V_{11}'^H)^{\dagger}\Sigma_1'^{-1}U_1'^H U'\Sigma' V'^H P_{\rm TLS} = (V_{11}'^H)^{\dagger} V_1'^H P_{\rm TLS},$$

以及 $(V_{11}'^H)^{\dagger}$ 列满秩的事实, 应用引理 4.2.1~ 引理 4.2.2, 得到

$$\begin{aligned}\|V_1'^H P_{\rm TLS}\|_u &\leqslant \|\widehat{A}'^{\dagger}(A', B')P_{\rm TLS}\|_u = \|(V_{11}'^H)^{\dagger}V_1'^H P_{\rm TLS}\|_u \\ &\leqslant \|V_1'^H P_{\rm TLS}\|_u\sqrt{\|X_{\rm TLS}'\|_2^2+1}.\end{aligned}$$

把上面的估计式代入 (4.2.16) 式, 立即得到 (4.2.11)~(4.2.12) 式中的估计, 其中

(1) 当 $p = n$ 时, 由 $I - \widehat{A}'^{\dagger}\widehat{A}' = 0$, 有 $\sin\beta = 0$, $P_{\rm TLS} = V_2V_2^H$.

(2) 当 $p < n$ 时, 由

$$\begin{aligned}\sin\beta &= \|(I-\widehat{A}'^{\dagger}\widehat{A}')\widehat{A}^{\dagger}\widehat{A}\|_2 = \|\widehat{A}'^{\dagger}\widehat{A}'(I-\widehat{A}^{\dagger}\widehat{A})\|_2 \\ &= \|\widehat{A}'^{\dagger}(A'-\widehat{A})(I-\widehat{A}^{\dagger}\widehat{A})\|_2 = \|\widehat{A}'^{\dagger}(\Delta A + U_2\Sigma_2V_{12}^H)(I-\widehat{A}^{\dagger}\widehat{A})\|_2 \\ &= \|(V_{11}'^H)^{\dagger}\Sigma_1'^{-1}U_1'^H(\Delta A + U_2\Sigma_2V_{12}^H)(I-\widehat{A}^{\dagger}\widehat{A})\|_2 \\ &\leqslant \frac{\|(V_{11}'^H)^{\dagger}\|_2}{\sigma_p'}(\|P_{\widehat{A}'}\Delta A P_{\widehat{A}^H}^{\perp}\|_2 + \sigma_{p+1}\|U_1'^H U_2\|_2),\end{aligned}$$

再应用定理 2.3.6 和引理 4.2.2, 即得到 (4.2.15) 式中对 $\sin\beta$ 的估计.

(3) 当 $p < n$ 时, 对 $\widehat{A}X = \widehat{B}$ 的任一 TLS 解 X,

$$X = \widehat{A}^{\dagger}\widehat{B} + (I-\widehat{A}^{\dagger}\widehat{A})Z,$$

取 $\widehat{A}'X = \widehat{B}'$ 的一个 TLS 解 X',

$$X' = \widehat{A}'^{\dagger}\widehat{B}' + (I-\widehat{A}'^{\dagger}\widehat{A}')(\widehat{A}^{\dagger}\widehat{B} + (I-\widehat{A}^{\dagger}\widehat{A})Z),$$

则有

$$\begin{aligned}X'-X &= \widehat{A}'^{\dagger}\widehat{A}'(\widehat{A}'^{\dagger}\widehat{B}' - \widehat{A}^{\dagger}\widehat{B}) - \widehat{A}'^{\dagger}\widehat{A}'(I-\widehat{A}^{\dagger}\widehat{A})Z \\ &= \widehat{A}'^{\dagger}(B'-A'X_{\rm TLS}) - \widehat{A}^{\dagger}\widehat{A}'(I-\widehat{A}^{\dagger}\widehat{A})(X-X_{\rm TLS}),\end{aligned} \tag{4.2.17}$$

再利用前面部分的证明, 有

$$\begin{aligned}\|X'-X\|_u \leqslant{}& \|V_1'^H P_{\rm TLS}\|_2\sqrt{(\|X_{\rm TLS}\|_u^2 + a(u))(\|X'_{\rm TLS}\|_2^2+1)} \\ &+ \sin\beta\|X-X_{\rm TLS}\|_u.\end{aligned}$$

□

定理 4.2.4 设 A, $A' = A + \Delta A \in \mathbf{C}^{m\times n}$, B, $B' = B + \Delta B \in \mathbf{C}^{m\times d}$, $C = (A,\ B)$, $C' = (A',\ B') = C + \Delta C$, C, C' 的 SVD 分别由 (4.1.8)~(4.1.9)

式和 (4.2.1)~(4.2.2) 式给出, $\widehat{A}$, $\widehat{B}$, $\widehat{A}'$, $\widehat{B}'$ 由 (4.2.4) 式给出. 设 $\overline{\sigma}_p > \sigma_{p+1} \geqslant 0$, $\overline{\sigma}_p - \sigma_{p+1} > 2\|\Delta C\|_2$. 则原始的和扰动的 TLS 问题对应的线性方程组

$$\widehat{A}X = \widehat{B},\ \widehat{A}'X = \widehat{B}' \tag{4.2.18}$$

都相容, 且对于相应的极小范数 TLS 解 X_{TLS} 和 X'_{TLS}, 有

(1) 当 $p = n$ 时,

$$\begin{aligned}\|{V'}_1^H V_2\|_u &\leqslant \|X'_{\mathrm{TLS}} - X_{\mathrm{TLS}}\|_u \\ &\leqslant \eta_2 \left(1 + \frac{\sigma_{p+1}}{\sigma_p - \sigma_{p+1} - \|\Delta C\|_2}\right) \frac{\sqrt{\|X_{\mathrm{TLS}}\|_u^2 + a(u)}}{\overline{\sigma}_p - \sigma_{p+1} - 2\|\Delta C\|_2}.\end{aligned} \tag{4.2.19}$$

(2) 当 $p < n$ 时,

$$\begin{aligned}\|{V'}_1^H V_2 P_{\mathrm{TLS}}\|_u &\leqslant \|X'_{\mathrm{TLS}} - X_{\mathrm{TLS}}\|_u \\ &\leqslant \eta_2 \left(1 + \frac{\sigma_{p+1}}{\sigma_p - \sigma_{p+1} - \|\Delta C\|_2}\right) \frac{\sqrt{2\|X_{\mathrm{TLS}}\|_u^2 + a(u)}}{\overline{\sigma}_p - \sigma_{p+1} - 2\|\Delta C\|_2}\end{aligned} \tag{4.2.20}$$

(3) 当 $p < n$ 时, 对于 $\widehat{A}X = \widehat{B}$ 的任一 TLS 解 X, 存在 $\widehat{A}'X = \widehat{B}'$ 的 TLS 解 X',

$$\|X' - X\|_u \leqslant \sqrt{2}\eta_2 \left(1 + \frac{\sigma_{p+1}}{\sigma_p - \sigma_{p+1} - \|\Delta C\|_2}\right) \frac{\sqrt{\|X\|_u^2 + a(u)}}{\overline{\sigma}_p - \sigma_{p+1} - 2\|\Delta C\|_2}. \tag{4.2.21}$$

证明　由定理的条件和引理 4.1.1 知 (4.2.18) 式中方程组相容, 其解分别是原始的和扰动后的 TLS 问题的解. 定理中的下界由定理 4.2.3 得到, 而且 (4.2.16) 式成立. 由于

$$\begin{aligned}&\widehat{A}'^{\dagger}(A', B')P_{\mathrm{TLS}} = \widehat{A}'^{\dagger}(C + \Delta C)P_{\mathrm{TLS}} = \widehat{A}'^{\dagger} U_1' {U'}_1^H (U_2 \Sigma_2 V_2^H + \Delta C) P_{\mathrm{TLS}}, \\ &\|{U'}_1^H U_2 \Sigma_2\|_2 \leqslant \sigma_{p+1} \|{U'}_1^H U_2\|_2 \leqslant \frac{\sigma_{p+1}\eta_2}{\sigma_p - \sigma_{p+1} - \|\Delta C\|_2},\end{aligned}$$

于是在 (4.2.16) 式中利用上面二式和引理 4.2.2, 由

$$\begin{aligned}\|\widehat{A}'^{\dagger}(A', B')P_{\mathrm{TLS}}\|_u &\leqslant \|\widehat{A}'^{\dagger}\|_2 \Big(\eta_2 + \|{U'}_1^H U_2 \Sigma_2\|_2\Big) \\ &\leqslant \frac{\eta_2}{\overline{\sigma}_p - \sigma_{p+1} - 2\|\Delta C\|_2} \left(1 + \frac{\sigma_{p+1}}{\sigma_p - \sigma_{p+1} - \|\Delta C\|_2}\right),\end{aligned} \tag{4.2.22}$$

立即得到 (4.2.19)~(4.2.20) 式中估计, 其中

(1) 当 $p = n$ 时, $\sin\beta = 0$.

(2) 当 $p < n$ 时, 有

$$\sin\beta = \|(I - \widehat{A}'^{\dagger}\widehat{A}')\widehat{A}^{\dagger}\widehat{A}\|_2 = \|\widehat{A}'^{\dagger}\widehat{A}'(I - \widehat{A}^{\dagger}\widehat{A})\|_2$$

$$
\begin{aligned}
&= \|\widehat{A}'^{\dagger}(A' - \widehat{A})(I - \widehat{A}^{\dagger}\widehat{A})\|_2 \\
&= \|\widehat{A}'^{\dagger}U_1{U'}_1^H(\Delta A + U_2\Sigma_2 V_{12}^H)(I - \widehat{A}^{\dagger}\widehat{A})\|_2 \\
&\leqslant \frac{\eta_2}{\overline{\sigma}_p - \sigma_{p+1} - 2\|\Delta C\|_2}\left(1 + \frac{\sigma_{p+1}}{\sigma_p - \sigma_{p+1} - \|\Delta C\|_2}\right).
\end{aligned} \tag{4.2.23}
$$

(3) 把 (4.2.22)~(4.2.23) 式中的不等式代入 (4.2.17) 式, 再应用 Schwarz 不等式, 即得 (4.2.21) 式中估计. □

推论 4.2.5 在定理 4.2.3 的条件下, 如果还有 $\mathrm{rank}(A) = p$ 及 $\mathcal{R}(B) \subseteq \mathcal{R}(A)$, 则有

(1) 当 $p = n$ 时,

$$
\begin{aligned}
\frac{\|{V'}_1^H \Delta C V_2\|_u}{\sigma_1 + \|\Delta C\|_2} &\leqslant \|{X'}_{\mathrm{TLS}} - X_{\mathrm{TLS}}\|_u \\
&\leqslant \frac{\|{V'}_1^H \Delta C V_2\|_2}{\sigma_p - \|\Delta C\|_2}\sqrt{(\|X_{\mathrm{TLS}}\|_u^2 + a(u))(\|{X'}_{\mathrm{TLS}}\|_2^2 + 1)}.
\end{aligned} \tag{4.2.24}
$$

(2) 当 $p < n$ 时,

$$
\begin{aligned}
\frac{\|{V'}_1^H \Delta C P_{\mathrm{TLS}}\|_u}{\sigma_1 + \|\Delta C\|_2} &\leqslant \|{X'}_{\mathrm{TLS}} - X_{\mathrm{TLS}}\|_u \\
&\leqslant \frac{\|{V'}_1^H \Delta C\|_2}{\sigma_p - \|\Delta C\|_2}\sqrt{(2\|X_{\mathrm{TLS}}\|_u^2 + a(u))(\|{X'}_{\mathrm{TLS}}\|_2^2 + 1)}.
\end{aligned} \tag{4.2.25}
$$

(3) 当 $p < n$ 时, 对于 $\widehat{A}X = \widehat{B}$ 的任一 TLS 解 X, 存在 $\widehat{A}'X = \widehat{B}'$ 的 TLS 解 X',

$$
\|X' - X\|_u \leqslant \sqrt{2}\frac{\|{V'}_1^H \Delta C\|_2}{\sigma_p - \|\Delta C\|_2}\sqrt{(\|X\|_u^2 + a(u))(\|{X'}_{\mathrm{TLS}}\|_2^2 + 1)}. \tag{4.2.26}
$$

证明 在推论的条件下, 有 $\sigma_p \geqslant \overline{\sigma}_p > \sigma_{p+1} = \overline{\sigma}_{p+1} = 0$. 由 $C' - C = \Delta C$, 有

$$
{U'}_1^H \Delta C V_2 = {U'}_1^H (U'\Sigma' {V'}^H - U_1\Sigma_1 V_1^H)V_2 = \Sigma_1' {V'}_1^H V_2,
$$

于是

$$
{V'}_1^H P_{\mathrm{TLS}} = {\Sigma'}_1^{-1}{U'}_1^H \Delta C P_{\mathrm{TLS}}. \tag{4.2.27}
$$

又当 $p = n$ 时, $\sin\beta = 0$; 当 $p < n$ 时,

$$
\sin\beta \leqslant \frac{\|{V'}_1^H \Delta A\|_2 \|({V'}_{11}^H)^{\dagger}\|_2}{\sigma_p'} \leqslant \frac{\|{V'}_1^H \Delta C\|_2}{\sigma_p - \|\Delta C\|_2}\sqrt{\|{X'}_{\mathrm{TLS}}\|_2^2 + 1}.
$$

再由 (4.2.27) 式, 即得推论的结论. □

推论 4.2.6 在定理 4.2.4 的条件下, 如果还有 $\text{rank}(A) = p$ 及 $\mathcal{R}(B) \subseteq \mathcal{R}(A)$, 则有

(1) 当 $p = n$ 时,

$$\frac{\|{V'}_1^H \Delta C V_2\|_u}{\sigma_1 + \|\Delta C\|_2} \leqslant \|X'_{\text{TLS}} - X_{\text{TLS}}\|_u$$
$$\leqslant \frac{\|{V'}_1^H \Delta C V_2\|_2}{\overline{\sigma}_p - 2\|\Delta C\|_2} \sqrt{\|X_{\text{TLS}}\|_u^2 + a(u)}; \tag{4.2.28}$$

(2) 当 $p < n$ 时,

$$\frac{\|{V'}_1^H \Delta C P_{\text{TLS}}\|_u}{\sigma_1 + \|\Delta C\|_2} \leqslant \|X'_{\text{TLS}} - X_{\text{TLS}}\|_u$$
$$\leqslant \frac{\|{V'}_1^H \Delta C\|_2}{\overline{\sigma}_p - 2\|\Delta C\|_2} \sqrt{2\|X_{\text{TLS}}\|_u^2 + a(u)}; \tag{4.2.29}$$

(3) 当 $p < n$ 时, 对于 $\widehat{A}X = \widehat{B}$ 的任一 TLS 解 X, 存在 $\widehat{A}'X = \widehat{B}'$ 的 TLS 解 X',

$$\|X' - X\|_u \leqslant \sqrt{2} \frac{\|{V'}_1^H \Delta C\|_2}{\overline{\sigma}_p - 2\|\Delta C\|_2} \sqrt{\|X\|_u^2 + a(u)}. \tag{4.2.30}$$

证明 在定理 4.2.4 中令 $\sigma_{p+1} = 0$ 并应用 (4.2.27) 式即得. □

4.2.2 截断的 LS 问题的扰动

定理 4.2.7 设 $A \in \mathbf{C}_r^{m\times n}$, $A' = A + \Delta A \in \mathbf{C}^{m\times n}$, $B \in \mathbf{C}^{m\times d}$, $B' = B + \Delta B \in \mathbf{C}^{m\times d}$, $1 \leqslant p < r$. 令 A 和 A' 的 SVD 分别由 (4.1.8)~(4.1.9) 式和 (4.2.1)~(4.2.2) 式给出, A_p 和 A'_p 由 (4.2.4) 式给出. 考虑截断的 LS 问题

$$\|A_p X - B\|_F = \min_{Y \in \mathbf{C}^{n\times d}} \|A_p Y - B\|_F \tag{4.2.31}$$

和

$$\|A'_p X - B'\|_F = \min_{Y \in \mathbf{C}^{n\times d}} \|A'_p Y - B'\|_F. \tag{4.2.32}$$

若 $\overline{\sigma}_p - \overline{\sigma}_{p+1} > 2\|\Delta A\|_2$, 则对于截断的 LS 问题 (4.2.31)~(4.2.32) 的极小范数 LS 解 X_{LS} 和 X'_{LS}, 有

(1) 当 $p = n$ 时,

$$\|X'_{\text{LS}} - X_{\text{LS}}\|_u \leqslant \frac{1}{\overline{\sigma}_p - \|\Delta A\|_2} \left\{ \|{\overline{U}'}_1^H \Delta C P_{\text{LS}}\|_2 \sqrt{\|X_{\text{LS}}\|_u^2 + a(u)} \right.$$
$$\left. + \frac{\overline{\eta}_2}{\overline{\sigma}_p - \overline{\sigma}_{p+1} - \|\Delta A\|_2} \|r(X_{\text{LS}})\|_u \right\}. \tag{4.2.33}$$

(2) 当 $p < n$ 时,

$$\|X'_{\mathrm{LS}} - X_{\mathrm{LS}}\|_u \leqslant \left\{ \frac{1}{(\overline{\sigma}_p - \|\Delta A\|_2)^2} (\|\overline{U}'^H_1 \Delta C P_{\mathrm{LS}}\|_2 \sqrt{\|X_{\mathrm{LS}}\|_u^2 + a(u)} \right. \\ + \frac{\overline{\eta}_2}{\overline{\sigma}_p - \overline{\sigma}_{p+1} - \|\Delta A\|_2} \|r(X_{\mathrm{LS}})\|_u)^2 \\ \left. + \left(\frac{\overline{\eta}_2}{\overline{\sigma}_p - \overline{\sigma}_{p+1} - \|\Delta A\|_2} \|X_{\mathrm{LS}}\|_u \right)^2 \right\}^{\frac{1}{2}}. \tag{4.2.34}$$

(3) 当 $p < n$ 时, 对于截断的 LS 问题 (4.2.31) 的任一 LS 解 X, 存在截断的 LS 问题 (4.2.32) 的 LS 解 X',

$$\|X' - X\|_u \leqslant \frac{1}{\overline{\sigma}_p - \|\Delta A\|_2} \left\{ \|\overline{U}'^H_1 \Delta C P_{\mathrm{LS}}\|_2 \sqrt{\|X_{\mathrm{LS}}\|_u^2 + a(u)} \right. \\ \left. + \frac{\overline{\eta}_2}{\overline{\sigma}_p - \overline{\sigma}_{p+1} - \|\Delta A\|_2} \|r(X_{\mathrm{LS}})\|_u \right\} \\ + \frac{\overline{\eta}_2}{\overline{\sigma}_p - \overline{\sigma}_{p+1} - \|\Delta A\|_2} \|X - X_{\mathrm{LS}}\|_u, \tag{4.2.35}$$

其中 $r(X_{\mathrm{LS}}) = B - AX_{\mathrm{LS}}$ 为残量,

$$\overline{\eta}_u = \min\{ \max\{\|\overline{U}'^H_1 \Delta A \overline{V}_2\|_u, \|\overline{U}'^H_2 \Delta A \overline{U}'_1\|_u\}, \\ \max\{\|\overline{U}^H_1 \Delta A \overline{U}'_2\|_u, \|\overline{U}'^H_2 \Delta A \overline{V}_1\|_u\}\}. \tag{4.2.36}$$

证明　由奇异值扰动定理, $\overline{\sigma}'_p - \overline{\sigma}'_{p+1} \geqslant \overline{\sigma}_p - \overline{\sigma}_{p+1} - 2\|\Delta A\| > 0$. 由 MP 逆的分解式 (2.4.2), 并注意到 $A_p A_p^\dagger = A A_p^\dagger$, $A'^\dagger_p A'_p = A'^\dagger_p A'$, 有

$$A'^\dagger_p - A_p^\dagger = -A'^\dagger_p P_{A'_p}(A'_p - A_p)A_p^\dagger + A'^\dagger_p P_{A'_p} P_{A_p}^\perp - P^\perp_{A'^H_p} P_{A_p^H} A_p^\dagger \\ = -A'^\dagger_p P_{A'_p} \Delta A P_{A_p^H} A_p^\dagger + A'^\dagger_p P_{A'_p} P_{A_p}^\perp (I - AA_p^\dagger) - P^\perp_{A'^H_p} P_{A_p^H} A_p^\dagger,$$

于是对 $\Delta X_{\mathrm{LS}} = X_{\mathrm{LS}} - X'_{\mathrm{LS}}$, 有

$$\Delta X_{\mathrm{LS}} = A'^\dagger_p P_{A'_p}(\Delta A, \Delta B)(X_{\mathrm{LS}}^T, -I)^T - A'^\dagger_p P_{A'_p} P_{A_p}^\perp r(X_{\mathrm{LS}}) + P^\perp_{A'^H_p} P_{A_p^H} X_{\mathrm{LS}}, \\ \|\Delta X_{\mathrm{LS}}\|_u^2 \leqslant \|A'^\dagger_p\|_2^2 (\|P_{A'_p} \Delta C P_{\mathrm{LS}}\|_2 \sqrt{\|X_{\mathrm{LS}}\|_u^2 + a(u)} \\ + \|P_{A'_p} P_{A_p}^\perp\|_2 \|r(X_{\mathrm{LS}})\|_u)^2 + \|P^\perp_{A'^H_p} P_{A_p^H}\|_2^2 \|X_{\mathrm{LS}}\|_u^2. \tag{4.2.37}$$

应用定理 2.3.6, 并注意到 $A'^\dagger_p = \dfrac{1}{\sigma'_p} \leqslant \dfrac{1}{\sigma_p - \|\Delta A\|_2}$, 且当 $p = n$ 时, $I - A'^\dagger_p A'_p = 0$, 即得到 (4.2.33)~(4.2.34) 式中的估计.

(3) 当 $p<n$ 时, 类似于定理 4.2.4 的证明, 可得 (4.2.35) 式中的估计. □

推论 4.2.8　在定理 4.2.7 的条件下, 若还有 $\operatorname{rank}(A)=p$ 及 $\mathcal{R}(B)\subseteq\mathcal{R}(A)$, 则有

(1) 当 $p=n$ 时,

$$\frac{\|\overline{U}'^H_1\Delta CP_{\rm LS}\|_u}{\overline{\sigma}_1+\|\Delta A\|_2}\leqslant\|X'_{\rm LS}-X_{\rm LS}\|_u$$
$$\leqslant\frac{\|\overline{U}'^H_1\Delta CP_{\rm LS}\|_2}{\overline{\sigma}_p-\|\Delta A\|_2}\sqrt{\|X_{\rm LS}\|_u^2+a(u)};\tag{4.2.38}$$

(2) 当 $p<n$ 时,

$$\frac{\|\overline{U}'^H_1\Delta CP_{\rm LS}\|_u}{\overline{\sigma}_1+\|\Delta A\|_2}\leqslant\|X'_{\rm LS}-X_{\rm LS}\|_u$$
$$\leqslant\frac{\|\overline{U}'^H_1\Delta C\|_2}{\overline{\sigma}_p-\|\Delta A\|_2}\sqrt{2\|X_{\rm LS}\|_u^2+a(u)}.\tag{4.2.39}$$

(3) 当 $p<n$ 时, 对于 $AX=B$ 的任一解 X, 存在 $A'_pX=B'$ 的 LS 解 X', 使得

$$\|X'-X\|_u\leqslant\sqrt{2}\frac{\|\overline{U}'^H_1\Delta C\|_2}{\overline{\sigma}_p-\|\Delta A\|_2}\sqrt{\|X\|_u^2+a(u)}.\tag{4.2.40}$$

证明　在定理 4.2.7 中, 取 $\overline{\sigma}_{p+1}=0$, $r(X_{\rm LS})=B-AX_{\rm LS}=0$, 即得 (4.2.38)～(4.2.40) 式中的上界. 又由

$$\|X'_{\rm LS}-X_{\rm LS}\|_u\geqslant\|A'^\dagger_pA'_p(X'_{\rm LS}-X_{\rm LS})\|_u=\left\|A'^\dagger_p(A',B')\begin{pmatrix}X_{\rm LS}\\-I\end{pmatrix}\right\|_u$$
$$=\|A'^\dagger_p\overline{U}'_1\overline{U}'^H_1\Delta CP_{\rm LS}\begin{pmatrix}X_{\rm LS}\\-I\end{pmatrix}\|_u\geqslant\frac{\|\overline{U}'_1\Delta CP_{\rm LS}\|_u}{\overline{\sigma}_1+\|\Delta A\|_2},$$

即得 (4.2.38)～(4.2.39) 式中的下界. □

§ 4.3　TLS 和截断的 LS 问题的比较

本节比较 TLS 和截断的 LS 问题的解, 残量和极小 F 范数修正矩阵. 当 $p=n$ 时, Golub 和 Van Loan[90] 首先比较了 TLS 问题和 LS 问题. 当 $p\leqslant n$ 时, Van Huffel 和 Vandewalle 在 [197] 和 [199] 中, 魏木生在 [226] 中, 刘永辉和魏木生在 [144] 中比较了 TLS 问题和截断的 LS 问题. 本节的内容取自 [226] 和 [144].

设 A, C 的 SVD 分别为 (4.1.8)～(4.1.9) 式, 并满足

$$\overline{\sigma}_p>\sigma_{p+1}.\tag{4.3.1}$$

则方程组

$$A_pX = A_pA_p^\dagger B,\ \widehat{A}X = \widehat{B} \tag{4.3.2}$$

相容, 其中 $A_p = \overline{U}_1\overline{\Sigma}_1\overline{V}_1^H$, $\widehat{A} = U_1\Sigma_1V_{11}^H$, $\widehat{B} = U_1\Sigma_1V_{21}^H$.

引理 4.3.1　设 $A \in \mathbf{C}^{m\times n}$, $B \in \mathbf{C}^{m\times d}$, A 和 $C = (A, B)$ 的 SVD 由 (4.1.8)~(4.1.9) 式给出, 并设 (4.3.1) 式成立. 则对任何酉不变范数 $\|\cdot\|_u$, 有

$$\frac{\|\Sigma_2V_{12}^H\overline{V}_1\|_u}{\overline{\sigma}_1} \leqslant \|U_2^H\overline{U}_1\|_u = \|\overline{U}_2^HU_1\|_u \leqslant \frac{\sigma_{p+1}}{\overline{\sigma}_p}\|V_{12}^H\overline{V}_1\|_u, \tag{4.3.3}$$

$$\|(I - A_p^\dagger A_p)\widehat{A}^\dagger\widehat{A}\|_u = \|(I - \widehat{A}^\dagger\widehat{A})A_p^\dagger A_p\|_u \leqslant \left(\frac{\sigma_{p+1}}{\overline{\sigma}_p}\right)^2\|V_{12}^H\overline{V}_1\|_u. \tag{4.3.4}$$

证明　由条件 $\overline{\sigma}_p > \sigma_{p+1}$ 和奇异值的分隔定理知, $\overline{\sigma}_p > \sigma_{p+1} \geqslant \overline{\sigma}_{p+1}$. 于是 (4.3.2) 式中两个方程都相容, 且有 $\mathrm{rank}(\widehat{A}) = \mathrm{rank}(A_p) = p$. 注意到 $A_pA_p^\dagger = AA_p^\dagger$, $(I - \widehat{A}\widehat{A}^\dagger)\widehat{A} = 0$, 则由定理 2.3.1, 有

$$\begin{aligned}\|U_2^H\overline{U}_1\|_u &= \|\overline{U}_2^HU_1\|_u = \|(I - \widehat{A}\widehat{A}^\dagger)AA_p^\dagger\|_u \\ &= \|(I - \widehat{A}\widehat{A}^\dagger)(A - \widehat{A})A_p^\dagger\|_u = \|U_2\Sigma_2V_{12}^H\overline{V}_1\overline{\Sigma}_1^{-1}\overline{U}_1^H\|_u \\ &= \|\Sigma_2V_{12}^H\overline{V}_1\overline{\Sigma}_1^{-1}\|_u,\end{aligned}$$

知 (4.3.3) 式成立. 类似地, 有

$$\begin{aligned}\|(I - \widehat{A}^\dagger\widehat{A})A_p^\dagger A_p\|_u &= \|A_p^\dagger A_p(I - \widehat{A}^\dagger\widehat{A})\|_u = \|A_p^\dagger(A - \widehat{A})(I - \widehat{A}^\dagger\widehat{A})\|_u \\ &\leqslant \|\overline{V}_1\overline{\Sigma}_1^{-1}\overline{U}_1^HU_2\Sigma_2V_{12}^H\|_u \leqslant \frac{\sigma_{p+1}}{\overline{\sigma}_p}\|\overline{U}_1^HU_2\|_u.\end{aligned}$$

再应用 (4.3.3) 式, 即得 (4.3.4) 式. □

在以下的讨论中, 取酉不变范数 $\|\cdot\|_u$ 为 2 范数或 F 范数.

4.3.1　TLS 和截断的 LS 问题的解的比较

定理 4.3.2　设 $A \in \mathbf{C}^{m\times n}$, $B \in \mathbf{C}^{m\times d}$, A 和 $C = (A, B)$ 的 SVD 由 (4.1.8)~(4.1.9) 式给出, 并设 (4.3.1) 式成立. 则有

(1) 当 $p = n$ 时,

$$\begin{aligned}\frac{\|\overline{V}_1^HV_{12}\Sigma_2^T\Sigma_2\|_u}{\overline{\sigma}_1^2} &\leqslant \|X_{\mathrm{TLS}} - X_{\mathrm{LS}}\|_u \\ &\leqslant \frac{\sigma_{p+1}^2}{\overline{\sigma}_p^2}\|V_{12}^H\overline{V}_1\|_2\sqrt{\|X_{\mathrm{TLS}}\|_u^2 + a(u)}.\end{aligned} \tag{4.3.5}$$

(2) 当 $p<n$ 时,

$$\frac{\|\overline{V}_1^H V_{12}\Sigma_2^T\Sigma_2 V_2^H P_{\text{TLS}}\|_u}{\overline{\sigma}_1^2} \leqslant \|X_{\text{TLS}}-X_{\text{LS}}\|_u$$
$$\leqslant \frac{\sigma_{p+1}^2}{\overline{\sigma}_p^2}\|V_{12}^H\overline{V}_1\|_2\sqrt{2\|X_{\text{TLS}}\|_u^2+a(u)}. \tag{4.3.6}$$

(3) 当 $p<n$ 时, 对于 (4.3.2) 式中 TLS 问题的任一 TLS 解 X, 存在 (4.3.2) 式中截断的 LS 问题的 LS 解 X', 满足

$$\|X-X'\|_u \leqslant \frac{\sigma_{p+1}^2}{\overline{\sigma}_p^2}\|V_{12}^H\overline{V}_1\|_2(\sqrt{\|X_{\text{TLS}}\|_u^2+a(u)}+\|X-X_{\text{TLS}}\|_u)$$
$$\leqslant \sqrt{2}\frac{\sigma_{p+1}^2}{\overline{\sigma}_p^2}\|V_{12}^H\overline{V}_1\|_2\sqrt{\|X\|_u^2+a(u)}. \tag{4.3.7}$$

证明　由 X_{TLS} 和 X_{LS} 的表达式, 有

$$\begin{aligned} X_{\text{TLS}}-X_{\text{LS}} &= A_p^\dagger A_p(X_{\text{TLS}}-X_{\text{LS}})+(I-A_p^\dagger A_p)X_{\text{TLS}} \\ &= A_p^\dagger(A,B)\begin{pmatrix} X_{\text{TLS}} \\ -I_d \end{pmatrix}+(I-A_p^\dagger A_p)X_{\text{TLS}} \\ &= -\overline{V}_1\overline{\Sigma}_1^{-1}\overline{U}_1^H U_2\Sigma_2 V_{22}^\dagger+(I-A_p^\dagger A_p)\widehat{A}^\dagger\widehat{A}X_{\text{TLS}}. \end{aligned} \tag{4.3.8}$$

于是由引理 4.2.1, 有

$$\begin{aligned} \|\overline{\Sigma}_1^{-1}\overline{U}_1^H U_2\Sigma_2 V_2^H P_{\text{TLS}}\|_u^2 &\leqslant \|A_p^\dagger A_p(X_{\text{TLS}}-X_{\text{LS}})\|_u^2 \\ &\leqslant \|X_{\text{TLS}}-X_{\text{LS}}\|_u^2 \\ &\leqslant \|\overline{\Sigma}_1^{-1}\overline{U}_1^H U_2\Sigma_2 V_{22}^\dagger\|_u^2 \\ &\quad +\|(I-A_p^\dagger A_p)\widehat{A}^\dagger\widehat{A}X_{\text{TLS}}\|_u^2. \end{aligned} \tag{4.3.9}$$

再由引理 4.2.1 和引理 4.3.1, 有

$$\begin{aligned} \|\overline{U}_1^H U_2\Sigma_2 V_2^H P_{\text{TLS}}\|_u &= \|A_pA_p^\dagger(I-\widehat{A}\widehat{A}^\dagger)U_2\Sigma_2V_2^HP_{\text{TLS}}\|_u \\ &= \|A_p^{H\dagger}(A-\widehat{A})^H(I-\widehat{A}\widehat{A}^\dagger)U_2\Sigma_2V_2^HP_{\text{TLS}}\|_u \\ &= \|\overline{U}_1\overline{\Sigma}_1^{-1}\overline{V}_1^HV_{12}\Sigma_2^T\Sigma_2V_2^HP_{\text{TLS}}\|_u \\ &\geqslant \frac{\|\overline{V}_1^HV_{12}\Sigma_2^T\Sigma_2V_2^HP_{\text{TLS}}\|_u}{\overline{\sigma}_1}, \end{aligned} \tag{4.3.10}$$

$$\|\overline{\Sigma}_1^{-1}\overline{U}_1^H U_2\Sigma_2 V_{22}^\dagger\|_u \leqslant \frac{\sigma_{p+1}}{\overline{\sigma}_p}\|\overline{U}_1^HU_2\|_2\sqrt{\|X_{\text{TLS}}\|_u^2+a(u)}$$

$$\leqslant \frac{\sigma_{p+1}^2}{\overline{\sigma}_p^2}\|V_{12}^H\overline{V}_1\|_2\sqrt{\|X_{\rm TLS}\|_u^2+a(u)}. \tag{4.3.11}$$

(1) 当 $p=n$ 时, $\|(I-A_p^\dagger A_p)\widehat{A}^\dagger\widehat{A}\|_2=0,\ P_{\rm TLS}=V_2V_2^H$. 把上面两个不等式代入 (4.3.9) 式即得 (4.3.5) 式.

(2) 当 $p<n$ 时, 把上面两个不等式和 (4.3.4) 式带入 (4.3.9) 式即得 (4.3.6) 式.

(3) 当 $p<n$ 时, $\widehat{A}X=\widehat{B}$ 的任一 TLS 解 X 可表示为

$$X=\widehat{A}^\dagger B+(I-\widehat{A}^\dagger\widehat{A})Y,\ Y\in\mathbf{C}^{n\times d}. \tag{4.3.12}$$

令

$$X'=A_p^\dagger B+(I-A_p^\dagger A_p)(\widehat{A}^\dagger B+(I-\widehat{A}^\dagger\widehat{A})Y), \tag{4.3.13}$$

则 X' 是 $A_pX=B$ 的一个 LS 解, 且由 (4.3.8) 式有

$$\begin{aligned}X-X'&=X_{\rm TLS}-X_{\rm LS}-(I-A_p^\dagger A_p)X_{\rm TLS}+A_p^\dagger A_p(I-\widehat{A}^\dagger\widehat{A})Y\\&=-\overline{V}_1\overline{\Sigma}_1^{-1}\overline{U}_1^HU_2\Sigma_2V_{22}^\dagger+A_p^\dagger A_p(I-\widehat{A}^\dagger\widehat{A})Y.\end{aligned} \tag{4.3.14}$$

由 (4.3.14), (4.3.4) 和 (4.3.11) 式即得 (4.3.7) 式的第一个不等式. 再应用 Schwarz 不等式即得 (4.3.7) 式的第二个不等式. □

4.3.2　TLS 和截断的 LS 问题残量的比较

对任意的矩阵 $X\in\mathbf{C}^{n\times d}$, 定义 $AX=B$ 关于 X 的残量为

$$r(X)=B-AX. \tag{4.3.15}$$

定理 4.3.3　设 $A\in\mathbf{C}^{m\times n}$, $B\in\mathbf{C}^{m\times d}$. 令 A 和 $C=(A,B)$ 的 SVD 由 (4.1.8)~(4.1.9) 式给出, 并设 (4.3.1) 式成立. 则有

(1) 当 $p=n$ 时,

$$\begin{aligned}\frac{\|\overline{V}_1^HV_{12}\Sigma_2^T\Sigma_2\|_u}{\overline{\sigma}_1}&\leqslant\|r(X_{\rm TLS})-r(X_{\rm LS})\|_u\\&\leqslant\frac{\sigma_{p+1}^2}{\overline{\sigma}_p}\|V_{12}^H\overline{V}_1\|_2\sqrt{\|X_{\rm TLS}\|_u^2+a(u)}.\end{aligned} \tag{4.3.16}$$

(2) 当 $p<n$ 时,

$$\begin{aligned}\frac{\|\overline{V}_1^HV_{12}\Sigma_2^T\Sigma_2V_2^HP_{\rm TLS}\|_u}{\overline{\sigma}_1}&\leqslant\|r(X_{\rm TLS})-r(X_{\rm LS})\|_u\\&\leqslant\frac{\sigma_{p+1}^2}{\overline{\sigma}_p}\|V_{12}^H\overline{V}_1\|_2\sqrt{2\|X_{\rm TLS}\|_u^2+a(u)}.\end{aligned} \tag{4.3.17}$$

证明　由 (4.3.8) 式和等式 $A_p^{H\dagger}A_p^H = A_p^{H\dagger}A^H$,

$$\begin{aligned} r(X_{\mathrm{TLS}}) - r(X_{\mathrm{LS}}) &= -A(X_{\mathrm{TLS}} - X_{\mathrm{LS}}) \\ &= AA_p^{\dagger}U_2\Sigma_2V_{22}^{\dagger} - (A - A_p)\widehat{A}^{\dagger}\widehat{A}X_{\mathrm{TLS}} \\ &= (A_p^H)^{\dagger}V_{12}\Sigma_2^T\Sigma_2V_{22}^{\dagger} - (A - A_p)X_{\mathrm{TLS}} \\ &= \overline{U}_1\overline{\Sigma}_1^{-1}\overline{V}_2^H V_{12}\Sigma_2^T\Sigma_2V_{22}^{\dagger} - (A - A_p)X_{\mathrm{TLS}}. \end{aligned} \tag{4.3.18}$$

于是有

$$\begin{aligned} \|\overline{\Sigma}_1^{-1}\overline{V}_2^H V_{12}\Sigma_2^T\Sigma_2V_{22}^{\dagger}\|_u^2 &= \|A_pA_p^{\dagger}(r(X_{\mathrm{TLS}}) - r(X_{\mathrm{LS}}))\|_u^2 \\ &\leqslant \|r(X_{\mathrm{TLS}}) - r(X_{\mathrm{LS}})\|_u^2 \\ &\leqslant \|\overline{\Sigma}_1^{-1}\overline{V}_2^H V_{12}\Sigma_2^T\Sigma_2V_{22}^{\dagger}\|_u^2 + \|(A - A_p)X_{\mathrm{TLS}}\|_u^2. \end{aligned} \tag{4.3.19}$$

再应用引理 4.2.1, 有

$$\begin{aligned} \|\overline{\Sigma}_1^{-1}\overline{V}_2^H V_{12}\Sigma_2^T\Sigma_2V_{22}^{\dagger}\|_u &\geqslant \|\overline{\Sigma}_1^{-1}\overline{V}_2^H V_{12}\Sigma_2^T\Sigma_2V_2^H P_{\mathrm{TLS}}\|_u \\ &\geqslant \frac{\|\overline{V}_1^H V_{12}\Sigma_2^T\Sigma_2V_2^H P_{\mathrm{TLS}}\|_u}{\overline{\sigma}_1}, \end{aligned} \tag{4.3.20}$$

$$\|\overline{\Sigma}_1^{-1}\overline{V}_2^H V_{12}\Sigma_2^T\Sigma_2V_{22}^{\dagger}\|_u \leqslant \frac{\sigma_{p+1}^2}{\overline{\sigma}_p}\|\overline{V}_1^H V_{12}\|_2\sqrt{\|X_{\mathrm{TLS}}\|_u^2 + a(u)}. \tag{4.3.21}$$

(1) 当 $p = n$ 时, $A - A_p = 0$, $P_{\mathrm{TLS}} = V_2V_2^H$. 把 (4.2.20)~(4.2.21) 式代入 (4.3.19) 式, 得 (4.3.16) 式.

(2) 当 $p < n$ 时, 根据引理 4.3.1, 有

$$\begin{aligned} \|(A - A_p)X_{\mathrm{TLS}}\|_u &= \|(A - A_p)(I - A_p^{\dagger}A_p)\widehat{A}^{\dagger}\widehat{A}X_{\mathrm{TLS}}\|_u \\ &\leqslant \overline{\sigma}_{p+1}\|(I - A_p^{\dagger}A_p)\widehat{A}^{\dagger}\widehat{A}\|_2\|X_{\mathrm{TLS}}\|_u \\ &\leqslant \frac{\sigma_{p+1}^2}{\overline{\sigma}_p}\|V_{12}^H\overline{V}_1\|_2\|X_{\mathrm{TLS}}\|_u. \end{aligned}$$

把上式和 (4.2.20)~(4.2.21) 式代入 (4.3.19) 式, 得 (4.3.17) 式. □

定理 4.3.4　设 $A \in \mathbf{C}^{m\times n}$, $B \in \mathbf{C}^{m\times d}$, A 和 $C = (A, B)$ 的 SVD 由 (4.1.8)~(4.1.9) 式给出, 并设 (4.3.1) 式成立. 若 $p < n$, 则对于 $\widehat{A}X = \widehat{B}$ 的任一个 TLS 解 X, 必存在 $A_pX = B$ 的一个 LS 解 X', 使得

$$\|r(X) - r(X')\|_u \leqslant \sqrt{2}\frac{\sigma_{p+1}^2}{\overline{\sigma}_p}\|V_{12}^H\overline{V}_1\|_2\sqrt{\|X\|_u^2 + a(u)}. \tag{4.3.22}$$

证明　对 $\widehat{A}X = \widehat{B}$ 的任意一个形如 (4.3.12) 式的 TLS 解 X, 取 X' 为 (4.3.13) 式中的形式. 则由 (4.3.14) 式, 有

$$\begin{aligned} r(X) - r(X') &= -A(X' - X) \\ &= (A_p^H)^\dagger V_{12}\Sigma_2^T\Sigma_2 V_{22}^\dagger - AA_p^\dagger A_p(I - \widehat{A}^\dagger\widehat{A})Y \\ &= (A_p^H)^\dagger V_{12}\Sigma_2^T\Sigma_2 V_{22}^\dagger - A_pA_p^\dagger(A - \widehat{A})(I - \widehat{A}^\dagger\widehat{A})Y. \end{aligned}$$

故有

$$\|r(X) - r(X^p)\|_u \leqslant \|(A_p^H)^\dagger V_{12}\Sigma_2^T\Sigma_2 V_{22}^\dagger\|_u + \|A_pA_p^\dagger(A - \widehat{A})(I - \widehat{A}^\dagger\widehat{A})Y\|_u. \quad (4.3.23)$$

根据引理 4.3.1 有

$$\begin{aligned} \|A_pA_p^\dagger(A - \widehat{A})(I - \widehat{A}^\dagger\widehat{A})Y\|_u &= \|\overline{U}_1^H U_2\Sigma_2 V_{12}^H(I - \widehat{A}^\dagger\widehat{A})Y\|_u \\ &\leqslant \frac{\sigma_{p+1}^2}{\overline{\sigma}_p}\|V_{12}^H\overline{V}_1\|_2\|(I - \widehat{A}^\dagger\widehat{A})Y\|_u. \end{aligned}$$

把上式连同 (4.3.21) 式代入 (4.3.23) 式, 再利用 Schwarz 不等式, 知 (4.3.22) 式成立. □

推论 4.3.5　设 $A \in \mathbf{C}^{m\times n}, B \in \mathbf{C}^{m\times d}$. 令 A 和 $C = (A, B)$ 的 SVD 由 (4.1.8)~(4.1.9) 式给出, 并设 (4.3.1) 式成立. 若 $p < n$ 且 $A \neq A_p$, 则对于 $AX = B$ 的任一 LS 解 X', 必存在 $\widehat{A}X = \widehat{B}$ 的一个 TLS 解 X, 使得 $\|X - X'\|_u$ 和 $\|r(X) - r(X')\|_u$ 分别有形如 (4.3.7) 式和 (4.3.22) 式的上界.

证明　由 A_p 的定义, 易知 $AX = B$ 的任一 LS 解 X' 也是 $A_pX = B$ 的一个截断的 LS 解. 因此可以直接应用定理 4.3.2 和定理 4.3.4 的结果. □

4.3.3　TLS 和截断的 LS 问题极小 *F* 范数修正矩阵的比较

由引理 4.1.4, 对任一 $X \in \mathbf{C}^{n\times d}$, 使 $(A - \delta A)X = B - \delta B$ 相容的极小 F 范数修正矩阵为

$$\begin{aligned} M(X) = (\delta A, \delta B) &= (B - AX)((-X^H, I_d)^H)^\dagger \\ &= (B - AX)(X^HX + I_d)^{-1}(-X^H, I_d), \end{aligned}$$

而且对任意 TLS 解 $X = -V_{12}Q(V_{22}Q)^{-1}$, 其中 $Q^HQ = I_d$, $V_{22}Q$ 非奇异, 有

$$M(X) = U_2\Sigma_2 QQ^H V_2^H.$$

定理 4.3.6　设 $A \in \mathbf{C}^{m\times n}$, $B \in \mathbf{C}^{m\times d}$. 令 A 和 $C = (A, B)$ 的 SVD 由 (4.1.8)~(4.1.9) 式给出, 并设 (4.3.1) 式成立. 令 $c = \dfrac{\sigma_{p+1}}{\overline{\sigma}_p}$, 则有

(1) 当 $p=n$ 时,

$$\|M(X_{\mathrm{TLS}})-M(X_{\mathrm{LS}})\|_F \leqslant \sqrt{d}\sigma_{p+1}\frac{1}{1-c}. \tag{4.3.24}$$

(2) 当 $p<n$ 时,

$$\|M(X_{\mathrm{TLS}})-M(X_{\mathrm{LS}})\|_F \leqslant \sqrt{d}\sigma_{p+1}\frac{1+2c}{1-2c^2}, \text{其中 } \overline{\sigma}_p > \sqrt{2}\sigma_{p+1}. \tag{4.3.25}$$

证明　令 $E=(-X_{\mathrm{TLS}}^H, I_d)^H, E_p=(-(X_{\mathrm{LS}})^H, I_d)^H$, 则有 $E^\dagger E = E_p^\dagger E_p = I_d$, 且

$$E^\dagger - E_p^\dagger = -E^\dagger(E-E_p)E_p^\dagger + E^\dagger(I-E_pE_p^\dagger).$$

于是

$$\begin{aligned}
&\|M(X_{\mathrm{TLS}})-M(X_{\mathrm{LS}})\|_F = \|r(X_{\mathrm{TLS}})E^\dagger - r(X_{\mathrm{LS}})E_p^\dagger\|_F \\
&= \|r(X_{\mathrm{TLS}})E^\dagger(-(E-E_p)E_p^\dagger + (I-E_pE_p^\dagger)) - A(X_{\mathrm{TLS}}-X_{\mathrm{LS}})E_p^\dagger\|_F \\
&\leqslant \|M(X_{\mathrm{TLS}})\|_F(\|(X_{\mathrm{TLS}}-X_{\mathrm{LS}})E_p^\dagger\|_2+1) + \|A(X_{\mathrm{TLS}}-X_{\mathrm{LS}})E_p^\dagger\|_F.
\end{aligned} \tag{4.3.26}$$

易得如下的不等式

$$\begin{aligned}
&\|X_{\mathrm{LS}}E_p^\dagger\|_2 \leqslant \|E_pE_p^\dagger\|_2 = 1, \|X_{\mathrm{LS}}E_p^\dagger\|_F \leqslant \|E_pE_p^\dagger\|_F = \sqrt{d}, \\
&\|V_{22}^\dagger E_p^\dagger\|_u = \|(V_{12}^H, V_{22}^H)(-X_{\mathrm{TLS}}^H, I_d)^H E_p^\dagger\|_u \leqslant \|EE_p^\dagger\|_u, \\
&\|X_{\mathrm{TLS}}E_p^\dagger\|_u \leqslant \|EE_p^\dagger\|_u.
\end{aligned} \tag{4.3.27}$$

(1) 当 $p=n$, 注意到此时 $A=A_p$, $I-A_p^\dagger A_p=0$, 因而由定理 4.3.2 和定理 4.3.4, 对于 $\|(X_{\mathrm{TLS}}-X_{\mathrm{LS}})E_p^\dagger\|_u$ 有如下的估计

$$\begin{aligned}
\|(X_{\mathrm{TLS}}-X_{\mathrm{LS}})E_p^\dagger\|_u &= \|(A_p^HA_p)^\dagger V_{12}\Sigma_2^2V_{22}^\dagger E_p^\dagger\|_u \\
&\leqslant \frac{\sigma_{p+1}^2}{\overline{\sigma}_p^2}\|V_{22}^\dagger E_p^\dagger\|_u \leqslant \frac{\sigma_{p+1}^2}{\overline{\sigma}_p^2}\|EE_p^\dagger\|_u.
\end{aligned} \tag{4.3.28}$$

对于 $\|A(X_{\mathrm{TLS}}-X_{\mathrm{LS}})E_p^\dagger\|_u$ 有如下的估计

$$\begin{aligned}
\|A(X_{\mathrm{TLS}}-X_{\mathrm{LS}})E_p^\dagger\|_u &= \|(A_p^H)^\dagger V_{12}\Sigma_2^2V_{22}^\dagger E_p^\dagger\|_u \\
&\leqslant \frac{\sigma_{p+1}^2}{\overline{\sigma}_p}\|EE_p^\dagger\|_u.
\end{aligned} \tag{4.3.29}$$

对于 $\|EE_p^\dagger\|_u$ 有如下的估计

$$\|EE_p^\dagger\|_u = \|((E-E_p)+E_p)E_p^\dagger\|_u$$

$$\leqslant \|(X_{\mathrm{TLS}}-X_{\mathrm{LS}})E_p^{\dagger}\|_u+\|E_pE_p^{\dagger}\|_u$$
$$\leqslant \frac{\sigma_{p+1}^2}{\overline{\sigma}_p^2}\|EE_p^{\dagger}\|_u+\|E_pE_p^{\dagger}\|_u.$$

移项整理得

$$\|EE_p^{\dagger}\|_u \leqslant \frac{\overline{\sigma}_p^2}{\overline{\sigma}_p^2-\sigma_{p+1}^2}\|E_pE_p^{\dagger}\|_u. \tag{4.3.30}$$

把 (4.3.27)～(4.3.30) 式代入 (4.3.26) 式, 得到

$$\|M(X_{\mathrm{TLS}})-M(X_{\mathrm{LS}})\|_F \leqslant \sigma_{p+1}\sqrt{d}\left(\frac{\sigma_{p+1}^2}{\overline{\sigma}_p^2}\frac{\overline{\sigma}_p^2}{\overline{\sigma}_p^2-\sigma_{p+1}^2}+1\right)+\sqrt{d}\frac{\sigma_{p+1}^2}{\overline{\sigma}_p}\frac{\overline{\sigma}_p^2}{\overline{\sigma}_p^2-\sigma_{p+1}^2}$$
$$=\sigma_{p+1}\sqrt{d}\frac{\overline{\sigma}_p^2+\overline{\sigma}_p\sigma_{p+1}}{\overline{\sigma}_p^2-\sigma_{p+1}^2}=\sqrt{d}\sigma_{p+1}\frac{1}{1-c},$$

即为 (4.3.24) 式.

(2) 当 $p<n$ 时, 类似于情形 (1) 的证明, 由定理 4.3.2 和定理 4.3.4 可得

$$\|(X_{\mathrm{TLS}}-X_{\mathrm{LS}})E_p^{\dagger}\|_u \leqslant 2\frac{\sigma_{p+1}^2}{\overline{\sigma}_p^2}\|EE_p^{\dagger}\|_u, \tag{4.3.31}$$

$$\|A(X_{\mathrm{TLS}}-X_{\mathrm{LS}})E_p^{\dagger}\|_u \leqslant 2\frac{\sigma_{p+1}^2}{\overline{\sigma}_p}\|EE_p^{\dagger}\|_u, \tag{4.3.32}$$

$$\|EE_p^{\dagger}\|_u \leqslant \frac{\overline{\sigma}_p^2}{\overline{\sigma}_p^2-2\sigma_{p+1}^2}\|E_pE_p^{\dagger}\|_u. \tag{4.3.33}$$

把 (4.3.27), (4.3.31)～(4.3.33) 式代入 (4.3.26) 式, 得到

$$\|M(X_{\mathrm{TLS}})-M(X_{\mathrm{LS}})\|_F \leqslant \sigma_{p+1}\sqrt{d}\left(\frac{2\sigma_{p+1}^2}{\overline{\sigma}_p^2}\frac{\overline{\sigma}_p^2}{\overline{\sigma}_p^2-2\sigma_{p+1}^2}+1\right)+2\sqrt{d}\frac{\sigma_{p+1}^2}{\overline{\sigma}_p}\frac{\overline{\sigma}_p^2}{\overline{\sigma}_p^2-2\sigma_{p+1}^2}$$
$$=\sigma_{p+1}\sqrt{d}\frac{\overline{\sigma}_p^2+2\overline{\sigma}_p\sigma_{p+1}}{\overline{\sigma}_p^2-2\sigma_{p+1}^2}=\sqrt{d}\sigma_{p+1}\frac{1+2c}{1-2c^2},$$

即为 (4.3.25) 式. □

定理 4.3.7 设 $A\in\mathbf{C}^{m\times n}$, $B\in\mathbf{C}^{m\times d}$, A 和 $C=(A,B)$ 的 SVD 由 (4.1.8)～(4.1.9) 式给出, $p<n$, 并假设 $\overline{\sigma}_p>\sqrt{2}\sigma_{p+1}$. 令 $c=\dfrac{\sigma_{p+1}}{\overline{\sigma}_p}$, 则对于 $\widehat{A}X=\widehat{B}$ 的任一个 TLS 解 X, 必存在 $A_pX=B$ 的一个 LS 解 X', 使得

$$\|M(X)-M(X')\|_F \leqslant \sqrt{d}\sigma_{p+1}\frac{1+2c}{1-2c^2}. \tag{4.3.34}$$

证明　设 X 和 X' 的选取如同 (4.3.12) 和 (4.3.13) 式. 定义 $E=(-X^H,I_d)^H$, $E_p=(-(X')^H,I_d)^H$, 易证

$$\|E_pE_p^\dagger\|_2=1,\ \|E_pE_p^\dagger\|_F=\sqrt{d},\ \|V_{22}^\dagger E_p^\dagger\|_u\leqslant\|EE_p^\dagger\|_u, \tag{4.3.35}$$

$$\|X_{\rm TLS}E_p^\dagger\|_u^2+\|(I-\widehat{A}^\dagger\widehat{A})YE_p^\dagger\|_u^2\leqslant\|XE_p^\dagger\|_u^2\leqslant\|EE_p^\dagger\|_u^2, \tag{4.3.36}$$

并且由 (4.3.14) 式, 有

$$X-X'=A_p^\dagger A_p(X_{\rm TLS}-X_{\rm LS})+A_p^\dagger A_p(I-\widehat{A}^\dagger\widehat{A})Y, \tag{4.3.37}$$

$$A(X-X')=AA_p^\dagger A_p(X_{\rm TLS}-X_{\rm LS})+AA_p^\dagger A_p(I-\widehat{A}^\dagger\widehat{A})Y. \tag{4.3.38}$$

且有 $E^\dagger E=E_p^\dagger E_p=I_d$,

$$E^\dagger-E_p^\dagger=-E^\dagger(E-E_p)E_p^\dagger+E^\dagger(I-E_pE_p^\dagger).$$

于是

$$\|M(X)-M(X')\|_F\leqslant\|M(X)\|_F(\|(X-X')E_p^\dagger\|+1)+\|A(X-X')E_p^\dagger\|_F. \tag{4.3.39}$$

根据 (4.3.35)~(4.3.39) 式和第一部分的证明, 有

$$\|(X-X')E_p^\dagger\|_u\leqslant 2\frac{\sigma_{p+1}^2}{\overline{\sigma}_p^2}\|EE_p^\dagger\|_u,$$

$$\|A(X-X')E_p^\dagger\|_F\leqslant 2\frac{\sigma_{p+1}^2}{\overline{\sigma}_p}\|EE_p^\dagger\|_F,$$

$$\|EE_p^\dagger\|_u\leqslant\frac{\overline{\sigma}_p^2}{\overline{\sigma}_p^2-2\sigma_{p+1}^2}\|E_pE_p^\dagger\|_u.$$

从上面的不等式即可得到估计式 (4.3.34). □

应用推论 4.3.5 的方法, 由定理 4.3.7 可以得到如下结果.

推论 4.3.8　设 $A\in\mathbf{C}^{m\times n}$, $B\in\mathbf{C}^{m\times d}$, A 和 $C=(A,B)$ 的 SVD 由 (4.1.8)~(4.1.9) 式给出, $\overline{\sigma}_p>\sqrt{2}\sigma_{p+1}$, 并且 $A\neq A_p$, $p<n$. 令 $c=\dfrac{\sigma_{p+1}}{\overline{\sigma}_p}$, 则对于 $AX=B$ 的任一个 LS 解 X', 必存在一个 TLS 解 X, 使得 $\|M(X)-M(X')\|_F$ 有形如 (4.3.34) 式的上界.

注 4.3.1　由本节的讨论可以看出, 当比值 $\dfrac{\sigma_{p+1}}{\overline{\sigma}_p}$ 很小时, TLS 和截断的 LS 问题的解集, 残量, 以及极小 F 范数修正矩阵都很接近. $\dfrac{\sigma_{p+1}}{\overline{\sigma}_p}$ 实际上刻画了原问题的相容性程度. 一个人们感兴趣的问题是, TLS 和 LS 哪一种方法更精确. 由 TLS 问

题和截断的 LS 问题的分析结果可以看出, 如果 $\mathcal{R}(B) \subseteq \mathcal{R}(A)$ 且 $\mathrm{rank}(A) = p$, 则当扰动矩阵 ΔA, ΔB 很小, 使得 $\|(\Delta A,\ \Delta B)\|_2 \ll \overline{\sigma}_p$ 时, 则 TLS 方法和截断的 LS 方法有相同的精度; 而当 $\|(\Delta A,\ \Delta B)\|_2 \approx \overline{\sigma}_p$ 时, 则 TLS 方法可能更精确.

4.3.4　一个实例

在信号处理的参数辨识问题中, 往往会遇到如下形式的时间序列 $\{y_l\}$,

$$y_l = \sum_{j=1}^{p} c_j z_j^l, \tag{4.3.40}$$

其中 $l = 0, 1, \cdots$, $z_j = \exp(\lambda_j T)$, $j = 1 : p$, 而 λ_j, c_j 待定. 假设 c_j 和 z_j 非零且 z_j, $j = 1 : p$ 互异. 考虑用 Prony 方法来求极点 λ_j 和系数 c_j 的问题.

设

$$a_j = \begin{pmatrix} y_{j-1} \\ \vdots \\ y_{j+m-2} \end{pmatrix}, \quad A_n = (a_1, \cdots, a_n). \tag{4.3.41}$$

考虑线性系统

$$A_n x = -a_{n+1} = b_n. \tag{4.3.42}$$

假设 $m \geqslant n$, $m \geqslant p$. 则由 Prony 方法的理论分析结果[251], 可知 $\mathrm{rank}(A_n) = \min\{n,\ p\}$. 因此若 $n \geqslant p$, 则线性系统 (4.3.42) 是相容的. 此时对任一解 $x = (\alpha_0, \cdots, \alpha_{n-1})^T$, 构造多项式

$$P_n(z) = z^n + \alpha_{n-1} z^{n-1} + \cdots + \alpha_1 z + \alpha_0. \tag{4.3.43}$$

则 $P_n(z)$ 有零点 $z_1, \cdots, z_p$. 表 4.3.1 是常用的测试极点和系数.

表 4.3.1　六对极点和系数

λ_j	c_j
$-0.082 \pm 0.926\mathrm{i}$	1
$-0.147 \pm 2.874\mathrm{i}$	1
$-0.188 \pm 4.835\mathrm{i}$	1
$-0.220 \pm 6.800\mathrm{i}$	1
$-0.247 \pm 8.767\mathrm{i}$	1
$-0.270 \pm 10.733\mathrm{i}$	1

本例取 $T = 0.2$, $m = 60$, $p = 12$,$n = 12 : 16$. 这时 TLS 和 LS 问题的解集是相同的. 在 $\{y_j\}$ 中加入期望值为 0, 均方差 $\sigma = 0.1$ 的正态分布的随机误差, 并用截断的 LS 和 TLS 方法计算.

由表 4.3.2 可以看出, 当 $n \geqslant 12$ 逐步增大时, 截断的 LS 和 TLS 解的误差愈来愈小, 而 $\overline{\sigma}_p$ 和 σ_p 愈来愈大. 又当 $\overline{\sigma}_p/\sigma_p$ 很小时, $\dfrac{\|\Delta C\|_2}{\overline{\sigma}_p} \gg \dfrac{\|\Delta C\|_2}{\sigma_p}$, 这时 TLS 方法更精确. 而当 $\overline{\sigma}_p/\sigma_p$ 接近 1 时, TLS 和截断的 LS 方法的精度相同.

表 4.3.2　截断的 LS 和 TLS 方法的精度

n	12	13	14	15	16
$\|\Delta C\|_2$	0.114	0.114	0.114	0.114	0.114
$\overline{\sigma}_p$	0.0670	0.433	1.92	5.55	7.74
σ_p	0.433	1.92	5.55	7.74	8.12
$\sqrt{\|X_{\text{TLS}}\|_2^2+1}$	44.2	11.8	4.18	1.79	1.15
$\|X_{\text{LS}} - X'_{\text{LS}}\|_2$	26.2	0.454	0.912e-2	0.414e-2	0.319 e-2
$\|X_{\text{TLS}} - X'_{\text{TLS}}\|_2$	0.532	0.440e-1	0.121e-1	0.419e-2	0.319 e-2

§ 4.4　推广的降秩最佳逼近定理

Golub, Hoffman, Stewart[86] 和 Watson[217], Demmel[59] 分别把降秩最佳逼近定理推广到矩阵有如下形式: $G_1 = \begin{pmatrix} C & D \end{pmatrix}$ 和 $G_3 = \begin{pmatrix} A & B \\ C & D \end{pmatrix}$ 时的情形. 对于给定的秩 r, 他们得到了只对 D 进行扰动, 使得扰动后矩阵的秩为 r 的推广的降秩最佳逼近定理. 本节讨论推广的降秩最佳逼近定理及其扰动分析.

考虑分块矩阵

$$G_3 = \begin{pmatrix} A & B \\ C & D \end{pmatrix}, \tag{4.4.1}$$

其中 $A \in \mathbf{C}^{m_1\times n_1}$, $B \in \mathbf{C}^{m_1\times n_2}$, $C \in \mathbf{C}^{m_2\times n_1}$, $D \in \mathbf{C}^{m_2\times n_2}$, $P_A^{\perp} = I - AA^{\dagger}$, $P_{A^H}^{\perp} = I - A^{\dagger}A$ 分别为子空间 $\mathcal{R}(A)^{\perp}$ 和 $\mathcal{R}(A^H)^{\perp}$ 上的正交投影. 记

$$M = P_A^{\perp}B,\ N = CP_{A^H}^{\perp}. \tag{4.4.2}$$

定理 4.4.1[59, 232]　设 G_3 由 (4.4.1) 式定义. 则 $\operatorname{rank}(G_3)$ 满足

$$\begin{aligned}\operatorname{rank}(G_3) &= \operatorname{rank}(A) + \operatorname{rank}(M) + \operatorname{rank}(N) + \operatorname{rank}(D_1)\\ &\geqslant \operatorname{rank}(A) + \operatorname{rank}(M) + \operatorname{rank}(N),\end{aligned} \tag{4.4.3}$$

其中 M 和 N 如 (4.4.2) 式定义, 且

$$D_1 = (I - NN^{\dagger})(D - CA^{\dagger}B)(I - M^{\dagger}M). \tag{4.4.4}$$

设 D_1 的 SVD 为

$$D_1 = Z\mathrm{diag}(t_1, \cdots, t_l)W^H, \tag{4.4.5}$$

其中 $Z \in \mathcal{U}_{m_2}$, $W \in \mathcal{U}_{n_2}$ 是酉矩阵, $l = \min\{m_2, n_2\}$, $t_1 \geqslant \cdots \geqslant t_l \geqslant 0$ 为 D_1 的奇异值.

设 r 满足 $\mathrm{rank}(A) + \mathrm{rank}(M) + \mathrm{rank}(N) \leqslant r < \mathrm{rank}(G_3)$, $p = r - \mathrm{rank}(A) - \mathrm{rank}(M) - \mathrm{rank}(N)$, 且 $t_p > t_{p+1}$. 则使

$$\begin{pmatrix} A & B \\ C & D - \delta D \end{pmatrix}$$

的秩为 r 的唯一极小 F 范数扰动矩阵 δD 为

$$\delta D = Z\mathrm{diag}(0, \cdots, 0, t_{p+1}, \cdots, t_l)W^H, \tag{4.4.6}$$

且有 $\|\delta D\|_F = \sqrt{\sum\limits_{j=p+1}^{l} t_j^2}$.

证明 设 A 的双侧酉分解为 $A = \overline{U}_1 \begin{pmatrix} A_{11} & 0 \\ 0 & 0 \end{pmatrix} \overline{V}_1^H$, 其中 A_{11} 为秩为 $p_1 = \mathrm{rank}(A)$ 的非奇异矩阵, $\overline{U}_1 = (\overline{U}_{11}, \overline{U}_{12})$, $\overline{V}_1 = (\overline{V}_{11}, \overline{V}_{12})$ 为酉矩阵, $\overline{U}_{11}$, $\overline{V}_{11}$ 分别为 $\overline{U}_1, \overline{V}_1$ 的前 p_1 列. 再设 $\overline{U}_{12}^H B$ 和 $C\overline{V}_{12}$ 的双侧酉分解为

$$\overline{U}_{12}^H B = \overline{U}_2 \begin{pmatrix} B_{21} & 0 \\ 0 & 0 \end{pmatrix} V_2^H, \quad C\overline{V}_{12} = U_2 \begin{pmatrix} C_{12} & 0 \\ 0 & 0 \end{pmatrix} \overline{V}_2^H,$$

其中 B_{21} 和 C_{12} 非奇异, $p_2 = \mathrm{rank}(B_{21})$, $p_3 = \mathrm{rank}(C_{12})$, U_2, $\overline{U}_2$, V_2, $\overline{V}_2$ 为酉矩阵. 则可验证

$$G_3 = \begin{pmatrix} U_1 & 0 \\ 0 & U_2 \end{pmatrix} \begin{pmatrix} A_{11} & 0 & 0 & B_{11} & B_{12} \\ 0 & 0 & 0 & B_{21} & 0 \\ 0 & 0 & 0 & 0 & 0 \\ C_{11} & C_{12} & 0 & D_{11} & D_{12} \\ C_{21} & 0 & 0 & D_{21} & D_{22} \end{pmatrix} \begin{pmatrix} V_1^H & 0 \\ 0 & V_2^H \end{pmatrix}, \tag{4.4.7}$$

其中

$$U_1 = \overline{U}_1 \mathrm{diag}(I, \overline{U}_2),\ V_1 = \overline{V}_1 \mathrm{diag}(I, \overline{V}_2),\ (B_{11}, B_{12}) = \overline{U}_{11}^H B V_2,$$

$$\begin{pmatrix} C_{11} \\ C_{21} \end{pmatrix} = U_2^H C \overline{V}_{11}, \begin{pmatrix} D_{11} & D_{12} \\ D_{21} & D_{22} \end{pmatrix} = U_2^H D V_2.$$

划分 $U_i, V_i, i=1,2$ 如下:

$$\begin{aligned} &U_1=(U_{11},U_{12},U_{13}), && U_2=(U_{21},U_{22}) \\ &\qquad p_1,\ p_2,\ m_1-p_1-p_2 && \qquad p_3,\ m_2-p_3 \\ &V_1=(V_{11},V_{12},V_{13}), && V_2=(V_{21},V_{22}) \\ &\qquad p_1,\ p_3,\ n_1-p_1-p_3 && \qquad p_2,\ n_2-p_2, \end{aligned} \tag{4.4.8}$$

则由 (4.4.7) 和 (4.4.8) 式, 有

$$\begin{aligned} &A=U_{11}A_{11}V_{11}^H,\ P_A^{\perp}=I-U_{11}U_{11}^H,\ P_{A^H}^{\perp}=I-V_{11}V_{11}^H, \\ &M=P_A^{\perp}B=U_{12}B_{21}V_{21}^H,\ I-M^{\dagger}M=I-V_{21}V_{21}^H=V_{22}V_{22}^H, \\ &N=CP_{A^H}^{\perp}=U_{21}C_{12}V_{22}^H,\ I-NN^{\dagger}=I-U_{21}U_{21}^H=U_{22}U_{22}^H. \end{aligned}$$

于是

$$\begin{aligned} B(I-M^{\dagger}M)=U_{11}B_{12}V_{22}^H,\ B_{12}=U_{11}^HB(I-M^{\dagger}M)V_{22}, \\ (I-NN^{\dagger})C=U_{22}C_{21}V_{11}^H,\ C_{21}=U_{22}^H(I-NN^{\dagger})CV_{11}, \\ (I-NN^{\dagger})D(I-M^{\dagger}M)=U_{22}D_{22}V_{22}^H,\ D_{22}=U_{22}^H(I-NN^{\dagger})D(I-M^{\dagger}M)V_{22}. \end{aligned}$$

结合上面等式得

$$\begin{aligned} &D_1=(I-NN^{\dagger})(D-CA^{\dagger}B)(I-M^{\dagger}M)=U_{22}(D_{22}-C_{21}A_{11}^{-1}B_{12})V_{22}^H, \\ &D_{22}-C_{21}A_{11}^{-1}B_{12}=U_{22}^HD_1V_{22}. \end{aligned}$$

因此有

$$\begin{aligned} &\text{rank}(A)=\text{rank}(A_{11}),\ \text{rank}(M)=\text{rank}(B_{21}), \\ &\text{rank}(N)=\text{rank}(C_{12}),\ \text{rank}(D_1)=\text{rank}(D_{22}-C_{21}A_{11}^{-1}B_{12}). \end{aligned}$$

因此由 (4.4.7) 式, 经过矩阵的初等变换, 得到如下的等秩变换

$$\begin{aligned} G_3 &\to \begin{pmatrix} A_{11} & 0 & 0 & B_{11} & B_{12} \\ 0 & 0 & 0 & B_{21} & 0 \\ 0 & 0 & 0 & 0 & 0 \\ C_{11} & C_{12} & 0 & D_{11} & D_{12} \\ C_{21} & 0 & 0 & D_{21} & D_{22} \end{pmatrix} \\ &\to \begin{pmatrix} A_{11} & 0 & 0 & 0 & 0 \\ 0 & 0 & 0 & B_{21} & 0 \\ 0 & 0 & 0 & 0 & 0 \\ 0 & C_{12} & 0 & D_{11}-C_{11}A_{11}^{-1}B_{11} & D_{12}-C_{11}A_{11}^{-1}B_{12} \\ 0 & 0 & 0 & D_{21}-C_{21}A_{11}^{-1}B_{11} & D_{22}-C_{21}A_{11}^{-1}B_{12} \end{pmatrix} \end{aligned}$$

$$\to \begin{pmatrix} A_{11} & 0 & 0 & 0 & 0 \\ 0 & 0 & 0 & B_{21} & 0 \\ 0 & 0 & 0 & 0 & 0 \\ 0 & C_{12} & 0 & 0 & 0 \\ 0 & 0 & 0 & 0 & D_{22} - C_{21}A_{11}^{-1}B_{12} \end{pmatrix},$$

从而有

$$\begin{aligned} \text{rank}(G_3) &= \text{rank}(A) + \text{rank}(M) + \text{rank}(N) + \text{rank}(D_1) \\ &\geqslant \text{rank}(A) + \text{rank}(M) + \text{rank}(N). \end{aligned}$$

再对 D_1 应用降秩最佳逼近定理, 即证得定理的结论. □

记 $C \in \mathbf{C}^{m_2 \times n_1}$, $D \in \mathbf{C}^{m_2 \times n_2}$, $P_{N(C)} = I - CC^\dagger$. 考虑分块矩阵

$$G_1 = (C \quad D). \tag{4.4.9}$$

推论 4.4.2 设 G_1 由 (4.4.9) 式定义. 则 $\text{rank}(G_1)$ 满足

$$\text{rank}(C) \leqslant \text{rank}(G_1) = \text{rank}(C) + \text{rank}(D_1), \tag{4.4.10}$$

其中

$$D_1 = P_{N(C)}D. \tag{4.4.11}$$

设 D_1 的 SVD 为

$$D_1 = Z\text{diag}(t_1, \cdots, t_l)W^H, \tag{4.4.12}$$

其中 $Z \in \mathcal{U}_{m_2}$, $W \in \mathcal{U}_{n_2}$ 是酉矩阵, $l = \min\{m_2, n_2\}$, $t_1 \geqslant \cdots \geqslant t_l \geqslant 0$ 为 D_1 的奇异值. 设 r 满足 $\text{rank}(C) \leqslant r < \text{rank}(G_1)$, $p = r - \text{rank}(C)$, $t_p > t_{p+1}$. 则使

$$(C \quad D - \delta D)$$

的秩为 r 的唯一极小 F 范数扰动矩阵 δD 为

$$\delta D = Z\text{diag}(0, \cdots, 0, t_{p+1}, \cdots, t_l)W^H, \tag{4.4.13}$$

且有 $\|\delta D\|_F = \sqrt{\sum\limits_{j=p+1}^{l} t_j^2}$.

证明 在定理 4.4.1 中取 $A = 0$, $B = 0$. 则 $M = 0$, $N = C$. □

定理 4.4.3[232] 设 G_3 如 (4.4.1) 式定义, 且 $G_3' = G_3 + \Delta G_3$ 为相应的扰动, 其中 $A' = A + \Delta A$, $B' = B + \Delta B$, $C' = C + \Delta C$, $D' = D + \Delta D$. 令

$$\begin{aligned} &M = (I - AA^\dagger)B, \ M' = (I - A'A'^\dagger)B', \\ &N = C(I - A^\dagger A), N' = C'(I - A'^\dagger A'), \end{aligned} \tag{4.4.14}$$

且

$$\begin{aligned} D_1 &= (I - NN^\dagger)(D - CA^\dagger B)(I - M^\dagger M), \\ D_1' &= (I - N'N'^\dagger)(D' - C'A'^\dagger B')(I - M'^\dagger M'). \end{aligned} \tag{4.4.15}$$

若

$$\operatorname{rank}(A) = \operatorname{rank}(A'),\ \operatorname{rank}(M) = \operatorname{rank}(M'),\ \operatorname{rank}(N) = \operatorname{rank}(N'), \tag{4.4.16}$$

则对于 2 范数或 F 范数 $\|\cdot\|_u$, 有

$$\begin{aligned} \|D_1 - D_1'\|_u \leqslant{} & \|\Delta D\|_u + \|\Delta C\|_u \|A^\dagger B(I - M^\dagger M)\|_2 \\ & + \|\Delta B\|_u \|(I - N'N'^\dagger)C'A'^\dagger\|_2 \\ & + \|\Delta A\|_u \|(I - N'N'^\dagger)C'A'^\dagger\|_2 \|A^\dagger B(I - M^\dagger M)\|_2 \\ & + c(u)\|M^\dagger\|_2 \Big(\|\Delta B\|_u + c(u)\|\Delta A\|_u \|B\|_2 \|A^\dagger\|_2\Big) \\ & \times \|(I - N'N'^\dagger)(D' - C'A'^\dagger B')\|_2 \\ & + c(u)\|N^\dagger\|_2 \Big(\|\Delta C\|_u + c(u)\|\Delta A\|_u \|C\|_2 \|A^\dagger\|_2\Big) \\ & \times \|(D - CA^\dagger B)(I - M^\dagger M)\|_2, \end{aligned} \tag{4.4.17}$$

其中

$$c(u) = \begin{cases} 1, & \text{对 2范数;} \\ \sqrt{2}, & \text{对 } F\text{范数.} \end{cases}$$

若 $\|\Delta A\|_u \leqslant \xi$, $\|\Delta B\|_u \leqslant \xi$, $\|\Delta C\|_u \leqslant \xi$, 且 $\|\Delta D\|_u \leqslant \xi$, 则有下面的一阶误差分析,

$$\begin{aligned} \|D_1 - D_1'\|_u \leqslant{} & \xi(1 + \|A^\dagger B(I - M^\dagger M)\|_2)(1 + \|(I - NN^\dagger)CA^\dagger\|_2) \\ & + \xi c(u)(1 + c(u)\|B\|_2\|A^\dagger\|_2)\|M^\dagger\|_2\|(I - NN^\dagger)(D - CA^\dagger B)\|_2 \\ & + \xi c(u)(1 + c(u)\|C\|_2\|A^\dagger\|_2)\|N^\dagger\|_2\|(D - CA^\dagger B)(I - M^\dagger M)\|_2 \\ & + O(\xi^2). \end{aligned} \tag{4.4.18}$$

证明　由 (4.4.15) 式, 有

$$\begin{aligned} \|D_1 - D_1'\|_u \leqslant{} & \|(I - N'N'^\dagger)\Big(D' - D - C'A'^\dagger(B' - B) \\ & - C'(A'^\dagger - A^\dagger)B - (C' - C)A^\dagger B\Big)(I - M^\dagger M)\|_u \\ & + \|(I - N'N'^\dagger)(D' - C'A'^\dagger B')\Big((I - M'^\dagger M') - (I - M^\dagger M)\Big)\|_u \\ & + \|\Big((I - N'N'^\dagger) - (I - NN^\dagger)\Big)(D - CA^\dagger B)(I - M^\dagger M)\|_u. \end{aligned} \tag{4.4.19}$$

而 $A'^{\dagger} - A^{\dagger}$ 有分解形式

$$A'^{\dagger} - A^{\dagger} = -A'^{\dagger}\Delta A A^{\dagger} + A'^{\dagger}(I - AA^{\dagger}) - (I - A'^{\dagger}A')A^{\dagger},$$

因此由等式 $(I - AA^{\dagger})B = M$ 和 $C'(I - A'^{\dagger}A') = N'$, 得到

$$\begin{aligned}
&(I - N'N'^{\dagger})C'(A'^{\dagger} - A^{\dagger})B(I - M^{\dagger}M) \\
&= (I - N'N'^{\dagger})C'\Big(-A'^{\dagger}\Delta A A^{\dagger} + A'^{\dagger}(I - AA^{\dagger}) \\
&\quad - (I - A'^{\dagger}A')A^{\dagger}\Big)B(I - M^{\dagger}M) \\
&= -(I - N'N'^{\dagger})C'A'^{\dagger}\Delta A A^{\dagger}B(I - M^{\dagger}M).
\end{aligned} \tag{4.4.20}$$

另一方面, 由 (4.4.14) 式和定理 2.3.1~ 定理 2.3.2 得

$$\begin{aligned}
\|M - M'\|_u &= \|(I - AA^{\dagger})B - (I - A'A'^{\dagger})B'\|_u \\
&\leqslant \|(I - A'A'^{\dagger})\Delta B\|_u + \|AA^{\dagger} - A'A'^{\dagger}\|_u\|B\|_2 \\
&\leqslant \|\Delta B\|_u + c(u)\|B\|_2\|\Delta A\|_u\|A^{\dagger}\|_2.
\end{aligned}$$

于是有

$$\begin{aligned}
\|M'^{\dagger}M' - M^{\dagger}M\|_u &\leqslant c(u)\|M^{\dagger}\|_2\|M - M'\|_u \\
&\leqslant c(u)\|M^{\dagger}\|_2(\|\Delta B\|_u + c(u)\|\Delta A\|_u\|B\|_2\|A^{\dagger}\|_2).
\end{aligned} \tag{4.4.21}$$

类似地, 有

$$\|N'N'^{\dagger} - NN^{\dagger}\|_u \leqslant c(u)\|N^{\dagger}\|_2(\|\Delta C\|_u + c(u)\|\Delta A\|_u\|C\|_2\|A^{\dagger}\|_2). \tag{4.4.22}$$

把 (4.4.20)~(4.4.22) 式代入到 (4.4.19) 式, 即得到 (4.4.17)~(4.4.18) 式的估计. □

推论 4.4.4[232] 设 $C,\ C' = C + \Delta C \in C^{m_2\times n_1}$, $D,\ D' = D + \Delta D \in C^{m_2\times n_2}$, 且 $\operatorname{rank}(C) = \operatorname{rank}(C') = s$. 令

$$D_1 = (I - CC^{\dagger})D,\ D_1' = (I - C'C'^{\dagger})D'. \tag{4.4.23}$$

则有

$$\|D_1 - D_1'\|_u \leqslant \|\Delta D\|_u + c(u)\|\Delta C\|_u\|C^{\dagger}\|_2\|D\|_2. \tag{4.4.24}$$

证明 在定理 4.4.3 中的矩阵 G_3 和 G_3' 中取 $A = A' = 0$, $B = B' = 0$. 则有

$$M = 0,\ M' = 0,\ N = C,\ N' = C'.$$

则由 (4.4.17) 式立即得到 (4.4.24) 式. □

设 $\eta_2 = \|D_1 - D_1'\|_2, \eta_F = \|D_1 - D_1'\|_F, \eta_u = \|D_1 - D_1'\|_u$. 令 $D_1,\ D_1' \in C^{m_2 \times n_2}$ 的 SVD 分别为

$$D_1 = ZTW^H, \quad D_1' = Z'T'W'^H, \tag{4.4.25}$$

其中 $Z,\ Z',\ W,\ W'$ 为酉矩阵, $T = \mathrm{diag}(t_1, \cdots, t_l)$, $T' = \mathrm{diag}(t_1', \cdots, t_l')$, $j = 1 : l = \min\{m_2, n_2\}$, $t_1 \geqslant \cdots \geqslant t_l, t_1' \geqslant \cdots \geqslant t_l'$ 分别是 D_1 和 D_1' 的奇异值.

定理 4.4.5[232]　设 $D_1,\ D_1' \in C^{m_2 \times n_2}$, D_1 和 D_1' 的 SVD 如 (4.4.25) 式, p 为满足 $0 \leqslant p < l = \min\{m_2, n_2\}$ 的整数. 令

$$Z = (Z_1, Z_2),\ Z' = (Z_1', Z_2'),\ W = (W_1, W_2),\ W' = (W_1', W_2'), \tag{4.4.26}$$

其中 $Z_1,\ Z_1',\ W_1,\ W_1'$ 分别是 $Z,\ Z',\ W,\ W'$ 的前 p 列,

$$\begin{aligned} T_1 &= \mathrm{diag}(t_1, \cdots, t_p),\ T_2 = \mathrm{diag}(t_{p+1}, \cdots, t_l), \\ T_1' &= \mathrm{diag}(t_1', \cdots, t_p'),\ T_2' = \mathrm{diag}(t_{p+1}', \cdots, t_l'). \end{aligned}$$

取 $\delta D = Z_2 T_2 W_2^H$, $\delta D' = Z_2' T_2' W_2'^H$. 则有

$$\|\delta D - \delta D'\|_u \leqslant \eta_u + c(u) \max\{\|T_2\|_u,\ \|T_2'\|_u\}. \tag{4.4.27}$$

若 $\eta_2 < (t_p - t_{p+1})/2$, 则有

$$\|\delta D - \delta D'\|_u \leqslant \eta_u \left(1 + c(u) \frac{t_{p+1} + \eta_2}{t_p - t_{p+1} - \eta_2}\right), \tag{4.4.28}$$

其中当 $p = 0$ 时, 定义 $t_p = +\infty$.

证明　若 $p = 0$, 则 (4.4.28) 式显然成立. 当 $p > 0$ 时, 有恒等式

$$\begin{aligned} \eta_u &= \|D_1 - D_1'\|_u = \|Z^H (D_1 - D_1') W'\|_u \\ &= \left\| \begin{pmatrix} T_1 W_1^H W_1' - Z_1^H Z_1' T_1' & T_1 W_1^H W_2' - Z_1^H Z_2' T_2' \\ T_2 W_2^H W_1' - Z_2^H Z_1' T_1' & T_2 W_2^H W_2' - Z_2^H Z_2' T_2' \end{pmatrix} \right\|_u, \\ \|\delta D - \delta D'\|_u &= \|Z^H (\delta D - \delta D') W'\|_u \\ &= \left\| \begin{pmatrix} 0 & -Z_1^H Z_2' T_2' \\ T_2 W_2^H W_1' & T_2 W_2^H W_2' - Z_2^H Z_2' T_2' \end{pmatrix} \right\|_u. \end{aligned}$$

于是对 $i,\ j = 1, 2$, 有

$$\|T_i W_i^H W_j' - Z_i^H Z_j' T_j'\|_u \leqslant \eta_u,$$

并且

$$\begin{aligned} \|\delta D - \delta D'\|_u &\leqslant \|T_2 W_2^H W_2' - Z_2^H Z_2' T_2'\|_u + \left\| \begin{pmatrix} 0 & -Z_1^H Z_2' T_2' \\ T_2 W_2^H W_1' & 0 \end{pmatrix} \right\|_u \\ &\leqslant \eta_u + c(u) \max\{\|T_2 W_2^H W_1'\|_u, \|Z_1^H Z_2' T_2'\|_u\} \\ &\leqslant \eta_u + c(u) \max\{\|T_2\|_u, \|T_2'\|_u\}. \end{aligned}$$

此即 (4.4.27) 式. 若 $\eta_2 < (t_p - t_{p+1})/2$, 则由奇异值的扰动定理, 有

$$t'_p - t'_{p+1} \geqslant t_p - t_{p+1} - 2\eta_2 > 0,\ t'_p - t_{p+1} \geqslant t_p - t_{p+1} - \eta_2 > 0,$$

并且由子空间的扰动定理 (定理 2.3.6),

$$\begin{aligned}\|W_2^H W'_1\|_u &\leqslant \frac{\eta_u}{t'_p - t_{p+1}} \leqslant \frac{\eta_u}{t_p - t_{p+1} - \eta_2},\\ \|Z_1^H Z'_2\|_u &\leqslant \frac{\eta_u}{t_p - t_{p+1} - \eta_2}.\end{aligned}$$

于是有

$$\begin{aligned}\|\delta D - \delta D'\|_u &\leqslant \eta_u + c(u)\max\{\|T_2 W_2^H W'_1\|_u, \|Z_1^H Z'_2 T'_2\|_u\}\\ &\leqslant \eta_u + c(u)\frac{\eta_u}{t_p - t_{p+1} - \eta_2}\max\{\|T_2\|_2, \|T'_2\|_2\}\\ &\leqslant \eta_u\left(1 + c(u)\frac{t_{p+1} + \eta_2}{t_p - t_{p+1} - \eta_2}\right).\end{aligned}$$

□

注 4.4.1 类似于定理 2.3.6 的证明, 可以推导比定理 4.4.3, 定理 4.4.5 和推论 4.4.4 更加精细的结果. 但是这样会使得其中的表达式过分复杂. 感兴趣的读者可以尝试.

§ 4.5 LS-TLS 问题

在实际的计算问题中, 人们往往需要求解如下的线性方程组

$$AX = B, \tag{4.5.1}$$

矩阵 $A \in \mathbf{C}_r^{m\times n}$, $B \in \mathbf{C}^{m\times d}$ 给定, $X \in \mathbf{C}^{n\times d}$ 为待定的未知矩阵. 其中 A 和 X 为

$$A = (A_1, A_2),\ X = \begin{pmatrix} X_1 \\ X_2 \end{pmatrix}, \tag{4.5.2}$$

$A_1 \in \mathbf{C}_{r_1}^{m\times n_1}$, $A_2 \in \mathbf{C}^{m\times n_2}$, $n_1 + n_2 = n$, $X_1 \in \mathbf{C}^{n_1\times d}$, $X_2 \in \mathbf{C}^{n_2\times d}$, 并且矩阵 A_1 中不含有误差, 而 A_2, B 中含有误差. 这样就导致了 LS-TLS 问题. Golub, Hoffman 和 Stewart[86], Van Huffel 和 Vandewalle[200], Paige 和魏木生[158] 讨论了 (加权的)LS-TLS 问题. 本小节的内容在 [200] 与 [158] 的基础上进行了改进.

定义 4.5.1 设 $A = (A_1, A_2)$, B 由 (4.5.1)~(4.5.2) 式给定. 所谓 LS-TLS 问题, 就是分别寻找整数 p 满足 $0 \leqslant p \leqslant r - r_1$, 和矩阵 $\widehat{A}_2 \in \mathbf{C}^{m\times n_2}$, $\widehat{B} \in \mathbf{C}^{m\times d}$, 使得

$$\|(A_1, A_2, B) - (A_1, \widehat{A}_2, \widehat{B})\|_F$$

$$= \min_{\substack{\text{rank}(A_1, \widetilde{A}_2, \widetilde{B}) = p + r_1 \\ \widetilde{A}_2 \in \mathbf{C}^{m \times n_2} \\ \widetilde{B} \in \mathbf{C}^{m \times d}}} \|(A_1, A_2, B) - (A_1, \widetilde{A}_2, \widetilde{B})\|_F, \tag{4.5.3}$$

并且线性方程组

$$A_1 X_1 + \widehat{A}_2 X_2 = \widehat{B} \tag{4.5.4}$$

相容.

令 $P \equiv P_{A_1}^{\perp} = I - A_1 A_1^{\dagger}$. 则由 §4.4 的分析, LS-TLS 问题 (4.5.3)~(4.5.4) 等价于相容约束

$$A_1 X_1 + A_1 A_1^{\dagger} A_2 X_2 = A_1 A_1^{\dagger} B, \quad A_1^{\dagger}(\widehat{A}_2, \widehat{B}) = A_1^{\dagger}(A_2, B), \tag{4.5.5}$$

$$\text{rank}(P\widehat{A}_2, P\widehat{B}) = \text{rank}(P\widehat{A}_2) = p \tag{4.5.6}$$

和

$$\|(PA_2, PB) - (P\widehat{A}_2, P\widehat{B})\|_F = \min_{\substack{\text{rank}(P\widetilde{A}_2, P\widetilde{B}) = p \\ \widetilde{A}_2 \in \mathbf{C}^{m \times n_2} \\ \widetilde{B} \in \mathbf{C}^{m \times d}}} \|(PA_2, PB) - (P\widetilde{A}_2, P\widetilde{B})\|_F, \tag{4.5.7}$$

由 §4.1~ §4.4 的讨论, 处理 LS-TLS 问题有如下的步骤. 设 (PA_2, PB) 的 SVD 为

$$(PA_2, PB) = U\Sigma V^H = U_1 \Sigma_1 V_1^H + U_2 \Sigma_2 V_2^H, \tag{4.5.8}$$

其中 U, V 为酉矩阵, U_1, V_1 分别为 U, V 的前 p 列, $l = \min\{m,\ n_2 + d\}$, $\sigma_1 \geqslant \cdots \geqslant \sigma_l$ 为矩阵 (PA_2, PB) 的奇异值,

$$\Sigma_1 = \text{diag}(\sigma_1, \cdots, \sigma_p), \quad \Sigma_2 = \text{diag}(\sigma_{p+1}, \cdots, \sigma_l).$$

划分 V 如下

$$V = \begin{pmatrix} V_{11} & V_{12} \\ V_{21} & V_{22} \end{pmatrix} \begin{matrix} n_2 \\ d \end{matrix} \tag{4.5.9}$$
$$\quad p, \quad n_2 + d - p \ ,$$

并令

$$P\widehat{A}_2 = U_1 \Sigma_1 V_{11}^H, \ P\widehat{B} = U_1 \Sigma_1 V_{21}^H. \tag{4.5.10}$$

首先考虑

$$P\widehat{A}_2 X_2 = P\widehat{B} \tag{4.5.11}$$

的解集.

定理 4.5.1 设 $A=(A_1,A_2)$, B 由 (4.5.1)~(4.5.2) 式给定, (PA_2,PB) 的 SVD 如 (4.5.8) 式. 假定对某个整数 p, $0\leqslant p\leqslant r-r_1$, 有 $\sigma_p>\sigma_{p+1}$, 且 $\mathrm{rank}(V_{11})=p$. 则 (4.5.11) 式相容, 其极小范数解 X_2^{TLS} 为

$$X_2^{\mathrm{TLS}}=(P\widehat{A}_2)^{\dagger}P\widehat{B}=(V_{11}^H)^{\dagger}V_{21}^H=-V_{12}V_{22}^{\dagger}, \tag{4.5.12}$$

且 (4.5.11) 式的解集 S_2 为

$$\begin{aligned}S_2&=\{X_2\colon\ X_2=X_2^{\mathrm{TLS}}+(I-(P\widehat{A}_2)^{\dagger}P\widehat{A}_2)H_2,\ H_2\in\mathbf{C}^{n_2\times d}\}\\&=\{X_2\colon\ X_2=-V_{12}Q(V_{22}Q)^{-1},\ Q\in\mathbf{C}^{(n_2+d-p)\times d},\\&\qquad Q^HQ=I_d,\ \ \text{使得}\ V_{22}Q\ \ \text{非奇异}\}.\end{aligned} \tag{4.5.13}$$

证明 由于 (4.5.11) 式即为 (4.5.7) 式定义的 TLS 问题所对应的相容线性方程组, 用 §4.1 的结论即证得该定理. □

定理 4.5.2 在定理 4.5.1 的记号和条件下, $\widehat{A}$ 和 $\widehat{B}$ 为

$$\begin{aligned}\widehat{A}&=(A_1,A_1A_1^{\dagger}A_2+P\widehat{A}_2)=(A_1,A_1A_1^{\dagger}A_2+U_1\Sigma_1V_{11}^H),\\\widehat{B}&=A_1A_1^{\dagger}B+P\widehat{B}=A_1A_1^{\dagger}B+U_1\Sigma_1V_{21}^H,\\E_{A_1}&\equiv A_1-\widehat{A}_1=0,\ E_{A_2}\equiv A_2-\widehat{A}_2,\ E_B\equiv B-\widehat{B},\end{aligned} \tag{4.5.14}$$

且线性方程组 (4.5.4) 相容. 在所有的 LS-TLS 解中, 极小范数 LS-TLS 解 X_{LST} 为

$$X_{\mathrm{LST}}=\widehat{A}^{\dagger}\widehat{B}, \tag{4.5.15}$$

且 LS-TLS 问题的解集 S 为

$$\begin{aligned}S&=\{X\colon X=X_{\mathrm{LST}}+(I-\widehat{A}^{\dagger}\widehat{A})Y,\ Y\in\mathbf{C}^{n\times d}\text{为某个矩阵}\}\\&=\left\{X=\begin{pmatrix}X_1\\X_2\end{pmatrix}\colon\ X_2\in S_2, X_1=A_1^{\dagger}(B-A_2X_2)\right.\\&\qquad\left.+(I-A_1^{\dagger}A_1)Y_1, Y_1\in\mathbf{C}^{n_1\times d}\right\}.\end{aligned} \tag{4.5.16}$$

证明 由 $P\widehat{A}_2$ 和 $P\widehat{B}$ 的构造和 §4.4 的分析结果知,

$$\begin{aligned}\|\Sigma_2\|_F&=\|(A_1,A_2,B)-(A_1,\widehat{A}_2,\widehat{B})\|_F\\&=\min_{\substack{\mathrm{rank}(A_1,\widetilde{A}_2,\widetilde{B})=p+r_1\\ \widetilde{A}_2\in\mathbf{C}^{m\times n_2},\ \widetilde{B}\in\mathbf{C}^{m\times d}}}\|(A_1,A_2,B)-(A_1,\widetilde{A}_2,\widetilde{B})\|_F,\end{aligned}$$

且由定理满足的条件知,

$$\mathrm{rank}(A_1)=\mathrm{rank}(A_1,A_1A_1^{\dagger}A_2)=\mathrm{rank}(A_1,A_1A_1^{\dagger}A_2,A_1A_1^{\dagger}B),$$

$$\operatorname{rank}(P\widehat{A}_2) = \operatorname{rank}(P\widehat{A}_2, P\widehat{B}),$$

即 (4.5.11) 和 (4.5.5) 式相容. 对于 (4.5.11) 式的任一解 X_2, 方程组

$$A_1X_1 = A_1A_1^{\dagger}(B - A_2X_2)$$

有解 X_1. 可以验证, $X = (X_1^T, X_2^T)^T$ 是 (4.5.4) 式的解, 即 (4.5.4) 式相容. 定理的其他结论显然. □

设矩阵 $A = (A_1,\ A_2)$, B 由 (4.5.1)~(4.5.2) 式给出,

$$(A', B') = (A_1', A_2', B') = (A_1, A_2, B) + (\Delta A_1, \Delta A_2, \Delta B), \tag{4.5.17}$$

并满足

$$\operatorname{rank}(A_1') = \operatorname{rank}(A_1) = r_1. \tag{4.5.18}$$

则扰动的 LS-TLS 问题即为, 分别寻找整数 p 满足 $0 \leqslant p \leqslant \operatorname{rank}(A') - r_1$, 矩阵 $\widehat{A}_2' \in \mathbf{C}^{m\times n_2}$, $\widehat{B}' \in \mathbf{C}^{m\times d}$, 使得

$$\begin{aligned}&\|(A_1', A_2', B') - (A_1', \widehat{A}_2', \widehat{B}')\|_F\\ =&\min_{\substack{\operatorname{rank}(A_1', \widetilde{A}_2', \widetilde{B}') = p + r_1\\ \widetilde{A}_2' \in \mathbf{C}^{m\times n_2},\ \widetilde{B}' \in \mathbf{C}^{m\times d}}} \|(A_1', A_2', B') - (A_1', \widetilde{A}_2', \widetilde{B}')\|_F,\end{aligned} \tag{4.5.19}$$

并且线性方程组

$$A_1'X_1 + \widehat{A}_2'X_2 = \widehat{B}' \tag{4.5.20}$$

相容. 若令 $P' = I - A_1'A_1'^{\dagger}$, 且 $(P'A_2', P'B')$ 的 SVD 为

$$(P'A_2', P'B') = U'\Sigma'V'^H = U_1'\Sigma_1'{V'}_1^H + U_2'\Sigma_2'{V'}_2^H, \tag{4.5.21}$$

其中 U', V' 为酉矩阵, U_1', V_1' 分别为 U', V' 的前 p 列构成的子矩阵, $l = \min\{m,\ n_2 + d\}$, $\sigma_1' \geqslant \cdots \geqslant \sigma_l'$ 为矩阵 $(P'A_2', P'B')$ 的奇异值,

$$\Sigma_1' = \operatorname{diag}(\sigma_1', \cdots, \sigma_p'),\ \Sigma_2' = \operatorname{diag}(\sigma_{p+1}', \cdots, \sigma_l').$$

划分 V' 如下

$$V' = \begin{pmatrix} V_{11}' & V_{12}' \\ V_{21}' & V_{22}' \end{pmatrix} \begin{matrix} n_2 \\ d \end{matrix}, \tag{4.5.22}$$
$$\qquad\qquad p \qquad n_2 + d - p$$

$$\widehat{A}' = (A_1', \widehat{A}_2') = (A_1', A_1'{A'}_1^{\dagger}A_2' + U_1'\Sigma_1'{V'}_{11}^H),$$

$$\widehat{B}' = A_1' A_1'^{\dagger} B' + U_1' \Sigma_1' V_{21}'^H. \tag{4.5.23}$$

设

$$\begin{aligned} \varepsilon &= \|(\Delta A, \Delta B)\|_2, \\ \eta_2 &= \varepsilon + \|\Delta A_1\|_2 \|A_1^{\dagger}\|_2 \|(A_2, B)\|_2. \end{aligned} \tag{4.5.24}$$

定理 4.5.3 设 $A = (A_1, A_2)$, B, $A' = (A_1', A_2')$, B' 分别由 (4.5.1)~(4.5.2) 式和 (4.5.17)~(4.5.18) 式给定. 记 $P = I - A_1 A_1^{\dagger}$, $P' = I - A_1' A_1'^{\dagger}$. 设 (PA_2, PB) 的 SVD 为 (4.5.8)~(4.5.9) 式, $(P'A_2', P'B')$ 的 SVD 为 (4.5.21)~(4.5.22) 式. 若整数 p 满足 $0 \leqslant p \leqslant \text{rank}(A) - r_1$, 且

$$\sigma_q(A) > \sigma_{p+1} + \varepsilon + \eta_2, \ \sigma_p - \sigma_{p+1} > 2\eta_2, \tag{4.5.25}$$

其中 $q = r_1 + p$, $\sigma_q(A)$ 为 A 的第 q 大的奇异值. 则对这样的 p, 原始和扰动的 LS-TLS 问题都是可解的, 而且对应的极小范数 LS-TLS 解 X_{LST} 和 X_{LST}', 有

(1) 当 $q = n$ 时, 有

$$\|X_{\text{LST}} - X_{\text{LST}}'\|_u \leqslant \frac{\varepsilon + \eta_2 \left(1 + \dfrac{\sigma_{p+1} + \eta_2}{\sigma_p - \sigma_{p+1} - \eta_2}\right)}{\sigma_q(A) - \sigma_{p+1} - \varepsilon - \eta_2} \sqrt{\|X_{\text{LST}}\|_u^2 + a(u)}. \tag{4.5.26}$$

(2) 当 $q < n$ 时, 有

$$\|X_{\text{LST}} - X_{\text{LST}}'\|_u \leqslant \frac{\varepsilon + \eta_2 \left(1 + \dfrac{\sigma_{p+1} + \eta_2}{\sigma_p - \sigma_{p+1} - \eta_2}\right)}{\sigma_q(A) - \sigma_{p+1} - \varepsilon - \eta_2} \sqrt{2\|X_{\text{LST}}\|_u^2 + a(u)}. \tag{4.5.27}$$

(3) 当 $q < n$ 时, 对原始的 LS-TLS 问题的任一解 X, 存在扰动的 LS-TLS 问题的解 X', 使得

$$\|X - X'\|_u \leqslant \sqrt{2} \frac{\varepsilon + \eta_2 \left(1 + \dfrac{\sigma_{p+1} + \eta_2}{\sigma_p - \sigma_{p+1} - \eta_2}\right)}{\sigma_q(A) - \sigma_{p+1} - \varepsilon - \eta_2} \sqrt{\|X\|_u^2 + a(u)}, \tag{4.5.28}$$

反之亦然.

证明 由 $\widehat{A}$, $\widehat{A}'$, $\widehat{B}$ 和 $\widehat{B}'$ 的构造, 有

$$(\widehat{A}_1, \widehat{A}_2, \widehat{B}) = (A_1, A_2, B) - (0, \delta D), \quad (\widehat{A}_1', \widehat{A}_2', \widehat{B}') = (A_1', A_2', B') - (0, \delta D'),$$

其中 $\delta D = U_2 \Sigma_2 V_2^H$, $\delta D' = U_2' \Sigma_2' V_2'^H$, 并由奇异值的扰动定理, 有

$$\sigma_q(\widehat{A}) \geqslant \sigma_q(A) - \|\delta D\|_2 = \sigma_q(A) - \sigma_{p+1} > 0,$$

$$\sigma_q(\widehat{A}') \geqslant \sigma_q(A') - \|\delta D'\|_2 \geqslant \sigma_q(A) - \varepsilon - \sigma_{p+1} - \eta_2 > 0.$$

因此有 $q = \operatorname{rank}(\widehat{A}_1, \widehat{A}_2, \widehat{B}) \geqslant \operatorname{rank}(\widehat{A}_1, \widehat{A}_2) \geqslant q$, 即 (4.5.4) 式相容. 同理 (4.5.20) 式也相容. 于是有

$$\begin{aligned} X_{\mathrm{LST}} - X'_{\mathrm{LST}} &= \widehat{A}^\dagger \widehat{B} - \widehat{A}'^\dagger \widehat{B}' \\ &= \widehat{A}'^\dagger(\widehat{B} - \widehat{B}') + (\widehat{A}'^\dagger(\widehat{A}' - \widehat{A})\widehat{A}^\dagger + (I - \widehat{A}'^\dagger \widehat{A}')\widehat{A}^\dagger)\widehat{B} \\ &= \widehat{A}'^\dagger((\widehat{A}', \widehat{B}') - (\widehat{A}, \widehat{B}))\begin{pmatrix} X_{\mathrm{LST}} \\ -I \end{pmatrix} + (I - \widehat{A}'^\dagger \widehat{A}')\widehat{A}^\dagger \widehat{A} X_{\mathrm{LST}}, \end{aligned}$$

因而

$$\begin{aligned} \|X_{\mathrm{LST}} - X'_{\mathrm{LST}}\|_u^2 \leqslant{} & (\|\widehat{A}'^\dagger\|_2 \|(\widehat{A}', \widehat{B}') - (\widehat{A}, \widehat{B})\|_2)^2 (\|X_{\mathrm{LST}}\|_u^2 + a(u)) \\ & + (\|(I - \widehat{A}'^\dagger \widehat{A}')\|_2 \|\widehat{A}^\dagger\|_2 \|\widehat{A} - \widehat{A}'\|_2 \|X_{\mathrm{LST}}\|_u)^2. \end{aligned} \tag{4.5.29}$$

另外由条件 $\sigma_p - \sigma_{p+1} > 2\eta_2$, 应用定理 2.3.6, 得

$$\begin{aligned} \|\widehat{A}' - \widehat{A}\|_2 &\leqslant \|(\widehat{A}', \widehat{B}') - (\widehat{A}, \widehat{B})\|_2 \\ &\leqslant \|(A', B') - (A, B)\|_2 + \|\delta D - \delta D'\|_2 \\ &\leqslant \varepsilon + \eta_2 \left(1 + \frac{\sigma_{p+1} + \eta_2}{\sigma_p - \sigma_{p+1} - \eta_2}\right). \end{aligned} \tag{4.5.30}$$

(1) 当 $q = n$ 时, $I - \widehat{A}'^\dagger \widehat{A}' = 0$. 利用 (4.5.29)~(4.5.30) 式, 并由 $\|\widehat{A}'^\dagger\|_2 = \sigma_q(\widehat{A}')^{-1}$ 的估计式, 即得 (4.5.26) 式.

(2) 当 $q < n$ 时, 利用 (4.5.29)~(4.5.30) 式, 并由 $\|\widehat{A}^\dagger\|_2 = \sigma_q(\widehat{A})^{-1}$ 和 $\|\widehat{A}'^\dagger\|_2 = \sigma_q(\widehat{A}')^{-1}$ 的估计式, 即得 (4.5.27) 式.

(3) 当 $q < n$ 时, LS-TLS 问题 (4.5.4) 的任意 LS-TLS 解 X 具有形式:

$$X = \widehat{A}^\dagger \widehat{B} + (I - \widehat{A}^\dagger \widehat{A})Z,$$

其中 Z 为任意的 $n \times d$ 阶矩阵. 定义 X' 如下,

$$X' = \widehat{A}'^\dagger \widehat{B}' + (I - \widehat{A}'^\dagger \widehat{A}')(\widehat{A}^\dagger \widehat{B} + (I - \widehat{A}^\dagger \widehat{A})Z),$$

则 X' 是 (4.5.20) 式的 LS-TLS 解, 且有

$$X' - X = -\widehat{A}'^\dagger((\widehat{A}', \widehat{B}') - (\widehat{A}, \widehat{B}))\begin{pmatrix} X_{\mathrm{LST}} \\ -I \end{pmatrix} - \widehat{A}'^\dagger(\widehat{A}' - \widehat{A})(I - \widehat{A}^\dagger \widehat{A})Z.$$

利用 (4.5.29)~(4.5.30) 式和 Cauchy-Schwartz 不等式, 即得 (4.5.28) 式. □

§ 4.6 约束总体最小二乘问题

在实际的计算问题中, 有时遇到比 LS-TLS 问题更加复杂的线性方程组

$$LX = F,$$

$$L = \begin{pmatrix} A & B_{01} \\ C & D_{01} \end{pmatrix} \in \mathbf{C}^{m\times n},\ F = \begin{pmatrix} B_{02} \\ D_{02} \end{pmatrix} \in \mathbf{C}^{m\times d}, \tag{4.6.1}$$

其中 $m = m_1 + m_2$, $n = n_1 + n_2$,

$$A \in \mathbf{C}^{m_1\times n_1},\ B_{01} \in \mathbf{C}^{m_1\times n_2},\ B_{02} \in \mathbf{C}^{m_1\times d},$$
$$C \in \mathbf{C}^{m_2\times n_1},\ D_{01} \in \mathbf{C}^{m_2\times n_2},\ D_{02} \in \mathbf{C}^{m_2\times d},$$

并设 A, B_{01}, B_{02}, C 中不含有误差, 而 D_{01} 和 D_{02} 中含有误差. 这就导致了约束总体最小二乘问题 (CTLS). Demmel[59], 魏木生[232] 分别讨论了 CTLS 问题.

定义 4.6.1 设矩阵 L, F 给定, 并有 (4.6.1) 式的形式. 记

$$B = (B_{01}, B_{02}),\ D = (D_{01}, D_{02}),\ G_3 = \begin{pmatrix} A & B \\ C & D \end{pmatrix}. \tag{4.6.2}$$

所谓 CTLS 问题, 即设 $\mathcal{R}(B_{02}) \subseteq \mathcal{R}(A, B_{01})$, 寻找整数 r 和矩阵 $\widehat{D} = (\widehat{D}_{01}, \widehat{D}_{02}) = D - \delta D$, 满足

$$u = \operatorname{rank}(A) + \operatorname{rank}(M) + \operatorname{rank}(N) \leqslant r \leqslant \operatorname{rank}(G_3), \tag{4.6.3}$$

$$\|\delta D\|_F = \min\left\{\|E\|_F:\ E \in C^{m_2\times(n_2+d)},\right.$$
$$\left.\operatorname{rank}\left(\begin{pmatrix} A & B \\ C & D-E \end{pmatrix}\right) = r\right\},\quad 而且 \widehat{F} \in \mathcal{R}(\widehat{L}), \tag{4.6.4}$$

其中 M 和 N 如 (4.4.2) 式定义,

$$\widehat{L} = \begin{pmatrix} A & B_{01} \\ C & \widehat{D}_{01} \end{pmatrix},\quad \widehat{F} = \begin{pmatrix} B_{02} \\ \widehat{D}_{02} \end{pmatrix},\ \widehat{G}_3 = (\widehat{L}, \widehat{F}).$$

因此 CTLS 问题和相容的线性方程组

$$\widehat{L}X = \widehat{F} \tag{4.6.5}$$

同解.

现在考虑 CTLS 问题扰动. 假定扰动矩阵

$$A' = A + \Delta A,\ B' = B + \Delta B,\ C' = C + \Delta C,\ D' = D + \Delta D,$$

满足

$$\|\Delta A\|_2 \leqslant \alpha_{11}\varepsilon,\ \|\Delta B\|_2 \leqslant \alpha_{12}\varepsilon,\ \|\Delta C\|_2 \leqslant \alpha_{21}\varepsilon,\ \|\Delta D\|_2 \leqslant \varepsilon_2, \tag{4.6.6}$$

$$\begin{aligned}&\operatorname{rank}(A') = \operatorname{rank}(A),\ \operatorname{rank}(M') = \operatorname{rank}(M),\\ &\operatorname{rank}(N') = \operatorname{rank}(N),\ \operatorname{rank}(A', B'_{01}) = \operatorname{rank}(A', B'),\end{aligned} \tag{4.6.7}$$

其中 M, N, M', N' 分别由 (4.4.2) 和 (4.4.14) 式定义, α_{ij} 为常数. 则扰动的 CTLS 问题即为: 设 $\mathcal{R}(B'_{02}) \subseteq \mathcal{R}(A', B'_{01})$, 寻找整数 r 和矩阵 $\widehat{D}' = (\widehat{D}'_{01}, \widehat{D}'_{02}) = D' - \delta D'$, 满足

$$u = \operatorname{rank}(A') + \operatorname{rank}(M') + \operatorname{rank}(N') \leqslant r \leqslant \operatorname{rank}(G'_3), \tag{4.6.8}$$

$$\begin{aligned}\|\delta D'\|_F = \min\Bigg\{&\|E\|_F:\ E \in C^{m_2 \times (n_2+d)},\\ &\operatorname{rank}\left(\begin{pmatrix} A' & B' \\ C' & D' - E \end{pmatrix}\right) = r\Bigg\},\ \text{而且}\widehat{F}' \in R(\widehat{L}'),\end{aligned} \tag{4.6.9}$$

这里

$$\widehat{L}' = \begin{pmatrix} A' & B'_{01} \\ C' & \widehat{D}'_{01} \end{pmatrix}, \quad \widehat{F}' = \begin{pmatrix} B'_{02} \\ \widehat{D}'_{02} \end{pmatrix}, \widehat{G}'_3 = (\widehat{L}', \widehat{F}').$$

若对某个 r, (4.6.9) 式可解, 则其 CTLS 解 X 同时也是相容系统

$$\widehat{L}'X = \widehat{F}' \tag{4.6.10}$$

的解. 于是有如下的扰动定理.

定理 4.6.1 [232] 设矩阵 L, F 有 (4.6.1) 式中的形式, L', F' 分别为相应的扰动矩阵, 且扰动满足 (4.6.6) 和 (4.6.7) 式, 并有 $\mathcal{R}(B_{02}) \subseteq \mathcal{R}(A, B_{01})$, $\mathcal{R}(B'_{02}) \subseteq \mathcal{R}(A', B'_{01})$, D_1 和 D'_1 如 (4.4.15) 式定义, D_1 和 D'_1 的 SVD 由 (4.4.25) 式给出. 记

$$\begin{aligned}&\varepsilon_L = \|L - L'\|_2, \quad \varepsilon_G = \|G_3 - G'_3\|_2, \quad \eta_2 = \|D_1 - D'_1\|_2,\\ &\eta_T = \varepsilon_2 + \varepsilon(\alpha_{21}\|A^\dagger B(I - M^\dagger M)\|_2 + \alpha_{12}\|(I - N'N'^\dagger)C'A'^\dagger\|_2)\\ &\qquad + \varepsilon\alpha_{11}\|(I - N'N'^\dagger)C'A'^\dagger\|_2\|A^\dagger B(I - M^\dagger M)\|_2\\ &\qquad + \varepsilon\|M^\dagger\|_2(\alpha_{12} + \alpha_{11}\|B\|_2\|A^\dagger\|_2)\|(I - N'N'^\dagger)(D' - C'A'^\dagger B')\|_2\\ &\qquad + \varepsilon\|N^\dagger\|_2(\alpha_{21} + \alpha_{11}\|C\|_2\|A^\dagger\|_2)\|(D - CA^\dagger B)(I - M^\dagger M)\|_2.\end{aligned} \tag{4.6.11}$$

若对满足 $u \leqslant r \leqslant \operatorname{rank}(G_3)$ 的某个整数 r, 和 $p = r - u$, 有

$$\sigma_r(L) > \sigma_{p+1} + \varepsilon_L + \eta_T \text{ 和 } \sigma_p > \sigma_{p+1} + 2\eta_T, \tag{4.6.12}$$

其中 $\sigma_r(L)$ 为 L 的第 r 大的奇异值. 则对这样的 r, 原始的和扰动的 CTLS 问题都是可解的. 这时, 对于原始和扰动 CTLS 问题的极小范数解 X_{CTLS} 和 X'_{CTLS},

(1) 当 $r = n$ 时, 有

$$\|X_{\mathrm{CTLS}} - X'_{\mathrm{CTLS}}\|_u \leqslant \frac{\varepsilon_G + \eta_2\left(1 + \dfrac{\sigma_{p+1} + \eta_2}{\sigma_p - \sigma_{p+1} - \eta_2}\right)}{\sigma_r(L) - \sigma_{p+1} - \varepsilon_L - \eta_2}\sqrt{\|X_{\mathrm{CTLS}}\|_u^2 + a(u)}. \tag{4.6.13}$$

(2) 当 $r < n$ 时, 有

$$\begin{aligned}\|X_{\mathrm{CTLS}} - X'_{\mathrm{CTLS}}\|_u \leqslant &\left(\left(\frac{\varepsilon_G + \eta_2\left(1 + \dfrac{\sigma_{p+1} + \eta_2}{\sigma_p - \sigma_{p+1} - \eta_2}\right)}{\sigma_r(L) - \sigma_{p+1} - \varepsilon_L - \eta_2}\right)^2 (\|X_{\mathrm{CTLS}}\|_u^2 + a(u))\right.\\ &\left. + \left(\frac{\varepsilon_L + \eta_2\left(1 + \dfrac{\sigma_{p+1} + \eta_2}{\sigma_p - \sigma_{p+1} - \eta_2}\right)}{\sigma_r(L) - \sigma_{p+1}}\|X_{\mathrm{CTLS}}\|_u\right)^2\right)^{\frac{1}{2}}\end{aligned} \tag{4.6.14}$$

(3) 当 $r < n$ 时, 对原始 CTLS 问题的任一解 X, 存在扰动的 CTLS 问题的解 X', 满足

$$\|X - X'\|_u \leqslant \sqrt{2}\frac{\varepsilon_G + \eta_2\left(1 + \dfrac{\sigma_{p+1} + \eta_2}{\sigma_p - \sigma_{p+1} - \eta_2}\right)}{\sigma_r(L) - \sigma_{p+1} - \varepsilon_L - \eta_2}\sqrt{\|X\|_u^2 + a(u)}, \tag{4.6.15}$$

反之亦然.

证明 首先由定理 4.4.3, 有 $\eta_2 \leqslant \eta_T$. 因此由等式

$$\widehat{G}_3 = G_3 - \begin{pmatrix} 0 & 0 \\ 0 & \delta D \end{pmatrix}, \qquad \widehat{G}'_3 = G'_3 - \begin{pmatrix} 0 & 0 \\ 0 & \delta D' \end{pmatrix}$$

和奇异值的扰动定理, 得

$$\begin{aligned}&\sigma_r(\widehat{L}) \geqslant \sigma_r(L) - \|\delta D\|_2 = \sigma_r(L) - \sigma_{p+1} > 0,\\ &\sigma_r(\widehat{L}') \geqslant \sigma_r(L') - \|\delta D'\|_2 \geqslant \sigma_r(L) - \varepsilon_L - \sigma_{p+1} - \eta_2 > 0.\end{aligned}$$

因此有 $r \geqslant \operatorname{rank}(\widehat{G}_3) \geqslant \operatorname{rank}(\widehat{L}) \geqslant r$, 即线性方程组 (4.6.5) 相容. 同理, 线性方程组 (4.6.10) 也相容. 于是

$$\begin{aligned}
X_{\mathrm{CTLS}} - X'_{\mathrm{CTLS}} &= \widehat{L}^{\dagger}\widehat{F} - \widehat{L}'^{\dagger}\widehat{F}' \\
&= \widehat{L}'^{\dagger}(\widehat{F} - \widehat{F}') + (\widehat{L}'^{\dagger}(\widehat{L}' - \widehat{L})\widehat{L}^{\dagger} + (I - \widehat{L}'^{\dagger}\widehat{L}')\widehat{L}^{\dagger})\widehat{F} \\
&= \widehat{L}'^{\dagger}(\widehat{G}'_3 - \widehat{G}_3)\begin{pmatrix} X_{\mathrm{CTLS}} \\ -I \end{pmatrix} + (I - \widehat{L}'^{\dagger}\widehat{L}')\widehat{L}^{\dagger}\widehat{L}X_{\mathrm{CTLS}},
\end{aligned}$$

因而有

$$\begin{aligned}
\|X_{\mathrm{CTLS}} - X'_{\mathrm{CTLS}}\|_u^2 \leqslant{}& (\|\widehat{L}'^{\dagger}\|_2\|\widehat{G}'_3 - \widehat{G}_3\|_2)^2(\|X_{\mathrm{CTLS}}\|_u^2 + a(u)) \\
&+ (\|I - \widehat{L}'^{\dagger}\widehat{L}'\|_2\|\widehat{L}^{\dagger}\|_2\|\widehat{L} - \widehat{L}'\|_2\|X_{\mathrm{CTLS}}\|_u)^2. \quad (4.6.16)
\end{aligned}$$

另外, 利用定理 4.4.3 可得

$$\|\widehat{G}_3 - \widehat{G}'_3\|_2 \leqslant \|G_3 - G'_3\|_2 + \|\delta D - \delta D'\|_2 \leqslant \varepsilon_G + \eta_2\left(1 + \frac{\sigma_{p+1} + \eta_2}{\sigma_p - \sigma_{p+1} - \eta_2}\right), \quad (4.6.17)$$

$$\|\widehat{L} - \widehat{L}'\|_2 \leqslant \|L - L'\|_2 + \|\delta D - \delta D'\|_2 \leqslant \varepsilon_L + \eta_2\left(1 + \frac{\sigma_{p+1} + \eta_2}{\sigma_p - \sigma_{p+1} - \eta_2}\right). \quad (4.6.18)$$

(1) 当 $r = n$ 时, $I - \widehat{L}'^{\dagger}\widehat{L}' = 0$. 由 (4.6.16)~(4.6.17) 式, 即得 (4.6.13) 式.

(2) 当 $r < n$ 时, 由 (4.6.16)~(4.6.18) 式, 即得 (4.6.14) 式.

(3) 当 $r < n$ 时, (4.6.5) 式的任意 CTLS 解 X 具有形式:

$$X = \widehat{L}^{\dagger}\widehat{F} + (I - \widehat{L}^{\dagger}\widehat{L})Z,$$

其中 $Z \in \mathbf{C}^{n\times d}$ 任意. 记

$$X' = \widehat{L}'^{\dagger}\widehat{F}' + (I - \widehat{L}'^{\dagger}\widehat{L}')(\widehat{L}^{\dagger}\widehat{F} + (I - \widehat{L}^{\dagger}\widehat{L})Z),$$

则 X' 是 (4.6.10) 式的 CTLS 解, 且有

$$X' - X = -\widehat{L}'^{\dagger}(\widehat{G}'_3 - \widehat{G}_3)\begin{pmatrix} X_{\mathrm{CTLS}} \\ -I \end{pmatrix} - \widehat{L}'^{\dagger}(\widehat{L}' - \widehat{L})(I - \widehat{L}^{\dagger}\widehat{L})Z.$$

利用 (4.6.17)~(4.6.18) 式及 Cauchy-Schwartz 不等式, 即得 (4.6.15) 式. □

习 题 四

1. 证明在定理 4.1.5 中的第三种情形下, 当且仅当 $\operatorname{rank}(\widetilde{V}_{22}(p)) = q - p$ 时, 定义 4.1.1 和定义 4.1.2 中的 TLS 问题相同.

2. 设 $A \in \mathbf{C}^{m\times n}$, $B \in \mathbf{C}^{m\times 1}$ (即 $d=1$), A 和 $C=(A,B)$ 的 SVD 分别由 (4.1.8)~(4.1.9) 式给出, 且 A 和 C 的非零奇异值各不相同. 证明:

$$\overline{\sigma}_j = \sigma_j \neq 0 \Leftrightarrow \overline{u}_j^H b = 0 \Leftrightarrow v_j^H = (\overline{v}_j^H, 0).$$

3. 设 $A \in \mathbf{C}^{m\times n}$, $B \in \mathbf{C}^{m\times 1}$ (即 $d=1$), A 和 $C=(A,B)$ 的 SVD 分别由 (4.1.8)~(4.1.9) 式给出, 且 A 和 C 的非零奇异值各不相同. 证明: 若 $\overline{\sigma}_j \neq 0$, 则

$$\overline{u}_j^H b = 0 \Rightarrow \overline{v}_j^H \overline{x}_k = 0,$$

这里 $\overline{x}_k = \sum\limits_{i=1}^{r} f_i \dfrac{u_i^H b}{\overline{\sigma}_i} \overline{v}_i$.

4. 令 $A \in \mathbf{C}^{6\times 3}, b \in \mathbf{C}^{6\times 1}, x \in \mathbf{C}^{3\times 1}$, A, b 形式如下:

$$A = \begin{pmatrix} 5 & -1 & -1 \\ -1 & -1 & -1 \\ -1 & -1 & -1 \\ -1 & -1 & -1 \\ -1 & -1 & -1 \\ -1 & -1 & -1 \end{pmatrix}, \quad b = \begin{pmatrix} 1 \\ -1 \\ 1 \\ -1 \\ 1 \\ -1 \end{pmatrix}.$$

对于 $p=1,\ 2$ 的情形, 分别推导 TLS 和截断的 LS 问题解, 残量, 和极小 F 范数修正矩阵的差, 并和 §4.3 中的上界比较.

5. 给定矩阵 $A \in \mathbf{C}^{m\times n}$, $b \in \mathbf{C}^m$, $D = \operatorname{diag}(d_1, \cdots d_m) > 0$, $T = \operatorname{diag}(t_1, \cdots, t_{n+1}) > 0$. 考虑加权总体最小二乘问题

$$\min_{\operatorname{range}(b-f)\subseteq\operatorname{range}(A-E)} \|D(E,f)T\|_F,\ E \in \mathbf{C}^{m\times n},\ f \in \mathbf{C}^m.$$

(1) 推导加权总体最小二乘问题有解的充要条件.

(2) 证明: 若 $\operatorname{rank}(A) = n$, $A^H D^2 b = 0$, $t_{n+1}\|Db\|_2 \geqslant \sigma_n(DAT_1)$, $T_1 = \operatorname{diag}(t_1, \cdots, t_n)$, 则加权总体最小二乘问题无解.

6. 在上题中, 记 $C = D[A,b]T = (A_1, d)$. 若 $\sigma_n(C) > \sigma_{n+1}(C)$, 并且加权总体最小二乘问题有解, 证明解 x 满足

$$(A_1^H A_1 - \sigma_{n+1}^2(C) I)x = A_1^H d.$$

7. 设 $A \in \mathbf{C}_p^{m_1\times n}$, $B \in \mathbf{C}^{m_2\times n}$, $C = \begin{pmatrix} A \\ B \end{pmatrix} \in \mathbf{C}_r^{m\times n}$, $m = m_1 + m_2$. 考虑如下的约束降阶最佳逼近问题

$$\min_{\operatorname{rank}(\widehat{C})=q} \|C - \widehat{C}\|_F,\ \widehat{C} = \begin{pmatrix} A \\ B - \Delta B \end{pmatrix}.$$

讨论 $q(\leqslant r)$ 的变化范围, 和 ΔB 的表达式.

8. 在定理 4.5.1~ 定理 4.5.2 的记号和条件下, 证明对 LS-TLS 问题 (4.5.3)~(4.5.4) 的任

一解 $X = \begin{pmatrix} X_1 \\ X_2 \end{pmatrix}$, 有

$$r(X) \equiv B - AX = -U_2\Sigma_2 V_2^H \begin{pmatrix} X_2 \\ -I \end{pmatrix},$$

$$\|r(X)\|_u \leqslant \sigma_{p+1}\sqrt{\|X_2\|_u^2 + a(u)},$$

其中 $\|\cdot\|_u$ 表示 F 范数或 2 范数.

9. 对于 LS-TLS 问题 (4.5.3)~(4.5.4) 的任一解 $X = \begin{pmatrix} X_1 \\ X_2 \end{pmatrix}$, 可以定义两种不同的极小 F 范数修正矩阵. 如果容许 $\widetilde{E}_{A_1} \neq 0$, 记相应的极小 F 范数修正矩阵为 $M_1(X)$. 如果要求 $\widetilde{E}_{A_1} = 0$, 记相应的极小 F 范数修正矩阵为 $M_2(X)$. 证明

$$M_1(X) = U_2\Sigma_2 V_2^H \begin{pmatrix} X_2 \\ -I \end{pmatrix} \begin{pmatrix} X \\ -I \end{pmatrix}^{\dagger},$$

$$M_2(X) = U_2\Sigma_2 V_2^H \begin{pmatrix} X_2 \\ -I \end{pmatrix} \begin{pmatrix} X_2 \\ -I \end{pmatrix}^{\dagger},$$

$$\|M_1(X)\|_F \leqslant \|M_2(X)\|_F \leqslant \sqrt{\sum_{j=p+1}^{p+d} \sigma_j^2}.$$

10. 利用定理 2.3.6 的结果, 推导 LS-TLS 问题 (4.5.3)~(4.5.4) 的更为精细的扰动界.

11. 推导 CTLS 问题 (4.6.4) 的解集.

12. 对 CTLS 问题 (4.6.4) 的任一解 X, 推导其残量 $r(X) = F - LX$ 的表达式.

13. 对 CTLS 问题 (4.6.4) 的任一解 X, 推导其极小 F 范数修正矩阵, 分两种情形, 第一种情形是容许 G_3 的每个分块矩阵都可以变化, 得到 $M_1(X)$; 第二种情形是只容许矩阵 D 可以变化, 得到 $M_2(X)$.

14. 利用定理 2.3.6 的结果, 推导 CTLS 问题 (4.6.4) 的更为精细的扰动界.

15. 设矩阵 $A \in \mathbf{C}_r^{m\times n}$, $S \in \mathbf{C}^{m\times m}$, $T \in \mathbf{C}^{n\times n}$ 给定.

(1) 当 S, T 非奇异时, 推导加权的降阶最佳逼近问题

$$\min_{\mathrm{rank}(A-\Delta A)=u} \|S\Delta AT\|_F$$

中 $u(\leqslant r)$ 的取值范围, 和 ΔA 的表达式.

(2) 如果 S, T 奇异, 如何考虑上述问题 (提示: 应用 S, A, T 的 PP-SVD)?

16. 设矩阵 $A \in \mathbf{C}^{m_1\times n_1}$, $B \in \mathbf{C}^{m_1\times n_2}$, $C \in \mathbf{C}^{m_2\times n_1}$, $D \in \mathbf{C}^{m_2\times n_2}$, $S \in \mathbf{C}^{m_2\times m_2}$, $T \in \mathbf{C}^{n_2\times n_2}$ 给定. 记

$$G = \begin{pmatrix} A & B \\ C & D \end{pmatrix} \in \mathbf{C}_r^{m\times n},\ m = m_1 + m_2,\ n = n_1 + n_2.$$

(1) 当 S, T 非奇异时, 推导加权的约束降阶最佳逼近问题

$$\min_{\mathrm{rank}(\widehat{G})=u} \|S\Delta DT\|_F,\ \widehat{G}=\begin{pmatrix} A & B \\ C & D-\Delta D \end{pmatrix}$$

中 $u(\leqslant r)$ 的取值范围, 和 ΔD 的表达式.

(2) 如果 S, T 奇异, 如何考虑上述问题?

第五章　等式约束最小二乘问题

设 $A \in \mathbf{C}^{m\times n}$, $b \in \mathbf{C}^m$. 在求解线性系统

$$Ax = b$$

时, 有时会对系数矩阵 A 和向量 b 有一定的要求. 比如, 把 A 和 b 分成如下的块

$$A = \begin{pmatrix} L \\ K \end{pmatrix}, \qquad b = \begin{pmatrix} h \\ g \end{pmatrix},$$

其中 $m = m_1 + m_2$, $L \in \mathbf{C}^{m_1\times n}$, $K \in \mathbf{C}^{m_2\times n}$, $h \in \mathbf{C}^{m_1}$, $g \in \mathbf{C}^{m_2}$, 在 L, h 中没有误差, 而在 K, g 中含有误差. 即有 $h \in \mathcal{R}(L)$. 这时需要用本章将要讨论的等式约束最小二乘方法来处理.

本章讨论等式约束最小二乘问题. §5.1 给出等式约束最小二乘问题 (LSE) 的定义, 并推导其解集及几个等价性问题; §5.2 讨论 LSE 问题的 KKT 方程和相应的 WLS 问题的 KKT 方程, 并由此推导 LSE 问题和相应的 WLS 问题的解、残量和 Lagrange 乘子之间的关系; §5.3 对于三种不同的情形, 推导 LSE 问题的误差估计; §5.4 给出等式约束加权最小二乘问题 (WLSE) 的定义, 并推导其解集及几个等价性问题; §5.5 推导 WLSE 问题的误差估计; §5.6 介绍多重约束 MP 逆和相应的多重约束最小二乘问题 (MLSE); §5.7 介绍嵌入总体最小二乘问题 (NTLS).

§ 5.1　等式约束最小二乘问题

本节给出等式约束最小二乘问题 (LSE) 的定义, 并推导其解集及几个等价性问题.

5.1.1　等式约束最小二乘问题的定义与解集

定义 5.1.1　设 $L \in \mathbf{C}^{m_1\times n}$, $K \in \mathbf{C}^{m_2\times n}$, $h \in \mathbf{C}^{m_1}$, $g \in \mathbf{C}^{m_2}$, $m = m_1 + m_2$,

$$A = \begin{pmatrix} L \\ K \end{pmatrix},\ b = \begin{pmatrix} h \\ g \end{pmatrix}, \tag{5.1.1}$$

所谓 LSE 问题, 是指求出 $x \in \mathbf{C}^n$, 满足

$$\|Kx - g\|_2 = \min_{y\in S} \|Ky - g\|_2, \quad 其中\ S = \{y \in \mathbf{C}^n :\ Ly = h\}. \tag{5.1.2}$$

如果 $h \notin \mathcal{R}(L)$, 则集合 S 可以在最小二乘意义下来定义, 也即

$$S = \{y \in \mathbf{C}^n : \|Ly - h\|_2 = \min_{z \in \mathbf{C}^n} \|Lz - h\|_2\}.$$

当下面的条件

$$\operatorname{rank}(L) = m_1,\ \operatorname{rank}(A) = n \tag{5.1.3}$$

成立时, LSE 问题 (5.1.2) 有唯一解 (见 [131]).

下面推导 LSE 问题的解集. 定义

$$P = I - L^\dagger L,\ L_K^\ddagger = (I - (KP)^\dagger K)L^\dagger.$$

定理 5.1.1 对于给定的矩阵 $L \in \mathbf{C}^{m_1 \times n}$, $K \in \mathbf{C}^{m_2 \times n}$, 及向量 $h \in \mathbf{C}^{m_1}$, $g \in \mathbf{C}^{m_2}$, LSE 问题 (5.1.2) 的极小范数解 x_{LSE} 有下面的形式

$$x_{\mathrm{LSE}} = L_K^\ddagger h + (KP)^\dagger g, \tag{5.1.4}$$

LSE 问题 (5.1.2) 的解集为

$$\begin{aligned} S_{\mathrm{LSE}} = \{x = L_K^\ddagger h &+ (KP)^\dagger g \\ &+ (P - (KP)^\dagger KP)z:\ z \in \mathbf{C}^n\}. \end{aligned} \tag{5.1.5}$$

证明 由 LSE 问题的定义, LSE 问题的任一解 x 首先应满足 $Lx = h$ (当 $h \in \mathcal{R}(L)$) 或 $\|Lx - h\|_2 = \min$ (当 $h \notin \mathcal{R}(L)$). 因此, x 可表示为

$$x = L^\dagger h + (I - L^\dagger L)w = L^\dagger h + Pw,$$

其中 $w \in \mathbf{C}^n$ 为某个向量. 把 x 的表达式带入 (5.1.2) 式中的第一个条件, 有

$$\|Kx - g\|_2 = \|KL^\dagger h + KPw - g\|_2 = \min_{u \in \mathbf{C}^n} \|KL^\dagger h + KPu - g\|_2.$$

于是有

$$w = (KP)^\dagger (g - KL^\dagger h) + (I - (KP)^\dagger (KP))z,$$

$z \in \mathbf{C}^n$ 为任意向量. 注意到 P 是一个正交投影矩阵, 由 MP 逆的性质, 有恒等式

$$P(KP)^\dagger = P(KP)^H((KP)(KP)^H)^\dagger = (KP)^H((KP)(KP)^H)^\dagger = (KP)^\dagger. \tag{5.1.6}$$

因此 x 有如下的表达式,

$$\begin{aligned} x &= L^\dagger h + P(KP)^\dagger (g - KL^\dagger h) + (P - P(KP)^\dagger (KP))z \\ &= L_K^\ddagger h + (KP)^\dagger g + (P - (KP)^\dagger KP)z, \end{aligned}$$

其中

$$x_{\mathrm{LSE}} = L_K^\ddagger h + (KP)^\dagger g$$

有极小 2 范数. □

5.1.2 等式约束最小二乘问题的等价性问题

下面推导 LSE 问题 (5.1.2) 的几个等价性问题.

1. KKT 方程

定理 5.1.2[69, 224, 225] 对于给定的矩阵 $L \in \mathbf{C}^{m_1 \times n}$, $K \in \mathbf{C}^{m_2 \times n}$, 及向量 $h \in \mathbf{C}^{m_1}$, $g \in \mathbf{C}^{m_2}$. LSE 问题 (5.1.2) 等价于下面的 Karush-Kuhn-Tucker 方程 (KKT 方程)

$$\|By-d\|_2 = \min_{w \in C^{m+n}} \|Bw-d\|_2,$$

$$B = \begin{pmatrix} 0 & 0 & L \\ 0 & I_{m_2} & K \\ L^H & K^H & 0 \end{pmatrix}, d = \begin{pmatrix} h \\ g \\ 0 \end{pmatrix}, y = \begin{pmatrix} v \\ r_K \\ x \end{pmatrix}, \tag{5.1.7}$$

这里 $m = m_1 + m_2$, v 为 Lagrange 向量, $r_K = g - Kx$ 为残量, 并且有

$$B^\dagger = \begin{pmatrix} (KL_K^\ddagger)^H KL_K^\ddagger & -(KL_K^\ddagger)^H & (L_K^\ddagger)^H \\ -KL_K^\ddagger & I_{m_2} - K(KP)^\dagger & (KP)^{\dagger H} \\ L_K^\ddagger & (KP)^\dagger & -(KP)^\dagger (KP)^{\dagger H} \end{pmatrix}. \tag{5.1.8}$$

证明 把 (5.1.8) 式右端的矩阵记为 Z. 则 B 和 Z 均为 Hermite 矩阵. 由于 $K(KP)^\dagger = KP(KP)^\dagger$ 是正交投影矩阵, 按照 BZ 的子块分, 有

$$\begin{aligned}
(BZ)_{11} &= LL^\dagger, \\
(BZ)_{12} &= L(KP)^\dagger = LP(KP)^\dagger = 0, \\
(BZ)_{13} &= L(KP)^\dagger (KP)^{\dagger H} = LP(KP)^\dagger (KP)^{\dagger H} = 0, \\
(BZ)_{21} &= -KL_K^\ddagger + KL_K^\ddagger = 0, \\
(BZ)_{22} &= I_{m_2} - K(KP)^\dagger + K(KP)^\dagger = I_{m_2}, \\
(BZ)_{23} &= (KP)^{\dagger H} - KP(KP)^\dagger (KP)^{\dagger H} = (KP)^{\dagger H} - (KP)^{\dagger H} = 0, \\
(BZ)_{31} &= (L^H (KL_K^\ddagger)^H - K^H) KL_K^\ddagger = (K^H (I_{m_2} - K(KP)^\dagger) - K^H) KL_K^\ddagger \\
&= -K^H K(KP)^\dagger (I_{m_2} - KP(KP)^\dagger) KL^\dagger = 0, \\
(BZ)_{32} &= -L^H (KL_K^\ddagger)^H + K^H (I_{m_2} - K(KP)^\dagger) \\
&= -((I_{m_2} - K(KP)^\dagger) K(I_n - P))^H + K^H (I_{m_2} - K(KP)^\dagger) = 0, \\
(BZ)_{33} &= L^H (L_K^\ddagger)^H + K^H (KP)^{\dagger H} \\
&= (L^\dagger L - (KP)^\dagger KL^\dagger L + (KP)^\dagger K)^H = L^\dagger L + (KP)^\dagger KP,
\end{aligned}$$

于是有

$$BZ = \begin{pmatrix} LL^\dagger & & \\ & I_{m_2} & \\ & & L^\dagger L + (KP)^\dagger KP \end{pmatrix} = (BZ)^H = ZB.$$

从而易证 $BZB = B$, $ZBZ = Z$. 因此 $Z = B^\dagger$. (5.1.7) 式的任一 LS 解为

$$\begin{pmatrix} v \\ r_K \\ x \end{pmatrix} = B^\dagger \begin{pmatrix} h \\ g \\ 0 \end{pmatrix} + (I - B^\dagger B)w_1,$$

其中 $w_1 \in \mathbf{C}^{m+n}$. 注意上述解中含 x 的部分与定理 5.1.1 中的形式相同. □

2. 酉分解法

定理 5.1.3[58]　设矩阵 $L \in \mathbf{C}_p^{m_1 \times n}$, $K \in \mathbf{C}^{m_2 \times n}$, $A \in \mathbf{C}_r^{m \times n}$ 及向量 $h \in \mathbf{C}^{m_1}$, $g \in \mathbf{C}^{m_2}$ 由 (5.1.1) 式给出. 若 A 的酉分解为

$$A = Q\begin{pmatrix} R \\ 0 \end{pmatrix} = Q_1 R, \quad Q_1 = \begin{pmatrix} Q_{11} \\ Q_{21} \end{pmatrix} \begin{matrix} m_1 \\ m_2 \end{matrix}, \tag{5.1.9}$$

这里 $Q \in \mathcal{U}_m$, Q_1 为 Q 的前 r 列, R 为行满秩. 则有

$$\begin{aligned} &L_K^\ddagger = R^\dagger Q_{11}^\dagger,\ (KP)^\dagger = R^\dagger (I - Q_{11}^\dagger Q_{11}) Q_{21}^H, \\ &R^\dagger R = A^\dagger A = L^\dagger L + (KP)^\dagger KP. \end{aligned} \tag{5.1.10}$$

LSE 问题 (5.1.2) 的任一解 x 有下面的表达式:

$$x = R^\dagger Q_{11}^\dagger h + R^\dagger (I - Q_{11}^\dagger Q_{11}) Q_{21}^H g + (I_n - R^\dagger R) z, \tag{5.1.11}$$

其中 $z \in \mathbf{C}^n$,

$$x_{\mathrm{LSE}} = R^\dagger Q_{11}^\dagger h + R^\dagger (I - Q_{11}^\dagger Q_{11}) Q_{21}^H g \tag{5.1.12}$$

是 LSE 问题 (5.1.2) 的极小范数解.

证明　定义 $P_1 = I_r - Q_{11}^\dagger Q_{11}$. 令 B 为定理 5.1.2 所定义. 要证

$$B^\dagger = \begin{pmatrix} (Q_{21}Q_{11}^\dagger)^H Q_{21} Q_{11}^\dagger & -(Q_{21}Q_{11}^\dagger)^H & (R^\dagger Q_{11}^\dagger)^H \\ -Q_{21}Q_{11}^\dagger & (I_{m_2} - Q_{21}P_1 Q_{21}^H) & (R^\dagger P_1 Q_{21}^H)^H \\ R^\dagger Q_{11}^\dagger & R^\dagger P_1 Q_{21}^H & -R^\dagger P_1 R^{\dagger H} \end{pmatrix}.$$

记上式右端的矩阵为 Z. 则 B 和 Z 均为 Hermite 矩阵, 并且由等式

$$L = Q_{11}R,\ K = Q_{21}R,\ RR^\dagger = I_r, \quad Q_{21}^H Q_{21} = I_r - Q_{11}^H Q_{11},$$

按照 BZ 的子块分, 有

$$
\begin{aligned}
(BZ)_{11} &= Q_{11}RR^{\dagger}Q_{11}^{\dagger} = Q_{11}Q_{11}^{\dagger},\\
(BZ)_{12} &= Q_{11}RR^{\dagger}P_1Q_{21}^{H} = Q_{11}P_1Q_{21}^{H} = 0,\\
(BZ)_{13} &= -Q_{11}RR^{\dagger}P_1R^{\dagger H} - Q_{11}P_1R^{\dagger H} = 0,\\
(BZ)_{21} &= -Q_{21}Q_{11}^{\dagger} + Q_{21}RR^{\dagger}Q_{11}^{\dagger} = -Q_{21}Q_{11}^{\dagger} + Q_{21}Q_{11}^{\dagger} = 0,\\
(BZ)_{22} &= (I_{m_2} - Q_{21}P_1Q_{21}^{H}) + Q_{21}RR^{\dagger}P_1Q_{21}^{H} = I_{m_2},\\
(BZ)_{23} &= (R^{\dagger}P_1Q_{21}^{H})^{H} - Q_{21}RR^{\dagger}P_1R^{\dagger H} = (R^{\dagger}P_1Q_{21}^{H})^{H} - Q_{21}P_1R^{\dagger H} = 0,\\
(BZ)_{31} &= R^{H}(Q_{21}Q_{11}^{\dagger}Q_{11} - Q_{21})^{H}Q_{21}Q_{11}^{\dagger} = -R^{H}P_1Q_{21}^{H}Q_{21}Q_{11}^{\dagger}\\
&= -R^{H}P_1(I - Q_{11}^{H}Q_{11})Q_{11}^{\dagger} = 0,\\
(BZ)_{32} &= -R^{H}(Q_{21}Q_{11}^{\dagger}Q_{11})^{H} + R^{H}Q_{21}^{H}(I_{m_2} - Q_{21}P_1Q_{21}^{H})\\
&= R^{H}(P_1 - Q_{21}^{H}Q_{21}P_1)Q_{21}^{H} = R^{H}Q_{11}^{H}Q_{11}P_1Q_{21}^{H} = 0,\\
(BZ)_{33} &= R^{H}(R^{\dagger}Q_{11}^{\dagger}Q_{11})^{H} + R^{H}(R^{\dagger}P_1Q_{21}^{H}Q_{21})^{H}\\
&= R^{H}(Q_{11}^{\dagger}Q_{11} + (I - Q_{11}^{\dagger}Q_{11})(I - Q_{11}^{H}Q_{11}))^{H}R^{\dagger H}\\
&= R^{H}R^{\dagger H} = R^{\dagger}R = A^{\dagger}A,
\end{aligned}
$$

于是有

$$
BZ = \begin{pmatrix} Q_{11}Q_{11}^{\dagger} & & \\ & I & \\ & & R^{\dagger}R \end{pmatrix} = (BZ)^{H} = ZB = (ZB)^{H}.
$$

进一步容易得到

$$
BZB = (BZ)B = B,\ ZBZ = Z(BZ) = Z.
$$

因此 $Z = B^{\dagger}$. 比较 $B^{\dagger}$, $BB^{\dagger}$ 和定理 5.1.2 中 $B^{\dagger}$, $BB^{\dagger}$ 的表达式, 有

$$
\begin{aligned}
&R^{\dagger}Q_{11}^{\dagger} = L_{K}^{\ddagger},\ R^{\dagger}R = A^{\dagger}A = L^{\dagger}L + (KP)^{\dagger}KP,\\
&R^{\dagger}(I - Q_{11}^{\dagger}Q_{11})Q_{21}^{H} = (KP)^{\dagger}.
\end{aligned}
$$

□

3. Q-SVD 法

定理 5.1.4[204, 224, 225]　设矩阵 $L \in \mathbf{C}_p^{m_1\times n}$, $K \in \mathbf{C}^{m_2\times n}$, $A \in \mathbf{C}_r^{m\times n}$ 及向量 $h \in \mathbf{C}^{m_1}$, $g \in \mathbf{C}^{m_2}$ 由 (5.1.1) 式给定. 令 A 的 SVD 为

$$
A = ZTH^{H} = Z_1T_1H_1^{H}, \tag{5.1.13}
$$

这里 $Z \in \mathcal{U}_m$, $H \in \mathcal{U}_n$,

$$
T = \mathrm{diag}(T_1, 0),\ T_1 = \mathrm{diag}(t_1, \cdots, t_r), \tag{5.1.14}
$$

$t_1 \geqslant \cdots \geqslant t_r > 0$ 为 A 的非零奇异值, Z_1, H_1 分别为 Z, H 的前 r 列. 则有

$$\begin{aligned} &L_K^{\ddagger} = H_1 T_1^{-1} Z_{11}^{\dagger},\ (KP)^{\dagger} = H_1 T_1^{-1}(I - Z_{11}^{\dagger} Z_{11}) Z_{21}^H, \\ &A^{\dagger} A = H_1 H_1^H, \end{aligned} \tag{5.1.15}$$

这里 Z_{11}, Z_{21} 分别为 Z_1 的前 m_1 行和后 m_2 行. LSE 问题 (5.1.2) 的任一解 x 为

$$x = H_1 T_1^{-1} Z_{11}^{\dagger} h + H_1 T_1^{-1}(I - Z_{11}^{\dagger} Z_{11}) Z_{21}^H g + (I_n - H_1 H_1^H) z, \tag{5.1.16}$$

其中

$$x_{\mathrm{LSE}} = H_1 T_1^{-1} Z_{11}^{\dagger} h + H_1 T_1^{-1}(I - Z_{11}^{\dagger} Z_{11}) Z_{21}^H g \tag{5.1.17}$$

是 LSE 问题 (5.1.2) 的极小范数解.

证明 注意由 A 的 SVD 分解, 可以得到 A 的一个酉分解 $A = Q_1 R$, 其中 $Q_1 = Z_1$, $Z_{11} = Q_{11}$, $Z_{21} = Q_{21}$, $R = T_1 H_1^H$. 则 $R^{\dagger} = H_1 T_1^{-1}$, 并由定理 5.1.3, 立即得到定理的结论. □

4. 加权 LS 法

定理 5.1.5[163] 设矩阵 $L \in \mathbf{C}_p^{m_1 \times n}$, $K \in \mathbf{C}^{m_2 \times n}$, $A \in \mathbf{C}_r^{m \times n}$ 及向量 $h \in \mathbf{C}^{m_1}$, $g \in \mathbf{C}^{m_2}$ 由 (5.1.1) 式给定. 定义

$$W(\tau) = \begin{pmatrix} \tau^2 I_{m_1} & \\ & I_{m_2} \end{pmatrix}. \tag{5.1.18}$$

则当 $\tau \to +\infty$ 时, WLS 问题

$$\|W(\tau)^{\frac{1}{2}}(Ax - b)\|_2 = \min_{y \in \mathbf{C}^n} \|W(\tau)^{\frac{1}{2}}(Ay - b)\|_2 \tag{5.1.19}$$

的解集趋向于 LSE 问题 (5.1.2) 的解集.

证明 设 A 的 SVD 由 (5.1.13)~(5.1.14) 式给出, 记 Z 的 CS 分解为

$$\begin{aligned} Z &= \begin{pmatrix} Z_{11} & Z_{12} \\ Z_{21} & Z_{22} \end{pmatrix} \begin{matrix} m_1 \\ m_2 \end{matrix} \\ &\quad\ \ r,\ m-r \\ &= \begin{pmatrix} U_1 & \\ & U_2 \end{pmatrix} \begin{pmatrix} D_{11} & D_{12} \\ D_{21} & D_{22} \end{pmatrix} \begin{pmatrix} V_1^H & \\ & V_2^H \end{pmatrix}, \end{aligned} \tag{5.1.20}$$

这里 U_1, U_2, V_1 和 V_2 均为酉矩阵,

$$\begin{aligned} &D_{11} = \mathrm{diag}(I_q, C, 0_C), \quad D_{12} = \mathrm{diag}(0_S, S, I_{m_1 - p}), \\ &D_{21} = \mathrm{diag}(0_S^H, S, I_{r-p}), \quad D_{22} = \mathrm{diag}(I_{m_2+q-r}, -C, 0_C^H), \end{aligned} \tag{5.1.21}$$

C, S 为 $p-q$ 阶的正定对角矩阵, 满足 $C^2+S^2=I_{p-q}$ (当 $p-q=0$ 时, C 和 S 均为空矩阵). 从而由定理 5.1.4, 有

$$\begin{aligned}\lim_{\tau\to+\infty}(W(\tau)^{\frac{1}{2}}A)^{\dagger}W(\tau)^{\frac{1}{2}} &= \lim_{\tau\to+\infty}(A^HW(\tau)A)^{\dagger}A^HW(\tau)\\ &= \lim_{\tau\to+\infty}H_1T_1^{-1}(\tau^2Z_{11}^HZ_{11}+Z_{21}^HZ_{21})^{-1}(\tau^2Z_{11}^H,\ Z_{21}^H)\\ &= H_1T^{-1}(V_1\mathrm{diag}(I_q,C^{-1},0)U_1^H,\ V_1\mathrm{diag}(0,0,I_{r-p})U_2^H)\\ &= H_1T_1^{-1}(Z_{11}^{\dagger},\ (I_r-Z_{11}^{\dagger}Z_{11})Z_{21}^H)=(L_K^{\ddagger},\ (KP)^{\dagger}),\end{aligned}$$

另外, 对任意 $\tau>0$, 由引理 3.4.1 可得

$$\begin{aligned}((W(\tau)^{\frac{1}{2}}A)^{\dagger}W(\tau)^{\frac{1}{2}})(W(\tau)A(W(\tau)A)^{\dagger}A) &= A^{\dagger}A,\\ (W(\tau)^{\frac{1}{2}}A)^{\dagger}W(\tau)^{\frac{1}{2}}A &= A^{\dagger}A.\end{aligned}$$

于是, WLS 问题 (5.1.19) 的任一解 $x(\tau)$ 为

$$\begin{aligned}x(\tau) &= (W(\tau)^{\frac{1}{2}}A)^{\dagger}W(\tau)^{\frac{1}{2}}b+(I-(W(\tau)^{\frac{1}{2}}A)^{\dagger}W(\tau)^{\frac{1}{2}}A)z\\ &= (W(\tau)^{\frac{1}{2}}A)^{\dagger}W(\tau)^{\frac{1}{2}}b+(I-A^{\dagger}A)z,\end{aligned}$$

其中 $z\in\mathbf{C}^n$. 对上式两端取极限, 则当 $\tau\to+\infty$ 时, $x(\tau)$ 趋向于 LSE 问题 (5.1.2) 的一个解. □

5. 无约束 LS 法

引理 5.1.6[230] 设矩阵 $L\in\mathbf{C}_p^{m_1\times n}$, $K\in\mathbf{C}^{m_2\times n}$, $A\in\mathbf{C}_r^{m\times n}$ 由 (5.1.1) 式给定. 定义

$$A_I=\begin{pmatrix} L\\ KP(KP)^{\dagger}K\end{pmatrix}, \tag{5.1.22}$$

则有

$$A_I^{\dagger}=(L_K^{\ddagger},(KP)^{\dagger}), \tag{5.1.23}$$

$$\begin{aligned}A_I^{\dagger}A_I=A_I^{\dagger}A&=A^{\dagger}A\\ &=L^{\dagger}L+(KP)^{\dagger}KP.\end{aligned} \tag{5.1.24}$$

证明 设 A 的 SVD 由 (5.1.13)~(5.1.14) 式给出, $W(\tau)$ 由 (5.1.18) 式定义, 并记 $A_{W(\tau)}=W(\tau)A(W(\tau)A)^{\dagger}A$. 则由 Z 的 CS 分解式 (5.1.20)~(5.1.21) 和定理 5.1.4,

$$\begin{aligned}(KP)^{\dagger}&=H_1T_1^{-1}(I-Z_{11}^{\dagger}Z_{11})Z_{21}^H=H_1T_1^{-1}V_1\mathrm{diag}(0,I_{r-p})U_2^H,\\ KP(KP)^{\dagger}&=U_2\mathrm{diag}(0,I_{r-p})U_2^H,\end{aligned}$$

$$KP(KP)^\dagger K = U_2\text{diag}(0, I_{r-p})V_1^H T_1 H_1^H = U_2 D_{21}(I - D_{11}^\dagger D_{11})V_1^H T_1 H_1^H.$$

因此有

$$\begin{aligned}
\lim_{\tau\to+\infty} A_{W(\tau)} &= \lim_{\tau\to+\infty} \begin{pmatrix} \tau^2 Z_{11} \\ Z_{21} \end{pmatrix} \begin{pmatrix} \tau^2 Z_{11} \\ Z_{21} \end{pmatrix}^\dagger \begin{pmatrix} Z_{11} \\ Z_{21} \end{pmatrix} T_1 H_1^H \\
&= \lim_{\tau\to+\infty} \begin{pmatrix} \tau^2 Z_{11} \\ Z_{21} \end{pmatrix} (\tau^4 Z_{11}^H Z_{11} + Z_{21}^H Z_{21})^{-1} (\tau^2 Z_{11}^H Z_{11} + Z_{21}^H Z_{21}) T_1 H_1^H \\
&= \begin{pmatrix} U_1 & \\ & U_2 \end{pmatrix} \begin{pmatrix} D_{11} \\ D_{21}(I - D_{11}^\dagger D_{11}) \end{pmatrix} V_1^H T_1 H_1^H \\
&= \begin{pmatrix} L \\ KP(KP)^\dagger K \end{pmatrix} = A_I.
\end{aligned}$$

再应用定理 5.1.5 和引理 3.4.1, 得到

$$\begin{aligned}
A_I^\dagger &= \lim_{\tau\to+\infty} A_{W(\tau)}^\dagger = (L_K^\ddagger, (KP)^\dagger), \\
A_I^\dagger A_I &= \lim_{\tau\to+\infty} A_{W(\tau)}^\dagger A_{W(\tau)} = A^\dagger A, \\
A_I^\dagger A &= \lim_{\tau\to+\infty} A_{W(\tau)}^\dagger A = A^\dagger A.
\end{aligned}$$

□

定理 5.1.7[230] 设矩阵 $L \in \mathbf{C}_p^{m_1\times n}$, $K \in \mathbf{C}^{m_2\times n}$, $A \in \mathbf{C}_r^{m\times n}$, 及向量 $h \in \mathbf{C}^{m_1}$, $g \in \mathbf{C}^{m_2}$ 由 (5.1.1) 式给定. 则 LSE 问题 (5.1.2) 等价于下面的无约束 LS 问题

$$\|A_I x - b\|_2 = \min_{y\in\mathbf{C}^n} \|A_I y - b\|_2,\ b = \begin{pmatrix} h \\ g \end{pmatrix}. \tag{5.1.25}$$

证明 LS 问题 (5.1.25) 的任一解 x 有下面的表达式

$$x = A_I^\dagger b + (I - A_I^\dagger A_I)z = A_I^\dagger b + (I - A^\dagger A)z,$$

$z \in \mathbf{C}^n$. 由引理 5.1.6 知, LS 问题 (5.1.25) 与 LSE 问题 (5.1.2) 的解集相同. □

定理 5.1.8[230] 设矩阵 $L \in \mathbf{C}_p^{m_1\times n}$, $K \in \mathbf{C}^{m_2\times n}$, $A \in \mathbf{C}_r^{m\times n}$ 由 (5.1.1) 式给定. 则有 $\text{rank}(KP) = r - p$. 令 $\{q_1, \cdots, q_p\}$ 和 $\{q_{p+1}, \cdots, q_r\}$ 分别是子空间 $\mathcal{R}(L^H)$ 和 $\mathcal{R}((KP)^H)$ 中的标准正交基, 并记

$$Q_1 = (q_1, \cdots, q_p), \qquad Q_2 = (q_{p+1}, \cdots, q_r). \tag{5.1.26}$$

则有

$$(Q_1, Q_2)^H (Q_1, Q_2) = I_r. \tag{5.1.27}$$

证明　由定理 5.1.3 和引理 5.1.6, $A^\dagger A = L^\dagger L + (KP)^\dagger KP$. 由于

$$(L^\dagger L)(KP)^\dagger KP = (L^\dagger L)P(KP)^\dagger KP = 0,\ (KP)^\dagger KP(L^\dagger L) = 0,$$

因此

$$\mathrm{rank}(A) = \mathrm{rank}(A^\dagger A) = \mathrm{rank}(L^\dagger L) + \mathrm{rank}((KP)^\dagger KP) = \mathrm{rank}(L) + \mathrm{rank}(KP),$$

即有 $\mathrm{rank}(KP) = \mathrm{rank}(A) - \mathrm{rank}(L) = r - p$. 另外由 Q_1, Q_2 的构造,

$$Q_1^H Q_1 = I_p,\ Q_2^H Q_2 = I_{r-p},\ 0 = (L^\dagger L)(KP)^\dagger KP = Q_1 Q_1^H Q_2 Q_2^H,$$

于是 $(Q_1, Q_2)^H (Q_1, Q_2) = I_r$. □

§ 5.2　关于 KKT 方程

本节讨论 LSE 问题 (5.1.2) 和相应的 WLS 问题 (5.1.19) 的 KKT 方程之间的关系. 本节的结果由魏木生[225] 得到.

5.2.1　WLS 问题的 KKT 方程

由定理 3.4.3, WLS 问题 (5.1.19) 的 KKT 方程为

$$B(\tau)w(\tau) = d, \tag{5.2.1}$$

其中 $\tau > 0$, 且

$$B(\tau) = \begin{pmatrix} \tau^{-2}I & 0 & L \\ 0 & I & K \\ L^H & K^H & 0 \end{pmatrix},\ w = \begin{pmatrix} v(\tau) \\ r_K(\tau) \\ x(\tau) \end{pmatrix},\ d = \begin{pmatrix} h \\ g \\ 0 \end{pmatrix}. \tag{5.2.2}$$

定理 5.2.1　设矩阵 $L \in \mathbf{C}_p^{m_1\times n}$, $K \in \mathbf{C}^{m_2\times n}$, $A \in \mathbf{C}_r^{m\times n}$ 及向量 $h \in \mathbf{C}^{m_1}$, $g \in \mathbf{C}^{m_2}$ 由 (5.1.1) 式给定, A 的 SVD 由 (5.1.13)~(5.1.14) 式给出, 而 Z 的 CS 分解由 (5.1.20)~(5.1.21) 式给出. 定义

$$E = \begin{pmatrix} \tau^{-1}Z_{11} \\ Z_{21} \end{pmatrix},\quad F = \begin{pmatrix} \tau^{-1}Z_{12} \\ Z_{22} \end{pmatrix}, \tag{5.2.3}$$

则 $B(\tau)^\dagger$ 具有如下结构形式

$$B(\tau)^\dagger = \begin{pmatrix} Z_{12}(F^HF)^{-1}Z_{12}^H & Z_{12}(F^HF)^{-1}Z_{22}^H & (Z_{11} - Z_{12}F^\dagger E)G^H \\ (Z_{12}(F^HF)^{-1}Z_{22}^H)^H & Z_{22}(F^HF)^{-1}Z_{22}^H & (Z_{21} - Z_{22}F^\dagger E)G^H \\ G(Z_{11} - Z_{12}F^\dagger E)^H & G(Z_{21} - Z_{22}F^\dagger E)^H & -GE^H(I - FF^\dagger)EG^H \end{pmatrix}, \tag{5.2.4}$$

这里 $G = H_1 T_1^{-1}$.

证明 注意到当 $\tau > 0$ 时, E 和 F 都是列满秩的. 记 (5.2.4) 式右端的矩阵为 $Y(\tau)$. 由 (5.2.3) 式可得

$$
\begin{aligned}
F^H F &= \tau^{-2} I + (1-\tau^{-2}) Z_{22}^H Z_{22} = I - (1-\tau^{-2}) Z_{12}^H Z_{12}, \\
F^H E &= -(1-\tau^{-2}) Z_{12}^H Z_{11} = (1-\tau^{-2}) Z_{22}^H Z_{21}, \\
F^\dagger E &= (F^H F)^{-1} F^H E.
\end{aligned} \tag{5.2.5}
$$

再由 Z 是酉矩阵, 可以证明

$$
\begin{aligned}
Z_{11}(F^\dagger E)^H &= (1-\tau^{-2}) Z_{11} Z_{21}^H Z_{22} (F^H F)^{-1} = \tau^{-2} Z_{12} (F^H F)^{-1} - Z_{12}, \\
Z_{21}(F^\dagger E)^H &= (1-\tau^{-2}) Z_{21} Z_{21}^H Z_{22} (F^H F)^{-1} = Z_{22} (F^H F)^{-1} - Z_{22}, \qquad (5.2.6) \\
(-\tau^{-2} Z_{12} + Z_{11} E^H F) F^\dagger E &= -Z_{12} F^H E = (1-\tau^{-2}) Z_{12} Z_{12}^H Z_{11}. \qquad (5.2.6)
\end{aligned}
$$

按照 $B(\tau)Y(\tau)$ 的子块分, 由 (5.2.4)~(5.2.6) 式, 有

$$
\begin{aligned}
(B(\tau)Y(\tau))_{11} &= \tau^{-2} Z_{12} (F^H F)^{-1} Z_{12}^H + Z_{11}(Z_{11} - Z_{12} F^\dagger E)^H \\
&= Z_{11} Z_{11}^H + Z_{12} Z_{12}^H = I_{m_1}, \\
(B(\tau)Y(\tau))_{12} &= \tau^{-2} Z_{12} (F^H F)^{-1} Z_{22}^H + Z_{11}(Z_{21} - Z_{22} F^\dagger E)^H \\
&= Z_{11} Z_{21}^H + Z_{12} Z_{22}^H = 0, \\
(B(\tau)Y(\tau))_{13} &= \tau^{-2}(Z_{11} - Z_{12} F^\dagger E) G^H - Z_{11} E^H (I - F F^\dagger) E G^H \\
&= Z_{11}(\tau^{-2} I - E^H E) G^H + (-\tau^{-2} Z_{12} + Z_{11} E^H F) F^\dagger E G^H \\
&= (\tau^{-2} - 1)(Z_{11} Z_{21}^H Z_{21} - Z_{12} Z_{12}^H Z_{11}) G^H = 0, \\
(B(\tau)Y(\tau))_{21} &= (Z_{12} (F^H F)^{-1} Z_{22}^H)^H + Z_{21}(Z_{11} - Z_{12} F^\dagger E)^H \\
&= Z_{21} Z_{11}^H + Z_{22} Z_{12}^H = 0, \\
(B(\tau)Y(\tau))_{22} &= Z_{22} (F^H F)^{-1} Z_{22}^H + Z_{21}(Z_{21} - Z_{22} F^\dagger E)^H \\
&= Z_{21} Z_{21}^H + Z_{22} Z_{22}^H = I_{m_2}, \\
(B(\tau)Y(\tau))_{23} &= (Z_{21} - Z_{22} F^\dagger E) G^H - Z_{21} E^H (I - F F^\dagger) E G^H \\
&= Z_{21}(I - E^H E) G^H + (-Z_{22} + Z_{21} E^H F) F^\dagger E G^H \\
&= (1-\tau^{-2})(Z_{21} Z_{11}^H Z_{11} - Z_{22} Z_{22}^H Z_{21}) G^H = 0, \\
(B(\tau)Y(\tau))_{31} &= H_1 T_1 (Z_{11}^H Z_{12} (F^H F)^{-1} Z_{12}^H + Z_{21}^H Z_{22} (F^H F)^{-1} Z_{12}^H) = 0, \\
(B(\tau)Y(\tau))_{32} &= H_1 T_1 (Z_{11}^H Z_{12} (F^H F)^{-1} Z_{22}^H + Z_{21}^H Z_{22} (F^H F)^{-1} Z_{22}^H) = 0, \\
(B(\tau)Y(\tau))_{33} &= H_1 T_1 (Z_{11}^H (Z_{11} - Z_{12} F^\dagger E) + Z_{12}^H (Z_{21} - Z_{22} F^\dagger E)) G^H
\end{aligned}
$$

$$= H_1T_1(I_r - (Z_{11}^H Z_{12} + Z_{12}^H Z_{22})F^\dagger E)G^H = H_1T_1G^H$$
$$= H_1H_1^H = A^\dagger A.$$

于是有

$$B(\tau)Y(\tau) = \begin{pmatrix} I_{m_1} & 0 & 0 \\ 0 & I_{m_2} & 0 \\ 0 & 0 & H_1H_1^H \end{pmatrix}. \tag{5.2.7}$$

再注意到 $B(\tau)Y(\tau)$, $B(\tau)$ 和 $Y(\tau)$ 都是 Hermite 矩阵,

$$B(\tau)Y(\tau) = (B(\tau)Y(\tau))^H = Y(\tau)B(\tau) = (Y(\tau)B(\tau))^H.$$

则易证

$$B(\tau)Y(\tau)B(\tau) = B(\tau),\ Y(\tau)B(\tau)Y(\tau) = Y(\tau).$$

所以有 $Y(\tau) = B(\tau)^\dagger$. □

定理 5.2.2 在定理 5.2.1 的记号和条件下, WLS 问题的 KKT 方程 (5.2.1) 相容, 并且的任一解 $w(\tau)$ 具有下列形式

$$w(\tau) = B(\tau)^\dagger d + (I - B(\tau)^\dagger B(\tau))w_1, \tag{5.2.8}$$

这里 $w_1 = \begin{pmatrix} v_1 \\ r_1 \\ x_1 \end{pmatrix}$, v_1, r_1, x_1 的维数分别与 $v(\tau)$, $r_K(\tau)$, $x(\tau)$ 的维数相同, 即

$$\begin{aligned} v(\tau) &= Z_{12}(F^HF)^{-1}Z_{12}^H h + Z_{12}(F^HF)^{-1}Z_{22}^H g, \\ r_K(\tau) &= (Z_{12}(F^HF)^{-1}Z_{22}^H)^H h + Z_{22}(F^HF)^{-1}Z_{22}^H g, \\ x(\tau) &= H_1T_1^{-1}(Z_{11} - Z_{12}F^\dagger E)^H h \\ &\quad + H_1T_1^{-1}(Z_{21} - Z_{22}F^\dagger E)^H g + H_2H_2^H x_1. \end{aligned} \tag{5.2.9}$$

在 WLS 问题的 KKT 方程所有的解中, 极小范数解具有下列形式

$$\begin{aligned} v(\tau)_{\text{WLS}} &= v(\tau), \\ r_K(\tau)_{\text{WLS}} &= r_K(\tau), \\ x(\tau)_{\text{WLS}} &= H_1T_1^{-1}(Z_{11} - Z_{12}F^\dagger E)^H h + H_1T_1^{-1}(Z_{21} - Z_{22}F^\dagger E)^H g. \end{aligned} \tag{5.2.10}$$

证明 由 $B(\tau)B(\tau)^\dagger = B(\tau)^\dagger B(\tau)$ 的形式 (5.2.7), 易证 $B(\tau)B(\tau)^\dagger d = d$, 于是 WLS 问题的 KKT 方程 (5.2.1) 相容, 其任意解 $w(\tau)$ 应有 (5.2.8)~(5.2.9) 式的形式, 其中极小范数解应有 (5.2.10) 式的形式. □

5.2.2 LSE 和 WLS 问题的 KKT 方程解的比较

由 Z 的 CS 分解 (5.1.20)~(5.1.21) 式, 可以得到

$$\begin{aligned}F^HF &= V_2\mathrm{diag}(I_{m_2+q-r}, \tau^{-2}S^2+C^2, \tau^{-2}I_{m_1-p})V_2^H,\\ F^\dagger E &= -V_2\mathrm{diag}(0_{(m_2+q-r)\times q}, (1-\tau^{-2})CS(\tau^{-2}S^2+C^2)^{-1}, 0_{(m_1-p)\times(r-p)})V_1^H.\end{aligned}$$

则由 (5.1.20)~(5.1.21) 式和 (5.2.9)~(5.2.10) 式, 有

$$\begin{aligned}v &= U_1\mathrm{diag}(0_q, S^2C^{-2}, 0_{m_1-p})U_1^Hh\\ &\quad + U_1\mathrm{diag}(0_{q\times(m_2+q-r)}, -SC^{-1}, 0_{(m_1-p)\times(r-p)})U_2^Hg\\ &\quad + U_1\mathrm{diag}(0_p, I_{m_1-p})U_1^Hv_1,\\ v(\tau) &= U_1\mathrm{diag}(0_q, S^2(\tau^{-2}S^2+C^2)^{-1}, \tau^2I_{m_1-p})U_1^Hh\\ &\quad + U_1\mathrm{diag}(0_{q\times(m_2+q-r)}, -SC(\tau^{-2}S^2+C^2)^{-1}, 0_{(m_1-p)\times(r-p)})U_2^Hg; \quad (5.2.11)\\ r_K &= U_2\mathrm{diag}(0_{(m_2+q-r)\times q}, -SC^{-1}, 0_{(r-p)\times(m_1-p)})U_1^Hh\\ &\quad + U_2\mathrm{diag}(I_{m_2+q-r}, I_{p-q}, 0_{r-p})U_2^Hg,\\ r_K(\tau) &= U_2\mathrm{diag}(0_{(m_2+q-r)\times q}, -SC(\tau^{-2}S^2+C^2)^{-1}, 0_{(r-p)\times(m_1-p)})U_1^Hh\\ &\quad + U_2\mathrm{diag}(I_{m_2+q-r}, C^2(\tau^{-2}S^2+C^2)^{-1}, 0_{r-p})U_2^Hg; \quad (5.2.12)\\ x &= H_1T_1^{-1}V_1\mathrm{diag}(I_q, C^{-1}, 0_{(r-p)\times(m_1-p)})U_1^Hh\\ &\quad + H_1T_1^{-1}V_1\mathrm{diag}(0_{q\times(m_2+q-r)}, 0_{p-q}, I_{r-p})U_2^Hg + H_2H_2^Hx_1,\\ x(\tau) &= H_1T_1^{-1}V_1\mathrm{diag}(I_q, C(\tau^{-2}S^2+C^2)^{-1}, 0_{(r-p)\times(m_1-p)})U_1^Hh\\ &\quad + H_1T_1^{-1}V_1\mathrm{diag}(0_{q\times(m_2+q-r)}, \tau^{-2}S(\tau^{-2}S^2+C^2)^{-1}, I_{r-p})U_2^Hg\\ &\quad + H_2H_2^Hx_1, \quad (5.2.13)\end{aligned}$$

这里 $v_1 \in \mathbf{C}^{m_1}$ 和 $x_1 \in \mathbf{C}^n$ 是任意向量.

定理 5.2.3 设矩阵 $L \in \mathbf{C}_p^{m_1\times n}$, $K \in \mathbf{C}^{m_2\times n}$, $A \in \mathbf{C}_r^{m\times n}$ 及向量 $h \in \mathbf{C}^{m_1}$, $g \in \mathbf{C}^{m_2}$ 由 (5.1.1) 式给定, A 的 SVD 由 (5.1.13)~(5.1.14) 式给出, Z 的 CS 分解由 (5.1.20)~(5.1.21) 式给出. 则当 $\tau > 0$ 时, 有

$$\begin{aligned}\|v - v(\tau)\|_2 &\leqslant \frac{\tau^{-2}(1-d_p^2)}{d_p^2}\|v_{\mathrm{LSE}}\|_2,\\ \|r_K - r_K(\tau)\|_2 &\leqslant \frac{\tau^{-2}(1-d_p^2)}{d_p^2}\|r_K\|_2, \quad (5.2.14)\\ \|x - x(\tau)\|_2 &\leqslant \frac{\tau^{-2}\sqrt{1-d_p^2}}{d_p^2}\|T_1^{-1}\|_2\|r_K\|_2,\end{aligned}$$

这里 d_p 为矩阵 Z_{11} 最小的正奇异值, 且 v 的表达式中的向量 v_1 应取 $v_1 = \tau^2 h$. 因此当 $\tau \longrightarrow +\infty$ 时, 有

$$v(\tau) \longrightarrow v,\ r_K(\tau) \longrightarrow r_K,\ x(\tau) \longrightarrow x. \tag{5.2.15}$$

证明 在 (5.2.11) 式中取 $v_1 = \tau^2 h$, 则有

$$\begin{aligned}\|v - v(\tau)\|_2 &\leqslant \|\tau^{-2}S^2(\tau^{-2}S^2 + C^2)^{-1}\|_2\|v_{\mathrm{LSE}}\|_2\\ &\leqslant \|\tau^{-2}S^2C^{-2}\|_2\|v_{\mathrm{LSE}}\|_2,\end{aligned}$$

即得 (5.2.14) 式的第一个不等式. 类似可证其余的不等式. □

注 5.2.1 若 $h \in \mathcal{R}(L)$, 则 $h = LL^{\ddagger}h$, 因此有 $U_1\mathrm{diag}(0_p, I_{m_1-p})U_1^H h = 0$, 且当 $\tau \longrightarrow +\infty$ 时总有 $v(\tau) \longrightarrow v_{\mathrm{LSE}}$.

5.2.3 对应于 B 和 $B(\tau)$ 零特征值的特征子空间

设 $\mathrm{rank}(L) = p$, $\mathrm{rank}(A) = r$, 则由定理 5.1.2 和定理 5.2.1, 显然有

$$\begin{aligned}\mathrm{rank}(B) &= \mathrm{rank}(BB^{\dagger}) = p + m_2 + r,\\ \mathrm{rank}(B(\tau)) &= \mathrm{rank}(B(\tau)B(\tau)^{\dagger}) = m_1 + m_2 + r.\end{aligned}$$

把 L^H 的零空间 $\mathcal{N}(L^H)$ 记为 $LV(L)$, $\begin{pmatrix} L \\ K \end{pmatrix}$ 的零空间 $\mathcal{N}\left(\begin{pmatrix} L \\ K \end{pmatrix}\right)$ 记为 $RV(LK)$. 则有 $\dim(LV(L)) = m_1 - p$, $\dim(RV(LK)) = n - r$. 把矩阵 B 或 $B(\tau)$ 的任一特征向量 x 记为分块形式 $x = (x_1^H, x_2^H, x_3^H)^H$, 其中 $x_1 \in \mathbf{C}^{m_1}$, $x_2 \in \mathbf{C}^{m_2}$, $x_3 \in \mathbf{C}^n$. 记

$$S_1 = \{x : x = (x_1^H, 0^H, 0^H)^H\ ,\ x_1 \in LV(L)\}, \tag{5.2.16}$$

$$S_2 = \{x : x = (0^H, 0^H, x_3^H)^H\ ,\ x_3 \in RV(LK)\}. \tag{5.2.17}$$

则容易验证, B 的零特征子空间为 $S_1 \bigcup S_2$, 而 $B(\tau)$ 的零特征子空间为 S_2.

§ 5.3 LSE 问题的误差估计

这一节将给出 LSE 问题的误差估计. 由于 LSE 问题比 LS 问题更加复杂, LSE 问题的误差估计要困难得多. (5.1.3) 式中的条件成立时, Eldén[69], Wedin[221] 得到了 LSE 问题的误差估计, 而魏木生[224] 则推广到更加一般的情形. 本节的内容取自 [224].

设矩阵 $L \in \mathbf{C}_p^{m_1\times n}$, $K \in \mathbf{C}^{m_2\times n}$, $A \in \mathbf{C}_r^{m\times n}$, 和向量 $h \in \mathbf{C}^{m_1}$, $g \in \mathbf{C}^{m_2}$ 由 (5.1.1) 式给定. 令 $\widehat{L} = L + \Delta L \in \mathbf{C}_{p_1}^{m_1\times n}$, $\widehat{K} = K + \Delta K$, $\widehat{h} = h + \Delta h$, $\widehat{g} = g + \Delta g$, $\widehat{A} \in \mathbf{C}_{r_1}^{m\times n}$, $\widehat{b}$ 分别为 L, K, W, h, g, A 和 b 的扰动形式, 并记 $\widehat{P} = I - \widehat{L}^{\dagger}\widehat{L}$.

1. $p=\mathrm{rank}(L)=\mathrm{rank}(\widehat{L})=p_1$, $r=\mathrm{rank}(A)=\mathrm{rank}(\widehat{A})=r_1$ 的情形

引理 5.3.1 设 $L\in\mathbf{C}_p^{m_1\times n}$, $K\in\mathbf{C}^{m_2\times n}$, $A\in\mathbf{C}_r^{m\times n}$ 由 (5.1.1) 式给定, $\widehat{L}$, $\widehat{K}$, $\widehat{A}$ 为相应矩阵的扰动形式, 满足 $\mathrm{rank}(\widehat{L})=\mathrm{rank}(L)=p$, $\mathrm{rank}(\widehat{A})=\mathrm{rank}(A)=r$. 设 A 的 SVD 由 (5.1.13)~(5.1.14) 式给出, Z 的 CS 分解由 (5.1.20)~(5.1.21) 式给出, d_p 为 Z_{11} 最小的正奇异值,

$$\varepsilon_A=\|\Delta A\|_2/\|A\|_2,\ \varepsilon_L=\|\Delta L\|_2/\|L\|_2,\ \kappa(A)=\|A\|_2\|A^\dagger\|_2,\ \kappa(L)=\|L\|_2\|L^\dagger\|_2.$$

如果

$$d_p<1,\ \kappa(A)\varepsilon_A<1,\ \kappa(L)\varepsilon_L<1, \tag{5.3.1}$$

则有

$$\begin{aligned}\|\widehat{L}_K^\ddagger\|_2\leqslant(1+\varepsilon_1)\|L_K^\ddagger\|_2,\ \|\widehat{K}\widehat{L}_K^\ddagger\|_2\leqslant(1+\varepsilon_2)\|KL_K^\ddagger\|_2,\\ \|(\widehat{K}\widehat{P})^\dagger\|_2\leqslant(1+\varepsilon_3)\|(KP)^\dagger\|_2,\ \|\widehat{L}^\dagger\|_2\leqslant(1+\varepsilon_4)\|L^\dagger\|_2,\end{aligned} \tag{5.3.2}$$

其中

$$\varepsilon_2=O(\kappa(A)\varepsilon_A),\ \varepsilon_4=O(\kappa(L)\varepsilon_L),\ \varepsilon_j=O(\kappa(A)^2\varepsilon_A),\quad \text{当 } j=1,3\text{时}. \tag{5.3.3}$$

引理的证明留给读者.

定理 5.3.2 设矩阵 $L\in\mathbf{C}_p^{m_1\times n}$, $K\in\mathbf{C}^{m_2\times n}$, $A\in\mathbf{C}_r^{m\times n}$ 及向量 $h\in\mathbf{C}^{m_1}$, $g\in\mathbf{C}^{m_2}$ 由 (5.1.1) 式给定, $\widehat{L}$, $\widehat{K}$, $\widehat{A}$, $\widehat{h}$ 和 $\widehat{g}$ 等为相应的扰动矩阵和扰动向量. 令 A 的 SVD 由 (5.1.13)~(5.1.14) 式给出, 而 Z 的 CS 分解由 (5.1.20)~(5.1.21) 式给出. 如果 $p_1=p$, $r_1=r$, 并且 (5.3.1) 式中的条件成立, 则对于原始的 LSE 问题的 KKT 方程 (5.1.7) 的任一 LSE 解 w, 存在扰动的 LSE 问题的 KKT 方程

$$\widehat{B}\widehat{w}=\widehat{d} \tag{5.3.4}$$

的 LSE 解 $\widehat{w}$, 满足

$$\begin{aligned}\|\Delta v\|_2\leqslant{}&(1+\varepsilon_2)^2\|KL_K^\ddagger\|_2^2(\|\Delta h\|_2+\|\Delta L\|_2\|x_{\mathrm{LSE}}\|_2\\&+(1+\varepsilon_4)\|L^\dagger\|_2\|\Delta L\|_2\|r_L\|_2)\\&+(1+\varepsilon_2)\|KL_K^\ddagger\|_2(\|\Delta g\|_2+\|\Delta K\|_2\|x_{\mathrm{LSE}}\|_2)\\&+(1+\varepsilon_1)\|L_K^\ddagger\|_2(\|\Delta L\|_2\|v_{\mathrm{LSE}}\|_2+\|\Delta K\|_2\|r_K\|_2)\\&+a\|L^\dagger\|_2\|\Delta L\|_2\|v\|_2,\end{aligned} \tag{5.3.5}$$

$$\begin{aligned}\|\Delta r_K\|_2\leqslant{}&(1+\varepsilon_2)\|KL_K^\ddagger\|_2(\|\Delta h\|_2+\|\Delta L\|_2\|x_{\mathrm{LSE}}\|_2\\&+(1+\varepsilon_4)\|L^\dagger\|_2\|\Delta L\|_2\|r_L\|_2)+\|\Delta g\|_2+\|\Delta K\|_2\|x_{\mathrm{LSE}}\|_2\end{aligned}$$

$$+ (1+\varepsilon_3)\|(KP)^\dagger\|_2(\|\Delta L\|_2\|v_{\mathrm{LSE}}\|_2 + \|\Delta K\|_2\|r_K\|_2), \tag{5.3.6}$$

$$\begin{aligned}\|\Delta x\|_2 \leqslant\ & (1+\varepsilon_1)\|L_K^\ddagger\|_2(\|\Delta h\|_2 + \|\Delta L\|_2\|x_{\mathrm{LSE}}\|_2 \\ & + (1+\varepsilon_4)\|L^\dagger\|_2\|\Delta L\|_2\|r_L\|_2) \\ & + (1+\varepsilon_3)\|(KP)^\dagger\|_2(\|\Delta g\|_2 + \|\Delta K\|_2\|x_{\mathrm{LSE}}\|_2) \\ & + (1+\varepsilon_3)^2\|(KP)^\dagger\|_2^2(\|\Delta L\|_2\|v_{\mathrm{LSE}}\|_2 + \|\Delta K\|_2\|r_K\|_2) \\ & + a\|A^\dagger\|_2\|\Delta A\|_2\|x\|_2,\end{aligned} \tag{5.3.7}$$

这里 $a=\sqrt{2}$, $r_L = h - Lx_{\mathrm{LSE}}$. 反之亦然.

证明 对于原始的 KKT 方程 (5.1.7) 的形如

$$w = B^\dagger d + (I - B^\dagger B)w_1 \tag{5.3.8}$$

的 LSE 解 w, 令

$$\widehat{w} = \widehat{B}^\dagger \widehat{d} + (I - \widehat{B}^\dagger \widehat{B})(I - B^\dagger B)w_1, \tag{5.3.9}$$

则 $\widehat{w}$ 是扰动的 KKT 方程 (5.3.4) 的 LSE 解.

由 $\widehat{B}^\dagger - B^\dagger$ 的分解式

$$\widehat{B}^\dagger - B^\dagger = -\widehat{B}^\dagger(\widehat{B} - B)B^\dagger + \widehat{B}^\dagger(I - BB^\dagger) - (I - \widehat{B}^\dagger\widehat{B})B^\dagger,$$

有

$$\begin{aligned}\Delta w &= \widehat{B}^\dagger \Delta d + (\widehat{B}^\dagger - B^\dagger)d - \widehat{B}^\dagger\widehat{B}(I - B^\dagger B)w_1 \\ &= \widehat{B}^\dagger(\Delta d - \Delta B w_{\mathrm{LSE}}) - (I - \widehat{B}^\dagger\widehat{B})B^\dagger B w_{\mathrm{LSE}} \\ &\quad + \widehat{B}^\dagger\widehat{B}\widehat{B}^\dagger(I - BB^\dagger)d - \widehat{B}^\dagger\widehat{B}(I - B^\dagger B)w_1.\end{aligned} \tag{5.3.10}$$

则由 KKT 矩阵 $B^\dagger$, $\widehat{B}^\dagger$ 的表达式, 恒等式

$$(I - LL^\dagger)h = (I - LL^\dagger)^2 h = (I - LL^\dagger)(I - LL_K^\ddagger)h = (I - LL^\dagger)r_L$$

和 $\widehat{L}_K^\ddagger = \widehat{L}_K^\ddagger \widehat{L}\widehat{L}^\dagger$, 有

$$\begin{aligned}\|\Delta v\|_2 \leqslant\ & \|\widehat{K}\widehat{L}_K^\ddagger\|_2^2\|\Delta h\|_2 + \|\widehat{K}\widehat{L}_K^\ddagger\|_2\|\Delta g\|_2 + \|\widehat{L}_K^\ddagger\|_2\|\Delta K\|_2\|r_K\|_2 \\ & + (\|\widehat{L}_K^\ddagger\|_2\|\Delta L\|_2\|v_{\mathrm{LSE}}\|_2 + \|(I - \widehat{L}\widehat{L}^\dagger)LL^\dagger v_{\mathrm{LSE}}\|_2) \\ & + (\|\widehat{K}\widehat{L}_K^\ddagger\|_2^2\|\Delta L\|_2 + \|\widehat{K}\widehat{L}_K^\ddagger\|_2\|\Delta K\|_2)\|x_{\mathrm{LSE}}\|_2 + \|\widehat{L}\widehat{L}^\dagger(I - LL^\dagger)v_1\|_2 \\ & + \|\widehat{K}\widehat{L}_K^\ddagger\|_2^2\|\widehat{L}\widehat{L}^\dagger(I - LL^\dagger)r_L\|_2, \\ \|\Delta r_K\|_2 \leqslant\ & \|\widehat{K}\widehat{L}_K^\ddagger\|_2\|\Delta h\|_2 + \|\Delta g\|_2 + \|(\widehat{K}\widehat{P})^\dagger\|_2\|\Delta L\|_2\|v_{\mathrm{LSE}}\|_2\end{aligned}$$

$$
\begin{aligned}
&+\|(\widehat{K}\widehat{P})^{\dagger}\|_2\|\Delta K\|_2\|r_K\|_2+(\|\widehat{K}\widehat{L}_K^{\ddagger}\|_2\|\Delta L\|_2+\|\Delta K\|_2)\|x_{\mathrm{LSE}}\|_2\\
&+\|\widehat{K}\widehat{L}_K^{\ddagger}\|_2\|\widehat{L}\widehat{L}^{\dagger}(I-LL^{\dagger})r_L\|_2,\\
\|\Delta x\|_2\leqslant\ &\|\widehat{L}_K^{\ddagger}\|_2\|\Delta h\|_2+\|(\widehat{K}\widehat{P})^{\dagger}\|_2\|\Delta g\|_2+\|(\widehat{K}\widehat{P})^{\dagger}\|_2^2\|\Delta L\|_2\|v_{\mathrm{LSE}}\|_2\\
&+\|(\widehat{K}\widehat{P})^{\dagger}\|_2^2\|\Delta K\|_2\|r_K\|_2+(\|\widehat{L}_K^{\ddagger}\|_2\|\Delta L\|_2+\|(\widehat{K}\widehat{P})^{\dagger}\|_2\|\Delta K\|_2)\|x_{\mathrm{LSE}}\|_2\\
&+\|(I-\widehat{A}^{\dagger}\widehat{A})A^{\dagger}Ax_{\mathrm{LSE}}\|_2+\|\widehat{A}^{\dagger}\widehat{A}(I-A^{\dagger}A)x_1\|_2\\
&+\|\widehat{L}_K^{\ddagger}\|_2\|\widehat{L}\widehat{L}^{\dagger}(I-LL^{\dagger})r_L\|_2.
\end{aligned}
$$

由定理 2.3.6, 有

$$
\begin{aligned}
\|(I-\widehat{L}\widehat{L}^{\dagger})LL^{\dagger}v_{\mathrm{LSE}}\|_2&\leqslant\|\Delta L\|_2\|L^{\dagger}\|_2\|v_{\mathrm{LSE}}\|_2,\\
\|\widehat{L}\widehat{L}^{\dagger}(I-LL^{\dagger})v_1\|_2&\leqslant\|\Delta L\|_2\|L^{\dagger}\|_2\|(I-LL^{\dagger})v_1\|_2,\\
\|\widehat{L}\widehat{L}^{\dagger}(I-LL^{\dagger})r_L\|_2&\leqslant\|\Delta L\|_2\|\widehat{L}^{\dagger}\|_2\|r_L\|_2,\\
\|(I-\widehat{A}^{\dagger}\widehat{A})A^{\dagger}Ax_{\mathrm{LSE}}\|_2&\leqslant\|\Delta A\|_2\|A^{\dagger}\|_2\|x_{\mathrm{LSE}}\|_2,\\
\|\widehat{A}^{\dagger}\widehat{A}(I-A^{\dagger}A)x_1\|_2&\leqslant\|\Delta A\|_2\|A^{\dagger}\|_2\|(I-A^{\dagger}A)x_1\|_2.
\end{aligned}
$$

再利用 Cauchy-Schwartz 不等式

$$
\begin{aligned}
\|v_{\mathrm{LSE}}\|_2+\|(I-LL^{\dagger})v_1\|_2&\leqslant\sqrt{2}\|v\|_2,\\
\|x_{\mathrm{LSE}}\|_2+\|(I-A^{\dagger}A)x_1\|_2&\leqslant\sqrt{2}\|x\|_2,
\end{aligned}
$$

即可得到 (5.3.5)~(5.3.7) 式. □

推论 5.3.3　在定理 5.3.2 的条件下, 对于 LSE 问题 (5.1.2) 和 (5.3.4) 的 KKT 方程的极小范数 LSE 解

$$w_{\mathrm{LSE}}=B^{\dagger}b,\ \widehat{w}_{\mathrm{LSE}}=\widehat{B}^{\dagger}\widehat{b},$$

$$\|\Delta v_{\mathrm{LSE}}\|_2,\ \|\Delta r_{K\ \mathrm{LSE}}\|_2,\ 和\ \|\Delta x_{\mathrm{LSE}}\|_2$$

分别有和 (5.3.5)~(5.3.7) 式相同的上界, 其中应分别用 v_{LSE}, $r_{K_{\mathrm{LSE}}}$, x_{LSE} 替换 v, r_K, x, 并且取 $a=1$.

推论 5.3.4　在定理 5.3.2 的条件下, 如果还有 $h\in R(L)$, 则在估计式 (5.3.5)~(5.3.7) 中, 应取 $r_L=0$.

注 5.3.1　如果在 (5.3.9) 式中取

$$\widehat{w}=\widehat{B}^{\dagger}\widehat{d}+(I-\widehat{B}^{\dagger}\widehat{B})(B^{\dagger}d+(I-B^{\dagger}B)w_1),$$

则有

$$\Delta w=\widehat{B}^{\dagger}(\Delta d-\Delta Bw_{\mathrm{LSE}})+\widehat{B}^{\dagger}\widehat{B}\widehat{B}^{\dagger}(I-BB^{\dagger})d-\widehat{B}^{\dagger}\widehat{B}(I-B^{\dagger}B)w_1.$$

则对定理 5.3.2 有更精细的误差估计, 这里不再重复.

对于 $p_1 = p$, $r_1 = r$ 的情形, De Pierro 和魏木生[58] 还用无约束的 LS 问题 (5.1.25) 讨论 LSE 问题的扰动界, 其形式比较简洁. 这里只给出当 $h \in \mathcal{R}(L)$ 时 Δx 的扰动, Δv 和 Δr_K 的扰动界的推导类似. 记

$$A_I = \begin{pmatrix} L \\ KP(KP)^\dagger K \end{pmatrix}, \ \widehat{A}_I = \begin{pmatrix} \widehat{L} \\ \widehat{K}\widehat{P}(\widehat{K}\widehat{P})^\dagger \widehat{K} \end{pmatrix}. \tag{5.3.11}$$

则根据定理 5.1.7, 扰动的 LSE 问题

$$\begin{aligned} \|(\widehat{K}x - \widehat{g})\|_2 &= \min_{y \in \widehat{S}} \|(\widehat{K}y - \widehat{g})\|_2, \\ \widehat{S} = \{y : \|\widehat{L}y - \widehat{h}\|_2 &= \min_{u \in \mathbf{C}^n} \|\widehat{L}u - \widehat{h}\|_2\} \end{aligned} \tag{5.3.12}$$

的 LSE 解集为

$$\widehat{S} = \{x = \widehat{A}_I^\dagger \widehat{b} + (I - \widehat{A}^\dagger \widehat{A})z : \ z \in \mathbf{C}^n\}. \tag{5.3.13}$$

引理 5.3.5　设矩阵 $L \in \mathbf{C}_p^{m_1 \times n}$, $K \in \mathbf{C}^{m_2 \times n}$, $A \in \mathbf{C}_r^{m \times n}$ 及向量 $h \in \mathbf{C}^{m_1}$, $g \in \mathbf{C}^{m_2}$ 由 (5.1.1) 式给定, 并且 $h \in \mathcal{R}(L)$. 则有

$$\widehat{A}_I^\dagger (I - AA_I^\dagger) b = (\widehat{K}\widehat{P})^\dagger (I - K(KP)^\dagger) r_K = (\widehat{K}\widehat{P})^\dagger r_K, \tag{5.3.14}$$

这里

$$r_K = g - Kx_{\mathrm{LSE}} = (I - K(KP)^\dagger)(g - KL^\dagger h).$$

证明　由 $A_I^\dagger A = A^\dagger A$, 有

$$(I - AA_I^\dagger)^2 = (I - AA_I^\dagger)(I - AA_I^\dagger) = I - AA_I^\dagger,$$

即 $I - AA_I^\dagger$ 为投影矩阵. 条件 $h \in \mathcal{R}(L)$ 表明 $h - Lx_{\mathrm{LSE}} = 0$, 从而

$$\begin{aligned} \widehat{A}_I^\dagger (I - AA_I^\dagger) b &= \widehat{A}_I^\dagger (I - AA_I^\dagger)^2 b \\ &= \widehat{A}_I^\dagger (I - AA_I^\dagger) \begin{pmatrix} 0 \\ g - Kx_{\mathrm{LSE}} \end{pmatrix} \\ &= \widehat{A}_I^\dagger \begin{pmatrix} 0 \\ (I - K(KP)^\dagger)(g - Kx_{\mathrm{LSE}}) \end{pmatrix} \\ &= (\widehat{K}\widehat{P})^\dagger (I - K(KP)^\dagger) r_K = (\widehat{K}\widehat{P})^\dagger r_K. \end{aligned}$$

□

定理 5.3.6　在定理 5.3.2 的记号和条件下, 如果还有 $h \in \mathcal{R}(L)$, 则有

$$\|\Delta x_{\mathrm{LSE}}\|_2 \leqslant \|A_I^\dagger\|_2 (\|\Delta b\|_2 + \|\Delta A\|_2 \|x_{\mathrm{LSE}}\|_2)$$

$$
\begin{aligned}
&+\delta_{rn}\|A^\dagger\|_2\|\Delta A\|_2\|x_{\mathrm{LSE}}\|_2 \\
&+((\|\Delta K\|_2+\|\Delta L\|_2\|KL^\dagger\|_2)\|(KP)^\dagger\|_2^2)\|r_K\|_2 \\
&+O(\|\Delta L\|_2^2+\|\Delta K\|_2^2),
\end{aligned} \tag{5.3.15}
$$

这里

$$
\delta_{rn}=\begin{cases} 0, & \text{当 } r=n \text{ 时}, \\ 1, & \text{当 } r<n \text{ 时}. \end{cases}
$$

证明 $\widehat{A}_I^\dagger - A_I^\dagger$ 有分解

$$
\begin{aligned}
\widehat{A}_I^\dagger - A_I^\dagger &= \widehat{A}_I^\dagger(I-\widehat{A}A_I^\dagger)-(I-\widehat{A}_I^\dagger\widehat{A})A_I^\dagger \\
&= \widehat{A}_I^\dagger(I-(A+\Delta A)A_I^\dagger)-(I-\widehat{A}^\dagger\widehat{A})A^\dagger AA_I^\dagger.
\end{aligned}
$$

则应用引理 5.3.5, 得到

$$
\begin{aligned}
\Delta x_{\mathrm{LSE}} &= \widehat{A}_I^\dagger\widehat{b}-A_I^\dagger b=\widehat{A}_I^\dagger\Delta b+(\widehat{A}_I^\dagger-A_I^\dagger)b \\
&= \widehat{A}_I^\dagger(\Delta b-\Delta A x_{\mathrm{LSE}})-(I-\widehat{A}^\dagger\widehat{A})A^\dagger A x_{\mathrm{LSE}} \\
&\quad +(\widehat{K}\widehat{P})^\dagger(I-K(KP)^\dagger)r_K.
\end{aligned} \tag{5.3.16}
$$

由于

$$
\begin{aligned}
&\|(\widehat{K}\widehat{P})^\dagger(I-K(KP)^\dagger)r_K\|_2 \\
=&\|(\widehat{K}\widehat{P})^\dagger(\widehat{K}\widehat{P})^{\dagger H}\widehat{P}(\widehat{K}\widehat{P})^H(I-K(KP)^\dagger)r_K\|_2 \\
=&\|(\widehat{K}\widehat{P})^\dagger(\widehat{K}\widehat{P})^{\dagger H}\widehat{P}(\widehat{K}\widehat{P}-KP)^H(I-K(KP)^\dagger)r_K\|_2 \\
\leqslant&(\|\Delta K\|_2+\|\Delta L\|_2\|KL^\dagger\|_2)\|(\widehat{K}\widehat{P})^\dagger\|_2^2\|r_K\|_2,
\end{aligned}
$$

$$
(I-\widehat{A}^\dagger\widehat{A})A^\dagger A=0, \quad \text{当 } r=n \text{ 时},
$$

$$
\|(I-\widehat{A}^\dagger\widehat{A})A^\dagger A\|_2\leqslant\|\Delta A\|_2\|A^\dagger\|_2, \quad \text{当} r<n \text{ 时},
$$

再由 $\widehat{A}_I^\dagger$ 和 $(\widehat{K}\widehat{P})^\dagger$ 的连续性, 即得定理的估计式. □

定理 5.3.7 在定理 5.3.6 的记号及条件下, 如果还有 $r<n$, 则对于 (5.1.2) 式的形如

$$
x=A_I^\dagger b+(I-A^\dagger A)z \tag{5.3.17}
$$

的任意 LSE 解 x, 存在 (5.3.12) 式的一个 LSE 解 $\widehat{x}$, 使得

$$
\begin{aligned}
\|\Delta x\|_2\leqslant&\|A_I^\dagger\|_2(\|\Delta b\|_2+\|\Delta A\|_2\|x_{\mathrm{LSE}}\|_2)+\|A^\dagger\|_2\|\Delta A\|_2\|x-x_{\mathrm{LSE}}\|_2 \\
&+(\|\Delta K\|_2+\|\Delta L\|_2\|KL^\dagger\|_2)\|(KP)^\dagger\|_2^2\|r_K\|_2
\end{aligned}
$$

$$+ O(\|\Delta L\|_2^2 + \|\Delta K\|_2^2). \tag{5.3.18}$$

反之亦然.

证明 对于 (5.1.2) 式的任一具有形式 (5.3.17) 的 LSE 解 x, 令

$$\widehat{x} = \widehat{A}_I^{\dagger}\widehat{b} + (I - \widehat{A}^{\dagger}\widehat{A})(x_{\rm LSE} + (I - A^{\dagger}A)z).$$

则 $\widehat{x}$ 为 (5.3.12) 式的一个 LSE 解. 再由 (5.3.16) 式, 可得

$$\begin{aligned}\Delta x = &\widehat{A}_I^{\dagger}(\Delta b - \Delta A x_{\rm LSE}) - \widehat{A}^{\dagger}\widehat{A}(I - A^{\dagger}A)z \\ &+ (\widehat{K}\widehat{P})^{\dagger}(I - K(KP)^{\dagger})r_K.\end{aligned}$$

由定理 5.3.6 的讨论, 可得 (5.3.18) 式. 交换 x 和 $\widehat{x}$ 的位置, 反之部分可证. □

2. $p = \mathrm{rank}(L) = \mathrm{rank}(\widehat{L}) = p_1$, $r = \mathrm{rank}(A) \neq \mathrm{rank}(\widehat{A}) = r_1$ 的情形

现在考虑 $\mathrm{rank}(\widehat{L}) = p$, $\mathrm{rank}(\widehat{A}) = r_1 \neq r$ 的情形. 由定理 2.4.1, 如果条件 $\|\Delta A\|_2\|A^{\dagger}\|_2 < 1$ 成立, 则必有 $\mathrm{rank}(\widehat{A}) = r_1 \geqslant r$. 因此, 这时有 $\mathrm{rank}(\widehat{L}) = p$, $\mathrm{rank}(\widehat{A}) = r_1 > r$.

引理 5.3.8 设矩阵 $L \in \mathbf{C}_p^{m_1\times n}$, $K \in \mathbf{C}^{m_2\times n}$, $A \in \mathbf{C}_r^{m\times n}$ 由 (5.1.1) 式给定, A 的 SVD 由 (5.1.13)~(5.1.14) 式给出, Z 的 CS 分解由 (5.1.20)~(5.1.21) 式给出. 如果 (5.3.1) 式的条件满足, 且 $p_1 = p$, $r_1 \neq r$, 则 $r_1 > r$. 设 $L = GNH^H = G_1N_1H_1^H$ 和 $\widehat{L} = \widehat{G}\widehat{N}\widehat{H}^H = \widehat{G}_1\widehat{N}_1\widehat{H}_1^H$ 分别是 L 和 $\widehat{L}$ 的 SVD, 其中 G_1, H_1, $\widehat{G}_1$ 和 $\widehat{H}_1$ 分别是 G, H, $\widehat{G}$ 和 $\widehat{H}$ 的前 p 列,

$$N_1 = \mathrm{diag}(n_1, \cdots, n_p) > 0,\ \widehat{N}_1 = \mathrm{diag}(\widehat{n}_1, \cdots, \widehat{n}_p) > 0.$$

设 $\widehat{K}\widehat{H}_2$ 的 SVD 为

$$\widehat{K}\widehat{H}_2 = M\Psi R^H = M_1\Psi_1R_1^H + M_2\Psi_2R_2^H, \tag{5.3.19}$$

这里 M_1, R_1 分别是酉矩阵 M 和 R 的前 $r-p$ 列, M_2, R_2 分别是 M 和 R 的后 $n-r$ 列, 并且

$$\begin{aligned}&\Psi = \mathrm{diag}(\psi_1, \cdots, \psi_{r_1-p}, 0, \cdots, 0),\ \psi_1 \geqslant \cdots \geqslant \psi_{r_1-p} > 0, \\ &\Psi_1 = \mathrm{diag}(\psi_1, \cdots, \psi_{r-p}),\ \Psi_2 = \mathrm{diag}(\psi_{r+1-p}, \cdots, \psi_{r_1-p}, 0, \cdots, 0).\end{aligned}$$

定义

$$\widetilde{K} = \widehat{K}\widehat{L}^{\dagger}\widehat{L} + M_1\Psi_1R_1^H\widehat{H}_2^H, \widetilde{A} = \begin{pmatrix} \widehat{L} \\ \widetilde{K} \end{pmatrix}. \tag{5.3.20}$$

如果 $\|\Delta A\|_2\|L^\dagger\|_2 < 1/2$, $\varepsilon_5 = O(\kappa(A)\varepsilon_A)$, 则

$$\text{rank}(\widetilde{A}) = r, \|\widetilde{K} - \widehat{K}\|_2 \leqslant \frac{1}{d_p}\|\widehat{A} - A\|_2(1 + \varepsilon_5). \tag{5.3.21}$$

引理的证明留给读者.

注 5.3.2 应用定理 4.4.5 的结果, 还有 $\delta D' = M_2\Psi_2 R_2^H \widehat{H}_2^H$, $\delta D = 0$, 和

$$\|\widehat{K} - \widetilde{K}\|_2 = \|M_2\Psi_2 R_2^H \widehat{H}_2^H\|_2 = \|\delta D - \delta D'\|_2 \leqslant \eta_2 \left(1 + \frac{\eta_2}{t_{r-p} - \eta_2}\right),$$

这里 $\eta_2 = \|KP - \widehat{K}\widehat{P}\|_2$, $t_{r-p} = \sigma_{r-p}(KP)$.

引理 5.3.9 在引理 5.3.8 的记号和条件下, 记 $\widetilde{L} = \widehat{L}$, $\widetilde{P} = \widehat{P}$, $\widetilde{Q}_N = I - \widetilde{K}(\widetilde{K}\widetilde{P})^\dagger$. 则下列等式成立,

$$\begin{aligned}
&(\widehat{K} - \widetilde{K})(\widetilde{K}\widetilde{P})^\dagger = 0,\ (\widehat{K} - \widetilde{K})^\dagger(\widetilde{K}\widetilde{P}) = 0,\ \widetilde{K}(\widehat{K} - \widetilde{K})^\dagger = 0,\\
&(\widetilde{K}\widetilde{P})^\dagger(\widehat{K} - \widetilde{K}) = 0, (\widetilde{K}\widetilde{P})(\widehat{K} - \widetilde{K})^\dagger = 0,\ (\widetilde{K}\widetilde{P})^\dagger((\widehat{K} - \widetilde{K})^\dagger)^H = 0,\\
&(\widehat{K} - \widetilde{K})^\dagger\widetilde{Q}_N = (\widehat{K} - \widetilde{K})^\dagger,\ (\widehat{K} - \widetilde{K})\widetilde{L}_{\widetilde{K}}^\ddagger = 0.
\end{aligned} \tag{5.3.22}$$

证明 由等式

$$\widehat{H}_2^H\widehat{H}_1 = 0,\ \widehat{R}_2^H\widehat{R}_1 = 0,\ \widehat{R}_2^H\widehat{R}_2 = I_{n-r},\ \widehat{R}_1^H\widehat{R}_1 = I_{r-p},\ \widehat{M_1}^H\widehat{M_2} = 0,$$

和 $\widetilde{K}$ 的定义, 有

$$(\widehat{K} - \widetilde{K})(\widetilde{K}\widetilde{P})^\dagger = M_2\Psi_2 R_2^H \widehat{H}_2^H \widehat{H}_2 R_1 \Psi_1^{-1} M_1^H = 0.$$

这就是 (5.3.22) 式的第一个等式. 类似可证 (5.3.22) 式中其余的等式. □

引理 5.3.10 在引理 5.3.8 的记号和条件下, 有

$$\begin{aligned}
&(\widehat{K}\widehat{P})^\dagger = (\widetilde{K}\widetilde{P})^\dagger + (\widehat{K} - \widetilde{K})^\dagger, \quad \widehat{Q}_N = \widetilde{Q}_N - (\widehat{K} - \widetilde{K})(\widehat{K} - \widetilde{K})^\dagger,\\
&\widehat{L}_{\widehat{K}}^\ddagger = (I - (\widehat{K} - \widetilde{K})^\dagger\widetilde{K})\widetilde{L}_{\widetilde{K}}^\ddagger, \quad \widehat{K}\widehat{L}_{\widehat{K}}^\ddagger = (I - (\widehat{K} - \widetilde{K})(\widehat{K} - \widetilde{K})^\dagger)\widetilde{K}\widetilde{L}_{\widetilde{K}}^\ddagger.
\end{aligned} \tag{5.3.23}$$

证明 由 (5.3.19)~(5.3.20) 式, 有

$$\widehat{L} = \widetilde{L},\ \widehat{K} - \widetilde{K} = (\widehat{K} - \widetilde{K})\widetilde{P} = M_2\Psi_2 R_2^H \widehat{H}_2^H,\ \widetilde{K}\widetilde{P} = M_1\Psi_1 R_1^H \widehat{H}_2^H.$$

因此

$$(\widehat{K}\widehat{P})^\dagger = (\widetilde{K}\widetilde{P} + (\widehat{K} - \widetilde{K}))^\dagger = (\widetilde{K}\widetilde{P})^\dagger + (\widehat{K} - \widetilde{K})^\dagger,$$

即得第一个等式. 由上式和 (5.3.22) 式, 有

$$\begin{aligned}
&\widehat{Q}_N = I - (\widehat{K}\widehat{P})(\widehat{K}\widehat{P})^\dagger = \widetilde{Q}_N - (\widehat{K} - \widetilde{K})(\widehat{K} - \widetilde{K})^\dagger,\\
&\widehat{L}_{\widehat{K}}^\ddagger = (I - ((\widehat{K} - \widetilde{K})^\dagger + (\widetilde{K}\widetilde{P})^\dagger)\widehat{K})\widetilde{L}^\dagger = \widetilde{L}_{\widetilde{K}}^\ddagger - (\widehat{K} - \widetilde{K})^\dagger\widetilde{K}\widetilde{L}^\dagger.
\end{aligned}$$

注意到

$$(\widehat{K}-\widetilde{K})^{\dagger}\widetilde{K}\widetilde{L}^{\dagger}=(\widehat{K}-\widetilde{K})^{\dagger}\widetilde{Q}_N\widetilde{K}\widetilde{L}^{\dagger},\ \widetilde{Q}_N\widetilde{K}\widetilde{L}^{\dagger}=\widetilde{Q}_N\widetilde{K}\widetilde{L}^{\ddagger}_{\widetilde{K}},$$

得到第二, 三个等式. 由 $\widehat{L}^{\ddagger}_{\widehat{K}}$ 的表达式, 可得第四个等式. □

定理 5.3.11　设矩阵 $L\in\mathbf{C}_p^{m_1\times n}$, $K\in\mathbf{C}^{m_2\times n}$, $A\in\mathbf{C}_r^{m\times n}$ 及向量 $h\in\mathbf{C}^{m_1}$, $g\in\mathbf{C}^{m_2}$ 由 (5.1.1) 式给定, $\widehat{L}$, $\widehat{K}$, $\widehat{A}$, $\widehat{h}$, $\widehat{g}$ 等为相应的矩阵和向量的扰动形式. 令 A 的 SVD 由 (5.1.13)~(5.1.14) 式给出, Z 的 CS 分解由 (5.1.20)~(5.1.21) 式给出. 如果 $p_1=p$, $r_1\neq r$, 并且

$$d_p<1,\quad \|\Delta A\|_2\|L^{\dagger}\|_2<1/2,\ \left(1+\frac{1}{d_p}\right)\|\Delta\widetilde{A}\|_2\|A^{\dagger}\|_2<1, \tag{5.3.24}$$

则对于 (5.3.12) 式的任一 LSE 解 $\widehat{w}$, 存在 (5.1.2) 式的一个 LSE 解 w, 使得

$$\begin{aligned}\|\Delta v\|_2\leqslant{}&(1+\widetilde{\varepsilon}_2)^2\|KL_K^{\ddagger}\|_2^2(\|\Delta h\|_2+\|\Delta L\|_2\|x_{\mathrm{LSE}}\|_2\\&+(1+\varepsilon_4)\|L^{\dagger}\|_2\|\Delta L\|_2\|r_L\|_2)\\&+(1+\widetilde{\varepsilon}_2)\|KL_K^{\ddagger}\|_2(\|\Delta g\|_2+\|\Delta\widetilde{K}\|_2\|x_{\mathrm{LSE}}\|_2)\\&+(1+\widetilde{\varepsilon}_1)\|L_K^{\ddagger}\|_2(\|\Delta L\|_2\|v_{\mathrm{LSE}}\|_2+\|\Delta\widetilde{K}\|_2\|r_K\|_2)\\&+\sqrt{2}\|L^{\dagger}\|_2\|\Delta L\|_2\|v\|_2+(1+\widetilde{\varepsilon}_2)\|KL_K^{\ddagger}\|_2\|\widetilde{r}_K\|_2,\end{aligned}\tag{5.3.25}$$

$$\begin{aligned}\|\Delta r_K\|_2\leqslant{}&(1+\widetilde{\varepsilon}_2)\|KL_K^{\ddagger}\|_2(\|\Delta h\|_2+\|\Delta L\|_2\|x_{\mathrm{LSE}}\|_2\\&+(1+\varepsilon_4)\|L^{\dagger}\|_2\|\Delta L\|_2\|r_L\|_2)+\|\Delta g\|_2+\|\Delta\widetilde{K}\|_2\|x_{\mathrm{LSE}}\|_2\\&+(1+\widetilde{\varepsilon}_3)\|(KP)^{\dagger}\|_2(\|\Delta L\|_2\|v_{\mathrm{LSE}}\|_2+\|\Delta\widetilde{K}\|_2\|r_K\|_2)+\|\widetilde{r}_K\|_2,\end{aligned}\tag{5.3.26}$$

$$\begin{aligned}\|\Delta x\|_2\leqslant{}&(1+\widetilde{\varepsilon}_1)\|L_K^{\ddagger}\|_2(\|\Delta h\|_2+\|\Delta L\|_2\|x_{\mathrm{LSE}}\|_2\\&+(1+\varepsilon_4)\|L^{\dagger}\|_2\|\Delta L\|_2\|r_L\|_2)+\sqrt{2}\|A^{\dagger}\|_2\|\Delta A\|_2\|x\|_2\\&+(1+\widetilde{\varepsilon}_3)\|(KP)^{\dagger}\|_2(\|\Delta g\|_2+\|\Delta\widetilde{K}\|_2\|x_{\mathrm{LSE}}\|_2)\\&+(1+\widetilde{\varepsilon}_3)^2\|(KP)^{\dagger}\|_2^2(\|\Delta L\|_2\|v_{\mathrm{LSE}}\|_2+\|\Delta\widetilde{K}\|_2\|r_K\|_2),\end{aligned}\tag{5.3.27}$$

其中 $\widetilde{r}_K=\widetilde{K}\widetilde{L}_K^{\ddagger}\widehat{h}-\widetilde{Q}_N\widehat{g}=\widehat{g}-\widetilde{K}\widetilde{x}_{\mathrm{LSE}}$, $\Delta\widetilde{K}=\widetilde{K}-K$ 由 (5.3.21) 式估计,

$$\widetilde{\varepsilon}_2=O(\kappa(A)\varepsilon_A),\ \widetilde{\varepsilon}_j=O(\kappa(A)^2\varepsilon_A),\ j=1,3. \tag{5.3.28}$$

证明　设 A, $\widehat{A}$, $\widetilde{A}$ 由引理 5.3.9 定义. 在 KKT 矩阵 B 中分别以 $\widehat{L}$, $\widehat{K}$ 代替 L, K 得到的矩阵记为 $\widehat{B}$, 在 B 中分别以 $\widetilde{L}$, $\widetilde{K}$ 代替 L, K 得到的矩阵记为 $\widetilde{B}$.

则由引理 5.3.8~ 引理 5.3.10, 有 $(\widehat{B}^{\dagger}-\widetilde{B}^{\dagger})\widehat{d}=\widehat{w}_1+\widehat{w}_2$, 其中

$$\widehat{w}_1=\begin{pmatrix}0_{m1}\\0_{m2}\\-(\widehat{K}-\widetilde{K})^{\dagger}\widetilde{r}\end{pmatrix},\quad \widehat{w}_2=\begin{pmatrix}-(\widetilde{K}\widetilde{L}_K^{\ddagger})^H(\widehat{K}-\widetilde{K})(\widehat{K}-\widetilde{K})^{\dagger}\widetilde{r}\\(\widehat{K}-\widetilde{K})(\widehat{K}-\widetilde{K})^{\dagger}\widetilde{r}\\0_n\end{pmatrix}.$$

注意到 $(I-\widetilde{A}^\dagger\widetilde{A})(\widehat{K}-\widetilde{K})^\dagger=(\widehat{K}-\widetilde{K})^\dagger$, 于是有

$$\begin{aligned}(I-\widetilde{A}^\dagger\widetilde{A})(I-\widehat{A}^\dagger\widehat{A})&=(\widetilde{P}-(\widetilde{K}\widetilde{P})^\dagger\widetilde{K}\widetilde{P})(\widehat{P}-(\widehat{K}\widehat{P})^\dagger\widehat{K}\widehat{P})\\&=(\widehat{P}-(\widehat{K}\widehat{P})^\dagger\widehat{K}\widehat{P})=(I-\widehat{A}^\dagger\widehat{A}),\\(I-\widetilde{L}\widetilde{L}^\dagger)(I-\widehat{L}\widehat{L}^\dagger)&=I-\widehat{L}\widehat{L}^\dagger.\end{aligned}$$

所以有 $(I-\widetilde{A}^\dagger\widetilde{A})(I-\widehat{A}^\dagger\widehat{A})=I-\widehat{A}^\dagger\widehat{A}$, 而且对于 (5.3.12) 式的任一 LSE 解 $\widehat{w}$,

$$\begin{aligned}\widehat{w}&=\widehat{B}^\dagger\widehat{d}+(I-\widehat{B}^\dagger\widehat{B})w_1\\&=\widetilde{B}^\dagger\widehat{d}+(I-\widetilde{B}^\dagger\widetilde{B})((I-\widehat{B}^\dagger\widehat{B})w_1+\widehat{w}_1)+\widehat{w}_2.\end{aligned}$$

定义

$$\widetilde{w}=\widetilde{B}^\dagger\widehat{d}+(I-\widetilde{B}^\dagger\widetilde{B})((I-\widehat{B}^\dagger\widehat{B})w_1+\widehat{w}_1)$$

和

$$w=B^\dagger d+(I-B^\dagger B)(I-\widetilde{B}^\dagger\widetilde{B})((I-\widehat{B}^\dagger\widehat{B})w_1+\widehat{w}_1),$$

则 w 是 LES 问题 (5.1.2) 的 KKT 方程的 LS 解. 把定理 5.3.2 的估计应用于 $\widetilde{w}-w$, 并利用 $\widehat{w}-\widetilde{w}=\widehat{w}_2$ 的事实可得定理的估计. □

注 5.3.3 由定理 5.3.11 知, 当矩阵 L 和 K 有小的扰动, 并满足 $p_1=p, r_1>r$ 时, 则对于扰动 LSE 问题的任一 LSE 解 $\widehat{x}$, 总存在原始问题 LSE 解 x 接近 $\widehat{x}$, 但两个 LSE 问题的残量和 Lagrange 向量的差别可能很大. 特别地, 如果 $\widehat{w}$ 是扰动问题的极小范数 LSE 解, 并不能推出 w 是原始 LSE 问题的极小范数 LSE 解.

3. $p=\mathrm{rank}(L)\neq\mathrm{rank}(\widehat{L})=p_1$ 的情形

当扰动矩阵 $\Delta L,\Delta K$ 很小, 但是 $\mathrm{rank}(\widehat{L})\neq p$ 的情形下, 必定有 $\mathrm{rank}(\widehat{L})>p$. 这一小节将举例说明当 $\mathrm{rank}(\widehat{L})\neq p$ 时, 即使矩阵和向量的扰动非常小, LSE 问题的解可能相差很大, 因此没有适用的扰动理论.

例 5.3.1 设

$$L=\begin{pmatrix}s_1&0&0&0\\0&s_2&0&0\\0&0&0&0\end{pmatrix},\quad \widehat{L}=\begin{pmatrix}s_1&0&0&0\\0&s_2&0&0\\0&0&s_3&0\end{pmatrix},$$

$$h=\widehat{h}=(h_1,h_2,h_3)^T,\ g=\widehat{g}=(g_1,g_2,g_3,g_4)^T,$$

其中 $s_1>s_2>s_3>0$, $K=\widehat{K}=I_4$. 则 $\mathrm{rank}(L)=2$, $\mathrm{rank}(\widehat{L})=3$, $\mathrm{rank}(\widehat{A})=\mathrm{rank}(A)=4$. 于是, 原始问题和扰动的 LSE 问题都有唯一解, 并且容易算出

$$x=x_{\mathrm{LSE}}=\begin{pmatrix}s_1^{-1}h_1\\s_2^{-1}h_2\\g_3\\g_4\end{pmatrix},\quad \widehat{x}=\widehat{x}_{\mathrm{LSE}}=\begin{pmatrix}s_1^{-1}h_1\\s_2^{-1}h_2\\s_3^{-1}h_3\\g_4\end{pmatrix}.$$

因此 $\|\widehat{x}-x\|_2 = |g_3 - s_3^{-1}h_3|$. 固定 $h_3 \neq 0$ 和 g_3. 则当 $s_3 \to 0$ 时, $\|\widehat{x}-x\|_2 \to \infty$. 类似地, 当 $s_3 \to 0$ 时, $\|\widehat{r}_K - r_K\|_2 = \|\widehat{x}-x\|_2 \to \infty$.

注 5.3.4 通过本节的分析可以看出, 处理 LSE 问题时, 准确地确定 $\widehat{L}$ 和 $\widehat{A}$ 的数值秩是非常重要的. 特别需要强调的是, 如果不能准确地确定 $\widehat{L}$ 的秩, 则不可能得到 LSE 问题的精确解.

§ 5.4 等式约束加权最小二乘问题

本节推导等式约束加权最小二乘问题 (WLSE) 的解集及等价公式.

5.4.1 等式约束加权最小二乘问题的定义与解集

定义 5.4.1 给定矩阵 $L \in \mathbf{C}^{m_1\times n}$, $K \in \mathbf{C}^{m_2\times n}$ 及向量 $h \in \mathbf{C}^{m_1}$, $g \in \mathbf{C}^{m_2}$, 记 $A = \begin{pmatrix} L \\ K \end{pmatrix}$. 令 $\mathcal{P}_2(A)$ 为 $m_2 \times m_2$ 实对称半正定矩阵的集合, 使得只要 $W \in \mathcal{P}_2(A)$, 就有 $\operatorname{rank}(WKP) = \operatorname{rank}(KP)$, 其中 $P = I - L^\dagger L$.

定义 5.4.2 给定矩阵 $L \in \mathbf{C}^{m_1\times n}$, $K \in \mathbf{C}^{m_2\times n}$, $W \in \mathcal{P}_2(A)$ 及向量 $h \in \mathbf{C}^{m_1}$, $g \in \mathbf{C}^{m_2}$, 记 $A = \begin{pmatrix} L \\ K \end{pmatrix}$. 所谓 WLSE 问题, 是求向量 $x \in \mathbf{C}^n$, 满足

$$\|W^{\frac{1}{2}}(Kx-g)\|_2 = \min_{y\in S} \|W^{\frac{1}{2}}(Ky-g)\|_2, \tag{5.4.1}$$

其中 $S = \{y \in \mathbf{C}^n :\ Ly = h\}$. 如果 $h \notin \mathcal{R}(L)$, 则集合 S 可以在最小二乘意义下来定义, 亦即

$$S = \{y \in \mathbf{C}^n : \|Ly - h\|_2 = \min_{z\in\mathbf{C}^n} \|Lz - h\|_2\}.$$

下面借助于 LSE 问题的代数性质来研究 WLSE 问题.

引理 5.4.1[230] 设 $L \in \mathbf{C}^{m_1\times n}$, $K \in \mathbf{C}^{m_2\times n}$, $W \in \mathcal{P}_2(A)$ 为给定的矩阵, 并且 $A = \begin{pmatrix} L \\ K \end{pmatrix}$. 定义

$$\begin{aligned} A_W &= \begin{pmatrix} L \\ WKP(WKP)^\dagger K \end{pmatrix}, \\ L^{\ddagger}_{W^{\frac{1}{2}}K} &= (I - (W^{\frac{1}{2}}KP)^\dagger W^{\frac{1}{2}}K)L^\dagger. \end{aligned} \tag{5.4.2}$$

则有

$$A_W^\dagger = (L^{\ddagger}_{W^{\frac{1}{2}}K}, (W^{\frac{1}{2}}KP)^\dagger W^{\frac{1}{2}}), \tag{5.4.3}$$

$$\begin{aligned}A_W^{\dagger}A_W &= A_W^{\dagger}A = A^{\dagger}A \\ &= L^{\dagger}L + (W^{\frac{1}{2}}KP)^{\dagger}W^{\frac{1}{2}}KP.\end{aligned} \tag{5.4.4}$$

证明 在引理 5.1.6 中, 只要令 $K := W^{\frac{1}{2}}K$ 即可. □

称 $L^{\ddagger}_{W^{\frac{1}{2}}K}$ 为 L 的加权 MP 逆, $A_W^{\dagger} = (L^{\ddagger}_{W^{\frac{1}{2}}K}, (W^{\frac{1}{2}}KP)^{\dagger}W^{\frac{1}{2}})$ 为矩阵 A 的约束加权 MP 逆. 下面讨论 WLSE 问题 (5.4.1) 的解集.

定理 5.4.2 给定矩阵 $L \in \mathbf{C}^{m_1\times n}$, $K \in \mathbf{C}^{m_2\times n}$, $W \in \mathcal{P}_2(A)$, 及向量 $h \in \mathbf{C}^{m_1}$, $g \in \mathbf{C}^{m_2}$. 则 WLSE 问题 (5.4.1) 的解集为

$$\begin{aligned}S_{\mathrm{WLSE}} &= \{x = L^{\ddagger}_{W^{\frac{1}{2}}K}h + (W^{\frac{1}{2}}KP)^{\dagger}W^{\frac{1}{2}}g \\ &\qquad + (P - (W^{\frac{1}{2}}KP)^{\dagger}W^{\frac{1}{2}}KP)z:\ z \in \mathbf{C}^n\} \\ &= \{x = L^{\ddagger}_{W^{\frac{1}{2}}K}h + (W^{\frac{1}{2}}KP)^{\dagger}W^{\frac{1}{2}}g \\ &\qquad + (I - A^{\dagger}A)z:\ z \in \mathbf{C}^n\},\end{aligned} \tag{5.4.5}$$

极小范数 WLSE 解 x_{WLSE} 为

$$x_{\mathrm{WLSE}} = L^{\ddagger}_{W^{\frac{1}{2}}K}h + (W^{\frac{1}{2}}KP)^{\dagger}W^{\frac{1}{2}}g. \tag{5.4.6}$$

证明 WLSE 问题的任一解 x 应满足约束条件 $Lx = h$ 或 $\|Lx - h\|_2 = \min\limits_{y\in\mathbf{C}^n}\|Ly - h\|_2$, 因此

$$x = L^{\dagger}h + (I - L^{\dagger}L)u = L^{\dagger}h + Pu,$$

其中 $u \in \mathbf{C}^n$ 为待定向量. 把 x 的表达式带入 (5.4.1) 式中的第一式, 可得

$$u = (W^{\frac{1}{2}}KP)^{\dagger}(W^{\frac{1}{2}}g - W^{\frac{1}{2}}KL^{\dagger}h) + (I - (W^{\frac{1}{2}}KP)^{\dagger}W^{\frac{1}{2}}KP)z,$$

其中 $z \in \mathbf{C}^n$. 再把 u 的表达式带入 x 中即得 (5.4.5)~(5.4.6) 式中的表达式. 由引理 5.4.1 可得到等式 $P - (W^{\frac{1}{2}}KP)^{\dagger}W^{\frac{1}{2}}KP = I - A^{\dagger}A$. □

5.4.2 加权最小二乘问题的等价性问题

下面推导 WLSE 问题 (5.4.1) 式的几个等价性问题.

1. KKT 方程

定理 5.4.3 给定矩阵 $L \in \mathbf{C}^{m_1\times n}$, $K \in \mathbf{C}^{m_2\times n}$, $W \in \mathcal{P}_2(A)$, 及向量 $h \in \mathbf{C}^{m_1}$, $g \in \mathbf{C}^{m_2}$, 其中 W 非奇异. 则 WLSE 问题 (5.4.1) 等价于下面的 LS 问题

$$\begin{cases} By \overset{LS}{=} d, \\ B = \begin{pmatrix} 0 & 0 & L \\ 0 & W^{-1} & K \\ L^H & K^H & 0 \end{pmatrix},\ d = \begin{pmatrix} h \\ g \\ 0 \end{pmatrix},\ y = \begin{pmatrix} v \\ r_W \\ x \end{pmatrix}, \end{cases} \tag{5.4.7}$$

这里 $m=m_1+m_2$, v 为 Lagrange 向量, r_W 为加权残量, 并且有

$$B^\dagger = \begin{pmatrix} (KL^\ddagger_{W^{\frac{1}{2}}K})^H WKL^\ddagger_{W^{\frac{1}{2}}K} & -(WKL^\dagger_{W^{\frac{1}{2}}K})^H & (L^\ddagger_{W^{\frac{1}{2}}K})^H \\ -WKL^\ddagger_{W^{\frac{1}{2}}K} & W(I-K(W^{\frac{1}{2}}KP)^\dagger W^{\frac{1}{2}}) & W^{\frac{1}{2}}(W^{\frac{1}{2}}KP)^{\dagger H} \\ L^\ddagger_{W^{\frac{1}{2}}K} & (W^{\frac{1}{2}}KP)^\dagger W^{\frac{1}{2}} & -(W^{\frac{1}{2}}KP)^\dagger (W^{\frac{1}{2}}KP)^{\dagger H} \end{pmatrix}. \tag{5.4.8}$$

证明 类似于定理 5.1.2 的证明. □

2. 无约束 LS 问题

定理 5.4.4 [230] 给定矩阵 $L \in \mathbf{C}^{m_1\times n}$, $K \in \mathbf{C}^{m_2\times n}$, $W \in \mathcal{P}_2(A)$, 及向量 $h \in \mathbf{C}^{m_1}$, $g \in \mathbf{C}^{m_2}$. 则 WLSE 问题 (5.4.1) 等价于下面的无约束 LS 问题

$$\|A_W x - b\|_2 = \min_{y\in\mathbf{C}^n} \|A_W y - b\|_2, \quad 其中\ b = \begin{pmatrix} h \\ g \end{pmatrix}. \tag{5.4.9}$$

证明 由引理 5.4.1, LS 问题 (5.4.9) 的任一解 x 有如下的表达式

$$x = A_W^\dagger b + (I - A_W^\dagger A_W)z = A_W^\dagger b + (I - A^\dagger A)z,$$

其中 $z \in \mathbf{C}^n$. 于是 x 为 WLSE 问题 (5.4.1) 的解, 并且 WLSE 问题 (5.4.1) 的任一解 x 有上面的形式. □

3. 酉分解法

定理 5.4.5 [58] 给定矩阵 $L \in \mathbf{C}_p^{m_1\times n}$, $K \in \mathbf{C}^{m_2\times n}$, $W \in \mathcal{P}_2(A)$, 及向量 $h \in \mathbf{C}^{m_1}$, $g \in \mathbf{C}^{m_2}$, 其中 $A \in \mathbf{C}_r^{m\times n}$. 定义

$$A(W) = \begin{pmatrix} L \\ W^{\frac{1}{2}}K \end{pmatrix} \in \mathbf{C}_r^{m\times n}. \tag{5.4.10}$$

设 $A(W)$ 的酉分解为

$$A(W) = Q\begin{pmatrix} R \\ 0 \end{pmatrix} = Q_1 R, \quad Q_1 = \begin{pmatrix} Q_{11} \\ Q_{21} \end{pmatrix} \begin{matrix} m_1 \\ m_2 \end{matrix}, \tag{5.4.11}$$

这里 $Q^HQ = I_m$, Q_1 为 Q 的前 r 列, R 为行满秩 r. 则有

$$A_W^\dagger = R^\dagger(Q_{11}^\dagger, (I - Q_{11}^\dagger Q_{11})Q_{21}^H W^{\frac{1}{2}}). \tag{5.4.12}$$

WLSE 问题 (5.4.1) 的任一解 x 有如下的表达式

$$x = R^\dagger(Q_{21}^H W^{\frac{1}{2}} g + Q_{11}^\dagger(h - Q_{11}Q_{21}^H W^{\frac{1}{2}} g)) + (I_n - R^\dagger R)z, \tag{5.4.13}$$

$z \in \mathbf{C}^n$. 其中极小范数 WLSE 解 x_{WLSE} 为

$$
\begin{aligned}
x_{\text{WLSE}} &= R^\dagger(Q_{11}^\dagger h + (I - Q_{11}^\dagger Q_{11})Q_{21}^H W^{\frac{1}{2}} g) \\
&= R^\dagger(Q_{21}^H W^{\frac{1}{2}} g + Q_{11}^\dagger(h - Q_{11}Q_{21}^H W^{\frac{1}{2}} g)).
\end{aligned} \tag{5.4.14}
$$

证明 在定理 5.1.3 中, 令 $K := W^{\frac{1}{2}}K$, $g := W^{\frac{1}{2}}g$. □

4. Q-SVD 法

定理 5.4.6 给定矩阵 $L \in \mathbf{C}_p^{m_1 \times n}$, $K \in \mathbf{C}^{m_2 \times n}$, $W \in \mathcal{P}_2(A)$ 及向量 $h \in \mathbf{C}^{m_1}$, $g \in \mathbf{C}^{m_2}$ 和 $A \in \mathbf{C}_r^{m \times n}$. 令 (5.4.10) 式中的 $A(W)$ 的 SVD 为

$$
A(W) = ZBH^H = Z_1 B_1 H_1^H, \tag{5.4.15}
$$

这里 $Z \in \mathbf{C}^{m \times m}$, $H \in \mathbf{C}^{n \times n}$ 均为酉矩阵,

$$
T = \operatorname{diag}(T_1, 0),\ T_1 = \operatorname{diag}(t_1, \cdots, t_r),
$$

$t_1 \geqslant \cdots \geqslant t_r > 0$ 为 $A(W)$ 的非零奇异值, Z_1, H_1 分别为 Z, H 的前 r 列. 则有

$$
\begin{aligned}
A_W^\dagger &= H_1 T_1^{-1}(Z_{11}^\dagger, (I - Z_{11}^\dagger Z_{11})Z_{21}^H W^{\frac{1}{2}}), \\
I_n - A^\dagger A &= I_n - H_1 H_1^H,
\end{aligned}
$$

其中 Z_{11}, Z_{21} 分别为 Z_1 的前 m_1 行和后 m_2 行. WLSE 问题 (5.4.1) 的任一解 x 为

$$
x = H_1 T_1^{-1}(Z_{21}^H W^{\frac{1}{2}} g + Z_{11}^\dagger(h - Z_{11}Z_{21}^H W^{\frac{1}{2}} g)) + (I_n - H_1 H_1^H)z. \tag{5.4.16}
$$

证明 在定理 5.1.4 中, 令 $K := W^{\frac{1}{2}}K$, $g := W^{\frac{1}{2}}g$. □

5. 加权 LS 法

定理 5.4.7 给定矩阵 $L \in \mathbf{C}_p^{m_1 \times n}$, $K \in \mathbf{C}^{m_2 \times n}$, $A \in \mathbf{C}_r^{m \times n}$, $W \in \mathcal{P}_2(A)$, 向量 $h \in \mathbf{C}^{m_1}$, $g \in \mathbf{C}^{m_2}$ 和 b. 定义

$$
W(\tau) = \begin{pmatrix} \tau^2 I_{m_1} & \\ & W \end{pmatrix}. \tag{5.4.17}
$$

则当 $\tau \to +\infty$ 时, WLS 问题

$$
\min_{x \in \mathbf{C}^n} \|W(\tau)^{\frac{1}{2}}(Ax - b)\|_2 \tag{5.4.18}
$$

等价于 WLSE 问题 (5.4.1).

证明 在定理 5.1.5 中, 令 $K := W^{\frac{1}{2}}K$, $g := W^{\frac{1}{2}}g$. □

§ 5.5 WLSE 问题的扰动

本节推导 WLSE 问题的扰动分析. 当 W 为对角正定矩阵, 且 (5.1.3) 式中的条件成立时, Gullikson 和 Wedin[99] 提出用加权 QR 方法计算 WLSE 解的方法, Gulliksson[96] 则分析了该方法的向后误差分析. 对于一般情形, De Pierro 和魏木生[58] 利用 WLSE 问题等价于一个无约束 LS 问题的事实, 推导了 WLSE 问题的误差估计. 本节的内容取自 [58].

给定

$$L \in \mathbf{C}_p^{m_1\times n},\ h \in \mathbf{C}^{m_1},\ K \in \mathbf{C}^{m_2\times n},\ g \in \mathbf{C}^{m_1},$$

$$A = \begin{pmatrix} L \\ K \end{pmatrix} \in \mathbf{C}_r^{m\times n},\ b = \begin{pmatrix} h \\ g \end{pmatrix} \in \mathbf{C}^m,\ W \in \mathcal{P}_2(A).$$

记 $m = m_1 + m_2$. 对于 WLSE 问题 (5.4.1)

$$\begin{aligned} \|W^{\frac{1}{2}}(Kx-g)\|_2 &= \min_{y\in S}\|W^{\frac{1}{2}}(Ky-g)\|_2, \\ S &= \{y : \|Ly-h\|_2 = \min_{u\in\mathbf{C}^n}\|Lu-h\|_2\}, \end{aligned}$$

设

$$\begin{aligned} &\widehat{L} = L+\Delta L,\ \widehat{K} = K+\Delta K,\ \widehat{A} = A+\Delta A,\ \widehat{W} = W+\Delta W \in \mathcal{P}_2(\widehat{A}), \\ &\widehat{h} = h+\Delta h,\ \widehat{g} = g+\Delta g,\ \widehat{b} = b+\Delta b \end{aligned} \tag{5.5.1}$$

分别为 L, K, A, W, h, g 和 b 的扰动形式, $\widehat{P} = I - \widehat{L}^{\dagger}\widehat{L}$. 则由定理 5.4.2, 扰动的 WLSE 问题

$$\begin{aligned} \|\widehat{W}^{\frac{1}{2}}(\widehat{K}x-\widehat{g})\|_2 &= \min_{y\in\widehat{S}}\|\widehat{W}^{\frac{1}{2}}(\widehat{K}y-\widehat{g})\|_2, \\ \widehat{S} &= \{y : \|\widehat{L}y-\widehat{h}\|_2 = \min_{u\in\mathbf{C}^n}\|\widehat{L}u-\widehat{h}\|_2\} \end{aligned} \tag{5.5.2}$$

的解集 $\widehat{S}_{\rm WLSE}$ 为

$$\widehat{S}_{\rm WLSE} = \{x = \widehat{A}_{\widehat{W}}^{\dagger}\widehat{b} + (I - \widehat{A}^{\dagger}\widehat{A})z :\ z \in \mathbf{C}^n\}, \tag{5.5.3}$$

其中

$$A_W = \begin{pmatrix} L \\ WKP(WKP)^{\dagger}K \end{pmatrix},\ \widehat{A}_{\widehat{W}} = \begin{pmatrix} \widehat{L} \\ \widehat{W}\widehat{K}\widehat{P}(\widehat{W}\widehat{K}\widehat{P})^{\dagger}\widehat{K} \end{pmatrix}. \tag{5.5.4}$$

为了简化讨论, 假设 $h \in \mathcal{R}(L)$, 且矩阵 $\widehat{L}$ 和 $\widehat{A}$ 满足等秩条件

$$\operatorname{rank}(L) = \operatorname{rank}(\widehat{L}) = p \leqslant m_1, \quad \operatorname{rank}(A) = \operatorname{rank}(\widehat{A}) = r \leqslant n. \tag{5.5.5}$$

引理 5.5.1　设 $L, K, A, W \in \mathcal{P}_2(A)$, $h \in \mathcal{R}(L)$, g 和 b 给定, $\widehat{L}, \widehat{K}, \widehat{A}, \widehat{W} \in \mathcal{P}_2(\widehat{A})$, $\widehat{h}, \widehat{g}$ 和 $\widehat{b}$ 为相应的矩阵和向量的扰动形式. 则有

$$\begin{aligned}\widehat{A}_{\widehat{W}}^{\dagger}(I - AA_W^{\dagger})b &= (\widehat{W}^{\frac{1}{2}}\widehat{K}\widehat{P})^{\dagger}\widehat{W}^{\frac{1}{2}}(I - K(W^{\frac{1}{2}}KP)^{\dagger}W^{\frac{1}{2}}r_K \\ &= (\widehat{W}^{\frac{1}{2}}\widehat{K}\widehat{P})^{\dagger}\widehat{W}^{\frac{1}{2}}r_K,\end{aligned} \tag{5.5.6}$$

$$r_K = g - Kx_{\mathrm{WLSE}} = (I - K(W^{\frac{1}{2}}KP)^{\dagger}W^{\frac{1}{2}})(g - KL^{\dagger}h). \tag{5.5.7}$$

证明　由于 $I - AA_W^{\dagger}$ 和 $I - K(W^{\frac{1}{2}}KP)^{\dagger}W^{\frac{1}{2}}$ 为投影矩阵, $h \in \mathcal{R}(L)$ 表明 $h - Lx_{\mathrm{WLSE}} = 0$, 从而由定理 5.4.3 的证明, 有

$$\begin{aligned}\widehat{A}_{\widehat{W}}^{\dagger}(I - AA_W^{\dagger})b &= \widehat{A}_{\widehat{W}}^{\dagger}(I - AA_W^{\dagger})^2 b \\ &= \widehat{A}_{\widehat{W}}^{\dagger}(I - AA_W^{\dagger})\begin{pmatrix} 0 \\ g - Kx_{\mathrm{WLSE}} \end{pmatrix} \\ &= \widehat{A}_{\widehat{W}}^{\dagger}\begin{pmatrix} 0 \\ (I - K(W^{\frac{1}{2}}KP)^{\dagger}W^{\frac{1}{2}})(g - Kx_{\mathrm{WLSE}}) \end{pmatrix} \\ &= (\widehat{W}^{\frac{1}{2}}\widehat{K}\widehat{P})^{\dagger}\widehat{W}^{\frac{1}{2}}(I - K(W^{\frac{1}{2}}KP)^{\dagger}W^{\frac{1}{2}})r_K \\ &= (\widehat{W}^{\frac{1}{2}}\widehat{K}\widehat{P})^{\dagger}\widehat{W}^{\frac{1}{2}}r_K.\end{aligned}$$

□

下面推导 WLSE 问题的扰动界.

定理 5.5.2　在引理 5.5.1 的记号和条件下, 若扰动满足 (5.5.5) 式中的条件, 并且

$$\|\widehat{A}_{\widehat{W}} - A_W\|_2 \|A_W^{\dagger}\|_2 \ll 1, \ \|W^{-1}\Delta W\|_2 \ll 1, \tag{5.5.8}$$

则有

$$\begin{aligned}\|\Delta x_{\mathrm{WLSE}}\|_2 \leqslant{}& \|A_W^{\dagger}\|_2(\|\Delta b\|_2 + \|\Delta A\|_2\|x_{\mathrm{WLSE}}\|_2) \\ &+ \delta_{rn}\|A^{\dagger}\|_2\|\Delta A\|_2\|x_{\mathrm{WLSE}}\|_2 \\ &+ (\|W^{-1}\Delta W\|_2\|(W^{\frac{1}{2}}KP)^{\dagger}W^{\frac{1}{2}}\|_2 + (\|\Delta K\|_2 \\ &+ \|\Delta L\|_2\|KL^{\dagger}\|_2)\|W\|_2\|(W^{\frac{1}{2}}KP)^{\dagger}\|_2^2)\|r_K\|_2 \\ &+ O(\|\Delta L\|_2^2 + \|\Delta K\|_2^2 + \|\Delta W\|_2^2),\end{aligned} \tag{5.5.9}$$

这里 $\Delta x_{\mathrm{WLSE}} = \widehat{x}_{\mathrm{WLSE}} - x_{\mathrm{WLSE}}$,

$$\delta_{rn} = \begin{cases} 0, & \text{当 } r = n \text{ 时}, \\ 1, & \text{当 } r < n \text{ 时}. \end{cases}$$

证明 由引理 5.4.1, 可把 $\widehat{A}^{\dagger}_{\widehat{W}} - A^{\dagger}_{W}$ 作如下的分解

$$\begin{aligned}\widehat{A}^{\dagger}_{\widehat{W}} - A^{\dagger}_{W} &= \widehat{A}^{\dagger}_{\widehat{W}}(I - \widehat{A}A^{\dagger}_{W}) - (I - \widehat{A}^{\dagger}_{\widehat{W}}\widehat{A})A^{\dagger}_{W} \\ &= \widehat{A}^{\dagger}_{\widehat{W}}(I - (A+\Delta A)A^{\dagger}_{W}) - (I - \widehat{A}^{\dagger}\widehat{A})A^{\dagger}AA^{\dagger}_{W}.\end{aligned} \tag{5.5.10}$$

再由引理 5.5.1, 有

$$\begin{aligned}\Delta x_{\rm WLSE} &= \widehat{A}^{\dagger}_{\widehat{W}}\widehat{b} - A^{\dagger}_{W}b = \widehat{A}^{\dagger}_{\widehat{W}}\Delta b + (\widehat{A}^{\dagger}_{\widehat{W}} - A^{\dagger}_{W})b \\ &= \widehat{A}^{\dagger}_{\widehat{W}}(\Delta b - \Delta A x_{\rm WLSE}) - (I - \widehat{A}^{\dagger}\widehat{A})A^{\dagger}Ax_{\rm WLSE} \\ &\quad + (\widehat{W}^{\frac{1}{2}}\widehat{K}\widehat{P})^{\dagger}\widehat{W}^{\frac{1}{2}}(I - K(W^{\frac{1}{2}}KP)^{\dagger}W^{\frac{1}{2}})r_K.\end{aligned} \tag{5.5.11}$$

注意到

$$(WKP)^H r_K = (WKP)^H(I - K(W^{\frac{1}{2}}KP)^{\dagger}W^{\frac{1}{2}})r_K = 0,$$

$$\begin{aligned}&(\widehat{W}^{\frac{1}{2}}\widehat{K}\widehat{P})^{\dagger}\widehat{W}^{\frac{1}{2}}r_K \\ =\ &(\widehat{P}\widehat{K}^H\widehat{W}\widehat{K}\widehat{P})^{\dagger}(\widehat{W}\widehat{K}\widehat{P})^H r_K \\ =\ &(\widehat{P}\widehat{K}^H\widehat{W}\widehat{K}\widehat{P})^{\dagger}(\Delta W\widehat{W}^{-1}\widehat{W}\widehat{K}\widehat{P} + W\Delta K\widehat{P} + WK(\widehat{P} - P))^H r_K,\end{aligned}$$

从而有

$$\begin{aligned}&\|(\widehat{W}^{\frac{1}{2}}\widehat{K}\widehat{P})^{\dagger}\widehat{W}^{\frac{1}{2}}r_K\|_2 \\ =\ &\|(\widehat{W}^{\frac{1}{2}}\widehat{K}\widehat{P})^{\dagger}\widehat{W}^{\frac{1}{2}}(I - K(W^{\frac{1}{2}}KP)^{\dagger}W^{\frac{1}{2}})r_K\|_2 \\ \leqslant\ &(\|\widehat{W}^{-1}\Delta W\|_2\|(\widehat{W}^{\frac{1}{2}}\widehat{K}\widehat{P})^{\dagger}\widehat{W}^{\frac{1}{2}}\|_2 \\ &+ (\|\Delta K\|_2 + \|\Delta L\|_2\|KL^{\dagger}\|_2)\|W\|_2\|(\widehat{W}^{\frac{1}{2}}\widehat{K}\widehat{P})^{\dagger}\|_2^2)\|r_K\|_2.\end{aligned} \tag{5.5.12}$$

另外有

$$\begin{aligned}&\|(I - \widehat{A}^{\dagger}\widehat{A})A^{\dagger}A\|_2 = 0, \quad 当\ r = n\ 时, \\ &\|(I - \widehat{A}^{\dagger}\widehat{A})A^{\dagger}A\|_2 \leqslant \|\Delta A\|_2\|A^{\dagger}\|_2, \quad 当\ r < n\ 时.\end{aligned}$$

则由 (5.5.11)~(5.5.12) 式, 以及矩阵 $\widehat{A}^{\dagger}_{\widehat{W}}$ 和 $(\widehat{W}^{\frac{1}{2}}\widehat{K}\widehat{P})^{\dagger}\widehat{W}^{\frac{1}{2}}$ 的连续性，即可得到定理中的估计. □

定理 5.5.3 在定理 5.5.2 的记号及条件下, 如果还有 $r < n$, 则对于 WLSE 问题 (5.4.1) 的任意 WLSE 解 x,

$$x = A^{\dagger}_{W}b + (I - A^{\dagger}A)z, \tag{5.5.13}$$

存在 WLSE 问题 (5.5.2) 的一个解 $\widehat{x}$, 对于 $\Delta x = \widehat{x} - x$, 有

$$\|\Delta x\|_2 \leqslant \|A^{\dagger}_{W}\|_2(\|\Delta b\|_2 + \|\Delta A\|_2\|x_{\rm WLSE}\|_2)$$

$$+\|A^\dagger\|_2\|\Delta A\|_2\|x-x_{\mathrm{WLSE}}\|_2+(\|W^{-1}\Delta W\|_2\|(W^{\frac{1}{2}}KP)^\dagger W^{\frac{1}{2}}\|_2$$
$$+(\|\Delta K\|_2+\|\Delta L\|_2\|KL^\dagger\|_2)\|W\|_2\|(W^{\frac{1}{2}}KP)^\dagger\|_2^2)\|r_K\|_2$$
$$+O(\|\Delta L\|_2^2+\|\Delta K\|_2^2+\|\Delta W\|_2^2), \tag{5.5.14}$$

反之亦然.

证明　令

$$\widehat{x}=\widehat{A}^\dagger_{\widehat{W}}\widehat{b}+(I-\widehat{A}^\dagger\widehat{A})(x_{\mathrm{WLSE}}+(I-A^\dagger A)z), \tag{5.5.15}$$

则 $\widehat{x}$ 为 WLSE 问题 (5.5.2) 的一个 WLSE 解, 并由 (5.5.11) 式可得

$$\Delta x=\widehat{A}^\dagger_{\widehat{W}}(\Delta b-\Delta Ax_{\mathrm{WLSE}})-\widehat{A}^\dagger\widehat{A}(I-A^\dagger A)z$$
$$+(\widehat{W}^{\frac{1}{2}}\widehat{K}\widehat{P})^\dagger\widehat{W}^{\frac{1}{2}}(I-K(W^{\frac{1}{2}}KP)^\dagger W^{\frac{1}{2}})r_K.$$

由上式及 (5.5.12) 式可得定理中的估计. 在证明过程中交换 x 及 $\widehat{x}$ 的位置, 反之部分同理可证. □

注 5.5.1　当 $m_2=r-p$ 时, $W^{\frac{1}{2}}KP$ 为行满秩, 因此 $(W^{\frac{1}{2}}KP)^\dagger W^{\frac{1}{2}}=(KP)^\dagger$, 从而可以在定理 2.4.3~ 定理 2.4.4 的估计式中, 用 I_{m_2} 代替 W 和 $\widehat{W}$.

注 5.5.2　本节推导了 WLSE 问题的扰动界. 注意到当加权矩阵 W 的条件数非常大时, 则由定理 5.5.2~ 定理 5.5.3 中推导出的误差界会明显增大, 这是因为在扰动界中, 由加权投影矩阵的得到的项包含有下面的因子

$$\|\Delta L\|_2\|KL^\dagger\|_2\|W\|_2\|(W^{\frac{1}{2}}KP)^\dagger\|_2^2,$$

这个因子会随 W 的条件数的增加而明显增大.

另一方面, 可以用如下的公式来计算 WLSE 问题的扰动界,

$$\|\Delta x_{\mathrm{WLSE}}\|_2\leqslant\|\widehat{A}^\dagger_{\widehat{W}}\|_2(\|\Delta b\|_2+(1+\delta_{rn})\|\Delta A\|_2\|x_{\mathrm{WLSE}}\|_2)$$
$$+\|(\widehat{W}^{\frac{1}{2}}\widehat{K}\widehat{P})^\dagger\widehat{W}^{\frac{1}{2}}(I-K(W^{\frac{1}{2}}KP)^\dagger W^{\frac{1}{2}})\|_2\|r_K\|_2.$$

由上面的估计式引出了下面三个问题.

(1) $\sup\limits_{W\in\mathcal{P}_2(A)}\|A^\dagger_W\|_2$ 是否有界?

(2) 当 $\sup\limits_{W\in\mathcal{P}_2(A)}\|A^\dagger_W\|_2$ 有界时, 在什么条件下 $\sup\limits_{W\in\mathcal{P}_2(\widehat{A})}\|\widehat{A}^\dagger_W\|_2$ 也有界?

(3) 在什么条件下 $\|\widehat{A}^\dagger_{\widehat{W}}(I-AA^\dagger_W)\|_2$ 或 $\|(\widehat{W}^{\frac{1}{2}}\widehat{K}\widehat{P})^\dagger\widehat{W}^{\frac{1}{2}}(I-K(W^{\frac{1}{2}}KP)^\dagger W^{\frac{1}{2}})\|_2$ 有界.

如果上面的三个问题的答案都是肯定的, 则关于 WLS 和 WLSE 解的扰动也是有界的. 将在第六章到第八章中讨论上述三个问题.

§ 5.6　多重约束 MP 逆和多重约束最小二乘问题

这一节介绍多重约束 MP 逆 $A_C^\dagger$ 和相应的多重约束最小二乘问题 (MLSE), 它和第八章中讨论的刚性加权 LS 问题有密切的联系. 本节的内容取自文献 [236].

令 $A_i \in \mathbf{C}^{m_i \times n}$, $i = 1:k$, $m_1 + m_2 + \cdots + m_k = m$. 记

$$A = \begin{pmatrix} A_1 \\ \vdots \\ A_k \end{pmatrix}, \; C_j = \begin{pmatrix} A_1 \\ \vdots \\ A_j \end{pmatrix}, \quad j = 1:k, \tag{5.6.1}$$

并设

$$P_0 = I_n, \; P_j = I - C_j^\dagger C_j, \; \text{rank}(C_j) = r_j, \; j = 1:k. \tag{5.6.2}$$

引理 5.6.1　设 $A_i \in \mathbf{C}^{m_i \times n}$, $i = 1:k$ 给定. C_i, P_i, $i = 1:k$ 和 $A \in \mathbf{C}^{m \times n}$ 由 (5.6.1)~(5.6.2) 式给定. 则对 $j = 2:k$, 有

$$\begin{aligned} &(A_j P_{j-1})^\dagger A_j P_{j-1} = C_j^\dagger C_j - C_{j-1}^\dagger C_{j-1}, \\ &\text{rank}(A_j P_{j-1}) = \text{rank}(C_j) - \text{rank}(C_{j-1}) = r_j - r_{j-1}. \end{aligned} \tag{5.6.3}$$

记 $(A_j P_{j-1})^H$ 的酉分解为 $(A_j P_{j-1})^H = Q_j R_j$, 其中 $Q_j^H Q_j = I_{r_j - r_{j-1}}$, R_j 行满秩, 秩为 $(r_j - r_{j-1})$. 则当 $j = 1:k$ 时,

$$(Q_1, \cdots, Q_j)^H (Q_1, \cdots, Q_j) = I_{r_j}, \; C_j^\dagger C_j = \sum_{l=1}^{j} Q_l Q_l^H, \tag{5.6.4}$$

$$A_j P_{j-1} = A_j Q_j Q_j^H, \; (A_j P_{j-1})^\dagger = Q_j (A_j Q_j)^\dagger. \tag{5.6.5}$$

证明　在定理 5.1.8 中, 分别令

$$A := C_j, \; L := C_{j-1}, \; K := A_j, \; P := P_{j-1}, \; j = 2:k,$$

即得 (5.6.3) 式. 对于 (5.6.4)~(5.6.5) 式, 可用数学归纳法. 当 $j=1$ 时, (5.6.4)~(5.6.5) 式显然成立. 假设当 $1 \leqslant j \leqslant t < k$ 时, (5.6.4)~(5.6.5) 式成立. 则对于 $j = t+1$, 由 (5.6.3) 式以及 Q_{t+1} 的定义可知 $(Q_1, \cdots, Q_t)^H Q_{t+1} = 0$. 于是有

$$(Q_1, \cdots, Q_{t+1})^H (Q_1, \cdots, Q_{t+1}) = I_{r_{t+1}}, \; C_{t+1}^\dagger C_{t+1} = \sum_{l=1}^{t+1} Q_l Q_l^H,$$

$$A_{t+1} Q_{t+1} Q_{t+1}^H = A_{t+1}(C_t^\dagger C_t + P_t) Q_{t+1} Q_{t+1}^H = A_{t+1} P_t Q_{t+1} Q_{t+1}^H = A_{t+1} P_t,$$

即当 $j=t+1$ 时, (5.6.4)~(5.6.5) 式也成立. □

定理 5.6.2 设 $A_i \in \mathbf{C}^{m_i\times n}$, $i=1:k$ 给定. C_i, P_i, $i=1:k$ 和 $A\in\mathbf{C}^{m\times n}$ 由 (5.6.1)~(5.6.2) 式定义. 令

$$A_C=\begin{pmatrix} A_1 \\ A_2(A_2P_1)^\dagger A_2 \\ \vdots \\ A_k(A_kP_{k-1})^\dagger A_k \end{pmatrix}, \tag{5.6.6}$$

则有

$$\begin{aligned} A_C^\dagger = {} & (G_kG_{k-1}\cdots G_2(A_1P_0)^\dagger, G_kG_{k-1}\cdots G_3(A_2P_1)^\dagger, \\ & \cdots, G_k(A_{k-1}P_{k-2})^\dagger, (A_kP_{k-1})^\dagger), \end{aligned} \tag{5.6.7}$$

其中

$$G_j = I_n-(A_jP_{j-1})^\dagger A_j, \quad j=2:k \tag{5.6.8}$$

是投影矩阵.

证明 由等式 $(A_jP_{j-1})^\dagger = P_{j-1}(A_jP_{j-1})^\dagger$ 可得

$$\begin{aligned} (I_n-(A_jP_{j-1})^\dagger A_j)^2 &= I_n - 2(A_jP_{j-1})^\dagger A_j + (A_jP_{j-1})^\dagger A_jP_{j-1}(A_jP_{j-1})^\dagger A_j \\ &= I_n-(A_jP_{j-1})^\dagger A_j, \end{aligned}$$

知 G_j 是投影矩阵.

记 (5.6.7) 式右端的矩阵为 F. 需证 $F=A_C^\dagger$.

第一步. 首先用数学归纳法证明, 当 $l=2:k$ 时,

$$\begin{aligned} C_l^\dagger C_l = {} & G_l\cdots G_2(A_1P_0)^\dagger A_1 + G_l\cdots G_3(A_2P_1)^\dagger A_2 \\ & +\cdots+G_l(A_{l-1}P_{l-2})^\dagger A_{l-1} + (A_lP_{l-1})^\dagger A_l. \end{aligned} \tag{5.6.9}$$

当 $l=2$ 时, (5.6.9) 式显然成立. 假设当 $2\leqslant l\leqslant t<k$ 时, (5.6.9) 式成立. 则当 $l=t+1$ 时, 应用引理 5.6.1, 有

$$\begin{aligned} & G_{t+1}G_t\cdots G_2(A_1P_0)^\dagger A_1 + G_{t+1}G_t\cdots G_3(A_2P_1)^\dagger A_2+\cdots \\ & + G_{t+1}(A_tP_{t-1})^\dagger A_t + (A_{t+1}P_t)^\dagger A_{t+1} \\ = {} & G_{t+1}(G_t\cdots G_2(A_1P_0)^\dagger A_1 + G_t\cdots G_3(A_2P_1)^\dagger A_2+\cdots \\ & + (A_tP_{t-1})^\dagger A_t) + (A_{t+1}P_t)^\dagger A_{t+1} \\ = {} & G_{t+1}C_t^\dagger C_t + (A_{t+1}P_t)^\dagger A_{t+1} \end{aligned}$$

$$= C_t^\dagger C_t - (A_{t+1}P_t)^\dagger A_{t+1} C_t^\dagger C_t + (A_{t+1}P_t)^\dagger A_{t+1}$$
$$= C_t^\dagger C_t + (A_{t+1}P_t)^\dagger A_{t+1} P_t = C_{t+1}^\dagger C_{t+1},$$

即当 $l = t+1$ 时, (5.6.9) 式也成立. 于是 (5.6.9) 式成立, 且有

$$FA_C = (FA_C)^H = C_k^\dagger C_k = A^\dagger A. \tag{5.6.10}$$

第二步. 现在证明

$$A_C F = \text{diag}(A_1P_0(A_1P_0)^\dagger, A_2P_1(A_2P_1)^\dagger, \cdots, A_kP_{k-1}(A_kP_{k-1})^\dagger). \tag{5.6.11}$$

因为 $A_i = A_i(Q_1Q_1^H + \cdots + Q_iQ_i^H)$, $(A_jP_{j-1})^\dagger = Q_j(A_jQ_j)^\dagger$, 所以

$$A_i(A_iP_{i-1})^\dagger A_i G_j = A_i(A_iP_{i-1})^\dagger A_i(I - Q_j(A_jQ_j)^\dagger A_j) = \begin{cases} A_i(A_iP_{i-1})^\dagger A_i, & i < j, \\ 0, & i = j. \end{cases}$$

于是当 $j \leqslant k-1$ 时,

$$(A_i(A_iP_{i-1})^\dagger A_i)(G_k \cdots G_{j+1}(A_jP_{j-1})^\dagger) = \begin{cases} A_i(A_iP_{i-1})^\dagger, & i = j, \\ 0, & i \neq j, \end{cases}$$

$$(A_i(A_iP_{i-1})^\dagger A_i)(A_kP_{k-1})^\dagger = \begin{cases} A_k(A_kP_{k-1})^\dagger, & i = k, \\ 0, & i < k. \end{cases}$$

因此有

$$A_C F = \text{diag}(A_1(A_1P_0)^\dagger, A_2(A_2P_1)^\dagger, \cdots, A_k(A_kP_{k-1})^\dagger) = (A_C F)^H.$$

第三步. 利用 (5.6.10)~(5.6.11) 式, 容易证明

$$A_C F A_C = (A_C F)A_C = A_C, \quad FA_C F = F(A_C F) = F,$$

即有 $F = A_C^\dagger$. □

$A_C^\dagger$ 称为多重约束 MP 逆, 它可由下面的多重约束最小二乘问题 (MLSE) 得到: 给定 $A_i \in \mathbf{C}^{m_i \times n}, b_i \in \mathbf{C}^{m_i}$, $i = 1:k$, 定义集合 S_i 如下:

$$S_1 = C^n,\ S_i = \{x \in S_{i-1} : \|A_i x - b_i\|_2 = \min_{y \in S_{i-1}} \|A_i y - b_i\|_2\},\ i = 2:k. \tag{5.6.12}$$

设 $x \in \mathbf{C}^n$ 相继满足下列条件

$$x \in S_1, x \in S_2, \cdots, x \in S_k. \tag{5.6.13}$$

定理 5.6.3　设 $A_i \in \mathbf{C}^{m_i \times n}$, $i = 1:k$ 给定. C_i, P_i, $i = 1:k$ 和 $A \in \mathbf{C}^{m \times n}$ 由 (5.6.1)~(5.6.2) 式给定. A_C 由 (5.6.6) 式定义. 则 MLSE 问题 (5.6.12)~(5.6.13) 的任意一个解 $x \in \mathbf{C}^n$ 有以下形式

$$x = x_k + P_k z_k = A_C^{\dagger} b + P_k z_k, \quad b = \begin{pmatrix} b_1 \\ \vdots \\ b_k \end{pmatrix}, \ z_k \in \mathbf{C}^n. \tag{5.6.14}$$

证明　现用数学归纳法证明, 当 $l = 1:k$ 时, 有

$$x = x_l + P_l z_l, \tag{5.6.15}$$

其中

$$x_l = (G_l \cdots G_2 (A_1 P_0)^{\dagger}, \cdots, G_l (A_{l-1} P_{l-2})^{\dagger}, (A_l P_{l-1})^{\dagger}) \begin{pmatrix} b_1 \\ \vdots \\ b_l \end{pmatrix}. \tag{5.6.16}$$

当 $l = 1$ 时, 显然有

$$x = A_1^{\dagger} b_1 + (I - A_1^{\dagger} A_1) z_1 = x_1 + P_1 z_1,$$

其中 $z_1 \in \mathbf{C}^n$. 假设当 $1 \leqslant l \leqslant t < k$ 时, (5.6.15) 式成立. 由 $x \in S_{t+1}$, z_t 应该满足

$$\|A_{t+1}(x_t + P_t z_t) - b_{t+1}\|_2 = \min_{z \in \mathbf{C}^n} \|A_{t+1}(x_t + P_t z) - b_{t+1}\|_2.$$

因此

$$\begin{aligned} z_t &= (A_{t+1} P_t)^{\dagger} (b_{t+1} - A_{t+1} x_t) + (I - (A_{t+1} P_t)^{\dagger} A_{t+1} P_t) z_{t+1}, \\ x &= x_t + P_t z_t = G_{t+1} x_t + (A_{t+1} P_t)^{\dagger} b_{t+1} + P_{t+1} z_{t+1} \\ &= x_{t+1} + P_{t+1} z_{t+1}. \end{aligned}$$

于是当 $l = t + 1$ 时, (5.6.15) 式也成立. 因此当 $l = 1:k$ 时, (5.6.15) 式都成立, 且有 $x = x_k + P_k z_k = A_C^{\dagger} b + P_k z_k$. □

注 5.6.1　当 $k = 2$ 时, MLSE 问题就成为 §5.1~§5.3 讨论的 LSE 问题. 因此, MLSE 问题是 LSE 问题的推广.

推论 5.6.4　设 A 满足 (5.6.1)~(5.6.2) 式的记号, 且 A 行满秩; 或当 $i, j = 1:k$ 且 $i \neq j$ 时, $\mathcal{R}(A_i^H), \mathcal{R}(A_j^H)$ 互相正交. 则

$$A_C = A \text{ 且 } A_C^{\dagger} = A^{\dagger}. \tag{5.6.17}$$

证明　当 A 为行满秩时, 由引理 5.6.1, 对于 $j=1:k$, 有

$$\begin{aligned} m_j &\geqslant \operatorname{rank}((A_jP_{j-1})^\dagger)=\operatorname{rank}(A_jP_{j-1}) \\ &=\operatorname{rank}(C_j)-\operatorname{rank}(C_{j-1})=m_j, \end{aligned}$$

于是 A_jP_{j-1} 行满秩, 从而

$$A_j(A_jP_{j-1})^\dagger=A_jP_{j-1}(A_jP_{j-1})^\dagger=I_{m_j},\ j=1:k,$$

即有 $A_C=A$ 且 $A_C^\dagger=A^\dagger$.

若当 $i,\ j=1:k$ 且 $i\neq j$ 时, $\mathcal{R}(A_i^H),\ \mathcal{R}(A_j^H)$ 互相正交, 则有

$$\begin{aligned} &A_jP_{j-1}=A_j=A_jQ_jQ_j^H,\ 且\ A_iQ_j=0, \\ &A_C=A \text{ and } A_C^\dagger=A^\dagger. \end{aligned}$$

□

§ 5.7　嵌入总体最小二乘问题

这一节在 TLS 的意义下考虑 LSE 问题, 即嵌入总体最小二乘问题 (NTLS). 本节的内容取自文献 [240], 其中 NTLS 问题的扰动分析参照 §4.4 的结果进行了改进.

定义 5.7.1　给定矩阵 $L\in\mathbf{C}^{m_1\times n}$, $H\in\mathbf{C}^{m_1\times d}$, $K\in\mathbf{C}^{m_2\times n}$, $G\in\mathbf{C}^{m_2\times d}$. 所谓 NTLS 问题, 首先确定整数 k, $0\leqslant k\leqslant n$, 和矩阵 $(\widehat{L},\widehat{H})=(L,H)-(\Delta L,\Delta H)$, 使得

$$\begin{aligned} \|(\Delta L,\Delta H)\|_F&=\min\{\|E\|_F\colon \operatorname{rank}((L,H)-E)\leqslant k\}, \\ \mathcal{R}(\widehat{H})&\subseteq\mathcal{R}(\widehat{L}), \end{aligned} \tag{5.7.1}$$

这样定义了一个含有所有相容约束的集合 S:

$$S=\{Y\in\mathbf{C}^{n\times d}\colon \widehat{L}Y=\widehat{H}\}. \tag{5.7.2}$$

再确定整数 r, $k\leqslant r\leqslant n$, 和矩阵 $(\widehat{K},\widehat{G})=(K,G)-(\Delta K,\Delta G)$, 使得

$$\begin{aligned} \|(\Delta K,\Delta G)\|_F&=\min\left\{\|F\|_F\colon \operatorname{rank}\left(\begin{pmatrix} (\widehat{L},\widehat{H}) \\ (K,G)-F \end{pmatrix}\right)\leqslant r\right\}, \\ \mathcal{R}(\widehat{B})&\subseteq\mathcal{R}(\widehat{A}), \end{aligned} \tag{5.7.3}$$

这里

$$\widehat{A}=\begin{pmatrix} \widehat{L} \\ \widehat{K} \end{pmatrix},\quad \widehat{B}=\begin{pmatrix} \widehat{H} \\ \widehat{G} \end{pmatrix}.$$

则 NTLS 问题等价于下面相容的线性方程组

$$\widehat{A}X = \widehat{B}. \tag{5.7.4}$$

设 (L, H) 的 SVD 为

$$(L, H) = U\Sigma V^H = U_1\Sigma_1 V_1^H + U_2\Sigma_2 V_2^H, \tag{5.7.5}$$

其中 $U = (U_1, U_2)$, $V = (V_1, V_2)$ 是酉矩阵, U_1 和 V_1 分别是 U 和 V 的前 k 列, $\Sigma = \operatorname{diag}(\sigma_1, \cdots, \sigma_l)$, $\sigma_1 \geqslant \cdots \geqslant \sigma_l \geqslant 0$ 是 (L, H) 的奇异值, $\Sigma_1 = \operatorname{diag}(\sigma_1, \cdots, \sigma_k)$, $\Sigma_2 = \operatorname{diag}(\sigma_{k+1}, \cdots, \sigma_l)$, $l = \min\{m_1, n+d\}$, 其中 $k \leqslant n$ 为某个整数. 把 V 分块为

$$V = \begin{array}{c} \left(\begin{array}{cc} V_{11} & V_{12} \\ V_{21} & V_{22} \end{array} \right) \begin{array}{c} n \\ d \end{array} \\ \begin{array}{cc} k & n+d-k \end{array} \end{array} = (V_1,\ V_2). \tag{5.7.6}$$

如果 $\sigma_k > \sigma_{k+1}$, 且 V_{22} 行满秩, 则根据第四章的讨论, 可以取 $(\Delta L, \Delta H) = U_2\Sigma_2 V_2^H$, $(\widehat{L}, \widehat{H}) = U_1\Sigma_1 V_1^H$. 则线性方程组

$$\widehat{L}X = \widehat{H} \tag{5.7.7}$$

相容. 令 $P = I_n - (\widehat{L}, \widehat{H})^\dagger(\widehat{L}, \widehat{H}) = V_2V_2^H$, 并设 $(K, G)V_2$ 的 SVD 为

$$(K, G)V_2 = M\Lambda N^H = M_1\Lambda_1 N_1^H + M_2\Lambda_2 N_2^H, \tag{5.7.8}$$

其中 $M = (M_1, M_2)$ 和 $N = (N_1, N_2)$ 是酉矩阵, M_1 和 N_1 分别是 M 和 N 的前 $p = r - k$ 列. $\Lambda = \operatorname{diag}(\lambda_1, \cdots, \lambda_l)$, $\lambda_1 \geqslant \lambda_2 \geqslant \cdots \geqslant \lambda_l \geqslant 0$ 是 $(K, G)V_2$ 的奇异值, $l = \min\{m_2, n+d-k\}$. 记

$$(\widetilde{V}_1, \widetilde{V}_2) = V \begin{pmatrix} I_k & \\ & N \end{pmatrix} = \left(\begin{array}{cc|c} V_{11} & V_{12}N_1 & V_{12}N_2 \\ \hline V_{21} & V_{22}N_1 & V_{22}N_2 \end{array} \right) \equiv \begin{pmatrix} \widetilde{V}_{11} & \widetilde{V}_{12} \\ \widetilde{V}_{21} & \widetilde{V}_{22} \end{pmatrix}, \tag{5.7.9}$$

其中 $\widetilde{V}_{12} = V_{12}N_2$, $\widetilde{V}_{22} = V_{22}N_2$. 如果 $\lambda_p > \lambda_{p+1}$, 且 $\widetilde{V}_{22}$ 为满秩 d, 则由 §4.1 的讨论和推广的降秩最佳逼近定理, 可以取

$$\begin{aligned} (\Delta K, \Delta G) &= M_2\Lambda_2 N_2^H V_2^H, \\ (\widehat{K}, \widehat{G}) &= (K, G)V_1V_1^H + M_1\Lambda_1 N_1^H V_2^H, \end{aligned} \tag{5.7.10}$$

并有

$$\|(\Delta K, \Delta G)\|_F = \min\{\|F\|_F : \operatorname{rank}((K, G)V_2V_2^H - F) \leqslant p\}. \tag{5.7.11}$$

引理 5.7.1　给定 $L \in \mathbf{C}^{m_1 \times n}$, $H \in \mathbf{C}^{m_1 \times d}$, $K \in \mathbf{C}^{m_2 \times n}$, $G \in \mathbf{C}^{m_2 \times d}$. 设 (L, H) 和 $(K, G)V_2$ 的 SVD 分别由 (5.7.5) 和 (5.7.8) 式给出. 则由 (5.7.1) 和 (5.7.3) 式确定的整数 k 和 r, 令 $p = r - k$, 有以下的结论.

(1) 如果 $\sigma_k(L) > \sigma_{k+1}$, 则 V_{11} 列满秩, V_{22} 行满秩.

(2) 如果 $\sigma_p((K, G)V_2V_{12}^H) > \sigma_{p+1}((K, G)V_2V_2^H) = \lambda_{p+1}$, 则 $V_{22}N_2$ 行满秩.

(3) 如果 $\widetilde{V}_{22} = V_{22}N_2$ 行满秩, 则 $V_{12}N_1$ 和 $\widetilde{V}_{11}$ 列满秩.

证明　(1) 和 (2) 可由引理 4.1.1 得到.

(3) 如果 $\widetilde{V}_{22}$ 行满秩, 则由引理 4.1.1, $\widetilde{V}_{11}$ 列满秩. 又因为 $V_{12}N_1$ 是 $\widetilde{V}_{11}$ 的最后 $p = r - k$ 列, 所以 $V_{12}N_1$ 列满秩. □

定理 5.7.2　给定 $L \in \mathbf{C}^{m_1 \times n}$, $H \in \mathbf{C}^{m_1 \times d}$, $K \in \mathbf{C}^{m_2 \times n}$, $G \in \mathbf{C}^{m_2 \times d}$. 设 (L, H) 和 $(K, G)V_2$ 的 SVD 分别由 (5.7.5) 和 (5.7.8) 式给出. 整数 k 和 r 由 (5.7.1) 和 (5.7.3) 式确定. 则 NTLS 问题的极小范数解 X_{NTLS} 为

$$X_{\mathrm{NTLS}} = -\widetilde{V}_{12}\widetilde{V}_{22}^{\dagger} = (\widetilde{V}_{11}^H)^{\dagger}\widetilde{V}_{12}^H = \widehat{L}_{\widehat{K}}^{\ddagger}\widehat{H} + (\widehat{K}\widehat{P})^{\dagger}\widehat{G} = \widehat{A}_I^{\dagger}\widehat{B}, \tag{5.7.12}$$

其中

$$\widehat{P} = I - \widehat{L}^{\dagger}\widehat{L},\ \widehat{A}_I = \begin{pmatrix} \widehat{L} \\ \widehat{K}(\widehat{K}\widehat{P})^{\dagger}\widehat{K} \end{pmatrix},\ \widehat{A}_I^{\dagger} = (\widehat{L}_{\widehat{K}}^{\ddagger}, (\widehat{K}\widehat{P})^{\dagger}). \tag{5.7.13}$$

NTLS 问题的解集是

$$\begin{aligned} S_T &= \{X = -\widetilde{V}_{12}Q(\widetilde{V}_{22}Q)^{-1} \colon Q^HQ = I_d,\ (\widetilde{V}_{22}Q)\ \text{非奇异}\} \\ &= \{X = X_{\mathrm{NTLS}} + (I - \widehat{A}^{\dagger}\widehat{A})Y \colon Y \in \mathbf{C}^{n \times d}\}. \end{aligned} \tag{5.7.14}$$

证明　首先证明 $\widehat{A}$, $\widehat{B}$ 使得 (5.7.4) 式相容. 显然 (5.7.7) 式相容, 其解 X 满足

$$\begin{pmatrix} X \\ -I_d \end{pmatrix} = V_2C.$$

下面确定 C, 使得 X 满足线性方程组 $\widehat{K}X = \widehat{G}$. 由 $(\widehat{K},\ \widehat{G})$ 的表达式,

$$\begin{aligned} 0 &= ((K, G)V_1V_1^H + M_1\Lambda_1N_1^HV_2^H)V_2C \\ &= M_1\Lambda_1N_1^HC. \end{aligned}$$

因此

$$C = N_2D,\ (X^H, -I_d)^H = V_2N_2D = \widetilde{V}_2D.$$

于是若 X 满足上式, 则 X 必定满足 (5.7.4) 式. 又由 LSE 问题的分析知

$$X_{\mathrm{NTLS}} = \widehat{L}_{\widehat{K}}^{\ddagger}\widehat{H} + (\widehat{K}\widehat{P})^{\dagger}\widehat{G} = \widehat{A}_I^{\dagger}\widehat{B},$$

$$X = X_{\mathrm{NTLS}} + (I - \widehat{A}^{\dagger}\widehat{A})Y.$$

另一方面, 根据对 TLS 问题的分析知, X 应有形式 $X = -\widetilde{V}_{12}Q(\widetilde{V}_{22}Q)^{-1}$, $Q^HQ = I_d$, $\widetilde{V}_{22}Q$ 非奇异. 在 NTLS 问题所有的解中, $X_{\mathrm{NTLS}} = -\widetilde{V}_{12}\widetilde{V}_{22}^{\dagger}$ 有极小的 F 范数. □

下面讨论 NTLS 问题的扰动分析. 给定

$$L,\ L' \in \mathbf{C}^{m_1\times n},\ H,\ H' \in \mathbf{C}^{m_1\times d},\ K,\ K' \in \mathbf{C}^{m_2\times n},\ G,\ G' \in \mathbf{C}^{m_2\times d}. \tag{5.7.15}$$

记

$$A = \begin{pmatrix} L \\ K \end{pmatrix},\ A' = \begin{pmatrix} L' \\ K' \end{pmatrix},\ B = \begin{pmatrix} H \\ G \end{pmatrix},\ B' = \begin{pmatrix} H' \\ G' \end{pmatrix}. \tag{5.7.16}$$

定理 5.7.3 设矩阵 L, H, K, G, L', H', K' 和 G' 由 (5.7.15) 给定. 对于确定的整数 $k, r, 0 \leqslant k \leqslant r \leqslant n, p = r - k$, 设 (L, H) 和 $(K, G)V_2$ 的 SVD 分别由 (5.7.5) 和 (5.7.8) 式给出, $(L',\ H')$ 的 SVD 为

$$(L', H') = U'\Sigma'{V'}^H = U_1'\Sigma_1'{V'}_1^H + U_2'\Sigma_2'{V'}_2^H, \tag{5.7.17}$$

其中每个矩阵都对应于 (5.7.5) 式中的相应矩阵, $(K', G')V_2'$ 的 SVD 为

$$(K', G')V_2' = M'\Lambda'{N'}^H = M_1'\Lambda_1'{N'}_1^H + M_2'\Lambda_2'{N'}_2^H. \tag{5.7.18}$$

如果

$$\begin{aligned} \eta_1 &< \frac{1}{2}(\sigma_k(L) - \sigma_{k+1}), \\ \eta_T + \widehat{\eta} + \eta_1 &< \frac{1}{2}(\sigma_r(A) - \sigma_{k+1} - \lambda_{p+1}), \end{aligned} \tag{5.7.19}$$

其中 $\sigma_k(C)$ 为矩阵 C 的第 k 大的奇异值,

$$\begin{aligned} &\eta_1 = \|(L, H) - (L', H')\|_2,\ \eta_2 = \|(K, G) - (K', G')\|_2, \\ &\eta_T = \|(A, B) - (A', B')\|_2,\ \widehat{\eta} = \eta_2 + \|(K, G)\|_2 \cdot \frac{\eta_1}{\sigma_k - \sigma_{k+1} - \eta_1}. \end{aligned} \tag{5.7.20}$$

则原始的和扰动的 NTLS 问题都有解, 且有

(1) 当 $r = n$ 时,

$$\begin{aligned} &\|X_{\mathrm{NTLS}} - X'_{\mathrm{NTLS}}\|_u \\ \leqslant\ &\|\widehat{A}_I'^{\dagger}\|_2 \left(\eta_T + \frac{\sigma_{k+1}\eta_1}{\sigma_k - \sigma_{k+1} - \eta_1} + \frac{\lambda_{p+1}\widehat{\eta}}{\lambda_p - \lambda_{p+1} - \widehat{\eta}}\right)\sqrt{\|X_{\mathrm{NTLS}}\|_u^2 + a(u)}. \end{aligned} \tag{5.7.21}$$

(2) 当 $r < n$ 时,

$$\|X_{\mathrm{NTLS}} - X'_{\mathrm{NTLS}}\|_u$$

$$\leqslant \|\widehat{A}_I'^{\dagger}\|_2 \left(\eta_T + \frac{\sigma_{k+1}\eta_1}{\sigma_k - \sigma_{k+1} - \eta_1} + \frac{\lambda_{p+1}\widehat{\eta}}{\lambda_p - \lambda_{p+1} - \widehat{\eta}}\right) \sqrt{2\|X_{\text{NTLS}}\|_u^2 + a(u)}. \quad (5.7.22)$$

(3) 当 $r < n$ 时, 对于 NTLS 问题的任意解 X, 都存在扰动的 NTLS 问题的解 X', 使得

$$\|X - X'\|_u \leqslant \|\widehat{A}_I'^{\dagger}\|_2 \Big(\eta_T + \frac{\sigma_{k+1}\eta_1}{\sigma_k - \sigma_{k+1} - \eta_1} + \frac{\lambda_{p+1}\widehat{\eta}}{\lambda_p - \lambda_{p+1} - \widehat{\eta}}\Big) \sqrt{2\|X\|_u^2 + a(u)}, \quad (5.7.23)$$

其中 $\|\cdot\|_u$ 表示 F 范数或 2 范数, 取 F 范数时 $a(u) = d$, 取 2 范数时 $a(u) = 1$. 反之亦然.

证明　如果 $\eta_1 = \|(L - L', H - H')\|_2 < \frac{1}{2}(\sigma_k(L) - \sigma_{k+1})$, 则由奇异值的扰动分析, 有

$$\sigma_k(L') - \sigma_{k+1}' \geqslant (\sigma_k(L) - \eta_1) - (\sigma_{k+1} + \eta_1) = \sigma_k(L) - \sigma_{k+1} - 2\eta_1 > 0.$$

于是 V_{22} 和 V_{22}' 行满秩, 且有 $(\widehat{L}', \widehat{H}') = U_1'\Sigma_1'(V_1')^H$. 因为

$$(\widehat{K}', \widehat{G}') = (K', G') - M_2'\Lambda_2' {N'}_2^H {V_2'}^H,$$

由定理 2.3.5,

$$\begin{aligned}
&\|(K, G)V_2V_2^H - (K', G')V_2'{V'}_2^H\|_2 \\
\leqslant &\|((K, G) - (K', G'))V_2'{V'}_2^H\|_2 + \|(K, G)(V_2V_2^H - V_2'{V'}_2^H)\|_2 \\
\leqslant &\eta_2 + \|(K, G)\|_2 \cdot \frac{\eta_1}{\sigma_k - \sigma_{k+1} - \eta_1} = \widehat{\eta},
\end{aligned}$$

因此有

$$\begin{aligned}
\sigma_r(\widehat{A}) &= \|\widehat{A}^{\dagger}\|_2^{-1} \geqslant \sigma_r(A) - \|A - \widehat{A}\|_2 \geqslant \sigma_r(A) - \sigma_{k+1} - \lambda_{p+1} > 0, \\
\sigma_r(\widehat{A}') &= \|\widehat{A}'^{\dagger}\|_2^{-1} \geqslant \sigma_r(A') - \|A' - \widehat{A}'\|_2 \\
&\geqslant \sigma_r(A) - \eta_T - \lambda_{p+1} - \widehat{\eta} - \sigma_{k+1} - \eta_1 > 0.
\end{aligned}$$

记

$$\widehat{A}' = \begin{pmatrix} \widehat{L}' \\ \widehat{K}' \end{pmatrix}, \widehat{B}' = \begin{pmatrix} \widehat{H}' \\ \widehat{G}' \end{pmatrix},$$

则 (5.7.4) 式和下面的线性方程组

$$\widehat{A}'X' = \widehat{B}'$$

相容. 由 $\widehat{A}$, $\widehat{B}$ 和 $\widehat{A}_I^{\dagger}$ 的结构,

$$\widehat{A}_I^{\dagger} = (\widehat{L}_{\widehat{K}}^{\ddagger}, (\widehat{K}\widehat{P})^{\dagger}) = (\widehat{L}_{\widehat{K}}^{\ddagger} U_1U_1^H, (\widehat{K}\widehat{P})^{\dagger} M_1M_1^H),$$

$$\begin{aligned}\widehat{A}_I'^{\dagger} &= (L''^{\ddagger}_{\widehat{K}}U_1'U_1'^H, (\widehat{K}'\widehat{P}')^{\dagger}M'_1M'^H_1),\\ 0 &= (L^{\ddagger}_{\widehat{K}}U_1U_1^H)(U_2\Sigma_2V_2^H) + ((\widehat{K}\widehat{P})^{\dagger}M_1M_1^H)(M_2\Lambda_2N_2^HV_2^H)\\ &= \widehat{A}_I^{\dagger}((A,B)-(\widehat{A},\widehat{B})).\end{aligned}$$

因此有

$$\widehat{A}_I^{\dagger}(A,B) = \widehat{A}_I^{\dagger}(\widehat{A},\widehat{B}), \tag{5.7.25}$$

类似有 $\widehat{A}_I'^{x\dagger}(A',B') = \widehat{A}_I'^{\dagger}(\widehat{A}',\widehat{B}')$. 另外再应用 $\widehat{A}_I^{\dagger} - \widehat{A}_I'^{\dagger}$ 的分解式和等式 $\widehat{A}_I^{\dagger}\widehat{A}_I = \widehat{A}_I^{\dagger}\widehat{A} = \widehat{A}^{\dagger}\widehat{A}$, 可得

$$\begin{aligned}X_{\mathrm{NTLS}} - X'_{\mathrm{NTLS}} &= \widehat{A}_I^{\dagger}\widehat{B} - \widehat{A}_I'^{\dagger}\widehat{B}'\\ &= \widehat{A}_I'^{\dagger}((A',B')-(\widehat{A},\widehat{B}))\begin{pmatrix} X_{\mathrm{NTLS}}\\ -I_d\end{pmatrix}\\ &\quad + (I-\widehat{A}'^{\dagger}\widehat{A}')\widehat{A}_I^{\dagger}\widehat{A}_IX_{\mathrm{NTLS}}.\end{aligned} \tag{5.7.26}$$

应用定理 2.3.6, 有

$$\|U'^H_1U_2\|_2 \leqslant \frac{\eta_1}{\sigma_k-\sigma_{k+1}-\eta_1},\ \|M'^H_1M_2\|_2 \leqslant \frac{\widehat{\eta}}{\lambda_p-\lambda_{p+1}-\widehat{\eta}}.$$

于是,

$$\begin{aligned}&\|(I-\widehat{A}'^{\dagger}\widehat{A}')\widehat{A}_I^{\dagger}\widehat{A}_I\|_2\\ =\ &\|\widehat{A}_I'^{\dagger}\widehat{A}_I'(I-\widehat{A}_I^{\dagger}\widehat{A}_I)\|_2\\ =\ &\|\widehat{A}_I'^{\dagger}(A'-\widehat{A})(I-\widehat{A}^{\dagger}\widehat{A})\|_2\\ \leqslant\ &\|\widehat{A}_I'^{\dagger}(A'-\widehat{A})\|_2 \leqslant \|\widehat{A}_I'^{\dagger}((A',B')-(\widehat{A},\widehat{B}))\|_2\\ =\ &\|\widehat{A}_I'^{\dagger}((\Delta A,\Delta B)+(A,B)-(\widehat{A},\widehat{B}))\|_2\\ \leqslant\ &\|\widehat{A}_I'^{\dagger}\|_2\|(\eta_T + \|U'_1U'^H_1(U_2\Sigma_2V_2^H) + M'_1M'^H_1(M_2\Lambda_2N_2^HV_2^H)\|_2)\\ \leqslant\ &\|\widehat{A}_I'^{\dagger}\|_2\|\left(\eta_T + \frac{\sigma_{k+1}\eta_1}{\sigma_k-\sigma_{k+1}-\eta_1} + \frac{\lambda_{p+1}\widehat{\eta}}{\lambda_p-\lambda_{p+1}-\widehat{\eta}}\right).\end{aligned} \tag{5.7.27}$$

根据上述讨论,

(1) 当 $r=n$ 时, $I-\widehat{A}'^{\dagger}\widehat{A}'=0$,

$$\begin{aligned}&\|X_{\mathrm{NTLS}}-X'_{\mathrm{NTLS}}\|_u \leqslant (\|\widehat{A}_I'^{\dagger}((A',B')-(\widehat{A},\widehat{B}))\|_2)\sqrt{\|X_{\mathrm{NTLS}}\|_u^2+a(u)}\\ \leqslant\ &\|\widehat{A}_I'^{\dagger}\|_2\left(\eta_T + \frac{\sigma_{k+1}\eta_1}{\sigma_k-\sigma_{k+1}-\eta_1} + \frac{\lambda_{p+1}\widehat{\eta}}{\lambda_p-\lambda_{p+1}-\widehat{\eta}}\right)\sqrt{\|X_{\mathrm{NTLS}}\|_u^2+a(u)}.\end{aligned}$$

(2) 当 $r<n$ 时,

$$\|X_{\mathrm{NTLS}}-X'_{\mathrm{NTLS}}\|_u^2 \leqslant (\|\widehat{A}_I'^{\dagger}((A',B')-(\widehat{A},\widehat{B}))\|_2)^2(\|X_{\mathrm{NTLS}}\|_u^2+a(u))$$

$$
\begin{aligned}
&+\|(I-\widehat{A}'^{\dagger}\widehat{A}')\widehat{A}_I^{\dagger}\widehat{A}_I\|_2^2\|X_{\mathrm{NTLS}}\|_u^2\\
&\leqslant \|\widehat{A}_I'^{\dagger}\|_2^2\left(\eta_T+\frac{\sigma_{k+1}\eta_1}{\sigma_k-\sigma_{k+1}-\eta_1}+\frac{\lambda_{p+1}\widehat{\eta}}{\lambda_p-\lambda_{p+1}-\widehat{\eta}}\right)^2\\
&\times(2\|X_{\mathrm{NTLS}}\|_u^2+a(u)).
\end{aligned}
$$

(3) 当 $r<n$ 时, 对原始 NTLS 问题的任意解

$$X=\widehat{A}^{\dagger}\widehat{B}+(I-\widehat{A}^{\dagger}\widehat{A})Z,$$

其中 $Z\in\mathbf{C}^{n\times d}$, 令

$$X'=\widehat{A}'^{\dagger}\widehat{B}'+(I-\widehat{A}'^{\dagger}\widehat{A}')(\widehat{A}^{\dagger}\widehat{B}+(I-\widehat{A}^{\dagger}\widehat{A})Z),$$

则 X' 为扰动的 NTLS 问题的解, 且有

$$
\begin{aligned}
X-X'&=\widehat{A}'^{\dagger}((\widehat{A}',\widehat{B}')-(\widehat{A},\widehat{B}))\begin{pmatrix}X_{\mathrm{NTLS}}\\-I_d\end{pmatrix}+\widehat{A}'^{\dagger}(\widehat{A}'-\widehat{A})(I-\widehat{A}^{\dagger}\widehat{A})Z\\
&=\widehat{A}'^{\dagger}((A',B')-(\widehat{A},\widehat{B}))\begin{pmatrix}X_{\mathrm{NTLS}}\\-I_d\end{pmatrix}+\widehat{A}'^{\dagger}(A'-\widehat{A})(I-\widehat{A}^{\dagger}\widehat{A})Z.
\end{aligned}
$$

则由 (5.7.26)~(5.7.27) 式和 Cauchy-Schwartz 不等式, 即得 (5.7.23) 式. □

习　题　五

1. 对于给定的矩阵 A, 定义向量范数 $\|x\|_A=\|Ax\|_2$. 考虑约束最小二乘问题

$$\min_{f\in S}\|f\|_K,\ S=\{f:\ \|Lf-h\|_M=\min\},$$

其中矩阵 $M\in\mathbf{C}^{s\times m_1}$, $L\in\mathbf{C}^{m_1\times n}$, $K\in\mathbf{C}^{m_2\times n}$, 向量 $h\in\mathbf{C}^{m_1}$ 给定,

$$P_0=I-(ML)^{\dagger}ML,\ L_{MK}^{\ddagger}=(I-(KP)^{\dagger}K)(ML)^{\dagger}M.$$

证明: 上述约束最小二乘问题的解唯一, 当且仅当 $\mathcal{N}(ML)\cap\mathcal{N}(K)=\{0\}$. 又当约束最小二乘问题的解不唯一时, $f_{\mathrm{LSE}}=L_{MK}^{\ddagger}h$ 为极小范数解.

2. 考虑二次不等约束最小二乘问题

$$\min\|Ax-b\|_2,\ \text{s.t.}\ \|Cx-d\|_2\leqslant\alpha.$$

(1) 上述问题有解, 当且仅当 $||(I-CC^{\dagger})d||_2\leqslant\alpha$.

(2) 若存在 $z\in\mathbf{C}^n$, 使得

$$||C[A^{\dagger}b+(I-A^{\dagger}A)z]-d||_2\leqslant\alpha,$$

则上述问题有解, 并且当 $\mathcal{N}(A)\cap\mathcal{N}(C)\neq\{0\}$, 上述问题没有唯一解.

3. (1) 若向量 x 满足 $(A^HA+\lambda I)x=A^Hb$, $\lambda>0$, $\|x\|_2=\alpha$, 证明 $z=(Ax-b)/\lambda$ 为对偶方程 $(AA^H+\lambda I)z=-b$, $\|A^Hz\|_2=\alpha$ 的解.

(2) 若向量 z 满足 $(AA^H+\lambda I)z=-b$, $\lambda>0$, $\|A^Hz\|_2=\alpha$, 证明 $x=-A^Hz$ 为对偶方程 $(A^HA+\lambda I)x=A^Hb$, $\|x\|_2=\alpha$ 的解.

4. 设矩阵 $L\in\mathbf{C}^{m_1\times n}$ 行满秩, $K\in\mathbf{C}^{m_2\times n}$ 列满秩, $h\in\mathbf{C}^{m_1}$, $g\in\mathbf{C}^{m_2}$. 利用 L, K 的 Q-SVD 推导 LSE 问题和对应的无约束加权 LS 问题的解 x 和 $x(\tau)$ 的表达式, 并证明 $\lim\limits_{\tau\to+\infty}x(\tau)=x$.

5. 证明引理 5.3.1.

6. 证明引理 5.3.8.

7. 在引理 5.3.8 的条件下, 应用定理 4.4.5 证明: $\delta D'=M_2\Psi_2R_2^H\widehat{H}_2^H$, $\delta D=0$,

$$\|\widehat{K}-\widetilde{K}\|_2=\|M_2\Psi_2R_2^H\widehat{H}_2^H\|_2=\|\delta D-\delta D'\|_2\leqslant\eta_2\left(1+\frac{\eta_2}{t_{r-p}-\eta_2}\right),$$

这里 $\eta_2=\|KP-\widehat{K}\widehat{P}\|_2$, $t_{r-p}=\sigma_{r-p}(KP)$.

8. 考虑线性模型 $b=Ax+\varepsilon$, 其中 $A\in\mathbf{R}^{m\times}$, $b\in\mathbf{R}^m$ 给定, $\varepsilon\in\mathbf{R}^m$ 为随机向量, 满足 $\varepsilon^T\varepsilon=u^TWu$, 其中 W 为给定的对称正定矩阵. 推导如下的广义 LS 问题的解

$$\min_u\|u\|_2,\ 满足\ y=Ax+\varepsilon.$$

9. 设

$$A_1=\begin{pmatrix}3&2&1\\6&-2&5\end{pmatrix},\ A_2=(4,3,2),\ A_3=(5,4,4), A=\begin{pmatrix}A_1\\A_2\\A_3\end{pmatrix}.$$

求 A 的多重约束 MP 逆 $A_C^\dagger$.

10. 对于任意的 NTLS 解 $X=-\widetilde{V}_{12}Q(\widetilde{V}_{22}Q)^{-1}$, 定义其残量为

$$r_1(X)=H-LX\ ,\ r_2(X)=G-KX.$$

证明

$$r_1(X)=U_2\Sigma_2N_2Q(V_{22}N_2Q)^\dagger\ ,\ r_2(X)=M_2\Lambda_2Q(V_{22}N_2Q)^\dagger.$$

11. 对 NTLS 问题的任意解 $X=-\widetilde{V}_{12}Q(\widetilde{V}_{22}Q)^{-1}$, 定义

$$\mathcal{F}_1(X)=\{(\Delta L,\Delta H)\colon(L-\Delta L)X=H-\Delta H\ 相容\},$$

$m_1(X)\in\mathcal{F}_1(X)$ 使得 $\|m_1(X)\|_F$ 达到极小;

$$\mathcal{F}_2(X)=\{(\Delta K,\Delta G)\colon(K-\Delta K)X=G-\Delta G\ 相容\},$$

$m_2(X)\in\mathcal{F}_2(X)$ 使得 $\|m_2(X)\|_F$ 达到极小. 证明

$$m_1(X)=U_2\Sigma_2N_2QQ^HN_2^HV_2^H,\quad m_2(X)=M_2\Lambda_2QQ^HN_2^HV_2^H,$$

$$\sqrt{\sum_{j=n+1}^{n+d} \sigma_j^2} \leqslant \|m_1(X)\|_F \leqslant \sqrt{\sum_{j=k+1}^{k+d} \sigma_j^2},$$

$$\sqrt{\sum_{j=n+1}^{n+d} \lambda_j^2} \leqslant \|m_2(X)\|_F \leqslant \sqrt{\sum_{j=p+1}^{p+d} \lambda_j^2}.$$

12. 试把 NTLS 问题推广到多个线性方程组的情形.

第六章　加权 MP 逆和约束加权 MP 逆的上确界

加权 MP 逆和约束加权 MP 逆的上确界、加权 MP 逆和约束加权 MP 逆的稳定性及稳定且高精度的数值方法, 是研究加权 LS 问题和加权 LSE 问题的主要困难问题. 这一章将研究加权 MP 逆和约束加权 MP 逆的上确界. §6.1 阐述加权 LS 问题和加权 LSE 问题中的基本问题, §6.2 讨论加权 MP 逆的上确界, §6.3 讨论约束加权 MP 逆的上确界, §6.4 讨论双侧加权 MP 逆的上确界.

§ 6.1　基 本 问 题

设 $A \in \mathbf{C}_r^{m\times n}$ 给定. 记 $\mathcal{D}$ 为 $\mathcal{P}(A)$ 的子集, 其中元素为半正定对角矩阵, $\mathcal{P}$ 为 $\mathcal{P}(A)$ 的子集, 并满足 $\sup\limits_{W\in\mathcal{P}} ||(W^{\frac{1}{2}}A)^{\dagger}W^{\frac{1}{2}}||_2 < +\infty$. 指标集

$$J(A) = \{J = \{i_1, \cdots, i_r\} : 1 \leqslant i_1 < \cdots < i_r \leqslant m, \mathrm{rank}(A_J) = \mathrm{rank}(A) = r\},$$

其中 $A_J \equiv A_{J,:}$, 并记 $A_{IJ} \equiv A_{I,J}$. $A^{(i)} \prec A$ 指 $A^{(i)}$ 为由矩阵 A 的 r 行组成的一个子矩阵, 满足 $\mathrm{rank}(A^{(i)}) = r = A^{(i)}$ 的行数.

对于 $b \in \mathbf{C}^m$, $W \in \mathcal{P}(A)$, 考虑加权最小二乘问题

$$||W^{\frac{1}{2}}(Ax-b)||_2 = \min_{y\in\mathbf{C}^n} ||W^{\frac{1}{2}}(Ay-b)||_2.$$

当矩阵 A 和向量 b 的某些对应行的元素很精确, 而其他行的元素有误差. 这时往往把精度高的行乘上很大的权因子, 而把精度低的行乘上较小的权因子; 或者用加权法计算 LSE 问题时, 要把约束方程乘上很大的权因子. 对于用内点法计算线性规划问题的加权法, 当迭代解 $x^{(k)}$ 趋向于真解 x 时, $x^{(k)}$ 的某些元素趋于零, 这时对角加权矩阵的某些对角元素也趋于零.

在处理上述情形时, 加权矩阵 $W^{\frac{1}{2}}A$ 和扰动的加权矩阵 $\widehat{W}^{\frac{1}{2}}\widehat{A}$ 的条件数会非常大, 因而在讨论 WLS 问题的误差估计时, 定理 3.5.1∼ 定理 3.5.2 中推导出的误差界会明显增大, 这是因为在扰动公式中, 由加权投影矩阵得到的项含有

$$\|\widehat{A}^{\dagger}_{\widehat{W}}\|_2\|\widehat{W}^{-1}\Delta W\|_2\|r\|_2 + \|(\widehat{W}^{\frac{1}{2}}\widehat{A})^{\dagger}\|_2^2\|W\Delta A\|_2\|r\|_2,$$

当 W 和 $\widehat{W}$ 非常病态时, 上面的项会明显增大. 类似的情形在讨论 WLSE 问题时也会出现, 见定理 5.5.1∼ 定理 5.5.3 的分析.

由上面的讨论引出了下面三个问题.

(1) $\sup\limits_{W\in\mathcal{P}(A)}\|A_W^\dagger\|_2$ 是否有界? 有哪些集合 $\mathcal{P}\subseteq\mathcal{P}(A)$, 使得 $\sup\limits_{W\in\mathcal{P}}\|A_W^\dagger\|_2$ 有界?

(2) 当 $\sup\limits_{W\in\mathcal{P}}\|A_W^\dagger\|_2$ 有界时, 在什么条件下 $\sup\limits_{W\in\mathcal{P}}\|\widehat{A}_W^\dagger\|_2$ 也有界?

(3) 在什么条件下 $\|\widehat{A}_{\widehat{W}}^\dagger(I-AA_W^\dagger)\|_2$ 或 $\|(\widehat{W}^{\frac{1}{2}}\widehat{K}\widehat{P})^\dagger\widehat{W}^{\frac{1}{2}}(I-K(W^{\frac{1}{2}}KP)^\dagger W^{\frac{1}{2}})\|_2$ 有界?

如果上面的三个问题的答案都是肯定的, 那么关于 WLS 和 WLSE 解的扰动也是有界的. 本章讨论加权 MP 逆和约束加权 MP 逆的上确界、第七章讨论加权 MP 逆和约束加权 MP 逆的稳定性条件和稳定性扰动, 以及相应的 WLS 和 WLSE 的稳定性扰动. 第八章讨论当加权矩阵是给定的刚性矩阵时, 加权 MP 逆和约束加权 MP 逆的稳定性扰动, 以及相应的 WLS 和 WLSE 的稳定性扰动.

对于加权 MP 逆, 一个自然的问题是, 当权矩阵取值于 $\mathcal{P}(A)$ 时, 其上确界是否有界? 当 A 行满秩时, 对所有的 $W\in\mathcal{P}(A)$ 有 $A_W^\dagger=A^\dagger$, 因此是有界的. 但是, 当 A 不是行满秩时, 情况则不然.

例 6.1.1　设

$$A=\begin{pmatrix}0\\1\end{pmatrix},\ W=\begin{pmatrix}1&-\varepsilon\\\varepsilon&1\end{pmatrix}\begin{pmatrix}1&0\\0&\delta\end{pmatrix}\begin{pmatrix}1&\varepsilon\\-\varepsilon&1\end{pmatrix}.$$

则对所有的 $\varepsilon>0$ 和 $\delta>0$, W 是一个实对称正定矩阵. 容易证明

$$\lim_{\delta\to0+}(W^{\frac{1}{2}}A)^\dagger W^{\frac{1}{2}}=\lim_{\delta\to0+}(A^TWA)^{-1}A^TW=(\varepsilon^{-1},1).$$

于是取 δ 和 ε 足够小, 可使 W 任意接近于 $\mathrm{diag}(1,0)$, 而且 $\|(W^{\frac{1}{2}}A)^\dagger W^{\frac{1}{2}}\|_2$ 任意大. 因此, 一个重要的问题是从 $\mathcal{P}(A)$ 中区分出子集 $\mathcal{P}$, 使得对于任何取值于 $\mathcal{P}$ 的权矩阵 W, 加权 MP 逆 $(W^{\frac{1}{2}}A)^\dagger W^{\frac{1}{2}}$ 是有界的. 本节最后给出以后需要用的两个结论, 是由 Forsgren[78] 首先采用的.

引理 6.1.1　设 $A\in\mathbf{C}_r^{m\times n}$, $r>0$, $W=\mathrm{diag}(d_1,\cdots,d_m)\in\mathcal{D}$. 则有

$$A_W^\dagger=(W^{\frac{1}{2}}A)^\dagger W^{\frac{1}{2}}=\frac{\sum\limits_{J\in J(A)}a_Jd_JA_J^\dagger I_J}{\sum\limits_{N\in J(A)}a_Nd_N},\tag{6.1.1}$$

其中

$$I_J\equiv(I_m)_J,\ a_J=\det(A_JA_J^H),\ d_J=\det(W_{JJ}).\tag{6.1.2}$$

证明　令 A 的酉分解为 $A=QR$, 其中 $Q^HQ=I_r$, R 行满秩. 对于给定的 $g\in\mathbf{C}^m$, 应用 Binet-Cauchy 公式和求线性方程组解的 Cramer 法则, 有

$$
\begin{aligned}
[(W^{\frac{1}{2}}Q)^{\dagger}W^{\frac{1}{2}}g]_i &= [(Q^HWQ)^{-1}Q^HWg]_i \\
&= \frac{\det(Q^HW(Q+(g-Qe_i)e_i^T))}{\det(Q^HWQ)} \\
&= \frac{\sum\limits_{J\in J(A)} |\det(Q_J)|^2\det(W_{JJ})[Q_J^{-1}g_J]_i}{\sum\limits_{N\in J(A)} |\det(Q_N)|^2\det(W_{NN})},
\end{aligned}
$$

其中利用了当 $J \in J(A)$ 时, $\operatorname{rank}(A_J) = \operatorname{rank}(Q_J) = r$ 的事实, 和等式

$$
\begin{aligned}
\det((Q+(g-Qe_i)e_i^T)_J) &= \det(Q_J+(g_J-Q_Je_i)e_i^T) \\
&= \det(Q_J)\det(I+(Q_J^{-1}g_J-e_i)e_i^T) \\
&= \det(Q_J)[(Q_J)^{-1}g_J]_i.
\end{aligned}
$$

于是有

$$
\begin{aligned}
(W^{\frac{1}{2}}A)^{\dagger}W^{\frac{1}{2}}g &= R^{\dagger}(W^{\frac{1}{2}}Q)^{\dagger}W^{\frac{1}{2}}g \\
&= \frac{\sum\limits_{J\in J(A)} |\det(Q_J)|^2\det(W_{JJ})(A_J)^{\dagger}g_J}{\sum\limits_{N\in J(A)} |\det(Q_N)|^2\det(W_{NN})}.
\end{aligned}
$$

在上面的等式中, 分别令 $g = e_1, \cdots, e_m$, 有

$$
\begin{aligned}
A_W^{\dagger} &= (W^{\frac{1}{2}}A)^{\dagger}W^{\frac{1}{2}} = (W^{\frac{1}{2}}A)^{\dagger}W^{\frac{1}{2}}(e_1,\cdots,e_m) \\
&= \frac{\det(RR^H)\sum\limits_{J\in J(A)} |\det(Q_J)|^2\det(W_{JJ})A_J^{\dagger}I_J}{\det(RR^H)\sum\limits_{N\in J(A)} |\det(Q_N)|^2\det(W_{NN})} \\
&= \frac{\sum\limits_{J\in J(A)} a_Jd_JA_J^{\dagger}I_J}{\sum\limits_{N\in J(A)} a_Nd_N}.
\end{aligned}
$$

□

引理 6.1.2 设 W 是 $m\times m$ 的对角占优的实对称半正定矩阵. 则 W 有符号分解 $W = UDU^T$,

$$
\begin{aligned}
U &= U(s) \equiv (u(s)_1, \cdots, u(s)_l) \in \mathbf{R}^{m\times l}, && \\
u(s)_i &= e_i, && \text{当 } i = 1:m \text{ 时}, \\
u(s)_{m+t(i,j)} &= e_i + s_{t(i,j)}e_j, && \text{当 } 1 \leqslant i < j \leqslant m \text{ 时},
\end{aligned}
\tag{6.1.3}
$$

其中 e_i 是 I_m 的第 i 列, $l=m(m+1)/2$, 且当 $1\leqslant i<j\leqslant m$ 时,

$$
\begin{aligned}
t(i,j)&=m(i-1)-\frac{i(i+1)}{2}+j,\\
s_{t(i,j)}&=\begin{cases}1, & \text{当 } w_{ij}\geqslant 0 \text{ 时},\\ -1, & \text{当 } w_{ij}<0 \text{ 时},\end{cases}
\end{aligned}
\tag{6.1.4}
$$

$$
\begin{aligned}
D&=\mathrm{diag}(d_1,\cdots,d_l),\\
d_i&=w_{ii}-\sum_{j=1,\ j\neq i}^{m}|w_{ij}|, \quad \text{当 } i=1:m \text{ 时},\\
d_{m+t(i,j)}&=|w_{ij}|, \qquad \text{当 } 1\leqslant i<j\leqslant m \text{ 时}.
\end{aligned}
\tag{6.1.5}
$$

证明　由 D 和 U 的定义, 有

$$
\begin{aligned}
UDU^T=&\sum_{q=1}^{l}u(s)_q d_q u(s)_q^T=\sum_{q=1}^{m}d_q e_q e_q^T\\
&+\sum_{i=1}^{m-1}\sum_{j=i+1}^{m}d_{m+t(i,j)}(e_ie_i^T+e_je_j^T+s_{t(i,j)}(e_ie_j^T+e_je_i^T)).
\end{aligned}
$$

由于 $w_{ij}=w_{ji}$, 对 $p=1:m$, 有

$$
\begin{aligned}
(UDU^T)_{pp}&=d_p+\sum_{j=p+1}^{m}d_{m+t(p,j)}+\sum_{i=1}^{p-1}d_{m+t(i,p)}\\
&=w_{pp}-\sum_{j=1,\ j\neq p}^{m}|w_{pj}|+\sum_{j=p+1}^{m}|w_{p,j}|+\sum_{i=1}^{p-1}|w_{p,i}|\\
&=w_{pp},
\end{aligned}
$$

对 $1\leqslant p<q\leqslant m$, 有

$$
(UDU^T)_{qp}=(UDU^T)_{pq}=d_{m+t(p,q)}s_{t(p,q)}=w_{pq}. \qquad \square
$$

§ 6.2　加权 MP 逆的上确界

给定 $A\in C_r^{m\times n}$ 和集合 $\mathcal{P}\subseteq\mathcal{P}(A)$, 本节讨论加权 MP 逆 $A_W^\dagger=(W^{\frac{1}{2}}A)^\dagger W^{\frac{1}{2}}$ 在集合 $\mathcal{P}$ 中的上确界的几种等价形式. 令

$$
\begin{aligned}
\mathcal{X} &= \{x \in \mathcal{R}(A):\ \|A^\dagger x\|_2 = 1\}, \\
\mathcal{Y}(\mathcal{P}) &= \{y \in \mathbf{C}^m:\ \text{存在 } W \in \mathcal{P}, \\
&\qquad \text{使得 } (WA)^H y = 0\}, \\
\rho &= \inf_{x\in\mathcal{X},\ y\in\mathcal{Y}(\mathcal{P})} \|x-y\|_2.
\end{aligned} \tag{6.2.1}
$$

定理 6.2.1[228, 230]　设 $A \in C_r^{m\times n}$, $r>0$, 矩阵集合 $\mathcal{P} \subseteq \mathcal{P}(A)$ 使得

$$
\chi_A \equiv \sup_{W\in\mathcal{P}} \|(W^{\frac{1}{2}}A)^\dagger W^{\frac{1}{2}}\|_2 < +\infty. \tag{6.2.2}
$$

则有

$$
\frac{1}{\chi_A} = \inf_{W\in\mathcal{P}} \sigma_{\min+}(WA(WA)^\dagger A) = \rho. \tag{6.2.3}
$$

证明　(1) 设 $W \in \mathcal{P}$. 由引理 3.4.1, $((W^{\frac{1}{2}}A)^\dagger W^{\frac{1}{2}})^\dagger = WA(WA)^\dagger A$. 把矩阵 $(W^{\frac{1}{2}}A)^\dagger W^{\frac{1}{2}}$ 和 $WA(WA)^\dagger A$ 的非零奇异值按降序排列, 则有

$$
\sigma_j(WA(WA)^\dagger A) = \frac{1}{\sigma_{r+1-j}((W^{\frac{1}{2}}A)^\dagger W^{\frac{1}{2}})}, \quad j = 1:r,
$$

因此

$$
\begin{aligned}
\sigma_{\min+}(WA(WA)^\dagger A) &= \sigma_r(WA(WA)^\dagger A) \\
&= \frac{1}{\sigma_1((W^{\frac{1}{2}}A)^\dagger W^{\frac{1}{2}})} = \frac{1}{\|(W^{\frac{1}{2}}A)^\dagger W^{\frac{1}{2}}\|_2} \geqslant \frac{1}{\chi_A},
\end{aligned}
$$

$$
\inf_{W\in\mathcal{P}} \sigma_{\min+}(WA(WA)^\dagger A) \geqslant \frac{1}{\chi_A}.
$$

同理, 对任意矩阵 $W \in \mathcal{P}$, 有

$$
\frac{1}{\|(W^{\frac{1}{2}}A)^\dagger W^{\frac{1}{2}}\|_2} = \sigma_{\min+}(WA(WA)^\dagger A) \geqslant \inf_{W\in\mathcal{P}} \sigma_{\min+}(WA(WA)^\dagger A),
$$

$$
\frac{1}{\chi_A} \geqslant \inf_{W\in\mathcal{P}} \sigma_{\min+}(WA(WA)^\dagger A).
$$

于是有 $\frac{1}{\chi_A} = \inf\limits_{W\in\mathcal{P}} \sigma_{\min+}(WA(WA)^\dagger A)$.

(2) 设 z 是 $WA(WA)^\dagger A$ 对应于 $\sigma_{\min+}(WA(WA)^\dagger A)$ 的右奇异向量, $\|z\|_2 = 1$,

$$
\sigma_{\min+}(WA(WA)^\dagger A) = \|WA(WA)^\dagger Az\|_2.
$$

由于 $z \in \mathcal{R}(A^H)$, $z = A^\dagger Az$. 令 $x = Az \in \mathcal{X}$, $y = (I - WA(WA)^\dagger)x$. 则 $y \in \mathcal{Y}(\mathcal{P})$,

$$
\sigma_{\min+}(WA(WA)^\dagger A) = \|WA(WA)^\dagger x\|_2 = \|x-y\|_2 \geqslant \rho,
$$

$$\inf_{W\in\mathcal{P}}\sigma_{\min+}(WA(WA)^{\dagger}A)\geqslant\rho.$$

另一方面, 对任意 $\varepsilon>0$, 存在 $x_\varepsilon\in\mathcal{X}$, $W_\varepsilon\in\mathcal{P}$, $y_\varepsilon\in\mathcal{Y}(\mathcal{P})$, 使得 $(W_\varepsilon A)^H y_\varepsilon=0$,

$$\rho>\|x_\varepsilon-y_\varepsilon\|_2-\varepsilon.$$

因为 $(W_\varepsilon A)^H y_\varepsilon=0$, 存在向量 $u\in\mathbf{C}^m$ 使得 $y_\varepsilon=(I-W_\varepsilon A(W_\varepsilon A)^{\dagger})u$. 于是

$$\begin{aligned}\|x_\varepsilon-y_\varepsilon\|_2&=\|x_\varepsilon-(I-W_\varepsilon A(W_\varepsilon A)^{\dagger})u\|_2\\&\geqslant\min_{v\in\mathbf{C}^m}\|x_\varepsilon-(I-W_\varepsilon A(W_\varepsilon A)^{\dagger})v\|_2\\&=\|x_\varepsilon-(I-W_\varepsilon A(W_\varepsilon A)^{\dagger})x_\varepsilon\|_2=\|W_\varepsilon A(W_\varepsilon A)^{\dagger}A(A^{\dagger}x_\varepsilon)\|_2\\&\geqslant\sigma_{\min+}(W_\varepsilon A(W_\varepsilon A)^{\dagger}A),\\\rho&>\|x_\varepsilon-y_\varepsilon\|_2-\varepsilon\geqslant\sigma_{\min+}(W_\varepsilon A(W_\varepsilon A)^{\dagger}A)-\varepsilon\\&\geqslant\inf_{W\in\mathcal{P}}\sigma_{\min+}(WA(WA)^{\dagger}A)-\varepsilon.\end{aligned}$$

令 $\varepsilon\to 0+$, 可得 $\rho\geqslant\inf\limits_{W\in\mathcal{P}}\sigma_{\min+}(WA(WA)^{\dagger}A)$. 因此有

$$\rho=\inf_{W\in\mathcal{P}}\sigma_{\min+}(WA(WA)^{\dagger}A).$$

□

定理 6.2.2[78, 228]　设 $A\in\mathbf{C}_r^{m\times n}$, $r>0$,

$$\begin{aligned}\mathcal{P}\equiv\mathcal{D}=\{W=\operatorname{diag}(d_1,\cdots,d_m):d_j\geqslant 0\ ,\ j=1:m,\\ \text{满足 }\operatorname{rank}(WA)=\operatorname{rank}(A)\}.\end{aligned}\tag{6.2.4}$$

则有

$$\frac{1}{\chi_A}=\frac{1}{\max\limits_{J\in J(A)}\|A_J^{\dagger}\|_2}=\frac{1}{\max\limits_{i}\|A^{(i)\dagger}\|_2}=\rho=\min_i\sigma_{\min+}(A^{(i)}),\tag{6.2.5}$$

这里最大最小值取遍所有的 $A^{(i)}\prec A$.

证明　取定 $W\in\mathcal{D}$. 由引理 6.1.1, 有

$$\|(W^{\frac12}A)^{\dagger}W^{\frac12}\|_2\leqslant\frac{\sum\limits_{J\in J(A)}a_Jd_J\|A_J^{\dagger}I_J\|_2}{\sum\limits_{N\in J(A)}a_Nd_N}\leqslant\max_{J\in J(A)}\|A_J^{\dagger}\|_2,$$

$$\chi_A\leqslant\max_{J\in J(A)}\|A_J^{\dagger}\|_2.$$

另一方面, 取 $J_0\in J(A)$, 满足

$$\|A_{J_0}^{\dagger}\|_2=\max_{J\in J(A)}\|A_J^{\dagger}\|_2.$$

令 $W_\varepsilon=\mathrm{diag}(d_1,\cdots,d_m)$, 使得当 $j\in J_0$ 时, $d_j=1$, 当 $j\notin J_0$ 时, $d_j=\varepsilon$, $\varepsilon>0$. 则有

$$\chi_A\geqslant\lim_{\varepsilon\to0+}\|(W_\varepsilon^{\frac12}A)^\dagger W_\varepsilon^{\frac12}\|_2=\|A_{J_0}^\dagger\|_2=\max_{J\in J(A)}\|A_J^\dagger\|_2,$$

于是

$$\chi_A=\max_{J\in J(A)}\|A_J^\dagger\|_2.$$

由定理 1.4.9 中奇异值的交错关系, 有 $\max\limits_{J\in J(A)}\|A_J^\dagger\|_2=\max\limits_i\|A^{(i)\dagger}\|_2$. 定理中其他等式由定理 6.2.1 推得. □

推论 6.2.3[180, 150, 142] 设 $A\in\mathbf{C}_r^{m\times n}$, $r>0$, A 的酉分解为 $A=QR$, 其中 $Q^HQ=I_r$, R 行满秩. 则有

$$\begin{aligned}\overline{\chi}_A\equiv\sup_{W\in\mathcal{D}}\|A(W^{\frac12}A)^\dagger W^{\frac12}\|_2&=\max_i\|Q^{(i)\dagger}\|_2=\max_{J\in J(A)}\|Q_J^\dagger\|_2\\&=\frac{1}{\min\limits_i\sigma_{\min+}(Q^{(i)})}.\end{aligned}\tag{6.2.6}$$

证明 由 A 的酉分解, 有

$$\|A(W^{\frac12}A)^\dagger W^{\frac12}\|_2=\|QR(W^{\frac12}QR)^\dagger W^{\frac12}\|_2=\|(W^{\frac12}Q)^\dagger W^{\frac12}\|_2.$$

此外, $A^{(i)}$ 行满秩, 当且仅当 $Q^{(i)}$ 行满秩. 应用定理 6.2.2, 即得要证的等式. □

注 6.2.1 根据 χ_A 和 $\overline{\chi}_A$ 的关系和引理 3.4.1, 可以得到下面的不等式

$$\chi_A=\sup_{W\in\mathcal{D}}\|A^\dagger A(W^{\frac12}A)^\dagger W^{\frac12}\|_2\leqslant\overline{\chi}_A\|A^\dagger\|_2.\tag{6.2.7}$$

但是在有些情况中, 以上估计是粗糙的.

例 6.2.1 设 $n\gg1$,

$$Q=\begin{pmatrix}10^{-n}&0\\\sqrt{1-10^{-2n}}&0\\0&1\end{pmatrix},\quad A=Q\begin{pmatrix}10^n&0\\0&1\end{pmatrix}=\begin{pmatrix}1&0\\\sqrt{10^{2n}-1}&0\\0&1\end{pmatrix}.$$

则 $\mathrm{rank}(A)=\mathrm{rank}(Q)=2$, 并且

$$\begin{aligned}&\min_i\sigma_{\min+}(A^{(i)})=1,\ \min_i\sigma_{\min+}(Q^{(i)})=10^{-n},\ \|A^\dagger\|_2=1,\\&\chi_A=1,\ \overline{\chi}_A=10^n,\ \overline{\chi}_A\|A^\dagger\|_2=10^n.\end{aligned}$$

定理 6.2.4[78, 230] 设 $A\in C_r^{m\times n}$, $r>0$, 整数 $l\geqslant r$. $\mathcal{U}\subseteq R^{m\times l}$ 和 $\mathcal{P}$ 是两个已知的矩阵集合, 分别满足

$$\begin{aligned}&\forall U\in\mathcal{U},\mathrm{rank}(U^TA)=r,\\&\sup_{U\in\mathcal{U}}\max_{J\in J(U^TA)}\|(U_J^TA)^\dagger U_J^T\|_2<+\infty,\end{aligned}\tag{6.2.8}$$

其中 $U_J^T \equiv (U^T)_J$,

$$\begin{aligned}\mathcal{P} = \{W = UDU^T:\ U \in \mathcal{U},\ D = \operatorname{diag}(d_1, \cdots, d_l) \geqslant 0 \\ \text{满足 } \operatorname{rank}(WA) = \operatorname{rank}(A)\} \subseteq \mathcal{P}(A).\end{aligned} \tag{6.2.9}$$

则有

$$\begin{aligned}\frac{1}{\chi_A} &= \frac{1}{\sup\limits_{U\in\mathcal{U}} \max\limits_{J\in J(U^TA)} \|(U_J^TA)^\dagger U_J^T\|_2} = \rho \\ &= \inf_{W\in\mathcal{P}} \sigma_{\min +}(WA(WA)^\dagger A) \\ &= \inf_{U\in\mathcal{U}} \min_{J\in J(U^TA)} \sigma_{\min +}((U_J^T)^\dagger U_J^T A).\end{aligned} \tag{6.2.10}$$

证明　(1) 令 A 的酉分解为 $A = QR$, 其中 $Q^HQ = I_r$, R 行满秩. 当 $J \in J(U^TA)$ 时, U_J^TA 和 U_J^T 都是行满秩, 且 U_J^TQ 非奇异. 因此

$$\begin{aligned}((U_J^TA)^\dagger U_J^T)^\dagger &= (R^\dagger (U_J^TQ)^{-1} U_J^T)^\dagger \\ &= (U_J^T)^\dagger (U_J^TQ) R = (U_J^T)^\dagger U_J^T A,\end{aligned}$$

$$\inf_{U\in\mathcal{U}} \min_{J\in J(U^TA)} \sigma_{\min +}((U_J^T)^\dagger U_J^TA) = \frac{1}{\sup\limits_{U\in\mathcal{U}} \max\limits_{J\in J(U^TA)} \|(U_J^TA)^\dagger U_J^T\|_2}.$$

(2) 对于给定的 $W = UDU^T \in \mathcal{P}$, 其中 $U \in \mathcal{U}$, 有 $\operatorname{rank}(WA) = \operatorname{rank}(A) = r$. 于是

$$\begin{aligned}\operatorname{rank}(A) \geqslant \operatorname{rank}(U^TA) &\geqslant \operatorname{rank}(DU^TA) \\ &\geqslant \operatorname{rank}(WA) = \operatorname{rank}(A), \\ \operatorname{rank}(U^TA) = \operatorname{rank}(DU^TA) &= \operatorname{rank}(WA) = \operatorname{rank}(A).\end{aligned}$$

在引理 6.1.1 中把 A 替换为 $B = U^TA$, 有

$$(W^{\frac{1}{2}}A)^\dagger W^{\frac{1}{2}} = (D^{\frac{1}{2}}B)^\dagger D^{\frac{1}{2}} U^T = \frac{\sum\limits_{J\in J(B)} b_J d_J B_J^\dagger U_J^T}{\sum\limits_{N\in J(B)} b_N d_N},$$

其中 $b_j = \det(B_J B_J^H)$, $d_j = \det(D_{JJ})$. 因此

$$\begin{aligned}\|(W^{\frac{1}{2}}A)^\dagger W^{\frac{1}{2}}\|_2 &\leqslant \max_{J\in J(B)} \|B_J^\dagger U_J^T\|_2 \\ &= \max_{J\in J(U^TA)} \|(U_J^TA)^\dagger U_J^T\|_2 \\ &\leqslant \sup_{U\in\mathcal{U}} \max_{J\in J(U^TA)} \|(U_J^TA)^\dagger U_J^T\|_2, \\ \chi_A \equiv \sup_{W\in\mathcal{P}} \|(W^{\frac{1}{2}}A)^\dagger W^{\frac{1}{2}}\|_2 &\leqslant \sup_{U\in\mathcal{U}} \max_{J\in J(U^TA)} \|(U_J^TA)^\dagger U_J^T\|_2.\end{aligned}$$

另一方面, 对于取定的 $U \in \mathcal{U}$ 及任意的 $\varepsilon > 0$, 存在 $J_0 = \{j_1, \cdots, j_r\} \in J(U^T A)$, 使得

$$\max_{J \in J(U^T A)} \|(U_J^T A)^\dagger U_J^T\|_2 < \|(U_{J_0}^T A)^\dagger U_{J_0}^T\|_2 + \varepsilon.$$

令 $D_0 = \text{diag}(d_1, \cdots, d_l)$ 和 $W_0 = U D_0 U^T$, 其中当 $j = j_i$, $i = 1 : r$, 取 $d_j = 1$; 其他情况, 取 $d_j = \delta > 0$. 则有

$$\begin{aligned}
\sup_{W \in \mathcal{P}} \|(W^{\frac{1}{2}} A)^\dagger W^{\frac{1}{2}}\|_2 &\geqslant \lim_{\delta \to 0+} \|(W_0^{\frac{1}{2}} A)^\dagger W_0^{\frac{1}{2}}\|_2 = \|(U_{J_0}^T A)^\dagger U_{J_0}^T\|_2 \\
&> \max_{J \in J(U^T A)} \|(U_J^T A)^\dagger U_J^T\|_2 - \varepsilon, \\
\sup\nolimits_{W \in \mathcal{P}} \|(W^{\frac{1}{2}} A)^\dagger W^{\frac{1}{2}}\|_2 &\geqslant \sup_{U \in \mathcal{U}} \max_{J \in J(U^T A)} \|(U_J^T A)^\dagger U_J^T\|_2,
\end{aligned}$$

证明了 $\chi_A = \sup\limits_{U \in \mathcal{U}} \max\limits_{J \in J(U^T A)} \|(U_J^T A)^\dagger U_J^T\|_2$. 其他等式由定理 6.2.1 得到. □

推论 6.2.5[78, 230] 在定理 6.2.4 的记号和条件下, 如果 $\mathcal{P}$ 是 $m \times m$ 对角占优的实对称半正定矩阵的集合, $U \in \mathcal{U}$ 如引理 6.1.2 中定义, 则有

$$\begin{aligned}
\frac{1}{\chi_A} &= \frac{1}{\sup\limits_{U \in \mathcal{U}} \max\limits_{J \in J(U^T A)} \|(U_J^T A)^\dagger U_J^T\|_2} = \rho \\
&= \inf_{W \in \mathcal{P}} \sigma_{\min+}(WA(WA)^\dagger A) \\
&= \inf_{U \in \mathcal{U}} \min_{J \in J(U^T A)} \sigma_{\min+}((U_J^T)^\dagger U_J^T A).
\end{aligned} \tag{6.2.11}$$

证明 $W \in \mathcal{P}$ 有引理 6.1.2 中的符号分解, 其中 $\mathcal{U}$ 中矩阵的个数是有限的, 应用定理 6.2.4 即得定理的结论. □

§ 6.3 约束加权 MP 逆的上确界

这一节讨论约束加权 MP 逆的上确界. 设 $L \in C_p^{m_1 \times n}$, $K \in \mathbf{C}^{m_2 \times n}$ 和 $W \in \mathcal{P}_2 \subseteq \mathcal{P}(KP)$ 给定, 并令 $A = \begin{pmatrix} L \\ K \end{pmatrix} \in \mathbf{C}_r^{m \times n}$, $W_2 = \begin{pmatrix} I_{m_1} & 0 \\ 0 & W \end{pmatrix}$. 由 $\mathcal{P}_2(A)$ 的定义, 有 $\mathcal{P}_2(A) = \mathcal{P}(KP)$. $A_W^\dagger$ 是矩阵 A 的约束加权 MP 逆, 这里

$$\begin{aligned}
A_W &= \begin{pmatrix} L \\ WKP(WKP)^\dagger K \end{pmatrix}, \\
A_W^\dagger &= (L^\ddagger_{W^{\frac{1}{2}} K}, (W^{\frac{1}{2}} KP)^\dagger W^{\frac{1}{2}}).
\end{aligned} \tag{6.3.1}$$

设 $L \in C_p^{m_1 \times n}$, $K \in \mathbf{C}^{m_2 \times n}$ 和 $W \in \mathcal{P}_2 \subseteq \mathcal{P}(KP)$ 给定, A_W 如 (6.3.1) 式定义.

令

$$\begin{aligned}\mathcal{X} &= \{x \in \mathcal{R}(A):\ \|A^\dagger x\|_2 = 1\},\\ \mathcal{Y}(\mathcal{P}_2) &= \{y \in \mathbf{C}^m:\ \text{存在 } W \in \mathcal{P}_2\\ &\qquad \text{使得 } (W_2 A)^H y = 0\},\\ \rho_2 &= \inf_{x\in\mathcal{X},\ y\in\mathcal{Y}(\mathcal{P}_2)} \|x-y\|_2.\end{aligned} \tag{6.3.2}$$

定理 6.3.1 [235] 设给定 $L \in C_p^{m_1\times n}$, $K \in \mathbf{C}^{m_2\times n}$, $A = \begin{pmatrix} L \\ K \end{pmatrix} \in \mathbf{C}_r^{m\times n}$, $r>0$, $m=m_1+m_2$, 和矩阵集合 $\mathcal{P}_2 \subseteq \mathcal{P}(KP)$, 使得

$$\chi_A \equiv \sup_{W\in\mathcal{P}_2} \|A_W^\dagger\|_2 < +\infty. \tag{6.3.3}$$

则有

$$\frac{1}{\chi_A} = \inf_{W\in\mathcal{P}_2} \sigma_{\min+}(A_W) = \rho_2. \tag{6.3.4}$$

证明 (1) 等式 $\dfrac{1}{\chi_A} = \inf\limits_{W\in\mathcal{P}_2} \sigma_{\min+}(A_W)$ 的证明类似于定理 6.2.1 的证明.

(2) 根据定理 5.1.8 的证明, 由 $W \in \mathcal{P}_2 \subseteq \mathcal{P}(KP)$ 知 $\mathrm{rank}(W_2A) = \mathrm{rank}(A) = r$. 设 $W \in \mathcal{P}_2$ 给定. 则由引理 3.4.1 和引理 5.4.1, $(W_2A)^\dagger W_2 A = A_W^\dagger A_W = A^\dagger A$. 因此, 对于 $y \in \mathcal{Y}(\mathcal{P}_2)$,

$$(W_2A)^H y = 0,\ \text{当且仅当 } A_W^H y = 0, \tag{6.3.5}$$

而且, 如果 $(W_2A)^H y = 0$, 则存在 $z \in \mathbf{C}^n$, 使得

$$y = (I - (W_2A)^\dagger (W_2A))z = (I - A_W^\dagger A_W)z. \tag{6.3.6}$$

设 z 为 A_W 的对应于 $\sigma_{\min+}(A_W)$ 的右奇异向量, 满足 $\|z\|_2 = 1$. 则 $z \in \mathcal{R}(A_W^H)$. 定义 $x = Az$. 由 $\|z\|_2 = \|A^\dagger x\|_2 = 1$, $x \in \mathcal{X}$,

$$\begin{aligned} z &= A_W^\dagger A_W z = A_W^\dagger A z = A_W^\dagger x,\\ \sigma_{\min+}(A_W) &= \|A_W z\|_2 = \|A_W A_W^\dagger A z\|_2 = \|A_W A_W^\dagger x\|_2.\end{aligned}$$

取 $y = (I - A_W A_W^\dagger)x$. 则 $(W_2A)^H y = A_W^H y = 0$, $y \in \mathcal{Y}(\mathcal{P}_2)$,

$$\sigma_{\min+}(A_W) = \|A_W A_W^\dagger x\|_2 = \|x-y\|_2 \geqslant \rho_2,$$

$$\inf_{W\in\mathcal{P}_2} \sigma_{\min+}(A_W) \geqslant \rho_2.$$

另一方面, 对于任意 $\varepsilon > 0$, 存在 $x_\varepsilon \in \mathcal{X}$, $W_\varepsilon \in \mathcal{P}_2$ 和 $y_\varepsilon \in \mathcal{Y}(\mathcal{P}_2)$, 使得 $(A_{W_\varepsilon})^H y_\varepsilon = 0$, 即 $y_\varepsilon = (I - A_{W_\varepsilon} A_{W_\varepsilon}^\dagger)u$, $u \in \mathbf{C}^m$, 且有 $\rho_2 > \|x_\varepsilon - y_\varepsilon\|_2 - \varepsilon$. 于是

$$\begin{aligned}\|x_\varepsilon - y_\varepsilon\|_2 &= \|x_\varepsilon - (I - A_{W_\varepsilon} A_{W_\varepsilon}^\dagger)u\|_2 \\ &\geqslant \|x_\varepsilon - (I - A_{W_\varepsilon} A_{W_\varepsilon}^\dagger)x_\varepsilon\|_2 = \|A_{W_\varepsilon} A_{W_\varepsilon}^\dagger A(A^\dagger x_\varepsilon)\|_2 \\ &\geqslant \sigma_{\min+}(A_{W_\varepsilon} A_{W_\varepsilon}^\dagger A) = \sigma_{\min+}(A_{W_\varepsilon}), \\ \rho_2 &> \sigma_{\min+}(A_{W_\varepsilon}) - \varepsilon \geqslant \inf_{W \in \mathcal{P}_2} \sigma_{\min+}(A_W) - \varepsilon.\end{aligned}$$

令 $\varepsilon \to 0+$, 得到 $\rho_2 \geqslant \inf\limits_{W \in \mathcal{P}_2} \sigma_{\min+}(A_W)$. 因此

$$\inf_{W \in \mathcal{P}_2} \sigma_{\min+}(A_W) = \rho_2. \qquad \square$$

引理 6.3.2 [78, 230] 设矩阵 $L \in C_p^{m_1 \times n}$, $K \in \mathbf{C}^{m_2 \times n}$ 和 $W \in \mathcal{D}_2$ 给定, L 的酉分解为 $L = M\tilde{L}$, 其中 $M^H M = I_p$, $\tilde{L}$ 行满秩. 记 $A = \begin{pmatrix} L \\ K \end{pmatrix} \in \mathbf{C}_r^{m \times n}$, $\tilde{A} = \begin{pmatrix} \tilde{L} \\ K \end{pmatrix}$. 则 $A_W^\dagger$ 可表示为

$$\begin{aligned}A_W^\dagger &= \lim_{\tau \to +\infty} (W(\tau)^{\frac{1}{2}} A)^\dagger W(\tau)^{\frac{1}{2}} \\ &= \frac{\sum\limits_{J \in J(KP)} \tilde{a}_J \tilde{d}_J}{\sum\limits_{N \in J(KP)} \tilde{a}_N \tilde{d}_N} \begin{pmatrix} L \\ K_J \end{pmatrix}^\dagger \begin{pmatrix} I_{m_1} & 0 \\ 0 & I_J \end{pmatrix},\end{aligned} \tag{6.3.7}$$

其中 $I_J = (I_{m_2})_J$, $\tau > 0$, $W(\tau) = \mathrm{diag}(\tau I_{m_1}, W)$,

$$\tilde{a}_J = \det\left(\begin{pmatrix} \tilde{L} \\ K_J \end{pmatrix}\begin{pmatrix} \tilde{L} \\ K_J \end{pmatrix}^H\right), \quad \tilde{d}_J = \det(W_{JJ}).$$

证明 根据定理的条件, 有

$$A = \begin{pmatrix} L \\ K \end{pmatrix} = \begin{pmatrix} M & \\ & I_{m_2} \end{pmatrix} \tilde{A}.$$

令 $\tilde{W}(\tau) = \mathrm{diag}(\tau I_p, W)$. 由引理 6.1.1 和等式

$$(W(\tau)^{\frac{1}{2}} A)^\dagger W(\tau)^{\frac{1}{2}} = (A^H W(\tau) A)^\dagger A^H W(\tau),$$

$$
\begin{aligned}
(W(\tau)^{\frac{1}{2}}A)^{\dagger}W(\tau)^{\frac{1}{2}} &= (\tilde{W}(\tau)^{\frac{1}{2}}\tilde{A})^{\dagger}\tilde{W}(\tau)^{\frac{1}{2}}\begin{pmatrix} M^H & \\ & I_{m_2}\end{pmatrix} \\
&= \frac{\sum\limits_{J\in J(\tilde{A})}\det(\tilde{A}_J\tilde{A}_J^H)\cdot\det(\tilde{W}(\tau)_{JJ})}{\sum\limits_{N\in J(\tilde{A})}\det(\tilde{A}_N\tilde{A}_N^H)\cdot\det(\tilde{W}(\tau)_{NN})}(\tilde{A}_J)^{\dagger}I_J\begin{pmatrix} M^H & \\ & I_{m_2}\end{pmatrix} \\
&= \frac{\sum\limits_{J\in J(\tilde{A})}\det(\tilde{A}_J\tilde{A}_J^H)\cdot\det(\tilde{W}(\tau)_{JJ})}{\sum\limits_{N\in J(\tilde{A})}\det(\tilde{A}_N\tilde{A}_N^H)\cdot\det(\tilde{W}(\tau)_{NN})}(\tilde{A}_J)^{\dagger}\begin{pmatrix} M^H & \\ & I_{m_2}\end{pmatrix}_J .
\end{aligned}
$$

$\det(\tilde{W}(\tau)_{JJ})$ 含有 τ 的最大幂 τ^p, 当且仅当 $\tilde{A}_J$ 包含整个 $\tilde{L}$. 因此当 $\tau\to+\infty$ 时, 上式的分母和分子中, 仅保留含有整个 $\tilde{L}$ 的矩阵 $\tilde{A}_J$ 和 $\tilde{A}_N$ 的项; 或等价地, 仅保留满足 $\{1,\cdots,p\}\subset J$ 和 $\{1,\cdots,p\}\subset N$ 的指标向量 $J,\ N\in J(\tilde{A})$. 另一方面, 每个 $J\in J(\tilde{A})$ 使得 $\{1,\cdots,p\}\subset J$, 可记为 $J=\{1,\cdots,p,i_{p+1},\cdots,i_r\}$. 由定理 5.1.8, $J\in J(\tilde{A})$ 当且仅当 $J_2=\{i_{p+1}-p,\cdots,i_r-p\}\in J(KP)$. 因此应用定理 5.4.7, 有

$$
A_W^{\dagger}=\lim_{\tau\to+\infty}(W(\tau)^{\frac{1}{2}}A)^{\dagger}W(\tau)^{\frac{1}{2}}=\frac{\sum\limits_{J\in J(KP)}\tilde{a}_J\tilde{d}_J}{\sum\limits_{N\in J(KP)}\tilde{a}_N\tilde{d}_N}\begin{pmatrix} L\\ K_J\end{pmatrix}^{\dagger}\begin{pmatrix} I_{m_1} & 0\\ 0 & I_J\end{pmatrix},
$$

这里已用 $J,\ N\in J(KP)$ 代替 $J_2,\ N_2\in J(KP)$, 并应用恒等式

$$
\begin{pmatrix} \tilde{L}\\ K_J\end{pmatrix}^{\dagger}\begin{pmatrix} M^H & \\ & I_J\end{pmatrix}=\begin{pmatrix} L\\ K_J\end{pmatrix}^{\dagger}\begin{pmatrix} I_{m_1} & 0\\ 0 & I_J\end{pmatrix}. \qquad \square
$$

定理 6.3.3[78, 230, 235] 给定 $L\in C_p^{m_1\times n}$, $K\in \mathbf{C}^{m_2\times n}$, $A=\begin{pmatrix} L\\ K\end{pmatrix}\in\mathbf{C}_r^{m\times n}$, 定义

$$
\begin{aligned}
\mathcal{D}_2=\{W=\operatorname{diag}(d_1,\cdots,d_{m_2})\geqslant 0:&\\
\operatorname{rank}(WKP)=\operatorname{rank}(KP)=r-p\}.&
\end{aligned}\tag{6.3.8}
$$

则有

$$
\begin{aligned}
\sup_{W\in\mathcal{D}_2}\|A_W^{\dagger}\|_2&=\sup_{W\in\mathcal{D}_2}\lim_{\tau\to+\infty}\|(W(\tau)^{\frac{1}{2}}A)^{\dagger}W(\tau)^{\frac{1}{2}}\|_2\\
&=\max_i\left\|\begin{pmatrix} L\\ K^{(i)}\end{pmatrix}^{\dagger}\right\|_2=\frac{1}{\min\limits_i\sigma_{\min+}\begin{pmatrix} L\\ K^{(i)}\end{pmatrix}}=\frac{1}{\rho_2},
\end{aligned}\tag{6.3.9}
$$

其中最大最小值取遍所有 $K^{(i)} \prec K$.

证明　根据定理 6.3.1, 只需证明

$$\sup_{W\in\mathcal{D}_2}\|A_W^\dagger\|_2=\max_i\left\|\begin{pmatrix}L\\K^{(i)}\end{pmatrix}^\dagger\right\|_2.$$

由引理 6.3.2, 对任意取定的 $W\in\mathcal{D}_2$, 有

$$A_W^\dagger=\frac{\sum\limits_{J\in J(KP)}\tilde{a}_J\tilde{d}_J}{\sum\limits_{N\in J(KP)}\tilde{a}_N\tilde{d}_N}\begin{pmatrix}L\\K_J\end{pmatrix}^\dagger\begin{pmatrix}I_{m_1}&0\\0&I_J\end{pmatrix},$$

因此

$$\|A_W^\dagger\|_2\leqslant\max_{J\in J(KP)}\left\|\begin{pmatrix}L\\K_J\end{pmatrix}^\dagger\right\|_2=\max_i\left\|\begin{pmatrix}L\\K^{(i)}\end{pmatrix}^\dagger\right\|_2,$$

从而 $\sup\limits_{W\in\mathcal{D}_2}\|A_W^\dagger\|_2\leqslant\max\limits_i\left\|\begin{pmatrix}L\\K^{(i)}\end{pmatrix}^\dagger\right\|_2$.

另一方面, 假设上述最大值在 $J_0\in J(KP)$ 取到. 定义 $W_\varepsilon=\mathrm{diag}(d_1,\cdots,d_{m_2})$, 其中当 $j\in J_0$ 时, $d_j=1$; 其他情况时, $d_j=\varepsilon$. 则有

$$\sup_{W\in\mathcal{D}_2}\|A_W^\dagger\|_2\geqslant\lim_{\varepsilon\to0+}\|A_{W_\varepsilon}^\dagger\|_2=\max_{J\in J(KP)}\left\|\begin{pmatrix}L\\K_J\end{pmatrix}^\dagger\right\|_2.$$

□

定理 6.3.4[78, 230, 235]　给定 $L\in\mathbf{C}^{m_1\times n}$, $K\in\mathbf{C}^{m_2\times n}$ 和 $A=\begin{pmatrix}L\\K\end{pmatrix}$, $\mathrm{rank}(A)=r$, $\mathrm{rank}(L)=p$. 对于某整数 $l\geqslant r-p$, 给定矩阵集合 $\mathcal{U}_2\subseteq R^{m_2\times l}$, 使得

$$\begin{cases}\forall U\in\mathcal{U}_2,\ \mathrm{rank}(U^TKP)=\mathrm{rank}(KP)=r-p,\\ \sup\limits_{U\in\mathcal{U}_2}\max\limits_{J\in J(U^TKP)}\left\|\begin{pmatrix}L\\U_J^TK\end{pmatrix}^\dagger\begin{pmatrix}I&\\&U_J^T\end{pmatrix}\right\|_2<+\infty,\end{cases}\tag{6.3.10}$$

其中 $J(U^TKP)$ 是一个指标向量的集合, 满足

$$\begin{aligned}J(U^TKP)=\{&J=\{i_1,\cdots,i_{r-p}\}:\\&\mathrm{rank}(U_J^TKP)=\mathrm{rank}(KP)=r-p\}.\end{aligned}\tag{6.3.11}$$

定义如下的 $m_2\times m_2$ 实对称半正定的矩阵集合 $\mathcal{P}_2$,

$$\begin{aligned}\mathcal{P}_2=\{&W=UDU^T:\ D=\mathrm{diag}(d_1,\cdots,d_l)\geqslant0,\ U\in\mathcal{U}_2,\\&\text{使得 }\mathrm{rank}(WKP)=\mathrm{rank}(KP)\}.\end{aligned}\tag{6.3.12}$$

则有

$$
\begin{aligned}
\sup_{W\in\mathcal{P}_2}\|A_W^\dagger\|_2 &= \sup_{W\in\mathcal{P}_2}\lim_{\tau\to+\infty}\|(W(\tau)^{\frac{1}{2}}A)^\dagger W(\tau)^{\frac{1}{2}}\|_2 \\
&= \sup_{U\in\mathcal{U}_2}\max_{J\in J(U^TKP)}\left\|\begin{pmatrix} L \\ U_J^TK \end{pmatrix}^\dagger \begin{pmatrix} I & \\ & U_J^T \end{pmatrix}\right\|_2 \\
&= \frac{1}{\rho_2} = \frac{1}{\inf\limits_{U\in\mathcal{U}_2}\min\limits_{J\in J(U^TKP)}\sigma_{\min+}\begin{pmatrix} L \\ (U_J^T)^\dagger U_J^TK \end{pmatrix}}.
\end{aligned} \tag{6.3.13}
$$

证明 由定理 6.3.1, 只需证明

$$
\begin{aligned}
\sup_{W\in\mathcal{P}_2}\|A_W^\dagger\|_2 &= \sup_{U\in\mathcal{U}_2}\max_{J\in J(U^TKP)}\left\|\begin{pmatrix} L \\ U_J^TK \end{pmatrix}^\dagger \begin{pmatrix} I & \\ & U_J^T \end{pmatrix}\right\|_2 \\
&= \frac{1}{\inf\limits_{U\in\mathcal{U}_2}\min\limits_{J\in J(U^TKP)}\sigma_{\min+}\begin{pmatrix} L \\ (U_J^T)^\dagger U_J^TK \end{pmatrix}}.
\end{aligned}
$$

设 L 的酉分解为 $L = M\tilde{L}$, 其中 $M^HM = I_p$, $\tilde{L}$ 行满秩. 对于给定的 $W\in\mathcal{P}_2$, 定义

$$
B = \begin{pmatrix} L \\ U^TK \end{pmatrix},\ \tilde{B} = \begin{pmatrix} \tilde{L} \\ U^TK \end{pmatrix}.
$$

则有

$$
\begin{aligned}
(W(\tau)^{\frac{1}{2}}A)^\dagger W(\tau)^{\frac{1}{2}} &= (A^HW(\tau)A)^\dagger A^HW(\tau) \\
&= (B^HD(\tau)B)^\dagger B^HD(\tau)\begin{pmatrix} I_{m_1} & \\ & U^T \end{pmatrix} \\
&= (\tilde{D}(\tau)^{\frac{1}{2}}\tilde{B})^\dagger \tilde{D}(\tau)^{\frac{1}{2}}\begin{pmatrix} M^H & \\ & U^T \end{pmatrix},
\end{aligned}
$$

其中 $D(\tau) = \mathrm{diag}(\tau I_{m_1}, D)$, $\tilde{D}(\tau) = \mathrm{diag}(\tau I_p, D)$. 再应用引理 6.3.2, 有

$$
\begin{aligned}
A_W^\dagger &= \lim_{\tau\to+\infty}(W(\tau)^{\frac{1}{2}}A)^\dagger W^{\frac{1}{2}} \\
&= \frac{\sum\limits_{J\in J(U^TKP)}\tilde{b}_J\tilde{d}_J}{\sum\limits_{N\in J(U^TKP)}\tilde{b}_N\tilde{d}_N}\begin{pmatrix} L \\ U_J^TK \end{pmatrix}^\dagger \begin{pmatrix} I_{m_1} & \\ & U_{J}^T, \end{pmatrix},
\end{aligned}
$$

其中

$$\tilde{b}_J = \det\left(\begin{pmatrix} \tilde{L} \\ U_J^T K \end{pmatrix}\begin{pmatrix} \tilde{L} \\ U_J^T K \end{pmatrix}^H\right),\quad \tilde{d}_J = \det(D_{JJ}).$$

于是利用与定理 6.3.3 相同的证明方法, 有

$$\sup_{W\in\mathcal{P}_2}\|A_W^\dagger\|_2 = \sup_{U\in\mathcal{U}_2}\ \max_{J\in J(U^TKP)}\left\|\begin{pmatrix} \text{Ł} \\ U_J^T K \end{pmatrix}^\dagger\begin{pmatrix} I & \\ & U_J^T \end{pmatrix}\right\|_2,$$

并且对任意的 $U\in\mathcal{U}_2$ 和 $J\in J(U^TKP)$, 有

$$\begin{pmatrix} L \\ (U_J^T)^\dagger U_J^T K \end{pmatrix}^\dagger = \begin{pmatrix} L \\ U_J^T K \end{pmatrix}^\dagger\begin{pmatrix} I_{m_1} & \\ & U_J^T \end{pmatrix}.$$

因此

$$\inf_{U\in\mathcal{U}_2}\ \min_{J\in J(U^TKP)}\sigma_{\min +}\begin{pmatrix} L \\ (U_J^T)^\dagger U_J^T K \end{pmatrix}$$

$$= \frac{1}{\sup\limits_{U\in\mathcal{U}_2}\ \max\limits_{J\in J(U^TKP)}\left\|\begin{pmatrix} L \\ U_J^T K \end{pmatrix}^\dagger\begin{pmatrix} I_{m_1} & \\ & U_J^T \end{pmatrix}\right\|_2}.\qquad\square$$

推论 6.3.5[78, 230, 235]　在定理 6.3.4 的记号和条件下, 设 $\mathcal{P}_2$ 满足

$$\mathcal{P}_2 = \left\{W\in\mathcal{P}(KP):\ w_{ii}\geqslant\sum_{j=1,\ j\neq i}^{m_2}|w_{ij}|\right\}.\tag{6.3.14}$$

记 $l = \dfrac{m_2(m_2+1)}{2}$, 并对任意 $W\in\mathcal{P}_2$, 定义 $D=\mathrm{diag}(d_1,\cdots,d_l)$ 和 $U\in\mathcal{U}_2\subset R^{m_2\times l}$ 如下:

$$\begin{cases} d_i = w_{ii} - \sum\limits_{j=1,\ j\neq i}^{m_2}|w_{ij}|, & \text{当 } i=1:m_2 \text{ 时},\\ d_{m_2+t(i,j)} = |w_{ij}|, & \text{当 } 1\leqslant i<j\leqslant m_2 \text{ 时}, \end{cases}\tag{6.3.15}$$

$$\begin{cases} U\equiv U(s) = (u(s)_1,\cdots,u(s)_l)\in R^{m_2\times l}, \\ u(s)_i = e_i, & \text{当 } i=1:m_2 \text{ 时},\\ u(s)_{m_2+t(i,j)} = e_i + s_{t(i,j)}e_j, & \text{当 } 1\leqslant i<j\leqslant m_2 \text{ 时}, \end{cases}\tag{6.3.16}$$

其中 e_j 是单位矩阵 I_{m_2} 的第 j 列; 且对于 $1\leqslant i<j\leqslant m_2$, 有

$$\begin{aligned} t(i,j) &= m_2(i-1) - \frac{i(i+1)}{2} + j,\\ s_{t(i,j)} &= \begin{cases} 1, & \text{当 } w_{ij}\geqslant 0 \text{ 时},\\ -1, & \text{当 } w_{ij}<0 \text{ 时}. \end{cases} \end{aligned}\tag{6.3.17}$$

则有

$$\begin{aligned}\sup_{W\in\mathcal{P}_2}\|A_W^\dagger\|_2 &= \sup_{W\in\mathcal{P}_2}\lim_{\tau\to+\infty}\|(W(\tau)^{\frac{1}{2}}A)^\dagger W(\tau)^{\frac{1}{2}}\|_2\\ &= \sup_{U\in\mathcal{U}_2}\max_{J\in J(U^TKP)}\left\|\begin{pmatrix} L \\ U_J^TK\end{pmatrix}^\dagger\begin{pmatrix} I & \\ & U_J^T\end{pmatrix}\right\|_2\\ &= \frac{1}{\rho_2} = \frac{1}{\inf\limits_{U\in\mathcal{U}_2}\min\limits_{J\in J(U^TKP)}\sigma_{\min+}\begin{pmatrix} L \\ (U_J^T)^\dagger U_J^TK\end{pmatrix}}.\end{aligned} \tag{6.3.18}$$

证明 由引理 6.1.2, 加权矩阵 $W\in\mathcal{P}_2$ 有形式 $W=UDU^T$, 其中 D, U 分别如 (6.3.15) 和 (6.3.16) 式定义, 而 U 的个数是有限的. 应用定理 6.3.4 立即可得到推论. □

§ 6.4 双侧加权 MP 逆的上确界

设 $A\in\mathbf{C}_r^{m\times n}$ 给定. 先给出一些记号. 记

$$\begin{aligned}\mathcal{D}_1 &= \{W=\mathrm{diag}(w_1,\cdots,w_m):\ w_i\geqslant 0,\mathrm{rank}(WA)=\mathrm{rank}(A)\},\\ \mathcal{D}_2 &= \{V=\mathrm{diag}(v_1,\cdots,v_n):\ v_i\geqslant 0,\mathrm{rank}(AV)=\mathrm{rank}(A)\},\\ \mathcal{J}_1 &= \{J_1=(\alpha_1,\cdots,\alpha_r):\ \alpha_i\in N,1\leqslant\alpha_1<\cdots<\alpha_r\leqslant m\},\\ \mathcal{J}_2 &= \{J_2=(\beta_1,\cdots,\beta_r):\ \beta_i\in N,1\leqslant\beta_1<\cdots<\beta_r\leqslant n\}.\end{aligned}$$

设 $J_1\in\mathcal{J}_1$, $J_2\in\mathcal{J}_2$, $A_{J_1,:}$ 表示以 A 的行号为 J_1 中元素的 r 行形成的子矩阵, $A:,J_2$ 表示以 A 的列号为 J_2 中元素的 r 列形成的子矩阵, A_{J_1,J_2} 表示以 A 的行号为 J_1 中元素的 r 行, 列号为 J_2 中元素的 r 列形成的 $r\times r$ 子矩阵.

引理 6.4.1[238] 设 $A\in\mathbf{C}_r^{m\times n}$, $W\in\mathcal{D}_1$, $V\in\mathcal{D}_2$. 则

$$\begin{aligned}&V^{\frac{1}{2}}(W^{\frac{1}{2}}AV^{\frac{1}{2}})^\dagger W^{\frac{1}{2}}\\ =&\sum_{J,L}\frac{|\det(A_{J,L})|^2\det(W_{J,J})\det(V_{L,L})}{\sum\limits_{M,N}|\det(A_{M,N})|^2\det(W_{M,M})\det(V_{N,N})}I_{L,:}^TA_{J,L}^{-1}I_{J,:},\end{aligned} \tag{6.4.1}$$

其中的和式 $\sum\limits_{J,L}$, $\sum\limits_{M,N}$ 表示取遍 $J,M\in\mathcal{J}_1$, $L,N\in\mathcal{J}_2$, 使得 $A_{J,L}$, $A_{M,N}$ 非奇异.

证明 令 $AV^{\frac{1}{2}}=B$. 应用引理 6.1.1, 有

$$V^{\frac{1}{2}}(W^{\frac{1}{2}}AV^{\frac{1}{2}})^\dagger W^{\frac{1}{2}} = V^{\frac{1}{2}}(W^{\frac{1}{2}}B)^\dagger W^{\frac{1}{2}}$$

$$
=\frac{\sum\limits_{J}\det(B_{J,:}B_{J,:}^H)\det(W_{J,J})}{\sum\limits_{M}\det(B_{M,:}B_{M,:}^H)\det(W_{M,M})}V^{\frac{1}{2}}B_{J,:}^{\dagger}I_{J,:}
$$

$$
=\frac{\sum\limits_{J}\det(A_{J,:}VA_{J,:}^H)\det(W_{J,J})}{\sum\limits_{M}\det(A_{M,:}VA_{M,:}^H)\det(W_{M,M})}V^{\frac{1}{2}}(A_{J,:}V^{\frac{1}{2}})^{\dagger}I_{J,:}. \tag{6.4.2}
$$

再由 Binet-Cauchy 公式, 有

$$
\det(A_{J,:}VA_{J,:}^H)=\sum_{K}\det(A_{J,K})\det(A_{J,K}^H)\det(V_{K,K}).
$$

对于 $[V^{\frac{1}{2}}(A_{J,:}V^{\frac{1}{2}})^{\dagger}]^H=(V^{\frac{1}{2}}A_{J,:}^H)^{\dagger}V^{\frac{1}{2}}$, 再次应用引理 6.1.1, 得

$$
(V^{\frac{1}{2}}A_{J,:}^H)^{\dagger}V^{\frac{1}{2}}=\frac{\sum\limits_{L}\det(A_{J,L}^HA_{J,L})\det(V_{L,L})}{\sum\limits_{R}\det(A_{J,R}^HA_{J,R})\det(V_{R,R})}(A_{J,L}^H)^{-1}I_{L,:}.
$$

把上面两式代入 (6.4.2) 式并化简, 即得 (6.4.1) 式. □

定理 6.4.2[238] 设 $A\in\mathbf{C}_r^{m\times n}$. 则

$$
\mathcal{X}(A)\equiv\sup_{W\in\mathcal{D}_1,V\in\mathcal{D}_2}\|V^{\frac{1}{2}}(W^{\frac{1}{2}}AV^{\frac{1}{2}})^{\dagger}W^{\frac{1}{2}}\|_2=\max_{J,L}\|A_{J,L}^{-1}\|_2, \tag{6.4.3}
$$

其中等式右边的 $\max\limits_{J,L}$ 表示取遍 $J\in\mathcal{J}_1$, $L\in\mathcal{J}_2$, 使得 $A_{J,L}$ 非奇异.

证明 对任何 $W\in\mathcal{D}_1$ 和 $V\in\mathcal{D}_2$, 由 (6.4.1) 式, 有

$$
\begin{aligned}
\|V^{\frac{1}{2}}(W^{\frac{1}{2}}AV^{\frac{1}{2}})^{\dagger}W^{\frac{1}{2}}\|_2&\leqslant\max_{J,L}\|I_{L:}^TA_{J,L}^{-1}I_{J,:}\|_2\\
&=\max_{J,L}\|A_{J,L}^{-1}\|_2.
\end{aligned}
$$

于是

$$
\mathcal{X}(A)=\sup_{W\in\mathcal{D}_1,V\in\mathcal{D}_2}\|V^{\frac{1}{2}}(W^{\frac{1}{2}}AV^{\frac{1}{2}})^{\dagger}W^{\frac{1}{2}}\|_2\leqslant\max_{J,L}\|A_{J,L}^{-1}\|_2.
$$

另一方面, 设 $J_0\in\mathcal{J}_1$, $L_0\in\mathcal{J}_2$ 使得 A_{J_0,L_0} 非奇异, 且有

$$
\|A_{J_0,L_0}^{-1}\|_2=\max_{J,L}\|A_{J,L}^{-1}\|_2.
$$

令

$W_\varepsilon=\operatorname{diag}(w_1,\cdots,w_m)$,其中当 $i\in J_0$ 时, $w_i=1$; 当 $i\notin J_0$ 时, $w_i=\varepsilon$;

$V_\varepsilon=\operatorname{diag}(v_1,\cdots,v_n)$, 其中当 $i\in L_0$ 时, $v_i=1$; 当 $i\notin L_0$ 时, $v_i=\varepsilon$.

则由 (6.4.1) 式, 有

$$\mathcal{X}(A) \geqslant \lim_{\varepsilon\to 0_+} \|V_\varepsilon^{\frac{1}{2}}(W_\varepsilon^{\frac{1}{2}}AV_\varepsilon^{\frac{1}{2}})^\dagger W_\varepsilon^{\frac{1}{2}}\|_2 = \|A_{J_0,L_0}\|_2. \qquad \square$$

定理 6.4.3[238] 设 $A\in \mathbf{C}_r^{m\times n}$, 正整数 $p,\ q\geqslant r$, $\mathcal{S}$ 和 $\mathcal{T}$ 分别为 $m\times p$ 和 $n\times q$ 的实矩阵集合, 使得当 $S\in\mathcal{S}$, $T\in\mathcal{T}$ 时, 就有 $\mathrm{rank}(S^TAT)=\mathrm{rank}(A)$. 若

$$\sup_{S\in\mathcal{S},T\in\mathcal{T}}\max_{J,L}\|T_{:,L}(S_{:,J}^TAT_{:,L})^{-1}S_{:,J}^T\|_2<+\infty, \tag{6.4.4}$$

记

$$\begin{aligned}\mathcal{P}_1 &= \{P_1 = SWS^T:\ W=\mathrm{diag}(w_1,\cdots,w_p)\geqslant 0,\ S\in\mathcal{S},\\ &\qquad \mathrm{rank}(P_1A)=\mathrm{rank}(A)\}\cup\{I_m\},\\ \mathcal{P}_2 &= \{P_2 = TVT^T:\ V=\mathrm{diag}(v_1,\cdots,v_q)\geqslant 0,\ T\in\mathcal{T},\\ &\qquad \mathrm{rank}(AP_2)=\mathrm{rank}(A)\}\cup\{I_n\}.\end{aligned} \tag{6.4.5}$$

则

$$\begin{aligned}\mathcal{X}(A) &= \sup_{P_1\in\mathcal{P}_1,P_2\in\mathcal{P}_2}\|P_2^{\frac{1}{2}}(P_1^{\frac{1}{2}}AP_2^{\frac{1}{2}})^\dagger P_1^{\frac{1}{2}}\|_2\\ &= \sup_{S\in\mathcal{S},T\in\mathcal{T}}\max_{J,L}\|T_{:,L}(S_{:,J}^TAT_{:,L})^{-1}S_{:,J}^T\|_2<+\infty.\end{aligned} \tag{6.4.6}$$

证明 对于 $P_1=SWS^T\in\mathcal{P}_1$, $P_2=TVT^T\in\mathcal{P}_2$, 令 $C=AP_2^{\frac{1}{2}}$, $B=S^TAP_2^{\frac{1}{2}}$. 则由恒等式

$$A^\dagger=(A^HA)^\dagger A^H=A^H(AA^H)^\dagger, \tag{6.4.7}$$

有

$$\begin{aligned}(P_1^{\frac{1}{2}}AP_2^{\frac{1}{2}})^\dagger P_1^{\frac{1}{2}} &= (P_1^{\frac{1}{2}}C)^\dagger P_1^{\frac{1}{2}} = [C^HP_1C]^\dagger C^HP_1\\ &= (B^HWB)^\dagger B^HWS^T = (W^{\frac{1}{2}}B)^\dagger W^{\frac{1}{2}}S^T\\ &= (W^{\frac{1}{2}}S^TAP_2^{\frac{1}{2}})^\dagger W^{\frac{1}{2}}S^T.\end{aligned}$$

类似地, 令 $G=W^{\frac{1}{2}}S^TA$, $F=W^{\frac{1}{2}}S^TAT=GT$. 由 (6.4.7) 式, 可得

$$\begin{aligned}P_2^{\frac{1}{2}}(P_1^{\frac{1}{2}}AP_2^{\frac{1}{2}})^\dagger P_1^{\frac{1}{2}} &= P_2^{\frac{1}{2}}(W^{\frac{1}{2}}S^TAP_2^{\frac{1}{2}})^\dagger W^{\frac{1}{2}}S^T = P_2^{\frac{1}{2}}(GP_2^{\frac{1}{2}})^\dagger W^{\frac{1}{2}}S^T\\ &= P_2G^H(GP_2G^H)^\dagger W^{\frac{1}{2}}S^T = TVF^H(FVF^H)^\dagger W^{\frac{1}{2}}S^T\\ &= TV^{\frac{1}{2}}(FV^{\frac{1}{2}})^\dagger W^{\frac{1}{2}}S^T = T[V^{\frac{1}{2}}(W^{\frac{1}{2}}\tilde{A}V^{\frac{1}{2}})^\dagger W^{\frac{1}{2}}]S^T,\end{aligned}$$

其中 $\tilde{A}=S^TAT$. 应用定理 6.4.1, 并注意

$$I_{J,:}S^T=(S^T)_{J,:}=S_{:,J}^T,\ TI_{L:}^T=(I_{L:}T^T)^T=(T_{:,L}^T)^T=T_{:,L},$$

$$P_2^{\frac{1}{2}}(P_1^{\frac{1}{2}}AP_2^{\frac{1}{2}})^{\dagger}P_1^{\frac{1}{2}}=\sum_{J,L}\frac{|\det(\tilde{A}_{J,L})|^2\det(W_{J,J})\det(V_{L,L})}{\sum\limits_{M,N}|\det(\tilde{A}_{M,N})|^2\det(W_{M,M})\det(V_{N,N})}T_{:,L}\tilde{A}_{J,L}^{-1}S_{:,J}^T.$$

采用证明定理 6.4.2 的方法, 即得

$$\mathcal{X}(A)=\sup_{P_1\in\mathcal{P}_1,P_2\in\mathcal{P}_2}\max_{J,L}\|T_{:,L}(S_{:,J}^TAT_{:,L})^{-1}S_{:,J}^T\|_2. \qquad \square$$

习 题 六

1. 设 $A,E\in C^{m\times n}, B=A+E, \operatorname{rank}(A)=r, W$ 为 Hermitian 正定矩阵. 定义 $\|A\|_{WI}=\|W^{\frac{1}{2}}A\|_2, \|A^H\|_{IW}=\|A^HW^{-\frac{1}{2}}\|_2$.

(1) 如果 $\operatorname{rank}(B)>\operatorname{rank}(A)$, 那么 $\|B_W^{\dagger}\|_{IW}>1/\|E\|_{WI}$;

(2) 如果 $\|A_W^{\dagger}\|_{IW}\|E\|_{WI}<1$, 那么 $\operatorname{rank}(B)\geqslant\operatorname{rank}(A)$.

2. 设 $A,E\in C^{m\times n}, B=A+E, \operatorname{rank}(A)=\operatorname{rank}(B)=r, W$ 为 Hermitian 正定矩阵, $\Delta=\|A_W^{\dagger}\|_{IW}\|E\|_{WI}<1$, 则

$$\|B_W^{\dagger}\|_{IW}\leqslant\frac{\|A_W^{\dagger}\|_{IW}}{1-\Delta}.$$

3. 设 $A,E\in C^{m\times n}, B=A+E, \operatorname{rank}(A)=\operatorname{rank}(B)=r, W$ 为 Hermitian 正定矩阵, $\Delta=\|A_W^{\dagger}\|_{IW}\|E\|_{WI}<1$, 则

$$\frac{\|B_W^{\dagger}-A_W^{\dagger}\|_{IW}}{\|A_W^{\dagger}\|_{IW}}\leqslant\left(1+\frac{1}{1-\Delta}+\frac{1}{(1-\Delta)^2}\right)\Delta.$$

4. 设 A 为 $m\times n$ 的行满秩矩阵, W 为 $k\times m$ 的矩阵且使得 $\operatorname{rank}(WA)=\operatorname{rank}(A)$, 则有

$$((WA)^{\dagger}W)^{\dagger}=W^HWA(W^HWA)^{\dagger}A.$$

5. 设 A 为 $m\times n$ 列满秩矩阵, W 为 $m\times m$ 正定对角矩阵, g 是 m 维向量, 则有

$$(A^HWA)^{-1}A^HW_g=\sum_{J\in\mathcal{J}(A)}\left(\frac{\det(W_{JJ})|\det(A_J)|^2}{\sum\limits_{K\in\mathcal{J}(A)}\det(W_{KK})|\det(A_K)|^2}\right)A_J^{-1}g_J.$$

6. 设 A 为 $m\times n$ 列满秩矩阵, W 为 $m\times m$ 实对称正定矩阵, A^HWA 非奇异. 假设 $W=UDU^T$, 这里 D 是正定对角矩阵, 则有

$$(A^HWA)^{-1}A^HW=\sum_{J\in\mathcal{J}(U^TA)}\left(\frac{\det(D_{JJ})|\det(U_J^TA)|^2}{\sum\limits_{K\in\mathcal{J}(U^TA)}\det(D_{KK})|\det(U_K^TA)|^2}\right)(U_J^TA)^{-1}U_J^T.$$

7. 设 A 为 $m\times n$ 列满秩矩阵, $\mathcal{D}_+$ 是 m 阶正定对角矩阵的集合, 则

$$\sup_{D\in\mathcal{D}_+}||(A^HDA)^{-1}A^HD_g||_2=\max_{J\in\mathcal{J}(A)}||A_J^{-1}g_J||_2,$$

$$\sup_{D\in\mathcal{D}_+} ||(A^HDA)^{-1}A^HD||_2 = \max_{J\in\mathcal{J}(A)} ||A_J^{-1}||_2.$$

8. 定义 $\mathcal{W}_0(A) \equiv \{W :$ W 为对角占优半正定矩阵且使得AWA^T 正定$\}$, 设 a 为非零向量, 则

$$\sup_{W\in\mathcal{W}_0(a^T)} \|(a^TWa)^{-1}a^TW\|_2 = \max\left\{\frac{1}{\min\limits_{i:|a_i|\neq 0} |a_i|}, \frac{\sqrt{2}}{\min\limits_{1,j:|a_i|\neq|a_j|} \||a_j|-|a_i|\|}\right\}.$$

9. 设 A 为 $m\times n$ 矩阵, $\mathcal{D}_+$ 是 m 阶对角正定矩阵的集合, 定义 $\mathcal{X} = \{x\in\mathcal{R}(A) : \|x\| = 1\}, \mathcal{Y} = \{y :$ 存在$D\in\mathcal{D}_+$ 使得 $A^TDy = 0\}$ 和 $\rho = \inf\limits_{x\in\mathcal{X},y\in\mathcal{Y}} \|y-x\|$. 用 $\inf_+(A)$ 表示 A 的最小的非零奇异值, U 的列为 $\mathcal{R}(A)$ 的正交基, 则

$$\rho \leqslant \min \inf{}_+(U_I),$$

这里 U_I 表示由 U 的若干行形成的任意子矩阵.

10. 证明矩阵 A 的 MP 逆可以表示为 A 的等秩子矩阵的凸组合.

11. 设 $A = \begin{pmatrix} 1 & 4 \\ 2 & -3 \\ 6 & 4 \\ 5 & 2 \end{pmatrix}$. 计算加权 MP 逆和加权投影矩阵的上确界

$$\sup_{W\in\mathcal{D}} \|A_W^\dagger\|_2, \ \sup_{W\in\mathcal{D}} \|AA_W^\dagger\|_2.$$

12. 设 $L = \begin{pmatrix} 3 & 2 & 1 \\ 2 & 0 & 4 \end{pmatrix}, K = \begin{pmatrix} 5 & 4 & 4 \\ 2 & 2 & 0 \end{pmatrix}, A = \begin{pmatrix} L \\ K \end{pmatrix}$. 计算加权约束 MP 逆和加权约束投影矩阵的上确界

$$\sup_{W\in\mathcal{D}_2} \|A_W^\dagger\|_2, \ \sup_{W\in\mathcal{D}_2} \|AA_W^\dagger\|_2.$$

第七章　WLS 问题和 WLSE 问题的稳定性扰动

这一章将讨论 WLS 问题和 WLSE 问题的稳定性扰动. §7.1 讨论加权 MP 逆和约束加权 MP 逆的稳定性, §7.2 讨论加权投影矩阵的稳定性, §7.3 讨论 WLS 问题的稳定性扰动, §7.4 讨论 WLSE 问题的稳定性扰动. 本章的内容取自 [228], [230], [235], [238] 及 [243].

§ 7.1　加权 MP 逆和约束加权 MP 逆的稳定性

本节讨论加权 MP 逆和约束加权 MP 逆的稳定性.

7.1.1　加权 MP 逆的稳定性

这一小节讨论加权 MP 逆 $(W^{\frac{1}{2}}A)^{\dagger}W^{\frac{1}{2}}$ 在集合 $\mathcal{P}\subseteq\mathcal{P}(A)$ 上的稳定性.

引理 7.1.1 (加权 MP 逆扰动稳定的必要条件)　设矩阵 $A\in C_r^{m\times n}$ 和集合 $\mathcal{P}\subseteq\mathcal{P}(A)$ 给定, 并满足条件

$$\sup_{W\in\mathcal{P}}\|(W^{\frac{1}{2}}A)^{\dagger}W^{\frac{1}{2}}\|_2<+\infty.$$

如果对任意 $\varepsilon>0$, 扰动矩阵 $\widehat{A}=A+\Delta A$ 满足 $\|\Delta A\|_2<\varepsilon$, 并且当 $\varepsilon\to 0+$ 时, 有

$$\sup_{W\in\mathcal{P}}\|(W^{\frac{1}{2}}\widehat{A})^{\dagger}W^{\frac{1}{2}}\|_2<+\infty,$$

则必有

$$\mathrm{rank}(\widehat{A})=\mathrm{rank}(A).$$

证明　取 $W_0=I_m\in\mathcal{P}$. 则

$$\sup_{W\in\mathcal{P}}\|(W^{\frac{1}{2}}\widehat{A})^{\dagger}W^{\frac{1}{2}}\|_2\geqslant\|(W_0^{\frac{1}{2}}\widehat{A})^{\dagger}W_0^{\frac{1}{2}}\|_2=\|\widehat{A}^{\dagger}\|_2,$$

由定理 2.4.1, $\sup\limits_{W\in\mathcal{P}}\|(W^{\frac{1}{2}}\widehat{A})^{\dagger}W^{\frac{1}{2}}\|_2$ 有界, 必有 $\mathrm{rank}(\widehat{A})=\mathrm{rank}(A)$. □

由引理 7.1.1, 对于常数 $\eta>0$, 定义 A 的扰动矩阵集合 $S(\eta)$ 如下. 令

$$S(\eta)=\{\widehat{A}=A+\Delta A:\ \mathrm{rank}(\widehat{A})=\mathrm{rank}(A),\quad 并且\ \|\Delta A\|_2\leqslant\eta\}.\tag{7.1.1}$$

定义 7.1.1 对于给定的矩阵 $A \in C_r^{m\times n}$ 和集合 $\mathcal{P} \subseteq \mathcal{P}(A)$, 假设

$$\sup_{W\in\mathcal{P}} \|(W^{\frac{1}{2}}A)^{\dagger}W^{\frac{1}{2}}\|_2 < +\infty. \tag{7.1.2}$$

称 $(W^{\frac{1}{2}}A)^{\dagger}W^{\frac{1}{2}}$ 在 $\mathcal{P}$ 上稳定, 如果存在常数 $\eta > 0$, 使得

$$\sup_{\widehat{A}\in S(\eta)} \sup_{W\in\mathcal{P}} \|(W^{\frac{1}{2}}\widehat{A})^{\dagger}W^{\frac{1}{2}}\|_2 < +\infty. \tag{7.1.3}$$

定理 7.1.2[230] 设 $A \in \mathbf{C}_r^{m\times n}$, $0 < r \leqslant l$, 矩阵集合 $\mathcal{U} \subseteq \mathbf{R}^{m\times l}$ 和 $\mathcal{P} \subseteq \mathcal{P}(A)$ 给定, 分别满足 (注意 $U_J^T \equiv (U^T)_J$)

$$\begin{aligned} &\forall U \in \mathcal{U},\ \operatorname{rank}(U^TA) = \operatorname{rank}(A),\\ &\inf_{U\in\mathcal{U}} \min_{J\in J(U^TA)} \sigma_{\min+}((U_J^T)^{\dagger}U_J^TA) > 0, \end{aligned} \tag{7.1.4}$$

$$\begin{aligned} \mathcal{P} = \{&W = UDU^T:\ D = \operatorname{diag}(d_1, \cdots, d_l) \geqslant 0,\ U \in \mathcal{U},\\ &\text{使得 } \operatorname{rank}(WA) = \operatorname{rank}(A)\}. \end{aligned} \tag{7.1.5}$$

则 $(W^{\frac{1}{2}}A)^{\dagger}W^{\frac{1}{2}}$ 在 $\mathcal{P}$ 上稳定, 当且仅当对于任意 $U \in \mathcal{U}$ 和指标向量 $J = \{i_1, \cdots, i_r\}$, $1 \leqslant i_1 < \cdots < i_r \leqslant m$, 使得

$$\operatorname{rank}(U_J^T) = r \ \text{ 隐含 } \operatorname{rank}(U_J^TA) = r. \tag{7.1.6}$$

如果 (7.1.6) 式的条件满足, 则对于任意满足

$$\|\Delta A\|_2 \leqslant a \cdot \rho \equiv \eta$$

的矩阵 $\widehat{A} = A + \Delta A \in \mathbf{C}_r^{m\times n}$, 其中 $0 < a < 1$ 是常数, 有如下估计

$$\frac{1}{\rho + \|\Delta A\|_2} \leqslant \sup_{W\in\mathcal{P}} \|(W^{\frac{1}{2}}\widehat{A})^{\dagger}W^{\frac{1}{2}}\|_2 \leqslant \frac{1}{\rho - \|\Delta A\|_2}. \tag{7.1.7}$$

证明 必要性. 若存在矩阵 $\widehat{U} \in \mathcal{U}$ 和指标向量 $N = \{i_1, \cdots, i_r\}$, 满足 $1 \leqslant i_1 < \cdots < i_r \leqslant m$, 使得 $\operatorname{rank}(\widehat{U}_N^T) = r$ 但 $\operatorname{rank}(\widehat{U}_N^TA) = q < r$. 设 A^H 的酉分解为 $A^H = QR$, 其中 $Q^HQ = I_r$, R 行满秩. 则对于任意 $\varepsilon > 0$, 总存在矩阵 $E_\varepsilon \in \mathbf{C}^{m\times r}$, 使得 $\|E_\varepsilon\|_2 < \varepsilon \cdot \rho$ 且 $R_\varepsilon^H = R^H + E_\varepsilon$, $\widehat{U}_N^TR_\varepsilon^H$ 非奇异. 取 $A_\varepsilon = R_\varepsilon^HQ^H$. 则由 R_ε 和 A_ε 的定义, 有 $A_\varepsilon \in C_r^{m\times n}$, $N \in J(\widehat{U}^TA_\varepsilon)$, 且由奇异值的扰动分析, 有

$$\begin{aligned} &\inf_{U\in\mathcal{U}} \min_{J\in J(U^TA_\varepsilon)} \sigma_{\min+}((U_J^T)^{\dagger}U_J^TA_\varepsilon) \leqslant \sigma_r((\widehat{U}_N^T)^{\dagger}\widehat{U}_N^TA_\varepsilon)\\ \leqslant\ &\sigma_r((\widehat{U}_N^T)^{\dagger}\widehat{U}_N^TA) + \|(\widehat{U}_N^T)^{\dagger}\widehat{U}_N^TE_\varepsilon Q^H\|_2 \leqslant \|E_\varepsilon\|_2 < \varepsilon \cdot \rho. \end{aligned}$$

于是根据定理 6.2.4, 对于任意满足 $0<\eta\ll 1$ 的常数 η, 有

$$\begin{aligned}\sup_{\widehat{A}\in S(\eta)}\sup_{W\in\mathcal{P}}\|(W^{\frac{1}{2}}\widehat{A})^{\dagger}W^{\frac{1}{2}}\|_2 &\geqslant \lim_{\varepsilon\to 0+}\sup_{W\in\mathcal{P}}\|(W^{\frac{1}{2}}A_{\varepsilon})^{\dagger}W^{\frac{1}{2}}\|_2\\ &\geqslant \lim_{\varepsilon\to 0+}\frac{1}{\varepsilon\cdot\rho}=+\infty.\end{aligned}$$

充分性. 若 (7.1.6) 式的条件成立, 取常数 $0<\alpha<1$, 且令 $\eta\equiv\alpha\cdot\rho$. 设矩阵 $\Delta A\in\mathbf{C}^{m\times n}$ 满足 $\|\Delta A\|_2\leqslant\alpha\cdot\rho$ 且 $\widehat{A}=A+\Delta A\in C_r^{m\times n}$. 则对于任意 $U\in\mathcal{U}$ 和指标向量 $N\in J(U^T\widehat{A})$, 有 $\operatorname{rank}(U_N^T)=r$, 因此 $N\in J(U^TA)$. 由奇异值的扰动分析, 有

$$\begin{aligned}\sigma_r((U_N^T)^{\dagger}U_N^T\widehat{A}) &\geqslant \sigma_r((U_N^T)^{\dagger}U_N^TA)-\|(U_N^T)^{\dagger}U_N^T\Delta A\|_2\\ &\geqslant \rho-\|\Delta A\|_2\geqslant(1-\alpha)\rho>0,\\ \sigma_r((U_N^T)^{\dagger}U_N^T\widehat{A}) &\leqslant \sigma_r((U_N^T)^{\dagger}U_N^TA)+\|(U_N^T)^{\dagger}U_N^T\Delta A\|_2\\ &\leqslant \sigma_r((U_N^T)^{\dagger}U_N^TA)+\|\Delta A\|_2.\end{aligned}$$

应用定理 6.2.4, 有

$$\begin{aligned}\frac{1}{\rho+\|\Delta A\|_2} &\leqslant \sup_{W\in\mathcal{P}}\|(W^{\frac{1}{2}}\widehat{A})^{\dagger}W^{\frac{1}{2}}\|_2\\ &\leqslant \frac{1}{\rho-\|\Delta A\|_2}\leqslant\frac{1}{(1-\alpha)\cdot\rho}.\end{aligned}$$

□

推论 7.1.3[228, 230]　若在定理 7.1.2 中,

$$\mathcal{P}\equiv\mathcal{D}=\{W=\operatorname{diag}(d_1,\cdots,d_m):\ 0\leqslant W\in\mathcal{P}(A)\},\tag{7.1.8}$$

则 $(W^{\frac{1}{2}}A)^{\dagger}W^{\frac{1}{2}}$ 在 $\mathcal{D}$ 上稳定, 当且仅当

$$A\ \text{的任意}\ r\ \text{行线性无关.}\tag{7.1.9}$$

证明　在定理 7.1.2 中令 $\mathcal{U}=\{I_n\}$. 则对于任意 $J=\{i_1,\cdots,i_r\}\subset\{1,2,\cdots,m\}$, I_J 行满秩, 并且有 $I_JA=A_J$. □

推论 7.1.4[230]　若在定理 7.1.2 中,

$$\mathcal{P}=\left\{W\in\mathcal{P}(A):\ w_{ii}\geqslant\sum_{j=1,\ j\neq i}^{m}|w_{ij}|\right\},\tag{7.1.10}$$

则 $(W^{\frac{1}{2}}A)^{\dagger}W^{\frac{1}{2}}$ 在 $\mathcal{P}$ 上稳定当且仅当下列条件成立:

设 e_i^T 和 a_i 分别是 I_m 和 A 的第 i 行, $i=1:m$. 设 U_J^T 和 U_J^TA 具有下列结构形式

$$U_J^T=\begin{pmatrix} e_{i_1}^T \\ \vdots \\ e_{i_q}^T \\ e_{j_1}^T\pm e_{k_1}^T \\ \vdots \\ e_{j_{r-q}}^T\pm e_{k_{r-q}}^T \end{pmatrix},\qquad U_J^TA=\begin{pmatrix} a_{i_1} \\ \vdots \\ a_{i_q} \\ a_{j_1}\pm a_{k_1} \\ \vdots \\ a_{j_{r-q}}\pm a_{k_{r-q}} \end{pmatrix}, \tag{7.1.11}$$

其中 q 是整数, 而且满足 $q\leqslant r$, $1\leqslant i_1<\cdots<i_q\leqslant m$, $1\leqslant j_t<k_t\leqslant m$, $t=1:r-q$. 则

$$\operatorname{rank}(U_J^T)=r \text{ 隐含 } \operatorname{rank}(U_J^TA)=r. \tag{7.1.12}$$

证明 在推论的条件下, 任意 $W\in\mathcal{P}$ 都有引理 6.1.2 中的符号分解 $W=UDU^T$, 其中 $l=\dfrac{m(m+1)}{2}$, $U\in R^{m\times l}$ 和 D 的结构形式分别由 (6.1.3)~(6.1.5) 式给出. 设指标向量 J 为 $J=\{i_1,\cdots,i_r\}$, 其中 $1\leqslant i_1<\cdots<i_r\leqslant l$. 则 U_J^T 和 U_J^TA 分别具有 (7.1.11) 式中的结构形式. 因此应用定理 7.1.2 即可. □

7.1.2 约束加权 MP 逆的稳定性

设

$$L\in\mathbf{C}_p^{m_1\times n},\ K\in\mathbf{C}^{m_2\times n},\ A=\begin{pmatrix} L \\ K \end{pmatrix}\in C_r^{m\times n}, \tag{7.1.13}$$

其中 $m=m_1+m_2$, $W\in\mathcal{P}(KP)$,

$$\widehat{L}=L+\Delta L,\ \widehat{K}=K+\Delta K,\ \widehat{A}=\begin{pmatrix} \widehat{L} \\ \widehat{K} \end{pmatrix}\equiv A+\Delta A \tag{7.1.14}$$

分别是 L, K 和 A 的扰动形式. 则 A 和 $\widehat{A}$ 的约束加权 MP 逆分别是 $A_W^\dagger$ 和 $\widehat{A}_W^\dagger$.

引理 7.1.5 (约束加权 MP 逆扰动稳定的必要条件) 设 $A=\begin{pmatrix} L \\ K \end{pmatrix}\in C_r^{m\times n}$ 和集合 $\mathcal{P}_2\subseteq\mathcal{P}(KP)$ 给定, 并且满足

$$\sup_{W\in\mathcal{P}_2}\|A_W^\dagger\|_2<+\infty.$$

如果对于任意满足 $\|\Delta A\|_2\to 0+$ 的扰动矩阵 $\widehat{A}=A+\Delta A$, $\widehat{A}$ 的约束加权 MP 逆在 $\mathcal{P}_2$ 上有界, 则必有

$$\operatorname{rank}(\widehat{L})=\operatorname{rank}(L)\ \text{ 且 } \operatorname{rank}(\widehat{A})=\operatorname{rank}(A).$$

证明　由等式 $\widehat{A}_W^\dagger = (\widehat{L}^\ddagger_{W^{\frac{1}{2}}\widehat{K}}, (W^{\frac{1}{2}}\widehat{K}\widehat{P})^\dagger W^{\frac{1}{2}})$ 和 $\widehat{A}_W^\dagger \widehat{A} = \widehat{A}^\dagger \widehat{A}$, 可得不等式

$$\begin{aligned}&\|\widehat{A}_W^\dagger\|_2 \geqslant \|\widehat{L}^\ddagger_{W^{\frac{1}{2}}\widehat{K}}\|_2 \geqslant \|\widehat{L}^\dagger \widehat{L}\widehat{L}^\ddagger_{W^{\frac{1}{2}}\widehat{K}}\|_2 = \|\widehat{L}^\dagger\|_2,\\ &\|\widehat{A}_W^\dagger\|_2 \geqslant \|\widehat{A}_W^\dagger \widehat{A}\widehat{A}^\dagger\|_2 = \|\widehat{A}^\dagger\|_2.\end{aligned}$$

因此, $\sup\limits_{W\in\mathcal{P}_2}\|\widehat{A}_W^\dagger\|_2$ 有界, $\|\widehat{L}^\dagger\|_2$ 和 $\|\widehat{A}^\dagger\|_2$ 必有界. 于是由定理 2.4.1, 有 $\operatorname{rank}(\widehat{L}) = \operatorname{rank}(L)$, $\operatorname{rank}(\widehat{A}) = \operatorname{rank}(A)$. □

由引理 7.1.5, 对于常数 $\eta > 0$, 定义扰动矩阵的集合 $S_2(\eta)$,

$$\begin{aligned}S_2(\eta) = \Bigg\{\widehat{A} = A + \Delta A = \begin{pmatrix}\widehat{L}\\ \widehat{K}\end{pmatrix}:\ &\operatorname{rank}(\widehat{L}) = \operatorname{rank}(L),\\ &\operatorname{rank}(\widehat{A}) = \operatorname{rank}(A)\ \text{且} \|\Delta A\|_2 \leqslant \eta\Bigg\}.\end{aligned} \tag{7.1.15}$$

定义 7.1.2　设 L, K, A 由 (7.1.13) 式给出, $\mathcal{P}_2 \subset \mathcal{P}(KP)$ 给定, 并满足

$$\frac{1}{\rho_2} \equiv \sup_{W\in\mathcal{P}_2}\|A_W^\dagger\|_2 < +\infty. \tag{7.1.16}$$

称 $A_W^\dagger$ 在 $\mathcal{P}_2$ 上是稳定的, 如果存在常数 $\eta > 0$, 使得

$$\sup_{\widehat{A}\in S_2(\eta)}\ \sup_{W\in\mathcal{P}_2}\|\widehat{A}_W^\dagger\|_2 < +\infty. \tag{7.1.17}$$

定理 7.1.6[230]　设 L, K, A 由 (7.1.13) 式给出, $\mathcal{U}_2$ 和 $\mathcal{P}_2$ 由定理 6.3.4 给出. 则 $A_W^\dagger$ 在 $\mathcal{P}_2$ 上稳定, 当且仅当对于任意 $U \in \mathcal{U}_2$ 和指标向量 $J = \{i_1, \cdots, i_{r-p}\}$, 其中 $1 \leqslant i_1 < \cdots < i_{r-p} \leqslant m_2$,

$$\operatorname{rank}(U_J^T) = r - p\ \ \text{隐含}\ \operatorname{rank}(U_J^T KP) = r - p, \tag{7.1.18}$$

其等价于

$$\operatorname{rank}(U_J^T) = r - p\ \ \text{隐含}\ \operatorname{rank}\begin{pmatrix}L\\ U_J^T K\end{pmatrix} = r. \tag{7.1.19}$$

如果 (7.1.18) 式中的条件满足, 则对于常数 $0 < a < 1$, $\eta = a\cdot\rho_2$ 和矩阵 $\widehat{A} \in S_2(\eta)$, 有

$$\frac{1}{\rho_2 + \|\Delta A\|_2} \leqslant \sup_{W\in\mathcal{P}_2}\|\widehat{A}_W^\dagger\|_2 \leqslant \frac{1}{\rho_2 - \|\Delta A\|_2}. \tag{7.1.20}$$

证明　必要性. 若存在矩阵 $\widehat{U} \in \mathcal{U}_2$ 和指标向量 $N = \{i_1, \cdots, i_{r-p}\}$, 使得

$$\operatorname{rank}(\widehat{U}_N^T) = r - p\ \text{但}\ \operatorname{rank}(\widehat{U}_N^T KP) = q < r - p.$$

则对于任意 $\varepsilon > 0$, 可在 K 上加上小的扰动 ΔK, 使得

$$\|\Delta K\|_2 < \varepsilon \cdot \rho_2, \text{ 且 } \operatorname{rank}(\widehat{U}_N^T \widehat{K} P) = \operatorname{rank}(\widehat{K} P) = r - p.$$

令 $A_\varepsilon = \begin{pmatrix} L \\ \widehat{K} \end{pmatrix}$. 则

$$\operatorname{rank}(A_\varepsilon) = \operatorname{rank}(A) = r, \quad \text{且 } N \in J(\widehat{U}^T \widehat{K} P).$$

由于

$$\operatorname{rank}\begin{pmatrix} L \\ (\widehat{U}_N^T)^\dagger \widehat{U}_N^T K \end{pmatrix} = \operatorname{rank}(L) + \operatorname{rank}((\widehat{U}_N^T)^\dagger \widehat{U}_N^T K P) < r,$$

应用定理 6.3.4 和奇异值的扰动分析, 有

$$\inf_{U \in \mathcal{U}_2} \min_{J \in J(U^T \widehat{K} P)} \sigma_{\min +}\begin{pmatrix} L \\ (U_J^T)^\dagger U_J^T \widehat{K} \end{pmatrix} \leqslant \sigma_r \begin{pmatrix} L \\ (\widehat{U}_N^T)^\dagger \widehat{U}_N^T \widehat{K} \end{pmatrix}$$

$$\leqslant \sigma_r \begin{pmatrix} L \\ (\widehat{U}_N^T)^\dagger \widehat{U}_N^T K \end{pmatrix} + \|(\widehat{U}_N^T)^\dagger \widehat{U}_N^T \Delta K\|_2 \leqslant \|\Delta K\|_2 < \varepsilon \cdot \rho_2.$$

因此, 对于任意 $0 < \eta = \varepsilon \cdot \rho_2 \ll 1$, 有

$$\sup_{\widehat{A} \in S_2(\eta)} \sup_{W \in \mathcal{P}_2} \|\widehat{A}_W^\dagger\|_2 \geqslant \lim_{\varepsilon \to 0+} \sup_{W \in \mathcal{P}_2} \|\widehat{A}_{W_\varepsilon}^\dagger\|_2 \geqslant \lim_{\varepsilon \to 0_+} \frac{1}{\varepsilon \cdot \rho_2} = +\infty.$$

充分性. 设 (7.1.18) 式中的条件满足, 并且对于满足 $0 < a < 1$ 的常数 a 和 $\eta \equiv a \cdot \rho_2$, 扰动矩阵 $\widehat{L} = L + \Delta L$, $\widehat{K} = K + \Delta K$, $\widehat{A} = A + \Delta A$ 使得 $\widehat{A} \in S_2(\eta)$. 则对于任意 $U \in \mathcal{U}_2$ 与 $N \in J(U^T \widehat{K} \widehat{P})$, 有

$$\operatorname{rank}(U_N^T) = \operatorname{rank}(U_N^T \widehat{K} \widehat{P}) = r - p.$$

因此由 (7.1.18) 式，$\operatorname{rank}(U_N^T K P) = r - p$. 由奇异值的扰动分析, 有

$$\sigma_r \begin{pmatrix} \widehat{L} \\ (U_N^T)^\dagger U_N^T \widehat{K} \end{pmatrix} \geqslant \sigma_r \begin{pmatrix} L \\ (U_N^T)^\dagger U_N^T K \end{pmatrix} - \left\| \begin{pmatrix} \Delta L \\ (U_N^T)^\dagger U_N^T \Delta K \end{pmatrix} \right\|_2$$

$$\geqslant \rho_2 - \|\Delta A\|_2 \geqslant (1 - a)\rho_2 > 0,$$

$$\sigma_r \begin{pmatrix} \widehat{L} \\ (U_N^T)^\dagger U_N^T \widehat{K} \end{pmatrix} \leqslant \sigma_r \begin{pmatrix} L \\ (U_N^T)^\dagger U_N^T K \end{pmatrix} + \|\Delta A\|_2.$$

应用定理 6.3.4, 有

$$\frac{1}{\rho_2 + \|\Delta A\|_2} \leqslant \sup_{W \in \mathcal{P}_2} \|\widehat{A}_W^\dagger\|_2 \leqslant \frac{1}{\rho_2 - \|\Delta A\|_2} \leqslant \frac{1}{(1 - a)\rho_2}. \qquad \square$$

推论 7.1.7[230] 若在定理 7.1.6 中,

$$\mathcal{P}_2 \equiv \mathcal{D}_2 = \{W = \mathrm{diag}(d_1, \cdots, d_{m_2}): \ W \in \mathcal{P}(KP)\}, \tag{7.1.21}$$

则 $A_W^\dagger$ 在 $\mathcal{P}_2$ 上稳定, 当且仅当对任意满足 $1 \leqslant i_1 < \cdots < i_{r-p} \leqslant m_2$ 的指标向量 $J = \{i_1, \cdots, i_{r-p}\}$, 都有

$$\mathrm{rank}(K_J P) = r - p, \tag{7.1.22}$$

其等价于

$$\mathrm{rank}\begin{pmatrix} L \\ K_J \end{pmatrix} = r. \tag{7.1.23}$$

证明 在推论的条件下, $\mathcal{U} = \{I_{m_2}\}$. 因此对于任意指标向量 $J = \{i_1, \cdots, i_{r-p}\}$, $U_J^T = I_J$ 行满秩, 并且有 $U_J^T KP = I_J KP = K_J P$. 应用定理 7.1.6 即可. □

推论 7.1.8[230] 若在定理 7.1.6 中,

$$\mathcal{P}_2 = \left\{ W \in \mathcal{P}(KP): \ w_{ii} \geqslant \sum_{j=1,\ j\neq i}^{m_2} |w_{ij}| \right\}. \tag{7.1.24}$$

设 e_i^T 和 k_i 分别是 I_{m_2} 和 K 的第 i 行, $i = 1 : m_2$, U_J^T 和 $U_J^T K$ 具有下列结构形式

$$U_J^T = \begin{pmatrix} e_{i_1}^T \\ \vdots \\ e_{i_q}^T \\ e_{j_1}^T \pm e_{l_1}^T \\ \vdots \\ e_{j_{r-p-q}}^T \pm e_{l_{r-p-q}}^T \end{pmatrix}, \ U_J^T K = \begin{pmatrix} k_{i_1} \\ \vdots \\ k_{i_q} \\ k_{j_1} \pm k_{l_1} \\ \vdots \\ k_{j_{r-p-q}} \pm k_{l_{r-p-q}} \end{pmatrix}, \tag{7.1.25}$$

其中 q 是满足 $q \leqslant r - p$, $1 \leqslant i_1 < \cdots < i_q \leqslant m_2$; $1 \leqslant j_t < l_t \leqslant m_2$, $t = 1 : r - p - q$ 的整数. 则 $A_W^\dagger$ 在 $\mathcal{P}_2$ 上稳定, 当且仅当下列条件成立:

$$\mathrm{rank}(U_J^T) = r - p \ \text{ 隐含 } \mathrm{rank}(U_J^T KP) = r - p, \tag{7.1.26}$$

其等价于

$$\mathrm{rank}(U_J^T) = r - p \ \text{ 隐含 } \mathrm{rank}\begin{pmatrix} L \\ U_J^T K \end{pmatrix} = r. \tag{7.1.27}$$

证明 在推论的条件下, 任意 $W \in \mathcal{P}_2$ 都有符号分解 $W = UDU^T$, 其中 $U \in R^{m_2 \times l}$ $\left(l = \dfrac{m_2(m_2+1)}{2} \right)$ 和 D 由定理 6.3.5 给出. 应用定理 7.1.6 即可. □

7.1.3 双侧加权 MP 逆的稳定性

双侧加权 MP 逆稳定时, 单侧加权 MP 逆必稳定. 因此由前两小节的分析, 可取 (7.1.1) 式给出的扰动矩阵集合 $S(\eta)$.

定义 7.1.3 对于给定的矩阵 $A \in C_r^{m\times n}$ 和 §6.4 定义的集合 $\mathcal{D}_1$, $\mathcal{D}_2$, 假设

$$\mathcal{X}(A) = \sup_{W\in\mathcal{D}_1,\ V\in\mathcal{D}_2} \|V^{\frac{1}{2}}(W^{\frac{1}{2}}AV^{\frac{1}{2}})^{\dagger}W^{\frac{1}{2}}\|_2 < +\infty. \tag{7.1.28}$$

称 $V^{\frac{1}{2}}(W^{\frac{1}{2}}AV^{\frac{1}{2}})^{\dagger}W^{\frac{1}{2}}$ 在 $\mathcal{D}_1$, $\mathcal{D}_2$ 上是稳定的, 如果存在常数 $\eta > 0$, 使得

$$\sup_{\widehat{A}\in S(\eta)} \sup_{W\in\mathcal{P}_1,\ V\in\mathcal{P}_2} \|V^{\frac{1}{2}}(W^{\frac{1}{2}}\widehat{A}V^{\frac{1}{2}})^{\dagger}W^{\frac{1}{2}}\|_2 < +\infty. \tag{7.1.29}$$

定理 7.1.9[238] 设 $A \in \mathbf{C}_r^{m\times n}$, $0 < r \leqslant \min\{m,n\}$, $\widehat{A} = A + \Delta A \in \mathbf{C}^{m\times n}$, 并设 (7.1.28) 式成立. 则 $V^{\frac{1}{2}}(W^{\frac{1}{2}}AV^{\frac{1}{2}})^{\dagger}W^{\frac{1}{2}}$ 在 $\mathcal{D}_1$, $\mathcal{D}_2$ 稳定, 当且仅当

$$A\text{的任何 } r\times r \text{ 子矩阵非奇异}. \tag{7.1.30}$$

若 (7.1.30) 式成立, 则当 $\|\Delta A\|_2 \cdot \mathcal{X}(A) < \alpha$ 时, 其中 $0 < \alpha < 1$ 为常数, 有

$$\frac{\mathcal{X}(A)}{1 + \|\Delta A\|_2 \cdot \mathcal{X}(A)} \leqslant \mathcal{X}(\widehat{A}) \leqslant \frac{\mathcal{X}(A)}{1 - \|\Delta A\|_2 \cdot \mathcal{X}(A)}. \tag{7.1.31}$$

证明 必要性. 设 (7.1.29) 式成立, 则由不等式

$$\mathcal{X}(\widehat{A}) \geqslant \sup_{W\in\mathcal{D}_1} \|(W^{\frac{1}{2}}\widehat{A})^{\dagger}W^{\frac{1}{2}}\|_2$$

知, A 的任何 r 行线性独立. 设存在 A 的一个 $r\times r$ 子矩阵 A_{J_0,L_0}, 使得 $\mathrm{rank}(A_{J_0,L_0}) < r$. 由于 $A_{J_0,:}$ 行线性无关, 而且 A 的任何行都可以表为 $A_{J_0,:}$ 的行的线性组合, 即有 $A = AA_{J_0,:}^{\dagger}A_{J_0,:}$; 另一方面, 对于任意 $\varepsilon > 0$, 总存在 $E_\varepsilon \in \mathbf{C}^{r\times r}$, 使得 $A_{J_0,L_0} + E_\varepsilon$ 非奇异, 且 $\|E_\varepsilon\|_2 \leqslant \varepsilon$. 令 $\tilde{A} = A + I_{:,J_0}E_\varepsilon I_{L_0,:}$, $\widehat{A} = \tilde{A}\tilde{A}_{J_0,:}^{\dagger}\tilde{A}_{J_0,:}$. 则显然 $\mathrm{rank}(\widehat{A}) = r$, 而且当 $\varepsilon \to 0_+$ 时, $\widehat{A} \to A$. 由 $\mathrm{rank}(A_{J_0,L_0}) < r$ 的假设和不等式

$$\|(A_{J_0,L_0} + E_\varepsilon)^{-1}\|_2^{-1} = \sigma_r(A_{J_0,L_0} + E_\varepsilon) \leqslant \sigma_r(A_{J_0,L_0}) + \|E_\varepsilon\|_2 = \|E_\varepsilon\|_2,$$

并应用定理 6.4.2, 有

$$\begin{aligned}\mathcal{X}(\widehat{A}) &= \max_{J,L} \|(\widehat{A}_{J,L})^{-1}\|_2 \geqslant \|(\widehat{A}_{J_0,L_0})^{-1}\|_2 \\ &= \|(A_{J_0,L_0} + E_\varepsilon)^{-1}\|_2 \geqslant \frac{1}{\varepsilon} \to +\infty.\end{aligned}$$

充分性. 设 (7.1.30) 式成立, 并设扰动矩阵 $\widehat{A}=A+\Delta A\in\mathbf{C}_r^{m\times n}$ 满足 $\|\Delta A\|_2\cdot\mathcal{X}(A)<\alpha$. 则对 A 和 $\widehat{A}$ 的任何 $r\times r$ 子矩阵 $A_{J,L}$ 和 $\widehat{A}_{J,L}$, 由矩阵奇异值的扰动分析, 有

$$\begin{aligned}0&<\sigma_{\min+}(A_{J,L})-\|\Delta A\|_2\leqslant\sigma_{\min+}(\widehat{A}_{J,L})\\&\leqslant\sigma_{\min+}(A_{J,L})+\|\Delta A\|_2.\end{aligned}$$

于是

$$\begin{aligned}\sup_{J,L}\frac{1}{\sigma_{\min+}(A_{J,L})+\|\Delta A\|_2}&\leqslant\sup_{J,L}\frac{1}{\sigma_{\min+}(\widehat{A}_{J,L})}=\mathcal{X}(\widehat{A})\\&\leqslant\sup_{J,L}\frac{1}{\sigma_{\min+}(A_{J,L})-\|\Delta A\|_2},\end{aligned}$$

$$\frac{\mathcal{X}(A)}{1+\alpha}\leqslant\frac{1}{\dfrac{1}{\mathcal{X}(A)}+\|\Delta A\|_2}\leqslant\mathcal{X}(\widehat{A})\leqslant\frac{1}{\dfrac{1}{\mathcal{X}(A)}-\|\Delta A\|_2}\leqslant\frac{\mathcal{X}(A)}{1-\alpha}.$$ □

定理 7.1.10[238]　设 $A\in\mathbf{C}_r^{m\times n}$, $0<r\leqslant\min\{m,n\}$, $\mathcal{P}_1$ 和 $\mathcal{P}_2$ 由定理 6.4.3 定义. 则

$$\mathcal{X}(\widehat{A})=\sup_{\widehat{A}\in S(\eta)}\sup_{W\in\mathcal{P}_1,\ V\in\mathcal{P}_2}\|V^{\frac{1}{2}}(W^{\frac{1}{2}}\widehat{A}V^{\frac{1}{2}})^{\dagger}W^{\frac{1}{2}}\|_2<+\infty,\tag{7.1.32}$$

当且仅当对任何 $S\in\mathcal{S}$, $T\in\mathcal{T}$, 和 r 维指标向量 J, L,

$$\mathrm{rank}(S_{:,J})=\mathrm{rank}(T_{:,L})=r\ \text{隐含}\ \mathrm{rank}(S_{:,J}^{H}AT_{:,L})=r.\tag{7.1.33}$$

若 (7.1.33) 式成立, 则当 $\|\Delta A\|_2\cdot\mathcal{X}(A)<\alpha$, 这里 $0<\alpha<1$ 为常数, 有

$$\frac{\mathcal{X}(A)}{1+\|\Delta A\|_2\cdot\mathcal{X}(A)}\leqslant\mathcal{X}(\widehat{A})\leqslant\frac{\mathcal{X}(A)}{1-\|\Delta A\|_2\cdot\mathcal{X}(A)}.\tag{7.1.34}$$

证明　必要性. 设 (7.1.32) 式成立. 由于 $I_m\in\mathcal{P}_1$, $I_n\in\mathcal{P}_2$, 必有 $\mathrm{rank}(\widehat{A})=r$. 若存在 $\overline{S}\in\mathcal{S}$, $\overline{T}\in\mathcal{T}$, 和 r 维指标向量 $\overline{J}$, $\overline{L}$, 使得 $\mathrm{rank}(\overline{S}_{:,\overline{J}})=\mathrm{rank}(\overline{T}_{:,\overline{L}})=r$, 但 $\mathrm{rank}(\overline{S}_{:,\overline{J}}^{T}A\overline{T}_{:,\overline{L}})<r$. 则对于任意 $\varepsilon>0$, 存在 $\widehat{A}=A+\Delta A\in\mathbf{C}_r^{m\times n}$, 满足 $\|\Delta A\|_2=\varepsilon$, 且 $\overline{S}_{:,\overline{J}}^{T}\widehat{A}\overline{T}_{:,\overline{L}}$ 非奇异. 于是当 $\varepsilon\to0$ 时, 由定理 6.4.3, 有

$$\begin{aligned}\mathcal{X}(\widehat{A})&=\sup_{S\in\mathcal{S},T\in\mathcal{T}}\max_{L,J}\|T_{:,L}(S_{:,J}^{T}\widehat{A}T_{:,L})^{-1}S_{:,J}^{T}\|_2\\&\geqslant\|\overline{T}_{:,\overline{L}}(\overline{S}_{:,\overline{J}}^{T}\widehat{A}\overline{T}_{:,\overline{L}})^{-1}\overline{S}_{:,\overline{J}}^{T}\|_2\geqslant\frac{1}{\varepsilon}\to+\infty.\end{aligned}$$

充分性. 设 (7.1.33) 式成立. 若扰动矩阵 $\widehat{A}=A+\Delta A\in\mathbf{C}_r^{m\times n}$ 满足 $\|\Delta A\|_2\cdot\mathcal{X}(A)<\alpha$, 则对任何 $S\in\mathcal{S}$, $T\in\mathcal{T}$ 和 r 维指标向量 J, L, $\mathrm{rank}(S_{:,J})=\mathrm{rank}(T_{:,L})=r$. 由等式

$$\begin{aligned}((S_{:,J}^{\dagger})^{T}S_{:,J}^{T}AT_{:,L}T_{:,L}^{\dagger})^{\dagger}&=T_{:,L}(S_{:,J}^{T}AT_{:,L})^{-1}S_{:,J}^{T},\\((S_{:,J}^{\dagger})^{T}S_{:,J}^{T}\widehat{A}T_{:,L}T_{:,L}^{\dagger})^{\dagger}&=T_{:,L}(S_{:,J}^{T}\widehat{A}T_{:,L})^{-1}S_{:,J}^{T},\end{aligned}$$

和奇异值的扰动分析, 有

$$\sigma_r((S^\dagger_{:,J})^T S^T_{:,J} A T_{:,L} T^\dagger_{:,L}) - \|(S^\dagger_{:,J})^T S^T_{:,J} \Delta A T_{:,L} T^\dagger_{:,L}\|_2 \leqslant \sigma_r((S^\dagger_{:,J})^T S^T_{:,J} \widehat{A} T_{:,L} T^\dagger_{:,L}),$$
$$\sigma_r((S^\dagger_{:,J})^T S^T_{:,J} A T_{:,L} T^\dagger_{:,L}) + \|(S^\dagger_{:,J})^T S^T_{:,J} \Delta A T_{:,L} T^\dagger_{:,L}\|_2 \geqslant \sigma_r((S^\dagger_{:,J})^T S^T_{:,J} \widehat{A} T_{:,L} T^\dagger_{:,L}).$$

对上面二式两端求下确界, 并应用定理 6.4.3, 即得

$$\frac{1}{\mathcal{X}(A)} - \|\Delta A\|_2 \leqslant \frac{1}{\mathcal{X}(\widehat{A})} \leqslant \frac{1}{\mathcal{X}(A)} + \|\Delta A\|_2.$$

由以上不等式可以得到 (7.1.34) 式. □

§ 7.2 加权投影矩阵的扰动上界

本节讨论加权投影矩阵 $\widehat{A}^\dagger_{\widehat{W}}(I - AA^\dagger_W)$ 的稳定性和扰动界, 内容取自文献 [243].

引理 7.2.1 设 $A,\ \widehat{A} \in C^{m\times n}_r,\ W,\ \widehat{W} \in \mathcal{D}$. 则

$$\begin{aligned}
&\widehat{A}^\dagger_{\widehat{W}}(I - AA^\dagger_W) \\
&= \frac{\displaystyle\sum_{J\in J(\widehat{A})}\sum_{M\in J(A)} \widehat{a}_J \widehat{d}_J a_M d_M \widehat{A}^\dagger_J (I_J - A_J A^\dagger_M I_M)}{\displaystyle\sum_{K\in J(\widehat{A})}\sum_{N\in J(A)} \widehat{a}_K \widehat{d}_K a_N d_N} \\
&= \frac{\displaystyle\sum_{J\in J(\widehat{A})}\sum_{M\in J(A)} \widehat{a}_J \widehat{d}_J a_M d_M \widehat{A}^\dagger_J (I_J - A_J A^\dagger_M I_M) + \widehat{a}_M \widehat{d}_M a_J d_J \widehat{A}^\dagger_M (I_M - A_M A^\dagger_J I_J)}{\displaystyle\sum_{K\in J(\widehat{A})}\sum_{N\in J(A)} \widehat{a}_K \widehat{d}_K a_N d_N + \widehat{a}_N \widehat{d}_N a_K d_K},
\end{aligned} \tag{7.2.1}$$

其中

$$\begin{aligned}
a_J &= \det(A_J(A_J)^H),\ d_J = \det(W_{JJ}), \\
\widehat{a}_J &= \det(\widehat{A}_J(\widehat{A}_J)^H)\, \widehat{d}_J = \det(\widehat{W}_{JJ}).
\end{aligned} \tag{7.2.2}$$

证明 由引理 6.1.1 和等式 $I_J A = A_J$, 有

$$\begin{aligned}
&(\widehat{W}^{\frac12}\widehat{A})^\dagger \widehat{W}^{\frac12}(I - A(W^{\frac12}A)^\dagger W^{\frac12}) \\
&= \frac{\displaystyle\sum_{J\in J(\widehat{A})} \widehat{a}_J \widehat{d}_J \widehat{A}^\dagger_J I_J}{\displaystyle\sum_{K\in J(\widehat{A})} \widehat{a}_K \widehat{d}_K} \left(I - A \frac{\displaystyle\sum_{M\in J(A)} a_M d_M A^\dagger_M I_M}{\displaystyle\sum_{N\in J(A)} a_N d_N} \right)
\end{aligned}$$

$$= \frac{\sum\limits_{J\in J(\widehat{A})}\sum\limits_{M\in J(A)} \widehat{a}_J\widehat{d}_J a_M d_M \widehat{A}_J^\dagger(I_J - A_J A_M^\dagger I_M)}{\sum\limits_{K\in J(\widehat{A})}\sum\limits_{N\in J(A)} \widehat{a}_K\widehat{d}_K a_N d_N},$$

即得到 (7.2.1) 式中第一个等式. 第二个等式由第一个等式即得. □

引理 7.2.2 设 $\alpha_1 > 0$, $\alpha_2 > 0$, $\beta_1 > 0$, $\beta_2 > 0$. 若 $\alpha_1\beta_1 \geqslant \alpha_2\beta_2$, 则有

$$\begin{aligned} &0 \leqslant \frac{\alpha_1\beta_1 - \alpha_2\beta_2}{\alpha_1\beta_1 + \alpha_2\beta_2} \leqslant \max\left\{\left|\frac{\alpha_1}{\alpha_2} - 1\right|, \left|\frac{\beta_2}{\beta_1} - 1\right|\right\}, \\ &0 \leqslant \frac{\alpha_1\beta_1 - \alpha_2\beta_2}{\alpha_1\beta_1 + \alpha_2\beta_2} \leqslant 1 - \frac{\alpha_2\beta_2}{\alpha_1\beta_1} \leqslant 1. \end{aligned} \tag{7.2.3}$$

证明 由引理的条件, 有

$$\begin{aligned} 0 \leqslant \frac{\alpha_1\beta_1 - \alpha_2\beta_2}{\alpha_1\beta_1 + \alpha_2\beta_2} &= \frac{\alpha_1\beta_1\left(1 - \dfrac{\beta_2}{\beta_1}\right) + \alpha_2\beta_2\left(\dfrac{\alpha_1}{\alpha_2} - 1\right)}{\alpha_1\beta_1 + \alpha_2\beta_2} \\ &\leqslant \max\left\{\left|\frac{\alpha_1}{\alpha_2} - 1\right|, \left|\frac{\beta_2}{\beta_1} - 1\right|\right\}, \\ 0 \leqslant \frac{\alpha_1\beta_1 - \alpha_2\beta_2}{\alpha_1\beta_1 + \alpha_2\beta_2} &= 1 - \frac{2\alpha_2\beta_2}{\alpha_1\beta_1 + \alpha_2\beta_2} \leqslant 1 - \frac{2\alpha_2\beta_2}{2\alpha_1\beta_1} \leqslant 1. \end{aligned}$$

□

现在推导加权投影矩阵的稳定性条件和扰动界. 为了更好地理解 A 和 W 的扰动对 $\|(\widehat{W}^{\frac{1}{2}}\widehat{A})^\dagger\widehat{W}^{\frac{1}{2}}(I - A(W^{\frac{1}{2}}A)^\dagger W^{\frac{1}{2}})\|_2$ 的上界的影响, 首先考虑两种简单的情形, 最后考虑一般情形.

定理 7.2.3 设 $A \in \mathbf{C}_r^{m\times n}$, $0 < r$. 则

$$\begin{aligned} &\sup_{\substack{W,\ \widehat{W}\in\mathcal{D},\\ \eta\leqslant\Delta}} \|(\widehat{W}^{\frac{1}{2}}A)^\dagger\widehat{W}^{\frac{1}{2}}(I - A(W^{\frac{1}{2}}A)^\dagger W^{\frac{1}{2}})\|_2 \leqslant \frac{2e_1}{\rho}, \\ &e_1 = \min\{(1+\Delta)^{r_m} - 1,\ 1 - (1-\Delta)^{2r_m}\}, \end{aligned} \tag{7.2.4}$$

其中 $1 > \Delta \geqslant 0$ 为常数, $\eta = \max\limits_{1\leqslant i\leqslant m} \dfrac{|\Delta w_i|}{w_i}$, $r_m = \min\{r,\ m - r\}$.

证明 设 A 的酉分解为 $A = QR$, 其中 $Q^HQ = I_r$, R 行满秩. 则对任意 $J,\ M \in J(A)$, 有

$$\begin{aligned} &A_J^\dagger A_J = (Q_JR)^\dagger(Q_JR) = R^\dagger Q_J^{-1}Q_JR = R^\dagger R = A_M^\dagger A_M, \\ &A_JA_J^\dagger = A_MA_M^\dagger = I_r. \end{aligned} \tag{7.2.5}$$

由 $\widehat{A} = A$, $J(\widehat{A}) = J(A)$, 并且对于任意 $J \in J(A)$, $\widehat{a}_J = a_J$. 由 (7.2.1) 式,

$$
(\widehat{W}^{\frac{1}{2}}A)^{\dagger}\widehat{W}^{\frac{1}{2}}(I-A(W^{\frac{1}{2}}A)^{\dagger}W^{\frac{1}{2}})
=\frac{\sum\limits_{J\in J(A)}\sum\limits_{M\in J(A)}a_J a_M(\widehat{d}_J d_M-d_J\widehat{d}_M)(A_J^{\dagger}I_J-A_M^{\dagger}I_M)}{\sum\limits_{K\in J(A)}\sum\limits_{N\in J(A)}a_K a_N(\widehat{d}_K d_N+d_K\widehat{d}_N)},
$$

$$
\begin{aligned}
&\|(\widehat{W}^{\frac{1}{2}}A)^{\dagger}\widehat{W}^{\frac{1}{2}}(I-A(W^{\frac{1}{2}}A)^{\dagger}W^{\frac{1}{2}})\|_2\\
\leqslant{}&\max_{J,M\in J(A)}\frac{|\widehat{d}_J d_M-d_J\widehat{d}_M|}{\widehat{d}_J d_M+d_J\widehat{d}_M}\|A_J^{\dagger}I_J-A_M^{\dagger}I_M\|_2.
\end{aligned}
\tag{7.2.6}
$$

对于给定的 $J,\ M\in J(A)$, 记

$$
\begin{aligned}
&d_J=d_{J\cap M}\cdot d_{J/M},\ d_M=d_{J\cap M}\cdot d_{M/J},\\
&\widehat{d}_J=\widehat{d}_{J\cap M}\cdot\widehat{d}_{J/M},\ \widehat{d}_M=\widehat{d}_{J\cap M}\cdot\widehat{d}_{M/J},
\end{aligned}
\tag{7.2.7}
$$

这里 $d_{J\cap M}$ $(\widehat{d}_{J\cap M})$ 包含 d_J 和 d_M $(\widehat{d}_J$ 和 $\widehat{d}_M)$ 所有相同的因子. 由引理 7.2.2, 有

$$
\begin{aligned}
\frac{|\widehat{d}_J d_M-d_J\widehat{d}_M|}{\widehat{d}_J d_M+d_J\widehat{d}_M}&=\frac{|\widehat{d}_{J/M}d_{M/J}-d_{J/M}\widehat{d}_{M/J}|}{\widehat{d}_{J/M}d_{M/J}+d_{J/M}\widehat{d}_{M/J}}\\
&\leqslant\max\left\{\left|1-\frac{\widehat{d}_{M/J}}{d_{M/J}}\right|,\ \left|\frac{\widehat{d}_{J/M}}{d_{J/M}}-1\right|\right\}\\
&\leqslant((1+\Delta)^{r-n(J\cap M)}-1),
\end{aligned}
\tag{7.2.8}
$$

其中 $n(J\cap M)$ 表示指标向量 J 和 M 含相同指标的个数.

另一方面, 不妨设 $\widehat{d}_{J/M}d_{M/J}\geqslant d_{J/M}\widehat{d}_{M/J}$. 由引理 7.2.2, 以及不等式

$$
\begin{aligned}
&\frac{\widehat{d}_{M/J}}{d_{M/J}}=\prod_{k\in M/J}\left(1+\frac{\Delta w_k}{w_k}\right)\geqslant(1-\Delta)^{r-n(J\cap M)},\\
&\frac{d_{J/M}}{\widehat{d}_{J/M}}\geqslant\prod_{\substack{k\in J/M,\\ \Delta w_k>0}}\left(1-\frac{\Delta w_k}{w_k+\Delta w_k}\right)\geqslant(1-\Delta)^{r-n(J\cap M)},
\end{aligned}
$$

可得

$$
\begin{aligned}
\frac{|\widehat{d}_J d_M-d_J\widehat{d}_M|}{\widehat{d}_J d_M+d_J\widehat{d}_M}&=\frac{\widehat{d}_{J/M}d_{M/J}-d_{J/M}\widehat{d}_{M/J}}{\widehat{d}_{J/M}d_{M/J}+d_{J/M}\widehat{d}_{M/J}}\\
&\leqslant1-\frac{d_{J/M}\widehat{d}_{M/J}}{\widehat{d}_{J/M}d_{M/J}}\\
&\leqslant1-(1-\Delta)^{2(r-n(J\cap M))}.
\end{aligned}
\tag{7.2.9}
$$

把上面的不等式代入 (7.2.6) 式, 并由 $r-n(J\cap M)\leqslant r$, $r-n(J\cap M)\leqslant m-r$, 即得 (7.2.4) 式. □

定理 7.2.4　设 $A\in \mathbf{C}_r^{m\times n}$, 并且 $0<r$. 则对于任意 $\widehat{A}=A+\Delta A\in \mathbf{C}_r^{m\times n}$, 其中 $\|\Delta A\|_2$ 充分小, 有

$$\sup_{W\in\mathcal{D}}\|(W^{\frac12}\widehat{A})^\dagger W^{\frac12}(I-A(W^{\frac12}A)^\dagger W^{\frac12})\|_2<+\infty,$$

当且仅当

$$A \text{ 的任意 } r \text{ 行线性无关.} \tag{7.2.10}$$

若 (7.2.10) 式成立, 且 $\widehat{A}=A+\Delta A\in \mathbf{C}_r^{m\times n}$ 满足 $\|\Delta A\|_2<\rho$, 则 $J(\widehat{A})=J(A)$,

$$\begin{aligned}&\sup_{W\in\mathcal{D}}\|(W^{\frac12}\widehat{A})^\dagger W^{\frac12}(I-A(W^{\frac12}A)^\dagger W^{\frac12})\|_2\\ \leqslant&\frac{2}{\rho-\|\Delta A\|_2}\left(\frac{\|\Delta A\|_2}{\rho}+e_2\right),\\ &e_2=\min\left\{\left(1+\frac{\|\Delta A\|_2}{\rho}\right)^{2r}-1,\ 1-\left(1-\frac{\|\Delta A\|_2}{\rho}\right)^{4r}\right\}.\end{aligned} \tag{7.2.11}$$

证明　必要性. 若 (7.2.10) 式中的条件不成立, 则存在两个 r 维指标向量 $J_0,\ J_1\subset\{1,\cdots,m\}$, 使得 $n(J_0\cap J_1)=r-1$, $\mathrm{rank}(A_{J_0})=r-1$, 且 $\mathrm{rank}(A_{J_1})=r$. 不妨设 $J_0=\{1,\cdots,r-1,r\}$, $J_1=\{1,\cdots,r-1,r+1\}$. 令 A 的酉分解为 $A=QR$. 则由假设可知, $\mathrm{rank}(Q_{J_0})=r-1$, $\mathrm{rank}(Q_{J_1})=r$. 令 Q_{J_0} 的 SVD 分解为

$$Q_{J_0}=(U_1,U_2)\Sigma(V_1,V_2)^H=U_1\Sigma_1V_1^H,$$

其中 $U=(U_1,U_2)$, $V=(V_1,V_2)$ 为酉矩阵, U_1, V_1 分别为 U, V 的前 $r-1$ 列. 对于任一 $0<\varepsilon<\rho$, 令 $Q_\varepsilon=\varepsilon U_2V_2^H$, $\widehat{A}=(Q+(I_{J_0})^TQ_\varepsilon)R$. 由 Q_ε 的构造, 易知 $Q_{J_0}+Q_\varepsilon$ 非奇异, 因而 $\mathrm{rank}(\widehat{A})=r$, 并且 $\widehat{A}_{J_0}=(Q_{J_0}+Q_\varepsilon)R$ 行满秩. 对于给定的 $\delta>0$, 定义 $W(\delta)=\widehat{W}(\delta)=\mathrm{diag}(I_{r-1},\delta,\delta^2,\delta^3I_{m-r-1})\in\mathcal{D}$. 注意到

$J_0\notin J(A)$; $J_1\in J(A)$, $d_{J_1}=\delta^2$; 且当 $J\in J(A)$, $J\neq J_1$时, $d_J=\delta^l$, $l\geqslant 3$;
$J_0\in J(\widehat{A})$, $\widehat{d}_{J_0}=\delta$; 且当 $J\in J(\widehat{A})$, $J\neq J_0$时, $\widehat{d}_J=\delta^l$, $l\geqslant 2$.

由 $Q_\varepsilon^\dagger Q_{J_0}=0$,

$$R^\dagger(Q_{J_0}^\dagger+Q_\varepsilon^\dagger)(I_{J_0}-Q_{J_0}RA_{J_1}^\dagger I_{J_1})=R^\dagger Q_\varepsilon^\dagger+R^\dagger Q_{J_0}^\dagger(I_{J_0}-Q_{J_0}RA_{J_1}^\dagger I_{J_1}).$$

于是由引理 7.2.1, 当 $\varepsilon\to0+$ 时,

$$\lim_{\delta\to0}\|(\widehat{W}(\delta)^{\frac12}\widehat{A})^\dagger\widehat{W}(\delta)^{\frac12}(I-A(W(\delta)^{\frac12}A)^\dagger W(\delta)^{\frac12})\|_2$$

$$
\begin{aligned}
&=\left\|\frac{\widehat{a}_{J_0}a_{J_1}\widehat{A}_{J_0}^{\dagger}(I_{J_0}-A_{J_0}A_{J_1}^{\dagger}I_{J_1})}{\widehat{a}_{J_0}a_{J_1}}\right\|_2\\
&=\|\widehat{A}_{J_0}^{\dagger}(I_{J_0}-A_{J_0}A_{J_1}^{\dagger}I_{J_1})\|_2\\
&=\|R^{\dagger}(Q_{J_0}^{\dagger}+Q_{\varepsilon}^{\dagger})(I_{J_0}-Q_{J_0}RA_{J_1}^{\dagger}I_{J_1})\|_2\\
&\geqslant\frac{\|R^{\dagger}V_2\|_2}{\varepsilon}-\|R^{\dagger}Q_{J_0}^{\dagger}(I_{J_0}-Q_{J_0}RA_{J_1}^{\dagger}I_{J_1})\|_2\to+\infty.
\end{aligned}
$$

充分性. 若 (7.2.10) 式中的条件成立, 则对于任一满足 $\|\Delta A\|_2<\rho$ 的矩阵 $\widehat{A}=A+\Delta A\in\mathbf{C}_r^{m\times n}$, 以及指标向量 $J=\{i_1,\cdots,i_r\}\subset\{1,\cdots,m\}$, 有 $J\in J(A)$, 并由奇异值扰动分析,

$$
\sigma_r(\widehat{A}_J)\geqslant\sigma_r(A_J)-\|\Delta A\|_2\geqslant\rho-\|\Delta A\|_2>0.
$$

于是 $\operatorname{rank}(\widehat{A}_J)=r$, $J\in J(\widehat{A})$, 因而 $J(\widehat{A})=J(A)$. 而且当 $\widehat{W}=W$, $J\in J(\widehat{A})$ 时, $\widehat{d}_J=d_J$. 应用引理 7.2.1 $\left(\text{为了简便起见, 记}\sum\limits_J\equiv\sum\limits_{J\in J(A)}=\sum\limits_{J\in J(\widehat{A})}\right)$, 有

$$
\begin{aligned}
&\|(W^{\frac12}\widehat{A})^{\dagger}W^{\frac12}(I-A(W^{\frac12}A)^{\dagger}W^{\frac12})\|_2\\
=&\left\|\frac{\sum\limits_J\sum\limits_M d_Jd_M\left(\widehat{a}_Ja_M\widehat{A}_J^{\dagger}(I_J-A_JA_M^{\dagger}I_M)+a_J\widehat{a}_M\widehat{A}_M^{\dagger}(I_M-A_MA_J^{\dagger}I_J)\right)}{\sum\limits_K\sum\limits_N d_Kd_N(\widehat{a}_Ka_N+a_K\widehat{a}_N)}\right\|_2\\
\leqslant&\max_{J,M}\frac{\|\widehat{a}_Ja_M\widehat{A}_J^{\dagger}(I_J-A_JA_M^{\dagger}I_M)+a_J\widehat{a}_M\widehat{A}_M^{\dagger}(I_M-A_MA_J^{\dagger}I_J)\|_2}{\widehat{a}_Ja_M+a_J\widehat{a}_M}\\
\leqslant&\max_{J,M}\left(\frac{|\widehat{a}_Ja_M-\widehat{a}_Ma_J|}{\widehat{a}_Ja_M+a_J\widehat{a}_M}\|\widehat{A}_J^{\dagger}I_J-\widehat{A}_M^{\dagger}I_M\|_2+\|(\widehat{A}_J^{\dagger}-\widehat{A}_M^{\dagger}A_MA_J^{\dagger})I_J\|_2\right).
\end{aligned}
$$

另外, 对于给定的 r 维指标向量 J, $M\in J(A)$, 有

$$
\frac{\widehat{a}_M}{a_M}=\frac{\det(\widehat{A}_M(\widehat{A}_M)^H)}{\det(A_M(A_M)^H)}=\frac{\sigma_1(\widehat{A}_M)^2\cdots\sigma_r(\widehat{A}_M)^2}{\sigma_1(A_M)^2\cdots\sigma_r(A_M)^2}.
$$

因而类似于 (7.2.8)~(7.2.9) 式的证明, 可以推出

$$
\frac{|\widehat{a}_Ja_M-a_J\widehat{a}_M|}{\widehat{a}_Ja_M+a_J\widehat{a}_M}\leqslant e_2. \tag{7.2.12}
$$

又当 (7.2.10) 式中的条件成立时, 由定理 7.1.2,

$$
\rho-\|\Delta A\|_2\leqslant\widehat{\rho}\leqslant\rho+\|\Delta A\|_2,
$$

其中 $\widehat{\rho}=\min\limits_{J\in J(\widehat{A})}\sigma_{\min +}(\widehat{A}_J)$. 再根据 (7.2.5) 式, $\widehat{A}_M^{\dagger}\widehat{A}_M=\widehat{A}_J^{\dagger}\widehat{A}_J$, $A_JA_J^{\dagger}=I_r$,

$$\begin{aligned}&\|(\widehat{A}_J^{\dagger}-\widehat{A}_M^{\dagger}A_MA_J^{\dagger})I_J\|_2\\=&\|(\widehat{A}_M^{\dagger}(\widehat{A}_M-A_M)A_J^{\dagger}-\widehat{A}_J^{\dagger}(\widehat{A}_J-A_J)A_J^{\dagger})I_J\|_2\\=&\|(\widehat{A}_M^{\dagger}(\Delta A)_M-\widehat{A}_J^{\dagger}(\Delta A)_J)A_J^{\dagger}\|_2\\\leqslant&\frac{2\|\Delta A\|_2}{\rho\widehat{\rho}}\leqslant\frac{2\|\Delta A\|_2}{\rho(\rho-\|\Delta A\|_2)}.\end{aligned}\tag{7.2.13}$$

由 (7.2.12)~(7.2.13) 式中的不等式, 即得定理中的误差界, 并证明了充分性. □

定理 7.2.5 设 $A\in\mathbf{C}_r^{m\times n}$, $0<r$, $1>\Delta>0$ 为常数. 则对于任意的 $\widehat{A}=A+\Delta A\in\mathbf{C}_r^{m\times n}$, 其中 ΔA 充分小,

$$\sup_{\substack{W,\widehat{W}\in\mathcal{D},\\\eta\leqslant\Delta}}\|(\widehat{W}^{\frac12}\widehat{A})^{\dagger}\widehat{W}^{\frac12}(I-A(W^{\frac12}A)^{\dagger}W^{\frac12})\|_2<+\infty$$

成立, 当且仅当 (7.2.10) 式中的条件成立. 当件成立时, 对于任意满足 $\|\Delta A\|_2<\rho$ 的扰动矩阵 $\widehat{A}=A+\Delta A\in\mathbf{C}_r^{m\times n}$, 有

$$\begin{aligned}&\sup_{\substack{W,\ \widehat{W}\in\mathcal{D},\\\eta\leqslant\Delta}}\|(\widehat{W}^{\frac12}\widehat{A})^{\dagger}\widehat{W}^{\frac12}(I-A(W^{\frac12}A)^{\dagger}W^{\frac12})\|_2\\&\leqslant\frac{2}{\rho-\|\Delta A\|_2}\left(\frac{\|\Delta A\|_2}{\rho}+e_3\right),\\e_3=&\min\left\{(1+\Delta)^{r_m}\left(1+\frac{\|\Delta A\|_2}{\rho}\right)^{2r}-1,\right.\\&\left.1-(1-\Delta)^{2r_m}\left(1-\frac{\|\Delta A\|_2}{\rho}\right)^{4r}\right\}.\end{aligned}\tag{7.2.14}$$

证明 必要性由定理 7.2.4 可证 (只要取 $\widehat{W}=W\in\mathcal{D}$ 即可). 下证充分性. 若 (7.2.10) 式成立, 则由引理 7.2.1 可得

$$\begin{aligned}&\|(\widehat{W}^{\frac12}\widehat{A})^{\dagger}\widehat{W}^{\frac12}(I-A(W^{\frac12}A)^{\dagger}W^{\frac12})\|_2\\=&\left\|\frac{\sum\limits_J\sum\limits_M\left(\widehat{d}_Jd_M\widehat{a}_Ja_M\widehat{A}_J^{\dagger}(I_J-A_JA_M^{\dagger}I_M)+d_J\widehat{d}_Ma_J\widehat{a}_M\widehat{A}_M^{\dagger}(I_M-A_MA_J^{\dagger}I_J)\right)}{\sum\limits_K\sum\limits_N(\widehat{d}_Kd_N\widehat{a}_Ka_N+d_K\widehat{d}_Na_K\widehat{a}_N)}\right\|_2\\\leqslant&\max_{J,M\in J(A)}\frac{\|\widehat{a}_J\widehat{d}_Ja_Md_M\widehat{A}_J^{\dagger}(I_J-A_JA_M^{\dagger}I_M)+\widehat{a}_M\widehat{d}_Ma_Jd_J\widehat{A}_M^{\dagger}(I_M-A_MA_J^{\dagger}I_J)\|_2}{\widehat{a}_J\widehat{d}_Ja_Md_M+\widehat{a}_M\widehat{d}_Ma_Jd_J}\\\leqslant&\max_{J,M\in J(A)}\left(\frac{|\widehat{a}_J\widehat{d}_Ja_Md_M-\widehat{a}_M\widehat{d}_Ma_Jd_J|}{\widehat{a}_J\widehat{d}_Ja_Md_M+\widehat{a}_M\widehat{d}_Ma_Jd_J}\|\widehat{A}_J^{\dagger}I_J-\widehat{A}_M^{\dagger}I_M\|_2+\|(\widehat{A}_J^{\dagger}-\widehat{A}_M^{\dagger}A_MA_J^{\dagger})I_J\|_2\right).\end{aligned}$$

另外，由 (7.2.8)~(7.2.9) 式, 对于给定的 $J,\ M\in J(A)=J(\widehat{A})$, 可以推出

$$\frac{|\widehat{a}_J\widehat{d}_J a_M d_M - a_J d_J \widehat{a}_M \widehat{d}_M|}{\widehat{a}_J\widehat{d}_J a_M d_M + a_J d_J \widehat{a}_M \widehat{d}_M} = \frac{|\widehat{d}_{J/M} d_{M/J}\widehat{a}_J a_M - d_{J/M}\widehat{d}_{M/J} a_J \widehat{a}_M|}{\widehat{d}_{J/M} d_{M/J}\widehat{a}_J a_M + d_{J/M}\widehat{d}_{M/J} a_J \widehat{a}_M} \leqslant e_3.$$

由上面两个估计式和 (7.2.13) 式, 可得 (7.2.14) 式. □

注 7.2.1 由定理 7.2.3~ 定理 7.2.5 可知, 当 $\|\Delta A\|_2\to 0$ 且 $\Delta\to 0$ 时,

$$\|(\widehat{W}^{\frac{1}{2}}\widehat{A})^\dagger \widehat{W}^{\frac{1}{2}}(I-A(W^{\frac{1}{2}}A)^\dagger W^{\frac{1}{2}})\|_2 \rightrightarrows 0,$$

当且仅当 $\mathrm{rank}(\widehat{A})=\mathrm{rank}(A)=r$, 且 A 中任意 r 行线性无关. 这些条件在研究加权 MP 逆的稳定性问题以及加权最小二乘问题和等式约束加权最小二乘问的扰动界时也非常重要. 注意定理 7.2.3 和 7.2.4 均为定理 7.2.5 的特殊情况.

现在考虑如下情形: $\mathcal{P}\subset\mathcal{P}(A)$ 满足

$$\begin{aligned}\mathcal{P}=\{W=UDU^T:\ \ & U\in\mathcal{U},\ D=\mathrm{diag}(d_1,\cdots,d_l)\geqslant 0,\\ & \text{使得 } \mathrm{rank}(WA)=\mathrm{rank}(A)\},\end{aligned} \tag{7.2.15}$$

其中 $\mathcal{U}\subset\mathbf{R}^{m\times l}$ 给定, 且满足

$$\begin{aligned}&\forall U\in\mathcal{U},\ \mathrm{rank}(U^TA) = r,\\ &\sup_{U\in\mathcal{U}}\ \max_{J\in J(U^TA)}\|(U_J^TA)^\dagger U_J^T\|_2 < +\infty.\end{aligned} \tag{7.2.16}$$

定理 7.2.6 设 $A\in\mathbf{C}_r^{m\times n}$, $0<r$, $\mathcal{P}$ 如 (7.2.15)~(7.2.16) 式定义. 则对于任意 $\widehat{A}=A+\Delta A\in\mathbf{C}_r^{m\times n}$, 其中 ΔA 充分小,

$$\sup_{W\in\mathcal{P}}\|(W^{\frac{1}{2}}\widehat{A})^\dagger W^{\frac{1}{2}}(I-A(W^{\frac{1}{2}}A)^\dagger W^{\frac{1}{2}})\|_2<+\infty,$$

当且仅当对于任一 $U\in\mathcal{U}$ 和 r 维指标向量 $J=\{i_1,\cdots,i_r\}\subset\{1,\cdots,m\}$, 其中 $i_1<\cdots<i_r$,

$$\mathrm{rank}(U_J^T)=r \text{ 隐含 } \mathrm{rank}(U_J^TA)=r. \tag{7.2.17}$$

若 (7.2.17) 式成立, 则对于任一满足 $\|\Delta A\|_2<\rho$ 的矩阵 $\widehat{A}=A+\Delta A\in\mathbf{C}_r^{m\times n}$, 和 $U\in\mathcal{U}$, 有 $J(U^T\widehat{A})=J(U^TA)$, 并有

$$\left\{\begin{aligned}&\sup_{W\in\mathcal{P}}\|(W^{\frac{1}{2}}\widehat{A})^\dagger W^{\frac{1}{2}}(I-A(W^{\frac{1}{2}}A)^\dagger W^{\frac{1}{2}})\|_2\leqslant\frac{2}{\rho-\|\Delta A\|_2}\left(\frac{\|\Delta A\|_2}{\rho}+e_2\right),\\ &e_2=\min\left\{\left(1+\frac{\|\Delta A\|_2}{\rho}\right)^{2r}-1,\ 1-\left(1-\frac{\|\Delta A\|_2}{\rho}\right)^{4r}\right\}.\end{aligned}\right. \tag{7.2.18}$$

证明　定义

$$B = U^T A,\ \widehat{B} = U^T \widehat{A},\ d_J = \det(D_{JJ}),$$
$$b_J = \det(B_J(B_J)^H),\ \widehat{b}_J = \det(\widehat{B}_J(\widehat{B}_J)^H).$$

可以推出

$$\begin{aligned}&(W^{\frac{1}{2}}\widehat{A})^{\dagger}W^{\frac{1}{2}}(I - A(W^{\frac{1}{2}}A)^{\dagger}W^{\frac{1}{2}})\\ =&(D^{\frac{1}{2}}\widehat{B})^{\dagger}D^{\frac{1}{2}}(I - B(D^{\frac{1}{2}}B)^{\dagger}D^{\frac{1}{2}})U^T.\end{aligned}$$

因此由引理 7.2.1, 有

$$\begin{aligned}&(W^{\frac{1}{2}}\widehat{A})^{\dagger}W^{\frac{1}{2}}(I - A(W^{\frac{1}{2}}A)^{\dagger}W^{\frac{1}{2}})\\ =&\frac{\displaystyle\sum_{J\in J(\widehat{B})}\sum_{M\in J(B)}\widehat{b}_J d_J b_M d_M \widehat{B}_J^{\dagger}(U_J^T - B_J B_M^{\dagger} U_M^T)}{\displaystyle\sum_{K\in J(\widehat{B})}\sum_{N\in J(B)}\widehat{b}_K d_K b_N d_N}.\end{aligned}\tag{7.2.19}$$

类似定理 7.2.4 的证明, 对于充分小的 ΔA, 加权投影矩阵有界, 当且仅当 (7.2.17) 式成立. 如果 (7.2.17) 式成立, 类似定理 7.2.4 的证明, 可得 (7.2.18) 式, 不过需要以下的不等式

$$\left(1-\frac{\|\Delta A\|_2}{\rho}\right)^{2r} \leqslant \frac{\widehat{b}_M}{b_M} \leqslant \left(1+\frac{\|\Delta A\|_2}{\rho}\right)^{2r},\quad \left(1-\frac{\|\Delta A\|_2}{\rho}\right)^{2r} \leqslant \frac{b_J}{\widehat{b}_J}.$$

事实上, 记 $\lambda_j(C)$ 为方阵 C 的非零特征值. 则对于 $j = 1:r$, 有

$$\begin{aligned}\lambda_j(B_M B_M^H (U_M^T)^{\dagger T}(U_M^T)^{\dagger}) &= \lambda_j((U_M^T)^{\dagger} B_M B_M^H (U_M^T)^{\dagger T})\\ &= \sigma_j((U_M^T)^{\dagger} B_M)^2,\\ \lambda_j(\widehat{B}_M \widehat{B}_M^H (U_M^T)^{\dagger T}(U_M^T)^{\dagger}) &= \lambda_j((U_M^T)^{\dagger} \widehat{B}_M \widehat{B}_M^H (U_M^T)^{\dagger T})\\ &= \sigma_j((U_M^T)^{\dagger} \widehat{B}_M)^2,\end{aligned}$$

从而有

$$\frac{\widehat{b}_M}{b_M} = \prod_{1\leqslant k\leqslant r}\left(\frac{\sigma_k((U_M^T)^{\dagger}\widehat{B}_M)}{\sigma_k((U_M^T)^{\dagger}B_M)}\right)^2 \leqslant \prod_{1\leqslant k\leqslant r}\left(1+\frac{\|(U_M^T)^{\dagger}\Delta B\|_2}{\sigma_k((U_M^T)^{\dagger}B_M)}\right)^2 \leqslant \left(1+\frac{\|\Delta A\|_2}{\rho}\right)^{2r},$$

$$\frac{\widehat{b}_M}{b_M} \geqslant \prod_{\substack{1\leqslant k\leqslant r,\\ \sigma_k((U_M^T)^{\dagger}\widehat{B}_M)<\sigma_k((U_M^T)^{\dagger}B_M)}}\left(1-\frac{\|(U_M^T)^{\dagger}\Delta B\|_2}{\sigma_k((U_M^T)^{\dagger}B_M)}\right)^2 \geqslant \left(1-\frac{\|\Delta A\|_2}{\rho}\right)^{2r},$$

$$\frac{b_J}{\widehat{b}_J} \geqslant \prod_{\substack{1\leqslant k\leqslant r,\\ \sigma_k((U_J^T)^{\dagger}B_J)<\sigma_k((U_J^T)^{\dagger}\widehat{B}_J)}}\left(1-\frac{\|(U_J^T)^{\dagger}\Delta B\|_2}{\sigma_k((U_J^T)^{\dagger}\widehat{B}_J)}\right)^2 \geqslant \left(1-\frac{\|\Delta A\|_2}{\rho}\right)^{2r}.$$

□

§ 7.3 加权最小二乘问题的稳定性扰动

本节将运用前面几节的结果导出 WLS 问题的稳定性扰动上界, 内容取自 [243].

给定 $A,\ \widehat{A} \in \mathbf{C}_r^{m\times n}$, $W,\ \widehat{W} \in \mathcal{P}(A)$, 有

$$\begin{aligned} A_W &= WA(WA)^\dagger A, \quad A_W^\dagger = (W^{\frac{1}{2}}A)^\dagger W^{\frac{1}{2}}, \\ \widehat{A}_W &= W\widehat{A}(W\widehat{A})^\dagger \widehat{A}, \quad \widehat{A}_{\widehat{W}}^\dagger = (\widehat{W}^{\frac{1}{2}}\widehat{A})^\dagger \widehat{W}^{\frac{1}{2}}. \end{aligned} \tag{7.3.1}$$

定理 7.3.1 设 $A,\ \widehat{A} \in \mathbf{C}_r^{m\times n}$, $W,\ \widehat{W} = W + \Delta W \in \mathcal{D}$ 是对角正定矩阵, 并且 $\|W^{-1}\Delta W\|_2 \leqslant \Delta < 1$, $b,\ \widehat{b} \in \mathbf{C}^m$, $\|\Delta A\|_2 < \rho$, 且

$$A \text{ 的任意 } r \text{ 行线性无关}. \tag{7.3.2}$$

对于原始的和扰动的 WLS 问题,

$$\|W^{\frac{1}{2}}(Ax-b)\|_2 = \min_{y\in\mathbf{C}^n} \|W^{\frac{1}{2}}(Ay-b)\|_2, \tag{7.3.3}$$

$$\|\widehat{W}^{\frac{1}{2}}(\widehat{A}x-\widehat{b})\|_2 = \min_{y\in\mathbf{C}^n} \|\widehat{W}^{\frac{1}{2}}(\widehat{A}y-\widehat{b})\|_2, \tag{7.3.4}$$

有

$$\begin{aligned} \|\widehat{x}_{\mathrm{WLS}} - x_{\mathrm{WLS}}\|_2 \leqslant \frac{1}{\rho - \|\Delta A\|_2} \Big\{ &\|\Delta b\|_2 + (1+\delta_{rn})\|\Delta A\|_2 \|x_{\mathrm{WLS}}\|_2 \\ &+2\left(\frac{\|\Delta A\|_2}{\rho} + e_3\right)\|r\|_2 \Big\}, \end{aligned} \tag{7.3.5}$$

其中 x_{WLS} 和 $\widehat{x}_{\mathrm{WLS}}$ 分别为 WLS 问题 (7.3.3) 和 (7.3.4) 的极小范数 WLS 解, $r = b - Ax_{\mathrm{WLS}} = (I - AA_W^\dagger)b$ 是残量,

$$\begin{aligned} e_3 = \min\Big\{ &(1+\Delta)^{r_m}\left(1 + \frac{\|\Delta A\|_2}{\rho}\right)^{2r} - 1, \\ &1 - (1-\Delta)^{2r_m}\left(1 - \frac{\|\Delta A\|_2}{\rho}\right)^{4r} \Big\}, \end{aligned}$$

$$\delta_{rn} = \begin{cases} 0, & \text{当 } r = n \text{ 时}, \\ 1, & \text{当 } r < n \text{ 时}. \end{cases}$$

若 $r < n$, 则对于 WLS 问题 (7.3.3) 的任一 WLS 解

$$x = A_W^\dagger b + (I - A^\dagger A)z, \tag{7.3.6}$$

存在 WLS 问题 (7.3.4) 的一个 WLS 解 $\widehat{x}$, 使得

$$\|\widehat{x}-x\|_2 \leqslant \frac{1}{\rho-\|\Delta A\|_2}\left\{\|\Delta b\|_2+\sqrt{2}\|\Delta A\|_2\|x\|_2 + 2\left(\frac{\|\Delta A\|_2}{\rho}+e_3\right)\|r\|_2\right\}. \tag{7.3.7}$$

证明 由定理 3.4.2 知, $x_{\mathrm{WLS}}=A_W^{\dagger}b$, $\widehat{x}_{\mathrm{WLS}}=\widehat{A}_{\widehat{W}}^{\dagger}\widehat{b}$. 再根据定理 3.5.1, 有

$$\begin{aligned}\Delta x_{\mathrm{WLS}} =& \widehat{A}_{\widehat{W}}^{\dagger}(\Delta b-\Delta A x_{\mathrm{WLS}})-(I-\widehat{A}^{\dagger}\widehat{A})A^{\dagger}Ax_{\mathrm{WLS}} \\ &+\widehat{A}_{\widehat{W}}^{\dagger}(I-AA_W^{\dagger})r.\end{aligned} \tag{7.3.8}$$

若 (7.3.2) 式成立, 由定理 7.1.2 和推论 7.1.3 可得

$$\sup_{W\in\mathcal{D}}\|A_W^{\dagger}\|_2=\frac{1}{\rho},\quad \sup_{W\in\mathcal{D}}\|\widehat{A}_W^{\dagger}\|_2=\frac{1}{\widehat{\rho}}\leqslant\frac{1}{\rho-\|\Delta A\|_2}.$$

对 (7.3.8) 式两边取范数, 并应用定理 7.2.5, 即得 (7.3.5) 式.

当 $r<n$ 时, 对于 WLS 问题 (7.3.3) 的任一形如 (7.3.6) 式的 WLS 解 x, 令

$$\widehat{x}=\widehat{A}_{\widehat{W}}^{\dagger}\widehat{b}+(I-\widehat{A}^{\dagger}\widehat{A})\Big[x_{\mathrm{WLS}}+(I-A^{\dagger}A)z\Big], \tag{7.3.9}$$

则 $\widehat{x}$ 是 WLS 问题 (7.3.4) 的解, 且有

$$\begin{aligned}\Delta x =& \widehat{A}_{\widehat{W}}^{\dagger}(\Delta b-\Delta A x_{\mathrm{WLS}})-\widehat{A}^{\dagger}\widehat{A}(I-A^{\dagger}A)z \\ &+\widehat{A}_{\widehat{W}}^{\dagger}(I-AA_W^{\dagger})r.\end{aligned} \tag{7.3.10}$$

对 (7.3.10) 式两边取范数, 并应用定理 7.1.2, 推论 7.1.3 和定理 7.2.5, 和 Cauchy-Schwartz 不等式, 即得 (7.3.7) 式. □

当 $\widehat{A}=A\in R_n^{m\times n}$ 时, Vavasis[207] 导出了 $\|\widehat{x}_{\mathrm{WLS}}-x_{\mathrm{WLS}}\|_2$ 的一个误差界. 事实上, 该估计式可以推广到 $\widehat{A}=A\in \mathbf{C}_r^{m\times n}$ 的情形.

定理 7.3.2 在定理 7.3.1 的条件和记号下, 若还有 $\widehat{A}=A$, 则有如下估计式:

$$\begin{aligned}\|\widehat{x}_{\mathrm{WLS}}-x_{\mathrm{WLS}}\|_2 &\leqslant \frac{1}{\rho}\{\|\Delta b\|_2+2e_1\|r\|_2\}, \\ \|\widehat{x}-x\|_2 &\leqslant \frac{1}{\rho}\{\|\Delta b\|_2+2e_1\|r\|_2\},\end{aligned} \tag{7.3.11}$$

$$e_1=\min\{(1+\Delta)^{r_m}-1,\ 1-(1-\Delta)^{2r_m}\},$$

$$\begin{aligned}\|\widehat{x}_{\mathrm{WLS}}-x_{\mathrm{WLS}}\|_2 &\leqslant \frac{1}{\rho}\left\{\|\Delta b\|_2+\Delta\left(1+\frac{1}{\rho}\right)\|b\|_2\right\}, \\ \|\widehat{x}-x\|_2 &\leqslant \frac{1}{\rho}\left\{\|\Delta b\|_2+\Delta\left(1+\frac{1}{\rho}\right)\|b\|_2\right\},\end{aligned} \tag{7.3.12}$$

其中 $\frac{1}{\bar{\rho}}=\sup_{W\in\mathcal{D}}\|AA_W^\dagger\|_2\geqslant 1$ 为加权投影矩阵的上确界.

证明 有 $\Delta A=0$, $\widehat{A}_{\widehat{W}}^\dagger=A_{\widehat{W}}^\dagger$. 应用 (7.3.8) 和 (7.3.10) 式, 有

$$\begin{aligned}\widehat{x}_{\mathrm{WLS}}-x_{\mathrm{WLS}}&=A_{\widehat{W}}^\dagger\Delta b+A_{\widehat{W}}^\dagger(I-AA_W^\dagger)r\\&=A_{\widehat{W}}^\dagger\Delta b-A_W^\dagger(I-AA_{\widehat{W}}^\dagger)r,\\ \widehat{x}-x&=A_{\widehat{W}}^\dagger\Delta b+A_{\widehat{W}}^\dagger(I-AA_W^\dagger)r\\&=A_{\widehat{W}}^\dagger\Delta b-A_W^\dagger(I-AA_{\widehat{W}}^\dagger)r.\end{aligned}$$

由定理 7.2.3 可得 (7.3.11) 式. 另外, 由等式 $A^H\widehat{W}(I-AA_{\widehat{W}}^\dagger)=0$, 有

$$\begin{aligned}A_W^\dagger(I-AA_{\widehat{W}}^\dagger)&=(A^HWA)^\dagger A^HW(I-AA_{\widehat{W}}^\dagger)\\&=(A^HWA)^\dagger A^HWW^{-1}(W-\widehat{W})(I-AA_{\widehat{W}}^\dagger)\\&=-A_W^\dagger W^{-1}\Delta W(I-AA_{\widehat{W}}^\dagger),\end{aligned}$$

因而

$$\begin{aligned}\|A_W^\dagger(I-AA_{\widehat{W}}^\dagger)\|_2&\leqslant\|A_W^\dagger\|_2\|W^{-1}\Delta W\|_2\|(I-AA_{\widehat{W}}^\dagger)\|_2\\&\leqslant\frac{\Delta}{\rho}\left(1+\frac{1}{\bar{\rho}}\right),\end{aligned}$$

得到 (7.3.12) 式. □

注 7.3.1 比较 (7.3.11) 和 (7.3.12) 式, 易知当 $\bar{\rho}$ 接近 1 且 r 或 $m-r$ 较小时, (7.3.11) 和 (7.3.12) 式给出的误差界限同阶; 当 $\bar{\rho}$ 接近 1 且 r 和 $m-r$ 都比较大时, (7.3.12) 式中的界限较优; 而当 $\bar{\rho}$ 远大于 1 且 r 或 $m-r$ 较小时, 则 (7.3.11) 式中的界限较优.

定理 7.3.3 设 A, $\widehat{A}=A+\Delta A\in\mathbf{C}_r^{m\times n}$, b, $\widehat{b}\in\mathbf{C}^m$, $\|\Delta A\|_2<\rho$, $W=UDU^T\in\mathcal{P}$, 其中 $\mathcal{P}$ 由定理 6.2.4 定义, 且对于任意指标向量 $J=\{i_1,\cdots,i_r\}$, $1\leqslant i_1<\cdots<i_r\leqslant m$,

$$\mathrm{rank}(U_J^T)=r\ \text{隐含}\ \mathrm{rank}(U_J^TA)=r. \tag{7.3.13}$$

对于原始的和扰动的 WLS 问题,

$$\|W^{\frac{1}{2}}(Ax-b)\|_2=\min_{y\in\mathbf{C}^n}\|W^{\frac{1}{2}}(Ay-b)\|_2, \tag{7.3.14}$$

$$\|W^{\frac{1}{2}}(\widehat{A}x-\widehat{b})\|_2=\min_{y\in\mathbf{C}^n}\|W^{\frac{1}{2}}(\widehat{A}y-\widehat{b})\|_2, \tag{7.3.15}$$

有

$$\begin{aligned}\|\widehat{x}_{\mathrm{WLS}}-x_{\mathrm{WLS}}\|_2\leqslant\frac{1}{\rho-\|\Delta A\|_2}\Bigg\{&(\|\Delta b\|_2+(1+\delta_{rn})\|\Delta A\|_2\|x_{\mathrm{WLS}}\|_2)\\&+2\left(\frac{\|\Delta A\|_2}{\rho}+e_2\right)\|r\|_2\Bigg\},\end{aligned} \tag{7.3.16}$$

其中 $r = (I - AA_W^\dagger)b$ 是残量,

$$e_2 = \min\left\{ \left(1 + \frac{\|\Delta A\|_2}{\rho}\right)^{2r} - 1,\ 1 - \left(1 - \frac{\|\Delta A\|_2}{\rho}\right)^{4r} \right\}.$$

若 $r < n$, 则对于 (7.3.14) 式的任一形如 (7.3.6) 式的 WLS 解 x, 存在一个 (7.3.14) 式的 WLS 解 $\widehat{x}$, 使得

$$\|\widehat{x} - x\|_2 \leqslant \frac{1}{\rho - \|\Delta A\|_2}\left\{ \|\Delta b\|_2 + \sqrt{2}\|\Delta A\|_2\|x\|_2 \right.$$
$$\left. +2\left(\frac{\|\Delta A\|_2}{\rho} + e_2\right)\|r\|_2 \right\}. \tag{7.3.17}$$

证明 注意 $\widehat{x}_{\mathrm{WLS}} - x_{\mathrm{WLS}}$ 和 $\widehat{x} - x$ 分别满足 (7.3.8) 和 (7.3.10) 式, 其中只要用 W 替代 $\widehat{W}$. 定理的证明与定理 7.3.1 的证明类似, 只需用定理 7.2.6 替代定理 7.2.4 估计 $\|\widehat{A}_W^\dagger(I - AA_W^\dagger)\|_2$. □

§ 7.4 约束加权最小二乘问题的稳定性扰动

这一节推导 WLSE 问题的扰动界, 内容取自 [235] 及 [243].

对于给定的矩阵

$$L,\ \widehat{L} = L + \Delta L \in \mathbf{C}_p^{m_1\times n}, \quad K,\ \widehat{K} = K + \Delta K \in \mathbf{C}^{m_2\times n},$$
$$A = \begin{pmatrix} L \\ K \end{pmatrix} \in \mathbf{C}_r^{m\times n}, \quad \widehat{A} = \begin{pmatrix} \widehat{L} \\ \widehat{K} \end{pmatrix} = A + \Delta A \in \mathbf{C}_r^{m\times n},$$

和 $W,\ \widehat{W} = W + \Delta W \in \mathcal{P}_2$, 有

$$\begin{aligned} A_W &= \begin{pmatrix} L \\ WK(WKP)^\dagger K \end{pmatrix}, \quad A_W^\dagger = (L^\ddagger_{W^{\frac{1}{2}}K}, (W^{\frac{1}{2}}KP)^\dagger W^{\frac{1}{2}}), \\ \widehat{A}_{\widehat{W}} &= \begin{pmatrix} \widehat{L} \\ \widehat{W}\widehat{K}(\widehat{W}\widehat{K})^\dagger \widehat{K} \end{pmatrix}, \quad \widehat{A}_{\widehat{W}}^\dagger = (\widehat{L}^\ddagger_{\widehat{W}^{\frac{1}{2}}\widehat{K}}, (\widehat{W}^{\frac{1}{2}}\widehat{K}\widehat{P})^\dagger \widehat{W}^{\frac{1}{2}}), \end{aligned} \tag{7.4.1}$$

其中 $\mathcal{P}_2 \subseteq \mathcal{P}(KP)$ 满足

$$\begin{aligned} \mathcal{P}_2 = \{W = UDU^T:\ & U \in \mathcal{U},\ D = \mathrm{diag}(d_1, \cdots, d_l) \geqslant 0, \\ & \text{满足 } \mathrm{rank}(WKP) = \mathrm{rank}(KP)\}, \end{aligned} \tag{7.4.2}$$
$$\sup_{W\in\mathcal{P}_2} \|A_W^\dagger\|_2 < +\infty.$$

引理 7.4.1 设 $L \in \mathbf{C}_p^{m_1\times n}$, $K \in \mathbf{C}^{m_2\times n}$, $A \in \mathbf{C}_r^{m\times n}$, $\mathcal{P}_2$ 由 (7.4.2) 式给出. 令

$$
\begin{aligned}
\rho_2 &\equiv \inf_{U\in\mathcal{U}} \min_{J\in J(U^TKP)} \sigma_{\min+}\begin{pmatrix} L \\ U_J^{\dagger T}U_J^TK \end{pmatrix} \\
&= \left(\sup_{W\in\mathcal{P}_2} \|A_W^\dagger\|_2\right)^{-1}, \\
\rho_1 &\equiv \inf_{U\in\mathcal{U}} \min_{J\in J(U^TKP)} \sigma_{\min+}(U_J^{\dagger T}U_J^TKP) \\
&= \left(\sup_{W\in\mathcal{P}_2} \|(W^{\frac{1}{2}}KP)^\dagger W^{\frac{1}{2}}\|_2\right)^{-1}.
\end{aligned}
\tag{7.4.3}
$$

则有

$$
\rho_2 \leqslant \rho_1. \tag{7.4.4}
$$

证明 (7.4.3) 式分别由定理 6.3.4 和 6.2.4 证明. 令 L 的酉分解为

$$
L = (G,0)V^H = GV_1^H,
$$

其中 G 列满秩, $V=(V_1,\ V_2)$ 为酉矩阵, V_1 为 V 的前 p 列. 则对于任意给定的 $W=UDU^T\in\mathcal{P}_2$, $J\in J(U^TKP)$, 有

$$
\begin{aligned}
\begin{pmatrix} L \\ U_J^{\dagger T}U_J^TK \end{pmatrix} &= \begin{pmatrix} GV_1^H \\ U_J^{\dagger T}U_J^TK(V_1V_1^H+V_2V_2^H) \end{pmatrix} \\
&= \begin{pmatrix} G & 0 \\ U_J^{\dagger T}U_J^TKV_1 & U_J^{\dagger T}U_J^TKV_2 \end{pmatrix} V^H.
\end{aligned}
$$

由矩阵及其子矩阵的奇异值的分隔定理, 有

$$
\begin{aligned}
\sigma_{r-p}\begin{pmatrix} L \\ U_J^{\dagger T}U_J^TK \end{pmatrix} &= \sigma_{r-p}\begin{pmatrix} G & 0 \\ U_J^{\dagger T}U_J^TKV_1 & U_J^{\dagger T}U_J^TKV_2 \end{pmatrix} \\
&\geqslant \sigma_{r-p}\begin{pmatrix} 0 \\ U_J^{\dagger T}U_J^TKV_2 \end{pmatrix} \\
&\geqslant \sigma_r\begin{pmatrix} G & 0 \\ U_J^{\dagger T}U_J^TKV_1 & U_J^{\dagger T}U_J^TKV_2 \end{pmatrix} \\
&= \sigma_r\begin{pmatrix} L \\ U_J^{\dagger T}U_J^TK \end{pmatrix},
\end{aligned}
$$

从而

$$
\rho_2 \leqslant \sigma_r\begin{pmatrix} L \\ U_J^{\dagger T}U_J^TK \end{pmatrix} \leqslant \sigma_{r-p}(U_J^{\dagger T}U_J^TKV_2) = \sigma_{r-p}(U_J^{\dagger T}U_J^TKP).
$$

由于上述不等式对任意 $J \in J(U^T KP)$ 成立, 所以 (7.4.4) 式成立. □

定理 7.4.2 设

$$L,\ \widehat{L} = L + \Delta L \in \mathbf{C}^{m_1 \times n},\ K,\ \widehat{K} = K + \Delta K \in \mathbf{C}^{m_2 \times n},$$

$$A = \begin{pmatrix} L \\ K \end{pmatrix},\ \widehat{A} = A + \Delta A = \begin{pmatrix} \widehat{L} \\ \widehat{K} \end{pmatrix} \in \mathbf{C}^{m \times n},\ W,\ \widehat{W} = W + \Delta W \in \mathcal{D}_2,$$

$$h,\ \widehat{h} \in \mathbf{C}^{m_1},\ g,\ \widehat{g} \in \mathbf{C}^{m_2},\ b = \begin{pmatrix} h \\ g \end{pmatrix},\ \widehat{b} = \begin{pmatrix} \widehat{h} \\ \widehat{g} \end{pmatrix}$$

给定, 并且 $h \in R(L)$,

$$\begin{aligned} &\operatorname{rank}(\widehat{L}) = \operatorname{rank}(L) = p, \quad \operatorname{rank}(\widehat{A}) = \operatorname{rank}(A) = r, \\ &KP \text{ 的任意 } r-p \text{ 行线性无关}, \end{aligned} \tag{7.4.5}$$

$$\|W^{-1}\Delta W\|_2 \leqslant \Delta < 1,\ \|\Delta A\|_2 < \rho_2,\ \|\Delta K\|_2 + \|\Delta L\|_2 \|L^\dagger\|_2 \|K\|_2 < \rho_1.$$

对于原始的和扰动的 WLSE 问题

$$\begin{aligned} \|W^{\frac{1}{2}}(Kx - g)\|_2 &= \min_{y \in \mathbf{C}^n} \|W^{\frac{1}{2}}(Ky - g)\|_2 \\ \text{满足 } Lx &= h, \end{aligned} \tag{7.4.6}$$

$$\begin{aligned} \|\widehat{W}^{\frac{1}{2}}(\widehat{K}x - \widehat{g})\|_2 &= \min_{y \in \mathbf{C}^n} \|\widehat{W}^{\frac{1}{2}}(\widehat{K}y - \widehat{g})\|_2 \\ \text{满足 } \|\widehat{L}x - \widehat{h}\|_2 &= \min_{z \in \mathbf{C}^n} \|\widehat{L}z - \widehat{h}\|_2, \end{aligned} \tag{7.4.7}$$

记 $\Delta x_{\text{WLSE}} = \widehat{x}_{\text{WLSE}} - x_{\text{WLSE}}$. 则

$$\begin{aligned} \|\Delta x_{\text{WLSE}}\|_2 \leqslant \frac{1}{\rho_2 - \|\Delta A\|_2} \Bigg\{ & (\|\Delta b\|_2 + (1 + \delta_{rn})\|\Delta A\|_2 \|x_{\text{WLSE}}\|_2) \\ & + 2\left(\frac{\|\Delta K\|_2 + \|\Delta L\|_2 \|L^\dagger\|_2 \|K\|_2}{\rho_1} + e_4 \right) \|r_K\|_2 \Bigg\}, \\ e_4 = \min \Bigg\{ & (1+\Delta)^{r_{m2}} \left(1 + \frac{\|\Delta K\|_2 + \|\Delta L\|_2 \|L^\dagger\|_2 \|K\|_2}{\rho_1} \right)^{2(r-p)} - 1, \\ & 1 - (1-\Delta)^{2r_{m2}} \left(1 - \frac{\|\Delta K\|_2 + \|\Delta L\|_2 \|L^\dagger\|_2 \|K\|_2}{\rho_1} \right)^{4(r-p)} \Bigg\}, \end{aligned} \tag{7.4.8}$$

其中

$$r_{m2} = \min\{r-p, m_2 - r + p\}, r_K = (I - KP(KP)^\dagger)(g - KL^\dagger h).$$

若 $r < n$, 则对于 WLSE 问题 (7.4.6) 的任意 WLSE 解

$$x = A_W^\dagger b + (I - A^\dagger A)z, \tag{7.4.9}$$

存在 (7.4.7) 式的 WLSE 解 $\widehat{x}$, 使得

$$\begin{aligned}\|\widehat{x}-x\|_2 \leqslant &\frac{1}{\rho_2-\|\Delta A\|_2}\left\{\|\Delta b\|_2+\sqrt{2}\|\Delta A\|_2\|x\|_2\right.\\ &\left.+2\left(\frac{\|\Delta K\|_2+\|\Delta L\|_2\|L^\dagger\|_2\|K\|_2}{\rho_1}+e_4\right)\|r_K\|_2\right\}.\end{aligned} \tag{7.4.10}$$

证明 由定理 5.5.2, 有

$$\begin{aligned}\Delta x_{\mathrm{WLSE}} = &\widehat{A}_{\widehat{W}}^\dagger(\Delta b - \Delta A x_{\mathrm{WLSE}}) - (I - \widehat{A}^\dagger \widehat{A})A^\dagger A x_{\mathrm{WLSE}}\\ &+(\widehat{W}^{\frac{1}{2}}\widehat{K}\widehat{P})^\dagger \widehat{W}^{\frac{1}{2}}(I - K(W^{\frac{1}{2}}KP)^\dagger W^{\frac{1}{2}})r_K.\end{aligned} \tag{7.4.11}$$

对上式两边取范数, 有

$$\begin{aligned}\|\Delta x_{\mathrm{WLSE}}\|_2 \leqslant &\frac{1}{\widehat{\rho}_2}\left(\|\Delta b\|_2 + (1+\delta_{rn})\|\Delta A\|_2\|x_{\mathrm{WLSE}}\|_2\right)\\ &+\|(\widehat{W}^{\frac{1}{2}}\widehat{K}\widehat{P})^\dagger \widehat{W}^{\frac{1}{2}}(I - K(W^{\frac{1}{2}}KP)^\dagger W^{\frac{1}{2}})r_K\|_2.\end{aligned}$$

由定理所给的条件和定理 7.1.2, 引理 7.4.1, 有

$$\widehat{\rho}_1 \geqslant \widehat{\rho}_2 \geqslant \rho_2 - \|\Delta A\|_2,$$

再根据定理 7.2.5 (其中取 $A \equiv KP$, $\widehat{A} \equiv \widehat{K}\widehat{P}$), 以及估计式

$$\begin{aligned}\|\widehat{K}\widehat{P} - KP\|_2 &\leqslant \|\Delta K\|_2 + \|\widehat{P} - P\|_2\|K\|_2\\ &\leqslant \|\Delta K\|_2 + \|\Delta L\|_2\|L^\dagger\|_2\|K\|_2,\end{aligned}$$

即得 (7.4.8) 式.

当 $r < n$ 时, 对于 WLSE 问题 (7.4.6) 的形如 (7.4.9) 式的 WLSE 解 x, 令

$$\widehat{x} = \widehat{A}_{\widehat{W}}^\dagger \widehat{b} + (I - \widehat{A}^\dagger \widehat{A})[x_{\mathrm{WLSE}} + (I - A^\dagger A)z], \tag{7.4.12}$$

则 $\widehat{x}$ 为 WLSE 问题 (7.4.7) 的 WLSE 解. 由定理 5.5.2, 有

$$\begin{aligned}\widehat{x} - x = &\widehat{A}_{\widehat{W}}^\dagger(\Delta b - \Delta A x_{\mathrm{WLSE}}) - \widehat{A}^\dagger \widehat{A}(I - A^\dagger A)z\\ &+(\widehat{W}^{\frac{1}{2}}\widehat{K}\widehat{P})^\dagger \widehat{W}^{\frac{1}{2}}(I - K(W^{\frac{1}{2}}KP)^\dagger W^{\frac{1}{2}})r_K.\end{aligned} \tag{7.4.13}$$

对上式两边取范数, 并应用 Cauchy-Schwartz 不等式, 即可证得 (7.4.10) 式. □

定理 7.4.3　设

$$L,\ \widehat{L}\in \mathbf{C}^{m_1\times n},\ K,\ \widehat{K}\in \mathbf{C}^{m_2\times n},\ A=\begin{pmatrix} L \\ K \end{pmatrix},\ \widehat{A}=A+\Delta A=\begin{pmatrix} \widehat{L} \\ \widehat{K} \end{pmatrix}\in \mathbf{C}^{m\times n},$$
$$h,\ \widehat{h}\in \mathbf{C}^{m_1}, g,\ \widehat{g}\in \mathbf{C}^{m_2},\ b=\begin{pmatrix} h \\ g \end{pmatrix},\ \widehat{b}=\begin{pmatrix} \widehat{h} \\ \widehat{g} \end{pmatrix},$$

$W=UDU^T\in \mathcal{P}_2$ 给定, 且 $h\in \mathcal{R}(L)$,

$$\begin{aligned} &\mathrm{rank}(\widehat{L})=\mathrm{rank}(L)=p, \quad \mathrm{rank}(\widehat{A})=\mathrm{rank}(A)=r, \\ &\mathrm{rank}(U_J^T)=r-p\ \ \text{隐含}\ \mathrm{rank}(U_J^T KP)=r-p, \\ &\|\Delta A\|_2<\rho_2,\ \|\Delta K\|_2+\|\Delta L\|_2\|L^\dagger\|_2\|K\|_2<\rho_1. \end{aligned} \tag{7.4.14}$$

则对 WLSE 问题 (7.4.6) 和 (7.4.7) 的极小范数 WLSE 解 x_{WLSE} 和 $\widehat{x}_{\mathrm{WLSE}}$, 有

$$\begin{aligned} \|\Delta x_{\mathrm{WLSE}}\|_2 \leqslant & \frac{1}{\rho_2-\|\Delta A\|_2}\Bigg\{ (\|\Delta b\|_2+(1+\delta_{rn})\|\Delta A\|_2\|x_{\mathrm{WLSE}}\|_2) \\ & +2\left(\frac{\|\Delta K\|_2+\|\Delta L\|_2\|L^\dagger\|_2\|K\|_2}{\rho_1}+e_6\right)\|r_K\|_2\Bigg\}, \\ e_6=\min\Bigg\{ & \left(1+\frac{\|\Delta K\|_2+\|\Delta L\|_2\|L^\dagger\|_2\|K\|_2}{\rho_2}\right)^{2(r-p)}-1, \\ & 1-\left(1-\frac{\|\Delta K\|_2+\|\Delta L\|_2\|L^\dagger\|_2\|K\|_2}{\rho_2}\right)^{4(r-p)}\Bigg\}, \end{aligned} \tag{7.4.15}$$

其中 $r_K=(I-KP(KP)^\dagger)(g-KL^\dagger h)$.

若 $r<n$, 则对于 WLSE 问题 (7.4.6) 的形如 (7.4.9) 式的 WLSE 解 x, 存在 WLSE 问题 (7.4.7) 的 WLSE 解 $\widehat{x}$, 使得

$$\begin{aligned} \|\widehat{x}-x\|_2 \leqslant & \frac{1}{\rho_2-\|\Delta A\|_2}\Bigg\{\|\Delta b\|_2+\sqrt{2}\|\Delta A\|_2\|x\|_2 \\ & +2\left(\frac{\|\Delta K\|_2+\|\Delta L\|_2\|L^\dagger\|_2\|K\|_2}{\rho_1}+(1+e_6)\right)\|r_K\|_2\Bigg\}. \end{aligned} \tag{7.4.16}$$

证明　定理的证明与定理 7.4.2 的完全类似, 只不过由本定理的条件, 需要用 e_6 来替代定理 7.4.2 中的 e_4. 由于假定 $\widehat{W}=W\in \mathcal{P}_2$, 因而需应用定理 7.2.6 估计

$$\|(\widehat{W}^{\frac{1}{2}}\widehat{K}\widehat{P})^\dagger \widehat{W}^{\frac{1}{2}}(I-K(W^{\frac{1}{2}}KP)^\dagger W^{\frac{1}{2}})\|_2.$$ □

习 题 七

1. 试推导双侧加权约束 MP 逆的上确界和稳定性条件.

2. 已知 $A \in \mathbf{C}_n^{n\times n}$, W 为 $n \times n$ 正定矩阵, $\lim\limits_{k\to\infty} A^{(k)} = A$. 证明对一切充分大的 k, $A^{(k)}$ 非奇异, 且

$$\lim_{k\to\infty} (A_W^{(k)})^\dagger = A_W^\dagger.$$

3. 设 A 为 $m \times n$ 矩阵, $\mathcal{D}_+$ 是 m 阶对角正定矩阵的集合. 则存在 $\overline{\rho} > 0$ 使得

$$\sup_{D\in\mathcal{D}_+} \|AA_D^\dagger\|_2 \leqslant \overline{\rho}^{-1} \text{ 和 } \sup_{D\in\mathcal{D}_+} \|A_D^\dagger\|_2 \leqslant \overline{\rho}^{-1}\|A^\dagger\|_2.$$

4. 假设 $A, \hat{A} \in C_r^{m\times n}$ 满足条件 (7.2.10) 和 $\|\delta A\| < \rho$, 则对某一常数 $\Delta \in (0,1)$ 有

$$\sup_{W,\hat{W}\in\mathcal{D},\eta\leqslant\Delta} \|\hat{A}(\hat{W}^{1/2}\hat{A})^\dagger \hat{W}^{1/2}(I - A(W^{1/2}A)^\dagger W^{1/2})\| \leqslant \frac{2(\|A\|_2 + \|\delta A\|_2)}{\rho - \|\delta A\|_2}\left(\frac{\|\delta A\|_2}{\rho} + e_3\right).$$

5. 在定理 7.4.2 的条件下, 证明

$$\hat{\rho}_1 \geqslant \hat{\rho}_2 \geqslant \rho_2 - \|\Delta A\|_2.$$

6. 证明定理 7.3.3.

7. 证明定理 7.4.3.

8. 取 $a \geqslant 1$, $\alpha = \sqrt{2+4a^2}$, $0 < \Delta < 1$,

$$A = \widehat{A} = \begin{pmatrix} 1 & 0 \\ a & a \\ 0 & 1 \end{pmatrix} = QR,\ Q = \begin{pmatrix} \alpha^{-1} & -\sqrt{2}/2 \\ 2a\alpha^{-1} & 0 \\ \alpha^{-1} & \sqrt{2}/2 \end{pmatrix},$$

$$R = \frac{1}{2}\begin{pmatrix} \alpha & \alpha \\ -\sqrt{2} & \sqrt{2} \end{pmatrix},\ b = \widehat{b} = \begin{pmatrix} 2 \\ 0.5 \\ 2 \end{pmatrix},$$

$$W = \operatorname{diag}(1,1,0.2),\ \widehat{W} = \operatorname{diag}(1-\Delta, 1-\Delta, 0.2(1+\Delta)).$$

计算 ρ, $\overline{\rho}$, 并对 $a = 10^k$, $k = 4, 6$, $\Delta = 0.01,\ 0.1,\ 0.3$ 计算 Δx_{WLS}, 并和定理 7.3.2 中的误差界比较.

9. 令 $\varepsilon \neq 0$, $w_3 > 0$,

$$A = \begin{pmatrix} 1 & 0 \\ 1 & 0 \\ 0 & 1 \end{pmatrix},\ \widehat{A} = \begin{pmatrix} 1 & 0 \\ 1 & \varepsilon \\ 0 & 1 \end{pmatrix},\ b = \widehat{b} = \begin{pmatrix} 1 \\ 0 \\ 0 \end{pmatrix},$$

$$W = \widehat{W} = \operatorname{diag}(1,1,w_3).$$

计算 x_{WLS}, $\widehat{x}_{\mathrm{WLS}}$, 并说明为什么

$$\sup_{\substack{W,\ \widehat{W}\in\mathcal{D}\\ \eta\leqslant\Delta}}\|\widehat{x}_{\mathrm{WLS}}-x_{\mathrm{WLS}}\|_2=+\infty.$$

10. 令 $0<\Delta<1$, $\varepsilon>0$,

$$A=\begin{pmatrix}0.5 & 1\\ 0.5\sqrt{3} & 0\\ 0.5 & -1\end{pmatrix},\ \widehat{A}=A+\varepsilon\begin{pmatrix}-1 & 1\\ -1 & -1\\ -1 & 1\end{pmatrix},\ b=\widehat{b}=\begin{pmatrix}2\\ 1\\ 0\end{pmatrix},$$

$$W=\mathrm{diag}(1,1,0.2),\ \widehat{W}=\mathrm{diag}(1-\Delta,1,0.2(1+\Delta)).$$

计算 ρ, $\widehat{\rho}$, 并对 $\Delta=0.01,\ 0.1,\ 0.3,\ 0.6$, $\varepsilon=0.0,\ 0.01,\ 0.1,\ 0.3$, 比较实际误差 $\|\Delta x_{\mathrm{WLS}}\|_2$ 与 (7.3.5) 式导出的误差界.

11. 当 $W\in\mathcal{D}_2$ 时, 推导约束加权 MP 逆扰动的稳定性条件和扰动上界.

12. 当 $W\in\mathcal{D}_2$ 且满足上题的稳定性条件时, 推导 WLSE 问题解的扰动上界.

第八章 刚性加权最小二乘问题

前面两章讨论了矩阵 A 的加权 MP 逆和约束加权 MP 逆 $A_W^\dagger$ 的上确界和稳定性条件, 并推导了相应的 WLS 问题或 WLSE 问题稳定扰动的上界. 而在很多实际问题中, 加权矩阵 W 往往是 **给定的** 正定对角矩阵, 其中的权因子 (对角元素) 往往相差很大, 非常 “病态”. Björck[20] 把这样的加权矩阵 W 称作刚性加权矩阵. 对于 WLS 问题, 若矩阵 $A \in \mathbf{C}_r^{m\times n}$ 的条件数很小, 而并非任意 r 行都线性无关, 则由第七章的分析, 当 W 在 $\mathcal{D}$ 中变化时, 扰动矩阵 $\widehat{A}$ 的加权 MP 逆 $\widehat{A}_W^\dagger$ 的上确界可能比 $\|A_W^\dagger\|_2$ 的上确界大得多, 从而对于对应的 WLS 问题, 不可能得到可靠的误差估计.

本章将要证明, 如果 W 是给定的正定对角刚性加权矩阵, 则当扰动矩阵 $\widehat{A}$ 满足若干等秩条件时, 可以保证加权 MP 逆 $A_W^\dagger$ 和对应的刚性 WLS 问题的扰动是稳定的. §8.1 给出一些预备知识, §8.2 比较刚性加权最小二乘和多重约束最小二乘问题, §8.3 分析刚性加权投影矩阵和刚性加权 MP 逆的稳定性扰动, §8.4 给出刚性加权最小二乘问题的扰动分析. 本章内容取自 [236], [237] 及 [247].

§ 8.1 预 备 知 识

设 $A \in \mathbf{C}_r^{m\times n}$, 加权矩阵 W

$$D = \operatorname{diag}(d_1, d_2, \cdots, d_m) = \operatorname{diag}(w_1^{\frac{1}{2}}, w_2^{\frac{1}{2}}, \cdots, w_m^{\frac{1}{2}}) = W^{\frac{1}{2}} \tag{8.1.1}$$

给定, 其中的权因子 $w_1, \cdots, w_m$ 相差很大, 即 W 为刚性加权矩阵. 这时, 对应的 WLS 问题

$$\|W^{\frac{1}{2}}(Ax-b)\|_2 = \min_y \|W^{\frac{1}{2}}(Ay-b)\|_2 = \min_y \|D(Ay-b)\|_2 \tag{8.1.2}$$

称为刚性加权最小二乘 (刚性 WLS) 问题.

对于 WLS 问题, 若矩阵 $A \in \mathbf{C}_r^{m\times n}$ 的条件数很小, 但是并非任意 r 行都线性无关, 则当加权矩阵 W 在 $\mathcal{D}$ 中变化时, 扰动矩阵的加权 MP 逆 $\|\widehat{A}_W^\dagger\|_2$ 的上确界可能比 $\|A_W^\dagger\|_2$ 大得多. 但是当刚性加权矩阵 W 给定时, 对于不同的扰动矩阵 $\widehat{A}$, $\|\widehat{A}_W^\dagger\|_2$ 的大小可能完全不同. 首先观察下面的例子.

例 8.1.1　设

$$A=\begin{pmatrix}1&0\\0&0\\0&1\end{pmatrix},\ \widehat{A}=\begin{pmatrix}1&0\\\xi&0\\0&1\end{pmatrix},\widetilde{A}=\begin{pmatrix}1&0\\0&\xi\\0&1\end{pmatrix},\ W_0=\mathrm{diag}(w_1,w_1,w_2),$$

其中 $w_1\gg w_2>0,\ 0<\xi\ll 1$. 计算可得

$$\begin{aligned}&\sup_{W\in\mathcal{D}}\|A_W^\dagger\|_2=\|A_{W_0}^\dagger\|_2=1,\\&\sup_{W\in\mathcal{D}}\|\widehat{A}_W^\dagger\|_2=\frac{1}{\xi}\gg 1,\ \|\widehat{A}_{W_0}^\dagger\|_2=1,\\&\sup_{W\in\mathcal{D}}\|\widetilde{A}_W^\dagger\|_2=\frac{1}{\xi}\gg 1,\ \|\widetilde{A}_{W_0}^\dagger\|_2=\max\left\{1,\frac{\sqrt{\xi^2+\varepsilon^2}}{\xi^2+\varepsilon}\right\},\end{aligned}$$

其中 $\varepsilon=w_2/w_1$. 由于 $\mathrm{rank}(A)=\mathrm{rank}(\widehat{A})=\mathrm{rank}(\widetilde{A})=2$, 且 A 不满足第七章中的稳定性条件, 所以 $\|\widehat{A}_W^\dagger\|_2$ 和 $\|\widetilde{A}_W^\dagger\|_2$ 的上确界当 $\xi\to 0+$ 时无界. 注意到 $\|\widehat{A}_{W_0}^\dagger\|_2=1$ 一致有界, 而讨论 $\|\widetilde{A}_{W_0}^\dagger\|_2$ 的大小要复杂得多, 并且当 $\varepsilon\to 0,\ \xi\sim\sqrt{\varepsilon}$ 时, $\|\widetilde{A}_{W_0}^\dagger\|_2\sim\dfrac{1}{2\xi}\sim\dfrac{\xi}{2\varepsilon}$ 可以任意大.

由上面的例子, 需要解决如下问题: 如果 W 是给定的刚性加权矩阵, 扰动矩阵 $\widehat{A}$ 应该满足什么条件, 可以保证 $\|\widehat{A}_W^\dagger\|_2$ 的大小适中, 并设法避免类似例 8.1.1 中 $\|\widetilde{A}_{W_0}^\dagger\|_2$ 的变化情况. 不失一般性, 本章假设 A 和 W 满足以下条件.

假定 8.1.1　设对于 $i=1:k$, 矩阵 $A_i\in\mathbf{C}^{m_i\times n}$ 给定, $\sum\limits_{i=1}^k m_i=m$. 记

$$A=\begin{pmatrix}A_1\\\vdots\\A_k\end{pmatrix}\begin{matrix}m_1\\\vdots\\m_k\end{matrix},\ C_j=\begin{pmatrix}A_1\\\vdots\\A_j\end{pmatrix},\quad j=1:k,\tag{8.1.3}$$

$$W=\mathrm{diag}(w_1I_{m_1},w_2I_{m_2},\cdots,w_kI_{m_k}),$$

$$\begin{aligned}&P_0=I_n,\ C_0=0,\ r_0=m_0=0,\ P_j=I-C_j^\dagger C_j,\ \mathrm{rank}(C_j)=r_j,\\&M_j=\sum_{i=1}^j m_i,\quad W_j=\mathrm{diag}(w_1I_{m_1},\cdots,w_jI_{m_j}),\ j=1:k.\end{aligned}\tag{8.1.4}$$

其中权因子 w_i 满足 $w_1>w_2>\cdots>w_k>0$,

$$0<\varepsilon_{ij}\equiv\frac{w_i}{w_j}\ll 1,\ 1\leqslant j<i\leqslant k,\quad 且\ \varepsilon=\max_{1\leqslant j<k}\{\varepsilon_{j+1.j}\}\ll 1,\tag{8.1.5}$$

对于 $j = 2:k$, 记 $(A_jP_{j-1})^H$ 的酉分解为 $(A_jP_{j-1})^H = Q_jR_j$, 其中 $Q_j^HQ_j = I_{r_j-r_{j-1}}$, R_j 行满秩. 则由引理 5.6.1, 有

$$\begin{aligned} (A_jP_{j-1})^\dagger A_jP_{j-1} &= C_j^\dagger C_j - C_{j-1}^\dagger C_{j-1}, \\ \operatorname{rank}(A_jP_{j-1}) &= \operatorname{rank}(C_j) - \operatorname{rank}(C_{j-1}) = r_j - r_{j-1}, \end{aligned} \tag{8.1.6}$$

$$(Q_1, \cdots, Q_j)^H(Q_1, \cdots, Q_j) = I_{r_j},\ C_j^\dagger C_j = \sum_{l=1}^{j} Q_lQ_l^H, \tag{8.1.7}$$

$$A_jP_{j-1} = A_jQ_jQ_j^H,\ (A_jP_{j-1})^\dagger = Q_j(A_jQ_j)^\dagger. \tag{8.1.8}$$

定理 8.1.1 在假定 8.1.1 的条件和 (8.1.6)~(8.1.8) 式的记号下, 有

$$\begin{aligned} A_W &= WA(WA)^\dagger A = B_\varepsilon B_\varepsilon^\dagger A = (B_\varepsilon^\dagger)^H B_\varepsilon^H B_1 Q^H, \\ A_W^\dagger &= (W^{\frac{1}{2}}A)^\dagger W^{\frac{1}{2}} = Q(B_\varepsilon^H B_1)^{-1} B_\varepsilon^H, \end{aligned} \tag{8.1.9}$$

其中

$$B_\varepsilon = \begin{pmatrix} A_1Q_1 & 0 & \cdots & 0 \\ \varepsilon_{21}A_2Q_1 & A_2Q_2 & \cdots & 0 \\ \vdots & \vdots & & \vdots \\ \varepsilon_{k1}A_kQ_1 & \varepsilon_{k2}A_kQ_2 & \cdots & A_kQ_k \end{pmatrix}, \tag{8.1.10}$$

B_ε 为列满秩, $\operatorname{rank}(B_\varepsilon) = r_k = \operatorname{rank}(A)$. 当 B_ε 中所有 ε_{ij} 都取 1 时, 记 $B_1 \equiv B_\varepsilon$; 当所有 ε_{ij} 都取 0 时, 记 $B_0 \equiv B_\varepsilon$.

证明 由 (8.1.6)~(8.1.8) 式可以得到

$$\begin{aligned} WA &= \begin{pmatrix} w_1A_1 \\ w_2A_2 \\ \vdots \\ w_kA_k \end{pmatrix} = \begin{pmatrix} w_1A_1Q_1Q_1^H \\ w_2A_2(Q_1Q_1^H + Q_2Q_2^H) \\ \vdots \\ w_kA_k(Q_1Q_1^H + Q_2Q_2^H + \cdots + Q_kQ_k^H) \end{pmatrix} \\ &= \begin{pmatrix} w_1A_1Q_1 & 0 & \cdots & 0 \\ w_2A_2Q_1 & w_2A_2Q_2 & \cdots & 0 \\ \vdots & \vdots & & \vdots \\ w_kA_kQ_1 & w_kA_kQ_2 & \cdots & w_kA_kQ_k \end{pmatrix} \widetilde{W}^{-1}\widetilde{W}Q^H \\ &= B_\varepsilon(\widetilde{W}Q^H), \end{aligned}$$

其中 $\widetilde{W} = \mathrm{diag}(w_1 I_{r_1}, w_2 I_{r_2-r_1}, \cdots, w_k I_{r_k-r_{k-1}})$, B_ε 和 $Q\widetilde{W}$ 列满秩且秩均为 r_k. 由等式 $A = B_1 Q^H$, 有

$$\begin{aligned} A_W &= WA(WA)^\dagger A = B_\varepsilon (Q\widetilde{W})^H (B_\varepsilon (Q\widetilde{W})^H)^\dagger A \\ &= B_\varepsilon (Q\widetilde{W})^H (Q\widetilde{W})^{\dagger H} B_\varepsilon^\dagger A = B_\varepsilon B_\varepsilon^\dagger A \\ &= (B_\varepsilon B_\varepsilon^\dagger)^H B_1 Q^H = (B_\varepsilon^\dagger)^H (B_\varepsilon^H B_1) Q^H. \end{aligned}$$

由于 $(B_\varepsilon^\dagger)^H$ 列满秩, Q^H 行满秩, $B_\varepsilon^H B_1$ 非奇异, 因此 $A_W^\dagger = Q(B_\varepsilon^H B_1)^{-1} B_\varepsilon^H$. □

§ 8.2 刚性加权最小二乘和多重约束最小二乘问题

本节比较刚性 WLS 问题与 MLSE 问题的解集.

定理 8.2.1 设矩阵 A, W 满足假定 8.1.1 中的条件, 则有

$$\|A_W - A_C\|_2 \leqslant \frac{\varepsilon}{1-\varepsilon} \|A\|_2 \max_{1 \leqslant j < i \leqslant k} \|A_i (A_j P_{j-1})^\dagger\|_2 \equiv e_\varepsilon, \tag{8.2.1}$$

其中 $A_C^\dagger$ 为 §5.6 定义的多重约束 MP 逆, $\varepsilon = \max\limits_{1 \leqslant j < k} \frac{w_{j+1}}{w_j}$. 且当 $e_\varepsilon \|A_C^\dagger\|_2 < 1$ 时, 有

$$\|A_W^\dagger\|_2 \leqslant \frac{\|A_C^\dagger\|_2}{1 - e_\varepsilon \|A_C^\dagger\|_2}, \quad \|A_W^\dagger - A_C^\dagger\|_2 \leqslant \sqrt{2} e_\varepsilon \|A_C^\dagger\|_2 \|A_W^\dagger\|_2. \tag{8.2.2}$$

证明 由 §5.6 和定理 8.1.1 的讨论, 可以推得

$$A_C = B_0 B_0^\dagger A, \quad A_C^\dagger = Q(B_0^H B_1)^{-1} B_0^H. \tag{8.2.3}$$

应用定理 2.3.1, 有

$$\begin{aligned} \|A_W - A_C\|_2 &= \|(B_\varepsilon B_\varepsilon^\dagger - B_0 B_0^\dagger) A\|_2 \leqslant \|(I - B_\varepsilon B_\varepsilon^\dagger) B_0 B_0^\dagger\|_2 \cdot \|A\|_2 \\ &\leqslant \|(B_\varepsilon - B_0) B_0^\dagger\|_2 \cdot \|A\|_2. \end{aligned}$$

由于

$$(B_\varepsilon - B_0) = \begin{pmatrix} 0 & 0 & \cdots & 0 & 0 \\ \varepsilon_{21} A_2 Q_1 & 0 & \cdots & 0 & 0 \\ \vdots & \vdots & & \vdots & \vdots \\ \varepsilon_{k1} A_k Q_1 & \varepsilon_{k2} A_k Q_2 & \cdots & \varepsilon_{k,k-1} A_k Q_{k-1} & 0 \end{pmatrix},$$

$$B_0^\dagger = \mathrm{diag}((A_1 Q_1)^\dagger, (A_2 Q_2)^\dagger, \cdots, (A_k Q_k)^\dagger),$$

$$(B_\varepsilon - B_0)B_0^\dagger$$

$$= \begin{pmatrix} 0 & 0 & \cdots & 0 & \cdots & 0 \\ \varepsilon_{21}A_2Q_1(A_1Q_1)^\dagger & 0 & \cdots & 0 & \cdots & 0 \\ \vdots & \vdots & & \vdots & & \vdots \\ \varepsilon_{k1}A_kQ_1(A_1Q_1)^\dagger & \varepsilon_{k2}A_kQ_2(A_2Q_2)^\dagger & \cdots & \varepsilon_{k,k-1}A_kQ_{k-1}(A_{k-1}Q_{k-1})^\dagger & \cdots & 0 \end{pmatrix},$$

因此

$$\begin{aligned} &\|(B_\varepsilon - B_0)B_0^\dagger\|_2 \\ \leqslant &\|\mathrm{diag}(\varepsilon_{21}A_2Q_1(A_1Q_1)^\dagger, \cdots, \varepsilon_{k,k-1}A_kQ_{k-1}(A_{k-1}Q_{k-1})^\dagger\|_2 \\ &+\|\mathrm{diag}(\varepsilon_{31}A_3Q_1(A_1Q_1)^\dagger, \cdots, \varepsilon_{k,k-2}A_kQ_{k-2}(A_{k-2}Q_{k-2})^\dagger\|_2 \\ &+ \cdots + \varepsilon_{k1}\|A_kQ_1(A_1Q_1)^\dagger\|_2 \\ \leqslant &\varepsilon \max_{1\leqslant j<k} \|A_{j+1}Q_j(A_jQ_j)^\dagger\|_2 + \varepsilon^2 \max_{1\leqslant j<k-1} \|A_{j+2}Q_j(A_jQ_j)^\dagger\|_2 \\ &+ \cdots + \varepsilon^{k-1}\|A_kQ_1(A_1Q_1)^\dagger\|_2 \\ \leqslant &(\varepsilon + \varepsilon^2 + \cdots + \varepsilon^{k-1}) \max_{1\leqslant j<i\leqslant k} \|A_iQ_j(A_jQ_j)^\dagger\|_2 \\ \leqslant &\frac{\varepsilon}{1-\varepsilon} \max_{1\leqslant j<i\leqslant k} \|A_i(A_jP_{j-1})^\dagger\|_2, \end{aligned}$$

即 (8.2.1) 式成立. 由于 $\mathrm{rank}(A_W) = \mathrm{rank}(A_C) = \mathrm{rank}(A) = r_k$, 当 $e_\varepsilon\|A_C^\dagger\|_2 < 1$ 时, 由 MP 逆的扰动分析, 有

$$\|A_W^\dagger\|_2 \leqslant \frac{\|A_C^\dagger\|_2}{1 - \|A_W - A_C\|_2 \cdot \|A_C^\dagger\|_2} \leqslant \frac{\|A_C^\dagger\|_2}{1 - e_\varepsilon\|A_C^\dagger\|_2}.$$

由 §3.4 和 §5.6 的讨论, 有等式

$$A_W^\dagger A_W = A_W^\dagger A = A^\dagger A = A_C^\dagger A_C = A_C^\dagger A, \tag{8.2.4}$$

于是

$$\begin{aligned} A_W^\dagger - A_C^\dagger &= -A_W^\dagger(A_W - A_C)A_C^\dagger + A_W^\dagger(I - A_CA_C^\dagger) - (I - A_W^\dagger A_W)A_C^\dagger \\ &= -A_W^\dagger(A_W - A_C)A_C^\dagger + A_W^\dagger(I - A_CA_C^\dagger). \end{aligned} \tag{8.2.5}$$

对于任意 $z \in C^n$, 有

$$\begin{aligned}\|z^H(A_W^\dagger - A_C^\dagger)\|_2^2 &= \|z^H A_W^\dagger(A_W - A_C)A_C^\dagger\|_2^2 + \|z^H A_W^\dagger(I - A_C A_C^\dagger)\|_2^2 \\ &\leqslant [\|z\|_2\|A_W^\dagger\|_2\|A_W - A_C\|_2\|A_C^\dagger\|_2]^2 \\ &\quad + [\|z\|_2\|A_W^\dagger\|_2\|A_W A_W^\dagger(I - A_C A_C^\dagger)\|_2]^2 \\ &= [\|z\|_2\|A_W^\dagger\|_2\|A_W - A_C\|_2\|A_C^\dagger\|_2]^2 \\ &\quad + [\|z\|_2\|A_W^\dagger\|_2\|(I - A_W A_W^\dagger)A_C A_C^\dagger\|_2]^2 \\ &\leqslant 2[e_\varepsilon\|z\|_2\|A_W^\dagger\|_2\|A_C^\dagger\|_2]^2,\end{aligned}$$

即得 (8.2.2) 式. □

推论 8.2.2 设矩阵 A, W 满足假定 8.1.1 中的条件, 且 A 为行满秩; 或当 $i,\ j = 1:k,\ i \neq j$ 时, $\mathcal{R}(A_i^H)$ 和 $\mathcal{R}(A_j^H)$ 互相正交. 则有

$$A_W = A_C = A,\ A_W^\dagger = A_C^\dagger = A^\dagger.$$

证明 当 A 行满秩时, B_ε 和 B_0 非奇异. 于是由 (8.1.9) 和 (8.2.3) 式, 有

$$A_W = A_C = A,\ A_W^\dagger = A_C^\dagger = A^\dagger.$$

当 $i,\ j = 1:k$ 且 $i \neq j$ 时, $\mathcal{R}(A_i^H)$ 和 $\mathcal{R}(A_j^H)$ 互相正交. 则有

$$A_j P_{j-1} = A_j = A_j Q_j Q_j^H,\ A_i Q_j = 0.$$

于是由 (8.1.9) 和 (8.2.3) 式, 有

$$A_W = A_C = A,\ A_W^\dagger = A_C^\dagger = A^\dagger.$$ □

定理 8.2.3 设矩阵 A, W 满足假定 8.1.1 中的条件. 则对刚性 WLS 问题 (8.1.2) 的任意一个解 x_W, 存在 MLSE 问题 (5.6.12)~(5.6.13) 的一个解 x_C, 使得

$$\|x_W - x_C\|_2 \leqslant e_\varepsilon \frac{\|A_C^\dagger\|_2}{1 - e_\varepsilon\|A_C^\dagger\|_2}(\|x_{\mathrm{CLS}}\|_2 + \|A_C^\dagger\|_2 \cdot \|r_C\|_2), \tag{8.2.6}$$

这里 $x_{\mathrm{CLS}} = A_C^\dagger b$ 为极小范数 MLSE 解, $r_C = b - A_C x_{\mathrm{CLS}}$; 反之亦然.

证明 由 (8.2.4) 式, 刚性 WLS 问题 (8.1.2) 的解 x_W 为

$$x_W = A_W^\dagger b + (I - A^\dagger A)z, \tag{8.2.7}$$

$z \in \mathbf{C}^n$. 令

$$x_C = A_C^\dagger b + (I - A^\dagger A)z, \tag{8.2.8}$$

则 x_C 为 MLSE 问题 (5.6.12)~(5.6.13) 的解. 由 (8.2.5) 式, 有

$$\begin{aligned} x_W - x_C =& (A_W^\dagger - A_C^\dagger)b \\ =& A_W^\dagger[-(A_W - A_C)x_{\mathrm{CLS}} + A_W A_W^\dagger (I - A_C A_C^\dagger) r_C]. \end{aligned}$$

再应用定理 8.2.1 中的估计式, 有

$$\begin{aligned} \|x_W - x_C\|_2 =& \|(A_W^\dagger - A_C^\dagger)b\|_2 \\ \leqslant& \|A_W^\dagger\|_2 \cdot [\|A_W - A_C\|_2 \cdot \|x_{\mathrm{CLS}}\|_2 + \|A_W A_W^\dagger (I - A_C A_C^\dagger)\|_2 \|r_C\|_2] \\ \leqslant& \frac{\|A_C^\dagger\|_2}{1 - e_\varepsilon \|A_C^\dagger\|_2}[e_\varepsilon \|x_{\mathrm{CLS}}\|_2 + e_\varepsilon \|A_C^\dagger\|_2 \|r_C\|_2]. \end{aligned}$$ □

推论 8.2.4 在推论 8.2.2 的条件下, MLSE 问题 (5.6.12)~(5.6.13), 刚性 WLS 问题 (8.1.2) 式和 LS 问题

$$\|Ax - b\|_2 = \min_y \|Ay - b\|_2$$

有相同的解集.

§ 8.3 刚性加权投影矩阵和刚性加权 MP 逆的扰动

设 A, W 给定, 并满足假定 8.1.1 的记号与条件. 本节研究刚性加权投影矩阵 $P_{WA} \equiv A_W A_W^\dagger$ 和刚性加权 MP 逆 $A_W^\dagger$ 的稳定性扰动, 并给出其扰动界. 由 A_W 的表达式和定理 8.1.1, 可以推得 $P_{WA} = WA(WA)^\dagger$. 对于 $j = 1:k$, 令

$$\begin{aligned} &\widehat{A}_j = A_j + \Delta A_j, \qquad \widehat{C}_j = C_j + \Delta C_j, \\ &\widehat{N}_j = I - \widehat{C}_j^\dagger \widehat{C}_j, \qquad \widehat{w}_j = w_j + \Delta w_j, \end{aligned} \tag{8.3.1}$$

分别为 A_j, C_j, N_j, w_j 相应的扰动. 设

$$\begin{aligned} &\widehat{\varepsilon}_{ij} \equiv \frac{\widehat{w}_i}{\widehat{w}_j},\ 1 \leqslant j < i \leqslant k,\ \eta = \max_{1\leqslant j<i\leqslant k} \frac{|\widehat{\varepsilon}_{ij} - \varepsilon_{ij}|}{\varepsilon_{ij}}, \quad \text{且} \\ &\widehat{\varepsilon} = \max_{1\leqslant j<k}\{\widehat{\varepsilon}_{j+1,j}\} \ll 1. \end{aligned} \tag{8.3.2}$$

定义 8.3.1 如果当 $\eta \to 0, \varepsilon_{ij} \to 0\ (1 \leqslant j < i \leqslant k), \Delta A_j \to 0\ (j = 1:k)$ 时, $P_{\widehat{W}\widehat{A}} \rightrightarrows P_{WA}$, 就称扰动的刚性加权投影矩阵 $P_{\widehat{W}\widehat{A}}$ 是稳定的. 类似地, 当 $\eta \to 0$, $\varepsilon_{ij} \to 0\ (1 \leqslant j < i \leqslant k)$, $\Delta A_j \to 0\ (j = 1:k)$ 时, 所有的 $\|\widehat{A}_{\widehat{W}}^\dagger\|_2$ 一致有界, 且 $\widehat{A}_{\widehat{W}}^\dagger \rightrightarrows A_W^\dagger$, 就称扰动的刚性加权 MP 逆 $\widehat{A}_{\widehat{W}}^\dagger$ 是稳定的.

假定 8.3.1 设 A, W 是给定的矩阵, 满足假定 8.1.1 中的条件和记号, $\widehat{A}, \widehat{W}$ 是对应的扰动矩阵. 对于 $j=1:k$, $\widehat{C}_j$ 满足

$$\begin{aligned}\operatorname{rank}(\widehat{C}_j) &= \operatorname{rank}(C_j) = r_j, \quad j=1,2,\cdots,k, \quad \text{或等价地,}\\ \operatorname{rank}(\widehat{A}_j\widehat{P}_{j-1}) &= \operatorname{rank}(A_jP_{j-1}) = r_j - r_{j-1}.\end{aligned} \tag{8.3.3}$$

定理 8.3.1 设矩阵 A, W 满足假定 8.1.1 的记号与条件, 对于 $j=1:k$, $\widehat{C}_j$ 满足假定 8.3.1 的条件. 记

$$\begin{aligned}E \equiv &\frac{\eta\varepsilon}{1-\varepsilon}\max_{1\leqslant j<i\leqslant k}\|A_iQ_j\|_2\\ &+\frac{1}{1-\varepsilon(1+\eta)}\max_{1\leqslant j<i\leqslant k}(\|\Delta A_i\|_2 + 2\sqrt{2}\|A_i\|_2\cdot\|C_j^\dagger\Delta C_j\|_2),\end{aligned} \tag{8.3.4}$$

则

$$\|P_{\widehat{W}\widehat{A}} - P_{WA}\|_2 \leqslant \min\{1,\ \|B_\varepsilon^\dagger\|_2\cdot E\}. \tag{8.3.5}$$

证明 由定理 2.3.1, 显然有 $\|P_{\widehat{W}\widehat{A}} - P_{WA}\|_2 \leqslant 1$. 对于 $j=1:k$, 令 $\widehat{B}_{\widehat{\varepsilon}}$, $\widehat{Q}_j$ 分别为 B_ε, Q_j 相应的扰动矩阵. 由定理 2.3.9, 存在 $(r_j - r_{j-1})$ 阶酉矩阵 U_j, 使得

$$\|Q_j - \widehat{Q}_jU_j\|_2 \leqslant \sqrt{2}\|Q_jQ_j^H - \widehat{Q}_j\widehat{Q}_j^H\|_2.$$

不妨记 $\widehat{Q}_j := \widehat{Q}_jU_j$. 则由 (8.1.6)~(8.1.7) 式和定理 2.3.1, 可以得到

$$\begin{aligned}\|Q_j - \widehat{Q}_j\|_2 &\leqslant \sqrt{2}\|Q_jQ_j^H - \widehat{Q}_j\widehat{Q}_j^H\|_2\\ &= \sqrt{2}(\|(C_j^\dagger C_j - C_{j-1}^\dagger C_{j-1}) - (\widehat{C}_j^\dagger\widehat{C}_j - \widehat{C}_{j-1}^\dagger\widehat{C}_{j-1})\|_2)\\ &= \sqrt{2}(\|(C_j^\dagger C_j - \widehat{C}_j^\dagger\widehat{C}_j) - (C_{j-1}^\dagger C_{j-1} - \widehat{C}_{j-1}^\dagger\widehat{C}_{j-1})\|_2)\\ &\leqslant \sqrt{2}(\|C_j^\dagger\Delta C_j\|_2 + \|C_{j-1}^\dagger\Delta C_{j-1}\|_2).\end{aligned} \tag{8.3.6}$$

由定理 8.1.1, 可得

$$P_{WA} = B_\varepsilon B_\varepsilon^\dagger,\ P_{\widehat{W}\widehat{A}} = \widehat{B}_{\widehat{\varepsilon}}\widehat{B}_{\widehat{\varepsilon}}^\dagger,$$

并由定理的条件, 有 $\operatorname{rank}(B_\varepsilon) = \operatorname{rank}(\widehat{B}_{\widehat{\varepsilon}}) = r$. 再应用定理 2.3.1, 有

$$\begin{aligned}\|P_{\widehat{W}\widehat{A}} - P_{WA}\|_2 &= \|(I - \widehat{B}_{\widehat{\varepsilon}}\widehat{B}_{\widehat{\varepsilon}}^\dagger)B_\varepsilon B_\varepsilon^\dagger\|_2\\ &= \|(I - \widehat{B}_{\widehat{\varepsilon}}\widehat{B}_{\widehat{\varepsilon}}^\dagger)(B_\varepsilon - \widehat{B}_{\widehat{\varepsilon}})B_\varepsilon^\dagger\|_2\\ &\leqslant \|\widehat{B}_{\widehat{\varepsilon}} - B_\varepsilon\|_2\cdot\|B_\varepsilon^\dagger\|_2.\end{aligned} \tag{8.3.7}$$

由 B_ε 和 $\widehat{B}_{\widehat{\varepsilon}}$ 的表达式, 可记

$$\|\widehat{B}_{\widehat{\varepsilon}} - B_\varepsilon\|_2 \leqslant E_1 + E_2,$$

其中

$$
\begin{aligned}
E_1 \leqslant &\|\mathrm{diag}((\widehat{\varepsilon}_{21}-\varepsilon_{21})A_2Q_1,\cdots,(\widehat{\varepsilon}_{k,k-1}-\varepsilon_{k,k-1})A_kQ_{k-1})\|_2 \\
&+\|\mathrm{diag}((\widehat{\varepsilon}_{31}-\varepsilon_{31})A_3Q_1,\cdots,(\widehat{\varepsilon}_{k,k-2}-\varepsilon_{k,k-2})A_kQ_{k-2})\|_2 \\
&+\cdots+\|(\widehat{\varepsilon}_{k1}-\varepsilon_{k1})A_kQ_1\|_2 \\
\leqslant &\eta(\varepsilon\max_{1\leqslant j<k}\|A_{j+1}Q_j\|_2+\varepsilon^2\max_{1\leqslant j<k-1}\|A_{j+2}Q_j\|_2+\cdots+\varepsilon^{k-1}\|A_kQ_1\|_2) \\
\leqslant &\eta(\varepsilon+\varepsilon^2+\cdots+\varepsilon^{k-1})\max_{1\leqslant j<i\leqslant k}\|A_iQ_j\|_2 \\
\leqslant &\frac{\eta\varepsilon}{1-\varepsilon}\max_{1\leqslant j<i\leqslant k}\|A_iQ_j\|_2, \\
E_2 \leqslant &\|\mathrm{diag}(\widehat{A}_1\widehat{Q}_1-A_1Q_1,\cdots,\widehat{A}_k\widehat{Q}_k-A_kQ_k)\|_2 \\
&+\|\mathrm{diag}(\widehat{\varepsilon}_{21}(\widehat{A}_2\widehat{Q}_1-A_2Q_1),\cdots,\widehat{\varepsilon}_{k,k-1}(\widehat{A}_k\widehat{Q}_{k-1}-A_kQ_{k-1}))\|_2 \\
&+\cdots+\|\widehat{\varepsilon}_{k1}(\widehat{A}_k\widehat{Q}_1-A_kQ_1)\|_2 \\
\leqslant &\max_{1\leqslant j\leqslant k}\|\widehat{A}_j\widehat{Q}_j-A_jQ_j\|_2+\widehat{\varepsilon}\max_{1\leqslant j<k}\|\widehat{A}_{j+1}\widehat{Q}_j-A_{j+1}Q_j\|_2 \\
&+\cdots+\widehat{\varepsilon}^{k-1}\|\widehat{A}_k\widehat{Q}_1-A_kQ_1\|_2 \\
\leqslant &(1+\widehat{\varepsilon}+\cdots+\widehat{\varepsilon}^{k-1})\max_{1\leqslant j\leqslant i\leqslant k}\|\widehat{A}_i\widehat{Q}_j-A_iQ_j\|_2 \\
\leqslant &\frac{1}{1-\widehat{\varepsilon}}\max_{1\leqslant j\leqslant i\leqslant k}\|\widehat{A}_i\widehat{Q}_j-A_iQ_j\|_2.
\end{aligned}
$$

再由 (8.3.6) 式,

$$
\begin{aligned}
\|\widehat{A}_i\widehat{Q}_j-A_iQ_j\|_2 &\leqslant \|\Delta A_i\widehat{Q}_j\|_2+\|A_i(\widehat{Q}_j-Q_j)\|_2 \\
&\leqslant \|\Delta A_i\|_2+\sqrt{2}\|A_i\|_2\|\widehat{Q}_j\widehat{Q}_j^H-Q_jQ_j^H\|_2 \\
&\leqslant \|\Delta A_i\|_2+\sqrt{2}\|A_i\|_2(\|C_j^\dagger\Delta C_j\|_2+\|C_{j-1}^\dagger\Delta C_{j-1}\|_2).
\end{aligned}
$$

由上述不等式和关于 E_1, E_2 的不等式代入 (8.3.7) 式, 即得 (8.3.5) 式. □

定理 8.3.2　设矩阵 A, W 满足假定 8.1.1 的记号与条件, 对于 $j=1:k$, $\widehat{C}_j$ 满足假定 8.3.1 的条件. 若

$$
\begin{cases}
\overline{E}\cdot\|A_W^\dagger\|_2<1 \\
\overline{E}\equiv\|\Delta A\|_2+\|A\|_2\cdot\|B_\varepsilon^\dagger\|_2\cdot\left(\dfrac{\eta\varepsilon}{1-\varepsilon}\max\limits_{1\leqslant j<i\leqslant k}\|A_iQ_j\|_2\right. \\
\qquad\left.+\dfrac{1}{1-\varepsilon(1+\eta)}\max\limits_{1\leqslant j\leqslant i\leqslant k}(\|\Delta A_i\|_2+2\sqrt{2}\|A_i\|_2\cdot\|C_j^\dagger\Delta C_j\|_2)\right),
\end{cases}
\tag{8.3.8}
$$

则

$$
\|\widehat{A}_{\widehat{W}}^\dagger\|_2\leqslant\frac{\|A_W^\dagger\|_2}{1-\overline{E}\cdot\|A_W^\dagger\|_2},\quad \|\widehat{A}_{\widehat{W}}^\dagger-A_W^\dagger\|_2\leqslant\frac{\sqrt{5}+1}{2}\cdot\overline{E}\cdot\frac{\|A_W^\dagger\|_2^2}{1-\overline{E}\cdot\|A_W^\dagger\|_2}. \tag{8.3.9}
$$

证明 由 A_W 和 $\widehat{A}_{\widehat{W}}$ 的表达式, 有

$$\begin{aligned}\|\widehat{A}_{\widehat{W}}-A_W\|_2&=\|\widehat{B}_{\widehat{\varepsilon}}\widehat{B}_{\widehat{\varepsilon}}^{\dagger}\widehat{A}-B_{\varepsilon}B_{\varepsilon}^{\dagger}A\|_2\\&\leqslant\|\widehat{B}_{\widehat{\varepsilon}}\widehat{B}_{\widehat{\varepsilon}}^{\dagger}\Delta A\|_2+\|(\widehat{B}_{\widehat{\varepsilon}}\widehat{B}_{\widehat{\varepsilon}}^{\dagger}-B_{\varepsilon}B_{\varepsilon}^{\dagger})A\|_2\\&\leqslant\|\Delta A\|_2+\|\widehat{B}_{\widehat{\varepsilon}}-B_{\varepsilon}\|_2\cdot\|B_{\varepsilon}^{\dagger}\|_2\cdot\|A\|_2.\end{aligned}\tag{8.3.10}$$

由定理 8.3.1 的证明, $\|\widehat{B}_{\widehat{\varepsilon}}-B_{\varepsilon}\|_2\leqslant E$, 于是 $\|\widehat{A}_{\widehat{W}}-A_W\|_2\leqslant\overline{E}$. 再由定理 2.4.1, 可得 (8.3.9) 式中的第一个不等式. 由分解式

$$\begin{aligned}\widehat{A}_{\widehat{W}}^{\dagger}-A_W^{\dagger}=&-\widehat{A}_{\widehat{W}}^{\dagger}(\widehat{A}_{\widehat{W}}-A_W)A_W^{\dagger}+\widehat{A}_{\widehat{W}}^{\dagger}(I-A_WA_W^{\dagger})\\&-(I-\widehat{A}_{\widehat{W}}^{\dagger}\widehat{A}_{\widehat{W}})A_W^{\dagger}A_WA_W^{\dagger},\end{aligned}$$

对于任一 $x\in\mathbf{C}^m$, $\|x\|_2=1$, 有

$$\begin{aligned}\|(\widehat{A}_{\widehat{W}}^{\dagger}-A_W^{\dagger})x\|_2^2\leqslant&(\|\widehat{A}_{\widehat{W}}^{\dagger}\|_2\|\widehat{A}_{\widehat{W}}-A_W\|_2\|A_W^{\dagger}\|_2)^2\\&\times((\|A_WA_W^{\dagger}x\|_2+\|(I-A_WA_W^{\dagger})x\|_2)^2+\|A_WA_W^{\dagger}x\|_2^2)\\\leqslant&(\overline{E}\cdot\|\widehat{A}_{\widehat{W}}^{\dagger}\|_2\cdot\|A_W^{\dagger}\|_2)^2\left(\frac{\sqrt{5}+1}{2}\right)^2,\end{aligned}$$

最后的不等式可令 $\cos\theta=\|A_WA_W^{\dagger}x\|_2$, $\sin\theta=\|(I-A_WA_W^{\dagger})x\|_2$ 得到. 因此

$$\|\widehat{A}_{\widehat{W}}^{\dagger}-A_W^{\dagger}\|_2\leqslant\frac{\sqrt{5}+1}{2}\cdot\overline{E}\cdot\|\widehat{A}_{\widehat{W}}^{\dagger}\|_2\cdot\|A_W^{\dagger}\|_2.$$ □

推论 8.3.3 设矩阵 A, W 满足假定 8.1.1 的记号与条件, 并且

$$\operatorname{rank}(C_i)=\min\{M_i,\ n\},\quad i=1:k.\tag{8.3.11}$$

则当扰动充分小时, 定理 8.3.1～ 定理 8.3.2 中的估计式成立.

推论 8.3.4 设矩阵 A, W 满足假定 8.1.1 的记号与条件, 并且

$$\operatorname{rank}(A)<\min\{M_k,\ n\},\ \operatorname{rank}(C_{k-1})=M_{k-1}.\tag{8.3.12}$$

则当扰动矩阵 ΔA 充分小, 并满足

$$\operatorname{rank}(\widehat{A})=\operatorname{rank}(A)$$

时, 定理 8.3.1～ 定理 8.3.2 中的估计式成立.

对于 $j=1:k$, 如果扰动矩阵 C_j 不满足 (8.3.3) 式中的等秩条件, 刚性加权投影矩阵和刚性加权 MP 逆扰动可能不稳定.

情形 1. $\operatorname{rank}(A) < \min\{m, n\}$, 且 $\operatorname{rank}(\widehat{A}) > \operatorname{rank}(A)$. 这时有

定理 8.3.5 设矩阵 A, W 满足假定 8.1.1 中的记号和条件, $\operatorname{rank}(A) < \min\{m, n\}$. 则对于任意 $0 < \xi \ll 1$, 存在扰动矩阵 $\widehat{A} = A + \Delta A$, 使得 $\|\Delta A\|_2 = \xi$, 而且

$$\operatorname{rank}(\widehat{A}) > \operatorname{rank}(A), \tag{8.3.13}$$

$$\|P_{W\widehat{A}} - P_{WA}\|_2 = 1, \tag{8.3.14}$$

$$\|\widehat{A}_W^\dagger\|_2 \geqslant \frac{1}{\xi} \quad \text{且 } \|\widehat{A}_W^\dagger - A_W^\dagger\|_2 \geqslant \frac{1}{\xi}. \tag{8.3.15}$$

证明 由定理中的条件, 有 $\mathcal{N}(A) \neq \{0\}, \mathcal{N}(A^H W^2) \neq \{0\}, \mathcal{N}(A^H W) \neq \{0\}$. 因此可选取向量 $q \in \mathcal{N}(A)$, $h \in \mathcal{N}(A^H W^2)$, 满足 $\|q\|_2 = 1$, $\|h\|_2 = 1$. 定义

$$\widehat{A} = A + \Delta A, \ \Delta A = \xi h q^H,$$

则有 $\operatorname{rank}(\widehat{A}) = \operatorname{rank}(A) + 1 = r_k + 1$. 又由等式 $(W^2 A)^H h = 0$, $Aq = 0$, 有

$$(A^H W^2 A + \xi^2 (h^H W^2 h) q q^H)^\dagger = (A^H W^2 A)^\dagger + (\xi^2 (h^H W^2 h))^{-1} q q^H.$$

于是

$$\begin{aligned}
P_{W\widehat{A}} &= W\widehat{A}(W\widehat{A})^\dagger = W\widehat{A}(\widehat{A}^H W^2 \widehat{A})^\dagger \widehat{A}^H W \\
&= W(A + \xi h q^H)(A^H W^2 A + \xi^2 (h^H W^2 h) q q^H)^\dagger (A^H W + \xi q h^H W) \\
&= P_{WA} + Wh(h^H W^2 h)^{-1} h^H W, \\
\|P_{W\widehat{A}} - P_{WA}\|_2 &= \|Wh(h^H W^2 h)^{-1} h^H W\|_2 \\
&= \|(h^H W^2 h)^{-1} h^H W^2 h\|_2 = 1.
\end{aligned}$$

类似地, 取向量 $q \in \mathcal{N}(A)$, $f \in \mathcal{N}(A^H W)$ 满足 $\|q\|_2 = 1$, $\|f\|_2 = 1$. 定义

$$\widehat{A} = A + \Delta A, \ \Delta A = \xi f q^H,$$

则有 $\operatorname{rank}(\widehat{A}) = r + 1$. 又由等式 $A_W^\dagger f = 0$, $Aq = 0$, 有

$$(A^H W A + \xi^2 (f^H W f) q q^H)^\dagger = (A^H W A)^\dagger + (\xi^2 (f^H W f))^{-1} q q^H.$$

于是

$$\begin{aligned}
\widehat{A}_W^\dagger &= (\widehat{A}^H W \widehat{A})^\dagger \widehat{A}^H W \\
&= (A^H W A + \xi^2 (f^H W f) q q^H)^\dagger (A^H W + \xi q f^H W) \\
&= A_W^\dagger + (\xi f^H W f)^{-1} q f^H W,
\end{aligned}$$

$$\|\widehat{A}_W^\dagger\|_2 \geqslant \|\widehat{A}_W^\dagger f\|_2 = \|(\xi f^H W f)^{-1} q f^H W f\|_2 = \frac{1}{\xi},$$

$$\|\widehat{A}_W^\dagger - A_W^\dagger\|_2 \geqslant \|(\widehat{A}_W^\dagger - A_W^\dagger) f\|_2 = \|(\xi f^H W f)^{-1} q f^H W f\|_2 = \frac{1}{\xi}. \qquad \square$$

情形 2. 扰动矩阵 $\widehat{A}$ 满足 $\mathrm{rank}(\widehat{A}) = \mathrm{rank}(A) = r$, 但不满足假定 8.3.1 中其他保秩条件. 在这种情形下, 需要用到以下引理.

引理 8.3.6 设 $L \in \mathbf{C}^{m\times m}$, $K \in \mathbf{C}^{m\times n}$, $M \in \mathbf{C}^{n\times m}$, $N \in \mathbf{C}^{n\times n}$, $D = \begin{pmatrix} L & K \\ M & N \end{pmatrix}$, 并且 L 和 D 非奇异. 那么 $N - ML^{-1}K$ 也非奇异, 且有

$$D^{-1} = \begin{pmatrix} L^{-1}(I + K(N - ML^{-1}K)^{-1}ML^{-1}) & -L^{-1}K(N - ML^{-1}K)^{-1} \\ -(N - ML^{-1}K)^{-1}ML^{-1} & (N - ML^{-1}K)^{-1} \end{pmatrix}.$$

证明 由块分解定理 (即定理 1.3.1) 即得. $\square$

定理 8.3.7 设矩阵 A, W 满足假定 8.1.1 中的记号和条件, $\mathrm{rank}(A) = r$, 并且存在整数 i, $1 \leqslant i < k$, 使得

$$\mathrm{rank}(C_{i-1}) = M_{i-1},\ \mathrm{rank}(C_i) < \min\{M_i, n\}. \tag{8.3.16}$$

令 l 为满足 $k \geqslant l > i$ 和

$$\mathrm{rank}(C_{l-1}) < r,\ \mathrm{rank}(C_l) = r \tag{8.3.17}$$

的最大整数. 那么对于任意 $0 < \xi \ll 1$, 存在扰动阵 $\widehat{A} = A + \Delta A$, 使得 $\|\Delta A\|_2 = \xi$,

$$\mathrm{rank}(\widehat{C}_i) > \mathrm{rank}(C_i),\ \mathrm{rank}(\widehat{A}) = \mathrm{rank}(A) = r, \tag{8.3.18}$$

并且

$$\|P_{W\widehat{A}} - P_{WA}\|_2 \geqslant \frac{\xi}{\sqrt{\xi^2 + a\varepsilon_{li}^2}}, \tag{8.3.19}$$

$$\|\widehat{A}_W^\dagger\|_2 \geqslant \frac{\xi}{\xi^2 + c\varepsilon_{li}},\ \|\widehat{A}_W^\dagger - A_W^\dagger\|_2 \geqslant \frac{\xi}{\xi^2 + c\varepsilon_{li}}, \tag{8.3.20}$$

其中 $a > 0$, $c > 0$ 是与变量 ξ 无关的常数.

证明 令 $Q_1, \cdots, Q_k$ 由 (8.1.6)~(8.1.8) 式定义. 则由 (8.3.17) 式, $r > \mathrm{rank}(C_{l-1})$, 且 Q_l 为 $n \times \{r - \mathrm{rank}(C_{l-1})\}$ 阶矩阵. 记 $Q_l \equiv (Q_{l_1}, q_{l_2})$, 其中 q_{l_2} 为 Q_l 的最后一列. 又由 (8.3.16) 式中的条件, 存在单位向量 $f_i \in \mathbf{C}^{M_i}$, 使得 $f_i^H W_i C_i = 0$. 现在用反证法证明

$$f_i(M_{i-1} + 1 : M_i) \neq 0. \tag{8.3.21}$$

若 $f_i(M_{i-1}+1:M_i)=0$, 则有 $f_i^HW_iC_i=f_i(1:M_{i-1})^HW_{i-1}C_{i-1}=0$, 并由 (8.3.16) 式, $W_{i-1}C_{i-1}$ 行满秩. 于是有 $f_i(1:M_{i-1})=0$, 矛盾. 于是 (8.3.21) 式成立. 定义

$$f=\begin{pmatrix} f_i \\ 0 \end{pmatrix}\in \mathbf{C}^m,\ \widetilde{Q}=(Q_1,\cdots,Q_{l-1},Q_{l_1},\cdots Q_k),\ \Delta A=\xi f q_{l_2}^H. \tag{8.3.22}$$

注意到由于 $W^{\frac{1}{2}}AQ$ 列满秩, 其秩为 r, $W^{\frac{1}{2}}A\widetilde{Q}$ 也列满秩, 其秩为 $r-1$, 且 $W^{\frac{1}{2}}Aq_{l_2}$ 是 $W^{\frac{1}{2}}AQ$ 的一列. 设 θ 为 $\mathcal{R}(W^{\frac{1}{2}}A\widetilde{Q})$ 和 $\mathcal{R}(W^{\frac{1}{2}}Aq_{l_2})$ 之间的夹角, 则由 (8.1.6)~(8.1.8) 式, $A_1q_{l_2}=0,\cdots,A_{l-1}q_{l_2}=0$, 因此 $0<\theta\leqslant\pi/2$. 若记 $c=\sin^2\theta\|Aq_{l_2}\|_2^2$, 则有

$$\begin{aligned}\sin^2\theta\|W^{\frac{1}{2}}Aq_{l_2}\|_2^2 &= q_{l_2}^HA^HW^{\frac{1}{2}}(I-W^{\frac{1}{2}}A\widetilde{Q}(W^{\frac{1}{2}}A\widetilde{Q})^\dagger)W^{\frac{1}{2}}Aq_{l_2}\\ &\leqslant w_l\sin^2\theta\|Aq_{l_2}\|_2^2\equiv cw_l.\end{aligned}$$

设 $\widehat{A}=A+\Delta A=A+\xi fq_{l_2}^H$, 则由向量 f 和 q_{l_2} 的构造, 必有

$$\|\Delta A\|_2=\xi,\ \operatorname{rank}(\widehat{C}_i)=\operatorname{rank}(C_i)+1,\ \operatorname{rank}(\widehat{A})=\operatorname{rank}(A).$$

由等式

$$\begin{aligned}(\widehat{A}^HW\widehat{A})^\dagger &= (QQ^HA^HWAQQ^H+\xi^2(f^HWf)q_{l_2}q_{l_2}^H)^\dagger\\ &= (\widetilde{Q},q_{l_2})\begin{pmatrix}\widetilde{Q}^HA^HWA\widetilde{Q} & \widetilde{Q}^HA^HWAq_{l_2}\\ q_{l_2}^HA^HWA\widetilde{Q} & q_{l_2}^HA^HWAq_{12}+\xi^2(f_i^HW_if_i)\end{pmatrix}^{-1}(\widetilde{Q},q_{l_2})^H,\end{aligned}$$

和 $\widehat{A}_W^\dagger=(\widehat{A}^HW\widehat{A})^\dagger\widehat{A}^HW$, 并应用引理 8.3.6, 可得

$$\begin{aligned}\|\widehat{A}_W^\dagger\|_2 &\geqslant \|q_{l_2}^H\widehat{A}_W^\dagger f\|_2\\ &= \frac{\xi(f_i^HW_if_i)}{\xi^2(f_i^HW_if_i)+q_{l_2}^HA^HW^{\frac{1}{2}}(I-W^{\frac{1}{2}}A\widetilde{Q}(W^{\frac{1}{2}}A\widetilde{Q})^\dagger)W^{\frac{1}{2}}Aq_{l_2}}\\ &\geqslant \frac{\xi(f_i^HW_if_i)}{\xi^2(f_i^HW_if_i)+cw_l}=\frac{\xi}{\xi^2+(cw_l/f_i^HW_if_i)}\geqslant\frac{\xi}{\xi^2+c\varepsilon_{li}},\end{aligned}$$

$$\|\widehat{A}_W^\dagger-A_W^\dagger\|_2\geqslant\|q_{l_2}^H(\widehat{A}_W^\dagger-A_W^\dagger)f\|_2=\|q_{l_2}^H\widehat{A}_W^\dagger f\|_2\geqslant\frac{\xi}{\xi^2+c\varepsilon_{li}},$$

推导中利用了条件 $f^HWA=0$ 和不等式 $f_i^HW_if_i\geqslant w_if_i^Hf_i=w_i$.

类似地, 定义

$$h=\frac{W^{-1}f}{\|W^{-1}f\|_2},\ \Delta A=\xi hq_{l_2}^H. \tag{8.3.23}$$

由于 W^2AQ 列满秩, 秩为 r, $WA\widetilde{Q}$ 也为列满秩, 秩为 $r-1$, 且向量 WAq_{l_2} 是矩阵 WAQ 的一列. 现设 $\overline{\theta}$ 为 $\mathcal{R}(WA\widetilde{Q})$ 与 $\mathcal{R}(WAq_{l_2})$ 的夹角, 则由 (8.1.6)~(8.1.8) 式, $A_1q_{l_2}=0,\cdots,A_{l-1}q_{l_2}=0$, 因此 $0<\overline{\theta}\leqslant\pi/2$. 若记 $a=\sin^2\overline{\theta}\|Aq_{l_2}\|_2^2$, 则有

$$\begin{aligned}q_{l_2}^HA^HW(I-WA\widetilde{Q}(WA\widetilde{Q})^\dagger)WAq_{l_2}=&\sin^2\overline{\theta}\|WAq_{l_2}\|_2^2\\ &\leqslant w_l^2\sin^2\overline{\theta}\|Aq_{l_2}\|_2^2\equiv aw_l^2.\end{aligned}$$

设 $\widehat{A}=A+\Delta A=A+\xi hq_{l_2}^H$, 则由向量 h 和 q_{l_2} 的构造, 必有

$$\|\Delta A\|_2=\xi,\ \mathrm{rank}(\widehat{C}_i)=\mathrm{rank}(C_i)+1,\ \mathrm{rank}(\widehat{A})=\mathrm{rank}(A).$$

由条件 $f^HWA=h^HW^2A=0$, 可得等式

$$\begin{aligned}(\widehat{A}^HW^2\widehat{A})^\dagger=&(QQ^HA^HW^2AQQ^H+\xi^2(h^HW^2h)q_{l_2}q_{l_2}^H)^\dagger\\ =&(\widetilde{Q},q_{l_2})\begin{pmatrix}\widetilde{Q}^HA^HW^2A\widetilde{Q} & \widetilde{Q}^HA^HW^2Aq_{l_2}\\ q_{l_2}^HA^HW^2A\widetilde{Q} & q_{l_2}^HA^HW^2Aq_{12}+\xi^2(h^HW^2h)\end{pmatrix}^{-1}(\widetilde{Q},q_{l_2})^H,\\ P_{W\widehat{A}}=&W\widehat{A}(W\widehat{A})^\dagger=W\widehat{A}(\widehat{A}^HW^2\widehat{A})^\dagger\widehat{A}^HW,\end{aligned}$$

并应用引理 8.3.6, 有

$$\begin{aligned}\|P_{W\widehat{A}}-P_{WA}\|_2^2\geqslant&\|(P_{W\widehat{A}}-P_{WA})f\|_2^2=\|P_{W\widehat{A}}f\|_2^2=f^HP_{W\widehat{A}}f\\ =&\xi^2(f^HWh)^2\\ &\times e_r^H\begin{pmatrix}\widetilde{Q}^HA^HW^2A\widetilde{Q} & \widetilde{Q}^HA^HW^2Aq_{l_2}\\ q_{l_2}^HA^HW^2A\widetilde{Q} & q_{l_2}^HA^HW^2Aq_{12}+\xi^2(h^HW^2h)\end{pmatrix}^{-1}e_r\\ =&\frac{\xi^2(h^HWf)^2}{\xi^2(h^HW^2h)+q_{l_2}^HA^HW(I-WA\widetilde{Q}(WA\widetilde{Q})^\dagger)WAq_{l_2}}\\ \geqslant&\frac{\xi^2(h^HWf)^2}{\xi^2(h^HW^2h)+aw_l^2}.\end{aligned}$$

由于

$$\begin{aligned}&h^HWf=\tfrac{f^Hf}{\|W^{-1}f\|_2}=\tfrac{1}{\|W^{-1}f\|_2},\ h^HW^2h=\tfrac{f^Hf}{\|W^{-1}f\|_2^2}=\tfrac{1}{\|W^{-1}f\|_2^2},\\ \|P_{W\widehat{A}}-P_{WA}\|_2^2\geqslant&\frac{\xi^2}{\xi^2+aw_l^2\times\|W^{-1}f\|_2^2}\geqslant\frac{\xi^2}{\xi^2+a(w_l/w_i)^2}\\ =&\frac{\xi^2}{\xi^2+a\varepsilon_{li}^2},\end{aligned}$$

这里利用了不等式 $\|W^{-1}f\|_2\leqslant w_i^{-1}\|f\|_2=1/w_i$. □

§ 8.4　刚性加权最小二乘问题的扰动

本节讨论刚性最小二乘问题 (8.1.2) 的扰动分析.

定理 8.4.1　考虑刚性 WLS 问题 (8.1.2), 其中 A, W 满足假定 8.1.1 的条件和记号. 对于 $j=1:k$, 设 $\widehat{A}_j=A_j+\Delta A_j$, $\widehat{C}_j=C_j+\Delta C_j$, $\widehat{w}_j=w_j+\Delta w_j$, $\widehat{b}=b+\Delta b$ 分别为 A_j, C_j, w_j, b 相应的扰动矩阵或向量, 且满足假定 8.3.1 的条件, 定理 8.3.2 定义的 $\overline{E}$ 满足 $\overline{E}\|A_W^\dagger\|_2<1$. 考虑扰动的刚性 WLS 问题

$$\|\widehat{W}^{\frac{1}{2}}(\widehat{A}x-\widehat{b})\|_2=\min_{y\in\mathbf{C}^n}\|\widehat{W}^{\frac{1}{2}}(\widehat{A}y-\widehat{b})\|_2. \tag{8.4.1}$$

则有

$$\begin{aligned}\|\Delta x_{\mathrm{WLS}}\|_2\leqslant&\frac{\|A_W^\dagger\|_2}{1-\overline{E}\|A_W^\dagger\|_2}(\|\Delta b\|_2+\|\Delta A\|_2\|x_{\mathrm{WLS}}\|_2\\&+\overline{E}\|A_W^\dagger\|_2\|r\|_2)+\delta_{rn}\|\Delta A\|_2\|A^\dagger\|_2\|x_{\mathrm{WLS}}\|_2,\end{aligned} \tag{8.4.2}$$

其中 $\Delta x_{\mathrm{WLS}}=\widehat{x}_{\mathrm{WLS}}-x_{\mathrm{WLS}}$, $r=b-Ax_{\mathrm{WLS}}$ 为残量, $r=n$ 时, $\delta_{rn}=0$, $r<n$ 时, $\delta_{rn}=1$.

证明　由 (3.5.6) 式,

$$\begin{aligned}\Delta x_{\mathrm{WLS}}=&\widehat{A}_{\widehat{W}}^\dagger(\Delta b-\Delta Ax_{\mathrm{WLS}})+\widehat{A}_{\widehat{W}}^\dagger(I-A_WA_W^\dagger)r\\&-(I-\widehat{A}^\dagger\widehat{A})A^\dagger Ax_{\mathrm{WLS}}.\end{aligned} \tag{8.4.3}$$

再由定理 8.3.2 可得

$$\|\widehat{A}_{\widehat{W}}\widehat{A}_{\widehat{W}}^\dagger(I-A_WA_W^\dagger)\|_2\leqslant\|\widehat{A}_{\widehat{W}}-A_W\|_2\|A_W^\dagger\|_2\leqslant\overline{E}\|A_W^\dagger\|_2,$$

并且有

$$\begin{aligned}&\|(I-\widehat{A}^\dagger\widehat{A})A^\dagger A\|_2=0\ \text{当}\ r=n,\\&\|(I-\widehat{A}^\dagger\widehat{A})A^\dagger A\|_2\leqslant\|\Delta A\|_2\|A^\dagger\|_2\ \text{当}\ r<n.\end{aligned}$$

对 (8.4.3) 式两端同时取范数, 并把上述不等式代入, 即得 (8.4.2) 式中估计式. □

定理 8.4.2　若定理 8.4.1 的条件成立, 且有 $r<n$, 则对于刚性 WLS 问题 (8.1.2) 任一形如下式的解

$$x=A_W^\dagger b+(I-A^\dagger A)z, \tag{8.4.4}$$

存在扰动的刚性 WLS 问题 (8.4.1) 的一个解 $\widehat{x}$, 使得

$$\|\widehat{x}-x\|_2 \leqslant \frac{\|A_W^\dagger\|_2}{1-\overline{E}\|A_W^\dagger\|_2}(\|\Delta b\|_2+\|\Delta A\|_2\|x_{\rm WLS}\|_2 \\ +\overline{E}\|A_W^\dagger\|_2\|r(x_{\rm WLS})\|_2)+\|\Delta A\|_2\|A^\dagger\|_2\|(I-A^\dagger A)z\|_2. \tag{8.4.5}$$

反之亦然.

证明　令

$$\widehat{x}=\widehat{A}_{\widehat{W}}^\dagger\widehat{b}+(I-\widehat{A}^\dagger\widehat{A})(x_{\rm WLS}+(I-A^\dagger A)z). \tag{8.4.6}$$

则 $\widehat{x}$ 为刚性 WLS 问题 (8.4.1) 的 WLS 解. 由 (8.4.3) 式, 有

$$\widehat{x}-x=\widehat{A}_{\widehat{W}}^\dagger(\Delta b-\Delta A x_{\rm WLS})+\widehat{A}_{\widehat{W}}^\dagger(I-A_W A_W^\dagger)r(x_{\rm WLS}) \\ -\widehat{A}^\dagger\widehat{A}(I-A^\dagger A)z. \tag{8.4.7}$$

由定理 8.4.1 的讨论, 即得 (8.4.5) 式. 如果把 x 和 $\widehat{x}$ 的位置互换, 结论仍成立. □

习　题　八

1. 设

$$A=\begin{pmatrix}1&0\\0&0\\0&1\end{pmatrix},\ \widehat{A}=\begin{pmatrix}1&0\\\delta&0\\0&1\end{pmatrix},\ W_0=\mathrm{diag}(w_1,w_1,w_3),$$

其中 $w_1>w_3>0$ 任意, $0<\delta\ll 1$. 计算

$$\|A_{W_0}^\dagger\|_2,\ \|\widehat{A}_{W_0}^\dagger\|_2,\ \sup_{W\in\mathcal{D}}\|A_W^\dagger\|_2,\ \sup_{W\in\mathcal{D}}\|\widehat{A}_W^\dagger\|_2.$$

2. 设 A, $\widehat{A}$ 由上题给出, $b=\widehat{b}=(2,1,1)^T$. 计算 $x_{\rm WLS}=A_W^\dagger b$, $\widehat{x}_{\rm WLS}=\widehat{A}_{W_0}^\dagger\widehat{b}$, 和 $\|\widehat{x}_{\rm WLS}-x_{\rm WLS}\|_2$, 并和定理 8.4.1 的估计比较.

3. 设

$$A_1=\begin{pmatrix}6&2&5\\8&2&-2\end{pmatrix},\ A_2=\begin{pmatrix}3&3&5\\4&4&-2\end{pmatrix},\ A_3=\begin{pmatrix}7&4&6\\9&8&-5\end{pmatrix},$$

$$A=\begin{pmatrix}A_1\\A_2\\A_3\end{pmatrix},\ W=\mathrm{diag}(w_1I_2,w_2I_2,w_3I_2),\ w_1\gg w_2\gg w_3.$$

计算 $A_W^\dagger$, $A_C^\dagger$ 和 $\|A_C^\dagger-A_W^\dagger\|_2$, 并定理 8.2.1 中的估计式比较.

4. 设 A_1, A_2, A_3, A, W 由上题给定, $b=(2,1,1,4,3,3)^T$. 计算 $x_{\mathrm{WLS}}=A_W^{\dagger}b$, $x_C=A_C^{\dagger}b$ 和 $\|x_C-x_{\mathrm{WLS}}\|_2$, 并和定理 8.2.3 中的估计式比较.

5. 当 $W\in\mathcal{D}_2$ 给定时, 推导约束加权 MP 逆扰动的稳定性条件和扰动界.

6. 当 $W\in\mathcal{D}_2$ 给定且矩阵 A 满足上题的稳定性条件时, 推导 WLSE 问题解的扰动界.

第九章　广义最小二乘问题的直接解法

这一章开始, 将要研究各种广义最小二乘问题的数值解法. 本章讨论广义最小二乘问题的直接解法, 即利用系数矩阵的分解, 把广义最小二乘问题转换成等价的, 容易求解的形式, 在理论上经过有限步, 就可以得到原问题的解. §9.1 列出一些基本知识, §9.2 讨论基本的正交分解的数值计算, §9.3 讨论 LS 问题的直接解法, §9.4 讨论 TLS 问题的直接解法, §9.5 讨论 LSE 问题的直接解法, §9.6 讨论刚性 WLS 问题和刚性 WLSE 问题的直接解法. 本章主要内容的详细介绍, 可参阅 [20], [91], [118], [131], [201] 及 [263].

§ 9.1　基 本 知 识

本节给出讨论广义最小二乘问题的直接解法所需的基本知识, 包括算法和浮点运算、正定矩阵线性方程组的数值计算和矩阵的预条件处理.

9.1.1　算法和浮点运算

设计一个计算方法, 应该满足三个基本要求: 一是计算步骤要尽可能少; 二是方法要有数值稳定性, 即得到的数值解和原问题的解之间的误差要小; 三是要节省储存空间. 本文涉及的舍入误差, 其浮点运算都遵循以下规则:

$$\mathrm{fl}(x \text{ op } y) = (x \text{ op } y)(1+\delta), \quad |\delta| \leqslant \mathbf{u}, \tag{9.1.1}$$

其中 op 代表 $+, -, \times$, 或 $\div$ 运算, $\mathbf{u}$ 为机器精度, $\mathrm{fl}(x \text{ op } y)$ 表示 $x \text{ op } y$ 的浮点计算值. 本文的数值结果都是通过 Matlab 软件计算而得, 其机器精度 $\mathbf{u} = 2^{-53} \approx 1.11 \times 10^{-16}$. 约定一个 $+, -, \times$, 或 $\div$ 运算记为一个 flop.

为了叙述方便, 在舍入误差分析中, 经常需要下面的记号,

$$\gamma_k = \frac{k\mathbf{u}}{1-k\mathbf{u}}, \qquad \widetilde{\gamma}_k = \frac{ck\mathbf{u}}{1-ck\mathbf{u}}, \tag{9.1.2}$$

其中 c 为一个比较小的正整数, 并假定 $ck\mathbf{u} \ll 1$.

对于矩阵 $A \in \mathbf{R}^{m\times n}$, $|A|$ 表示把 A 的每个元素换成其绝对值而得到的矩阵, 即 $|A| = (|a_{ij}|)$. 若 A, $B \in \mathbf{R}^{m\times n}$, 则 $A \leqslant B$ 表示 $a_{ij} \leqslant b_{ij}$, $i=1:m$, $j=1:n$. 对

于向量也有类似的记号. 于是对于实数 a, b, 计算 $a \pm b$ 需要 1 次 flop 运算, 且有

$$\mathrm{fl}(a \pm b) = a \pm b + \eta, \ |\eta| \leqslant \mathbf{u}(|a| + |b|); \tag{9.1.3}$$

对于向量 $x, \ y \in \mathbf{R}^n$, 计算 $x^T y = \sum\limits_{i=1}^{n} x_i y_i$ 大约需要 $2n$ 次 flops 运算, 且有

$$\mathrm{fl}(x^T y) = x^T y + \eta, \ |\eta| \leqslant \widetilde{\gamma}_n |x|^T |y|. \tag{9.1.4}$$

9.1.2 正定矩阵线性方程组的数值计算

考虑如下的线性方程组

$$Ax = b, \tag{9.1.5}$$

其中 $A \in \mathbf{R}^{n\times n}$ 是正定矩阵, $b \in \mathbf{R}^n$. 可用三角分解法计算方程组 (9.1.5) 的解.

定理 9.1.1 设 A 是 n 阶实对称正定矩阵. 则必存在单位下三角矩阵 $\widetilde{L}$ 和正定对角矩阵 D, 使得

$$A = \widetilde{L} D \widetilde{L}^T, \tag{9.1.6}$$

并存在非奇异下三角矩阵 L, 使得

$$A = LL^T, \tag{9.1.7}$$

并且当 L 的主对角元均为正数时, 上述分解是唯一的.

证明 由于 $A^{(1)} \equiv A$ 是 n 阶实对称正定矩阵, 其对角元都是正数. 记 $l_{i1} = a_{i1}^{(1)}/a_{11}^{(1)}, i = 2:n$,

$$L_1^{-1} = I - l_1 e_1^T, \ l_1 = (0, l_{21}, \cdots, l_{n1})^T.$$

则有

$$A^{(2)} = L_1^{-1} A^{(1)} L_1^{-T} = \begin{pmatrix} a_{11}^{(1)} & 0 \\ 0 & A_2^{(2)} \end{pmatrix},$$

且矩阵 $A^{(2)} \in \mathbf{R}^{n\times n}$ 和 $A_2^{(2)} \in \mathbf{R}^{(n-1)\times(n-1)}$ 都是实对称正定矩阵. 一般地, 对于 $k = 1 : n-1$, 记 $l_{ik} = a_{ik}^{(k)}/a_{kk}^{(k)}, i = k+1 : n$,

$$L_k^{-1} = I - l_k e_k^T, \ l_k = (0, \cdots, 0, l_{k+1,k}, \cdots, l_{nk})^T. \tag{9.1.8}$$

则有

$$A^{(k+1)} = L_k^{-1} A^{(k)} L_k^{-T} = \mathrm{diag}(a_{11}^{(1)}, \cdots, a_{kk}^{(k)}, A_{k+1}^{(k+1)}), \tag{9.1.9}$$

且矩阵 $A^{(k+1)} \in \mathbf{R}^{n\times n}$ 和 $A_{k+1}^{(k+1)} \in \mathbf{R}^{(n-k)\times(n-k)}$ 都是实对称正定矩阵. 令

$$D = A^{(n)} > 0,\ \widetilde{L} = L_1 \cdots L_{n-1} \equiv \begin{pmatrix} 1 & & & & \\ l_{21} & 1 & & & \\ l_{31} & l_{32} & 1 & & \\ \vdots & \vdots & \vdots & \vdots & \\ l_{n1} & l_{n2} & \cdots & l_{n,n-1} & 1 \end{pmatrix},$$

则有 $A = \widetilde{L}D\widetilde{L}^T$, 其中 $\widetilde{L}$ 是单位下三角矩阵, D 是正定对角矩阵. 若 A 还有分解式 $A = \overline{LDL}^T$, 其中 $\overline{L}$ 是单位下三角矩阵, $\overline{D}$ 是正定对角矩阵. 则有

$$\overline{L}^{-1}\widetilde{L} = (\overline{DL}^T)(D\widetilde{L}^T)^{-1}.$$

由于 $\overline{L}^{-1}\widetilde{L}$ 是单位下三角矩阵, $(\overline{DL}^T)(D\widetilde{L}^T)^{-1}$ 是上三角矩阵, 必有

$$\overline{L}^{-1}\widetilde{L} = (\overline{DL}^T)(D\widetilde{L}^T)^{-1} = I_n.$$

因此, $\overline{L} = \widetilde{L}$, $\overline{D} = D$. 记 $D = \mathrm{diag}(d_1, \cdots, d_n) > 0$, 并令

$$D^{\frac{1}{2}} = \mathrm{diag}(\sqrt{d_1}, \cdots, \sqrt{d_n}),$$

这样

$$A = \widetilde{L}D\widetilde{L}^T = LL^T,$$

其中 $L = \widetilde{L}D^{\frac{1}{2}}$ 为非奇异下三角阵, 其主对角元均为正, 而且这种分解是唯一的. □

通常称 (9.1.6) 式为矩阵 A 的LDL^T **分解**, (9.1.7) 式为矩阵 A 的**Cholesky 分解**或LL^T **分解**. 现在确定 Cholesky 分解中下三角矩阵 L 的元素 l_{ij}. 由 (9.1.7) 式, 有

$$\sum_{k=1}^{j} l_{jk}l_{jk} = a_{jj},\ \sum_{k=1}^{j} l_{ik}l_{jk} = a_{ij},\ i > j,$$

从而得到计算 l_{ij} 的递推公式:

$$l_{ij} = \begin{cases} \left(a_{jj} - \sum\limits_{k=1}^{j-1} l_{jk}^2\right)^{\frac{1}{2}}, & i = j, \\ \left(a_{ij} - \sum\limits_{k=1}^{j-1} l_{ik}l_{jk}\right)/l_{jj}, & i > j, \\ 0, & i < j. \end{cases} \tag{9.1.10}$$

当 A 可能是半正定矩阵时, 在计算过程中需要对对角元进行选主元.

算法 9.1.1　求 n 阶实对称 (半) 正定矩阵 A 的选主元 Cholesky 分解 $\Pi A\Pi^T = LL^T$, 其中 L 是下三角矩阵, Π 是置换矩阵, 并把 L 的元素储存在 A 的下三角部分. tol 为小参数.

对 $k=1:n-1$ 令 $s=\min\{t:\ a(t,t)=\max\limits_{k\leqslant j\leqslant n} a(j,j)\}$;

step 1 如果 $a(t,t)<\text{tol}$; 输出 "A is semi-definite"; 停机;

step 2 如果 $s>k$ 交换 A 的第 s, k 行和第 s, k 列;

step 3 令 $a(k,k)=sqrt(a(k,k))$;

step 4 对 $i=k+1:n$, 令 $a(i,k)=a(i,k)/a(k,k)$; 做 steps 5~6:

step 5 对 $j=k+1:i$, 令 $a(i,j)=a(i,j)-a(i,k)*a(j,k)$;

step 6 $a(n,n)=sqrt(a(n,n))$;

结束.

算法 9.1.1 大约需要 $n^3/3$ 次 flops 运算.

这样, 计算线性方程组 (9.1.5) 的解 $x=A^{-1}b$, 可以分别计算 $Ly=b$, $L^Tx=y$.

注 9.1.1 当 A 是非奇异矩阵时, 可用 (列选主元)Gauss 消去法或 (列选主元)LU 分解法计算线性方程组 (9.1.5) 的解. 当 A 有特殊结构, 像三对角矩阵, Toeplitz 或 Hankel 矩阵, Hilbert 矩阵, Vandermonde 矩阵, 离散 Fourier 变换矩阵, 循环矩阵等, 则有快速而高精度的算法. 详细内容可参阅 [91].

9.1.3 矩阵的预条件处理

当求解线性方程组 $Ax=b$ 时, 若 A 的条件数很大, 往往需要对 A 进行预条件处理, 以降低 A 的条件数.

1. 列加权

设 $A\in R^{m\times n}$, $b\in R^m$, $G\in R_n^{n\times n}$. LS 问题

$$\min_x \|Ax-b\|_2 \tag{9.1.11}$$

的解可以通过先求

$$\min_y \|(AG)y-b\|_2 \tag{9.1.12}$$

的极小范数解 $y_{\rm LS}$, 然后令 $x_G=Gy_{\rm LS}$ 而得到. 如果 $\text{rank}(A)=n$, 那么 $x_G=x_{\rm LS}$. 否则, x_G 是 (9.1.11) 的极小 G 范数解, 其中 G 范数定义为 $\|z\|_G=\|G^{-1}z\|_2$.

G 的选取是重要的. 它的选择可基于对 A 的不确定因素的先验估计, 也经常取

$$G=G_0\equiv \text{diag}(1/\|A(:,1)\|_2,\cdots,1/\|A(:,n)\|_2)$$

来使 A 的列规范化. 当 A 为列满秩时, Van der Sluis[190] 证明了对此选取, $\kappa_2(AG)$ 近于达到极小:

$$\kappa_2(AG_0)\leqslant \sqrt{n}\min_{D\in\mathcal{D}}\kappa_2(AD). \tag{9.1.13}$$

2. 行加权

设 $A \in R^{m\times n}$, $b \in R^m$, $D = \mathrm{diag}(d_1, \cdots, d_m)$ 非奇异. 考虑加权最小二乘问题

$$\min_x \|D(Ax-b)\|_2. \tag{9.1.14}$$

确定 D 的一种方法是令 d_k 是 b_k 的不确定性的某种量度, 例如, b_k 的标准偏差的倒数. 这样, 当 d_k 较大时, $r_k = e_k^T(b - Ax_D)$ 倾向于变小. 定义

$$D(\delta) = \mathrm{diag}(d_1, \cdots, d_{k-1}, d_k\sqrt{1+\delta}, d_{k+1}, \cdots, d_m),$$

其中 $\delta > -1$. 如果 $x(\delta)$ 极小化 $\|D(\delta)(Ax-b)\|_2$, 且 $r_k(\delta)$ 是 $b - Ax(\delta)$ 的第 k 个分量, 则可得

$$r_k(\delta) \approx \frac{r_k}{1+\delta d_k^2 e_k^T A(A^T D^2 A)^{-1} A^T e_k}, \ |\delta| \ll 1. \tag{9.1.15}$$

这个表达式说明 $r_k(\delta)$ 是 δ 的单调递减函数. 当然, 当所有的权因子都变化时, r_k 的变化要比这要复杂得多.

§ 9.2　正交分解的数值计算

在解各种广义的最小二乘问题时, 需要求矩阵的 MP 逆. 由 §1.3 和 §1.5 的分析, 需要讨论矩阵的各种正交分解, 如 QR 分解、SVD、双边正交分解等.

9.2.1　QR 分解

QR 分解的算法, 已有了大量的积累, 可参阅 [20], [91], [118] 及 [131]. Householder 和 Givens QR 分解, 改进的 Gram-Schmidt (MGS) 算法是常用的 QR 分解的方法.

1. Householder 矩阵和 Givens 矩阵

设向量 $u \in \mathbf{R}^n$ 满足 $u^Tu = 1$. 则 Householder 矩阵 [123] $H(u)$ 定义为

$$H(u) \equiv I_n - 2uu^T, \tag{9.2.1}$$

其中的向量 u 称为 Householder 向量. 若 $0 \neq a \in \mathbf{R}^n$, 则

$$H = I_n - \gamma aa^T, \ \gamma = \frac{2}{a^Ta} \tag{9.2.2}$$

是一个 Householder 矩阵. $H(u)$ 有如下性质.

(i) $H(u)$ 是 Hermite 正交矩阵, 即有

$$H(u)^T = H(u) = H(u)^{-1}.$$

(ii) $\det(H(u)) = -1$, 且 $H(u)$ 有如下分解,

$$H(u) = U\text{diag}(-1, I_{n-1})U^H,$$

其中 $U = (u, U_1)$ 为正交矩阵.

(iii) $H(u)$ 是镜像变换, 称为反射矩阵, 即对于任一 $a \in u^{\perp}$, 有

$$H(u)(a + \alpha u) = a - \alpha u,\ \alpha \in \mathbf{R}.$$

(iv) 设 $a,\ b \in \mathbf{R}^n$, $a \neq b$. 则存在单位向量 $u \in \mathbf{R}^n$, 使得 $H(u)a = b$ 的必要与充分条件是

$$\|a\|_2 = \|b\|_2, \tag{9.2.3}$$

并且在 (9.2.3) 式所示的条件下, 使得 $H(u)a = b$ 成立的单位向量 u 可取为

$$u = \frac{a-b}{\|a-b\|_2}. \tag{9.2.4}$$

性质 (iv) 的证明留给读者.

由性质 (iv) 知, 对于任意非零向量 $a \in \mathbf{R}^n$, 总存在 n 阶 Householder 矩阵 $H(u)$, 使得向量 $H(u)a$ 中给定位置的元素为零. 例如, 若 $a(2:n) \neq 0$, 记 $\alpha = \|a\|_2$, 并取

$$u = (a \pm \alpha e_1)/\|a \pm \alpha e_1\|_2, \tag{9.2.5}$$

则有 $H(u)a = \mp\alpha e_1$. 用 (9.2.5) 式计算 u 时, 符号的确定非常重要. 如果 a 与 $b = \alpha e_1$ 非常接近, 则由 (9.2.4) 式计算 u 时将产生严重的消去误差, 从而使 γ 产生较大的误差. 为了避免这个问题, 一般地取

$$u = a + \text{sign}(a_1)\alpha e_1, \gamma^{-1} = \alpha(\alpha + |a_1|), \tag{9.2.6}$$

其中

$$\text{sign}(a_1) = \begin{cases} 1, & \text{当 } a_1 \geqslant 0 \text{ 时}, \\ -1, & \text{当 } a_1 < 0 \text{ 时}. \end{cases}$$

另外, 为了节约存储空间, 可以规范化 u, 使 $u(1) = 1$, u 中剩余的部分称为主要部分. 以下是一个关于 Householder 向量的计算方法:

算法 9.2.1　设向量 $a \in \mathbf{R}^n$ 满足 $\|a\|_2 = \alpha$. 下述函数把计算向量 u, 且满足 $u(1) = 1$, 使得 $(I_n - \gamma uu^T)a$ 第 2 到第 n 个元素全部消为零.

function : $u = \text{house}(a)$

令 $n = \text{length}(a)$; $\alpha = \text{norm}(a)$; $u = a$;

如果 $\alpha \neq 0$, 令 $c = 1/(a(1) + \text{sign}(a(1))\alpha)$;

$u(2:n) = u(2:n) * c$; $u(1) = 1$;

结束

该算法大约需要 $3n$ 次 flops 运算.

给定 $A = (a_1, \cdots, a_n) \in \mathbf{R}^{m \times n}$ 和 $H = H(u)$, HA 可按下述方法计算:

$$HA = (Ha_1, \cdots, Ha_n), \ Ha_j = a_j - \gamma(u^T a_j)u, \tag{9.2.7}$$

即计算 HA 并不需要显式地计算 H. 该计算大约要 $4mn$ 次 flops 运算. 另外由

$$HA = (I_n - \gamma uu^T)A = A - \gamma u(A^T u)^T,$$

即 A 实际上有一个秩为 1 的矩阵变化. 同理可得右乘 Householder 变换的算法:

$$AH = A(I_n - \gamma uu^T) = A - \gamma(Au)u^T.$$

Householder 矩阵还可用来把一个矩阵中指定的子行和子列消为零.

现在考虑可用来表示平面旋转的正交矩阵, 也称为 Givens (旋转) 矩阵 ([84]). 在二维空间中, 顺时针方向的旋转可通过 θ 表示为

$$G(\theta) = \begin{pmatrix} c & s \\ -s & c \end{pmatrix}, \ c = \cos\theta, \quad s = \sin\theta.$$

在 n 维空间中, Givens 矩阵为

$$G_{ij}(\theta) = \begin{pmatrix} 1 & & & & & & \\ & \ddots & & & & & \\ & & c & & s & & \\ & & & \ddots & & & \\ & & -s & & c & & \\ & & & & & \ddots & \\ & & & & & & 1 \end{pmatrix} \begin{matrix} \\ \\ i \\ \\ j \\ \\ \\ \end{matrix} . \tag{9.2.8}$$

记 $G_{ij}(\theta)a = b = (b_1, \cdots, b_n)^T$, 则有 $b_k = a_k$, $k \neq i, j$, 且

$$\begin{aligned} b_i &= ca_i + sa_j, \\ b_j &= -sa_i + ca_j. \end{aligned} \tag{9.2.9}$$

在 (9.2.8) 式中记

$$c = a_i/\sigma, \ s = a_j/\sigma, \ \sigma = (a_i^2 + a_j^2)^{1/2} \neq 0, \tag{9.2.10}$$

则

$$\begin{pmatrix} c & s \\ -s & c \end{pmatrix} \begin{pmatrix} a_i \\ a_j \end{pmatrix} = \begin{pmatrix} \sigma \\ 0 \end{pmatrix},$$

即利用 Givens 矩阵可把 a 的第 j 个元素消为零. 实际计算中, 为了避免 σ 上溢, 常采用如下算法计算 Givens 矩阵中的参数:

算法 9.2.2　给定a 和 b, 计算 Givens 矩阵中的参数 c, s, σ, 使得 $-sa+cb=0$.

function: $(c,s) = \text{givens}(a,\ b)$

如果 $b=0$,　令 $c=1;\ s=0;\quad \sigma=a;$

否则如果 $|b|>|a|$,　令 $t=-a/b;\ s=1/sqrt(1+t^2);\ c=st;$

否则令 $t=-b/a;\ c=1/sqrt(1+t^2);\ s=ct;$

结束

该算法需要 6 次 flops 运算.

对矩阵 A 左乘 Givens 矩阵 $G_{ij}(\theta)$ 只会影响 A 的第 i, j 行. 同样对 A 右乘 $G_{ij}(\theta)$ 只影响 A 的第 i, j 列. 可用不同顺序地取多个 Givens 矩阵, 把向量 $a\in\mathbf{R}^n$ 的第二到第 n 个元素消为零. 比如, 可取

$$G_{1n}\cdots G_{13}G_{12}a = \sigma e_1,$$

其中 Givens 矩阵 G_{1k} 用来零化第 k 个元素. 另一种顺序, 可以取

$$G_{12}G_{23}\cdots G_{n-1,n}a = \sigma e_1,$$

其中 $G_{k-1,k}$ 用来把第 k 个元素消为零.

Gentleman[82], Hammarling[107] 等提出了快速 Givens 变换以加快计算的速度. 也可参阅 [20].

注 9.2.1　任一 Givens 矩阵必可分解为两个 Householder 矩阵的乘积. 事实上, 有

$$\begin{pmatrix} \cos\theta & \sin\theta \\ -\sin\theta & \cos\theta \end{pmatrix} = H_1H_2,$$

$$H_1 = \left(I-2\begin{pmatrix} 0 \\ 1 \end{pmatrix}(0,1)\right),\ H_2 = \left(I-2\begin{pmatrix} \sin\dfrac{\theta}{2} \\ -\cos\dfrac{\theta}{2} \end{pmatrix}\left(\sin\frac{\theta}{2}, -\cos\frac{\theta}{2}\right)\right).$$

2. 选主列 Householder 和 Givens QR 分解

由前面的讨论, 给定非零向量 $0\neq a\in\mathbf{R}^m$, 总存在 m 阶正交矩阵 U, 这里 U 是若干个 Givens 矩阵的乘积, 或是一个 Householder 矩阵, 使得

$$Ua = \pm\sigma e_1,\ \sigma = \|a\|_2. \tag{9.2.11}$$

由 §1.3 的分析, 对任一给定矩阵 $A \in \mathbf{R}_r^{m\times n}$, 总存在置换阵 Π, 正交矩阵 $Q \in \mathbf{R}^{m\times m}$ 和行满秩的上梯形矩阵 $R^{r\times n}$, 使得

$$A\Pi = Q\begin{pmatrix} R \\ 0 \end{pmatrix} = Q_1 R, \tag{9.2.12}$$

其中 Q_1 是 Q 的前 r 列. 上述分解称为选主列 QR 分解.

可以通过一系列 Householder 或 Givens 变换来得到秩为 r 的矩阵 $A \in \mathbf{R}^{m\times n}$ 的 QR 分解. 记 $A^{(1)} = A$, 计算矩阵序列

$$A^{(k+1)} = P_k A^{(k)} \Pi_k,\ k = 1 : r,$$

其中 Π_k 为置换矩阵, 正交矩阵 P_k 是用来零化矩阵 $A^{(k)}\Pi_k$ 第 k 列主对角线以下的元素. 于是

$$A^{(k+1)} = P_k \cdots P_1 A \Pi_1 \cdots \Pi_k = \begin{pmatrix} R_{11} & R_{12} \\ 0 & A_{22}^{(k+1)} \end{pmatrix}, \tag{9.2.13}$$

其中 $R_{11} \in \mathbf{R}^{k\times k}$ 为非奇异的上三角矩阵. 在第 k 步, 若记

$$A_{22}^{(k)} \equiv (a_k^{(k)}, \cdots, a_n^{(k)}),$$

则首先选定置换阵 Π_k 用来交换第 p 列和第 k 列, 其中 p 是满足

$$\|a_p^{(k)}\|_2 = \max_{k\leqslant j\leqslant n} \|a_j^{(k)}\|_2$$

的向量中, 列下标最小的整数. 然后令 $m-k+1$ 阶正交矩阵 $\widetilde{P}_k$ 满足

$$\widetilde{P}_k a_k^{(k)} = r_{kk} e_1,\ r_{kk} = \pm\|a_k^{(k)}\|_2, \tag{9.2.14}$$

其中为了简化, 仍把 $A_{22}^{(k)}$ 列交换后的第 1 列记为 $a_k^{(k)}$. 记 $P_k = \mathrm{diag}(I_{k-1}, \widetilde{P}_k)$.

于是经过 r 步变换后, 有

$$P_r \cdots P_1 A \Pi_1 \cdots \Pi_r = A^{(r+1)} = \begin{pmatrix} R \\ 0 \end{pmatrix},$$

$$A\Pi = Q_1 R,\ Q = (P_r \cdots P_1)^T = (Q_1, Q_2),\ \Pi = \Pi_1 \cdots \Pi_r. \tag{9.2.15}$$

注 9.2.2　在 Householder QR 分解的过程中, Householder 向量的主要部分可以存储在原来用于存储 A 的严格下三角部分, 上梯形矩阵 R 可以存储在原来用于存储 A 的上三角部分. 对 Givens QR 分解, 参数 ρ 和最终的 R 可以采取类似的存储方法.

如果 $A \in \mathbf{R}_n^{m\times n}$, 并且不选主列, 则 Householder QR 分解大约需 $2mn^2 - 2n^3/3$ 次 flops 运算, 而 Givnes QR 分解大约需 $3mn^2 - n^3$ 次 flops 运算.

注 9.2.3 选主列的 Householder QR 分解, 是由 Businger 和 Golub[26] 提出的. 选主列对 QR 分解的数值稳定性非常重要, 特别当 A 不是列满时. 例如当

$$A = \begin{pmatrix} 1 & 1 & 1 \\ 1 & 1 & -1 \end{pmatrix}$$

时, 由于 A 前两列线性相关, 则不进行列交换, 分解过程将进行不下去. 另外, 若不进行列交换, 分解过程可能会失去数值稳定性. 当然, 如果知道 A 是列满秩的, 条件数较小的矩阵, 则可以不进行选主列. 这时, 在 (9.2.13)~(9.12.15) 式中, 应取 $\Pi_k = I_m$, $k = 1:r$, $\Pi = I_m$. 该注同样适用于下面提出的选主列 MGS 方法.

3. 选主列 MGS 方法

设 $A \in \mathbf{R}^{m\times n}$ 为列满秩, 且 $A = Q_1R$ 为 A 的 QR 分解, $Q_1 = (q_1, \cdots, q_n)$, R 为非奇异上三角矩阵. 比较等式两边的第 j 列, 有

$$a_1 = q_1 r_{11},\ a_j = q_j r_{jj} + \sum_{i=1}^{j-1} q_i r_{ij},\ j = 2:n.$$

这就得到了 Gram-Schmidt 正交化分解:

$$r_{11} = \|a_1\|_2,\ q_1 = a_1/r_{11};\ r_{ij} = q_i^T a_j,$$
$$w_j = a_j - \sum_{i=1}^{j-1} q_i r_{ij},\ r_{jj} = \|w_j\|_2,\ q_j = w_j/r_{jj},$$

$j = 2:n$, $i = 1:j-1$. 由于上述正交化分解不进行选主列, 数值稳定性不好. 另外当矩阵 A 不是列满秩时, Gram-Schmidt 正交化分解过程可能不能进行到底.

设 $A \in \mathbf{R}_r^{m\times n}$. 则如下改进的 Gram-Schmidt(MGS) 正交化分解加进了选主列的过程. 记 $A = A^{(1)}$. 第 k 步, 首先交换第 p 列和第 k 列, 其中

$$\|a_p^{(k)}\|_2 = \max_{k\leqslant j\leqslant n} \|a_j^{(k)}\|_2.$$

然后通过单位化 $a_k^{(k)}$ 得 q_k, 并以 q_k 正交化 $a_{k+1}^{(k)}, \cdots, a_n^{(k)}$:

$$\widetilde{q}_k = a_k^{(k)},\ r_{kk} = (\widetilde{q}_k^T \widetilde{q}_k)^{1/2},\ q_k = \widetilde{q}_k/r_{kk}, \tag{9.2.16}$$

$$r_{kj} = q_k^T a_j^{(k)},\ a_j^{(k+1)} = a_j^{(k)} - r_{kj} q_k = (I - q_k q_k^T) a_j^{(k)}, \tag{9.2.17}$$

$j = k+1:n$. 这里 $P_k = I - q_k q_k^T$ 是 q_k 的正交补空间上的正交投影. 于是经 k 步后, 得到 QR 分解中 Q 的前 k 列和 R 的前 k 行, 从而经 r 步后, 有 $A\Pi = Q_1R$. 由

计算的过程知, $Q_1=(q_1,\cdots,q_r)$ 的各列是正交的. 为了节省储存空间, 可以把 q_k 放在原来 a_k 的位子. 这样, $A^{(k)}$ 为

$$A^{(k)}=(q_1,\cdots,q_{k-1},a_k^{(k)},\cdots,a_n^{(k)}),$$

并且 $a_k^{(k)},\cdots,a_n^{(k)}$ 与 $q_1,\cdots,q_{k-1}$ 正交.

算法 9.2.3　给定 $A\in\mathbf{R}^{m\times n}$ 和小参数 tol. 下列算法给出 A 的 MGS 分解 $A\Pi=Q_1R$, 其中上三角阵 R 中的元素按行产生. 计算过程中的矩阵 $A^{(k)}$ 和最终得到的矩阵 Q_1 都存放在 A 中, 置换矩阵 Π 的信息存放在指标向量 pi 中.

step 1 对 $j=1:n$; 令 $pi(j)=j$;

step 2 对 $k=1:n$, 进行第 3~第 8 步

step 3 令 $b=\mathrm{norm}(a(:,k))$; $ip=k$;

step 4 对 $i=k+1:n$, 令 $d=\mathrm{norm}(a(:,i))$;

　　如果 $b<d$, 令 $b=d;ip=pi(i)$;

step 5 如果 $b<\mathrm{tol}$; 输出 "rank $(A)=k$"; 停机;

step 6 如果 $ip>k$, 令 $ii=pi(ip)$; $pi(ip)=pi(k)$; $pi(k)=ip$;

　　令 $c=a(:,ip)$; $a(:,ip)=a(:,k)$; $a(:,k)=c$;

step 7 令 $r(k,k)=b$; $a(:,k)=a(:,k)/r(k,k)$;

step 8 对 $j=k+1:n$, 令 $r(k,j)=a(:,k)'*a(:,j)$;

　令 $a(:,j)=a(:,j)-r(k,j)*a(:,k)$;

结束

如果 $A\in\mathbf{R}_n^{m\times n}$, 并且不选主元, 则 MGS 算法大约需要 $2mn^2$ 次 flops 运算.

注 9.2.4　在 MGS 算法中, 如果每一步中都计算 $A^{(k)}$ 中各列的范数, 将会使算法 9.2.3 的计算量增加一半. 可以通过下面的方法计算 $A^{(k)}$ 中各列的范数. 设

$$s_j^{(1)}=\|a_j^{(1)}\|_2^2,\quad j=1:n,\tag{9.2.18}$$

对 $k=1:r+1$, 计算递推式

$$s_j^{(k+1)}=s_j^{(k)}-r_{kj}*r_{kj},\quad j=k+1:n.\tag{9.2.19}$$

当然, 若 $A^{(k)}$ 中的列进行了交换, 则 $s_j^{(k)}$ 也要进行相应的交换. 利用 (9.2.19) 可使选主列的过程减少到只需 $O(mn)$ 次运算. 对于选主列 Householder QR 和 Givens QR 分解, 也可以用类似的技巧.

注 9.2.5　如果对求解 $\mathcal{R}(A)$ 的正交基感兴趣, 那么用 Householder 方法产生 Q 需 $2mn^2-2n^3/3$ 次 flops 运算. 因此, 对于找 $\mathcal{R}(A)$ 的正交基, MGS 的效率要比 Householder 正交化高一倍. Björck[16] 证明了 MGS 法计算的 $\widehat{Q}_1=[\widehat{q}_1,\cdots,\widehat{q}_n]$ 满足

$$\widehat{Q}_1^T\widehat{Q}_1=I+E_{\mathrm{MGS}},\quad \|E_{\mathrm{MGS}}\|_2\approx\mathbf{u}\kappa_2(A),$$

而 Householder 方法计算的结果满足

$$\widehat{Q}_1^T\widehat{Q}_1 = I + E_H, \quad \|E_H\|_2 \approx \mathbf{u}.$$

因此, 如果正交性至关重要, 则仅当被正交化的向量独立性强的时候, 才可用 MGS 法求正交基. 另外, 由 MGS 法解出的矩阵 $\widehat{Q}$, $\widehat{R}$ 满足 $\|A-\widehat{Q}\widehat{R}\|_F \approx \mathbf{u}\|A\|_F$, 且存在一个具有完全正交列向量的 Q 使得 $\|A-Q\widehat{R}\|_F \approx \mathbf{u}\|A\|_F$. 详细分析可参阅 [118].

4. 选主列 QR 分解的性质

下面给出选主列 QR 分解的性质.

(i) 若 $A \in \mathbf{R}_r^{m\times n}$, 且 $A^{(1)} = A$. 则 A 的选主列 MGS 算法可以看成对增广矩阵 $G \equiv \begin{pmatrix} 0_n \\ A \end{pmatrix}$ 作一系列 Householder 变换 [19], [22]. 事实上, 令 Π 为选主列 MGS 方法得到的置换矩阵, 并记 $G^{(1)} = G\Pi$. 则可以直接验证, 选主列 MGS 的第 k 步等价于计算

$$G^{(k+1)} = P_kG^{(k)}, \quad G^{(k)} = \begin{pmatrix} R^{(k)} \\ A^{(k)} \end{pmatrix} \equiv \begin{pmatrix} R_1^{(k)} \\ 0 \\ A^{(k)} \end{pmatrix} \begin{matrix} k-1 \\ n-k+1 \\ m \end{matrix}, \tag{9.2.20}$$

其中 $R_1^{(k)} \in \mathbf{R}_{k-1}^{(k-1)\times n}$ 为行满秩的上梯形矩阵, $A^{(k)} = (0,\cdots,0,a_k^{(k)},\cdots,a_n^{(k)})$,

$$P_k = I - v_kv_k^T, \quad v_k = \begin{pmatrix} -e_k \\ q_k \end{pmatrix}, \quad q_k = \frac{a_k^{(k)}}{\|a_k^{(k)}\|_2}, \quad \|v_k\|_2^2 = 2. \tag{9.2.21}$$

经过 r 步后, 取 $R \equiv R^{(r+1)}$, 即有

$$P^T\begin{pmatrix} O_n \\ A\Pi \end{pmatrix} = \begin{pmatrix} R \\ 0 \end{pmatrix}, \quad P^T = P_r\cdots P_2P_1, \tag{9.2.22}$$

其中 P_k 为 Householder 矩阵, $k = 1:r$. 另外, 正交矩阵 P 为

$$P = P_1\cdots P_r = I - \sum_{k=1}^r \begin{pmatrix} -e_k \\ q_k \end{pmatrix}\begin{pmatrix} -e_k \\ q_k \end{pmatrix}^T = \begin{pmatrix} 0 & Q_1^T \\ Q_1 & I-Q_1Q_1^T \end{pmatrix}.$$

因此, P 完全由 $Q_1 = (q_1,\cdots,q_r)$ 决定.

(ii) 设 $A \in \mathbf{R}_r^{m\times n}$, Π 为 n 阶置换矩阵, 使得 $A\Pi$ 的前 r 列线性无关. 则用任何一种方法得到的 $A\Pi$ 的 QR 分解本质上是相同的. 具体地讲, 设

$$A\Pi = Q_1R = \widetilde{Q}_1\widetilde{R}$$

为用两种不同地方法得到的 QR 分解, 其中 $Q_1^TQ_1 = \widetilde{Q}_1^T\widetilde{Q}_1 = I_r$, R 和 $\widetilde{R}$ 为上梯形矩阵. 则 Q_1 和 $\widetilde{Q}_1$ 对应的列向量最多相差一个符号, R 和 $\widetilde{R}$ 对应的行向量最多相差一个符号.

证明 记 $B = A\Pi$. 则由 $b_1 = q_1 r_{11} = \widetilde{q}_1 \widetilde{r}_{11}$, 有 $|r_{11}| = |\widetilde{r}_{11}|$. 于是 r_{11} 和 $\widetilde{r}_{11}$ 最多相差一个符号, q_1 和 $\widetilde{q}_1$ 最多相差一个符号. 又由 $r_{1j} = q_1^T b_j$, $\widetilde{r}_{1j} = \widetilde{q}_1^T b_j$, 于是 R 和 $\widetilde{R}$ 第一行的行向量最多相差一个符号. 用数学归纳法可证, 对于 $k = 1 : r$, 结论都成立. □

(iii) 设 $A\Pi = Q_1 R$ 为 $A \in \mathbf{R}_r^{m\times n}$ 的选主列 QR 分解. 则有

$$|r_{kk}| \geqslant \|R(k:n, j)\|_2,\ k = 1:r,\ j > k. \tag{9.2.23}$$

证明 由三种选主列的 QR 分解的过程可得上述不等式. □

(iv) 设 $A\Pi = Q_1 R$ 为 $A \in \mathbf{R}_r^{m\times n}$ 的选主列 QR 分解. 则有

$$|r_{11}| \leqslant \sigma_1(A) \leqslant |r_{11}|\sqrt{n},\ |r_{kk}| \geqslant \sigma_k(A)/\sqrt{n+1-k}. \tag{9.2.24}$$

证明 由性质 (iii) 中的不等式和酉不变范数的性质, 有

$$\begin{aligned} &|r_{11}| \leqslant \sigma_1(R) = \sigma_1(A), \\ &\sigma_1(A) \leqslant \|A\|_F = \|R\|_F = \sqrt{\sum_{j=1}^{n} \|R(:,j)\|_2^2} \leqslant |r_{11}|\sqrt{n}, \end{aligned}$$

得到 (9.2.24) 式中第一组不等式. 又把 R 改写成

$$R = \begin{pmatrix} R_{11} & R_{12} \\ 0 & R_{22} \end{pmatrix},$$

其中 R_{11} 为 $k-1$ 阶非奇异上三角矩阵. 则由奇异值的分隔定理, 有

$$\sigma_1(R_{22}) \geqslant \sigma_k(R) = \sigma_k(A).$$

再次应用性质 (iii) 中的不等式, 得到

$$\sigma_1(R_{22}) \leqslant \|R_{22}\|_F = \sqrt{\sum_{j=k}^{n} \|R(k:r,j)\|_2^2} \leqslant \sqrt{n+1-k}|r_{kk}|,$$

得到 (9.2.24) 式中第二组不等式. □

(v) 设 $A\Pi = Q_1 R$ 为 $A \in \mathbf{R}_r^{m\times n}$ 的选主列 QR 分解. 则有

$$|r_{kk}| \geqslant \sigma_k((A\Pi)(:,1:k)) \geqslant \frac{3|r_{kk}|}{\sqrt{4^k + 6k - 1}} \geqslant 2^{1-k}|r_{kk}|. \tag{9.2.25}$$

该性质的证明留给读者.

对于 QR 分解, 有如下的向后扰动分析.

定理 9.2.1　设 $A \in \mathbf{R}_n^{m\times n}$. 则对于 A 的选主列 QR 分解, 和计算所得到的上梯形矩阵 $\widehat{R}$, 存在 n 阶置换矩阵 Π, m 阶正交矩阵 Q 和 $m\times n$ 扰动矩阵 ΔA, 使得

$$(A+\Delta A)\Pi = Q\widehat{R}, \tag{9.2.26}$$

其中对于选主列 Householder QR 分解, 或选主列 MGS 算法, 有

$$\|\Delta a_j\|_2 \leqslant \widetilde{\gamma}_{mn}\|a_j\|_2,\ j=1:n.$$

对于 Givens QR 分解, 有

$$\|\Delta a_j\|_2 \leqslant \widetilde{\gamma}_{m+n-2}\|a_j\|_2,\ j=1:n.$$

证明　这里只对选主列 Householder QR 分解进行证明 (见 [44]). 不妨设 $A := A\Pi$ 已经经过选主列. 设到第 $k-1$ 步时, 得到计算矩阵 $\widehat{A}^{(k)}$. 则在第 k 步, 有

$$\widehat{a}_j^{(k+1)} = \mathrm{fl}(\widehat{P}_k\widehat{a}_j^{(k)}) = \widehat{P}_k\widehat{a}_j^{(k)} + f_j^{(k)},$$

其中

$$\widehat{P}_k = \mathrm{diag}(I_{k-1}, \widehat{H}_k),\quad \widehat{H}_k = I_{m+1-k} - 2\widehat{u}_k\widehat{u}_k^T,\quad \widehat{u}_k = \frac{\widehat{A}^{(k)}(k:m,k)}{\|\widehat{A}^{(k)}(k:m,k)\|_2},$$
$$|f_j^{(k)}| \leqslant \widehat{\gamma}_{m-k}\|\widehat{a}_j^{(k)}\|_2.$$

于是有

$$\begin{aligned} a_j^{(1)} = \widehat{a}_j^{(1)} &= \widehat{P}_1(\widehat{a}_j^{(2)} - \widehat{f}_j^{(1)}) = \cdots \\ &= \widehat{P}_1\cdots\widehat{P}_j\widehat{a}_j^{(j+1)} - \sum_{i=1}^{j}\widehat{P}_1\cdots\widehat{P}_i\widehat{f}_j^{(i)}. \end{aligned}$$

注意到 $\widehat{P}_1\cdots\widehat{P}_n \equiv Q$ 为正交矩阵,

$$\widehat{P}_1\cdots\widehat{P}_j\widehat{a}_j^{(j+1)} = \widehat{P}_1\cdots\widehat{P}_n\widehat{a}_j^{(n+1)} = Q\widehat{a}_j^{(n+1)},$$

因此有

$$\begin{aligned} \|\Delta a_j\|_2 &= \|\sum_{i=1}^{j}\widehat{P}_1\cdots\widehat{P}_i\widehat{f}_j^{(i)}\|_2 \leqslant \sum_{i=1}^{j}\|\widehat{f}_j^{(i)}\|_2 \leqslant \sum_{i=1}^{j}\widehat{\gamma}_{m-i}\|\widehat{a}_j^{(i)}\|_2 \\ &\leqslant \|a_j\|_2\sum_{i=1}^{n}\widehat{\gamma}_{m-i} = \widehat{\gamma}_{mn}\|a_j\|_2. \end{aligned}$$

□

从定理 9.2.1 可以看出, Givens QR 分解比 Householder QR 分解和 MGS 方法的精度都要高. 实际的数值计算也证实了这个结论.

用 QR 分解计算 $x_{\rm LS}$ 的向前误差分析更加复杂. 对 Householder 和 Givens QR 分解, 尚未有好的结果. 对 MGS 方法的向前误差分析, 有

定理 9.2.2[248] 设 $A \in \mathbf{R}_p^{m\times n}$. 则对于 A 的选主列 MGS 算法, 和计算所得到的上梯形矩阵 $\widehat{R}$, n 阶置换矩阵 Π, 记 $A^{(1)} = A\Pi$ 精确的 MGS 为 $A^{(1)} = Q_1 R$. 记

$$\phi_k = \begin{cases} 1, & k = 1, \\ \min\{Ck^{2.5}, 2^k - 1\}, & 2 \leqslant k \leqslant p, \end{cases} \tag{9.2.27}$$

其中

$$C = \max_{i<k<j} \{|c_i(k,j)|\} \leqslant \max\left\{1, \frac{\max_j\{\|a_j\|\}}{\sigma_p((A\Pi)(:,1:p))}\right\}.$$

若 $\phi_p \tilde{\gamma}_m r_{11} \ll r_{pp}$, 则对于 $k = 1:p$, 有

$$\begin{aligned} |\overline{r}_{kj} - r_{kj}| &\leqslant \phi_k \tilde{\gamma}_m r_{11}, \ j = k:n, \\ \|\overline{a}_j^{(k+1)} - a_j^{(k+1)}\|_2 &\leqslant \phi_k \tilde{\gamma}_m r_{11}, \ j = k+1:n. \end{aligned} \tag{9.2.28}$$

该定理的证明非常复杂, 感兴趣的读者可参阅 [248].

注 9.2.6 对于选主元 Huoseholder 和 Givens QR 分解, 和选主列 MGS 方法, 若对小正数 $\varepsilon > 0$, 有

$$|r_{kk}| \leqslant \varepsilon \sigma_1(A) = \delta, \tag{9.2.29}$$

则 A 的 δ 秩最大为 $k-1$. 因此, 如果

$$|r_{kk}| \leqslant \overline{\varepsilon} |r_{11}|, \tag{9.2.30}$$

其中 $\varepsilon = (n-k+1)^{1/2}\overline{\varepsilon}$, 则 (9.2.29) 式成立. 因此 (9.2.30) 式可用来判断数值秩的上界.

当矩阵 $A \in \mathbf{R}_r^{m\times n}$ 条件数 $\kappa_2(A) = \sigma_1(A)/\sigma_r(A)$ 较小, 则 $|r_{11}|/|r_{rr}|$ 也较小. 反之不成立, 即当 $|r_{11}|/|r_{rr}|$ 较小, 不能保证 $\kappa_2(A) = \sigma_1(A)/\sigma_r(A)$ 也较小. 因此, 几近奇异的矩阵的奇异性不一定能通过 QR 分解反映出来. 对于确定矩阵数值秩的 QR 分解的讨论, 见 [30], [33] 及 [120].

9.2.2 完全正交分解

当矩阵 $A \in \mathbf{R}^{m\times n}$ 的秩 $r < n$ 时, QR 分解得到的矩阵 R 是上梯形的, 因此求 R 的 MP 逆也不方便, 需要对 R^T 再进行 QR 分解. 另外, 即使 ${\rm rank}(A) = n$, A 也可能是病态的, 需要再进行 QR 分解, 以确定矩阵 A 的数值秩.

例 9.2.1　给定 Kahan 矩阵 ([126])

$$A_n = \mathrm{diag}(1, s, s^2, \cdots, s^{n-1}) \begin{pmatrix} 1 & -c & \cdots & -c \\ 0 & 1 & \cdots & -c \\ \vdots & \vdots & & \vdots \\ 0 & \cdots & 0 & 1 \end{pmatrix},$$

其中 $s^2 + c^2 = 1$. 矩阵 A_n 本身是上三角矩阵, 且 $\|a_j\|_2 = 1$, $j = 1 : n$. 当 $c = 0.2$ 且 $n \gg 1$ 时, 总有 $r_{nn}/\sigma_n \gg 1$. 表 9.2.1 为计算 A_n^T 的 QR 分解得到的结果. 可以看出, r_{nn}/σ_n 都是 $O(1)$ 阶的.

表 9.2.1　不同 n 时的数值结果

n	25	50	75	100	125	150
r_{nn}	2.55e−2	1.61e−4	1.01e−6	6.37e−9	4.01e−11	2.52e−13
σ_n	1.47e−2	9.29e−5	5.84e−7	3.68e−9	2.31e−11	1.46e−13
σ_1/σ_n	1.68e+2	9.00e+4	1.11e+7	2.18e+9	4.05e+11	7.26e+13
r_{11}/r_{nn}	5.48e+1	1.07e+4	1.98e+6	3.50e+8	6.09e+10	1.05e+13

设 $A\Pi = U_1 R$ 为矩阵 A 的选主列 QR 分解. 对矩阵 R^T 再进行 QR 分解, 得到

$$R^T = V_1 S^T,$$

其中 $V_1^T V_1 = I_r$, S^T 是非奇异的上三角矩阵. 最终, 得到了矩阵 A 的完全正交分解:

$$A\Pi = U_1 S V_1^T, \tag{9.2.31}$$

$U_1^T U_1 = V_1^T V_1 = I_r$, S 是非奇异的下三角矩阵.

一般地, 经过双边正交分解后, 有

$$A = U \begin{pmatrix} R_{11} & R_{12} \\ 0 & R_{22} \end{pmatrix} V^T, \tag{9.2.32}$$

其中 U 和 V 为正交阵, $R_{11} \in \mathbf{R}^{k\times k}$, 且存在常数 $c = O(1)$, 使得

$$\begin{aligned} \sigma_k(R_{11}) &\geqslant \frac{1}{c}\sigma_k(A), \\ (\|R_{12}\|_F^2 + \|R_{22}\|_F^2)^{1/2} &\leqslant c\sigma_{k+1}(A). \end{aligned} \tag{9.2.33}$$

上面的分解称做确定数值秩的 URV 分解. 由 (9.2.33) 式,

$$\|AV_2\|_F = \left\| \begin{pmatrix} R_{12} \\ R_{22} \end{pmatrix} \right\|_F \leqslant c\sigma_{k+1}(A),$$

V_2 为酉矩阵 V 的后 $n-k$ 列. 因此 V_2 可看成数值零空间 $\mathcal{N}_k(A)$ 的逼近. Stewart[181] 讨论了如何通过 QR 分解确定矩阵数值秩的完全正交分解.

9.2.3 奇异值分解

设矩阵 $A \in \mathbf{R}^{m\times n}$, 并且 $m \geqslant n$. Golub 和 Kahan[87], Golub 和 Reinsch[89] 提出了一种计算 A 的 SVD 的稳定算法. 该算法首先用完全正交分解, 把 A 变为一个双对角矩阵 B, 第二步则用隐式对称 QR 迭代算法计算 A 的奇异值. 注意计算奇异值分解是一个迭代过程.

1. 双对角过程

矩阵 $A^{(1)} = A \in \mathbf{R}^{m\times n}$ 的双对角, 可以依次用 Householder 矩阵左乘, 右乘 $A^{(k)}$, 逐步化为双对角矩阵 $J = A^{(2n-1)}$ [87]. 下面举一个 5×4 矩阵的例子说明.

$$
A \xrightarrow{\text{左乘}} \begin{pmatrix} \times & \times & \times & \times \\ 0 & \times & \times & \times \\ 0 & \times & \times & \times \\ 0 & \times & \times & \times \\ 0 & \times & \times & \times \end{pmatrix} \xrightarrow{\text{右乘}} \begin{pmatrix} \times & \times & 0 & 0 \\ 0 & \times & \times & \times \\ 0 & \times & \times & \times \\ 0 & \times & \times & \times \\ 0 & \times & \times & \times \end{pmatrix} \xrightarrow{\text{左乘}} \begin{pmatrix} \times & \times & 0 & 0 \\ 0 & \times & \times & \times \\ 0 & 0 & \times & \times \\ 0 & 0 & \times & \times \\ 0 & 0 & \times & \times \end{pmatrix}
$$

$$
\xrightarrow{\text{右乘}} \begin{pmatrix} \times & \times & 0 & 0 \\ 0 & \times & \times & 0 \\ 0 & 0 & \times & \times \\ 0 & 0 & \times & \times \\ 0 & 0 & \times & \times \end{pmatrix} \xrightarrow{\text{左乘}} \begin{pmatrix} \times & \times & 0 & 0 \\ 0 & \times & \times & 0 \\ 0 & 0 & \times & \times \\ 0 & 0 & 0 & \times \\ 0 & 0 & 0 & \times \end{pmatrix} \xrightarrow{\text{左乘}} \begin{pmatrix} \times & \times & 0 & 0 \\ 0 & \times & \times & 0 \\ 0 & 0 & \times & \times \\ 0 & 0 & 0 & \times \\ 0 & 0 & 0 & 0 \end{pmatrix}.
$$

在双对角化过程, 每次得到的 Householder 矩阵不必显式表示, 只需要把相应的 Householder 向量的主要部分存储在矩阵 A 中对应的位置. 又当 $m \geqslant 5n/3$ 时, Chan[29] 提出首先对 A 计算 QR 分解, 再进行双对角化, 称为 R-SVD, 可以减少计算量. 根据不同的情形, 在进行 SVD 时, 有时需要 U, V 的显式表示, 有时不需要 U, V 的显式表示, 共计有六种可能情况 (见表 9.2.2).

表 9.2.2 各种情形下 SVD 算法所需的计算工作量

需要	Golub-Reinsch SVD	R-SVD
Σ	$4mn^2 - 4n^3/3$	$2mn^2 + 2n^3$
Σ, V	$4mn^2 + 8n^3$	$2mn^2 + 11n^3$
Σ, U	$4m^2n - 8mn^2$	$4m^2n + 13n^3$
Σ, U_1	$14mn^2 - 2n^3$	$6mn^2 + 11n^3$
Σ, U, V	$4mn^2 + 8mn^2 + 9n^3$	$4m^2n + 22n^3$
Σ, U_1, V	$14mn^2 + 8n^3$	$6mn^2n + 20n^3$

2. 隐式对称 QR 算法

现在设双对角矩阵 J 已经得到,

$$J = \begin{pmatrix} d_1 & f_1 & \cdots & 0 \\ 0 & d_2 & \ddots & \vdots \\ \vdots & \ddots & \ddots & f_{n-1} \\ 0 & \cdots & 0 & d_n \end{pmatrix}, \tag{9.2.34}$$

$f_j \neq 0,\ j = 1 : n-1$. Golub 和 Reinsch[89] 利用实对称三对角矩阵的对角分解的思想, 得到了如下的隐式对称 QR 算法.

算法 9.2.4 给定 (9.2.34) 式中的双对角矩阵 J, 以下的算法计算 J 的奇异值, 对 $i = 1, 2, \cdots$ 直到收敛.

step 1 计算 $\lambda = \sigma^2$, 其中 σ 是矩阵

$$\begin{pmatrix} d_{n-1} & f_{n-1} \\ 0 & d_n \end{pmatrix}$$

的最小奇异值.

step 2 计算 $c_1 = \cos(\theta_1)$ 和 $s_1 = \sin(\theta_1)$, 其满足

$$G(\theta_1) = \begin{pmatrix} c_1 & s_1 \\ -s_1 & c_1 \end{pmatrix},\ G(\theta_1)^T \begin{pmatrix} d_1^2 - \lambda \\ d_1 f_1 \end{pmatrix} = \begin{pmatrix} \times \\ 0 \end{pmatrix}.$$

记 $G_1 = \mathrm{diag}(G(\theta_1), I_{n-2})$.

step 3 依次构造 Givens 矩阵 $U_1, G_2, \cdots, G_{n-1}, U_{n-1}$, 使得

$$\overline{J} = (U_{n-1}^T \cdots U_1^T) J (G_1 \cdots G_{n-1})$$

为新的双对角矩阵. 记 $J := \overline{J}$.

在每一步的变换过程, 若有

$$|f_{i-1}| \leqslant 0.5\mathbf{u}(|d_{i-1}| + |d_i|),$$

令 $f_{i-1} = 0$, 则有 $J = \mathrm{diag}(J_1, J_2)$, 且 $\sigma(J) = \sigma(J_1) \cup \sigma(J_2)$. 于是可以对 J_1 和 J_2 分别进行上述算法. 若有

$$|d_i| \leqslant 0.5\mathbf{u}(|f_{i-1}| + |f_i|),$$

令 $d_i = 0$, 则经过一系列 Givens 变换后, J 也可以表示成 $J = \mathrm{diag}(J_1, J_2)$. 另外当

$$|f_{n-1}| \ll |d_{n-1}| + |d_n|$$

时, 只要经过少数几次迭代, f_{n-1} 就可以收敛于零, 而且至少平方收敛. 下面对 $n=4$ 的情形加以说明.

$$J \xrightarrow{G_1} \begin{pmatrix} \times & \times & 0 & 0 \\ \oplus & \times & \times & 0 \\ 0 & 0 & \times & \times \\ 0 & 0 & 0 & \times \end{pmatrix} \xrightarrow{U_1^T} \begin{pmatrix} \times & \times & \oplus & 0 \\ 0 & \times & \times & 0 \\ 0 & 0 & \times & \times \\ 0 & 0 & 0 & \times \end{pmatrix} \xrightarrow{G_2} \begin{pmatrix} \times & \times & 0 & 0 \\ 0 & \times & \times & 0 \\ 0 & \oplus & \times & \times \\ 0 & 0 & 0 & \times \end{pmatrix}$$

$$\xrightarrow{U_2^T} \begin{pmatrix} \times & \times & 0 & 0 \\ 0 & \times & \times & \oplus \\ 0 & 0 & \times & \times \\ 0 & 0 & 0 & \times \end{pmatrix} \xrightarrow{G_3} \begin{pmatrix} \times & \times & 0 & 0 \\ 0 & \times & \times & 0 \\ 0 & 0 & \times & \times \\ 0 & 0 & \oplus & \times \end{pmatrix} \xrightarrow{U_3^T} \begin{pmatrix} \times & \times & 0 & 0 \\ 0 & \times & \times & 0 \\ 0 & 0 & \times & \times \\ 0 & 0 & 0 & \times \end{pmatrix}.$$

对于双对角矩阵 J, Demmel 和 Kahan[63] 提出了一个高精度的算法, 使得计算的每个奇异值的相对误差都很小. 另外, 也可以对矩阵 A 直接用 Jacobi 迭代来计算奇异值. Demmel 和 Veselić[64] 比较了 QR 迭代和 Jacobi 迭代的精确性.

§ 9.3　最小二乘问题的直接解法

本节讨论计算 LS 问题

$$\|Ax-b\| = \min_y \|Ay-b\| \tag{9.3.1}$$

的极小范数 LS 解 x_{LS} 的数值方法, 其中 $A\in \mathbf{R}_r^{m\times n}$, $b\in \mathbf{R}^m$.

9.3.1　QR 分解方法

假设我们利用选主列的 Householder, Givens QR 分解, 或选主列的 MGS 方法, 对增广矩阵 (A,b) 进行分解, 则下述算法对三种方法而言都是向后稳定的:

$$(A\Pi,\ b) = (Q_1, q_{n+1}) \begin{pmatrix} R & z \\ 0 & \rho \end{pmatrix}, \tag{9.3.2}$$

其中 q_{n+1} 与 Q_1 正交, $R\in \mathbf{R}^{r\times n}$ 为上梯形矩阵. 因此 LS 问题 (9.3.1) 的 LS 解可通过解

$$R\Pi^T x = z, \quad r = \rho q_{n+1}$$

得到. 当 $R\Pi^T x = z$ 时, $\|Ax-b\|_2$ 达到最小值, 且此时的残量为 ρq_{n+1}. 若 $r=n$, 则矩阵 R 为非奇异的上三角阵, 唯一的 LS 解为

$$x_{\mathrm{LS}} = \Pi R^{-1} z. \tag{9.3.3}$$

若 $r < n$, 需要计算 R^T 的 QR 分解 $R^T = U\widetilde{R}$, 极小范数 LS 解为

$$x_{\mathrm{LS}} = \Pi R^{\dagger} z = \Pi U \widetilde{R}^{-T} z. \tag{9.3.4}$$

注 9.3.1 由于计算机舍入误差的影响, 最终计算出来的最小二乘解 x_{LS} 实际上是扰动问题

$$\|(A+\Delta A)x - (b+\Delta b)\|_2 = \min_y \|(A+\Delta A)y - (b+\Delta b)\|_2 \tag{9.3.5}$$

的最小二乘解, 其中 $c = c(m,n)$ 为依赖于 m, n 及具体算法的常数,

$$\|\Delta A\|_F \leqslant cu\|A\|_F, \quad \|\Delta b\|_2 \leqslant cu\|b\|_2. \tag{9.3.6}$$

9.3.2 法方程法

由 §3.1 的分析, LS 问题 (9.3.1) 等价于以下的相容线性方程组

$$A^T A x = A^T b. \tag{9.3.7}$$

因此, 当 $A \in \mathbf{R}_n^{m\times n}$, $b \in \mathbf{R}^m$, $A^T A$ 是一个实对称正定矩阵, 先计算 $A^T A$ 的 Cholesky 分解 $A^T A = LL^T$, 再依次计算 $Ly = b$, $L^T x_{\mathrm{LS}} = y$.

理论上, 法方程法和 QR 分解法求 x_{LS} 是等价的. 事实上, 设 $A = Q_1 R$ 为 A 的 QR 分解, 则有 $A^T A = R^T R$, R^T 为下三角矩阵. 但是从数值稳定性的角度看, 两者是有区别的. 当 A 的条件数较小时, 法方程法是一个稳定的算法. 但是, 当 A 的条件数很大时, 法方程法就不适合了. 由于 $\kappa_2(A^T A) = \kappa_2(A)^2$, 当 $\kappa_2(A)$ 很大时, 计算 $A^T A$ 会产生很大的舍入误差.

9.3.3 完全正交分解方法

当矩阵 A 为 (近于) 列秩亏时, 应该用完全正交分解计算 LS 问题. 设

$$A = U \begin{pmatrix} R_{11} & R_{12} \\ 0 & R_{22} \end{pmatrix} V^T \tag{9.3.8}$$

为 A 的完全正交分解, 其中 R_{ij} 满足 (9.2.31) 式中的不等式. 则

$$x_{\mathrm{LS}} = V_1 R_{11}^{-1} U_1^T b$$

为 (截断的)LS 问题的极小范数 LS 解.

9.3.4 SVD 方法

设 $A \in \mathbf{R}_r^{m\times n}$, $b \in \mathbf{R}^m$, A 的 SVD 为 $A = U_1\Sigma V_1^T$, $U_1^TU_1 = V_1^TV_1 = I_r$, $\Sigma = \mathrm{diag}(\sigma_1, \cdots, \sigma_r)$, $\sigma_1 \geqslant \cdots \geqslant \sigma_r > 0$. 则有

$$x_{\mathrm{LS}} = V_1\Sigma^{-1}U_1^Tb = \sum_{j=1}^{r}\frac{u_j^Tb}{\sigma_j}v_j. \tag{9.3.9}$$

当 A 列满秩时, 用 QR 分解求 x_{LS} 比 SVD 法更加经济. 但是当 A 为 (近似于) 列秩亏时, 尤其当考虑用截断的 LS 问题时, 用 SVD 法或完全正交分解方法更加稳定. 表 9.3.1 将不同方法所需计算工作量进行了比较.

表 9.3.1 不同方法所需计算工作量

LS 算法	flop 运算
法方程	$mn^2 + n^3/3$
Householder QR	$2mn^2 - 2n^3/3$
MGS	$2mn^2$
Givens QR	$3mn^2 - n^3$
Householder 双对角化	$4mn^2 - 4n^3/3$
R 双对角化	$2mn^2 + 2n^3$
Golub-Reinsch SVD	$4mn^2 + 8n^3$
R-SVD	$2mn^2 + 11n^3$

§ 9.4 总体最小二乘问题的直接解法

对于给定的 $A \in \mathbf{R}^{m\times n}$, $B \in \mathbf{R}^{m\times d}$, $m \geqslant n + d$, 本节讨论 TLS 问题的几种算法. 由 §4.1 的讨论, 定义 4.1.2 得到的 TLS 问题为, 确定整数 $p \leqslant n$, 以及 $\widehat{A} \in \mathbf{C}^{m\times n}$, $\widehat{B} \in \mathbf{C}^{m\times d}$, $\widehat{G} = (\widehat{A}, \widehat{B})$, 使得

$$\|(A, B) - \widehat{G}\|_F = \min_{\mathrm{rank}(G)\leqslant p}\|(A, B) - G\|_F, \quad 且\ \mathcal{R}(\widehat{B}) \in \mathcal{R}(\widehat{A}). \tag{9.4.1}$$

9.4.1 基本 SVD 方法

TLS 问题的极小范数解 x_{TLS} 可以按照如下方法计算. 设 $C = (A, B)$ 的 SVD 为

$$C = (A, B) = U\Sigma V^T, \tag{9.4.2}$$

其中 U, V 为酉矩阵, $\Sigma = \mathrm{diag}(\sigma_1, \cdots, \sigma_{n+d})$, $\sigma_1 \geqslant \sigma_2 \geqslant \cdots \geqslant \sigma_{n+d}$. 给定参数 $\eta > 0$.

step 1 若对某一整数 $p \leqslant n$, 有 $\sigma_p \geqslant \eta > \sigma_{p+1}$, 把 V 写成分块形式

$$V = \begin{pmatrix} V_{11} & V_{12} \\ V_{21} & V_{22} \end{pmatrix}\begin{matrix} n \\ d \end{matrix} \quad \begin{matrix} \\ p \quad\quad n+d-p \end{matrix}. \tag{9.4.3}$$

step 2 对 V_{22} 进行 QL 分解 $V_{22}=(0,\Gamma)Q^T$, 并记

$$\begin{pmatrix} V_{12} \\ V_{22} \end{pmatrix} Q = \begin{pmatrix} Y & Z \\ 0 & \Gamma \end{pmatrix}. \tag{9.4.4}$$

若 Γ 为非奇异方矩阵, 则 $x_{\rm TLS}=-Z\Gamma^{-1}$. 若 Γ 不是非奇异方矩阵, 则令 $p:=p-1$, 并回到 steps 1~2, 一直到 Γ 为非奇异方矩阵. 在重复 (9.4.3)~(9.4.4) 式的过程中, 由原来的 V_{22} 进行 QL 分解得到的 Γ, 在后续过程中还可以利用, 只要在 Γ 第一列前添加 V_{22} 的前一列, 可以减少记算量.

9.4.2 完全正交方法

也可以用 C 的完全正交方法计算 $x_{\rm TLS}$. 设 C 的完全正交分解为

$$C=URV^T=U\begin{pmatrix} R_{11} & R_{12} \\ 0 & R_{22} \end{pmatrix} V^T, \tag{9.4.5}$$

其中 U, V 为正交矩阵, R_{11} 为 p 阶非奇异上三角矩阵, 且对于小参数 tol,

$$|r_{pp}|\geqslant {\rm tol},\ \|R_{12}\|_2<{\rm tol},\ \|R_{22}\|_2<{\rm tol}.$$

则 V 的最后 $n+d-p$ 列 V_2 可以近似看成 C 的最小奇异值对应的右奇异向量. 对 V_2 作 QL 分解 (9.4.4) 式, 并计算 $x_{\rm TLS}=-Z\Gamma^{-1}$.

9.4.3 Cholesky 分解法

当 ${\rm rank}(A)=n$, 线性方程组 $AX=b$ 近于相容时, 有 $\sigma_n(A)>\sigma_{n+1}(C)\equiv\sigma_{n+1}$. 注意到 $\begin{pmatrix} x_{\rm TLS} \\ -1 \end{pmatrix}$ 为 $C^TC=(A,b)^T(A,b)$ 的一个特征向量,

$$\begin{pmatrix} A^TA & A^Tb \\ b^TA & b^Tb \end{pmatrix}\begin{pmatrix} x_{\rm TLS} \\ -1 \end{pmatrix}=\sigma_{n+1}^2\begin{pmatrix} x_{\rm TLS} \\ -1 \end{pmatrix},$$

于是有

$$(A^TA-\sigma_{n+1}^2I)x_{\rm TLS}=A^Tb. \tag{9.4.6}$$

于是可以选择参数 $\eta\approx\sigma_{n+1}^2$, 用 Cholesky 分解计算

$$(A^TA-\eta I)x=A^Tb$$

的解 $x_{\rm TLS}$. 该方法的主要问题是如何精确地确定参数 η.

对于 TLS, LS-TLS 和 CTLS 问题的数值解法和应用的详细介绍, 可参阅 [201], [195] 及 [196].

§ 9.5　约束最小二乘问题的数值解法

设 $L \in \mathbf{R}^{m_1 \times n}$, $K \in \mathbf{R}^{m_2 \times n}$, $h \in \mathbf{R}^{m_1}$, $g \in \mathbf{R}^{m_2}$, $A = \begin{pmatrix} L \\ K \end{pmatrix}$, $b = \begin{pmatrix} h \\ g \end{pmatrix}$, 并设 $\mathrm{rank}(L) = p$, $\mathrm{rank}(A) = r$. 本节叙述计算 LSE 问题 (5.1.2) 的极小范数解 x_{LSE} 的常用的数值解法.

9.5.1　零空间法

由定理 5.1.1, LSE 问题 (5.1.2) 的极小范数解 x_{LSE} 为

$$\begin{aligned} x_{\mathrm{LSE}} &= (I - (KP)^{\dagger}K)L^{\dagger}h + (KP)^{\dagger}g \\ &= L^{\dagger}h + (KP)^{\dagger}(g - KL^{\dagger}h). \end{aligned} \tag{9.5.1}$$

设 L 的完全正交分解为 (如果 L 为行满秩, 也可计算 L^T 的选主列 QR 分解)

$$L = U \begin{pmatrix} R & 0 \\ 0 & 0 \end{pmatrix} Q^T = U_1 R Q_1^T, \tag{9.5.2}$$

其中 $U = (U_1, U_2)$ 和 $Q = (Q_1, Q_2)$ 为正交矩阵, U_1 和 Q_1 分别为 U, Q 的前 p 列, R 为非奇异的上三角矩阵. 于是有

$$\begin{aligned} P &= I - L^{\dagger}L = I - Q_1Q_1^T = Q_2Q_2^T, \\ y &= Q^T x_{\mathrm{LSE}} = \begin{pmatrix} R^{-1}U_1^T h \\ (KQ_2)^{\dagger}(g - KQ_1R^{-1}U_1^T h) \end{pmatrix} = \begin{pmatrix} y_1 \\ y_2 \end{pmatrix}, \end{aligned} \tag{9.5.3}$$

其中 $y_1 = R^{-1}U_1^T h$, $y_2 = (KQ_2)^{\dagger}(g - KQ_1y_1)$.

由此我们得到零空间算法.

算法 9.5.1　给定 L, K, h, g. 下述算法用零空间算法求解 x_{LSE}.

step 1 计算 L 的完全正交分解 (如果 L 行满秩, 可计算 L^T 的选主列 QR 分解)

$$L = U \begin{pmatrix} R & 0 \\ 0 & 0 \end{pmatrix} Q^T = U_1 R Q_1^T;$$

step 2 计算 $(K_1, K_2) := (KQ_1, KQ_2)$, $y_1 := R^{-1}U_1^T h$;

step 3 计算 $y_2 := K_2^{\dagger}(g - K_1y_1)$;

step 4 计算 $x_{\mathrm{LSE}} = Q_1y_1 + Q_2y_2$.

注 9.5.1 当 $p = m_1$ 并计算 L^T 的选主列 QR 分解时, R 为非奇异的上三角矩阵, 从而 $(R^T)^{\dagger}\Pi^T h = (R^T)^{-1}\Pi h$. 当求 $K_2^{\dagger}$ 时, 仍需要计算 K_2 的完全正交分解 (如果 K_2 列满秩, 则需计算 K_2 的 QR 分解).

9.5.2 加权 LS 法

设置一个很大的权因子 τ, 并计算无约束 LS 问题

$$\left\|\begin{pmatrix}\tau L\\ K\end{pmatrix}x-\begin{pmatrix}\tau h\\ g\end{pmatrix}\right\|_2=\min_y\left\|\begin{pmatrix}\tau L\\ K\end{pmatrix}y-\begin{pmatrix}\tau h\\ g\end{pmatrix}\right\|_2 \tag{9.5.4}$$

的极小范数 LS 解 $x(\tau)$. 由定理 5.1.5, (9.5.4) 式的极小范数 LS 解 $x(\tau)$ 满足

$$\lim_{\tau\to\infty}x(\tau)=x_{\mathrm{LSE}}.$$

由 §5.2 的分析, 一般来说, 取 $\tau=u^{-\frac{1}{2}}$ 是比较适合的, 这里 u 为机器精度. 任何计算 LS 问题的算法都可以用于加权 LS 法来求 LSE 问题的解. 但是, 正如 §5.3 的分析, 计算得到的矩阵 $\widehat{L}$ 和 $\widehat{A}$ 要满足 $\mathrm{rank}(\widehat{L})=p$, $\mathrm{rank}(\widehat{A})=r$. 因此, 当 $\mathrm{rank}(L)=m_1$, $\mathrm{rank}(A)=n$ 时, 可以用选主列 QR 分解计算 $x(\tau)$; 当 $\mathrm{rank}(L)=p<m_1$, $\mathrm{rank}(A)=n$ 时, 首先需要对 L 进行完全正交分解 $L=U_1RQ_1^T=U_1\overline{L}$, 以确定 L 的数值秩, 得到新的 LS 问题

$$\left\|\begin{pmatrix}\tau\overline{L}\\ K\end{pmatrix}x-\begin{pmatrix}\tau U_1^Th\\ g\end{pmatrix}\right\|_2=\min_y\left\|\begin{pmatrix}\tau\overline{L}\\ K\end{pmatrix}y-\begin{pmatrix}\tau U_1^Th\\ g\end{pmatrix}\right\|_2, \tag{9.5.5}$$

然后用选主列 QR 分解计算 $x(\tau)$; 当 $\mathrm{rank}(L)=p<m_1$, $\mathrm{rank}(A)=r<n$ 时, 首先需要对 L 进行完全正交分解 $L=U_1RQ_1^T$, 以确定 L 的数值秩, 还要确定 A 的数值秩. 当然, 当 L 为非行满秩的, 条件数较小的矩阵时, 也可以计算 L 的选主列 QR 分解来代替完全正交分解.

9.5.3 直接消去法

当 L 行满秩, A 列满秩时, Björck 和 Golub[21] 提出了用直接消去法来解约束最小二乘问题.

算法 9.5.2 给定 L, K, h, g, L 行满秩, A 列满秩. 下述算法用直接消去法计算 x_{LSE}.

step 1 求 L 的选主列 QR 分解:

$$Q_L^TL\Pi_L=\begin{pmatrix}R_{11} & R_{12}\end{pmatrix},$$

其中 R_{11} 为非奇异的上三角矩阵.

step 2 把 Q_L^T 作用于向量 h, 把约束方程转化为

$$(R_{11},R_{12})\widehat{x}=\widehat{h},\quad \widehat{x}=\Pi_L^Tx,\quad \widehat{h}=Q_L^Th.$$

把置换阵 Π_L 作用于 K, 并把所得到的新矩阵划分成与 (R_{11}, R_{12}) 相应的子块,

$$Kx - g = \widehat{K}\widehat{x} - g = (\widehat{K}_1, \widehat{K}_2)\begin{pmatrix} \widehat{x}_1 \\ \widehat{x}_2 \end{pmatrix} - g,\ \widehat{K} = K\Pi_L.$$

step 3 把 $\widehat{x}_1 = R_{11}^{-1}(\widehat{h} - R_{12}\widehat{x}_2)$ 代入上式, 得

$$Kx - g = \widetilde{K}_2 x_2 - \widehat{g},$$
$$\widetilde{K}_2 = \widehat{K}_2 - \widehat{K}_1 R_{11}^{-1} R_{12}, \quad \widehat{g} = g - \widehat{K}_1 R_{11}^{-1}\widehat{h}.$$

step 4 解 LS 问题

$$\|\widetilde{K}_2\widehat{x}_2 - \widehat{g}\|_2 = \min_y \|\widetilde{K}_2 y - \widehat{g}\|_2,$$

得到 $\widehat{x}_2$. 计算 $\widehat{x}_1 = R_{11}^{-1}(\widehat{h} - R_{12}\widehat{x}_2)$. 最后得到 $x = \Pi_L^T\widehat{x}$.

当 L 行满秩, A 列满秩时, Gulliksson 和 Wedin[99], Cox 和 Higham[45] 提出了直接消去法的变形, 即类 QR 直接消去法. 实际上, 当 L 非行满秩, A 非列满秩时, 也可以采用类 QR 直接消去法. 现在以加权 LS 问题 (9.5.4) 的选主列 MGS 算法为例, 来推导类 QR 直接消去法. 如 §9.2 所述, (9.5.4) 式的选主列 MGS 过程等价于下面的 Householder 过程:

设 $\tau \gg 0$, Π 为 $\binom{\tau L}{K}$ 的选主列 MGS 所确定的列置换阵. 记

$$\begin{aligned} G_\tau &= \begin{pmatrix} O_n \\ \tau L \\ K \end{pmatrix}, \quad b_\tau = \begin{pmatrix} 0_n \\ \tau h \\ f \end{pmatrix}, \\ W_\tau^{(1)} &= \mathrm{diag}(\tau I_p, I_{n-p}),\ W_\tau^{(2)} = \mathrm{diag}(\tau I_{m_1}, I_{m_2}), \\ W_\tau &= \mathrm{diag}(W_\tau^{(1)}, W_\tau^{(2)}), \quad G_\tau^{(1)} = G_\tau\Pi. \end{aligned} \tag{9.5.6}$$

则 $G_\tau^{(1)}$ 的选主列 MGS 的第 k 步即为

$$G_\tau^{(k+1)} = Q_k(\tau)G_\tau^{(k)},\ G_\tau^{(k)} \equiv \begin{pmatrix} R^{(k)}(\tau) \\ L^{(k)}(\tau) \\ K^{(k)}(\tau) \end{pmatrix}, \quad k = 1:r, \tag{9.5.7}$$

其中

$$\begin{aligned} &Q_k(\tau) = I - v_k(\tau)v_k^T(\tau), \quad v_k(\tau) = \begin{pmatrix} -e_k \\ q_k(\tau) \end{pmatrix}, \\ &r_{kk}^{(k+1)}(\tau) = \|g_k^{(k)}(\tau)(n+1:n+m)\|_2, \quad q_k(\tau) = \frac{g_k^{(k)}(\tau)(n+1:n+m)}{r_{kk}^{(k+1)}(\tau)}, \\ &r_{kj}^{(k+1)}(\tau) = q_k^T(\tau)g_j^{(k)}(\tau)(n+1:n+m), \\ &g_j^{(k+1)}(\tau)(n+1:n+m) = g_j^{(k)}(\tau)(n+1:n+m) - r_{kj}^{(k+1)}(\tau)q_k(\tau). \end{aligned} \tag{9.5.8}$$

由于 $Q_j(\tau), j=1:r$ 均为正交矩阵, 并由等式 $G_\tau = W_\tau G$, 得

$$\begin{aligned}
x_{\text{LSE}} &= \lim_{\tau\to\infty} G_\tau^\dagger b_\tau = \Pi \lim_{\tau\to\infty} (G_\tau \Pi)^\dagger b_\tau \\
&= \Pi \lim_{\tau\to\infty} (Q_r(\tau)\cdots Q_1(\tau) W_\tau G \Pi)^\dagger (Q_r(\tau)\cdots Q_1(\tau) W_\tau b_1) \\
&= \Pi \lim_{\tau\to\infty} (W_\tau^{-1} Q_r(\tau) W_\tau \cdots W_\tau^{-1} Q_1(\tau) W_\tau G\Pi)^\dagger \\
&\quad \times (W_\tau^{-1} Q_r(\tau) W_\tau \cdots W_\tau^{-1} Q_1(\tau) W_\tau b_1) \\
&= \Pi (P_r \cdots P_1 G \Pi)^\dagger (P_r \cdots P_1 b_1),
\end{aligned} \tag{9.5.9}$$

其中 $P_k \equiv \lim\limits_{\tau\to\infty} W_\tau^{-1} Q_k(\tau) W_\tau$ 由 (9.5.8) 式计算得: 当 $k=1:p$ 时,

$$\begin{gathered}
v_G^{(k)} = \begin{pmatrix} -e_k \\ q_L^{(k)} \\ \dfrac{k_k^{(k)}}{\|l_k^{(k)}\|_2} \end{pmatrix}, \ v^{(k)} = \begin{pmatrix} -e_k \\ q_L^{(k)} \\ 0 \end{pmatrix}, \\
q_L^{(k)} = \frac{l_k^{(k)}}{\|l_k^{(k)}\|_2}, \ P_k = I - v_G^{(k)} v^{(k)^T},
\end{gathered} \tag{9.5.10}$$

当 $k=p+1:r$ 时,

$$v_k = \begin{pmatrix} -e_k \\ 0_{m_1} \\ q_k \end{pmatrix}, \quad q_k = \frac{k_k^{(k)}}{\|k_k^{(k)}\|_2}, \ P_k = I - v_k v_k^T. \tag{9.5.11}$$

这样得到了计算 x_{LSE} 的类选主列 MGS 算法[140].

算法 9.5.3 给定 $L \in \mathbf{R}_p^{m_1\times n}$, $K \in \mathbf{R}^{m_2\times n}$, $h \in \mathbf{R}^{m_1}$, $f \in \mathbf{R}^{m_2}$, 其中 $\operatorname{rank}\begin{pmatrix} L \\ K \end{pmatrix} = r$. 下述算法用类选主列 MGS 方法计算 x_{LSE}.

step 1 令 $R = 0_{n\times(n+1)}$, $A^{(1)} = \begin{pmatrix} L & h \\ K & f \end{pmatrix}$.

step 2 (类选主列 MGS 消去过程) 对 $k=1:p$, 寻找最小的 j_0 使得

$$\nu = \|A(1:m_1, j_0)\|_2 = \max_{n\geqslant j\geqslant k} \|A(1:m_1, j)\|_2,$$

交换 R, A 的第 k, j_0 列. 令 $R(k,k)=\nu$, $A(:,k) = A(:,k)/R(k,k)$, 并对 $j=k+1:n+1$, 计算

$$\begin{aligned}
R(k,j) &= A(1:m_1,k)^T A(1:m_1,j), \\
A(:,j) &= A(:,j) - R(k,j) A(:,k).
\end{aligned}$$

step 3 (经典的选主列 MGS) 对 $k=p+1:r$, 寻找最小的 j_0 使得

$$\nu = \|A(m_1+1:m, j_0)\|_2 = \max_{n\geqslant j\geqslant k} \|A(m_1+1:m, j)\|_2,$$

交换 R, A 的第 k, j_0 列. 令 $R(k,k)=\nu$, $A(m_1+1:m,k)=A(m_1+1:m,k)/R(k,k)$, 并对 $j=k+1:n+1$, 计算

$$R(k,j)=A(m_1+1:m,k)^TA(m_1+1:m,j),$$
$$A(m_1+1:m,j)=A(m_1+1:m,j)-R(k,j)A(m_1+1:m,k).$$

step 4 解三角系统 $R(1:r,1:n)y=R(1:r,n+1)$. (当 $r<n, R(1:r,1:n)$ 是上梯形矩阵, 可用完全正交法求解.)

step 5 考虑上述算法过程中的列交换, 通过置换 y 的行得到 x.

类似地, 通过极限过程可得选主列类 Householder 和类 Givens QR 方法计算 x_{LSE}. 例如, 选主列类 Householder QR 方法为, 对 $k=1:r$, 计算

$$A^{(k+1)}\Pi_k=P_kA^{(k)},\ A^{(1)}=\begin{pmatrix} L & h \\ K & g \end{pmatrix}, \tag{9.5.12}$$

其中当 $k=1:p$ 时,

$$\begin{aligned} &v_A^{(k)}=\begin{pmatrix} q_L^{(k)} \\ \dfrac{k_k^{(k)}}{\|u_k\|_2} \end{pmatrix},\ v^{(k)}=\begin{pmatrix} q_L^{(k)} \\ 0 \end{pmatrix}, \\ &q_L^{(k)}=\frac{u_k}{\|u_k\|_2},\ P_k=I-2v_A^{(k)}v^{(k)^T}, \\ &u_k=\begin{pmatrix} 0_{k-1} \\ L^{(k)}(k:m_1,k) \end{pmatrix}+\mathrm{sign}(L^{(k)}(k,k))\|L^{(k)}(k:m_1,k)\|_2e_k, \end{aligned} \tag{9.5.13}$$

e_k 为 I_{m_1} 的第 k 列向量; 当 $k=p+1:r$ 时,

$$\begin{aligned} &v_k=\begin{pmatrix} 0_{m_1} \\ q_k \end{pmatrix},\quad q_k=\frac{u_k}{\|u_k\|_2},\ P_k=I-2v_kv_k^T, \\ &u_k=\begin{pmatrix} 0_{k-1} \\ K^{(k)}(k:m_2,k) \end{pmatrix}+\mathrm{sign}(K^{(k)}(k,k))\|K^{(k)}(k:m_2,k)\|_2e_k, \end{aligned} \tag{9.5.14}$$

e_k 为 I_{m_2} 的第 k 列向量. 具体的算法不再重复. 由 §5.3 知, 为了保证 x_{LSE} 的计算精度, L 和 $\begin{pmatrix} L \\ K \end{pmatrix}$ 的数值秩应该和原对应矩阵的秩相同, 这可以通过选择合适的误差限 tol, 判定 $\|l^{(k)}(k:m_1,k)\|_2<\mathrm{tol}$ 或 $\|k^{(k)}(k:m_2,k)\|_2<\mathrm{tol}$ 是否成立.

9.5.4　QR 分解和 Q-SVD 方法

由 §5.3 的分析, 计算 x_{LSE} 时, 要保证 L 和 A 的秩不变. 当 L 不是行满秩时, 用 QR 分解和 Q-SVD 方法计算 x_{LSE}, 要用完全正交法计算 Q_{11}. 可以按照 §5.1 中的分析得到 QR 分解和 Q-SVD 方法计算 x_{LSE} 的算法, 这里不再重复.

§ 9.6 刚性 WLS 问题和刚性 WLSL 问题的直接解法

本节介绍刚性 WLS 问题和刚性 WLSL 问题的直接解法. 为了简化讨论, 设系数矩阵 A 的条件数较小, 而加权矩阵 W 是刚性对角正定矩阵.

9.6.1 行稳定的 QR 分解

考虑刚性 WLS 问题

$$\min_x \|D(Ax-b)\|_2, \tag{9.6.1}$$

的数值计算, 其中

$$W=\mathrm{diag}(w_1,w_2,\cdots,w_m)>0,\ D=W^{1/2}=\mathrm{diag}(d_1,d_2,\cdots,d_m), \tag{9.6.2}$$

$d_1\geqslant d_2\geqslant\cdots\geqslant d_m$, $d_1\gg d_m$. 一般地, 法方程法不适合求解刚性问题. 例如, 用加权法解约束最小二乘问题

$$\min_x \left\|\begin{pmatrix}\tau L\\ K\end{pmatrix}x-\begin{pmatrix}\tau h\\ g\end{pmatrix}\right\|^2,$$

其中 $L\in\mathbf{R}^{m_1\times n}$, $K\in\mathbf{R}^{m_2\times n}$. 其法方程为

$$(\tau^2L^TL+K^TK)x=\tau^2L^Th+K^Tg.$$

若 $\tau>u^{-1/2}$ (此处 u 为机器精度), 则 $\tau^2L^TL+K^TK$ 和 $\tau^2L^Th+K^Tg$ 中元素主要由第一项决定, 从而造成 K 和 g 中信息的丢失.

另一方面, 设矩阵 A 和 W 满足假定 8.1.1 的条件. 则 WLS 问题稳定, 当且仅当扰动矩阵 $\widehat{A}=A+\Delta A$ 和 $\widehat{W}=W+\Delta W$ 满足假定 8.3.1 的若干等秩条件, 并且 ΔA 和 ΔW 要充分小. 于是矩阵 $D\Delta A$ 的每一行和 DA 的对应行相比较要充分小, 即算法是**行稳定**的.

魏木生和刘巧华[248] 证明了选主列 MGS 算法是行稳定的.

定理 9.6.1 给定 $A\in R_p^{m\times n}(m\geqslant n)$, 设上梯形矩阵 $\overline{R}\in R^{n\times n}$ 为 A 经过 p 步选主列 MGS 算法后得到的 QR 因子. 则存在正交矩阵 $\widehat{P}\in R^{(m+n)\times(m+n)}$, 使得

$$\begin{pmatrix}\Delta E\\ A+\Delta A\end{pmatrix}\Pi=\widehat{P}\begin{pmatrix}\overline{R}\\ \overline{A}^{(p+1)}\end{pmatrix}, \tag{9.6.3}$$

其中 Π 为考虑所有列交换的置换矩阵, $\widetilde{\tau}_m=cmu$, $c=O(1)$ 仅依赖于 m,n,

$$\begin{aligned}|\Delta E\Pi\,|&\leqslant\widetilde{\tau}_m\Omega_1ee^T\mathrm{diag}(1,2,\cdots,p,\cdots,p),\\ |\Delta A\Pi\,|&\leqslant\widetilde{\tau}_m\Omega ee^T\mathrm{diag}(1,2,\cdots,p,\cdots,p)^2,\end{aligned} \tag{9.6.4}$$

$$e=(1,1,\cdots,1)^T,\ \Omega_1=\text{diag}(\overline{r}_{11},\cdots,\overline{r}_{pp},0,\cdots,0),$$
$$\alpha_i=\max_{j\geqslant k}|\overline{a}_{ij}^{(k)}|,\ \Omega=\text{diag}(\alpha_1,\cdots,\alpha_m). \tag{9.6.5}$$

定理不加以证明, 有兴趣的读者可参阅 [248].

对于 Householder QR 分解, Powell 和 Reid[163] 发现仅仅选主列不能保证行稳定. 他们提出了行交换的选主列 Householder 算法, 即在 Householder 变换的每一步, 首先选主列, 然后把主列中绝对值最大元置换到顶端. 这种行交换的选主列 Householder 算法是行稳定的. Björck[20] 认为, 如果先把矩阵 A 的行按照每行的范数大小依次排列, 再进行选主列 Householder QR 分解, 则仍旧是行稳定的. Cox 和 Higham[44] 证明了上述结论.

定理 9.6.2 给定 $A\in R_p^{m\times n}(m\geqslant n)$, 设 $\overline{R}\in R^{n\times n}$ 为 A 经过行排列的 p 步选主列 Householder 算法, 或经过 p 步行交换的选主列 Householder 算法得到的上梯形矩阵. 则存在正交矩阵 $\widehat{P}\in R^{m\times m}$, 使得

$$\Pi_1(A+\Delta A)\Pi_2=\widehat{P}\begin{pmatrix}\overline{R}\\0\end{pmatrix}, \tag{9.6.6}$$

$$|\Pi_1\Delta A\Pi_2|\leqslant\widetilde{\tau}_m\Omega ee^T\text{diag}(1,2,\cdots,p,\cdots,p)^2, \tag{9.6.7}$$

其中 Π_1 和 Π_2 为置换矩阵, e, α_i, Ω 由 (9.6.5) 式定义.

当 $p=n$ 时, 定理的证明见 [44]. 该证明容易推广到 $p<n$ 的情形.

对于 Givens QR 算法, Anda 和 Park[1, 2] 指出, Givens 旋转总是把范数大的行移到矩阵的顶端, 因此 Givens QR 算法不需考虑行排序或行交换, 即 Givens QR 算法具有自动行交换的能力, 从而是行稳定的.

注 9.6.1 定理 9.6.1~ 定理 9.6.2 中的因子 α_i 的大小和扰动矩阵的大小密切相关, 它实际上由行增长因子 $\rho_i^{(k+1)}$ 确定, 这里

$$\rho_i^{(k+1)}=\frac{\max\limits_{j\geqslant k}|a_{ij}^{(k+1)}|}{\max\limits_{j}|a_{ij}|},\ \rho_i=\max_k\rho_i^{(k+1)}. \tag{9.6.8}$$

对于选主列 MGS 算法, 魏木生和刘巧华[248] 得到如下的不等式

$$\rho_i^{(k+1)}\leqslant 2^k,\ \rho_i\leqslant 2^p. \tag{9.6.9}$$

对于选主列 Householder QR 算法, Cox 和 Higham[44] 得到如下的不等式

$$\rho_i^{(k+1)}\leqslant\begin{cases}\sqrt{m-i+1}(1+\sqrt{2})^{i-1},\ k\geqslant i,\\(1+\sqrt{2})^k,\ k<i.\end{cases} \tag{9.6.10}$$

上述行增长因子的上界随着 p 的增加而指数型地增长, 因此在舍入误差分析中用处不大. 魏木生和刘巧华[249] 得到的 LU 分解, MGS 算法的增长因子和矩阵 A 的子块的条件数有关, 而和矩阵 A 的秩 p 无关, 用于舍入误差分析更加适合.

9.6.2 刚性 WLS 问题的稳定解法

1. 选主列的 Givens QR 分解法

由上小节的讨论, 选主列的 Givens QR 分解是行稳定的. 又在计算的过程中, 如果设置适当的小参数 $\mathrm{tol} = cu$, 这里 c 是一个不太大的常数, 使得当

$$\max_{k \leqslant i,j} |a^{(k)}(i,j)| < d_i \mathrm{tol} \tag{9.6.11}$$

时, 设置 $a^{(k)}(i,:) = 0$, 则可以使得假定 8.3.1 中的等秩条件满足.

2. 完全正交方法

Hough 和 Vavasis[122] 提出了计算刚性 WLS 问题的完全正交方法.

算法 9.6.1 设 $A \in \mathbf{R}_n^{m\times n}$, $b \in \mathbf{R}^m$, D 给定. 下述算法用完全正交方法计算 x_{WLS}.

step 1 计算 A^TD 的选主列 QR 分解

$$A^TDP = QR,$$

并采用 (9.6.11) 式判别, 这里 Q 为 n 阶正交矩阵, R 为 $n\times m$ 上梯形矩阵, P 为 m 阶置换矩阵.

step 2 计算 R^T 的 (不必选主列)QR 分解

$$R^T = Z_1U_1,$$

这里 Z_1 为 $m\times n$ 阶等距矩阵, U_1 为 $n\times n$ 上三角矩阵.

step 3 通过回代计算 y, 并得到 x_{WLS}:

$$U_1y = Z_1^TP^TDb,\ x_{\mathrm{WLS}} = Qy.$$

注 9.6.2 在关键的第 1 步中, 选主列 QR 分解保证了矩阵 R 的列的扰动很小, 并且 R^T 的计算值满足假定 8.3.1 的等秩条件. 由于 R^T 的行已经按照范数的大小排列, R^T 的 QR 分解不必选主列就是行稳定的. 对于完全正交方法求解刚性 WLS 问题的扰动分析, 见 [122]. 另外, 完全正交方法可以方便地推广到 A 不是列满秩的情形.

3. 加权零空间的混合算法

Vavasis[207] 提出一种加权零空间的混合算法 (NSH). 设 $A \in \mathbf{R}_n^{m\times n}$, W 给定, $Z \in \mathbf{R}^{m\times(m-n)}$ 的列向量张成 A^T 的零空间. 于是 $V = W^{-1}ZR$ 的列向量张成 A^TW 的的零空间, 其中 R 为非奇异对角矩阵. 因为 $(A,\ V)$ 非奇异, 线性系统

$$(A,\ V)\begin{pmatrix} x \\ q \end{pmatrix} = b$$

有唯一解 y, q. 于是根据 V 的定义, 有

$$A^TWb = A^TW\,(A,\ V)\begin{pmatrix} x \\ q \end{pmatrix} = A^TWAx,$$

从而 x 是刚性 WLS 问题的唯一 LS 解. 该方法的关键之处在于选择适当的矩阵 V. 不妨设 WA 的行已经按照范数大小排列. NSH 方法首先按照如下的方法寻找 A 的一个 $n\times n$ 非奇异子矩阵 $B = A(i_1;\cdots;i_n,:)$.

step 1 取 $i_1 = 1$, $j = 1$.

step 2 令 $B(j,:) = A(i_j,:)$.

step 3 若 $B(1:j,:)$ 的 j 行不线性独立, 则令 $i_j = i_j + 1$, 回到第 2 步.

step 4 若 $j < n$, 令 $j = j+1$, $i_j = i_j + 1$, 回到第 2 步; 否则停止.

上面的算法事实上确定假定 8.3.1 中的 m_j 和 r_j. 一旦得到了 A 的非奇异子矩阵 B, 就可以构造 Z:

$$Z = P\begin{pmatrix} I_{m-n} \\ W' \end{pmatrix},$$

其中 P 为由矩阵 B 的行在 A 中的行的位置而得到的置换矩阵, 使得 $PA = \begin{pmatrix} \overline{B} \\ B \end{pmatrix}$. 于是有

$$0 = A^TZ = \overline{B}^T + B^TW',\ W' = -(\overline{B}B^{-1})^T.$$

对于 NSH 方法的详细讨论和误差分析, 见 [207].

4. 行分块的选主元 QR 算法

魏木生[237], 魏木生和刘巧华[250] 提出了行分块的选主列 QR 分解.

设矩阵 A 和 W, 向量 b 给定, 并满足假定 8.1.1 的条件, 选取 $\mathrm{tol}\sim cu\|A\|_2$, 这里 c 是一个不太大的常数. 令

$$A = \begin{pmatrix} A_1 \\ A_2 \\ \vdots \\ A_k \end{pmatrix} :\equiv \begin{pmatrix} d_1A_1 & d_1b_1 \\ \vdots & \vdots \\ d_kA_k & d_kb_k \end{pmatrix} \in \mathbf{R}^{m\times(n+1)},\ d_i = w_i^{\frac{1}{2}},\ i = 1:k.$$

step 1 对 A_1 进行选主列的 QR 分解 (最后一列不参加选主列).

$$A :\equiv \begin{pmatrix} Q_1^TA_1 \\ A_2 \\ \vdots \\ A_k \end{pmatrix}\Pi_1 = \begin{pmatrix} \begin{pmatrix} R_{11}^{(1)} & R_{12}^{(1)} \\ 0 & A_1^{(1)} \end{pmatrix} \\ A_2^{(1)} \\ \vdots \\ A_k^{(1)} \end{pmatrix}$$

使得

$$
\begin{aligned}
|R_{11}^{(1)}(1,1)| \geqslant |R_{11}^{(1)}(2,2)| \geqslant |R_{11}^{(1)}(r_1,r_1)| > d_1\mathrm{tol},\\
\|A_1^{(1)}(:,j)\|_2 \leqslant d_1\mathrm{tol}, \qquad 1 \leqslant j \leqslant n-r_1.
\end{aligned}
$$

令

$$
A :\equiv \begin{pmatrix} \begin{pmatrix} R_{11}^{(1)} & R_{12}^{(1)} \end{pmatrix} \\ A_2^{(1)} \\ \vdots \\ A_k^{(1)} \end{pmatrix}.
$$

step 2 进行 r_{i-1} $(i=2:k)$ 步 QR 分解

$$
A :\equiv \begin{pmatrix} \widetilde{Q}_i^T \begin{pmatrix} R_{11}^{(i-1)} & R_{12}^{(i-1)} \\ \multicolumn{2}{c}{A_i^{(i-1)}} \end{pmatrix} \\ \vdots \\ A_k^{(i-1)} \end{pmatrix} = \begin{pmatrix} \begin{pmatrix} \widetilde{R}_{11}^{(i)} & \widetilde{R}_{12}^{(i)} \\ 0 & \widetilde{R}_{22}^{(i)} \end{pmatrix} \\ \vdots \\ A_k^{(i-1)} \end{pmatrix},
$$

然后对 $\widetilde{R}_{22}^{(i)}$ 实施选主列 QR 分解 (最后一列不参加选主列)

$$
A :\equiv \begin{pmatrix} Q_i^T \begin{pmatrix} \widetilde{R}_{11}^{(i)} & \widetilde{R}_{12}^{(i)} \\ 0 & \widetilde{R}_{22}^{(i)} \end{pmatrix} \\ A_{i+1}^{(i-1)} \\ \vdots \\ A_k^{(i-1)} \end{pmatrix} \Pi_i \equiv \begin{pmatrix} \begin{pmatrix} R_{11}^{(i)} & R_{12}^{(i)} \\ 0 & A_i^{(i)} \end{pmatrix} \\ A_{i+1}^{(i)} \\ \vdots \\ A_k^{(i)} \end{pmatrix},
$$

使得

$$
\begin{aligned}
|R_{11}^{(i)}(r_{i-1}+1, r_{i-1}+1)| &\geqslant \cdots \geqslant |R_{11}^{(i)}(r_i,r_i)| > d_i\mathrm{tol},\\
\|A_i^{(i)}(:,j)\|_2 &\leqslant d_i\mathrm{tol}, \quad 1 \leqslant j \leqslant n-r_i.
\end{aligned}
$$

记

$$
A :\equiv \begin{pmatrix} \begin{pmatrix} R_{11}^{(i)} & R_{12}^{(i)} \end{pmatrix} \\ A_{i+1}^{(i)} \\ \vdots \\ A_k^{(i)} \end{pmatrix}.
$$

令 $i := i+1$. 若 $i < k$, 回到 **step 2**.

注 9.6.3　由于在进行行分块的选主元 QR 算法前, 矩阵 DA 的行实际上已经按照行范数的大小排列, 因此在应用选主列 Householder QR 分解时, 不必再进行行交换或行排序了. 另外, 由于假设 A 的条件数较小, 采用算法中的置零准则, 可以保证计算得到的矩阵满足假定 8.3.1 的条件.

9.6.3 刚性 WLSE 问题的稳定解法

现在考虑刚性 WLSE 问题

$$\begin{aligned}&\|W_2^{\frac{1}{2}}(Kx-g)\|_2=\min_{y\in\mathbf{C}^n}\|W_2^{\frac{1}{2}}(Ky-g)\|_2\\&\text{满足 } Lx=h\end{aligned} \tag{9.6.12}$$

的稳定解法, 其中

$$W_2=\mathrm{diag}(w_1,w_2,\cdots,w_{m_2})>0,\ D_2=W_2^{\frac{1}{2}}=\mathrm{diag}(d_1,d_2,\cdots,d_{m_2}), \tag{9.6.13}$$

$d_1\geqslant d_2\geqslant\cdots\geqslant d_{m_2}$, $d_1\gg d_{m_2}$. 取 $\tau\sim d_1u^{-\frac{1}{2}}$, $W(\tau)=\mathrm{diag}(\tau I_{m_1},W_2)$. 则刚性 WLSE 问题转化为如下的刚性 WLS 问题,

$$\|W(\tau)^{\frac{1}{2}}(Ax-b)\|_2=\min_{y\in\mathbf{C}^n}\|W(\tau)^{\frac{1}{2}}(Ay-b)\|_2, \tag{9.6.14}$$

其中

$$A=\begin{pmatrix}L\\K\end{pmatrix},\ b=\begin{pmatrix}h\\g\end{pmatrix}.$$

于是可以采用计算刚性 WLS 问题的方法求解刚性 WLSE 问题, 这里不再重复.

习 题 九

1. 设在算法 9.1.1 中的矩阵 A 实对称正定, 且不进行行、列交换. 证明算法最终得到的结果满足 (9.1.10) 式.

2. 证明: 若 $A\in\mathbf{C}^{n\times n}$ 可逆, $u,\ v\in\mathbf{C}^n$, $\sigma\neq 0$, 并且 $v^HA^{-1}u\neq\sigma^{-1}$, 则

$$(A-\sigma uv^H)^{-1}=A^{-1}-\frac{A^{-1}uv^HA^{-1}}{v^HA^{-1}u-\sigma^{-1}}.$$

3. 设 $A\in C^{n\times n}$, $U,\ V\in C^{n\times m}(n\geqslant m)$, $S\in C^{m\times m}$. 试证: 若 A, S 和 $V^HA^{-1}U-S^{-1}$ 均为非奇异阵, 则

$$(A-USV^H)^{-1}=A^{-1}-A^{-1}U(V^HA^{-1}U-S^{-1})^{-1}V^HA^{-1}.$$

4. 设 $u,\ v\in\mathbf{C}$, 满足 $v^Hu=1$. 令 $S=I-2uv^H$, $b=-2\beta u$, $\beta\in\mathbf{C}$. 试证:

(1) $S^{-1}=S, Sb=-b$;

(2) 若 $y=Sx+b$, 则 $\dfrac{x+y}{2}$ 属于超平面 $v^Hz+\beta=0$, 并且 $y-x$ 与 u 共线;

(3) 试给出一图示, 说明 $y=Sx+b$ 的几何意义.

5. 设 $Ax = \lambda x, x \neq 0$. 试证: 存在复 Householder 矩阵 H, 使得 $HAHe_1 = \lambda e_1$, 并由此证明 Schur 分解定理.

6. 设 a, $b \in \mathbf{R}^n$, $a \neq b$. 则存在单位向量 $u \in \mathbf{R}^n$, 使得 Householder 矩阵 $H(u)$ 满足 $H(u)a = b$ 的必要与充分条件是

$$\|a\|_2 = \|b\|_2,$$

并求出使得 $H(u)a = b$ 成立的单位向量 u.

7. 设 $A\Pi = Q_1 R$ 为 $A \in \mathbf{R}_r^{m\times n}$ 的选主列 QR 分解. 证明

$$|r_{kk}| \geqslant \sigma_k((A\Pi)(:,1:k)) \geqslant \frac{3|r_{kk}|}{\sqrt{4^k + 6k - 1}} \geqslant 2^{1-k}|r_{kk}|.$$

8. 考虑 LS 问题 $\|Ax - b\|_2 = \min\limits_{y} \|Ay - b\|_2$, 其中 $\tau = u^{-\frac{1}{2}}$,

$$A^{(1)} = A = \begin{pmatrix} 0 & 2 & 1 \\ \tau & \tau & 0 \\ \tau & 0 & \tau \\ 0 & 1 & 1 \end{pmatrix}, \quad b = \begin{pmatrix} 2 \\ 2\tau \\ 2\tau \\ 2 \end{pmatrix},$$

其精确 LS 解为 $x_{\rm LS} = (1,1,1)$. 对 (A,b) 用 Householder QR 分解, 计算 $x_{\rm LS}$, 并说明为什么误差很大.

9. 令

$$A = \begin{pmatrix} -4 & 2 & -3 \\ 4 & 2 & 2 \\ 2 & 1 & 1 \\ 1 & -1 & 1 \end{pmatrix}, \quad b = \begin{pmatrix} -9 \\ 4 \\ 1 \\ 4 \end{pmatrix},$$

$$D = \mathrm{diag}(d_1, d_1, d_2, d_3) = W^{\frac{1}{2}}.$$

则有

$$\mathrm{rank}(A(1:2,:)) = \mathrm{rank}(A(1:3,:)) = 2, \quad \mathrm{rank}(A) = 3,$$

$$x_{W\rm LS} = \begin{pmatrix} -3 \\ 0 \\ 7 \end{pmatrix} + \frac{1}{4 + d_3^2}\begin{pmatrix} -4 \\ 4 \\ 8 \end{pmatrix}.$$

取 $d_1 = d_2 = 1 \geqslant d_3$. 若 $d_2/d_3 < 10^2$, 则记 $A = C_1 = A_1$; 否则记 $C_1 = A(1:3,:)$, $C_2 = A$. 分别取 $d_3 = 1$, 10^{-2}, 10^{-4}, 10^{-6}, 10^{-8}, 10^{-12}, 用 Matlab QR 分解, Matlab SVD, 选主列、行排序的 Householder QR 分解, 选主列、行交换的 Householder QR 分解, 行分块选主列、行交换的 Householder QR 分解, 和 Householder 完全正交方法计算 $x_{W\rm LS}$, 并和精确解比较.

10. 矩阵 A, D 和向量 b 同第 9 题, 其中 $d_1 = 1 > d_2 \geqslant d_3$. 若 $d_2/d_3 < 10^2$, 记 $A_1 = A(1:2,:)$ $A_2 = A(3:4,:)$; 否则记 $A_1 = A(1:2,:)A_2 = A(3,:)$, $A_3 = A(4,:)$. 对应取

$$d_2 = 10^{-2},\ 10^{-4},\ 10^{-4},\ 10^{-8},\ 10^{-8},\ 10^{-4},$$
$$d_3 = 10^{-4},\ 10^{-4},\ 10^{-8},\ 10^{-8},\ 10^{-12},\ 10^{-12},$$

用 Matlab QR D, Matlab SVD, 选主列、行排序的 Householder QR 分解, 选主列、行交换的 Householder QR 分解, 行分块选主列、行交换的 Householder QR 分解, 和 Householder 完全正交方法计算 x_{WLS}, 并和精确解比较.

第十章　广义最小二乘问题的迭代解法

本章讨论广义最小二乘问题的迭代解法. 所谓广义最小二乘问题迭代解法, 就是选择初始向量 $x^{(0)},\cdots,x^{(r-1)}$, 使得迭代过程

$$x^{(k)}=f_k(x^{(k-r)},\cdots,x^{(k-1)}),\ k=r,r+1,\cdots$$

产生的向量序列 $\{x^{(k)}\}$ 收敛于原问题的解. 直接法和迭代法各有优缺点. 直接法的计算工作量较小, 但需要较大的存储量, 并且程序复杂. 一般来说, 它适用于方程组的系数矩阵阶数不太高的问题. 迭代法需要的存储量较小, 程序较简单, 但计算工作量有时较大, 适用于大规模稀疏问题. §10.1 介绍有关的基本知识, §10.2 讨论最小二乘解的迭代算法, §10.3 讨论总体最小二乘解的迭代算法, §10.4 讨论刚性加权最小二乘解的迭代算法. 线性方程组和最小二乘问题的迭代解法的详细讨论, 可参阅专著 [6], [20], [28], [130], [194], [206] 及 [268].

§ 10.1　基 本 知 识

本节讨论广义最小二乘问题的迭代解法所需的基本知识, 包括 Chebyshev 多项式的若干性质, 分裂迭代法的基本理论, 和确定实对称三对角矩阵的特征值范围的方法.

10.1.1　Chebyshev 多项式

n 阶 Chebyshev 多项式 $T_n(x)$ 定义为

$$T_n(x)=\frac{1}{2}((x+\sqrt{x^2-1})^n+(x-\sqrt{x^2-1})^n),\ -\infty<x+\infty. \tag{10.1.1}$$

由二项式展开定理, 易知 $T_n(x)$ 确实是变量 x 的 n 次多项式. 当 $|x|\leqslant 1$ 时, $T_n(x)$ 可表示为

$$T_n(x)=\cos(n\arccos x). \tag{10.1.2}$$

事实上, 令 $x=\cos\theta, 0\leqslant\theta\leqslant\pi$, 则由 Euler 公式, 有

$$\begin{aligned}T_n(x)&=\frac{1}{2}((x+i\sqrt{1-x^2})^n+(x-i\sqrt{1-x^2}^n)\\&=\frac{1}{2}((\cos\theta+i\sin\theta)^n+(\cos\theta-i\sin\theta)^n)\\&=\frac{1}{2}(e^{in\theta}+e^{-in\theta})\\&=\cos(n\theta)=\cos(n\arccos x).\end{aligned}$$

$T_n(x)$ 有下列重要性质:

(1) 递推关系:

$$\begin{aligned}&T_0(x)=1,\ T_1(x)=x,\\&T_{n+1}(x)=2xT_n(x)-T_{n-1}(x), n=1,2,\cdots.\end{aligned}\tag{10.1.3}$$

证明　根据 (10.1.1) 式, 显然有 $T_0(x)=1$, $T_1(x)=x$. 当 $n\geqslant 1$ 时, 由等式

$$(x\pm\sqrt{x^2-1})^2+1=2x(x\pm\sqrt{x^2-1}),$$

得到

$$\begin{aligned}T_{n+1}(x)+T_{n-1}(x)&=\frac{1}{2}\Big((x+\sqrt{x^2-1})^{n-1}((x+\sqrt{x^2-1})^2+1)\\&\quad+(x-\sqrt{x^2-1})^{n-1}((x-\sqrt{x^2-1})^2+1)\Big)\\&=2x\frac{1}{2}\Big((x+\sqrt{x^2-1})^n+(x-\sqrt{x^2-1})^n\Big)\\&=2xT_n(x).\end{aligned}$$

□

(2) 若 $|x|\leqslant 1$, 则 $|T_n(x)|\leqslant 1$; 若 $|x|>1$, 则 $|T_n(x)|>1$, $n=1,2,\cdots$. 从而有

$$\max_{-1\leqslant x\leqslant 1}|T_n(x)|=1.$$

证明　当 $|x|\leqslant 1$ 时, 由 $T_n(x)$ 的表达式 (10.1.2), 有 $\max\limits_{-1\leqslant x\leqslant 1}|T_n(x)|=1$.

当 $|x|>1$ 时, 有 $(x+\sqrt{x^2-1})(x-\sqrt{x^2-1})=1$, $x+\sqrt{x^2-1}\neq\pm1$. 则当 $|a|>0$, $|a|\neq 1$ 时, 由不等式 $|a|+\dfrac{1}{|a|}>2$, 和 $T_n(x)$ 的表达式 (10.1.1), 有 $|T_n(x)|>1$. □

(3) $T_n(x)$ 有 n 个互异实根

$$x_k^{(n)}=\cos\frac{(2k-1)\pi}{2n},\ k=1:n.$$

证明　由 (10.1.2) 式, 有

$$\begin{aligned}T_n(x_k^{(n)})&=\cos\left(n\arccos\left(\cos\frac{(2k-1)\pi}{2n}\right)\right)\\&=\cos\frac{(2k-1)\pi}{2}=0,\ k=1:n.\end{aligned}$$

又因 $T_n(x)$ 为 n 次多项式, 共有 n 个根, 于是 $T_n(x)$ 的所有根为 $x_k^{(n)}$, $k=1:n$. □

(4) 设 z 为任一大于 1 的固定实数, Θ_n 为满足下列条件的实系数多项式集合:

(i) Θ_n 中任一多项式 $q_n(x)$ 的次数不高于 n;

(ii) 对 Θ_n 中的任一多项式 $q_n(x)$, 有 $q_n(z)=1$. 则有

$$\min_{q_n(x)\in\Theta_n}\max_{-1\leqslant x\leqslant 1}|q_n(x)|=\max_{-1\leqslant x\leqslant 1}|\overline{T}_n(x)|, \tag{10.1.4}$$

其中

$$\overline{T}_n(x)=\frac{T_n(x)}{T_n(z)}. \tag{10.1.5}$$

证明 设有多项式 $\overline{q}_n(x)\in\Theta_n$, 使得

$$\max_{-1\leqslant x\leqslant 1}|\overline{q}_n(x)|\leqslant\max_{-1\leqslant x\leqslant 1}|\overline{T}_n(x)|. \tag{10.1.6}$$

令

$$r(x)=\overline{q}_n(x)-\overline{T}_n(x),\ x_k=\cos\frac{k\pi}{n},\ k=0:n.$$

则有

$$r(x_k)=\overline{q}_n(x_k)-\frac{(-1)^k}{T_n(z)},$$

从而由 (10.1.6) 式知

$$\begin{aligned}&r(x_k)\leqslant 0,\ 若k为零或偶数;\\&r(x_k)\geqslant 0,\ 若k为奇数.\end{aligned}$$

于是对 $k=1:n$, 有

$$r(x_k)r(x_{k-1})\leqslant 0.$$

若 $r(x_k)r(x_{k-1})<0$, 则在 (x_k,x_{k-1}) 中, $r(x)$ 至少有一个零点; 若 $r(x_k)r(x_{k-1})=0$, 则或 $r(x_k)=0$ 或 $r(x_{k-1})=0$. 若当 $1\leqslant k\leqslant n-1$ 时, $r(x_k)=0$, 则 $r'(x_k)=0$, 即 x_k 至少是 $r(x)$ 的二重零点, 这是因为 x_k 是 $\overline{T}_n(x)$ 的极值点, 且据 (10.1.6) 式知 x_k 也是 $\overline{q}_n(x)$ 的极值点, 从而 $r'(x_k)=\overline{q}_n'(x_k)=0$.

现在讨论在区间 $[-1,1]$ 中 $r(x)$ 的零点个数. 首先, 若 $r(x_0)=0$, 则令 x_0 在 (x_1,x_0) 中. 若 $r(x_0)\neq 0$, 且 $r(x_1)\neq 0$, 则在 (x_1,x_0) 中, $r(x)$ 至少有一个零点; 或者 $r(x_1)=0$, 则 x_1 为 $r(x)$ 的二重零点, 指定其中之一个零点在 (x_1,x_0) 中, 另一个在 (x_2,x_1) 中. 因此, 无论哪种情形, 至少有一个零点在 (x_1,x_0) 中. 其次, 对于 $k>1$, 若 $r(x_{k-1})=0$, 则 x_{k-1} 是 $r(x)$ 的二重零点, 指定其中一个在 (x_k,x_{k-1}) 中. 若 $r(x_{k-1})\neq 0$, 且 $r(x_k)\neq 0$, 则在 (x_k,x_{k-1}) 中有一点零点; 或者 $r(x_k)=0$, 则 $x_k(k\neq n)$ 是 $r(x)$ 的二重零点, 我们也指定一个在 (x_k,x_{k-1}) 中. 这样, 在区间

$[-1,1]$ 中, $r(x)$ 至少有 n 个零点. 又因 $z>1$, $r(z)=0$, 故 $r(x)$ 至少有 $n+1$ 个零点. 由于 $r(x)$ 为次数不超过 n 的多项式, 因此必须有 $r(x)\equiv 0$, 即

$$\overline{q}_n(x)\equiv \overline{T}_n(x).$$ □

推论 10.1.1 设 Ψ_n^1 为次数不高于 n 且常数项为 1 的多项式 $p_n(\lambda)$ 的集合. 则对于 $0<a<b$, 满足

$$\max_{a\leqslant\lambda\leqslant b}|\overline{p}_n(\lambda)|=\min_{p_n(\lambda)\in\Psi_n^1}\max_{a\leqslant\lambda\leqslant b}|p_n(\lambda)|$$

的多项式 $\overline{p}_n(\lambda)\in\Psi_n^1$ 唯一, 且

$$\overline{p}_n(\lambda)=\frac{T_n\left(\dfrac{b+a-2\lambda}{b-a}\right)}{T_n\left(\dfrac{b+a}{b-a}\right)}. \tag{10.1.7}$$

证明 作变换$x=(b+a-2\lambda)/(b-a)$. 于是当 $\lambda\in[a,b]$ 时, $x\in[-1,1]$, 且当 $\lambda=0$ 时, $x=\dfrac{b+a}{b-a}>1$. 定义

$$q_n(x)=q_n\left(\frac{b+a-2\lambda}{b-a}\right)=p_n(\lambda),$$

则

$$q_n\left(\frac{b+a}{b-a}\right)=p_n(0)=1.$$

因此取 $z=\dfrac{b+a}{b-a}>1$, 则有 $q_n(x)\in\Theta_n$, 且由性质 (4), 在 Θ_n 中使

$$\max_{-1\leqslant x\leqslant 1}|q_n(x)|=\text{极小}$$

的唯一多项式是

$$\overline{q}_n(x)=\frac{T_n(x)}{T_n\left(\dfrac{b+a}{b-a}\right)}=\frac{T_n\left(\dfrac{b+a-2\lambda}{b-a}\right)}{T_n\left(\dfrac{b+a}{b-a}\right)}\equiv\overline{p}_n(\lambda).$$ □

10.1.2 分裂迭代法的基本理论

考虑线性方程组

$$Ax=b, \tag{10.1.8}$$

这里 $A\in\mathbf{R}^{n\times n}$ 是非奇异矩阵. 把矩阵 A 写成成矩阵 M 和 N 之差

$$A=M-N, \tag{10.1.9}$$

其中矩阵 M 非奇异, 并容易求逆. 于是方程组 (10.1.8) 可表示成

$$x = Gx + g, \tag{10.1.10}$$

其中

$$G = M^{-1}N = I - M^{-1}A, \quad g = M^{-1}b. \tag{10.1.11}$$

显然, 方程组 (10.1.8) 和 (10.1.10) 是完全相容的.

对于任意 $x^{(0)} \in \mathbf{R}^n$, 构造的迭代法

$$x^{(k)} = Gx^{(k-1)} + g, \ k = 1, 2, \cdots \tag{10.1.12}$$

称为一阶线性定常 (分裂) 迭代法.

更一般地, 对于 $k = 1, 2, \cdots$, 把矩阵 A 写成成矩阵 M_k 和 N_k 之差

$$A = M_k - N_k, \tag{10.1.13}$$

$$G_k = M_k^{-1}N_k = I - M_k^{-1}A, \quad g_k = M_k^{-1}b, \tag{10.1.14}$$

其中 M_k 非奇异. 对于任意 $x^{(0)} \in \mathbf{R}^n$, 构造的迭代法

$$x^{(k)} = G_k x^{(k-1)} + g_k, \ k = 1, 2, \cdots , \tag{10.1.15}$$

称为一阶线性非定常 (分裂) 迭代法.

定义 10.1.1 若对任意给定的一组初始近似向量 $x^{(0)}$, 由迭代法 (10.1.15) 式生成的向量序列 $\{x^{(k)}\}$, 都收敛于方程组 (10.1.8) 的解 u, 则说迭代法**收敛**, 否则, 说迭代法**不收敛**或**发散**. 称向量

$$e^{(k)} = x^{(k)} - u$$

为迭代法 (10.1.15) 的第 k 步的**误差向量**. 若迭代法收敛, 则称 $x^{(k)}$ 为第 k 步迭代得到的方程组 (10.1.8) 的**近似解**.

关于一阶线性迭代法, 有下面的收敛定理.

定理 10.1.2 迭代法 (10.1.15) 收敛的充分必要条件为矩阵序列

$$T_k = G_k G_{k-1} \cdots G_1, \ k = 1, 2, \cdots \tag{10.1.16}$$

收敛于零矩阵.

证明 设 u 是方程组 (10.1.8) 的解. 由 (10.1.13)~(10.1.15) 式, 有

$$\begin{aligned} e^{(k)} &= G_k(x^{(k-1)} - u) = G_k e^{(k-1)} \\ &= G_k G_{k-1} \cdots G_1 e^{(0)} = T_k e^{(0)}. \end{aligned}$$

由迭代法收敛的充分必要条件的定义, 对任意的初始误差向量 $e^{(0)}$, $e^{(k)}$ 都收敛于 0 ($k \to \infty$). 于是迭代法 (10.1.15) 收敛的充分必要条件为

$$\lim_{k\to\infty} T_k = 0. \qquad \square$$

定理 10.1.3 迭代法 (10.1.12) 收敛的充分必要条件为

$$\lim_{k\to\infty} G^k = 0, \text{ 或等价地, } \rho(G) < 1. \tag{10.1.17}$$

证明 若 $\rho(G) \geqslant 1$, 并设 $\lambda \in \lambda(G)$, $|\lambda| = \rho(G)$. 取 y 为 G 的对应于 λ 的特征向量, 并取 $x_0 = u + y$. 则当 $k \to \infty$ 时,

$$e^{(k)} = G^k e^{(0)} = G^k y = \lambda^k y \nrightarrow 0.$$

若 $\rho(G) < 1$, 并设 G 的 Jordan 标准型为 J, $G = XJX^{-1}$, X 为 n 阶非奇异矩阵. 由于 $\rho(G) < 1$, J 为双对角矩阵, 对角线上的元素的绝对值都小于 1, 次对角线上的元素为 0 或 1. 于是当 $k \to \infty$ 时, 有

$$J^k \to 0, \ G^k = XJ^kX^{-1} \to 0. \qquad \square$$

定理 10.1.4 若对 $\mathbf{C}^{n\times n}$ 上的某个相容的矩阵范数 $\|\cdot\|$, $\|G\| < 1$, 则迭代法 (10.1.12) 收敛.

证明 由定理 1.7.6, 有 $\rho(G) \leqslant \|G\| < 1$. $\square$

现在讨论一阶线性定常迭代法 (10.1.12) 的收敛速度. 设 $\|\cdot\|$ 为 $\mathbf{C}^n$ 上的向量范数, 或 $\mathbf{C}^{n\times n}$ 上和向量范数相容的矩阵范数. 则误差向量满足

$$\|e^{(k)}\| \leqslant \|G^k\| \|e^{(0)}\|.$$

若要求 $\|e^{(k)}\|$ 减小为 $\|e^{(0)}\|$ 的 ξ 倍 ($\xi < 1$), 则只要

$$\|G^k\| = (\|G^k\|^{\frac{1}{k}})^k \leqslant \xi,$$

从而迭代次数 k 应满足不等式

$$k \geqslant \left(-\frac{1}{k}\ln\|G^k\|\right)^{-1} \ln \xi^{-1}.$$

定义 10.1.2 设 $\|\cdot\|$ 为 $\mathbf{C}^{n\times n}$ 上相容的矩阵范数, $\rho(G) < 1$. 令

$$R_k(G) = -\frac{1}{k}\ln\|G^k\|, \ R(G) = -\ln\rho(G). \tag{10.1.18}$$

称 $R_k(G)$ 为定常迭代法 (10.1.12) 按范数 $\|\cdot\|$ k 步迭代的**平均收敛速度**, 称 $R(G)$ 为定常迭代法 (10.1.12) 的**渐近收敛速度**.

定理 10.1.5　设 $\|\cdot\|$ 为 $\mathbf{C}^{n\times n}$ 上相容的矩阵范数, $\rho(G) < 1$. 则对迭代法 (10.1.12),

$$R(G) = \lim_{k\to\infty} R_k(G) = -\ln\rho(G). \tag{10.1.19}$$

证明　由定理 1.7.11, 对任何 $\varepsilon > 0$, 存在 $\mathbf{C}^{n\times n}$ 上的相容矩阵范数 $\|\cdot\|_G$, 使得 $\|G\|_G < \rho(G) + \varepsilon$. 于是

$$-\frac{1}{k}\ln\|G^k\|_G \geqslant -\frac{1}{k}\ln\|G\|_G^k = -\ln\|G\|_G > -\ln(\rho(G)+\varepsilon).$$

又由定理 1.7.6, 有 $\rho(G)^k = \rho(G^k) \leqslant \|G^k\|_G$, 因此可得不等式

$$-\ln\rho(G) \geqslant -\frac{1}{k}\ln\|G^k\|_G > -\ln(\rho(G)+\varepsilon).$$

注意到矩阵范数的等价性, 即存在常数 $0 < c_1 \leqslant c_2$, 使得

$$c_1\|G^k\| \leqslant \|G^k\|_G \leqslant c_2\|G^k\|,$$

即有

$$-\ln\rho(G) \geqslant -\frac{1}{k}\ln(c_2\|G^k\|) \geqslant -\frac{1}{k}\ln(c_1\|G^k\|) > -\ln(\rho(G)+\varepsilon).$$

由极限理论中的迫敛性, 和 $\varepsilon > 0$ 的任意性, 上式中令 $k\to\infty$, $\varepsilon\to 0+$, 有

$$\lim_{k\to\infty} R_k(G) = -\ln\rho(G).$$

□

定理 10.1.6　设 $\|\cdot\|$ 为 $\mathbf{C}^n$ 上的向量范数, 或 $\mathbf{C}^{n\times n}$ 上和向量范数相容的矩阵范数, 满足 $\|G\| \leqslant 1$. 则按迭代法 (10.1.12) 计算的近似解 $x^{(k)}$ 满足

$$\begin{aligned} (1-\|G\|)\|x^{(k)}-u\| &\leqslant \|x^{(k+1)}-x^{(k)}\| \leqslant (1+\|G\|)\|x^{(k)}-u\|, \\ \|x^{(k)}-u\| &\leqslant \frac{\|G\|^k}{1-\|G\|}\|x^{(1)}-x^{(0)}\|, \end{aligned} \tag{10.1.20}$$

其中 u 是方程组 (10.1.8) 的解.

证明　由于

$$x^{(k+1)} - u = G(x^{(k)} - u),\ x^{(k+1)} - x^{(k)} = G(x^{(k)} - x^{(k-1)}),$$

于是应用三角不等式, 有

$$\begin{aligned} \|x^{(k+1)}-x^{(k)}\| &\leqslant \|x^{(k+1)}-u\| + \|x^{(k)}-u\| \leqslant (1+\|G\|)\|x^{(k)}-u\|, \\ \|x^{(k+1)}-x^{(k)}\| &\geqslant -\|x^{(k+1)}-u\| + \|x^{(k)}-u\| \geqslant (1-\|G\|)\|x^{(k)}-u\|, \end{aligned}$$

即得到 (10.1.20) 的第一组不等式. 进而有

$$\begin{aligned} (1-\|G\|)\|x^{(k)}-u\| &\leqslant \|x^{(k+1)}-x^{(k)}\| = \|G^k(x^{(1)}-x^{(0)})\| \\ &\leqslant \|G\|^k\|x^{(1)}-x^{(0)}\|. \end{aligned}$$

□

注 10.1.1　由定理 10.1.6 知, 当 $\|G\| < 1$ 时, 定常迭代 (10.1.12) 至少是线性收敛的, 并且 $\|x^{(k+1)}-x^{(k)}\|$ 是迭代误差 $\|x^{(k)}-u\|$ 的一个很好的估计.

10.1.3 实对称三对角矩阵的特征值的范围

现在考虑实对称三对角矩阵

$$T = \begin{pmatrix} a_1 & b_1 & & & \\ b_1 & a_2 & & & \\ & \ddots & \ddots & \ddots & \\ & & & & b_{n-1} \\ & & & b_{n-1} & a_n \end{pmatrix} \tag{10.1.21}$$

的特征值范围. 这里假定 $b_1, \cdots, b_{n-1}$ 均不为零, 否则可以考虑阶数更小的实对称三对角矩阵的特征值. 记 T_r 为 T 的 r 阶主子矩阵, $p_r(\lambda) = \det(T_r - \lambda I_r)$ 表示矩阵 $T - \lambda I$ 的 r 阶顺序主子式, 并规定 $p_0(\lambda) = 1$.

把 $\det(T_r - \lambda I_r)$ 按最后一行展开则得到三项递推关系式:

$$\begin{aligned} &p_0(\lambda) = 1,\ p_1(\lambda) = a_1 - \lambda, \\ &p_r(\lambda) = (a_r - \lambda)p_{r-1}(\lambda) - b_{r-1}^2 p_{r-2}(\lambda),\ r = 2:n. \end{aligned} \tag{10.1.22}$$

多项式序列 $\{p_r(\lambda)\}$ 具有下列性质, 其中前 4 个性质易证:

(1) $p_r(\lambda)$ 的 r 个根都是实数 ($r = 1:n$).

(2) $p_r(-\infty) > 0, p_r(+\infty)$ 的符号为 $(-1)^r (r = 1, 2, \cdots, n)$, 此处 $p_r(+\infty)$ 表示 λ 充分大时 $p_r(\lambda)$ 的值, $p_r(-\infty)$ 表示 $-\lambda$ 充分大时 $p_r(\lambda)$ 的值.

(3) 任意两个相邻多项式无公共根.

(4) 若 $p_r(\alpha) = 0$, 则

$$p_{r-1}(\alpha)p_{r+1}(\alpha) < 0,\ r = 1, \cdots, n-1.$$

(5) $p_r(\lambda)$ 的根都是单根, 且 $p_r(\lambda)$ 的根把 $p_{r+1}(\lambda)$ 的根严格隔离 $(r = 1 : n-1)$.

证明 用数学归纳法. 显然, a_1 是 $p_1(\lambda)$ 的根. 据递推关系式 (10.1.22) 可得

$$p_2(a_1) = -b_1^2 < 0.$$

由于 $p_2(-\infty) > 0, p_2(+\infty) > 0$, 因此在 $(-\infty, a_1)$ 和 $(a_1, +\infty)$ 内各有 $p_2(\lambda)$ 的一个根. 故当 $r = 1$ 时, 结论成立.

假设当 $1 \leqslant r \leqslant k-1$ 时结论成立. 即 $p_{k-1}(\lambda)$ 和 $p_k(\lambda)$ 的根都是单根. 设 $p_{k-1}(\lambda)$ 和 $p_k(\lambda)$ 的根按从大到小的次序分别排列成

$$x_1 > x_2 > \cdots > x_{k-1},\ y_1 > y_2 > \cdots > y_{k-1} > y_k,$$

则有

$$y_1 > x_1 > y_2 > \cdots > y_{k-1} > x_{k-1} > y_k. \tag{10.1.23}$$

由于

$$p_{k-1}(-\infty) > 0,\ p_{k-1}(x_{k-1}) = 0,$$

因此, 由 (10.1.23) 式知, $p_{k-1}(y_j)$ 的符号为 $(-1)^{k+j}$. 因为 $p_{k+1}(y_j)p_{k-1}(y_j) < 0$, 所以 $p_{k+1}(y_j)$ 的符号为 $(-1)^{k+j+1}$. 因此, $k+1$ 个区间

$$(-\infty, y_k),\ (y_k, y_{k-1}), \cdots, (y_2, y_1),\ (y_1, +\infty)$$

的每一个区间内都有 $p_{k+1}(\lambda)$ 的根. 而 $p_{k+1}(\lambda)$ 只有 $k+1$ 个根, 因此在每个区间内仅有 $p_{k+1}(\lambda)$ 的一个根. □

对于给定的 $\alpha \in \mathbf{R}$, 称多项式序列 $\{p_r(\alpha)\}_{r=0}^n$ 为一个**Sturm 序列**. 用 $s_k(\alpha)$ 表示序列

$$p_0(\alpha), p_1(\alpha), \cdots, p_k(\alpha)$$

中相邻两项符号相同的个数. 若 $p_r(\alpha) = 0$, 则规定 $p_r(\alpha)$ 的符号与 $p_{r-1}(\alpha)$ 的相反.

定理 10.1.7 对给定的实数 α, $p_r(\lambda)$ 恰有 $s_r(\alpha)$ 个根严格大于 α.

证明 用归纳法来证明. 由于对任意 $\alpha \in \mathbf{R}$, $p_0(\alpha) = 1$, $p_1(\alpha) = a_1 - \alpha$, 于是当 $r = 1$ 时, 结论成立.

假设 $1 \leqslant r < k$ 时结论成立, 即 $p_{k-1}(\lambda)$ 在 $(\alpha, +\infty)$ 内恰有 $s_{k-1}(\alpha) \equiv s_{k-1}$ 个根. 令 $p_{k-1}(\lambda)$ 和 $p_k(\lambda)$ 的根的表示同性质 (5). 则当 $s_{k-1} < k-1$ 时, 由归纳法的假设和 (10.1.23) 式, 有

$$x_{s_{k-1}+1} \leqslant \alpha < x_{s_{k-1}},\ x_{s_{k-1}+1} < y_{s_{k-1}+1} < x_{s_{k-1}} < y_{s_{k-1}}. \tag{10.1.24}$$

因此 $p_k(\lambda)$ 至少有 s_{k-1}, 至多有 $s_{k-1}+1$ 个根大于 α, 并只可能出现下列四种情形:

(1) $y_{s_{k-1}+1} < \alpha < x_{s_{k-1}}$. 此时 $p_k(\alpha)$ 和 $p_{k-1}(\alpha)$ 异号, 因此 $s_k = s_{k-1}$.

(2) $y_{s_{k-1}+1} = \alpha$. 此时, 由于 $p_k(\alpha) = 0$, 因此 $p_k(\alpha)$ 的符号应取为与 $p_{k-1}(\alpha)$ 相反. 因此 $s_k = s_{k-1}$.

(3) $x_{s_{k-1}+1} < \alpha < y_{s_{k-1}+1}$. 此时 $p_k(\alpha)$ 和 $p_{k-1}(\alpha)$ 同号, 因此 $s_k = s_{k-1}+1$.

(4) $x_{s_{k-1}+1} = \alpha$. 此时 $p_{k-1}(\alpha) = 0$, 因此 $p_{k-1}(\alpha)$ 的符号应取为与 $p_{k-2}(\alpha)$ 相反. 而 $p_k(\alpha)$ 与 $p_{k-2}(\alpha)$ 异号, 因此 $p_k(\alpha)$ 与 $p_{k-1}(\alpha)$ 的符号应视为相同, 故有 $s_k = s_{k-1}+1$.

因此, 不论上述哪一种情形, $p_k(\alpha)$ 都恰有 $s_k(\alpha)$ 个根大于 α.

当 $s_{k-1} = k-1$ 时, 若定义 $x_k = -\infty$, 则类似于上述讨论中的情形 (1), (2) 和 (3), 也可得到定理的结论. □

定理 10.1.8 对给定的实数 α, 矩阵 T 恰有 $s_n(\alpha)$ 个特征值严格大于 α.

§ 10.2 最小二乘解的迭代算法

本节讨论最小二乘问题

$$\|b - Ax\|_2 = \min_{y \in \mathbf{R}^n} \|b - Ay\|_2 \tag{10.2.1}$$

解的迭代算法, 包括分裂迭代法和 Krylov 子空间迭代法. 如果不加以说明, 我们都设 $A \in \mathbf{R}_n^{m\times n}$, $b \in \mathbf{R}^m$. 于是 LS 问题 (10.2.1) 有唯一 LS 解 x_{LS}. 迭代法基于法方程

$$A^T Ax = A^T b, \tag{10.2.2}$$

或基于 KKT 方程

$$\begin{pmatrix} I_m & A \\ A^T & 0 \end{pmatrix} \begin{pmatrix} r \\ x \end{pmatrix} = \begin{pmatrix} b \\ 0 \end{pmatrix}. \tag{10.2.3}$$

10.2.1 分裂迭代法

把矩阵 A^TA 分裂成

$$A^T A = D - (D - A^T A) = D - L - L^T, \tag{10.2.4}$$

其中 $D = \mathrm{diag}(d_1, d_2, \cdots, d_n) > 0$ 是实对称正定矩阵 A^TA 的对角部分, $-L$ 是 A^TA 的严格下三角部分.

1. Jacobi 迭代法

在 $A^TA = M - N$ 的分裂中, 令 $M = D$, $N = L + L^T$, 则得到 Jacobi 迭代法

$$x^{(k)} = x^{(k-1)} + D^{-1}A^T(b - Ax^{(k-1)}),\ k = 1, 2, \cdots, \tag{10.2.5}$$

或等价地, 令 $r^{(k-1)} = b - Ax^{(k-1)}$, 并对每个分量 $x_j^{(k)}$, $j = 1 : n$, 计算

$$x_j^{(k)} = x_j^{(k-1)} + a_j^T r^{(k-1)}/d_j,\ k = 1, 2, \cdots. \tag{10.2.6}$$

Jacobi 迭代法的迭代矩阵为 $G_J = I - D^{-1}A^TA$, 且迭代过程中不需要显式计算 A^TA.

2. Gauss-Seidel 迭代法

在 $A^TA = M - N$ 的分裂中, 令 $M = D - L$, $N = L^T$, 则得到 Gauss-Seidel 迭代法

$$x^{(k)} = D^{-1}(A^Tb + Lx^{(k)} + L^Tx^{(k-1)}),\ k = 1, 2, \cdots. \tag{10.2.7}$$

Gauss-Seidel 迭代法的迭代矩阵为 $G_S = (D-L)^{-1}L^T$, 并需要显式计算 A^TA. 若在第 k 步, 令 $z^{(1)} = x^{(k-1)}$, $r^{(1)} = b - Ax^{(k-1)}$, 计算

$$\begin{aligned} z^{(j+1)} &= z^{(j)} + \delta_j e_j,\ r^{(j+1)} = r^{(j)} - \delta_j a_j, \\ \delta_j &= a_j^T r^{(j)}/d_j,\ j = 1:n, \end{aligned} \tag{10.2.8}$$

则可得 $x^{(k)} = z^{(n+1)}$. 以上的算法不需要显式计算 A^TA.

3. 逐次超松弛迭代法 (SOR)

在 $A^TA = M - N$ 的分裂中, 令

$$A^TA = M - N,\ M = \frac{1}{\omega}(D - \omega L), N = \frac{1}{\omega}((1-\omega)D + \omega L^T), \quad \omega \neq 0,$$

则得到逐次超松弛迭代法 (SOR)

$$x^{(k)} = \omega D^{-1}(Lx^{(k)} + L^T x^{(k-1)} + A^T b) + (1-\omega)x^{(k-1)}, \tag{10.2.9}$$

其中 ω 称为**松弛因子**, 迭代矩阵是 $G_\omega = (D - \omega L)^{-1}((1-\omega)D + \omega L^T)$. 上述迭代需要显式计算 A^TA. 若在第 k 步, 令 $z^{(1)} = x^{(k-1)}$, $r^{(1)} = b - Ax^{(k-1)}$, 计算

$$\begin{aligned} z^{(j+1)} &= z^{(j)} + \delta_j e_j,\ r^{(j+1)} = r^{(j)} - \delta_j a_j, \\ \delta_j &= \omega a_j^T r^{(j)}/d_j,\ j = 1:n, \end{aligned} \tag{10.2.10}$$

则可得 $x^{(k)} = z^{(n+1)}$. 以上的算法不需要显式计算 A^TA.

若在 SOR 迭代中, 取 $\omega = 1$, 则 $G_1 = G_S = (D-L)^{-1}L^T$ 是 Gauss-Seidel 迭代法的迭代矩阵.

定理 10.2.1　设 $A \in \mathbf{R}_n^{m\times n}$. 则 SOR 方法的迭代矩阵 G_ω 满足 $\rho(G_\omega) \geqslant |1-\omega|$. 因此 SOR 方法收敛的必要条件是

$$0 < \omega < 2. \tag{10.2.11}$$

证明　由于 $G_\omega = (I - \omega D^{-1}L)^{-1}((1-\omega)I + \omega D^{-1}L^T)$, $I - \omega D^{-1}L$ 是单位下三角矩阵, $(1-\omega)I + \omega D^{-1}L^T$ 是上三角矩阵, 从而

$$\begin{aligned} \det(G_\omega) &= \det((I - \omega D^{-1}L)^{-1})\det((1-\omega)I + \omega D^{-1}L^T) \\ &= \det((1-\omega)I + \omega D^{-1}L^T) = (1-\omega)^n. \end{aligned}$$

因此 G_ω 的所有特征值之积等于 $(1-\omega)^n$, 即有

$$\rho(G_\omega) \geqslant |1-\omega|.$$

若 SOR 方法收敛, 则 $|1-\omega| \leqslant \rho(G_\omega) < 1$. 由于 ω 取实数, 故有 $0 < \omega < 2$.　□

定理 10.2.2 设 $A \in \mathbf{R}_n^{m\times n}$. 则当 $0<\omega<2$ 时, SOR 方法收敛.

证明 设 λ 是 SOR 方法的迭代矩阵 G_ω 的任意一个特征值, $x \in \mathbf{C}^n$ 为与其相应的特征向量. 则有等式

$$((1-\omega)D+\omega L^T)x=\lambda(D-\omega L)x,$$

于是

$$(1-\omega)x^H Dx+\omega x^H L^T x=\lambda(x^H Dx-\omega x^H Lx).$$

又由假设, A^TA 对称正定, 因此

$$\begin{aligned} x^H Dx &\equiv q>0,\ x^H Lx\equiv \alpha+i\beta,\\ x^H L^T x &= (x^H Lx)^H=\alpha-i\beta,\\ x^H A^T Ax &= x^H(D-L-L^T)x=q-2\alpha>0, \end{aligned}$$

其中 $\alpha,\ \beta\in\mathbf{R}$. 于是

$$\lambda=\frac{q-\omega q+\omega\alpha-i\omega\beta}{q-\omega\alpha-i\omega\beta},\ |\lambda|^2=\frac{[q-\omega(q-\alpha)]^2+\omega^2\beta^2}{(q-\omega\alpha)^2+\omega^2\beta^2}.$$

由假设 $0<\omega<2$, 有

$$[q-\omega(q-\alpha)]^2-(q-\omega\alpha)^2=q\omega(2-\omega)(2\alpha-q)<0,$$

因此 $|\lambda|<1$, 即有 $\rho(G_\omega)<1$. 故 SOR 方法收敛. □

推论 10.2.3 设 $A \in \mathbf{R}_n^{m\times n}$. 则 Gauss-Seidel 迭代法收敛.

SOR 方法收敛得快慢与松弛因子 ω 的选择有关. 松弛因子选择得好, 会加快 SOR 方法的收敛速度. 下面将对一类特殊的矩阵, 简要地叙述最佳松弛因子如何选取的问题.

定义 10.2.1 设矩阵 $A \in \mathbf{R}_n^{m\times n}$. 称 A^TA 具有相容次序, 如果集合 $S=\{1,2,\cdots,n\}$ 可以分成 t 个不相交的子集 $S_1,\cdots,\ S_t$, 使得

(1) $\cup_{j=1}^t S_j=S$;

(2) 若 $a_i^T a_j\neq 0, i\in S_k$, 且当 $i<j$ 时, $j\in S_{k+1}$, 当 $i>j$ 时, $j\in S_{k-1}$.

若 A^TA 具有相容次序, 则存在 n 阶置换矩阵 P 和对角矩阵 $E_1,\ E_2$, 使得

$$A^TA=\begin{pmatrix} E_1 & F\\ F^T & E_2\end{pmatrix}, \tag{10.2.12}$$

其中 $E_1,\ E_2$ 为对角矩阵.

定理 10.2.4 假设矩阵 $A \in \mathbf{R}_n^{m\times n}$, A^TA 具有相容次序, A^TA 的分裂为 (10.2.4) 式, 且 $\rho(G_J)<1$. 则

$$\rho(G_\omega)=\begin{cases}\Big[\dfrac{\omega\rho(G_J)+(\omega^2\rho(G_J)^2-4(\omega-1))^{\frac{1}{2}}}{2}\Big]^2, & 若\ 0<\omega\leqslant\omega_{\rm opt};\\ \omega-1, & 若\ \omega_{\rm opt}\leqslant\omega<2,\end{cases}\tag{10.2.13}$$

其中 $\omega_{\rm opt}$ 为 SOR 迭代的最佳松弛因子,

$$\omega_{\rm opt}=\frac{2}{1+\sqrt{1-\rho(G_J)^2}}=1+\frac{1-\sqrt{1-\rho(G_J)^2}}{1+\sqrt{1-\rho(G_J)^2}}.\tag{10.2.14}$$

于是

$$\rho(G_{\omega_{\rm opt}})=\omega_{\rm opt}-1=\frac{1-\sqrt{1-\rho(G_J)^2}}{1+\sqrt{1-\rho(G_J)^2}}=\Big[\frac{\rho(G_J)}{1+\sqrt{1-\rho(G_J)^2}}\Big]^2.\tag{10.2.15}$$

定理的证明过程非常复杂, 有兴趣的读者可参阅 [268].

定理 10.2.5　假设矩阵 $A\in\mathbf{R}_n^{m\times n}$, A^TA 具有相容次序, A^TA 的分裂为 (10.2.4) 式, 且 $\rho(G_J)<1$. 则

$$\begin{aligned}&(1)\ R(G_S)=2R(G_J),\\&(2)\ 2\rho(G_J)[R(G_S)]^{\frac{1}{2}}\leqslant R(G_{\omega_{\rm opt}})\leqslant R(G_S)+2[R(G_S)]^{\frac{1}{2}},\end{aligned}\tag{10.2.16}$$

其中 (2) 式中右端不等式当 $R(G_S)\leqslant 3$ 时成立, 且有

$$\lim_{\rho(G_J)\to 1-0}\frac{R(G_{\omega_{\rm opt}})}{2[R(G_S)]^{\frac{1}{2}}}=1.\tag{10.2.17}$$

定理 10.2.5 的证明留给读者.

注 10.2.1　在定理 10.2.5 的假设条件下, Gauss-Seidel 迭代法的渐近收敛速度是 Jacobi 迭代法的两倍; 当 $\rho(G_J)\to 1-0$ 时, 若 SOR 方法采用最佳松弛因子 $\omega_{\rm opt}$, 则其渐近收敛速度较 Gauss-Seidel 迭代快一个数量级. 但是当 A^TA 不具有次序相容时, SOR 迭代的渐近收敛速度可能对任何 $\omega\in(0,2)$ 都差不多. 这时可以采用对称 SOR (SSOR) 迭代, 并取松弛因子 $\omega=1$. 详见 [20].

4. Chebyshev 半迭代加速

对于矩阵 $A\in\mathbf{R}_n^{m\times n}$, 考虑 A^TA 的一个分裂 $A^TA=M-N$, 其中 M 是实对称正定矩阵. 令

$$G=M^{-1}N=I-B,\ B=M^{-1}A^TA,\ g=M^{-1}A^Tb,\tag{10.2.18}$$

$$x^{(k)}=x^{(k-1)}+\tau_k(g-Bx^{(k-1)}),\ k=1,2,\cdots.\tag{10.2.19}$$

迭代法 (10.2.19) 称为 Richardson 迭代, 其中 $\tau_k,\ k=1,2,\cdots$ 为给定的参数. 当 $\tau_k=\tau$ 时, (10.2.19) 就是一般的定常迭代. 记 $e^{(k)}=x^{(k)}-u$, 其中 u 为 (10.2.1) 的 LS 解. 则

$$e^{(k)} = e^{(k-1)} - \tau_k B e^{(k-1)} = (I - \tau_k B)e^{(k-1)} = \prod_{j=1}^{k}(I - \tau_k B)e^{(0)}. \tag{10.2.20}$$

对于 $y \in \mathbf{R}^n$, 记 $\|y\| \equiv \|M^{\frac{1}{2}}y\|_2$, $\widetilde{B} = M^{-\frac{1}{2}}A^TAM^{-\frac{1}{2}}$. 则 $\widetilde{B}$ 是实对称正定矩阵. 设 λ_0, λ_1 分别是 $\widetilde{B}$ 的最大和最小特征值, $p_k(\lambda) = \prod\limits_{j=1}^{k}(I - \tau_k\lambda)$. 则由 (10.2.20) 式, 有

$$\|e^{(k)}\| \leqslant \rho\left(\prod_{j=1}^{k}(I - \tau_k\widetilde{B})\right)\|e^{(0)}\| = \max_{\lambda_1 \leqslant \lambda \leqslant \lambda_0}|p_k(\lambda)|\|e^{(0)}\|.$$

由于 $p_k(0) = 1$, $p_k(\lambda) \in \Psi_k^1$. 于是应用推论 10.1.1, 要使 $\max\limits_{\lambda_1 \leqslant \lambda \leqslant \lambda_0}|p_k(\lambda)| =$ 极小, 应当取

$$p_k(\lambda) = \frac{T_k\Big(\dfrac{\lambda_0 + \lambda_1 - 2\lambda}{\lambda_0 - \lambda_1}\Big)}{T_k\Big(\dfrac{\lambda_0 + \lambda_1}{\lambda_0 - \lambda_1}\Big)}.$$

因此, τ_j 的最优值应是使 $p_k(\lambda)$ 的零点与

$$T_k\Big(\frac{\lambda_0 + \lambda_1 - 2\lambda}{\lambda_0 - \lambda_1}\Big)$$

的零点相同, 即

$$\frac{1}{\tau_j} = \frac{\lambda_0 - \lambda_1}{2}\cos\Big(\frac{2j-1}{2k}\pi\Big) + \frac{\lambda_0 + \lambda_1}{2},\ j = 1:k. \tag{10.2.21}$$

按 (10.2.21) 式选取参数组 $\{\tau_k\}$ 的 Richardson 方法又叫做**Chebyshev 半迭代法**. 一般地, Chebyshev 半迭代法是考虑半迭代法中系数的最优选择, 从而使原来的定常迭代过程得到加速. 不难验证,

$$\frac{1}{T_k\Big(\dfrac{\lambda_0 + \lambda_1}{\lambda_0 - \lambda_1}\Big)} \leqslant 2\left(\frac{\sqrt{\dfrac{\lambda_0}{\lambda_1}} - 1}{\sqrt{\dfrac{\lambda_0}{\lambda_1}} + 1}\right)^k. \tag{10.2.22}$$

因此, 只要取

$$k \geqslant \frac{1}{2}\sqrt{\frac{\lambda_0}{\lambda_1}}\ln\frac{2}{\varepsilon} = \frac{1}{2}\kappa_2(AM^{-\frac{1}{2}})\ln\frac{2}{\varepsilon},$$

就有

$$\frac{\|e^{(k)}\|}{\|e^{(0)}\|} \leqslant \varepsilon.$$

注 10.2.2　在实际计算中, 往往并不知道矩阵 B 的最小特征值 λ_1 和最大特征值 λ_0, 但若能估计得 λ_1 的下界 $a > 0$ 和 λ_0 的上界 b, 则可使用公式

$$\frac{1}{\tau_j} = \frac{b-a}{2}\cos\left(\frac{2j-1}{2k}\pi\right) + \frac{b+a}{2}.$$

此时, 若 $k \geqslant \frac{1}{2}\sqrt{\frac{b}{a}}\ln\frac{2}{\varepsilon}$, 则有 $\frac{\|e^{(k)}\|}{\|e^{(0)}\|} \leqslant \varepsilon$. 另外, 在矩阵 A^TA 的分裂中, 常常取 $M = D$, 或 M 为 SSOR 迭代法中对应的矩阵. 则 M 为实对称正定矩阵.

10.2.2 Krylov 子空间法

本小节讨论一类解线性最小二乘解的 Krylov 子空间法. 给定实对称矩阵 $A \in \mathbf{R}^{n\times n}$, 向量 $x \in \mathbf{R}^n$, 子空间

$$\mathcal{K}_k(A, x) \equiv \text{span}\{x, Ax, \cdots, A^{k-1}x\}, \tag{10.2.23}$$

称为 Krylov 子空间.

1. 共轭梯度法 (CGLS)

设 $A \in \mathbf{R}_n^{m\times n}$. 考虑 LS 问题 (10.2.1) 对应的法方程 (10.2.2),

$$A^TAx = A^Tb.$$

则 A^TA 是 n 阶实对称正定矩阵. 求解线性方程组 (10.2.2) 的问题可以化为求二次函数

$$f(x) = \frac{1}{2}x^TA^TAx - (A^Tb)^Tx \tag{10.2.24}$$

的极小点问题. 事实上, $f(x)$ 的梯度 $g(x)$ 为

$$g(x) = \nabla f(x) = \left[\frac{\partial f}{\partial x_1}, \cdots, \frac{\partial f}{\partial x_n}\right]^T = A^TAx - A^Tb,$$

而且, 对任意给定的非零向量 $p \in R^n$ 和实数 t, 有

$$f(x+tp) - f(x) = tg(x)^Tp + \frac{1}{2}t^2p^TA^TAp.$$

若 u 是方程组 (10.2.2) 的解, 则 $g(u) = 0$. 因此对任意的非零向量 $p \in R^n$, 有

$$f(u+tp) - f(u)\begin{cases} > 0, & \text{当}t \neq 0\text{时}, \\ = 0, & \text{当}t = 0\text{时}, \end{cases}$$

故 u 是 $f(x)$ 的极小点. 反之, 因 A^TA 正定, 所以在 R^n 中二次函数 $f(x)$ 有唯一的极小点. 若 u 是 $f(x)$ 的极小点, 则

$$f(u+tp) - f(u) = tg(u)^Tp + \frac{1}{2}t^2p^TAp,$$

于是

$$\frac{df(u+tp)}{dt}|_{t=0} = g(u)^Tp = 0.$$

由于 p 的任意性, 必须有 $g(u) = 0$, 从而 u 是方程组 (10.2.2) 的解.

若向量系 $p^{(0)}, p^{(1)}, \cdots, p^{(k-1)} \in \mathbf{R}^n$ 满足

$$p^{(i)T} A^T A p^{(j)} = 0, \ i \neq j, \tag{10.2.25}$$

且 $p^{(k)} \neq 0, \ k = 0, 1, 2, \cdots, n-1$, 则称向量系 $\{p^{(k)}\}$ 为 R^n 中关于 $A^T A$ 的一个**共轭向量系**.

设 $x^{(0)} \in \mathbf{R}^n$ 是任意给定的一个初始向量. 对于 $k = 0, 1, 2, \cdots$, 从点 $x^{(k)}$ 出发沿方向 $p^{(k)}$ 求函数 $f(x)$ 在直线 $x = x^{(k)} + tp^{(k)}$ 上的极小点, 得到

$$x^{(k+1)} = x^{(k)} + \alpha_k p_k, \tag{10.2.26}$$

$$s^{(k)} = A^T(b - Ax^{(k)}), \ \alpha_k = \frac{s^{(k)T} p^{(k)}}{p^{(k)T} A^T A p^{(k)}}. \tag{10.2.27}$$

我们称 $p^{(k)}$ 为**寻查方向**, 称迭代法 (10.2.26) 为**共轭方向法**. 特别地, 取 $p^{(0)} = s^{(0)}$,

$$p^{(k+1)} = s^{(k+1)} + \beta_k p^{(k)}, \ \beta_k = -\frac{s^{(k+1)T} A^T A p^{(k)}}{p^{(k)T} A^T A p^{(k)}}, \tag{10.2.28}$$

称为**共轭梯度法**. 由 (10.2.26)~(10.2.28) 式易知, 若存在 $k \geqslant 0$, 使得 $s^{(k)} = 0$. 则 $x^{(k)}$ 为 LS 问题的解, 且有 $\alpha_k = \beta_k = 0$, $s^{(k+1)} = p^{(k+1)} = 0$.

定理 10.2.6　在共轭梯度法中, 若 $k > 0$, $s^{(k)} \neq 0$, 则有

$$\begin{aligned} & s^{(k)T} s^{(i)} = s^{(k)T} p^{(i)} = p^{(k)T} A^T A p^{(i)} = 0, \ 0 \leqslant i < k, \\ & p^{(k)T} s^{(i)} = s^{(k)T} s^{(k)}, \ 0 \leqslant i \leqslant k. \end{aligned} \tag{10.2.29}$$

证明　由定理的条件, 有 $\alpha_i \neq 0, i = 0, 1, \cdots, k$. 首先由迭代法, 当 $k \geqslant 0$ 时, 有

$$\begin{aligned} s^{(k+1)} &= A^T(b - Ax^{(k+1)}) = s^{(k)} - \alpha_k A^T A p^{(k)}, \\ p^{(k+1)} &= s^{(k)} - \alpha_k A^T A p^{(k)} + \beta_k p^{(k)}. \end{aligned} \tag{10.2.30}$$

现在用归纳法证明定理的结论. 由于

$$\begin{aligned} s^{(1)T} s^{(0)} &= s^{(1)T} p^{(0)} = s^{(0)T} s^{(0)} - \alpha_0 p^{(0)T} A^T A p^{(0)} = 0, \\ p^{(1)T} A^T A p^{(0)} &= (s^{(1)} + \beta_0 p^{(0)})^T A^T A p^{(0)} = 0, \\ p^{(1)T} s^{(0)} &= (s^{(1)} + \beta_0 p^{(0)})^T (s^{(1)} + \alpha_0 A^T A p^{(0)}) = \|s^{(1)}\|_2^2, \end{aligned}$$

于是当 $k = 1$ 时, 结论成立. 假定一直到 $k > 1$ 时, 结论成立. 则

$$\begin{aligned} s^{(k+1)T} p^{(k)} &= s^{(k)^T} p^{(k)} - \alpha_k p^{(k)T} A^T A p^{(k)} = 0, \\ s^{(k+1)T} s^{(k)} &= s^{(k)^T} s^{(k)} - \alpha_k p^{(k)T} A^T A (p^{(k)} - \beta_{k-1} p^{(k-1)}) = 0, \\ p^{(k+1)T} A^T A p^{(k)} &= (s^{(k+1)} + \beta_k p^{(k)})^T A^T A p^{(k)} = 0. \end{aligned}$$

当 $i<k$ 时,

$$\begin{aligned} s^{(k+1)T}p^{(i)} &= s^{(k)^T}p^{(i)} - \alpha_k p^{(k)T}A^TAp^{(i)} = 0, \\ s^{(k+1)T}s^{(i)} &= s^{(k)^T}s^{(i)} - \alpha_k p^{(k)T}A^TA(p^{(i)} - \beta_{i-1}p^{(i-1)}) = 0, \\ p^{(k+1)T}A^TAp^{(i)} &= (s^{(k+1)} + \beta_k p^{(k)})^TA^TAp^{(i)} = s^{(k+1)^T}A^TAp^{(i)} = 0, \end{aligned}$$

这是由于 $s^{(k+1)^T}A^TAp^{(i)} = s^{(k+1)^T}(s^{(i)} - s^{(i+1)})/\alpha_i = 0$. 又当 $i \leqslant k+1$ 时, 有

$$\begin{aligned} p^{(k+1)T}s^{(i)} &= p^{(k+1)T}\left(s^{(k+1)} + \sum_{j=i}^{k}\alpha_j A^TAp^{(j)}\right) = p^{(k+1)T}s^{(k+1)} \\ &= (s^{(k+1)} + \beta_k p^{(k)})^Ts^{(k+1)} = s^{(k+1)T}s^{(k+1)}. \end{aligned}$$

即对 $k+1$ 时, 结论也成立. 于是定理得证. □

注 10.2.3 当 $\alpha_k \neq 0$ 时, 有 $A^TAp^{(k)} = (s^{(k)} - s^{(k+1)})/\alpha_k$, 于是有

$$\alpha_k = \|s^{(k)}\|_2^2/\|Ap^{(k)}\|_2^2,\ \beta_k = \|s^{(k+1)}\|_2^2/\|s^{(k)}\|_2^2. \tag{10.2.31}$$

算法 10.2.1 (CGLS) 给定 $A \in \mathbf{R}_n^{m\times n}$, $b \in \mathbf{R}^m$, $x^{(0)} \in \mathbf{R}^n$ 和小参数 tol > 0.

step 1 计算

$$r^{(0)} = b - Ax^{(0)},\ p^{(0)} = s^{(0)} = A^Tr^{(0)}, \gamma_0 = \|s^{(0)}\|_2^2.$$

step 2 对于 $k = 0, 1, 2, \cdots$, 当 $\gamma_k >$ tol 时, 计算

$$\begin{aligned} q^{(k)} &= Ap^{(k)},\ \alpha_k = \gamma_k/\|q^{(k)}\|_2^2, \\ x^{(k+1)} &= x^{(k)} + \alpha_k p^{(k)},\ r^{(k+1)} = r^{(k)} - \alpha_k q^{(k)},\ s^{(k+1)} = A^Tr^{(k+1)}, \\ \gamma_{k+1} &= \|s^{(k+1)}\|_2^2,\ \beta_k = \gamma_{k+1}/\gamma_k,\ p^{(k+1)} = s^{(k+1)} + \beta_k p^{(k)}. \end{aligned}$$

结束

定理 10.2.7 若 $s^{(k)} \neq 0$, 则

$$\begin{aligned} \mathrm{span}\{s^{(0)}, s^{(1)}, \cdots, s^{(k)}\} &= \mathrm{span}\{s^{(0)}, A^TAs^{(0)}, \cdots, (A^TA)^ks^{(0)}\}, \\ \mathrm{span}\{p^{(0)}, p^{(1)}, \cdots, p^{(k)}\} &= \mathrm{span}\{s^{(0)}, A^TAs^{(0)}, \cdots, (A^TA)^ks^{(0)}\}, \end{aligned} \tag{10.2.32}$$

且最多经过 n 次迭代, 即可得到 LS 问题的解.

证明 由定理的条件, 向量 $s^{(0)}, s^{(1)}, \cdots, s^{(k)}$ 都不为零, 并互相正交, 因此线性无关. 同样, 向量 $p^{(0)}, p^{(1)}, \cdots, p^{(k)}$ 都不为零, 并关于 A^TA 共轭, 因此也线性无关.

当 $k=0$ 时,(10.2.32) 式显然成立. 今假设直到 $k \geqslant 1$, (10.2.32) 式成立. 根据归纳法假设,

$$s^{(k)}, p^{(k)} \in \mathrm{span}\{s^{(0)}, A^TAs^{(0)}, \cdots, (A^TA)^ks^{(0)}\},$$

因此 $A^TAp^{(k)} \in \text{span}\{s^{(0)}, A^TAs^{(0)}, \cdots, (A^TA)^{k+1}s^{(0)}\}$. 于是由 (10.2.30) 式,

$$\begin{aligned}
&s^{(k+1)} = s^{(k)} - \alpha_k A^TAp^{(k)} \in \text{span}\{s^{(0)}, A^TAs^{(0)}, \cdots, (A^TA)^{k+1}s^{(0)}\},\\
&p^{(k+1)} = s^{(k)} - \alpha_k A^TAp^{(k)} + \beta_k p^{(k)} \in \text{span}\{s^{(0)}, A^TAs^{(0)}, \cdots, (A^TA)^{k+1}s^{(0)}\}.
\end{aligned}$$

同时有

$$A^TAp^{(k)} = (s^{(k)} - s^{(k+1)})/\alpha_k \in \text{span}\{s^{(0)}, s^{(1)}, \cdots, s^{(k+1)}\},$$

因此

$$\text{span}\{s^{(0)}, s^{(1)}, \cdots, s^{(k+1)}\} = \text{span}\{s^{(0)}, A^TAs^{(0)}, \cdots, (A^TA)^{k+1}s^{(0)}\}.$$

同理可得

$$\text{span}\{p^{(0)}, p^{(1)}, \cdots, p^{(k+1)}\} = \text{span}\{s^{(0)}, A^TAs^{(0)}, \cdots, (A^TA)^{k+1}s^{(0)}\}.$$

于是 (10.2.32) 式对 $k+1$ 也成立. 定理的前半部分得证.

因为向量 $s^{(0)}, s^{(1)}, \cdots, s^{(k)} \in \mathbf{R}^n$ 互相正交, 存在 $l \leqslant n$, 使得 $s^{(l-1)} \neq 0$, $s^{(l)} = 0$. 这样, $x^{(l)}$ 即为 LS 问题 (10.2.1) 的解. □

定理 10.2.8　设 $A \in \mathbf{R}_n^{m\times n}$, u 为 LS 问题 (10.2.1) 的 LS 解, 且共轭梯度法得到的序列 $\{x^{(k)}\}$ 满足 $u = x^{(l)} \neq x^{(l-1)}$. 则当 $0 \leqslant i < j \leqslant l$ 时, 有

$$\begin{aligned}
\|A(u - x^{(j)})\|_2 &< \|A(u - x^{(i)})\|_2,\\
\|u - x^{(j)}\|_2 &< \|u - x^{(i)}\|_2.
\end{aligned}\tag{10.2.33}$$

证明　实际上, 只要证明当 $j = i+1 \leqslant l$ 时结论成立. 令 $e^{(i)} = u - x^{(i)}$. 由

$$u = x^{(l)} = x^{(0)} + \sum_{q=0}^{l-1} \alpha_q p^{(q)},\ e^{(i)} = e^{(i+1)} + \alpha_i p^{(i)} = \sum_{q=i}^{l-1} \alpha_q p^{(q)},$$
$$p^{(i)T}A^TAe^{(i)} = p^{(i)T}(A^Tb - A^TAx^{(i)}) = p^{(i)T}s^{(i)} = \|s^{(i)}\|_2^2,$$

得到

$$\begin{aligned}
\|A(u - x^{(i+1)})\|_2^2 &= \|A(u - x^{(i)})\|_2^2 + \alpha_i^2 p^{(i)T}A^TAp^{(i)} - 2\alpha_i p^{(i)T}A^TAe^{(i)}\\
&= \|A(u - x^{(i)})\|_2^2 - \alpha_i\|s^{(i)}\|_2^2 < \|A(u - x^{(i)})\|_2^2.
\end{aligned}$$

又当 $k > i$ 时, 由定理 10.2.6 和 (10.2.30) 式, 有

$$\begin{aligned}
p^{(i)T}p^{(k)} &= p^{(i)T}(s^{(k-1)} - \alpha_{k-1}A^TAp^{(k-1)} + \beta_{k-1}p^{(k-1)})\\
&= (p^{(i)T}s^{(k-1)} - \alpha_{k-1}p^{(i)T}A^TAp^{(k-1)}) + \beta_{k-1}p^{(i)T}p^{(k-1)}\\
&= \beta_{k-1}p^{(i)T}p^{(k-1)} = \beta_{k-1}\cdots\beta_i p^{(i)T}p^{(i)} = p^{(i)T}p^{(i)}\|s^{(k)}\|_2^2/\|s^{(i)}\|_2^2.
\end{aligned}$$

于是

$$
\begin{aligned}
p^{(i)T}e^{(i)} &= \sum_{q=i}^{l-1} \alpha_q p^{(i)T} p^{(q)} \\
&= \alpha_i p^{(i)T} p^{(i)} + \sum_{q=i+1}^{l-1} \alpha_q (\|s^{(q)}\|_2^2/\|s^{(i)}\|_2^2) p^{(i)T} p^{(i)},
\end{aligned}
$$

$$
\begin{aligned}
\|u - x^{(i+1)}\|_2^2 &= \|u - x^{(i)}\|_2^2 + \alpha_i^2 p^{(i)T} p^{(i)} - 2\alpha_i p^{(i)T} e^{(i)} \\
&= \|u - x^{(i)}\|_2^2 - \left(\alpha_i^2 + 2\alpha_i \sum_{q=i+1}^{l-1} \alpha_q \|s^{(q)}\|_2^2/\|s^{(i)}\|_2^2 \right) p^{(i)T} p^{(i)} \\
&< \|u - x^{(i)}\|_2^2.
\end{aligned}
$$

□

可以验证,

$$
\begin{aligned}
E(x) &= \frac{1}{2}(u-x)^T A^T A (u-x) = \frac{1}{2}\|A(u-x)\|_2^2 \\
&= f(x) + \frac{1}{2} u^T A^T A u,
\end{aligned}
\tag{10.2.34}
$$

因此 $E(x)$ 与 $f(x)$ 的极小化问题等价.

定理 10.2.9 设 $A \in \mathbf{R}_n^{m\times n}$, u 为 LS 问题 (10.2.1) 的 LS 解. 则用共轭梯度法得到的序列 $\{x^{(k)}\}$ 满足

$$
E(x^{(k+1)}) = \min_{P_k(\lambda)\in\theta_k} \frac{1}{2}(u - x^{(0)})^T A^T A (I - A^T A P_k(A^T A))^2 (u - x^{(0)}), \tag{10.2.35}
$$

其中 θ_k 为全体 k 次多项式集合. 因此, 若矩阵 A 只有 $l(\leqslant n)$ 个相异的奇异值, 则共轭梯度法至多进行 l 步, 则可得到方程组 (10.2.1) 的 LS 解.

证明 由于

$$
\mathrm{span}\{p^{(0)}, p^{(1)}, \cdots, p^{(k+1)}\} = \mathrm{span}\{s^{(0)}, A^T A s^{(0)}, \cdots, (A^T A)^{k+1} s^{(0)}\}.
$$

因此在共轭梯度法中,

$$
\begin{aligned}
x^{(k+1)} &= x^{(0)} + \alpha_0 p^{(0)} + \cdots + \alpha_k p^{(k)} = x^{(0)} + (\gamma_0 s^{(0)} I + \cdots + \gamma_k (A^T A)^k) s^{(0)} \\
&= x^{(0)} + P_k(A^T A) s^{(0)} = x^{(0)} + P_k(A^T A) A^T A (u - x^{(0)}),
\end{aligned}
$$

其中 $P_k(\lambda) = \gamma_0 + \gamma_1\lambda + \cdots + \gamma_k\lambda^k$ 为 λ 的 k 次多项式. 由于共轭梯度法确定的系数 α_i, $i = 0, 1, \cdots, k$, 使 $E(x^{(k+1)})$ 达到极小. 因此系数 γ_i, $i = 0, 1, \cdots, k$, 也使 $E(x^{(k+1)})$ 达到极小. 设矩阵 A 的奇异值为 $\sigma_1 \geqslant \sigma_2 \geqslant \cdots \geqslant \sigma_n > 0$, 其中只有 l 个互异. 记 $\lambda_i = \sigma_i^2$. 则 $A^T A$ 的特征值为 $\lambda_1, \lambda_2, \cdots, \lambda_n$, 其中只有 l 个互异, 与其相应的标准正交特征向量系为 $v_1, v_2, \cdots, v_n$. 则初始误差向量 $e^{(0)} = u - x^{(0)}$ 可以唯一地表示成

$$
u - x^{(0)} = \xi_1 v_1 + \cdots + \xi_n v_n,
$$

而且

$$E(x^{(l)}) = \frac{1}{2}(u - x^{(0)})^T A^T A[I - A^T A P_{l-1}(A^T A)]^2 (u - x^{(0)})$$
$$= \frac{1}{2}\sum_{i=1}^{n}[1 - \lambda_i P_{l-1}(\lambda)]^2 \lambda_i \xi_i^2,$$

若选取 $P_{l-1}(\lambda)$ 使 $1 - \lambda P_{l-1}(\lambda)$ 的 l 个零点就是 $A^T A$ 的 l 个互异特征值, 则有 $E(x^{(l)}) = 0$, 即 $x^{(l)}$ 是方程组 (10.2.1) 的 LS 解. □

下面讨论共轭梯度法的收敛速度. 由等式

$$u - x^{(k)} = (I - P_{k-1}(A^T A)A^T A)(u - x^{(0)}),$$

和关于 Chebyshev 多项式性质的推论 10.1.1,

$$\begin{aligned}\|u - x^{(k)}\|_2 &\leqslant \|I - P_{k-1}(A^T A)A^T A\|_2 \|(u - x^{(0)})\|_2 \\ &\leqslant \max_{1\leqslant i\leqslant n} |1 + \lambda_i P_{k-1}(\lambda_i)| \|(u - x^{(0)})\|_2 \\ &= \frac{1}{T_k\left(\dfrac{\lambda_1 + \lambda_n}{\lambda_1 - \lambda_n}\right)} \|(u - x^{(0)})\|_2 \\ &\leqslant 2\left(\frac{\kappa(A) - 1}{\kappa(A) + 1}\right)^k \|(u - x^{(0)})\|_2.\end{aligned}$$

其中 $\kappa(A)$ 为 A 的谱条件数. 所以, 只要

$$k \geqslant \frac{1}{2}\kappa(A)\ln\frac{2}{\varepsilon}, \text{ 就有 } \frac{\|u - x^{(k)}\|_2}{\|u - x^{(0)}\|_2} \leqslant \varepsilon.$$

2. QR 最小二乘方法 (LSQR)

QR 最小二乘方法 (LSQR) 是在 Lanczos 双对角化 (LBD) 的基础上得到的. 设 $A \in \mathbf{R}^{m\times n}$, $m \geqslant n$. 则由 §9.2 知, 分别存在 m 阶和 n 阶正交矩阵 $U = (u_1, \cdots, u_m)$, $V = (v_1, \cdots, v_n)$, $U_1 = (u_1, \cdots, u_n)$, 和双对角矩阵

$$B = \begin{pmatrix} \alpha_1 & \beta_1 & & & \\ & \alpha_2 & \beta_2 & & \\ & & \ddots & \ddots & \\ & & & \alpha_{n-1} & \beta_{n-1} \\ & & & & \alpha_n \end{pmatrix} \in \mathbf{R}^{n\times n},$$

使得

$$A = U\begin{pmatrix} B \\ 0 \end{pmatrix}V^T, \text{ 或等价地, } AV = U_1 B,\ A^T U_1 = V B^T. \tag{10.2.36}$$

由上面最后两式同时取第 j 列, 则有

$$\begin{aligned} Av_j &= \alpha_j u_j + \beta_{j-1} u_{j-1}, \\ A^T u_j &= \alpha_j v_j + \beta_j v_{j+1},\ j = 1:n, \end{aligned}$$

这里为了方便起见, 取 $\beta_0 u_0 = 0$, $\beta_n v_{n+1} = 0$. 对于给定的 $v_1 \in \mathbf{R}^n$, $\|v_1\|_2 = 1$, 可用如下的 Golub-Kahan 双对角化递推公式[87], 得到 α_j, u_j, β_j, v_{j+1}:

$$\begin{aligned} &r_j = Av_j - \beta_{j-1} u_{j-1},\ \alpha_j = \|r_j\|_2,\ u_j = r_j/\alpha_j, \\ &p_j = A^T u_j - \alpha_j v_j,\ \beta_j = \|p_j\|_2,\ v_{j+1} = p_j/\beta_j,\ j = 1:n. \end{aligned} \tag{10.2.37}$$

易证, 若 $\alpha_j \neq 0$, $\beta_j \neq 0$, $j = 1:k$, 则 $v_1, \cdots, v_k$ 互相正交, $u_1, \cdots, u_k$ 互相正交,

$$v_j \in \mathcal{K}_k(A^T A, v_1),\ u_j \in \mathcal{K}_k(AA^T, Av_1).$$

当 $\alpha_j = 0$ 或 $\beta_j = 0$ 时, 迭代过程 (10.2.37) 停止. 如果迭代在 $\alpha_j = 0$, $j < n$ 时停止, 则可知 $Av_j = \beta_{j-1} u_{j-1}$ 和 $\mathrm{span}\{Av_1, \cdots, Av_j\} \subset \mathrm{span}\{u_1, \cdots, u_{j-1}\}$. 因此这种情况仅当 $\mathrm{rank}(A) < n$ 时才会发生. 如果迭代在 $\beta_j = 0$ 时停止, 则可验证

$$A(v_1, \cdots, v_j) = (u_1, \cdots, u_j) B_j, A^T(u_1, \cdots, u_j) = (v_1, \cdots, v_j) B_j^T,$$

从而 $\sigma(B_j) \subset \sigma(A)$.

Paige 和 Saunders[157] 描述了另外一种双对角化的算法. 取初始向量 $u_1 \in R^m$, k 步之后, 把 A 变换成一个下双对角形式

$$B = B_n = \begin{pmatrix} \alpha_1 & & & \\ \beta_2 & \alpha_2 & & \\ & \beta_3 & \ddots & \\ & & \ddots & \alpha_n \\ & & & \beta_{n+1} \end{pmatrix} \in R^{(n+1)\times n}, \tag{10.2.38}$$

这时 B_n 不是方阵. 令 (10.2.36) 式中的列对应相等, 并令 $\beta_1 v_0 \equiv 0, \alpha_{n+1} v_{n+1} \equiv 0$, 得到递推关系

$$\begin{aligned} A^T u_j &= \beta_j v_{j-1} + \alpha_j v_j, \\ Av_j &= \alpha_j u_j + \beta_{j+1} u_{j+1}, j = 1:n. \end{aligned}$$

给定初始向量 $u_1 \in R^m, \|u_1\|_2 = 1$, 并且对 $j = 1, 2, \cdots$, 用公式

$$\begin{aligned} &r_j = A^T u_j - \beta_j v_{j-1}, \alpha_j = \|r_j\|_2, v_j = r_j/\alpha_j, \\ &p_j = Av_j - \alpha_j u_j, \beta_{j+1} = \|p_j\|_2, u_{j+1} = p_j/\beta_{j+1}, \end{aligned} \tag{10.2.39}$$

得到 B_n 中相应的元素 α_i, β_i 和向量 v_i u_i. 对这个双对角化方案, 有

$$u_j \in \mathcal{K}_j(AA^T, u_1), v_j \in \mathcal{K}_j(A^TA, A^Tu_1).$$

注意在理论上, 在 LBD 过程 (10.2.37) 中取 $v_1 = A^Tb/\|A^Tb\|_2$ 为初始向量, 与在 LBD 过程 (10.2.39) 中取 $u_1 = b/\|b\|_2$ 为初始向量, 对 AA^T 和 A^TA 应用 Lanczos 过程产生的向量相同. 而在浮点运算计算时, Lanczos 向量将失去正交性, 上面的许多关系式对于足够的精度要求将不再成立. 尽管如此, 截断的双对角矩阵 $B_k \in R^{(k+1)\times k}$ 的最大和最小奇异值能很好的逼近 A 的相应的奇异值, 即使 $k \ll n$.

现在考虑计算线性最小二乘问题 (10.2.1) 的 LSQR 算法[157]. 取向量 $u_1 = b/\|b\|_2$, 采用 (10.2.39) 式经 k 步迭代后, 得到矩阵

$$V_k = (v_1, \cdots, v_k), \quad U_{k+1} = (u_1, \cdots, u_{k+1})$$

和 B_k, 这里 B_k 是 B_n 的左上角的 $(k+1)\times k$ 子矩阵, 且 (10.2.39) 式可写成

$$\begin{aligned} \beta_1 U_{k+1}e_1 &= b, \\ AV_k &= U_{k+1}B_k, \quad A^TU_{k+1} = V_kB_k^T + \alpha_{k+1}v_{k+1}e_{k+1}^T. \end{aligned}$$

现在寻找 (10.2.1) 的一个近似解 $x^{(k)} \in \mathcal{K}_k$, $\mathcal{K}_k = \mathcal{K}_k(A^TA, A^Tb)$. 则 $x^{(k)}$ 可表示为 $x^{(k)} = V_ky^{(k)}$, 且

$$b - Ax^{(k)} = U_{k+1}t_{k+1}, \quad t_{k+1} = \beta_1e_1 - B_ky^{(k)}.$$

于是有

$$\min_{x^{(k)}\in\mathcal{K}_k} \|Ax^{(k)} - b\|_2 = \min_{y^{(k)}} \|B_ky^{(k)} - \beta_1e_1\|_2.$$

这个方法从数学理论上看产生和 CGLS 相同的近似序列. 从而 LSQR 的收敛性质也和 CGLS 相同. 下面给出 LSQR 算法. 由于 B_k 是长方形的下双对角矩阵, 可用一系列的 Givens 矩阵计算它的 QR 分解

$$Q_kB_k = \begin{pmatrix} R_k \\ 0 \end{pmatrix}, \quad Q_k(\beta_1e_1) = \begin{pmatrix} f_k \\ \bar{\phi}_{k+1} \end{pmatrix},$$

这里 R_k 是上三角方阵, $Q_k = G_{k,k+1}G_{k-1,k}\cdots G_{12}$. 通过计算

$$R_ky^{(k)} = f_k, \quad t_{k+1} = Q_k^T \begin{pmatrix} 0 \\ \bar{\phi}_{k+1} \end{pmatrix}$$

能获得解向量 $y^{(k)}$ 和对应的残向量 t_{k+1}. 上述步骤不需要每一步都从最开始计算. 假设我们已经计算了 B_{k-1} 的分解, 在下一步中加上第 k 列, 计算平面旋转变换 $Q_k = G_{k,k+1}Q_k$, 使得

$$G_{k,k+1}G_{k-1,k}\begin{pmatrix}0\\ \alpha_k\\ \beta_{k+1}\end{pmatrix}=\begin{pmatrix}\theta_k\\ \rho_k\\ 0\end{pmatrix},\ G_{k,k+1}\begin{pmatrix}\overline{\phi}_k\\ 0\end{pmatrix}=\begin{pmatrix}\phi_k\\ \overline{\phi}_{k+1}\end{pmatrix}.$$

理论上, LSQR 和 CGLS 产生相同的近似序列 $x^{(k)}$. 然而, Paige 和 Saunders[157] 证明, 当要执行很多迭代, 或 A 是病态矩阵时, LSQR 在数值上更可靠.

算法 10.2.2 (LSQR) 给定 $A\in\mathbf{R}_n^{m\times n}$, $b\in\mathbf{R}^m$, $x^{(0)}\in\mathbf{R}^n$ 和小参数 tol >0.

step 1 计算

$$\begin{aligned}&x^{(0)}:=0;\ \beta_1u_1:=b;\ \alpha_1v_1=A^Tu_1;\\&w_1=v_1;\ \overline{\phi}_1=\beta_1;\ \overline{\rho}_1=\alpha_1;\end{aligned}$$

step 2 对 $i=1,2,\cdots$, 重复下面步骤直到收敛

$$\begin{aligned}&\beta_{i+1}u_{i+1}:=Av_i-\alpha_iu_i;\\&\alpha_{i+1}v_{i+1}:=A^Tu_{i+1}-\beta_{i+1}v_i;\\&(c_i,s_i,\rho_i)=givrot(\overline{\rho}_i,\beta_{i+1});\\&\theta_i=s_i\alpha_{i+1};\ \overline{\rho}_{i+1}=c_i\alpha_{i+1};\\&\phi_i=c_i\overline{\phi}_i;\ \overline{\phi}_{i+1}=-s_i\overline{\phi}_i;\\&x^{(i)}=x^{(i-1)}+(\phi_i/\rho_i)w_i;\\&w_{i+1}=v_{i+1}-(\theta_i/\rho_i)w_i;\end{aligned}$$

结束

这里 givrot 为计算 givens 旋转的算法, 选择的纯量 $\alpha_i\geqslant 0$ 和 $\beta_i\geqslant 0$ 使得相应的向量单位化. LSQR 和 CGLS 的运算量和存储量相当. 当 A 的条件数很大时, 可以采用预条件 CGLS 算法或预条件 LSQR 算法.

10.2.3 预条件对称-反对称分裂迭代法

现在考虑由 §3.4 中定义的 WLS 问题的的 KKT 方程

$$Bz=d,\quad B=\begin{pmatrix}W^{-1}&A\\ A^T&0\end{pmatrix},z=\begin{pmatrix}r\\ x\end{pmatrix},\ d=\begin{pmatrix}b\\ 0\end{pmatrix}\tag{10.2.40}$$

的迭代解法, 其中 $A\in\mathbf{R}_n^{m\times n}$, W 为正定对称矩阵. 当 $W=I$ 时, (10.2.40) 式即为 LS 问题的 KKT 方程. 由矩阵 A 和 W 满足的条件, KKT 矩阵 B 是非奇异的对称不定矩阵.

最小二乘问题迭代的关键算法是对 KKT 方程组进行迭代算法, 以达到同时细化 r 和 x 的目标. Björck 在 [17], [18] 中提出如下的算法. 首先计算 A 的 QR 分解. 取 $r^{(0)}=0$, $x^{(0)}=0$, 以固定精度计算迭代序列 $r^{(s+1)}$, $x^{(s+1)}$, $s=0,1,\cdots$, 其中第 s 步迭代分以下三步:

step 1　计算方程 (10.2.40) 的残量:

$$f^{(s)} = fl_2(b - W^{-1}r^{(s)} - Ax^{(s)}),\ g^{(s)} = fl_2(-A^T r^{(s)}),$$

其中 $fl_2(E)$ 表示用双精度计算 E.

step 2　利用固定精度, 按下述方法计算 $r^{(s)}, x^{(s)}$ 的修正值 $\delta r^{(s)}$ 和 $\delta x^{(s)}$:

$$\begin{aligned}&\delta r^{(s)} = (A^T)^{\dagger} g^{(s)},\\&\delta x^{(s)} = A^{\dagger}(f^{(s)} - W^{-1}\delta r^{(s)}),\end{aligned}$$

其中 $(A^T)^{\dagger}$ 和 $A^{\dagger}$ 应用 A 的 QR 分解得到.

step 3　计算新的逼近值:

$$r^{(s+1)} = r^{(s)} + \delta r^{(s)},\ x^{(s+1)} = x^{(s)} + \delta x^{(s)}.$$

注 10.2.4　误差分析表明, 当 $W = I$ 时, LS 解迭代改进的收敛速度是线性的,

$$\rho_s = \|x^{(s)} - u\|/\|x^{(s-1)} - u\| < cu\kappa(A), \quad s = 2, 3, \cdots,$$

其中 $c = c(m, n)$ 为常数. 因此, 对残量很大的最小二乘问题, 即便第 2 步中得到的解很差, 迭代改进算法仍能给出比较满意的解.

由于 (10.2.40) 式中的矩阵 B 是对称的不定矩阵, 为了提出有效的迭代方法, 先把方程组 (10.2.40) 改写为

$$Bz = d, \quad B = \begin{pmatrix} W^{-1} & A \\ -A^T & 0 \end{pmatrix}, z = \begin{pmatrix} r \\ x \end{pmatrix},\ d = \begin{pmatrix} b \\ 0 \end{pmatrix}. \tag{10.2.41}$$

这时 KKT 矩阵 B 是非奇异的不对称半正定矩阵.

在白中治, Golub 和 Ng[9] 提出的关于非对称正定线性方程组的对称/反对称分裂迭代法 (HSS) 的基础上, 白中治, Golub 和潘建瑜[10] 提出了关于解非对称半正定线性方程组 (10.2.41) 的预条件对称/反对称分裂迭代法 (PHSS).

引入矩阵

$$P = \begin{pmatrix} W^{-1} & 0 \\ 0 & C \end{pmatrix}, \quad \overline{A} = W^{\frac{1}{2}} A C^{-\frac{1}{2}} \in \mathbf{R}^{m\times n},$$

这里 $C \in \mathbf{R}^{n\times n}$ 是适当的对称正定矩阵, 并定义

$$\overline{B} = P^{-\frac{1}{2}} B P^{-\frac{1}{2}} = \begin{pmatrix} I & \overline{A} \\ -\overline{A}^T & 0 \end{pmatrix},\ \begin{pmatrix} \overline{r} \\ \overline{x} \end{pmatrix} = P^{\frac{1}{2}} \begin{pmatrix} r \\ x \end{pmatrix},\ \overline{d} = \begin{pmatrix} \overline{b} \\ 0 \end{pmatrix} = P^{-\frac{1}{2}} d.$$

从而线性方程组 (10.2.41) 可以转化为如下形式:

$$\overline{B}\begin{pmatrix} \overline{r} \\ \overline{x} \end{pmatrix} = \overline{d}. \tag{10.2.42}$$

记

$$\overline{H} = \frac{1}{2}(\overline{B} + \overline{B}^T) = \begin{pmatrix} I & \\ & 0 \end{pmatrix}, \overline{S} = \frac{1}{2}(\overline{B} - \overline{B}^T) = \begin{pmatrix} 0 & \overline{A} \\ -\overline{A}^T & 0 \end{pmatrix},$$

则针对线性方程组 (10.2.42) 的 HSS 迭代方法[9] 为

$$\begin{cases} (\alpha I + \overline{H})\begin{pmatrix} \overline{r}^{(k+\frac{1}{2})} \\ \overline{x}^{(k+\frac{1}{2})} \end{pmatrix} = (\alpha I - \overline{S})\begin{pmatrix} \overline{r}^{(k)} \\ \overline{x}^{(k)} \end{pmatrix} + \overline{d}, \\ (\alpha I + \overline{S})\begin{pmatrix} \overline{r}^{(k+1)} \\ \overline{x}^{(k+1)} \end{pmatrix} = (\alpha I - \overline{H})\begin{pmatrix} \overline{r}^{(k+\frac{1}{2})} \\ \overline{x}^{(k+\frac{1}{2})} \end{pmatrix} + \overline{d}, \end{cases} \tag{10.2.43}$$

其中 $\alpha > 0$ 为参数, HSS 迭代的迭代矩阵为

$$\overline{\mathcal{L}}(\alpha) = (\alpha I + \overline{S})^{-1}(\alpha I - \overline{H})(\alpha I + \overline{H})^{-1}(\alpha I - \overline{S}). \tag{10.2.44}$$

HSS 迭代 (10.2.43) 经过反变换即得针对方程组 (10.2.41) 的 PHSS 迭代 [10]

$$\begin{cases} (\alpha P + H)\begin{pmatrix} r^{(k+\frac{1}{2})} \\ x^{(k+\frac{1}{2})} \end{pmatrix} = (\alpha P - S)\begin{pmatrix} r^{(k)} \\ x^{(k)} \end{pmatrix} + d, \\ (\alpha P + S)\begin{pmatrix} r^{(k+1)} \\ x^{(k+1)} \end{pmatrix} = (\alpha P - H)\begin{pmatrix} r^{(k+\frac{1}{2})} \\ x^{(k+\frac{1}{2})} \end{pmatrix} + d, \end{cases} \tag{10.2.45}$$

其中 $H = \frac{1}{2}(B + B^T)$, $S = \frac{1}{2}(B - B^T)$. 经直接验证知, 其迭代矩阵为

$$\mathcal{L}(\alpha) = (\alpha P + S)^{-1}(\alpha P - H)(\alpha P + H)^{-1}(\alpha P - S) = P^{-\frac{1}{2}}\overline{\mathcal{L}}(\alpha)P^{\frac{1}{2}}. \tag{10.2.46}$$

于是有

$$\rho(\mathcal{L}(\alpha)) = \rho(\overline{\mathcal{L}}(\alpha)). \tag{10.2.47}$$

应用 PHSS 迭代 (10.2.45) 时, 每一步迭代可以用直接法或者内迭代计算.

定理 10.2.10 设 $A \in \mathbf{R}_n^{m\times n}$, $\overline{\sigma}_k (k = 1, 2, \cdots, n)$ 是矩阵 $\overline{A} = W^{\frac{1}{2}}AC^{-\frac{1}{2}}$ 的正奇异值. 则 PHSS 迭代方法的迭代矩阵 $\mathcal{L}(\alpha)$ 有 $m - n$ 重特征值 $\frac{\alpha-1}{\alpha+1}$, 和特征值

$$\frac{1}{(\alpha+1)(\alpha^2 + \overline{\sigma}_k^2)}\left(\alpha(\alpha^2 - \overline{\sigma}_k^2) \pm \sqrt{(\alpha^2 + \overline{\sigma}_k^2)^2 - 4\alpha^4\overline{\sigma}_k^2}\right), \ k = 1, 2, \cdots, n.$$

因此

$$\rho(\mathcal{L}(\alpha)) < 1, \quad \forall \alpha > 0,$$

即 PHSS 迭代收敛到线性方程组 (10.2.41) 的准确解.

证明 由于矩阵 $\mathcal{L}(\alpha)$ 和 $\overline{\mathcal{L}}(\alpha)$ 的特征值相同, 只需求出 $\overline{\mathcal{L}}(\alpha)$ 的特征值. 注意

$$\alpha I \pm \overline{H} = \begin{pmatrix} (\alpha \pm 1)I & 0 \\ 0 & \alpha I \end{pmatrix}, \ \alpha I \pm \overline{S} = \begin{pmatrix} \alpha I & \pm\overline{A} \\ \mp\overline{A}^T & \alpha I \end{pmatrix},$$

且有

$$\alpha I + \overline{S} = \begin{pmatrix} I & 0 \\ -\alpha^{-1}\overline{A}^T & I \end{pmatrix} \begin{pmatrix} \alpha I & \overline{A} \\ 0 & \overline{\mathcal{S}}(\alpha) \end{pmatrix},$$

其中 $\overline{\mathcal{S}}(\alpha) = \alpha I + \frac{1}{\alpha}\overline{A}^T\overline{A}$. 于是经过计算, 可得

$$\overline{\mathcal{L}}(\alpha) = \begin{pmatrix} \overline{\mathcal{L}}_{11}(\alpha) & \overline{\mathcal{L}}_{12}(\alpha) \\ \overline{\mathcal{L}}_{21}(\alpha) & \overline{\mathcal{L}}_{22}(\alpha) \end{pmatrix},$$

$$\overline{\mathcal{L}}_{11}(\alpha) = \frac{\alpha-1}{\alpha+1}I - \frac{2}{\alpha+1}\overline{A\mathcal{S}}(\alpha)^{-1}\overline{A}^T, \quad \overline{\mathcal{L}}_{12}(\alpha) = -\frac{2\alpha}{\alpha+1}\overline{A\mathcal{S}}(\alpha)^{-1},$$

$$\overline{\mathcal{L}}_{21}(\alpha) = \frac{2\alpha}{\alpha+1}\overline{\mathcal{S}}(\alpha)^{-1}\overline{A}^T, \qquad \overline{\mathcal{L}}_{22}(\alpha) = -\frac{\alpha-1}{\alpha+1}I + \frac{2\alpha^2}{\alpha+1}\overline{\mathcal{S}}(\alpha)^{-1}.$$

设矩阵 $\overline{A}$ 的 SVD 为 $\overline{U\Sigma_1 V}^T$, 其中 $\overline{U} \in \mathbf{R}^{m\times m}$ 和 $\overline{V} \in \mathbf{R}^{n\times n}$ 是正交矩阵,

$$\overline{\Sigma_1} = \begin{pmatrix} \overline{\Sigma} \\ 0 \end{pmatrix}, \quad \overline{\Sigma} = \mathrm{diag}(\overline{\sigma}_1, \overline{\sigma}_2, \cdots, \overline{\sigma}_n) \in \mathbf{R}^{n\times n}.$$

于是有 $\overline{\mathcal{S}}(\alpha) = \overline{V}(\alpha I + \frac{1}{\alpha}\overline{\Sigma}^2)\overline{V}^T$,

$$\overline{\mathcal{L}}_{11}(\alpha) = \overline{U} \begin{pmatrix} \frac{\alpha-1}{\alpha+1}I - \frac{2}{\alpha+1}(\alpha I + \frac{1}{\alpha}\overline{\Sigma}^2)^2\overline{\Sigma}^2 & 0 \\ 0 & \frac{\alpha-1}{\alpha+1}I \end{pmatrix} \overline{U}^T,$$

$$\overline{\mathcal{L}}_{12}(\alpha) = \overline{U} \begin{pmatrix} -\frac{2\alpha}{\alpha+1}\overline{\Sigma}(\alpha I + \frac{1}{\alpha}\overline{\Sigma}^2)^{-1} \\ 0 \end{pmatrix} \overline{V}^T,$$

$$\overline{\mathcal{L}}_{21}(\alpha) = \overline{V} \begin{pmatrix} \frac{2\alpha}{\alpha+1}\overline{\Sigma}(\alpha I + \frac{1}{\alpha}\overline{\Sigma}^2)^{-1}, & 0 \end{pmatrix} \overline{U}^T,$$

$$\overline{\mathcal{L}}_{22}(\alpha) = \overline{V} \left(-\frac{\alpha-1}{\alpha+1}I + \frac{2\alpha^2}{\alpha+1}(\alpha I + \frac{1}{\alpha}\overline{\Sigma}^2)^{-1} \right) \overline{V}^T.$$

令 $\overline{Q} = \mathrm{diag}(\overline{U}, \overline{V})$, 则 $\overline{\mathcal{L}}(\alpha)$ 经过正交相似变换 $\overline{Q}^T\overline{\mathcal{L}}(\alpha)\overline{Q}$ 后, 化为

$$\begin{pmatrix} \frac{\alpha-1}{\alpha+1}I - \frac{2}{\alpha+1}\left(\alpha I + \frac{1}{\alpha}\overline{\Sigma}^2\right)^{-1}\overline{\Sigma}^2 & 0 & -\frac{2\alpha}{\alpha+1}\overline{\Sigma}\left(\alpha I + \frac{1}{\alpha}\overline{\Sigma}^2\right)^{-1} \\ 0 & \frac{\alpha-1}{\alpha+1}I & 0 \\ \frac{2\alpha}{\alpha+1}\overline{\Sigma}\left(\alpha I + \frac{1}{\alpha}\overline{\Sigma}^2\right)^{-1} & 0 & -\frac{\alpha-1}{\alpha+1}I + \frac{2\alpha^2}{\alpha+1}\left(\alpha I + \frac{1}{\alpha}\overline{\Sigma}^2\right)^{-1} \end{pmatrix},$$

从而立即可得矩阵 $\overline{\mathcal{L}}(\alpha)$ 有 $m-n$ 重特征值 $\frac{\alpha-1}{\alpha+1}$, 和矩阵

$$\overline{\mathcal{L}}_k(\alpha)=\frac{1}{(\alpha+1)(\alpha^2+\overline{\sigma}_k^2)}\begin{pmatrix}(\alpha-1)\alpha^2-(\alpha+1)\overline{\sigma}_k^2 & -2\alpha^2\overline{\sigma}_k\\ 2\alpha^2\overline{\sigma}_k & (\alpha+1)\alpha^2-(\alpha-1)\overline{\sigma}_k^2\end{pmatrix}$$

的特征值, $k=1,2,\cdots,n$. 而 $\overline{\mathcal{L}}_k(\alpha)$ 的特征方程为

$$\lambda^2-\frac{2\alpha(\alpha^2-\overline{\sigma}_k^2)}{(\alpha+1)(\alpha^2+\overline{\sigma}_k^2)}\lambda+\frac{(\alpha-1)}{(\alpha+1)}=0. \tag{10.2.48}$$

因此对于 $\overline{\mathcal{L}}_k(\alpha)$ 的特征值 $\lambda_{1,2}^{(k)}$, 有

$$\lambda_{1,2}^{(k)}=\frac{\alpha(\alpha^2-\overline{\sigma}_k^2)\pm\sqrt{(\alpha^2+\overline{\sigma}_k^2)^2-4\alpha^4\overline{\sigma}_k^2}}{(\alpha+1)(\alpha^2+\overline{\sigma}_k^2)}. \tag{10.2.49}$$

进一步, 当 $\alpha^2+\overline{\sigma}_k^2>2\alpha^2\overline{\sigma}_k$ 时, 有

$$\begin{aligned}|\lambda_{1,2}^{(k)}|\leqslant|\lambda_{\max}^{(k)}|&=\frac{1}{(\alpha+1)(\alpha^2+\overline{\sigma}_k^2)}\left(\alpha|\alpha^2-\overline{\sigma}_k^2|+\sqrt{(\alpha^2+\overline{\sigma}_k^2)^2-4\alpha^4\overline{\sigma}_k^2}\right)\\&=\frac{\alpha}{\alpha+1}\left(\frac{|\alpha^2-\overline{\sigma}_k^2|}{\alpha^2+\overline{\sigma}_k^2}+\sqrt{\frac{1}{\alpha^2}-\frac{4\alpha^2\overline{\sigma}_k^2}{(\alpha^2+\overline{\sigma}_k^2)^2}}\right)<\frac{\alpha}{\alpha+1}\left(1+\frac{1}{\alpha}\right)=1,\end{aligned}$$

其中 $\lambda_{\max}^{(k)}$ 表示 $\lambda_{1,2}^{(k)}$ 中模较大的特征值; 当 $\alpha^2+\overline{\sigma}_k^2\leqslant 2\alpha^2\overline{\sigma}_k$ 时, $\lambda_{1,2}^{(k)}$ 为一对共轭复数,

$$|\lambda_{1,2}^{(k)}|=\sqrt{\lambda_1^{(k)}\lambda_2^{(k)}}=\sqrt{\frac{\alpha-1}{\alpha+1}}<1;$$

又显然 $\dfrac{|\alpha-1|}{\alpha+1}<1$. 于是有 $\rho(\mathcal{L}(\alpha))<1,\ \forall\alpha>0$. □

定理 10.2.11 设 $W\in\mathbf{R}^{m\times m}$ 对称正定, $A\in\mathbf{R}^{m\times n}$ 列满秩, $\alpha>0$ 是给定的常数, 并且 $C\in\mathbf{R}^{n\times n}$ 对称正定. 如果 $\overline{\sigma}_k(k=1,2,\cdots,n)$ 是矩阵 $W^{\frac{1}{2}}AC^{-\frac{1}{2}}$ 的正奇异值, $\sigma_{\min}=\min\limits_{1\leqslant k\leqslant n}\{\overline{\sigma}_k\},\sigma_{\max}=\max\limits_{1\leqslant k\leqslant n}\{\overline{\sigma}_k\}$, 则解线性方程组 (10.2.41) 的 PHSS 迭代方法的最优参数 α 为

$$\alpha^*=\arg\min_{\alpha}\rho(\mathcal{L}(\alpha))=\sqrt{\sigma_{\min}\sigma_{\max}},$$

并且

$$\rho(\mathcal{L}(\alpha^*))=\frac{\sigma_{\max}-\sigma_{\min}}{\sigma_{\max}+\sigma_{\min}}.$$

该定理的证明过于复杂, 这里不进行证明. 有兴趣的读者可参阅 [10].

§ 10.3 总体最小二乘问题的迭代解法

本节讨论总体最小二乘问题的迭代解法.

10.3.1 部分 SVD 方法

用基本 SVD 方法求 x_{TLS} 时, 需要计算 C 的 SVD, 这就需要很大的计算量. 注意到求 x_{TLS}, 实际上是要计算 C 的最小的若干奇异值对应的右奇异向量, 不必求 C 的 SVD. 于是可以采用如下的部分 SVD 方法. 给定参数 $\eta > 0$.

step 1 用一系列 Househodler 矩阵 $P_1, Q_1, \cdots, P_{n+d-1}, Q_{n+d-1}, P_{n+d}, P_{n+d+1}$ 把 C 化为一个双对角矩阵 J. 此即 C 的双对角过程:

$$P_{n+1}P_n\cdots P_1CQ_1\cdots Q_{n-1} = \begin{pmatrix} J \\ 0 \end{pmatrix} = \begin{pmatrix} \alpha_1 & \beta_1 & \cdots & 0 \\ 0 & \alpha_2 & \ddots & \vdots \\ \vdots & \ddots & \ddots & \beta_{n+d-1} \\ 0 & \cdots & 0 & \alpha_{n+d} \\ 0 & \cdots & 0 & 0 \end{pmatrix}. \tag{10.3.1}$$

step 2 用隐式对称 QR 算法对 J 进行对角化迭代. 设在迭代过程中, 得到

$$J = \mathrm{diag}(J_1, \cdots, J_k).$$

把 $J_1, \cdots, J_k$ 分为三个集合

$$\begin{aligned} &D_1 = \{J_i:\ \sigma_j(J_i) \geqslant \eta\}; \\ &D_2 = \{J_i:\ \sigma_j(J_i) < \eta\}; \\ &D_3 = \{J_i:\ \text{有些 } \sigma_j(J_i) \geqslant \eta \quad \text{有些 } \sigma_j(J_i) < \eta\}, \end{aligned} \tag{10.3.2}$$

其中 $\sigma_j(J_i)$ 表示 J_i 的奇异值. 只对 D_3 中的 J_i 进行对角化, 一直到 D_3 不存在.

step 3 对于集合 D_2 计算 C 的对应的右奇异向量, 得到 $\begin{pmatrix} V_{12} \\ V_{22} \end{pmatrix}$. 计算 QL 分解 (9.4.4) 和 $x_{\mathrm{TLS}} = -Z\Gamma^{-1}$.

注 10.3.1 如果 η 太小, 可能使 Γ 奇异. 这时应该增大 η. 另外, 可以用实对称三对角矩阵 $J_i^TJ_i$ 的 Sturm 序列来确定 D_1, D_2, D_3.

10.3.2 双对角化方法

考虑用 Lanczos 双对角化过程计算 TLS 问题

$$\min_{E,r} \|(E,r)\|_F, \quad (A+E)x = b+r$$

的近似解. 由 §4.1 的讨论, 如果 $\bar{\sigma}_n > \sigma_{n+1}$, 则 TLS 问题的解可由 (A,b) 的左奇异向量 v_{n+1} 决定. 因此可以对增广矩阵 (A,b), 应用 Paige 和 Saunders[157] 提出的 LSQR Lanczos 双对角化方法, 在 Krylov 子空间 $\mathcal{K}_k = \mathcal{K}_k(A^TA, A^Tu_1)$ 中产生一个近似的 TLS 解.

取 $\beta_1 = \|b\|_2$, $u_1 = b/\beta_1$, 并利用和 §10.2 中相同的迭代过程, 令 $\beta_1 v_0 \equiv 0, \alpha_{n+1}v_{n+1} \equiv 0$, 并且对 $j = 1, 2, \cdots$, 用公式

$$\begin{aligned} r_j &= A^T u_j - \beta_j v_{j-1}, \alpha_j = \|r_j\|_2, v_j = r_j/\alpha_j, \\ p_j &= A v_j - \alpha_j u_j, \beta_{j+1} = \|p_j\|_2, u_{j+1} = p_j/\beta_{j+1}, \end{aligned} \tag{10.3.3}$$

得到 B_n 中相应的元素 α_i, β_i 和向量 v_i u_i. 对这个双对角化方案, 有

$$u_j \in \mathcal{K}_j(AA^T, u_1),\ v_j \in \mathcal{K}_j(A^T A, A^T u_1),$$

$$(\beta_1 e_1, B_k) = \begin{pmatrix} \beta_1 & \alpha_1 & & & \\ & \beta_2 & \alpha_2 & & \\ & & \beta_3 & \ddots & \\ & & & \ddots & \alpha_k \\ & & & & \beta_{k+1} \end{pmatrix} \in R^{(k+1)\times(k+1)}.$$

接着寻找一个近似的 TLS 解 $x^{(k)} = V_k y_k \in \mathcal{K}_k$, 从而有

$$(A + E_k)x^{(k)} = (A + E_k)V_k y_k = (U_{k+1}B_k + E_k V_k)y_k = \beta_1 U_{k+1} e_1 + r_k.$$

因此相容性关系变成

$$(B_k + F_k)y_k = \beta_1 e_1 + s_k, \quad F_k = U_{k+1}^T E_k V_k, \quad s_k = U_{k+1}^T r_k.$$

所以 y_k 应取为 TLS 子问题

$$\min_{F,s} \|(F, s)\|_F, \quad (B_k + F)y_k = \beta_1 e_1 + s$$

的解. 可以通过标准的隐式 QR 算法计算矩阵 B_k 的 SVD

$$B_k = P_{k+1}\Omega_k Q_{k+1}^T,$$

并有

$$(b, A)\begin{pmatrix} V_k^1 \\ V_k^2 \end{pmatrix}(Q_k e_k) = \omega_k (U_{k+1} P_{k+1} e_k).$$

因此, 由

$$\begin{pmatrix} z_k \\ \gamma_k \end{pmatrix} = \begin{pmatrix} V_k^1 \\ V_k^2 \end{pmatrix} Q_k e_k,$$

可得到近似的 TLS 解 $x^{(k)} = -z_k/\gamma_k \in \mathcal{K}_k$. 注意为了计算 $x^{(k)}$, 仅需要最后的奇异向量 $Q_k e_k$, 但是向量 v_k 需要保存或重新产生. 如果最小的奇异值等于 $\sigma_{k+1}^{(k)}$, 那么有

$$\|(E_k, r_k)\|_F = \sigma_{k+1}^{(k)},$$

并有如下的估计式

$$\|(E_k, r_k)\|_F^2 \leqslant \min \|(E, r)\|_F^2 + \sigma_1^2 \Big(\frac{\tan \theta(v, u_1)}{T_{k-1}(1+2\gamma_1)} \Big)^2.$$

TLS 问题和广义的 TLS 问题的迭代解法的详细讨论, 可参阅文献 [201], [195] 及 [196].

§ 10.4 刚性加权最小二乘问题的迭代解法

对于刚性 WLS 问题, 当矩阵 A 和 W 满足假定 8.1.1 的条件下, Bobrovnikova 和 Vavasis[24] 给出了一个稳定的迭代算法.

设矩阵 $A_i \in \mathbf{R}^{m_i \times n}$, $i = 1:k$, $\sum\limits_{i=1}^{k} m_i = m$, $\delta_1 > \delta_2 > \cdots > \delta_k > 0$. 记

$$A = \begin{pmatrix} A_1 \\ \vdots \\ A_k \end{pmatrix} \begin{matrix} m_1 \\ \vdots \\ m_k \end{matrix}, \quad b = \begin{pmatrix} b_1 \\ \vdots \\ b_k \end{pmatrix} \begin{matrix} m_1 \\ \vdots \\ m_k \end{matrix}, \tag{10.4.1}$$
$$W = \mathrm{diag}(\delta_1 D_1, \delta_2 D_2, \cdots, \delta_k D_k),$$

其中 $A \in \mathbf{R}_n^{m \times n}$, 而 $D_1, \cdots, D_k$ 为条件数很小的对角矩阵. 则刚性 WLS 问题

$$\min_{x \in \mathbf{R}^n} \|W^{\frac{1}{2}}(Ax - b)\|_2$$

的法方程为

$$\delta_1 A_1^T D_1 A_1 x + \cdots + \delta_k A_k^T D_k A_k x = \delta_1 A_1^T D_1 b_1 + \cdots + \delta_k A_k^T D_k b_k. \tag{10.4.2}$$

由于 A 列满秩, (10.4.2) 式有唯一解 x, 于是向量 $A_k^T D_k A_k x - A_k^T D_k b_k$ 在矩阵 $A_1^T, \cdots, A_k^T$ 所张成的子空间内. 因此, 下述方程

$$A_k^T D_k A_k x + (\delta_{k-1}/\delta_k) A_{k-1}^T D_{k-1} A_{k-1} \overline{v} + \cdots + (\delta_1/\delta_k) A_1^T D_1 A_1 \overline{v} = A_k^T D_k b_k \tag{10.4.3}$$

有解 $\overline{v}$. 现在定义

$$v_{k,j} = (\delta_j/\delta_k)\overline{v},$$

则有

$$A_k^T D_k A_k x + A_{k-1}^T D_{k-1} A_{k-1} v_{k,k-1} + \cdots + A_1^T D_1 A_1 v_{k,1} = A_k^T D_k b_k. \tag{10.4.4}$$

继续上述步骤, 则对 $i = k, k-1, \cdots, 1$, 可得

$$A_i^T D_i A_i x + \sum_{j=1}^{i-1} A_j^T D_j A_j v_{i,j} - \sum_{j=i+1}^{k} \frac{\delta j}{\delta_i} A_i^T D_i A_i v_{j,i} = A_i^T D_i b_i. \tag{10.4.5}$$

如果对 $i=1:k$, (10.4.5) 式两端同时乘以 δ_i 并相加, 就得到 (10.4.2) 式, 即 (10.4.5) 式的解向量 x, 就是加权 WLS 问题的解. 同时, 经过仔细推导可得, 对所有的 $1 \leqslant j < i \leqslant k-1$, 应有 $\dfrac{(k-1)\times(k-2)}{2}$ 个方程组

$$A_j^T D_j A_j v_{k,i} - \frac{\delta i}{\delta_j} A_j^T D_j A_j v_{k,j} = 0. \tag{10.4.6}$$

(10.4.5)~(10.4.6) 式用矩阵表示, 即为 $H_k w = c_k$, 其中

$$H_k = \begin{pmatrix} S_k & R_k \\ R_k^T & 0 \end{pmatrix},\ w = \begin{pmatrix} x \\ v_{k,k-1} \\ \vdots \\ v_{k,1} \\ \vdots \\ v_{2,1} \end{pmatrix},\ c_k = \begin{pmatrix} A_k^T D_k b_k \\ \vdots \\ A_1^T D_1 b_1 \\ 0 \\ \vdots \\ 0 \end{pmatrix}, \tag{10.4.7}$$

S_k, R_k 分别是 $k\times k$ 块的实对称矩阵和 $k\times\dfrac{(k-1)(k-2)}{2}$ 块的实矩阵. 因此 H_k 是 $\dfrac{k^2-k+2}{2}\times\dfrac{k^2-k+2}{2}$ 块的实对称矩阵. 例如, $H_3 w = c_3$ 即为

$$\begin{pmatrix} A_3^T D_3 A_3 & A_2^T D_2 A_2 & A_1^T D_1 A_1 & 0 \\ A_2^T D_2 A_2 & -\dfrac{\delta 3}{\delta_2} A_2^T D_2 A_2 & 0 & A_1^T D_1 A_1 \\ A_1^T D_1 A_1 & 0 & -\dfrac{\delta 3}{\delta_1} A_1^T D_1 A_1 & -\dfrac{\delta 2}{\delta_1} A_1^T D_1 A_1 \\ 0 & A_1^T D_1 A_1 & -\dfrac{\delta 2}{\delta_1} A_1^T D_1 A_1 & 0 \end{pmatrix} \begin{pmatrix} x \\ v_{3,2} \\ v_{3,1} \\ v_{2,1} \end{pmatrix} = \begin{pmatrix} A_3^T D_3 b_3 \\ A_2^T D_2 b_2 \\ A_1^T D_1 b_1 \\ 0 \end{pmatrix}.$$

由于 H_k 是实对称矩阵, 可以用 Paige 和 Saunders[155] 提出的极小残量法 (MINRES) 进行迭代求解.

MINRES 迭代法的思想是, 先用 Lanczos 递推, 把矩阵 H_k 变换为三对角矩阵 T, $Q^T H_k Q = T$, 其中 Q 为正交矩阵,

$$T = QH_kQ^T = \begin{pmatrix} \alpha_1 & \beta_1 & & & & \\ \beta_1 & \alpha_2 & \beta_2 & & & \\ & \beta_2 & \alpha_3 & \beta_3 & & \\ & & \ddots & \ddots & \ddots & \\ & & & \beta_{g-2} & \alpha_{g-1} & \beta_{g-1} \\ & & & & \beta_{g-1} & \alpha_g \end{pmatrix}, \tag{10.4.8}$$

g 是矩阵 H_k 的维数. 然后利用残量极小化来得到方程的近似解.

在采用 Lanczos 递推时, 取初始的单位向量 q_1, 并比较 $H_kQ = QT$ 的第 j 列, 得到递推关系

$$H_kq_j = \beta_{j-1}q_{j-1} + \alpha_jq_j + \beta_iq_{j+1},\ j = 1:g,\ \beta_0q_0 = 0,\ \beta_gq_{g+1} = 0.$$

实际计算时, 取 $w^{(0)} = 0, r_0 = c_k - H_kw^{(0)}, \beta_0 = \|r_0\|_2, q_0 = 0$, 并对 $j = 1, 2, \cdots$, 当 $\beta_{j-1} \neq 0$ 时, 计算

$$\begin{aligned} &q_j = r_{j-1}/\beta_{j-1},\ \alpha_j = q_j^TH_kq_j, \\ &r_j = Aq_j - \alpha_jq_j - \beta_{j-1}q_{j-1},\ \beta_j = \|r_j\|_2, \end{aligned} \tag{10.4.9}$$

得到 T 中相应的元素 α_j, β_j 和向量 q_j. 可以证明, 对于 $i = 1:j$, 由 (10.4.9) 式产生的向量 q_i 互相正交, 并且

$$\text{span}\{q_1, q_2, \cdots, q_j\} = \text{span}\{q_1, H_kq_1, \cdots, H_k^{j-1}q_1\}.$$

则经过 j 步以后, 有

$$H_kQ_j = Q_jT_j + \beta_jq_{j+1}e_j^T = Q_{j+1}G_j,\ G_j = \begin{pmatrix} T_j \\ \beta_je_j^T \end{pmatrix}, \tag{10.4.10}$$

其中 T_j 是矩阵 T 左上角的 $j \times j$ 主子矩阵, Q_j 是矩阵 Q 的前 j 列. 注意到 $q_1 = r_0/\beta_0$, 于是当 $w^{(j)} \in w^{(0)} + \text{span}\{q_1, \cdots q_j\}$ 时,

$$\|H_kw^{(j)} - c_k\|_2 = \|H_k(w^{(0)} + Q_jy) - c_k\|_2 = \|G_jy - \beta_0e_1\|_2.$$

令流行 M_j 为 $M_j = w^{(0)} + \text{span}\{q_1, \cdots, q_j\}$. 由上式得到

$$\min_{w\in M_j} \|H_kw - c_k\|_2 = \min_y \|G_jy - \beta_0e_1\|_2. \tag{10.4.11}$$

由 G_j 的特殊构造, 可以用一系列的 Givens 变换, 把 G_j 化为上三角矩阵, 因此最小二乘问题 $\min\limits_y \|G_jy - \beta_0e_1\|_2$ 很容易求解. 对于 MINRES 方法的详细推导, 见 [155].

习 题 十

1. 设矩阵 $A \in \mathbf{R}_n^{n\times n}$ 满足

$$\sum_{j=1, j\neq i}^{n} |a_{ij}| < |a_{ii}|,\ i = 1:n.$$

记 $A = D + L + U$, $D = \mathrm{diag}(a_{11}, a_{22}, \cdots, a_{nn})$, L, U 分别是 A 的严格下三角和严格上三角部分. 令 $G_J = -D^{-1}(L+U)$,

$$\mu = \max_{1 \leqslant i \leqslant n} \left\{ \Big(\sum_{j=i+1}^{n} \Big|\frac{a_{ij}}{a_{ii}}\Big| \Big) \Big/ \Big(1 - \sum_{j=1}^{i-1} \Big|\frac{a_{ij}}{a_{ii}}\Big| \Big) \right\}.$$

则

$$\mu \leqslant \|G_J\|_\infty < 1.$$

2. 设矩阵 $G \in \mathbf{C}^{n\times n}$, 向量 b 给定, 且有 $\rho(G) = 0$. 证明线性方程组 $x = Gx + b$ 有唯一解 u, 且对于任意 $x^{(0)} \in \mathbf{C}^n$, 用迭代公式 $x^{(k+1)} = Gx^{(k)} + b$ 最多迭代 n 次, 即可得到 $x = Gx + b$ 的解 u.

3. 假设矩阵 $A \in \mathbf{R}_n^{m\times n}$, A^TA 具有相容次序, A^TA 的分裂为 (10.2.4) 式, 且 $\rho(G_J) < 1$. 证明:

(1) $R(G_S) = 2R(G_J)$,

(2) $2\rho(G_J)[R(G_S)]^{\frac{1}{2}} \leqslant R(G_{\omega_{\mathrm{opt}}}) \leqslant R(G_S) + 2[R(G_S)]^{\frac{1}{2}}$,

其中 (2) 式中右端不等式当 $R(G_S) \leqslant 3$ 时成立, 且有

$$\lim_{\rho(G_J)\to 1-0} \frac{R(G_{\omega_{\mathrm{opt}}})}{2[R(G_S)]^{\frac{1}{2}}} = 1.$$

4. 设 $\lambda_0 > \lambda_1 > 0$. 证明:

$$\frac{1}{T_k\Big(\dfrac{\lambda_0+\lambda_1}{\lambda_0-\lambda_1}\Big)} \leqslant 2\left(\frac{\sqrt{\dfrac{\lambda_0}{\lambda_1}}-1}{\sqrt{\dfrac{\lambda_0}{\lambda_1}}+1}\right)^k.$$

5. 设 A 为 n 阶实对称正定矩阵, $p_1, \cdots, p_n$ 为非零的 A 共轭向量系. 证明 $p_1, \cdots, p_n$ 线性无关.

6. 设 $A \in \mathbf{R}_n^{m\times n}$. 证明用递推公式 (10.2.37) 或 (10.2.39) 时, 若 $\alpha_j \neq 0$, $\beta_j \neq 0$, $j = 1:k$, 则 $v_1, \cdots, v_k$ 互相正交, $u_1, \cdots, u_k$ 互相正交.

7. 定义函数

$$\theta(\alpha,\sigma) = \frac{\alpha|\alpha^2-\sigma^2| + \sqrt{(\alpha^2+\sigma^2)^2 - 4\alpha^4\sigma^2}}{(\alpha+1)(\alpha^2+\sigma^2)}, \quad \alpha, \sigma \in (0, +\infty).$$

固定 $\alpha > 0$. 证明: 当 $\alpha \leqslant \sigma$ 时, $\theta(\alpha,\sigma)$ 是 σ 的增函数; 当 $\alpha \geqslant \sigma$ 时, $\theta(\alpha,\sigma)$ 是 σ 的减函数.

8. 证明: 对于 $i = 1:j$, 由 (10.4.9) 式产生的向量 q_i 互相正交, 并且

$$\mathrm{span}\{q_1, q_2, \cdots, q_j\} = \mathrm{span}\{q_1, H_kq_1, \cdots, H_k^{j-1}q_1\}.$$

9. 设 A 为 n 阶实对称正定矩阵, $p_1, \cdots, p_n$ 为非零的 A 共轭向量系. 证明

$$A^{-1} = \sum_{k=1}^{n} p_kp_k^H / p_k^H A p_k.$$

第十一章　非线性最小二乘问题的迭代解法

本章讨论非线性最小二乘问题的迭代解法, 迭代的每一步都需要解一个相关的线性最小二乘问题. §11.1 给出非线性最小二乘问题的迭代解法所需的基本知识, §11.2 讨论 Gauss-Newton 型方法, §11.3 讨论 Newton 型方法, §11.4 讨论可分离问题和约束问题的迭代算法, 非线性方程组和非线性最小二乘问题的迭代解法的详细讨论, 可参阅专著 [6], [20], [130], [206], [268] 及 [269].

非线性最小二乘问题和解非线性方程组是紧密相关的, 是一般的最优化问题的特例. 非线性最小二乘问题就是去寻找向量 $x \in \mathbf{R}^n$, 满足

$$f(x) = \min_{z\in\mathbf{R}^n} f(z), \quad f(x) = \frac{1}{2}\sum_{i=1}^{m} r_i^2(x) = \frac{1}{2}\|r(x)\|_2^2, \quad m \geqslant n, \tag{11.0.1}$$

这里 $r_i(x)$, $i = 1:m$ 是定义在 $\mathbf{R}^n$ 上的非线性函数, $r(x) = (r_i(x), \cdots, r_m(x))^T$. 很显然, 如果所有的 $r_i(x)$ 关于 x 是线性的, 则 (11.0.1) 式就是线性最小二乘问题.

非线性最小二乘问题的一个重要的应用领域是数据拟合. 由得到的数据 (y_i, t_i), $i = 1:m$ 拟合模型函数 $g(x, t)$ 时, 令 $r_i(x)$ 表示模型的第 i 个观测误差,

$$r_i(x) = y_i - g(x, t_i), \quad i = 1:m,$$

则会得到非线性最小二乘问题 (11.0.1).

§ 11.1　基 本 知 识

本节给出非线性最小二乘问题的迭代解法所需的基本知识, 包括非线性函数的 Gateaux 导数和 Frechet 导数, 和非线性最小二乘问题的基本迭代算法.

11.1.1　Gateaux 导数和 Frechet 导数

考虑映射 (算子) $f: D \to W$, $D \in \mathbf{R}^n$, $W \in \mathbf{R}$, 其中 D, W 都是赋范空间.

定义 11.1.1　对给定的 $x, \eta \in \mathbf{R}^n$, 若极限

$$\lim_{t\to 0} \frac{f(x+t\eta) - f(x)}{t}$$

存在, 则说 f 在 x 沿方向 η 是**Gateaux 可微的**. 并把上述极限记作 $Df(x)(\eta)$,

$$Df(x)(\eta) = \lim_{t\to 0} \frac{f(x+t\eta) - f(x)}{t},$$

即

$$\lim_{t\to 0}\left\|\frac{f(x+t\eta)-f(x)}{t}-Df(x)(\eta)\right\|=0, \tag{11.1.1}$$

称 $Df(x)(\eta)$ 为 f 在 x 沿方向 η 的**Gateaux 导数**. 若 f 在 x 沿任何方向都是 Gateaux 可微的, 则说 f 在 x 是 Gateaux 可微的, 算子 (映射) $Df(x):\mathbf{R}^n\to\mathbf{R}^m$ 称 f 为在 x 的**Gateaux 导数**. 显然, Gateaux 导数是线性算子.

定义 11.1.2 设 $f:\mathbf{R}^n\to\mathbf{R}$, $\mathbf{R}^n$, $\mathbf{R}$ 都是赋范空间. 若存在线性算子 $f'(x):\mathbf{R}^n\to\mathbf{R}^n$, 使得

$$\lim_{\|\Delta x\|\to 0}\frac{\|f(x+\Delta x)-f(x)-f'(x)\Delta x\|}{\|\Delta x\|}=0,\ \Delta x,\ x\in\mathbf{R}^n, \tag{11.1.2}$$

则称 $f'(x)$ 为映射 f 在 x 的 **Frechet 导数**, 且说 f 在 x 是 **Frechet 可微**的.

定理 11.1.1 假设 $f:\mathbf{R}^n\to\mathbf{R}$ 在 x 为 Frechet 可微, 则 f 在 x 必为 Gateaux 可微, 且有 $Df(x)=f'(x)$.

证明 设 $f'(x)$ 存在, 在 (11.1.2) 式中以 $t\Delta x$ 代替 Δx, 其中 $\Delta x\in\mathbf{R}^n$, $t\in\mathbf{R}$. 则有

$$\lim_{\|\Delta x\|\to 0}\frac{\|f(x+t\Delta x)-f(x)-f'(x)(t\Delta x)\|}{\|t\Delta x\|}=0,$$

从而

$$\lim_{t\to 0}\left\|\frac{f(x+t\Delta x)-f(x)}{t}-f'(x)(\Delta x)\right\|=0,\ \Delta x\in\mathbf{R}^n,\ t\in\mathbf{R}.$$

故 $Df(x)$ 存在, 且 $Df(x)=f'(x)$. □

定理 11.1.2 设 $f:\mathbf{R}^n\to\mathbf{R}$ 在 $x\in\mathbf{R}^n$ 是 Frechet 可微的, 则 f 在点 x 连续.

证明 设 f 在 x 点 Frechet 可微. 由 (11.1.2) 式, 对任给的 $\varepsilon>0$, 存在 $\delta>0$, 使得 $\forall\Delta x\in\mathbf{R}^n$, 当 $\|\Delta x\|<\delta$ 时, 恒有

$$\|f(x+\Delta x)-f(x)-f'(x)(\Delta x)\|\leqslant\varepsilon\|\Delta x\|,$$

因此有

$$\|f(x+\Delta x)-f(x)\|\leqslant(\varepsilon+\|f'(x)\|)\|(\Delta x)\|.$$ □

定理 11.1.3 若 $f:\mathbf{R}^n\to\mathbf{R}$ 在 $x\in\mathbf{R}^n$ 达到极大值或极小值, 且 $Df(x)$ 存在, 则 $Df(x)=0$ (零算子).

证明 若 $\eta\in\mathbf{R}^m$ 使 $Df(x)(\eta)>0$, 则对足够小的 $|t|>0$, 若 $t>0$, 有 $f(x+t\eta)>f(x)$; 若 $t<0$, 有 $f(x+t\eta)<f(x)$. 因此 x 不可能是 f 的极值点. □

使得 $Df(x)=0$ 的点 x, 称为 f 的**稳定点**. 非线性最小二乘问题 (11.0.1) 需要关于 $r_i(x)$ 引出的信息. 下面我们假设 $r_i(x)$ 的二阶 Frechet 导数是连续的. 于是向

量 $r(x)$ 的 Jacobi 矩阵是

$$J(x) \in \mathbf{R}^{m\times n}, \quad J(x)_{ij} = \frac{\partial r_i(x)}{\partial x_j}, \ i = 1:m, \ j = 1:n,$$

$r(x)$ 的 Hessian 矩阵是

$$G_i(x) = \nabla^2 r_i(x) \in \mathbf{R}^{n\times n}, \quad G_i(x)_{jk} = \frac{\partial^2 r_i(x)}{\partial x_j \partial x_k}, \quad i = 1:m, \tag{11.1.3}$$

从而 $f(x)$ 的一阶和二阶导数分别是

$$\nabla f(x) = J(x)^T r(x), \ \nabla^2 f(x) = J(x)^T J(x) + Q(x), \tag{11.1.4}$$

这里 $Q(x) = \sum\limits_{i=1}^{m} r_i(x) G_i(x)$, $G_i(x) = G_i(x)^T$.

11.1.2 基本算法

可以通过两种不同方法求解非线性最小二乘问题 (11.0.1). 第一种方法是把这个问题看作由超定的非线性方程组 $r(x) = 0$ 引出, 通过在给定点 x_c 的邻域内的线性模型来逼近 $r_(x)$,

$$\tilde{r}_c(x) = r(x_c) + J(x_c)(x - x_c),$$

从而用线性最小二乘问题

$$\min_x \|r(x_c) + J(x_c)(x - x_c)\|_2 \tag{11.1.5}$$

导出 (11.0.1) 式的的近似解, 从而得到 Gauss-Newton 型方法. 这种方法仅用到 $r(x)$ 的一阶导数的信息.

第二种方法考虑和 $f(x)$ 相关的二次型

$$\tilde{f}_c(x_c + z) = f(x_c) + \nabla f(x_c)^T z + \frac{1}{2} z^T \nabla^2 f(x_c) z, \tag{11.1.6}$$

并计算 $\tilde{f}_c(x)$ 的极小化向量 x_N,

$$x_N = x_c - (J(x_c)^T J(x_c) + Q(x_c))^{-1} J(x_c)^T r(x_c),$$

从而得到 Newton 型方法. 该方法具有二阶的局部收敛速度, 并用到 $r(x)$ 的一阶和二阶导数的信息. 注意 Gauss-Newton 型方法 (11.1.5) 可以看成由 (11.1.6) 式中略去 $Q(x_c)$ 得到.

§ 11.2 Gauss-Newton 型方法

本节考虑基于 LS 问题 (11.1.5) 的若干 Gauss-Newton 型方法, 包括 Gauss-Newton 方法, 阻尼 Gauss-Newton 方法, 和信赖域方法.

11.2.1 Gauss-Newton 方法

Gauss-Newton 方法由 LS 问题 (11.1.5) 来计算 $r(x)$ 的线性近似序列. 令 $x^{(k)}$ 为当前的近似解, 则可以计算 LS 问题

$$\min_p \|r(x^{(k)}) + J(x^{(k)})p\|_2, \quad p \in \mathbf{R}^n \tag{11.2.1}$$

的解 p_k 作为校正向量, 新的近似解为 $x^{(k+1)} = x^{(k)} + p_k$. 这个 LS 问题可以用 $J(x^{(k)})$ 的 QR 分解求解. Gauss-Newton 方法的优势是, 仅一步迭代就解出线性 LS 问题的解, 且对适度的非线性问题和几乎相容的问题有很高的局部收敛速度. 然而, 对于非线性程度很高的问题或有大残差的问题, 这种方法可能都不局部收敛.

11.2.2 阻尼 Gauss-Newton 方法

为了得到比 Gauss-Newton 方法更有效的方法, 由近似解 $x^{(k)}$ 和 (11.2.1) 的解 p_k, 令

$$x^{(k+1)} = x^{(k)} + \alpha_k p_k, \tag{11.2.2}$$

其中 α_k 是待定的步长, p_k 称为**搜索方向**. 这个方法称为**阻尼 Gauss-Newton**方法, 向量 p_k 称为 Gauss-Newton 方向. 当 $J(x^{(k)})$ 秩亏时, 应选择 p_k 为线性最小二乘问题 (11.2.1) 的极小范数解

$$p_k = -J^{\dagger}(x^{(k)})r(x^{(k)}).$$

Gauss-Newton 方向有下面两个重要的性质:

(1) 显然, 向量 p_k 在自变量 x 的线性变换下不变.

(2) 如果 $x^{(k)}$ 不是稳定点, 那么 p_k 是**下降方向**, 即对充分小的 $\alpha > 0$, 有

$$\|r(x^{(k)} + \alpha p_k)\|_2 < \|r(x^{(k)})\|_2. \tag{11.2.3}$$

实际上, 由于

$$\|r(x^{(k)} + \alpha p_k)\|_2^2 \leqslant \|r(x^{(k)})\|_2^2 - 2\alpha\|J(x^{(k)})J(x^{(k)})^{\dagger}r(x^{(k)})\|_2^2 + 0(|\alpha|^2), \tag{11.2.4}$$

若 $x^{(k)}$ 不是稳定点, 则 $J(x^{(k)})J(x^{(k)})^{\dagger}r(x^{(k)}) \neq 0$, 因此 p_k 是下降方向.

为了使阻尼 Gauss-Newton 方法可行, 必须仔细选择 α_k. 常用的两种选择为

(1) 取 α_k 为序列 $1, \dfrac{1}{2}, \dfrac{1}{4}, \cdots$ 中, 使得

$$\|r(x^{(k)})\|_2^2 - \|r(x^{(k)} + \alpha p_k)\|_2^2 \geqslant \frac{1}{2}\alpha_k\|J(x^{(k)})p_k\|_2^2$$

成立的最大的数.

(2) 取 α_k 为如下的一维 LS 问题的解:

$$\min_\alpha \|r(x^{(k)} + \alpha p_k)\|_2.$$

当 $J(x^{(k)})$ 秩亏时, 求极小范数解的 Gauss-Newton 方法必须用双边 QR 分解, 或 SVD 来决定 $J(x^{(k)})$ 的秩. 当 Gauss-Newton 方向和负梯度 $g_k = -J(x^{(k)})^T r(x^{(k)})$ 的夹角很大, 或者 $\|r(x)\|_2^2$ 减少不多时, 取 g_k 为搜索方向往往更可取.

由于阻尼 Gauss-Newton 方法一直取下降方向, 在线性搜索可靠执行时, 它对大多数非线性最小二乘问题是局部收敛的, 并且常常是全局收敛的. 然而对于大残差问题和非线性程度很强的问题, 它依旧收敛得很慢. 现在讨论 Gauss-Newton 方法的局部收敛性. 无阻尼方法 (即取 $\alpha = 1$) 的第 k 步可以写成

$$x^{(k+1)} = F(x^{(k)}), \qquad F(x) = x - J(x)^\dagger r(x). \tag{11.2.5}$$

$F(x)$ 的一阶导数为

$$\nabla F(x) = -J(x)^\dagger (J(x)^\dagger)^T \sum_{i=1}^{m} r_i G_i(x) = \gamma J(x)^\dagger (J(x)^\dagger)^T G_w(x), \tag{11.2.6}$$

这里 $G_w(x)$ 由 (11.1.3) 式定义,

$$G_w(x) = \sum_{i=1}^{m} w_i G_i(x), \quad \gamma = \|r(x)\|_2, \quad w = -r(x)/\gamma.$$

迭代式 (11.2.5) 的渐进收敛速度 ρ 由解 u 处矩阵 $\nabla F(u)$ 的谱半径界定, 而 $\nabla F(u)$ 和

$$\gamma (J(u)^\dagger)^T G_w J(u)^\dagger = \gamma K$$

有相同的特征值. 对称矩阵 $K = (J(u)^\dagger)^T G_w(u) J(u)^\dagger$ 称为关于法向量 w 的曲面 $z = f(u)$ 的法曲率矩阵. 令 K 的特征值为 $\kappa_1 \geqslant \kappa_2 \geqslant \cdots \geqslant \kappa_n$, 则 $\rho = \rho(\nabla F(u)) = \gamma \max\{|\kappa_1|, |\kappa_n|\}$. 因此 Gauss-Newton 方法通常线性收敛, 但是如果 $\gamma = 0$, 则会超线性收敛; 当残量范数 $\gamma = \|r(u)\|_2$ 很小, 或者 $r(x)$ 是略微非线性的, 即对 $i = 1 : m$, $\|G_i\|$ 很小, 则无阻尼 Gauss-Newton 方法局部收敛得很快. 阻尼 Gauss-Newton 方法的渐进收敛速度是

$$\tilde{\rho} = \gamma(\kappa_1 - \kappa_n)/(2 - \gamma(\kappa_1 + \kappa_n)).$$

因此当 $\kappa_n = -\kappa_1$ 时有 $\tilde{\rho} = \rho$, 其他情况 $\tilde{\rho} < \rho$. $\gamma\kappa_1 < 1$ 意味着 $\tilde{\rho} < 1$, 即方法一直收敛到局部最小值. 无阻尼 Gauss-Newton 方法相反, 它可能不会收敛到局部最小值.

对于病态的非线性最小二乘问题, 稳定点处的曲率半径满足 $1/\kappa \ll \|r(u)\|_2$, 从而会存在许多没有意义的局部最小点. 因此为非线性最小二乘问题的算法估计最大曲率是重要的. 当 ρ 的估计值大于 0.5 (比方说) 时, 应该考虑换一个用到二阶导数信息的方法, 也可能要估计模型的性质.

11.2.3　信赖域方法

如果在迭代过程中得到的近似点 $x^{(k)}$, Jordan 矩阵非列满秩, 阻尼 Gauss-Newton 方法仍可能有困难. 这能通过考虑二阶导数, 或者使阻尼 Gauss-Newton 方法稳定化来克服可能的失败. 前者称为 Newton 型方法, 而后者称为信赖域算法.

在信赖域算法中, 搜索方向可以通过计算 Tikhonov 正则化问题

$$\min_p\{\|r(x^{(k)})+J(x^{(k)})p\|_2^2+\mu_k\|p\|_2^2\} \tag{11.2.7}$$

的解得到, 这里 $\mu_k\geqslant 0$ 是控制 p_k 大小的参数. 注意当 $J(x^{(k)})$ 秩亏时, (11.2.7) 也很好的定义了 p_k. 当 $\mu_k\to\infty$ 时, $\|p_k\|_2\to 0$. 对很小的 μ_k, 方向 p_k 变得和最速下降方向 $J(x^{(k)})^Tr(x^{(k)})$ 平行.

Tikhonov 正则化问题 (11.2.7) 和二次约束最小二乘问题

$$\min_p\|r(x^{(k)})+J(x^{(k)})p\|_2,\quad \text{其中 } \|p\|_2\leqslant\delta_k \tag{11.2.8}$$

相关连. 如果 (11.2.8) 式中没有约束条件, 则 $\mu_k=0$, 否则 $\mu_k>0$. (11.2.8) 式中满足 $\|p\|_2\leqslant\delta_k$ 的可行向量 p 的集合, 是线性模型

$$r(x)\approx r(x^{(k)})+J(x^{(k)})p,\quad p=x-x^{(k)}$$

的信赖域.

下面的算法是 Levenberg-Marquardt (加权信赖域) 算法.

算法 11.2.1　信赖域算法. 给定 $x_0\in\mathbf{R}^n$, $\delta_0>0$, 和 n 阶正定对角矩阵 D_0, 令 $\beta\in(0,1)$. 对 $k=0,1,2,\cdots$, 直到收敛.

step 1　计算 $\|r(x^{(k)})\|_2^2$.

step 2　计算子问题

$$\min_p\|r(x^{(k)})+J(x^{(k)})p\|_2,\quad \text{其中 } \|D_kp\|_2\leqslant\delta_k$$

的解 p_k, 这里 D_k 是 n 阶正定对角权矩阵.

step 3　计算

$$\psi_k(p_k)=\|r(x^{(k)})\|_2^2-\|r(x^{(k)})+J(x^{(k)})p_k\|_2^2.$$

step 4　计算比值

$$\rho_k=(\|r(x^{(k)})\|_2^2-\|r(x^{(k)}+p_k)\|_2^2)/\psi_k(p_k).$$

如果 $\rho_k>\beta$, 则令 $x^{(k+1)}=x^{(k)}+p_k$, 否则令 $x^{(k+1)}=x^{(k)}$.

step 5 更新权矩阵 D_k 和 δ_k.

在这个算法中, 比值 ρ_k 度量了线性模型和非线性函数之间的一致性. 当 $\rho_k > \beta$ 时, 则迭代是可行的, 否则不可行. 若迭代不可行, 需要减小 δ_k. 如果 $r(x)$ 连续可微, $r'(x)$ 一致连续, 且 $J(x^{(k)})$ 有界, 则信赖域算法将收敛到稳定点. 这个算法在实践中是非常成功的, 对大残差或非线性很强的问题, 信赖域算法的收敛速度可能很慢.

§ 11.3 Newton 型方法

本节讨论 Newton 型方法, 包括 Newton 迭代法, 混合 Newton 迭代法, 和拟 Newton 迭代法.

11.3.1 Newton 迭代法

应用 Gauss-Newton 型方法时, 大残差或非线性很强的问题可能收敛得很慢, 当 Jacobi 矩阵秩亏时也有困难. Newton 迭代法用到 $f(x)$ 的二阶导数, 可能得到更好的计算效果. Newton 型方法建立在函数 $f(x)$ 在当前近似点处的二阶模型 (11.1.6) 基础上, 二阶模型的稳定点选为下一次的近似点. 易证, 只要在非线性最小二乘问题的解 u 的一个邻域内, $\nabla^2 f(x)$ 正定且 Lipschitz 连续, 则 Newton 迭代法局部二阶收敛, 其中

$$\nabla^2 f(x) = J(x)^T J(x) + Q(x), \quad Q(x) = \sum_{i=1}^{m} r_i(x) G_i(x). \tag{11.3.1}$$

为了得到全局收敛性, Newton 迭代法用一个线性搜索算法 $x^{(k+1)} = x^{(k)} + \alpha_k p_k$, 这里搜索方向 p_k 由

$$(J(x^{(k)})^T J(x^{(k)}) + Q(x^{(k)}))p_k = -J(x^{(k)})^T r(x^{(k)}) \tag{11.3.2}$$

确定. 为了保证 p_k 是下降方向, 矩阵 $J(x^{(k)})^T J(x^{(k)}) + Q(x^{(k)})$ 必须正定.

11.3.2 混合 Newton 迭代法

应用 Newton 迭代法时, 计算二阶导数项 $Q(x)$ 常常需要花费相当大的运算量. 应用混合 Newton 迭代法可以减少运算量. 令 $J(x^{(k)})$ 的 SVD 为

$$J(x^{(k)}) = U \begin{pmatrix} \Sigma \\ 0 \end{pmatrix} V^T, \quad U = (U_1, U_2) \in \mathcal{U}_m, \ V \in \mathcal{U}_n,$$

这里 U_1 是矩阵 U 的前 n 列, $\sigma_1 \geqslant \sigma_2 \geqslant \cdots \geqslant \sigma_n$, $\Sigma = \mathrm{diag}(\sigma_1, \cdots, \sigma_n) = \mathrm{diag}(\Sigma_1, \Sigma_2)$, Σ_1 包含 p 个 “大” 的奇异值, Σ_2 包含 “小” 的奇异值. 于是关于 Newton 方向 $p_k = Vq_k$ 的方程 (11.3.2) 可以写成

$$(\Sigma^2 + V^T Q_k V)q_k = -\Sigma \bar{s}, \tag{11.3.3}$$

这里 $Q_k = Q(x^{(k)})$, $\bar{s} = U_1^T r(x^{(k)})$. 如果把 V, q_k 和 $\bar{s}$ 对应于 Σ 相应分块, 则 (11.3.3) 式的前 p 个方程可写成

$$(\Sigma_1^2 + V_1^T Q_k V_1)q_1 + V_1^T Q_k V_2 q_2 = -\Sigma_1 \bar{s}_1.$$

上式中略去含有 Q_k 的项, 则得

$$q_1 = -\Sigma_1^{-1}\bar{s}_1. \tag{11.3.4}$$

把 q_1 带入后 $n-p$ 个方程, 由

$$(\Sigma_2^2 + V_2^T Q_k V_2)q_2 = -\Sigma_2 \bar{s}_2 - V_2^T Q_k V_1 q_1 \tag{11.3.5}$$

可解出 q_2. 于是近似的 Newton 方向是

$$p_k = Vq = V_1 q_1 + V_2 q_2. \tag{11.3.6}$$

11.3.3 拟 Newton 迭代法

当函数 $f(x)$ 二阶导数的计算量很大时, 可在计算 $f(x)$ 的梯度同时, 用一个矩阵逼近 $f(x)$ 的 Hessian 矩阵, 从而减少计算量. 许多拟 Newton 迭代法的收敛是超线性的.

设 S_{k-1} 是第 $k-1$ 步 Hessian 矩阵的对称近似, 要求第 k 步的近似矩阵 S_k 是 S_{k-1} 的一个小秩矩阵修正, 并且沿 $x^{(k)} - x^{(k-1)}$ 的 f 的曲率, 即

$$S_k(x^{(k)} - x^{(k-1)}) = y_k, \quad y_k = J(x^{(k)})^T r(x^{(k)}) - J(x^{(k-1)})^T r(x^{(k-1)}), \tag{11.3.7}$$

这被称为拟 Newton 关系. 下一步的搜索方向可由

$$S_k p_k = -J(x^{(k)})^T r(x^{(k)}) \tag{11.3.8}$$

计算. 可取 $S_0 = J(x^{(0)})^T J(x^{(0)})$ 作为初始近似.

一个更有效的拟 Newton 迭代法是用 $S_k = J(x^{(k)})^T J(x^{(k)}) + B_k$ 逼近 $\nabla^2 f(x^{(k)})$, 这里 B_k 是 $Q(x^{(k)})$ 的对称拟 Newton 逼近. 则拟 Newton 关系变成

$$B_k(x^{(k)} - x^{(k-1)}) = z_k, \quad z_k = J(x^{(k)})^T r(x^{(k)}) - J(x^{(k-1)})^T r(x^{(k-1)}), \tag{11.3.9}$$

B_k 可由公式

$$\begin{aligned} B_k = B_{k-1} &+ ((z_k - B_{k-1}s_k)y_k^T + y_k(z_k - B_{k-1}s_k)^T)/y_k^T s_k \\ &-(z_k - B_{k-1}s_k)^T s_k y_k y_k^T/(y_k^T s_k)^2 \end{aligned} \tag{11.3.10}$$

计算, 其中 $s_k = x^{(k)} - x^{(k-1)}$.

Gauss-Newton 迭代法和拟 Newton 迭代法可以作为混合 Newton 迭代法的基础, 两种方法可以自动转换. 基于对 Gauss-Newton 迭代法收敛速度 ρ 的观察, Gauss-Newton 迭代法和拟 Newton 迭代法可作如下选择.

(1) 如果 $\rho \leqslant 0.5$, 则 Gauss-Newton 迭代法更好.

(2) 如果 $\rho > 0.5$, 则对全局简单的问题, 拟 Newton 迭代法更好.

(3) 如果 $\rho \leqslant 0.7$, 则对全局困难的问题, Gauss-Newton 迭代法快得多, 而对较大的 ρ 值, 拟 Newton 迭代法更安全.

§ 11.4 可分离问题和约束问题

本节讨论可分离和带约束条件的非线性最小二乘问题的迭代解法.

11.4.1 可分离问题

非线性最小二乘问题 $\min_x \|r(x)\|_2$ 是**可分离**的, 是指解向量 x 可以分块, 使得子问题

$$\min_y \|r(y,z)\|_2, \quad x = \begin{pmatrix} y \\ z \end{pmatrix} \begin{matrix} p \\ q \end{matrix}, \quad p+q=n \tag{11.4.1}$$

容易求解. 许多实际的非线性最小二乘问题是可分离的. 如果 $r(y,z)$ 关于 y 是线性的,

$$r(y,z) = F(z)y - g(z), \quad F(z) \in \mathbf{R}^{m\times p}, \tag{11.4.2}$$

则 (11.4.1) 的极小范数解是

$$y(z) = F^{\dagger}(z)g(z),$$

因此原始的可分离问题能改写成

$$\min_z \|g(z) - F(z)y(z)\|_2 = \min_z \|(I - F(z)F^{\dagger}(z))g(z)\|_2. \tag{11.4.3}$$

基于 (11.4.3) 的算法常称为**变量投影算法**.

算法 11.4.1 变量投影算法. 给定向量 $y^{(0)}$, $z^{(0)}$. 对于 $k=0,1,2,\cdots$, 进行下面的步骤, 直到收敛.

step 1 解线性子问题

$$\min_{\delta y^{(k)}} \|F(z^{(k)})\delta y^{(k)} - (g(z^{(k)}) - F(z^{(k)})y^{(k)})\|_2,$$

令 $y^{(k+\frac{1}{2})} = y^{(k)} + \delta y^{(k)}, x^{(k+\frac{1}{2})} = (y^{(k+\frac{1}{2})T}, z^{(k)T})^T$.

step 2 由

$$\min_{p_k} \|C(x^{(k+\frac{1}{2})})p_k + r(y^{(k+\frac{1}{2})}, z^{(k)})\|_2,$$

计算 $x^{(k+\frac{1}{2})}$ 处的 Gauss-Newton 方向 p_k, 这里 $C(x^{(k+\frac{1}{2})})$ 是 Jacobi 矩阵

$$C(x^{(k+\frac{1}{2})}) = (F(z^{(k)}), r_z(y^{(k+\frac{1}{2})}, z^{(k)})).$$

step 3　确定步长 $\alpha_k > 0$, 令 $x^{(k+1)} = x^{(k)} + \alpha_k p_k$, 转到 step 1.

注 11.4.1　由 (11.4.2) 式可得

$$\begin{aligned} r_y(y^{(k+\frac{1}{2})}, z^{(k)}) &= F(z^{(k)}), \\ r_z(y^{(k+\frac{1}{2})}, z^{(k)}) &= B(z^{(k)})y^{(k+\frac{1}{2})} - g'(z^{(k)}), \end{aligned}$$

这里

$$B(z) = \left(\frac{\partial F}{\partial z_1}y, \cdots, \frac{\partial F}{\partial z_q}y\right) \in \mathbf{R}^{m\times q}.$$

另外, 求解可分离问题的变量投影算法和普通的 Gauss-Newton 算法有相同的局部收敛速度. 然而前者的一个重要优势是无需提供线性参数的初始值. 例如可取 $y^{(0)} = 0$, 在第一步决定 $y^{(1)} = \delta y^{(0)}$. 变量投影算法也可解决不用可分离性就不能解决的问题.

11.4.2　约束非线性最小二乘问题

在一般情况下, 非线性最小二乘问题可能满足某种约束条件. 下面考虑几种不同的约束非线性最小二乘问题.

1. 等式约束非线性最小二乘问题

一般的等式约束非线性最小二乘问题可表示为

$$\min_x \|r(x)\|_2, \quad 并且\ h(x) = 0, \tag{11.4.4}$$

这里 $r: \mathbf{R}^n \to \mathbf{R}^m$, $h: \mathbf{R}^n \to \mathbf{R}^p$, $p < n$.

可以把 Gauss-Newton 方法同时应用于上述等式约束非线性最小二乘问题的约束条件 $h(x) = 0$ 和极小化目标函数 $r(x)$. 在第 k 步, 由当前近似解 $x^{(k)}$ 和线性约束问题

$$\min_p \|r(x^{(k)}) + J(x^{(k)})p\|_2, \quad 并且\ h(x^{(k)}) + C(x^{(k)})p = 0 \tag{11.4.5}$$

来计算搜索方向 p_k, 这里 J 和 C 分别是 $r(x)$ 和 $h(x)$ 的 Jacobi 矩阵. 如果 μ 足够大, 则由 (11.4.5) 得到的搜索方向 p_k 是函数

$$\psi(x, \mu) = \|r(x)\|_2^2 + \mu\|h(x)\|_2^2$$

在点 $x^{(k)}$ 的下降方向. 可以用线性搜索或信赖域技巧使得 Gauss-Newton 方法稳定化.

对于带上下界线性不等约束的非线性最小二乘问题, 可以化为形如 (11.4.3) 式的等式约束非线性最小二乘问题, 也可以采用基于具有专门线性搜索的混合算法. 远离解时, 采用特定的子空间极小化算法; 接近解时, 或当 Gauss-Newton 方法收敛很慢时, 采用非约束情况下的 Newton 方法.

2. 垂直距离回归问题

垂直距离回归是一个可特殊的约束非线性最小二乘问题. 由观察数据 (y_i, t_i), $i = 1 : m$ 用最小二乘方法来拟合模型 $y = f(x, t)$, 假设 y_i 和 t_i 分别具有误差 $\overline{\varepsilon}_i$ 和 $\overline{\delta}_i$, 满足

$$y_i + \overline{\varepsilon}_i = f(x, t_i + \overline{\delta}_i), \quad i = 1 : m, \tag{11.4.6}$$

其中 $\overline{\varepsilon}_i$ 和 $\overline{\delta}_i$ 都是带有零均值和方差 σ^2 的线性独立的随机变量. 现在选择参向量 $x \in \mathbf{R}^n$, 使得观察数据 (y_i, t_i) 到曲线 $y = f(x, t)$ 的垂直距离 r_i 的平方和达到极小, $r_i = (\varepsilon_i^2 + \delta_i^2)^{1/2}$. 因此, x 应满足

$$\min_{x,\varepsilon,\delta} \sum_{i=1}^{m} (\varepsilon_i^2 + \delta_i^2), \ y_i + \varepsilon_i = f(x, t_i + \delta_i), \ i = 1 : m.$$

由上式消去 ε_i, 就得到垂直距离问题

$$\min_{x,\delta} \sum_{i=1}^{m} ((f(x, t_i + \delta_i) - y_i)^2 + \delta_i^2). \tag{11.4.7}$$

当 $y \in \mathbf{R}^{n_y}$ 和 $t \in \mathbf{R}^{n_t}$ 都是向量时, 则得到下面的问题:

$$\min_{x,\delta} \sum_{i=1}^{m} (\|f(x, t_i + \delta_i) - y_i\|_2^2 + \|\delta_i\|_2^2). \tag{11.4.8}$$

由于 $x \in \mathbf{R}^n$, $\delta \in \mathbf{R}^m$, 垂直距离问题 (11.4.7) 有 $m + n$ 个未知量, 而且往往有 $m \gg n$, 直接求解决垂直距离问题 (11.4.7) 的计算量非常大, 对具有 $mn_t + n$ 个变量的垂直距离问题 (11.4.8) 更是如此. 可以利用 (11.4.7) 式的特殊结构简化计算量. 对于一般的垂直距离问题 (11.4.8), 也可以类似处理.

垂直距离问题 (11.4.8) 可表示为标准的非线性最小二乘问题

$$\min_{x,\delta} \|r(\delta, x)\|_2^2, \ r(\delta, x) = \begin{pmatrix} r_1(\delta, x) \\ r_2(\delta) \end{pmatrix}, \tag{11.4.9}$$

其中残向量 $r(\delta, x)$ 为

$$r_1(\delta, x)_i = f(x, t_i + \delta_i) - y_i, \quad r_2(\delta)_i = \delta_i, \quad i = 1 : m,$$

非线性最小二乘问题 (11.4.9) 的 Jacobi 矩阵为

$$\tilde{J} = \underset{\begin{matrix} m & n \end{matrix}}{\begin{pmatrix} D_1 & J \\ I_m & 0 \end{pmatrix}} \begin{matrix} m \\ m \end{matrix} \in \mathbf{R}^{2m \times (m+n)}, \tag{11.4.10}$$

$$D_1 = \mathrm{diag}(d_1, \cdots, d_m),\ d_i = \left(\frac{\partial f}{\partial t}\right)_{t=t_i},$$

$$J_{ij} = \frac{\partial f(x, t_i + \delta_i)}{\partial x_j},\ i = 1:m,\ j = 1:n.$$

注意 $\tilde{J}$ 是稀疏和高度结构化的. 在 Gauss-Newton 方法的第 k 步, 对于当前的逼近值 $\delta^{(k)}$, $x^{(k)}$, 得到 $\tilde{J}_k$, 并计算线性最小二乘问题

$$\min_{\Delta\delta, \Delta x} \left\| \tilde{J}_k \begin{pmatrix} \Delta\delta \\ \Delta x \end{pmatrix} - \begin{pmatrix} r_1(\delta^{(k)}, x^{(k)}) \\ r_2(\delta^{(k)}) \end{pmatrix} \right\|_2, \tag{11.4.11}$$

得到校正值 $\Delta\delta^{(k)}$ 和 $\Delta x^{(k)}$. 解决这个问题需要 $\tilde{J}$ 的 QR 分解, 而这能通过两步计算. 首先用一系列 Givens 旋转 $Q_1 = G_m \cdots G_2 G_1$ 把 $\tilde{J}$ 的 (2,1) 块消为零:

$$Q_1 \tilde{J} = \begin{pmatrix} D_2 & K \\ 0 & L \end{pmatrix}, \quad Q_2 \begin{pmatrix} r_1(\delta^{(k)}, x^{(k)}) \\ r_2(\delta^{(k)}) \end{pmatrix} = \begin{pmatrix} s_1 \\ s_2 \end{pmatrix},$$

D_2 是对角矩阵. 现在问题 (11.4.11) 拆开成两个子问题. 首先由 LS 问题

$$\min_{\Delta x} \|L\Delta x - s_2\|_2$$

决定 $\Delta x^{(k)}$, 进而有

$$\Delta\delta_k = D_2^{-1}(s_2 - K\Delta x^{(k)}).$$

用其他方法求解非线性最小二乘问题 (11.4.9), 也可以采用上述技巧.

在许多应用领域的非线性最小二乘问题是由给定的数据点拟合几何元素, 这些元素可能是以隐式定义的, 像仿射线性流形, 圆周, 椭圆, 球面, 柱面等. 这些问题都可以归结到垂直距离回归问题.

习　题　十一

1. 设 $f: \mathbf{R}^n \to \mathbf{R}$ 在包含点 $u \in \mathbf{R}^n$ 的某邻域 D 中的一阶偏导数 $\dfrac{\partial f(x)}{\partial x_i}$ $(i = 1:n)$ 都存在, 并在 u 处连续. 证明 f 在 u 处 Frechet 可微.

2. 设 $A \in \mathbf{R}^{n\times n}$, $f(x) = x^T Ax$, $x \in \mathbf{R}^n$. 求 $f'(x)$.

3. 设 $f: D \subset \mathbf{R}^n \to \mathbf{R}$ 在凸子集 $D_0 \subset D$ 中二次 Frechet 可微. 证明对 $\forall\ x,\ y \in D_0$, 都存在 $t \in (0,1)$, 使得

$$f(y) - f(x) - f'(x)(y - x) = \frac{1}{2}(y - x)^T f''(x + t(y - x))(y - x).$$

4. 设 $g:\mathbf{R}^n\to\mathbf{R}^n$ 有一个不动点 $u\in\mathbf{R}^n$, g 在 u 为 Frechet 可微, 且 $\rho(g'(u))<1$. 证明: 存在 u 的开球 $S_r(u)$, 使得对 $\forall\ x^{(0)}\in S_r(u)$, 由迭代法

$$x^{(k+1)}=g(x^{(k)}),\ k=0,1,2,\cdots$$

得到的序列 $\{x^{(k)}\}\subset S_r(u)$, 且 $\lim\limits_{k\to\infty}x^{(k)}=u$.

5. 给定函数

$$\begin{aligned}r_1(x)&=x+1,\\ r_2(x)&=\lambda x^2+x-1,\end{aligned}$$

这里 λ 是一个参数, $|\lambda|>1$. 函数 $f(x)=r_1^2(x)+r_2^2(x)$ 的极小点是 $x=0$. 证明对任何初始值 $x^{(0)}\neq 0$, Gauss-Newton 方法不局部收敛.

6. 设

$$J=\begin{pmatrix}1&0\\0&\varepsilon\end{pmatrix},\qquad r=\begin{pmatrix}r_1\\r_2\end{pmatrix},$$

这里 $0<\varepsilon\ll 1$, $r_1=O(1)$, $r_2=O(1)$. 如果认为 J 的秩为 1 或 2, 求出搜索方向 p_k, 并说明两个搜索方向几乎是正交的.

7. 证明：如果在非线性最小二乘问题 (11.0.1) 的解 u 的一个邻域内

$$\nabla^2 f(x)=J(x)^TJ(x)+Q(x),\qquad Q(x)=\sum_{i=1}^m r_i(x)G_i(x),$$

Lipschitz 连续, $\nabla^2 f(u)$ 正定, 则 Newton 方法局部二阶收敛.

8. 设矩阵 $A\in\mathbf{C}_n^{n\times n}$. 证明：对满足 $1+v^HA^{-1}u\neq 0$ 的任何向量 u, $u\in\mathbf{C}^n$, $A+uv^H$ 非奇异, 且有

$$(A+uv^H)^{-1}=A^{-1}-\frac{A^{-1}uv^HA^{-1}}{1+v^HA^{-1}u}.$$

9. 考虑指数拟合问题

$$\min_{y,z}\sum_{i=1}^m(y_1e^{z_1t_i}+y_2e^{z_2t_i}-g_i)^2.$$

这个模型关于参数 z_1 和 z_2 是非线性的, 但是关于 y_1 和 y_2 是线性的, 给定 z_1 和 z_2 的值, 求解线性子问题.

10. 由给定点 (x_i,y_i), $i=1:m$, 拟合圆心为 (x_0,y_0), 半径为 r 的圆周 (即 x_0, y_0, r 为未知参数). 用 (x_i,y_i) 到圆周的垂直距离回归方法推导相应的非线性最小二乘问题, 并用 Gauss-Newton 方法求解.

第十二章　四元数矩阵的性质

1843 年，哈密尔顿 (1805—1865) 在试图将复数扩展到更高维度的空间时, 引入了四元数的概念, 之后他将精力都倾注于研究四元数及其应用. 然而, 他可能从来没有想过, 在未来的某一天, 他发明的四元数将被用于四元数量子力学 (qQM)、彩色图像处理等许多领域.

大约 100 年后，Finkelstein 等 [74–77] 建立了 qQM 和测量理论的基础. 他们的基础性工作使人们对非交换场的物理理论的代数化和几何化产生了新的兴趣. 在这方面的众多文献中, Horwitz 和 Biedenharn 的重要论文指出, 标量积的复投影假设, 也称为复几何 Rembielinski, 允许在单粒子四元数波函数之间定义一个合适的张量积. 四元数在狭义相对论、群表示、非相对论和相对论动力学、场论、拉格朗日形式论、电弱模型等诸多应用领域发挥着重要作用.

1996 年, Sangwine 提出在纯虚四元数的三个虚部上编码 RGB 图像的三个信道分量, 因此彩色图像可以用纯虚四元数矩阵表示. 自此, 彩色图像的四元数表示就引起了人们的极大关注. 并且 Sangwine 和 Le Bihan[171] 利用四元数代数运算形成了一个 Matlab 工具箱 QTFM.

伴随着四元数矩阵在刚体系统、量子力学、相对论、电磁学、机器人技术以及彩色图像处理、计算机图形学等许多领域的应用越来越广泛, 对其代数性质和数值计算进行进一步深入研究也越来越有必要. 张福振[272] 较系统地讨论了四元数及四元数矩阵的代数性质. 为下文需要, 本章简要介绍四元数及四元数矩阵的基本代数性质. 注意到第一章中讨论的复矩阵的大部分性质, 如各种矩阵分解包括各种广义的奇异值分解, Hermite 矩阵的特征值和奇异值的极大极小定理以及奇异值的分隔定理, MP 逆和其他广义逆的概念和性质, 投影和正交投影的性质, 向量范数和矩阵范数的概念和基本性质等, 可以直接推广到四元数矩阵. 下面我们仅讨论四元数及四元数矩阵特有的性质. §12.1 讨论四元数及其性质, §12.2 讨论四元数矩阵的有关性质, §12.3 讨论四元数矩阵的特征值问题, §12.4 给出四元数矩阵的实表示矩阵的性质. 对于四元数及四元数矩阵的代数性质的进一步讨论, 见文献 [246], [272].

§ 12.1　四元数及其性质

本节讨论四元数的基本性质.

一个四元数可以表示为 $x = x_1 + x_2\mathbf{i} + x_3\mathbf{j} + x_4\mathbf{k}$，其中 $\mathbf{i}, \mathbf{j}, \mathbf{k}$ 是三个不同的虚

数单位, 满足

$$\mathbf{i}^2 = \mathbf{j}^2 = \mathbf{k}^2 = \mathbf{ijk} = -1.$$

由此可得

$$\mathbf{ij} = -\mathbf{ji} = \mathbf{k}, \quad \mathbf{jk} = -\mathbf{kj} = \mathbf{i}, \quad \mathbf{ki} = -\mathbf{ik} = \mathbf{j}.$$

显然四元数的乘法不满足交换律. 所有四元数的集合构成四元数体, 记为 $\mathbf{Q}$.

对于四元数 $x = x_1 + x_2\mathbf{i} + x_3\mathbf{j} + x_4\mathbf{k} \in \mathbf{Q}$, 定义 $\mathrm{Re}(x) = x_1$ 为 x 的实部; $\mathrm{Im}(x) = x_2\mathbf{i} + x_3\mathbf{j} + x_4\mathbf{k}$ 为 x 的虚部; $\bar{x} = x^H = x_1 - x_2\mathbf{i} - x_2\mathbf{j} - x_3\mathbf{k}$ 为 x 的共轭四元数; $|x| = \sqrt{x_1^2 + x_2^2 + x_3^2 + x_4^2}$ 为 x 的模 (范数). 模为 1 的四元数称为单位四元数. 四元数具有以下基本性质.

定理 12.1.1 设 x, y, z 为四元数. 则

(1) $x^H x = x x^H$, 即 $|x| = |x^H|$;

(2) $|x|^2 + |y|^2 = \dfrac{1}{2}(|x+y|^2 + |x-y|^2)$;

(3) 对于 $x \neq 0$, 令单位四元数 $u = x/|x|$, 则有 $x = |x|u$;

(4) 对于复数 c, 有 $\mathbf{j}c = \bar{c}\mathbf{j}$ 及 $\mathbf{j}c\mathbf{j}^H = \bar{c}$;

(5) 若 $x = x_1 + x_2\mathbf{i} + x_3\mathbf{j} + x_4\mathbf{k}$, 则 $x^H\mathbf{i}x = (x_1^2 + x_2^2 - x_3^2 - x_4^2)\mathbf{i} + 2(-x_1x_4 + x_2x_3)\mathbf{j} + 2(x_1x_3 + x_2x_4)\mathbf{k}$;

(6) $x = \dfrac{1}{2}(x + x^H) + \dfrac{1}{2}(x + \mathbf{j}x^H\mathbf{j}) + \dfrac{1}{2}(x + \mathbf{k}x^H\mathbf{k})$, $\quad x^H = -\dfrac{1}{2}(x + \mathbf{i}x\mathbf{i} + \mathbf{j}x\mathbf{j} + \mathbf{k}x\mathbf{k})$;

(7) $x^2 = |\mathrm{Re}(x)|^2 - |\mathrm{Im}(x)|^2 + 2\mathrm{Re}(x)\mathrm{Im}(x)$;

(8) $(xy)^H = y^H x^H$;

(9) $(xy)z = x(yz)$;

(10) 一般地, $(x+y)^2 \neq x^2 + 2xy + y^2$;

(11) $x^H = x$ 当且仅当 $x \in \mathbf{R}$;

(12) 对任意 $x \in \mathbf{Q}$, $ax = xa$ 当且仅当 $a \in \mathbf{R}$;

(13) 设 $x \neq 0$, 则 $\dfrac{x^H}{|x|^2}$ 是 x 的逆, 记为 x^{-1}, 且 $|x^{-1}| = \dfrac{1}{|x|}$;

(14) $x^2 = -1$ 有无穷多个四元数解;

(15) x 和 x^H 是 $t^2 - 2\mathrm{Re}(x)t + |x|^2 = 0$ 的解;

(16) 每一个四元数 q 都能够唯一的表示为 $q = c_1 + c_2\mathbf{j}$, 其中 c_1, c_2 为复数.

两个四元数 x 和 y, 如果存在非零四元数 u, 使得 $u^{-1}xu = y$, 则称 x 和 y 相似, 记为 $x \sim y$. 显然, $\sim$ 是四元数体上的等价关系. x 的等价类记为 $[x]$.

引理 12.1.2 设 $q = q_1 + q_2\mathbf{i} + q_3\mathbf{j} + q_4\mathbf{k}$, 其中 $q_1, q_2, q_3, q_4 \in \mathbf{R}$, 则 q 与 $q_1 + \sqrt{q_2^2 + q_3^2 + q_4^2}\mathbf{i}$ 相似, 即 $q \in [q_1 + \sqrt{q_2^2 + q_3^2 + q_4^2}\mathbf{i}]$.

证明 考虑四元数方程

$$qx = x(q_1 + \sqrt{q_2^2 + q_3^2 + q_4^2}\mathbf{i}). \tag{12.1.1}$$

易证, 如果 $q_3^2 + q_4^2 \neq 0$, 则 $x = (\sqrt{q_2^2 + q_3^2 + q_4^2} + q_2) - q_4\mathbf{j} + q_3\mathbf{k}$ 是 (12.1.1) 的一个解. □

$[x]$ 仅包含一个元素, 当且仅当 $x \in \mathbf{R}$. 如果 $x \notin \mathbf{R}$, 则 $[x]$ 包含无限多个四元数, 其中仅有两个互为共轭的复数, 而且对任意四元数 x, $x \sim x^H$.

由引理 12.1.2 可得以下定理.

定理 12.1.3 设 $x = x_1 + x_2\mathbf{i} + x_3\mathbf{j} + x_4\mathbf{k}$ 和 $y = y_1 + y_2\mathbf{i} + y_3\mathbf{j} + y_4\mathbf{k}$ 为四元数. 则 x 和 y 相似, 当且仅当 $x_1 = y_1$ 且 $x_2^2 + x_3^2 + x_4^2 = y_2^2 + y_3^2 + y_4^2$, 即 $\mathrm{Re}(x) = \mathrm{Re}(y)$ 且 $|\mathrm{Im}(x)| = |\mathrm{Im}(y)|$.

§ 12.2 四元数矩阵及其性质

本节讨论四元数矩阵的概念、性质和运算.

称元素为四元数的矩阵为四元数矩阵, 所有 $m \times n$ 四元数矩阵的集合记为 $\mathbf{Q}^{m\times n}$. 除了通常的加法和乘法, 对于 $A = (a_{st}) \in \mathbf{Q}^{m\times n}$, $q \in \mathbf{Q}$, 左 (右) 数乘定义为

$$qA = (qa_{st}) \qquad (Aq = (a_{st}q)).$$

显然对于 $A \in \mathbf{Q}^{m\times n}, B \in \mathbf{Q}^{n\times o}$ 及 $p, q \in \mathbf{Q}$,

$$\begin{aligned}(qA)B &= q(AB),\\ (Aq)B &= A(qB),\\ (pq)A &= p(qA).\end{aligned}$$

而且 $\mathbf{Q}^{m\times n}$ 是 $\mathbf{Q}$ 上的左 (右) 向量空间. 四元数矩阵可以进行复矩阵的所有除了涉及乘法交换律的运算.

对于四元数矩阵 $A = (a_{st}) \in \mathbf{Q}^{m\times n}$, $\bar{A} = (\overline{a_{st}}) = (a_{st}^H)$ 表示 A 的共轭; $A^T = (a_{ts}) \in \mathbf{Q}^{n\times m}$ 表示 A 的转置; $A^H = (\bar{A})^T \in \mathbf{Q}^{n\times m}$ 表示 A 的共轭转置.

方阵 $A \in \mathbf{Q}^{n\times n}$ 称为正规的, 如果 $AA^H = A^HA$; A 为 Hermite 的, 如果 $A^H = A$; A 为酉矩阵, 如果 $A^HA = I$; A 为可逆 (非奇异) 矩阵, 如果存在 $B \in \mathbf{Q}^{n\times n}$, 满足 $AB = BA = I$. 和复矩阵一样, 我们可以定义四元数矩阵的初等行 (列) 运算及相应的初等四元数矩阵. 显然对 A 施行初等行 (列) 运算, 等价于用初等四元数矩阵左 (右) 乘 A. 任意方四元数矩阵可以通过初等四元数矩阵变为上对角矩阵. 显然四元数矩阵具有下列性质.

定理 12.2.1 设 $A \in \mathbf{Q}^{m\times n}, B \in \mathbf{Q}^{n\times o}$. 则

(1) $(\bar{A})^T = \overline{(A^T)}$;

(2) $(AB)^H = B^H A^H$;

(3) 一般地, $\overline{AB} \neq (\overline{A})(\overline{B})$;

(4) 一般地, $(AB)^T \neq B^T A^T$;

(5) 如果 A, B 可逆, 则 $(AB)^{-1} = B^{-1}A^{-1}$;

(6) 如果 A 可逆, 则 $(A^H)^{-1} = (A^{-1})^H$;

(7) 一般地, $(\bar{A})^{-1} \neq \overline{A^{-1}}$;

(8) 一般地, $(A^T)^{-1} \neq (A^{-1})^T$.

$\mathbf{Q}^n$ 表示所有 n 维四元数向量的集合. 下面定义 $\mathbf{Q}^n$ 上四元数向量的左 (右) 线性无关性.

定义 12.2.1 称四元数向量 $\eta_1, \eta_2, \cdots, \eta_r \in \mathbf{Q}^n$ 左线性无关, 如果对于k_1, $k_2, \cdots, k_r \in \mathbf{Q}$,

$$k_1\eta_1 + k_2\eta_2 + \cdots + k_r\eta_r = 0,$$

当且仅当

$$k_1 = k_2 = \cdots = k_r = 0.$$

否则称 $\eta_1, \eta_2, \cdots, \eta_r$ 左线性相关.

称四元数向量 $\eta_1, \eta_2, \cdots, \eta_r \in \mathbf{Q}^n$ 右线性无关, 如果对于 $k_1, k_2, \cdots, k_r \in \mathbf{Q}$,

$$\eta_1 k_1 + \eta_2 k_2 + \cdots + \eta_r k_r = 0,$$

当且仅当

$$k_1 = k_2 = \cdots = k_r = 0.$$

否则称 $\eta_1, \eta_2, \cdots, \eta_r$ 右线性相关. 可以找到两个四元数向量左线性相关, 但右线性无关的例子.

记四元数矩阵 A 的最大右线性无关的列向量的个数为 A 的秩, 记为 $\mathrm{rank}(A)$. 对于任意可逆矩阵 P, Q, $\mathrm{rank}(A) = \mathrm{rank}(PAQ)$. 如果 $\mathrm{rank}(A) = r$, 则 r 也是 A 的最大左线性无关的行向量的个数. A 非奇异, 当且仅当 A 的秩为 n.

易证 $\mathbf{Q}^n$ 是 $\mathbf{Q}$ 上关于加法和右数乘运算的右向量空间. 若 $A \in \mathbf{Q}^{m\times n}$, 则 $Ax = 0$ 的解构成 $\mathbf{Q}^n$ 的子空间, 该子空间的维数为 r, 当且仅当 $\mathrm{rank}(A) = n - r$.

§ 12.3 四元数矩阵的特征值问题

本节讨论四元数矩阵的特征值问题. 由于四元数的左乘和右乘不同, 需要区别讨论 $Ax = \lambda x$ 和 $Ax = x\lambda$. 如果 $Ax = \lambda x (Ax = x\lambda)$, 则称四元数 λ 为 A 的一个左

(右) 特征值.

定理 12.3.1　设 $A \in \mathbf{Q}^{n\times n}$ 为上三角矩阵. 则四元数 λ 为 A 的左特征值, 当且仅当 λ 是 A 的对角元.

该结论的证明与复数情形类似. 若四元数矩阵 A 为一般矩阵, 则情况复杂得多. 一般地, 左、右特征值之间没有必然联系. 然而, 对于实矩阵, 有下列定理成立.

定理 12.3.2　如果 $A \in \mathbf{R}^{n\times n}$ 为实矩阵, 则其左、右特征值一致.

证明　设 λ 为 A 的一个左特征值, 即对于某一向量 $x \neq 0$, 有 $Ax = \lambda x$. 取 $0 \neq q \in \mathbf{Q}$ 使得 $q\lambda q^{-1}$ 为复数. 有

$$(qAq^{-1})qx = (q\lambda q^{-1}) \cdot qx.$$

由于 A 为实矩阵, $qAq^{-1} = Aqq^{-1} = A$, 因此

$$Aqx = (q\lambda q^{-1})qx.$$

记 $qx = y = y_1 + y_2\mathbf{j}$, 其中 $y_1, y_2 \in \mathbf{C}^n$. 有 $Ay_1 = y_1 q\lambda q^{-1}$ 及 $Ay_2 = y_2 q\lambda q^{-1}$. 显然 λ 是 A 的一个右特征值. 同样可证, 每一个右特征值也是一个左特征值. □

四元数矩阵的左特征值的一个基本问题是: 是否任一 $A \in \mathbf{Q}^{n\times n}$, 都存在 $\lambda \in \mathbf{Q}$ 和非零列向量 $x \in \mathbf{Q}^n$, 使得 $Ax = \lambda x$? 文献 [264] 给出了解答.

定理 12.3.3 [264]　每一个 $n \times n$ 四元数矩阵, 都至少存在一个四元数左特征值.

文献 [175] 解答了 2×2 和 3×3 四元数矩阵的所有左特征值问题.

右特征值的研究较充分. 右特征值在相似变换下不变, 其理论意义和实际应用更大. 关于右特征值, 有如下结论.

引理 12.3.4　设 $u_1 \in \mathbf{Q}^n$ 为单位向量. 则存在单位向量 $u_2, \cdots, u_n \in \mathbf{Q}^n$, 使得 $u_1, u_2, \cdots, u_n$ 为正交集, 即 $u_s^H u_t = 0$, $s \neq t$.

定理 12.3.5　给定四元数矩阵 $A \in \mathbf{Q}^{n\times n}$. 如果 $\lambda \in \mathbf{Q}$ 为 A 的一个右特征值. 则对任一非零四元数 $q \in \mathbf{Q}$, $q^{-1}\lambda q$ 也是 A 的右特征值. 如果 $\lambda \in \mathbf{C}$ 为 A 的一个右特征值, 则 $\bar{\lambda}$ 也是 A 的右特征值.

由定理 12.3.5 知, 如果 λ 为 A 的一个非实右特征值, 则 $[\lambda]$ 中任一元素也是 A 的右特征值. 因此 A 存在有限个右特征值, 当且仅当 A 的所有右特征值都是实数. 另一方面, 对于 $A \in \mathbf{Q}^{n\times n}$, 必定存在一个具有非负虚部的复右特征值.

定理 12.3.6　任一 $n \times n$ 四元数矩阵 A , 恰好有 n 个具有非负虚部的复右特征值, 称为 A 的标准右特征值.

下面给出关于右特征值的四元数矩阵分解定理.

定理 12.3.7 (Jordan 标准分解)　设 $\lambda_1, \cdots, \lambda_r$ 为四元数矩阵 $A \in \mathbf{Q}^{n\times n}$ 的不同的右特征值, 其代数重数分别为 $n(\lambda_1), \cdots, n(\lambda_r)$. 则存在非奇异矩阵 $P \in \mathbf{Q}^{n\times n}$,

使得

$$P^{-1}AP = J \equiv \text{diag}(J_1(\lambda_1), \cdots, J_r(\lambda_r)), \tag{12.3.1}$$

其中,

$$J_i(\lambda_i) = \text{diag}(J_i^{(1)}(\lambda_i), \cdots, J_i^{(k_i)}(\lambda_i)) \in \mathbf{Q}^{n(\lambda_i)\times n(\lambda_i)}, \tag{12.3.2}$$

$$J_i^{(k)}(\lambda_i) = \begin{pmatrix} \lambda_i & 1 & & \\ & \ddots & \ddots & \\ & & \ddots & 1 \\ & & & \lambda_i \end{pmatrix} \in \mathbf{Q}^{n_k(\lambda_i)\times n_k(\lambda_i)}, \quad 1 \leqslant k \leqslant k_i, \tag{12.3.3}$$

$$\sum_{k=1}^{k_i} n_k(\lambda_i) = n(\lambda_i), \quad 1 \leqslant i \leqslant r,$$

并且除了 $J_i^{(k)}(\lambda_i)(1 \leqslant k \leqslant k_i,\ 1 \leqslant i \leqslant r)$ 的顺序外, J 唯一. 称 (12.3.3) 中所有 $J_i^{(k)}(\lambda_i)(1 \leqslant k \leqslant k_i, 1 \leqslant i \leqslant r)$ 为 Jordan 块, 矩阵 J 称为 A 的 Jordan 标准型.

定理 12.3.8 (Schur 分解) 设四元数矩阵 $A \in \mathbf{Q}^{n\times n}$, 则存在酉矩阵 $U \in \mathcal{U}_n$, 使得

$$U^H AU = T, \tag{12.3.4}$$

其中 T 为上三角矩阵. 而且, 通过恰当的选择 U, T 的对角元可以按照指定的顺序排列.

由定理 12.3.8, 有如下推论.

推论 12.3.9 设四元数矩阵 $A \in \mathbf{Q}^{n\times n}$. 则

(1) A 为正规矩阵 $\Leftrightarrow$ 存在酉矩阵 $U \in \mathcal{U}_n$, 使得

$$U^H AU = \text{diag}(\lambda_1, \cdots, \lambda_n),$$

即存在由 A 的右特征向量构成 $\mathbf{Q}^n$ 的正交基.

(2) A 为 Hermite 矩阵 $\Leftrightarrow$ A 是正规的, 并且 A 的右特征值都是实数. 因而 A 的所有右特征值, 也是 A 的左特征值, 即 $\lambda_r(A) \subseteq \lambda_l(A)$, 其中 $\lambda_r(A)$ 和 $\lambda_l(A)$ 分别是 A 的右、左特征值的集合.

(3) A 为酉矩阵 $\Leftrightarrow$ A 是正规的, 且

$$\lambda_r(A) \subseteq \varphi \equiv \{\lambda \in \mathbf{Q} : |\lambda| = 1\}.$$

例 12.3.1 设 $A = \begin{pmatrix} 0 & \mathbf{i} \\ -\mathbf{i} & 0 \end{pmatrix}$. 则

$$\lambda_r(A) = \{1, -1\}$$

且

$$\lambda_l(A) = \{\lambda : \lambda = \alpha + \beta\mathbf{j} + \gamma\mathbf{k}\}, \quad \alpha^2 + \beta^2 + \gamma^2 = 1,$$

A 为 Hermite 矩阵, $1, -1, \mathbf{j}$ 和 $\mathbf{k}$ 都是左特征值. 因而 $\lambda_r(A) \subset \lambda_l(A)$.

定理 12.3.10 设 $A \in \mathbf{Q}^{n\times n}$ 为 Hermite 矩阵. 则存在酉矩阵 $U \in \mathcal{U}^n$, 使得

$$U^H AU = \mathrm{diag}(\lambda_1, \lambda_2, \cdots, \lambda_n),$$

其中,

$$\lambda_1 \geqslant \lambda_2 \geqslant \cdots \geqslant \lambda_n$$

为 A 的全部右特征值.

由上述结果知, 四元数矩阵也存在奇异值分解.

定理 12.3.11 设 $A \in \mathbf{Q}^{m\times n}$, $\mathrm{rank}(A) = r > 0$. 则存在酉矩阵 U 和 V, 使得

$$U^H AV = \begin{matrix} \begin{pmatrix} \Sigma_1 & 0 \\ 0 & 0 \end{pmatrix} & \begin{matrix} r \\ m-r \end{matrix} \\ \begin{matrix} r, & n-r \end{matrix} & \end{matrix}, \tag{12.3.5}$$

其中 $\Sigma_1 = \mathrm{diag}(\sigma_1, \cdots, \sigma_r), \sigma_1 \geqslant \cdots \geqslant \sigma_r > 0$.

定理 12.3.11 的证明类似于定理 1.3.4.

A 的所有标准右特征值的个数 $n(\lambda_i)$, 称为 λ_i 的代数重数. A 的对应于 λ_i 的所有 Jordan 块 $J_i^{(j)}(\lambda_i)$ 的个数 k_i, 称为 λ_i 的几何重数.

§ 12.4 四元数矩阵的实表示矩阵

本节讨论四元数矩阵的实表示矩阵的定义和性质.

定义 12.4.1 设 $A = A_1 + A_2\mathbf{i} + A_3\mathbf{j} + A_4\mathbf{k} \in \mathbf{Q}^{m\times n}$, 其中 $A_1, A_2, A_3, A_4 \in \mathbf{R}^{m\times n}$, 其实表示矩阵定义为

$$A^R \equiv \begin{pmatrix} A_1 & -A_2 & -A_3 & -A_4 \\ A_2 & A_1 & -A_4 & A_3 \\ A_3 & A_4 & A_1 & -A_2 \\ A_4 & -A_3 & A_2 & A_1 \end{pmatrix}. \tag{12.4.1}$$

通过简单计算, 可以验证四元数矩阵的实表示矩阵具有下列性质.

定理 12.4.1 设 $A, B \in \mathbf{Q}^{m\times n}$, $C \in \mathbf{Q}^{n\times s}$ 及 $a \in \mathbf{R}$. 则

(1) $(A+B)^R = A^R + B^R$, $(aA)^R = aA^R$, $(AC)^R = A^R C^R$;

(2) $(A^H)^R = (A^R)^T$;

(3) $A \in \mathbf{Q}^{m\times m}$ 是酉矩阵, 当且仅当 A^R 是正交矩阵;

(4) A 可逆, 当且仅当 A^R 可逆, 且 $(A^{-1})^R = (A^R)^{-1}$;

(5) 若 $0 \neq q \in \mathbf{Q}$, 则 $q^{-1} = \bar{q}/|q|^2, (q^{-1})^R = (q^R)^T/|q|^2$.

由定理 12.4.1, 可以得到如下结论.

定理 12.4.2

$$\mathbf{Q}^{m\times n} \cong (\mathbf{Q}^{m\times n})^R \subseteq \mathbf{R}^{4m\times 4n},$$

这里 $\cong$ 表示同构.

定义以下三个酉矩阵

$$J_n = \begin{pmatrix} 0 & 0 & -I_n & 0 \\ 0 & 0 & 0 & -I_n \\ I_n & 0 & 0 & 0 \\ 0 & I_n & 0 & 0 \end{pmatrix}, \tag{12.4.2}$$

$$R_n = \begin{pmatrix} 0 & -I_n & 0 & 0 \\ I_n & 0 & 0 & 0 \\ 0 & 0 & 0 & I_n \\ 0 & 0 & -I_n & 0 \end{pmatrix},\ S_n = \begin{pmatrix} 0 & 0 & 0 & -I_n \\ 0 & 0 & I_n & 0 \\ 0 & -I_n & 0 & 0 \\ I_n & 0 & 0 & 0 \end{pmatrix}. \tag{12.4.3}$$

若实矩阵 $M \in \mathbf{R}^{4n\times 4n}$ 满足

$$J_n M J_n^T = M, \quad R_n M R_n^T = M, \quad S_n M S_n^T = M,$$

则称 M 为 JRS-对称矩阵. 若实矩阵 $O \in \mathbf{R}^{4n\times 4n}$ 满足

$$O J_n O^T = J_n, \quad O R_n O^T = R_n, \quad O S_n O^T = S_n,$$

则称 M 为 JRS-辛矩阵. 若实矩阵 $W \in \mathbf{R}^{4n\times 4n}$ 既是正交的又是 JRS-辛矩阵, 则称 W 为正交 JRS-辛矩阵.

定理 12.4.3 [124]　设 $A \in \mathbf{Q}^{m\times n}$. 则

(1) A^R 是 JRS-对称矩阵;

(2) 若 A^R 是正交矩阵, 则 A^R 一定是正交 JRS-辛矩阵.

对于实表示矩阵 A^R, 定义其第一列块和第一行块分别为

$$A_c^R = \begin{pmatrix} A_1 \\ A_2 \\ A_3 \\ A_4 \end{pmatrix} \text{ 和 } A_r^R = \begin{pmatrix} A_1 & -A_2 & -A_3 & -A_4 \end{pmatrix}.$$

利用定理 12.4.1, 可以得到下列性质.

定理 12.4.4　设 $A, B \in \mathbf{Q}^{m\times n}$, $C \in \mathbf{Q}^{n\times s}$, $q \in \mathbf{Q}^m$ 及 $a \in \mathbf{R}$. 则

(1) $(A+B)_c^R = A_c^R + B_c^R$, $(aA)_c^R = aA_c^R$, $(AC)_c^R = A^R C_c^R$;

(2) $(A^H)_c^R = ((A^R)^T)_c \equiv (A^R)_c^T$;

(3) $\|A\|_F = \|A_c^R\|_F$, $\|q\|_2 = \|q_c^R\|_2$.

定理 12.4.5　设 $A, B \in \mathbf{Q}^{m\times n}$, $C \in \mathbf{Q}^{n\times s}$, $q \in \mathbf{Q}^m$ 及 $a \in \mathbf{R}$. 则

(1) $(A+B)_r^R = A_r^R + B_r^R$, $(aA)_r^R = aA_r^R$, $(AC)_r^R = A_r^R C^R$;

(2) $(A^H)_r^R = ((A^R)^T)_r \equiv (A^R)_r^T$;

(3) $\|A\|_F = \|A_r^R\|_F$, $\|q\|_2 = \|q_r^R\|_2$.

由 (12.4.1) 及定理 12.4.4 知, 我们在进行四元数矩阵的加减和乘法运算时, 可用其实表示运算来代替, 并且只需利用实表示矩阵的第一列块或第一行块.

习　题　十二

1. (Schur 分解)　设 $A \in \mathbf{Q}^{n\times n}$. 证明: 存在酉矩阵 $U \in \mathcal{U}_n$, 使得 $U^H A U = T$, 其中 T 是上三角阵; 而且适当选取 U, 可使 T 的对角线元素按任一指定顺序排列.

2. (奇异值分解)　设 $A \in \mathbf{Q}^{m\times n}$, $\mathrm{rank}(A) = r > 0$. 则存在酉矩阵 U 和 V, 使得

$$U^H A V = \begin{pmatrix} \Sigma_1 & 0 \\ 0 & 0 \end{pmatrix} \begin{matrix} r \\ m-r \end{matrix}, \quad \text{(列: } r,\ n-r\text{)}$$

其中 $\Sigma_1 = \mathrm{diag}(\sigma_1, \cdots, \sigma_r), \sigma_1 \geqslant \cdots \geqslant \sigma_r > 0$.

3. 设 $q \in \mathbf{Q}$. 证明: $qq^H = |q|^2$. 从而证明: 若 $q \neq 0$, 则 $q^{-1} = q^H/|q|^2$.

4. 设 $x \in \mathbf{Q}^n$. 则有

$$\|x\|_\infty \leqslant \|x\|_1 \leqslant n\|x\|_\infty,$$
$$\frac{1}{\sqrt{n}}\|x\|_1 \leqslant \|x\|_2 \leqslant \|x\|_1,$$
$$\frac{1}{\sqrt{n}}\|x\|_2 \leqslant \|x\|_\infty \leqslant \|x\|_2.$$

5. 证明: 若 $A \in \mathbf{Q}^{m\times n}$, 则

$$\|A\|_2 = \max_{\substack{\|x\|_2=1\\ \|y\|_2=1}} |y^H A x|,$$
$$\|A^H\|_2 = \|A^T\|_2 = \|A\|_2,$$
$$\|A^H A\|_2 = \|A\|_2^2,$$
$$\|A\|_2^2 \leqslant \|A\|_1 \|A\|_\infty,$$

并且对于任意的酉矩阵 $U \in \mathcal{U}_m$ 和 $V \in \mathcal{U}_n$, 有 $\|UAV\|_2 = \|A\|_2$.

6. 设 $A, B \in \mathbf{Q}^{m\times n}$, $C \in \mathbf{Q}^{n\times s}$ 及 $a \in \mathbf{R}$. 证明:

- $(A+B)^R = A^R + B^R$, $(aA)^R = aA^R$, $(AC)^R = A^R C^R$;
- $(A^H)^R = (A^R)^T$;
- $A \in \mathbf{Q}^{m\times m}$ 是酉矩阵, 当且仅当 A^R 是正交矩阵;
- A 可逆, 当且仅当 A^R 可逆, 且 $(A^{-1})^R = (A^R)^{-1}$;
- 若 $0 \neq q \in \mathbf{Q}$, 则 $(q^{-1})^R = (q^R)^T/|q|^2$.

第十三章 四元数 GLS 问题的数值计算

本章讨论四元数 GLS 问题的数值计算，包括四元数矩阵分解，及若干 GLS 问题的直接算法和迭代算法.

一种好的算法应该满足下面三个基本要求: 第一, 算法应该是数值稳定的; 第二, 运算速度快; 第三, 存储量小. 实矩阵计算中有很多稳定高效的算法可以推广到四元数矩阵中, 并且仍然是稳定的. 浮点运算的数目是量化算法运算量的一种方法. 对于 $a, b \in \mathbf{R}$, $a \pm b$ 和 $a \times b$ 都只有一次实浮点运算, 然而对于 $a, b \in \mathbf{Q}$, $a \pm b$ 包含 4 次实浮点运算, $a \times b$ 包含 28 次实浮点运算. 对于 $a, b \in \mathbf{R}^n$, $a^T b$ 仅有 $2n$ 次实浮点运算, 然而对于 $a, b \in \mathbf{Q}^n$, 计算 $a^H b$ 有 $32n$ 次实浮点运算, 是计算实向量内积的 16 倍.

目前四元数矩阵计算的基本方法可归结为以下三类. 第一类: 基于四元数代数运算的计算, 如 Sangwine 和 Le Bihan[171] 利用四元数代数运算设计了一个 Matlab 工具箱 QTFM. 该类方法的优势是避免了维数的扩张, 有利于节约存储量, 然而计算复杂, 计算量大, 其运算时间并不占优. 第二类: 基于四元数矩阵的实表示矩阵的计算. 这类方法将四元数矩阵问题等价地转化为实矩阵的相应问题, 不考虑实表示矩阵的结构特点, 直接对原始四元数矩阵的实表示矩阵进行计算. 它有两个缺点: 其一, 实表示矩阵的维数成四倍扩张, 运算复杂性大大增加; 其二, 实表示矩阵的稳定性属性不同于原始的四元数矩阵, 因此计算效果较差. 第三类: 基于四元数矩阵实表示矩阵的高效快速实保结构算法, 该类方法由文献 [124] 首先提出. 该类算法的主要优点为: 其一, 算法利用正交 JRS-辛矩阵的性质, 所涉及矩阵变换是正交变换, 因而是数值稳定的; 其二, 算法只涉及实代数运算且充分利用了实表示矩阵的特殊结构; 其三, 充分考虑了影响 Matlab 软件计算速度的两个决定性因素: ① 浮点运算数量 —— 利用实表示矩阵的结构, 将实的浮点运算控制到最少; ② 赋值的数量 —— 利用流水线与并行算法进行向量与矩阵的高级运算, 尽可能减少赋值次数. 所以该类算法稳定、运算速度快.

四元数代数运算比实代数运算复杂得多. 利用实表示矩阵的性质, 应用定理 12.4.4—12.4.5, 我们可以将四元数矩阵计算的问题转化为实表示矩阵的相应问题, 并且利用实表示矩阵第一列（行）块的性质设计实保结构算法, 以确保实浮点运算的数目与四元数中的实浮点运算相等.

算法的运算速度还受赋值数目多少的影响. 赋值是指调用子程序或执行矩阵运

算. 一次赋值通常需要几个周期才能完成. 输入的标量沿着计算装配线进行, 在每个工作站上花费一个周期. 向量运算是一个非常规则的标量运算序列, 向量处理器利用了流水线的关键思想. 在流水线中, 输入向量通过操作单元, 一旦流水线被填满并达到稳定状态, 每个周期都会产生一个输出元素. 向量处理的速度大约是标量处理的 n 倍, 其中 n 是浮点运算中的周期数. 另一方面, 利用多个处理器的并行算法有效地提高了矩阵计算的效率. 科学计算软件 Matlab 采用了上述设计, 因此合理地使用该软件的函数文件, 可以大大提高计算速度. 因此, 实数运算的数目和赋值数目对于运算速度都是非常重要的因素.

比如, 对于实矩阵的运算 $B=AX+Y$, 采用赋值 $B=A*X+Y$; 在实矩阵 A 的选主列 QR 算法中, 需要确定范数最大的列和列数, 调用命令 [mx, id]=max(sum $(A.*A)$) 即可, 其中 mx 为矩阵 A 的范数最大的列向量的范数平方, id 为该列向量的列数; 同样, 在选主元 LU 中, 需要确定实向量 b 的元素最大绝对值及其行数, 可以调用命令 [mx,id]=max(abs(b)) 即可; 要交换矩阵 A 的第 $i,j(i<j)$ 行, 可以调用命令 A([i,j],:)=A([j,i],:); 等等. 上述例子, 都是通过向量流水线运算, 而不是使用传统的多嵌套循环, 可以明显加快计算速度.

本章简要介绍四元数矩阵分解和广义 LS 问题的实保结构算法. 对于该类问题的详细讨论, 可参阅文献 [246].

§13.1 介绍几种初等矩阵, §13.2 介绍四元数 Hermite 正定矩阵的 LDL^H 分解和 Cholesky 分解的实保结构算法, §13.3 讨论四元数矩阵几种 QR 分解的实保结构算法, §13.4 讨论四元数矩阵 SVD 的实保结构算法, §13.5 讨论四元数 LS 问题的数值算法, §13.6 讨论四元数 TLS 问题的数值算法, §13.7 讨论四元数 LSE 问题的数值算法.

§ 13.1 初等矩阵

本节介绍在四元数矩阵分解中常用的几种初等矩阵.

算法 13.1.1 设 $g=g_1+g_2\mathbf{i}+g_3\mathbf{j}+g_4\mathbf{k}$ 为四元数、四元数向量或四元数矩阵, 其中 g_1,g_2,g_3,g_4 均为实数、实向量或实矩阵. 下述函数生成 g 的实表示矩阵.

function : $GR=\text{Realp}(g_1,g_2,g_3,g_4)$

令 $GR=[g_1,-g_2,-g_3,-g_4;g_2,g_1,-g_4,g_3;g_3,g_4,g_1,-g_2;g_4,-g_3,g_2,g_1]$;

结束

1. 四元数 Householder 变换

文献 [25], [132], [133] 把实矩阵 QR 分解和实矩阵 SVD 计算中常用的 Householder 变换推广到了四元数矩阵情形.

定理 13.1.1　设 $x,\ y\in\mathbf{Q}^n, x\neq y$. 则存在酉向量 $u=\dfrac{y-x}{\|y-x\|_2}\in\mathbf{Q}^n$ 使得 $H_1y=(I-2uu^H)y=x$, 当且仅当 $\|x\|_2=\|y\|_2$ 且 $y^Hx=x^Hy$. 特别地, 若 $y\in\mathbf{Q}^n$ 不是单位矩阵 I_n 的第一列 e_1, 则可以令 $x=\alpha e_1$, 其中,

$$\alpha=\begin{cases}-\dfrac{y_1}{|y_1|}\|y\|_2, & y_1\neq 0,\\ -\|y\|_2, & \text{其他},\end{cases}$$

则 H_1 将 y 映射为 αe_1.

证明　必要性. 若存在单位向量 $u\in\mathbf{Q}^n$ 使得 $(I-2uu^H)y=x$, 由于

$$(I-2uu^H)^H(I-2uu^H)=I-2uu^H-2uu^H+4uu^Huu^H=I,$$

即 $H_1\triangleq(I-2uu^H)$ 为酉矩阵, 所以

$$\|x\|_2=\|(I-2uu^H)y\|_2=\|y\|_2.$$

在 $(I-2uu^H)y=x$ 的两侧分别左乘 y^H, x^H 和 u^H, 可以得到

$$\begin{aligned}&y^Hy-2y^Huu^Hy=y^Hx,\\&x^Hy-2x^Huu^Hy=x^Hx,\\&u^Hy-2u^Huu^Hy=u^Hx\Rightarrow x^Hu=-y^Hu.\end{aligned}$$

由上述三个等式及 $\|x\|_2=\|y\|_2$, 可得

$$x^Hy=x^Hx+2x^Huu^Hy=y^Hy-2y^Huu^Hy=y^Hx.$$

充分性. 若 $x\neq y$, $\|x\|_2=\|y\|_2$ 且 $y^Hx\in\mathbf{R}$, 令 $u=\dfrac{y-x}{\|y-x\|_2}$, 则易得 $(I-2uu^H)y=x$. □

下面给出生成矩阵 H_1 的四元数 Householder 向量 u_1 的实表示矩阵 u 和标量 β_1 的代码.

算法 13.1.2　设 $x=x_1+x_2\mathbf{i}+x_3\mathbf{j}+x_4\mathbf{k}\in\mathbf{Q}^n$, 下述函数生成 H_1 中 Householder 向量 u_1 的实表示矩阵 u 及标量 β_1.

function:　$[u,\beta_1]=\text{Householder1}(x_1,x_2,x_3,x_4,n)$

　step 1　令 $u_1(1:n,1:4)=[x_1,x_2,x_3,x_4]$;

　step 2　令 $aa=\text{norm}([x_1;x_2;x_3;x_4])$;　$xx=\text{norm}([x_1(1),x_2(1),x_3(1),x_4(1)])$;

　step 3　如果　$xx==0$

　　令　$\alpha_1=aa*[1,0,0,0]$;

　　否则　$\alpha_1=-(aa/xx)*([x_1(1),x_2(1),x_3(1),x_4(1)])$;

结束

step 4 令 $u_1(1,1:4)=u_1(1,1:4)-\alpha_1$; $\beta_1=1/(aa*(aa+xx))$;

step 5 令 $u=\mathrm{Realp}(u_1(:,1),u_1(:,2),u_1(:,3),u_1(:,4))$;

结束

对于 $x\in\mathbf{Q}^n$, 将 H_1 作用在 x 上可以得到 $H_1x=\alpha e_1$. 一般地, α 是四元数, 而在许多应用中 α 为实数更为方便. 为此可在 Householder 矩阵 H_1 基础上稍加修改, 得到如下形式的 Householder 矩阵 H_4 (见文献 [133]).

定理 13.1.2 设 $0\neq y\in\mathbf{Q}^n$ 不是 e_1 的倍数, 记 $u=\dfrac{y-\alpha e_1}{\|y-\alpha e_1\|_2}$, 其中,

$$\alpha=\begin{cases}-\dfrac{y_1}{|y_1|}\|y\|_2, & y_1\neq 0,\\ -\|y\|_2, & \text{其他},\end{cases}$$

记 $\alpha_M=\mathrm{diag}\left(\dfrac{\bar{\alpha}}{|\alpha|},I_{n-1}\right)$, 令 $H_4=\alpha_M H_1$. 则 $H_4y=|\alpha|e_1$.

注 13.1.1 定理 13.1.1 中的 α 的取法类似于实矩阵的情形, 可以避免相近的数相减而导致数值不稳定. [133] 根据不同的文献研究了 Householder 类矩阵 H_1, H_2, H_3, H_4, 发现 H_1 和 H_4 最有效. 因此, 我们只给出 H_1 和 H_4 的算法.

2. Givens 矩阵

(1) JRSGivens 矩阵

文献 [124] 中给出了由一个四元数得到正交矩阵的公式.

设 $g=g_1+g_2\mathbf{i}+g_3\mathbf{j}+g_4\mathbf{k}\in\mathbf{Q}$, $g_1,g_2,g_3,g_4\in\mathbf{R}$, 如果 $g\neq 0$, 定义 G_2 为

$$G_2=\begin{pmatrix}g_1 & -g_2 & -g_3 & -g_4\\ g_2 & g_1 & -g_4 & g_3\\ g_3 & g_4 & g_1 & -g_2\\ g_4 & -g_3 & g_2 & g_1\end{pmatrix}/|g|=\frac{g^R}{|g|},$$

则

$$G_2^Tg^R=g^RG_2^T=|g|I_4,\quad G_2^TG_2=G_2G_2^T=I_4,\quad G_2=\left(\frac{g}{|g|}\right)^R.$$

因而, G_2 是正交矩阵.

算法 13.1.3 设 $g=g_1+g_2\mathbf{i}+g_3\mathbf{j}+g_4\mathbf{k}\in\mathbf{Q}$, 下述函数由 g 生成一个正交矩阵.

function : $G2=\mathrm{JRSGivens}(g_1,g_2,g_3,g_4)$

如果 $[g_2,g_3,g_4]==0$

令 $G2=\mathrm{eye}(4)$;

否则 $G2=\mathrm{Realp}(g_1,g_2,g_3,g_4)/\mathrm{norm}([g_1,g_2,g_3,g_4])$;

结束

(2) qGivens 矩阵

将 Givens 旋转的思想用于四元数的情形, 有如下结论.

定理 13.1.3　设 $\begin{pmatrix} x_1 \\ x_2 \end{pmatrix} \in \mathbf{Q}^2$, 其中 $x_2 \neq 0$. 则存在酉矩阵 $G_1 = \begin{pmatrix} q_1 & q_3 \\ q_2 & q_4 \end{pmatrix}$, 使得 $G_1^H x = \alpha e_1$, 这里 $\alpha = \|(x_1; x_2)\|_2$. G_1 的一种选择方法是

$$\begin{aligned} & q_1 = \frac{x_1}{\|(x_1;x_2)\|_2}, \quad q_2 = \frac{x_2}{\|(x_1;x_2)\|_2}; \\ & q_3 = |q_2|, \; q_4 = -|q_2| q_2^{-H} q_1^H = -q_2 q_1^H / |q_2|, \;\text{当}\; |x_1| \leqslant |x_2|; \\ & q_4 = |q_1|, \; q_3 = -|q_1| q_1^{-H} q_2^H = -q_1 q_2^H / |q_1|, \;\text{当}\; |x_1| > |x_2|. \end{aligned} \tag{13.1.1}$$

证明　因为 G_1 是酉矩阵, 可以定义

$$q_1 = \frac{x_1}{\|(x_1;x_2)\|_2}, \quad q_2 = \frac{x_2}{\|(x_1;x_2)\|_2},$$

且 q_3, q_4 满足

$$q_1^H q_3 + q_2^H q_4 = 0, \quad q_3^H q_3 + q_4^H q_4 = 1. \tag{13.1.2}$$

为了保证数值稳定性, q_3, q_4 的选择分以下两种情形讨论.

(1) $|x_1| \leqslant |x_2| \Leftrightarrow |q_1| \leqslant |q_2|$. 由 (13.1.2) 式可得

$$q_4 = -q_2^{-H} q_1^H q_3, \quad 1 = |q_3|^2 + |q_3|^2 |q_2^{-H} q_1^H|^2,$$

因此

$$|q_3| = \frac{1}{\sqrt{1 + |q_2^{-H} q_1^H|^2}} = \frac{1}{\sqrt{1 + |q_2^{-1}|^2 |q_1|^2}} = \frac{|q_2|}{\sqrt{|q_2|^2 + |q_1|^2}} = |q_2|,$$

从而可取

$$q_3 = |q_2|, \quad q_4 = -|q_2| q_2^{-H} q_1^H = -q_2 q_1^H / |q_2|.$$

(2) $|x_1| > |x_2| \Leftrightarrow |q_1| > |q_2|$. 由 (13.1.2) 式可得

$$q_3 = -q_1^{-H} q_2^H q_4, \quad 1 = q_3^H q_3 + q_4^H q_4 = |q_4|^2 |q_1^{-1}|^2 |q_2|^2 + |q_4|^2,$$

因此

$$|q_4| = \frac{1}{\sqrt{1 + |q_1^{-1}|^2 |q_2|^2}} = \frac{|q_1|}{\sqrt{|q_1|^2 + |q_2|^2}} = |q_1|,$$

从而可取

$$q_4 = |q_1|, \quad q_3 = -|q_1| q_1^{-H} q_2^H = -q_1 q_2^H / |q_1|.$$

显然, G_1 是酉矩阵. 从而

$$G_1^H\begin{pmatrix} x_1 \\ x_2 \end{pmatrix}=\begin{pmatrix} \|(x_1;x_2)\|_2 \\ 0 \end{pmatrix}=\|(x_1;x_2)\|_2 e_1. \qquad \square$$

(3) 四元数消去矩阵

设 $x\in\mathbf{Q}^n$, $x_i\neq 0, 1\leqslant i<n$. 令 $l_i\in\mathbf{Q}^n$ 有如下形式:

$$l_i=(0,\cdots,1,l_{i+1,i},\cdots,l_{n,i})^T,\quad l_{k,i}=x_k*x_i^{-1}=x_k*x_i^H/|x_i|^2, \tag{13.1.3}$$

$k=i+1:n$. 记

$$L_i=I_n-l_ie_i^T, \tag{13.1.4}$$

则 L_i 是一个消去矩阵, 满足 $L_ix=(x_1,\cdots,x_i,0,\cdots,0)^T$.

§ 13.2 四元数 Hermite 正定矩阵的 LDL^H 分解和 Cholesky 分解

本节将实对称正定矩阵的 LDL^H 分解和 LL^T 分解推广到四元数 Hermite 正定矩阵, 并给出四元数 Hermite 正定矩阵的 LDL^H 分解和 LL^H 分解的实保结构算法[134].

定理 13.2.1 [251] 设 $A\in\mathbf{Q}^{m\times m}$ 是四元数 Hermite 正定矩阵. 则必存在单位下三角矩阵 $\hat{L}$ 和正定对角矩阵 D, 使得

$$A=\hat{L}D\hat{L}^H,$$

并存在唯一的具有正对角元的下三角矩阵 L 使得

$$A=LL^H.$$

实际上, 上述定理是实对称矩阵的 LDL^H 分解的推广. 由于 A 是四元数 Hermite 正定矩阵, 其所有的主子矩阵都是 Hermite 正定矩阵, 因此存在形如 (13.1.3)—(13.1.4) 的消去矩阵 $L_1,\cdots,L_{m-1}$, 使得

$$L_{m-1}\cdots L_1A=U=D\hat{L}^H,$$

其中 $L_{m-1}\cdots L_1=\hat{L}^{-1}$. 于是有 $A=\hat{L}D\hat{L}^H$.

下面分别给出四元数 Hermite 正定矩阵 LDL^H 分解和 LL^H 分解的实保结构算法.

取 A 的实表示矩阵的第一列块 A_c^R, 对 A 施行 LDL^H 分解可以通过对 A_c^R 施行实保结构算法实现.

算法 13.2.1 求四元数 Hermite 正定矩阵 $A = A_1 + A_2\mathbf{i} + A_3\mathbf{j} + A_4\mathbf{k} \in \mathbf{Q}^{m\times m}$ 的 LDL^H 分解, 其中 L 是单位下三角矩阵, D 是正定对角矩阵. 输入参数 AA 是 A^R 的第一列块, 输出参数 LL 是 L^R 的第一列块.

function : $[LL, D] = \text{qLDLH1}(AA)$

step 1 令 $B = AA$; $m = \text{size}(B, 2)$;

step 2 对于 $k = 1 : m-1$; 令

$B([k+1:m, k+1+m:2*m, k+1+2*m:3*m, k+1+3*m:4*m], k) = B([k+1:m, k+1+m:2*m, k+1+2*m:3*m, k+1+3*m:4*m], k)/B(k,k)$;

$B([k+1:m, k+1+m:2*m, k+1+2*m:3*m, k+1+3*m:4*m], k+1:m) = B([k+1:m, k+1+m:2*m, k+1+2*m:3*m, k+1+3*m:4*m], k+1:m) - \text{Realp}(B(k+1:m,k), B(k+1+m:2*m,k), B(k+1+2*m:3*m,k), B(k+1+3*m:4*m,k)) * B([k, k+m, k+2*m, k+3*m], k+1:m)$;

step 3 令 $LL = [\text{tril}(B(1:m,:),-1) + \text{eye}(m)$;
$\text{tril}(B(m+1:2*m,:),-1)$;
$\text{tril}(B(2*m+1:3*m,:),-1); \text{tril}(B(3*m+1:4*m,:),-1)]$;
$D = \text{diag}(\text{diag}(B(1:m,1:m)))$;

结束

对于 $A \in \mathbf{Q}^{m\times m}$, 上述算法的实浮点运算量为 $\dfrac{32m^3}{3}$, 赋值次数为 $2m+2$.

我们也可以利用 A 为 Hermite 矩阵, 来构造实保结构算法 qLDLH2 以获得 A 的 LDL^H 分解. 这种算法的运算量是 qLDLH1 的一半, 但赋值数要大得多, 因此运算速度也慢.

四元数 Hermite 正定矩阵的 Cholesky 分解也可以反复利用下列等式直接得到,

$$A = \begin{bmatrix} \alpha & v^H \\ v & B \end{bmatrix} = \begin{bmatrix} \beta & 0 \\ \dfrac{v}{\beta} & I_{m-1} \end{bmatrix} \begin{bmatrix} 1 & 0 \\ 0 & B - \dfrac{vv^H}{\alpha} \end{bmatrix} \begin{bmatrix} \beta & \dfrac{v^H}{\beta} \\ 0 & I_{m-1} \end{bmatrix}. \qquad (13.2.1)$$

下面给出四元数 Cholesky 分解的实保结构算法.

算法 13.2.2 求四元数 Hermite 正定矩阵 $A = A_1 + A_2\mathbf{i} + A_3\mathbf{j} + A_4\mathbf{k} \in \mathbf{Q}^{m\times m}$ 的 Cholesky 分解 $A = LL^H$, 其中 L 是下三角矩阵. 输入参数 AA 是 A^R 的第一列块, 输出参数 LL 是 L^R 的第一列块.

function : $LL = \text{qChol}(AA)$

step 1 令 $B = AA$;

step 2 对于 $k = 1 : m$; 令

$B(k,k) = \text{sqrt}(B(k,k));$

$B([k+1:m, k+1+m:2*m, k+1+2*m:3*m, k+1+3*m:4*m], k) = B([k+1:m, k+1+m:2*m, k+1+2*m:3*m, k+1+3*m:4*m], k)/B(k,k);$

$C = \text{Realp}(B(k+1:m,k), B(k+1+m:2*m,k), B(k+1+2*m:3*m,k), B(k+1+3*m:4*m,k));$

$Ct = C';$

$B([k+1:m, k+1+m:2*m, k+1+2*m:3*m, k+1+3*m:4*m], k+1:m) = B([k+1:m, k+1+m:2*m, k+1+2*m:3*m, k+1+3*m:4*m], k+1:m) - C*Ct(:,1:m-k);$

step 3 令 $LL = \text{zeros}(4*m, m);$

$LL([2:m, 2+m:2*m, 2+2*m:3*m, 2+3*m:4*m], 1:m-1) = [\text{tril}(B(2:m, 1:m-1));$

$\text{tril}(B(m+2:2*m, 1:m-1));$

$\text{tril}(B(2*m+2:3*m, 1:m-1));$

$\text{tril}(B(3*m+2:4*m, 1:m-1))];$

$LL(1:m,:) = LL(1:m,:) + \text{diag}(\text{diag}(B(1:m,:)));$

结束

对于 $A \in \mathbf{Q}^{m\times m}$, 上述算法的实代数运算量为 $\dfrac{16m^3}{3}$, 赋值次数为 $5m$.

注 13.2.1 比较算法 13.2.1 和 算法 13.2.2, LDL^H 分解的实浮点运算是 Cholesky 分解的两倍, 而赋值数为其 0.4 倍. 针对不同规模的矩阵 $A = A_1 + A_2\mathbf{i} + A_3\mathbf{j} + A_4\mathbf{k} \in \mathbf{Q}^{10k\times 10k}$, $k = 1:50$, 我们比较上述三种实保结构算法 qLDLH1, qLDLH2, qChol, 文献 [213] 与 QTFM 中算法的有效性.

由图 13.2.1 可以看到, 在运算时间上, 三种实保结构算法均优于 QTFM. 当矩

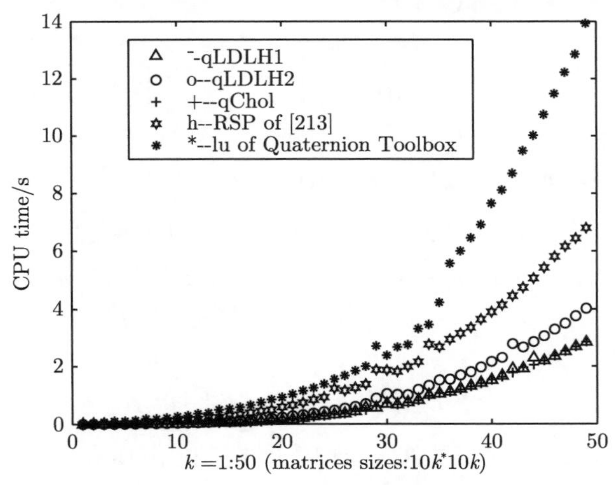

图 13.2.1 Cholesky 分解的 CPU 时间

阵维数很大时, qLDLH1 与 qChol 的 CPU 时间几乎相同, 大约是 qLDLH2 的三分之二, 是 QTFM 中函数 “lu” 的五分之一. 由图 13.2.2 可以看到, 算法 qLDLH1, qChol 和 “lu” 的 $LL^H - A$ 的 Frobenius 范数 (F-范数) 几乎相同, 大约是 qLDLH2 的二分之一, 因此, 算法 qLDLH1 和 qChol 是最高效的.

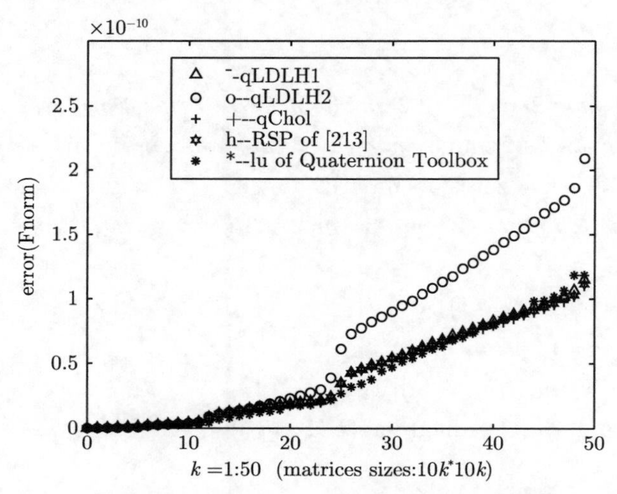

图 13.2.2　Cholesky 分解的误差 (F-范数)

§ 13.3　四元数矩阵的 QR 分解

本节将实矩阵 QR 分解的几种方法推广到四元数矩阵.

定理 13.3.1　设 $A \in \mathbf{Q}_r^{m\times n}$ 且 $r > 0$, 则存在置换矩阵 $\Pi \in \mathbf{R}^n$, 酉矩阵 $Q \in \mathcal{U}_m$ 及上梯形矩阵 $R \in \mathbf{Q}_r^{r\times n}$ 使得

$$A\Pi = Q\begin{pmatrix} R \\ 0 \end{pmatrix}. \tag{13.3.1}$$

13.3.1　四元数矩阵的 Householder QR 分解

本小节介绍利用四元数 Householder 变换实现四元数矩阵的 QR 分解[133].

为方便起见, 四元数 Householder 矩阵 H_1 可以改写为 $H_1 = I - \beta uu^H$, 其中 $u = x - y$, $\beta = 2/(x-y)^H(x-y)$. 为了减少运算量, 对于 $A \in \mathbf{Q}^{m\times n}$, 可以利用下列形式计算 H_1A,

$$H_1A = A - (\beta u)(u^HA). \tag{13.3.2}$$

设 $A \in \mathbf{Q}^{m\times n}$ 列满秩. 可以按照如下方式, 利用 Householder 变换得到 QR 分解,

$$R=\begin{bmatrix} I_{n-1} & 0 \\ 0 & H_1^{(n-1)} \end{bmatrix}\cdots\begin{bmatrix} I_s & 0 \\ 0 & H_1^{(s)} \end{bmatrix}\cdots\begin{bmatrix} 1 & 0 \\ 0 & H_1^{(1)} \end{bmatrix} H_1^{(0)} A, \qquad (13.3.3)$$

其中，$s=0,\cdots,n-1$，$H_1^{(s)}$ 是形如 H_1 的 $m-s$ 阶四元数酉矩阵. 经过 n 步, 就可以得到上三角矩阵 R, 并且

$$Q=\left\{\begin{bmatrix} I_{n-1} & 0 \\ 0 & H_1^{(n-1)} \end{bmatrix}\cdots\begin{bmatrix} I_s & 0 \\ 0 & H_1^{(s)} \end{bmatrix}\cdots\begin{bmatrix} 1 & 0 \\ 0 & H_1^{(1)} \end{bmatrix} H_1^{(0)}\right\}^H. \qquad (13.3.4)$$

利用 (13.3.3) 和定理 13.1.1 可以给出四元数矩阵 QR 分解的实保结构算法.

算法 13.3.1 求 $A=A_1+A_2\mathbf{i}+A_3\mathbf{j}+A_4\mathbf{k}\in\mathbf{Q}_n^{m\times n}$ 的 QR 分解. 输入参数 AA 是 A^R 的第一列块, 输出参数 $B1$ 是 R^R 的第一列块.

function： $B1=\text{qQR1}(AA)$

step 1 令 $[M,n]=\text{size}(AA)$; $m=M/4$; $B1=AA$;

step 2 对于 $s=1:n$; 令

$[u1,beta1]=\text{Householder1}(B1(s:m,s),B1((m+s):(2*m),s),B1((2*m+s):(3*m),s),B1((3*m+s):(4*m),s),m-s+1)$;

$u1R=\text{Realp}(u1(:,1),u1(:,2),u1(:,3),u1(:,4))$;

$Y=B1([s:m,s+m:2*m,s+2*m:3*m,s+3*m:4*m],s:n)$;

$Y=Y-(beta1*u1R)*(u1R'*Y)$;

$B1([s:m,s+m:2*m,s+2*m:3*m,s+3*m:4*m],s:n)=Y$;

结束

对于四元数矩阵 $A\in\mathbf{Q}^{m\times n}$, 上述算法的实浮点运算量为 $32(mn^2-n^3/3)$, 赋值数为 $4n$.

我们通过以下数值例子来比较四元数矩阵 QR 分解基于 H_1, H_2, H_3, H_4 (参见文献 [133]) 的实保结构算法与其他两种已有算法的效果.

对于 $a=9$, $b=6$, $k=1:60$, $m=ak$, $n=bk$, 我们利用五种不同的算法：四种实保结构算法 qQR1, qQR2, qQR3, qQR4[133] 及 QTFM[171] 中的函数文件 “*qr*” 分别计算矩阵 $A\in\mathbf{Q}_n^{m\times n}$ 的 QR 分解. 我们将对这五种算法的 CPU 时间进行比较.

由图 13.3.1 可以看出, 当矩阵维数很大时, 四种实保结构算法都优于 QTFM[171] 中的函数文件 “*qr*”. 其中算法 qQR1 和 qQR4 计算速度最快, 其计算的 CPU 时间大约是 “*qr*” 的二十分之一. 因此, 算法 qQR1 和 qQR4 是最高效的.

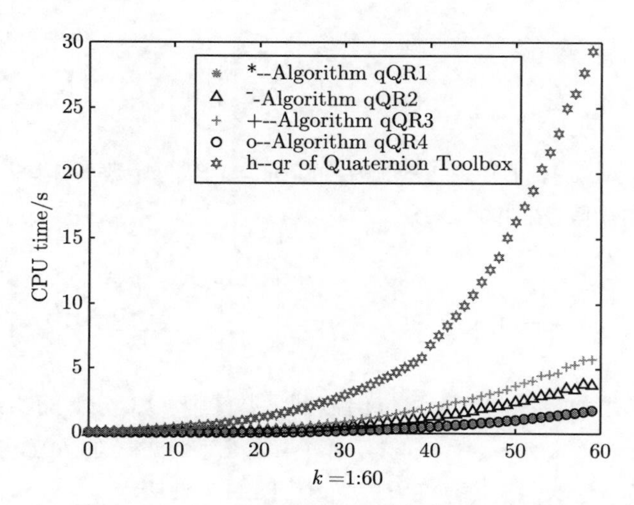

图 13.3.1　Householder QR 分解的 CPU 时间

在 QR 分解中, 选主列是保证数值稳定的关键步骤. 对于四元数矩阵 QR 分解的实保结构算法, 这一步很容易实现, 因为对于四元数向量 z, 有 $\|z\|_2 = \|z_c^R\|_2$. 下面给出四元数矩阵的选主列 QR 分解的基于 H_1 和 H_4 的实保结构算法 qPQR1 和 qPQR4.

算法 13.3.2　设 $A = A_1 + A_2\mathbf{i} + A_3\mathbf{j} + A_4\mathbf{k} \in \mathbf{Q}^{m\times n}$, 计算 A 的选主列的 QR 分解. 输入参数 AA 是 A^R 的第一列块, 输出参数 J 是表示置换矩阵 P 的指标向量, $B1$ 是 R^R 的第一列块.

function :　$[B1, J] = \text{qPQR1}(AA)$

step 1　令 $[M, n] = \text{size}(AA);\ m = M/4;\ J = (1:n);\ B1 = AA;$

step 2　对于 $s = 1 : n-1$; 令

$[mx, id] = \max(\text{sum}(B1([s:m, m+s:2*m, 2*m+s:3*m, 3*m+s:4*m], s:n).*B1([s:m, m+s:2*m, 2*m+s:3*m, 3*m+s:4*m], s:n)));$

step 3　如果 $id > 1$; 令

$id = id + s - 1;$

$B1(:, [s, id]) = B1(:, [id, s]);\ J([s, id]) = J([id, s]);$

step 4　令

$[u1, beta1] = \text{Householder1}(B1(s:m, s), B1((m+s):(2*m), s), B1((2*m+s):(3*m), s), B1((3*m+s):(4*m), s), m-s+1);$

$u1R = \text{Realp}(u1(:,1), u1(:,2), u1(:,3), u1(:,4));$

$Y = B1([s:m, s+m:2*m, s+2*m:3*m, s+3*m:4*m], s:n);$

$Y = Y - (beta1*u1R)*(u1R'*Y);$

$B1([s:m,s+m:2*m,s+2*m:3*m,s+3*m:4*m],s:n)=Y;$

step 5 对于 $s=n$; 令

$[u1,beta1]=\text{Householder1}(B1(s:m,s),B1((m+s):(2*m),s),B1((2*m+s):(3*m),s),B1((3*m+s):(4*m),s),m-s+1);$

$u1R=\text{Realp}(u1(:,1),u1(:,2),u1(:,3),u1(:,4));$

$Y=B1([s:m,s+m:2*m,s+2*m:3*m,s+3*m:4*m],s:n);$

$Y=Y-(beta1*u1R)*(u1R'*Y);$

$B1([s:m,s+m:2*m,s+2*m:3*m,s+3*m:4*m],s:n)=Y;$

结束

算法 13.3.3 设 $A=A_1+A_2\mathbf{i}+A_3\mathbf{j}+A_4\mathbf{k}\in\mathbf{Q}^{m\times n}$, 计算 A 的选主列的 QR 分解. 输入参数 AA 是 A^R 的第一列块, 输出参数 J 是表示置换矩阵 P 的指标向量, $B4$ 是 R^R 的第一列块.

function : $[B4,J]=\text{qPQR4}(AA)$

step 1 令 $[M,n]=\text{size}(AA)$; $m=M/4$; $J=(1:n)$; $B1=AA$;

step 2 对于 $s=1:n-1$; 令

$[mx,id]=\max(\text{sum}(B4([s:m,m+s:2*m,2*m+s:3*m,3*m+s:4*m],s:n).*B4([s:m,m+s:2*m,2*m+s:3*m,3*m+s:4*m],s:n)));$

step 3 如果 $id>1$; 令

$id=id+s-1$; $B4(:,[s,id])=B4(:,[id,s])$; $J([s,id])=J([id,s])$;

step 4 对于 $s=1:n-1$; 令

$[u4,beta4]=\text{Householder1}(B4(s:m,s),B4((m+s):(2*m),s),B4((2*m+s):(3*m),s),B4((3*m+s):(4*m),s),m-s+1);$

$u4R=\text{Realp}(u4(:,1),u4(:,2),u4(:,3),u4(:,4));$

$Y=B4([s:m,s+m:2*m,s+2*m:3*m,s+3*m:4*m],s:n);$

$Y=Y-(beta4*u4R)*(u4R'*Y);$

$B4([s:m,s+m:2*m,s+2*m:3*m,s+3*m:4*m],s:n)=Y;$

$G4=\text{JRSGivens}(B4(s,s),B4(s+m,s),B4(s+2*m,s),B4(s+3*m,s));$

$B4([s,s+m,s+2*m,s+3*m],s:n)=G4'*B4([s,s+m,s+2*m,s+3*m],s:n);$

step 5 对于 $s=n$; 令

$[u4,beta4]=\text{Householder1}(B4(s:m,s),B4((m+s):(2*m),s),B4((2*m+s):(3*m),s),B4((3*m+s):(4*m),s),m-s+1);$

$u4R=\text{Realp}(u4(:,1),u4(:,2),u4(:,3),u4(:,4));$

$B4([s:m,s+m:2*m,s+2*m:3*m,s+3*m:4*m],s:n)=B4([s:m,s+m:2*m,s+2*m:3*m,s+3*m:4*m],s:n)-(beta4*u4R)*(u4R'*B4([s:m,s+m:2*m,s+2*m:3*m,s+3*m:4*m],s:n));$

$G4 = \text{JRSGivens}(B4(s,s), B4(s+m,s), B4(s+2*m,s), B4(s+3*m,s))$;
$B4([s,s+m,s+2*m,s+3*m],s:n) = G4'*B4([s,s+m,s+2*m,s+3*m],s:n)$;
结束

13.3.2 四元数矩阵 QR 分解的改进的 Gram-Schmidt 方法

实现四元数矩阵 QR 分解的另一种方法是改进的 Gram-Schmidt 方法 (MGS). 设 $A \in \mathbf{Q}^{m\times n}$ 列满秩, 且 $m \geqslant n$. 则由 A 的 QR 分解可得

$$A = Q\begin{pmatrix} R \\ 0 \end{pmatrix} = Q_1 R,$$

其中 $Q_1 = (q_1, \cdots, q_n)$ 为 Q 的前 n 列, R 为非奇异上三角矩阵. 比较等式两边的第 j 列, 有

$$a_1 = q_1 r_{11}, \quad a_j = q_j r_{jj} + \sum_{i=1}^{j-1} q_i r_{ij}, \quad j = 2:n.$$

这就得到了 Gram-Schmidt 正交化分解:

$$r_{11} = \|a_1\|_2, \quad q_1 = a_1/r_{11}, \quad r_{ij} = q_i^H a_j,$$

$$w_j = a_j - \sum_{i=1}^{j-1} q_i r_{ij},\ r_{jj} = \|w_j\|_2,\ q_j = w_j/r_{jj}, \quad j = 2:n,\ i = 1:j-1.$$

下面给出 QR 分解的 MGS 方法的实保结构算法.

算法 13.3.4 设 $A = A_1 + A_2\mathbf{i} + A_3\mathbf{j} + A_4\mathbf{k} \in \mathbf{Q}^{m\times n}$, 求 A 的 QR 分解. 输入参数 AA 是 A^R 的第一列块, 输出参数 QQ 和 RR 分别是 Q_1^R 和 R^R 的第一列块.

function : $[QQ, RR] = \text{qMGS}(AA)$

step 1 令 $[M,n] = \text{size}(AA)$; $RR = \text{zeros}(4*n, n)$; $m = M/4$;

step 2 对于 $s = 1:n$; 令

$RR(s,s) = \text{norm}(AA(:,s))$;
$AA(:,s) = AA(:,s)/RR(s,s)$;

step 3 如果 $s < n$; 令

$QT = \text{Realp}(AA(1:m,s), AA(1+m:2*m,s), AA(2*m+1:3*m,s), AA(3*m+1:4*m,s))$;
$RR([s,s+n,s+2*n,s+3*n],s+1:n) = QT'*AA(:,s+1:n)$;
$AA(:,s+1:n) = AA(:,s+1:n) - QT*[RR(s,s+1:n); RR(s+n,s+1:n); RR(s+2*n,s+1:n); RR(s+3*n,s+1:n)]$;

step 4 令 $QQ = AA$;

结束

对于四元数矩阵 $A \in \mathbf{Q}^{m\times n}$, 上述算法的实浮点运算量为 $32mn^2$, 赋值数为 $5n$.

选主列在 MGS 方法中同样是保证数值稳定的关键步骤. 我们给出 QR 分解的选主列的 MGS 方法的实保结构算法.

算法 13.3.5 设 $A = A_1 + A_2\mathbf{i} + A_3\mathbf{j} + A_4\mathbf{k} \in \mathbf{Q}^{m\times n}$, 求 A 的 QR 分解. 输入参数 AA 是 A^R 的第一列块, 输出参数 QQ 和 RR 分别是 Q^R 和 R^R 的第一列块, 输出参数 J 是表示置换矩阵 P 的指标向量.

function : $[QQ, RR, J] = \text{qpMGS}(AA)$

step 1 令 $[M, n] = \text{size}(AA)$; $RR = \text{zeros}(4*n, n)$; $J = (1:n)$; $m = M/4$;

step 2 对于 $s = 1:n$; 令

$[mx, id] = \max(\text{sum}(AA(:, s:n).*AA(:, s:n)))$;

如果 $id > 1$; 令

$id = id + s - 1$;

$AA(:, [s, id]) = AA(:, [id, s])$;

$RR(:, [s, id]) = RR(:, [id, s])$;

$J([s, id]) = J([id, s])$;

step 3 对于 $s = 1:n$; 令

$RR(s, s) = \text{norm}(AA(:, s))$;

$AA(:, s) = AA(:, s)/RR(s, s)$;

step 4 如果 $s < n$; 令

$QT = \text{Realp}(AA(1:m, s), AA(1+m:2*m, s), AA(2*m+1:3*m, s), AA(3*m+1:4*m, s))$;

$RR([s, s+n, s+2*n, s+3*n], s+1:n) = QT'*AA(:, s+1:n)$;

$AA(:, s+1:n) = AA(:, s+1:n) - QT*[RR(s, s+1:n)$;

$RR(s+n, s+1:n)$;

$RR(s+2*n, s+1:n)$;

$RR(s+3*n, s+1:n)]$;

step 5 令 $QQ = AA$;

结束

§ 13.4 四元数矩阵的 SVD

本节给出四元数 SVD 的实保结构算法.

在 $A \in \mathbf{Q}^{m\times n}$ 的 SVD 计算中，我们利用 Golub 和 Reinsch[89] 提出的实矩阵 SVD 的思想, 首先对 A 施行一系列的左和右 Householder 变换 H_4, 将其变为上二对角实矩阵 T , 如下所述.

$$T=\begin{bmatrix} I_{n-1} & 0 \\ 0 & H_4^{(n-1)} \end{bmatrix}\cdots\begin{bmatrix} I_s & 0 \\ 0 & H_4^{(s)} \end{bmatrix}\cdots\begin{bmatrix} 1 & 0 \\ 0 & H_4^{(1)} \end{bmatrix}H_4^{(0)}A$$

$$\times\begin{bmatrix} 1 & 0 \\ 0 & \widehat{H}_4^{(1)} \end{bmatrix}^H\cdots\begin{bmatrix} I_t & 0 \\ 0 & \widehat{H}_4^{(t)} \end{bmatrix}^H\cdots\begin{bmatrix} I_{n-1} & 0 \\ 0 & \widehat{H}_4^{(n-1)} \end{bmatrix}^H,$$

其中, $s=0,\cdots,n-1$, $H_4^{(s)}$ 为形如 H_4 的 $m-s$ 阶四元数酉矩阵, $t=1,\cdots,n-1$, $\widehat{H}_l^{(t)}$ 为形如 H_4 的 $n-s$ 阶四元数酉矩阵. 然后对实上二对角矩阵 T 施行一系列 Givens 变换, 变为对角矩阵 Σ. 文献 [132], [133] 基于 Householder 变换 H_2, H_3, H_4 设计了四元数矩阵的 SVD 的实保结构算法. 我们发现, 基于 H_4 的算法速度最快.

下面给出基于 H_4 的四元数矩阵 SVD 的实保结构算法.

算法 13.4.1 求 $A=A_1+A_2\mathbf{i}+A_3\mathbf{j}+A_4\mathbf{k}\in\mathbf{Q}^{m\times n}$ 的 SVD $A=PP{*}D{*}WW^H$. 输入参数 AA 为 A^R 的第一列块, 输出参数 P 和 W 分别为 PP^R 和 WW^R 的第一列块, $D=\begin{pmatrix}\Sigma_1 & 0\\ 0 & 0\end{pmatrix}$, $\Sigma_1=\mathrm{diag}(\sigma_1,\cdots,\sigma_r)$.

function : $[P,D,W]=\mathrm{qSVD4}(AA)$

step 1 令 $B4=AA$;

$P=\mathrm{zeros}(4*m,m)$;

$P(1:m,:)=\mathrm{eye}(m)$;

$W=\mathrm{zeros}(4*n,n)$;

$W(1:n,:)=\mathrm{eye}(n)$;

$Y=W'$;

step 2 对于 $s=1:n-1$; 如果

$\mathrm{norm}([B4(s:m,s);B4((m+s):(2*m),s);B4((2*m+s):(3*m),s);B4((3*m+s):(4*m),s)])\neq 0$;

$\mathrm{norm}([B4(s,s);\ B4(s+m,s);B4(s+2*m,s);B4(s+3*m,s)])\neq 0$;

令

$G4=\mathrm{JRSGivens}(B4(s,s),B4(s+m,s),B4(s+2*m,s),B4(s+3*m,s))$; $t=s$;

$B4([t,t+m,t+2*m,t+3*m],s:n)=G4'*B4([t,t+m,t+2*m,t+3*m],s:n)$;

$P([t,t+m,t+2*m,t+3*m],1:m)=G4'*P([t,t+m,t+2*m,t+3*m],1:m)$;

step 3 令

$[u4R,beta4]=\mathrm{Householder}(B4(s:m,s),B4((m+s):(2*m),s),B4((2*m+s):(3*m),s),B4((3*m+s):(4*m),s),m-s+1)$;

$BB=B4([s:m,s+m:2*m,s+2*m:3*m,s+3*m:4*m],s:n)$;

$BB=BB-(beta4*u4R)*(u4R'*BB)$;

$B4([s:m,s+m:2*m,s+2*m:3*m,s+3*m:4*m],s:n)=BB$;

$PP = P([s:m, s+m:2*m, s+2*m:3*m, s+3*m:4*m], 1:m);$

$PP = PP - (beta4 * u4R) * (u4R' * PP);$

$P([s:m, s+m:2*m, s+2*m:3*m, s+3*m:4*m], 1:m) = PP;$

step 4 如果 $s <= n-2$;

$\text{norm}([B4(s, s+1:n)'; -B4(s+m, s+1:n)'; -B4(s+2*m, s+1:n)'; -B4(s+3*m, s+1:n)']) \neq 0;$

令

$Z(s:m, [s+1:n, s+1+n:2*n, s+1+2*n:3*n, s+1+3*n:4*n]) = [B4(s:m, s+1:n), -B4(s+m:2*m, s+1:n), -B4(s+2*m:3*m, s+1:n), -B4(s+3*m:4*m, s+1:n)];$

step 5 如果 $\text{norm}([Z(s, s+1); Z(s, s+1+n); Z(s, s+1+2*n); Z(s, s+1+3*n)]) \neq 0;$

令

$G4 = \text{JRSGivens}(Z(s, s+1), Z(s, s+1+n), Z(s, s+1+2*n), Z(s, s+1+3*n));$

$t = s+1;$

$Z(s:m, [t, t+n, t+2*n, t+3*n]) = Z(s:m, [t, t+n, t+2*n, t+3*n]) * G4;$

$Y(1:n, [t, t+n, t+2*n, t+3*n]) = Y(1:n, [t, t+n, t+2*n, t+3*n]) * G4;$

step 6 令

$[u4R, beta4] = \text{Householder}(Z(s, s+1:n)', Z(s, s+1+n:2*n)', Z(s, s+1+2*n:3*n)', Z(s, s+1+3*n:4*n)', n-s);$

$ZZ = Z(s:m, [s+1:n, s+1+n:2*n, s+1+2*n:3*n, s+1+3*n:4*n]);$

$ZZ = ZZ - ZZ * u4R * (beta4 * u4R');$

$ns = n - s;$

$B4([s:m, s+m:2*m, s+2*m:3*m, s+3*m:4*m], s+1:n) = [ZZ(:, 1:ns); -ZZ(:, ns+1:2*ns); -ZZ(:, 2*ns+1:3*ns); -ZZ(:, 3*ns+1:4*ns)];$

$YY = Y(1:n, [s+1:n, s+1+n:2*n, s+1+2*n:3*n, s+1+3*n:4*n]);$

$YY = YY - YY * u4R * (beta4 * u4R');$

$Y(1:n, [s+1:n, s+1+n:2*n, s+1+2*n:3*n, s+1+3*n:4*n]) = YY;$

step 7 对于 $s == n-1$; 如果

$\text{norm}([B4(s:m, s+1:n); -B4(s+m:2*m, s+1:n); -B4(s+2*m:3*m, s+1:n); -B4(s+3*m:4*m, s+1:n)]) \neq 0$; 令

$Z(s:m, [s+1:n, s+1+n:2*n, s+1+2*n:3*n, s+1+3*n:4*n]) = [B4(s:m, s+1:n), -B4(s+m:2*m, s+1:n), -B4(s+2*m:3*m, s+1:n), -B4(s+3*m:4*m, s+1:n)];$

$G4 = \text{JRSGivens}(Z(s, s+1), Z(s, s+1+n), Z(s, s+1+2*n), Z(s, s+1+3*n));$

$t = s + 1;$

$Z(s:m,[t,t+n,t+2*n,t+3*n]) = Z(s:m,[t,t+n,t+2*n,t+3*n]) * G4;$

$Y(1:n,[t,t+n,t+2*n,t+3*n]) = Y(1:n,[t,t+n,t+2*n,t+3*n]) * G4;$

$B4([s:m,s+m:2*m,s+2*m:3*m,s+3*m:4*m],s+1:n) = [Z(s:m,s+1:n);-Z(s:m,s+1+n:2*n);-Z(s:m,s+1+2*n:3*n);-Z(s:m,s+1+3*n:4*n)];$

step 8　对于 $s = n$; 如果

$\mathrm{norm}([B4(s:m,s);B4((m+s):(2*m),s);B4((2*m+s):(3*m),s);B4((3*m+s):(4*m),s)]) \neq 0;$

$\mathrm{norm}([B4(s,s);\ B4(s+m,s);B4(s+2*m,s);B4(s+3*m,s)]) \neq 0;$

令

$G4 = \mathrm{JRSGivens}(B4(s,s),B4(s+m,s),B4(s+2*m,s),B4(s+3*m,s));$

$t = s;$

$B4([t,t+m,t+2*m,t+3*m],s:n) = G4' * B4([t,t+m,t+2*m,t+3*m],s:n);$

$P([t,t+m,t+2*m,t+3*m],1:m) = G4' * P([t,t+m,t+2*m,t+3*m],1:m);$

step 9　如果 $m > n$; 令

$[u4R,beta4] = \mathrm{Householder}(B4(s:m,s),B4((m+s):(2*m),s),B4((2*m+s):(3*m),s),B4((3*m+s):(4*m),s),m-s+1);$

$BB4 = B4([s:m,s+m:2*m,s+2*m:3*m,s+3*m:4*m],s:n);$

$BB4 = BB4 - (beta4*u4R)*(u4R'*BB4);$

$B4([s:m,s+m:2*m,s+2*m:3*m,s+3*m:4*m],s:n) = BB4;$

$PP4 = P([s:m,s+m:2*m,s+2*m:3*m,s+3*m:4*m],1:m);$

$PP4 = PP4 - (beta4*u4R)*(u4R'*PP4);$

$P([s:m,s+m:2*m,s+2*m:3*m,s+3*m:4*m],1:m) = PP4;$

step 10　令

$[U,D,V] = \mathrm{svd}(B4(1:m,1:n));$

$P = [U'*P(1:m,:);U'*P(m+1:2*m,:);U'*P(2*m+1:3*m,:);U'*P(3*m+1:4*m,:)];$

$P = [P(1:m,:)';-P(m+1:2*m,:)';-P(2*m+1:3*m,:)';-P(3*m+1:4*m,:)'];$

$Y = [Y(:,1:n)*V,Y(:,n+1:2*n)*V,Y(:,2*n+1:3*n)*V,Y(:,3*n+1:4*n)*V];$

$W = [Y(:,1:n);-Y(:,n+1:2*n);-Y(:,2*n+1:3*n);-Y(:,3*n+1:4*n)];$

结束

上述实现四元数矩阵 $A \in \mathbf{Q}^{m\times n}$ 实二对角化算法的实代数运算量为 $64(mn^2-n^3/3)$, 赋值数为 $9n$.

下面通过数值例子比较对四元数矩阵进行 SVD 的各种算法的有效性.

令 $a=9,\ b=6,\ k=1:70,\ m=ak,\ n=bk$, 在 Matlab 中使用 “*rand*” 生成随

机矩阵 A_1, A_2, A_3, $A_4 \in \mathbb{R}^{m\times n}$. 利用三种实保结构算法 qSVD2, qSVD3, qSVD4 对四元数矩阵 $A = A_1 + A_2\mathbf{i} + A_3\mathbf{j} + A_4\mathbf{k} \in \mathbf{Q}^{m\times n}$ 进行实二对角化, 我们将比较三种实保结构算法与 QTFM[171] 中函数文件 “*svd*” 的 CPU 时间.

由图 13.4.1 可以看出, 当矩阵的维数很大时, 算法 qSVD4 的 CPU 时间是最少的, 大概是算法 qSVD3 的二分之一, 是 QTFM[171] 中函数文件 “*svd*” 的 CPU 时间的七分之一. 由以上讨论, 实保结构算法是高效的, 其中建立在 Householder 变换 H_4 上的实保结构算法最有效、最方便.

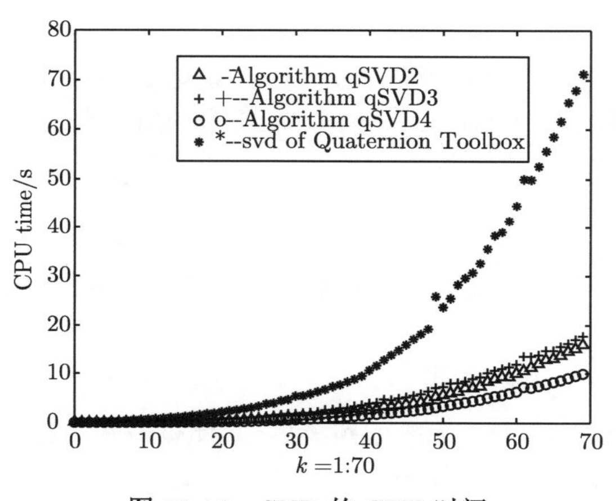

图 13.4.1 SVD 的 CPU 时间

§ 13.5 四元数 LS 问题的数值解法

实或复广义 LS 问题的理论性质和数值算法已有非常丰富的研究成果, 有些概念、性质和算法可以推广到四元数的情形. 四元数 LS 问题 (QLS) 的等价性及正则化问题的相关结论与实或复广义 LS 问题相仿, 此处不再赘述, 有兴趣的读者可参阅 §3.1 及 [246]. 本节将分别讨论求解四元数 LS 问题的直接方法和迭代算法.

定义 13.5.1 设 $A \in \mathbf{Q}^{m\times n}$, $b \in \mathbf{Q}^m$. QLS 问题是指找一个向量 $x \in \mathbf{Q}^n$ 满足

$$\rho(x) = \|Ax - b\|_2 = \min_{v\in\mathbf{Q}^n} \|Av - b\|_2. \tag{13.5.1}$$

定理 13.5.1 QLS 问题 (13.5.1) 的通解表达式为

$$x = A^\dagger b + (I - P_{A^H})z = A^\dagger b + P_{A^H}^\perp z, \tag{13.5.2}$$

其中, $z \in \mathbf{Q}^n$ 是任一向量. (13.5.1) 式有唯一的极小范数解 $x_{\rm LS} = A^\dagger b$, 满足 (13.5.1) 式并且

$$\|x_{\rm LS}\|_2 = \min_{x\in S} \|x\|_2,$$

S 是 QLS 问题 (13.5.1) 的解集. 当 A 的列向量右线性无关时, QLS 问题 (13.5.1) 有唯一的解 $x_{\mathrm{LS}} = A^{\dagger}b$.

13.5.1　四元数 LS 问题的直接方法

本小节讨论计算 QLS 问题 (13.5.1) 的直接方法. 由于 §13.2— §13.4 已经详细讨论了几种四元数矩阵分解的实保结构算法, 可以直接应用到 QLS 问题的求解, 因此本小节不再具体给出实保结构算法.

1. *QR 分解方法*

当我们利用选主列的 Householder, Givens 或选主列的 MGS 方法对增广矩阵 (A, b) 进行 QR 分解时, 下述算法对三种方法都是向后稳定的:

$$(A\Pi,\ b) = (Q_1, q_{n+1})\begin{pmatrix} R & z \\ 0 & \rho \end{pmatrix}, \tag{13.5.3}$$

其中, q_{n+1} 与 Q_1 正交, $R \in \mathbf{Q}^{r\times n}$ 为上梯形矩阵. 因此 QLS 问题 (13.5.1) 的 LS 解可通过解

$$R\Pi^T x = z, \quad r = \rho q_{n+1}$$

得到. 当 $R\Pi^T x = z$ 时, $\|Ax - b\|_2$ 达到极小, 且此时的残量为 ρq_{n+1}. 若 $r = n$, 则矩阵 R 为非奇异的上三角阵, 唯一的 LS 解为

$$x_{\mathrm{LS}} = \Pi R^{-1} z. \tag{13.5.4}$$

若 $r < n$, 需要计算 R^H 的 QR 分解 $R^H = U\widetilde{R}$, 极小范数 LS 解为

$$x_{\mathrm{LS}} = \Pi R^{\dagger} z = \Pi U \widetilde{R}^{-H} z. \tag{13.5.5}$$

注 13.5.1　置换矩阵 Π 可以这样生成: 由选主列 Householder QRD 或 MGS 方法的程序产生指标向量 J, 令 $II = \mathrm{eye}(n)$, $II = II(:, J)$. 则 $\Pi = II$.

2. *法方程法*

定理 13.5.2　设 $A \in \mathbf{Q}_r^{m\times n}$, $b \in \mathbf{Q}^m$, 则

$$A^H A x = A^H b \tag{13.5.6}$$

相容, (13.5.6) 式称为 QLS 问题 (13.5.1) 的法方程. 法方程与 QLS 问题有相同的解集.

当 $A \in \mathbf{Q}_n^{m\times n}$, $b \in \mathbf{Q}^m$ 时, $A^H A$ 为四元数 Hermite 正定矩阵. 利用实保结构算法计算 $A^H A$ 的 Cholesky 分解 $A^H A = LL^H$, 可得

$$Ly = b, \quad L^H x_{\mathrm{LS}} = y.$$

3. **完全正交分解方法**

当矩阵 A 为 (近于) 列秩亏时, 可以用完全正交分解计算 QLS 问题 (13.5.1). 设

$$A\Pi = Q\begin{pmatrix} R_{11} & R_{12} \\ 0 & R_{22} \end{pmatrix} \tag{13.5.7}$$

为 A 的选主列 QR 分解, 其中对于给定的正数 ε, R_{22} 满足不等式 $\|R_{22}\|_2 < \varepsilon$. 令 $R_{22} := 0$, 对 $(R_{11}, R_{12})^H$ 进行 QR 分解

$$(R_{11}, R_{12})^H = U\begin{pmatrix} \widetilde{R} \\ 0 \end{pmatrix},$$

其中 $\widetilde{R}$ 为非奇异上三角矩阵. 则有

$$\widetilde{A}\Pi = Q\begin{pmatrix} R_{11} & R_{12} \\ 0 & 0 \end{pmatrix} = Q\begin{pmatrix} \widetilde{R}^H & 0 \\ 0 & 0 \end{pmatrix}U^H,$$

从而得到 $\widetilde{A}$ 的完全正交分解

$$\widetilde{A} = Q\begin{pmatrix} \widetilde{R}^H & 0 \\ 0 & 0 \end{pmatrix}U^H\Pi^T,$$

则 QLS 问题的极小范数解为

$$x_{\text{LS}} = \Pi U_1\widetilde{R}^{-H}Q_1^H b.$$

4. SVD **方法**

设 $A \in \mathbf{Q}_r^{m\times n}$, $b \in \mathbf{Q}^m$, A 的 SVD 为

$$A = U_1\Sigma V_1^H, \quad U_1^H U_1 = V_1^H V_1 = I_r,$$

$$\Sigma = \text{diag}(\sigma_1, \cdots, \sigma_r), \quad \sigma_1 \geqslant \cdots \geqslant \sigma_r > 0,$$

则

$$x_{\text{LS}} = V_1\Sigma^{-1}U_1^H b = \sum_{j=1}^{r}\frac{u_j^H b}{\sigma_j}v_j. \tag{13.5.8}$$

当 A 列满秩时, 用 QR 分解求 x_{LS} 比 SVD 法更加经济. 但是当 A 为 (近似于) 列秩亏时, 用 SVD 法或完全正交分解方法更加稳定.

13.5.2　四元数 LS 问题的迭代算法

本小节讨论 QLS 问题 (13.5.1) 的迭代算法, 主要描述共轭梯度法 (CGLS) 和 LSQR 算法.

1. **共轭梯度法** (CGLS)

设 $A \in \mathbf{Q}_n^{m\times n}$. 考虑 QLS 问题 (13.5.1) 对应的法方程 (13.5.6)

$$A^H Ax = A^H b.$$

显然 $A^H A$ 是 n 阶 Hermite 正定矩阵. 因为

$$0 = \|A^H Ax - A^H b\|_2 = \|(A^R)^T A^R x_c^R - (A^R)^T b_c^R\|_2,$$

令 $y = x_c^R, \widehat{A} = A^R, \widehat{b} = b_c^R$, 法方程 (13.5.6) 可以化为求函数

$$f(y) = \frac{1}{2} y^T \widehat{A}^T \widehat{A} y - (\widehat{A}^T \widehat{b})^T y \tag{13.5.9}$$

的极小点的问题. 事实上, $f(y)$ 的梯度 $g(y)$ 为

$$g(y) = \bigtriangledown f(y) = (\frac{\partial f}{\partial y_1}, \cdots, \frac{\partial f}{\partial y_{4n}})^T = \widehat{A}^T \widehat{A} y - \widehat{A}^T \widehat{b}.$$

而且, 对于给定的非零向量 $p \in \mathbf{R}^{4n}$ 及 $t \in \mathbf{R}$, 有

$$f(y + tp) - f(y) = tg(y)^T p + \frac{1}{2} t^2 p^T \widehat{A}^T \widehat{A} p.$$

如果 u 是 (13.5.6) 式的解, 令 $\widehat{u} = u_c^R$, 则 $g(\widehat{u}) = 0$. 因此对任意非零向量 $p \in \mathbf{R}^{4n}$, 有

$$f(\widehat{u} + tp) - f(\widehat{u}) \begin{cases} > 0, & t \neq 0, \\ = 0, & t = 0, \end{cases}$$

即 $\widehat{u}$ 是 $f(y)$ 的极小点. 而且, 由于 $\widehat{A}^T \widehat{A}$ 正定, 二次函数 $f(y)$ 在 $\mathbf{R}^{4n}$ 中仅有一个极小点. 如果 $\widehat{u}$ 是 $f(y)$ 的极小点, 则

$$f(\widehat{u} + tp) - f(\widehat{u}) = tg(\widehat{u})^T p + \frac{1}{2} t^2 p^T \widehat{A} p.$$

因此

$$\frac{df(\widehat{u} + tp)}{dt}|_{t=0} = g(\widehat{u})^T p = 0.$$

由 p 的任意性, 有 $g(\widehat{u}) = 0$, 因此 u 是 (13.5.6) 式的解.

如果非零向量系 $p^{(0)}, p^{(1)}, \cdots, p^{(k-1)} \in \mathbf{R}^{4n}$ 满足

$$p^{(i)T} \widehat{A}^T \widehat{A} p^{(j)} = 0, \quad i \neq j, \tag{13.5.10}$$

则称向量系 $\{p^{(k)}\}$ 为 $\mathbf{R}^{4n}$ 中关于 $\widehat{A}^T \widehat{A}$ 的一个**共轭向量系**.

设 $y^{(0)} \in \mathbf{R}^{4n}$ 是任意给定的一个初始向量. 对于 $k=0,1,2,\cdots$, 从点 $y^{(k)}$ 出发, 沿方向 $p^{(k)}$ 求函数 $f(y)$ 在直线 $y=y^{(k)}+tp^{(k)}$ 上的极小点, 得到

$$y^{(k+1)}=y^{(k)}+\alpha_k p_k. \tag{13.5.11}$$

寻找

$$s^{(k)}=\widehat{A}^T(\widehat{b}-\widehat{A}y^{(k)}), \quad \alpha_k=\frac{s^{(k)T}p^{(k)}}{p^{(k)T}\widehat{A}^T\widehat{A}p^{(k)}}=\frac{\|s^{(k)}\|_2^2}{\|\widehat{A}p^{(k)}\|_2^2}, \tag{13.5.12}$$

称 $p^{(k)}$ 为寻查方向, (13.5.12) 式为共轭方向法. 特别地, 取 $p^{(0)}=s^{(0)}$, 对 $k=0,1,\cdots$, 有

$$p^{(k+1)}=s^{(k+1)}+\beta_k p^{(k)}, \quad \beta_k=-\frac{s^{(k+1)T}\widehat{A}^T\widehat{A}p^{(k)}}{p^{(k)T}\widehat{A}^T\widehat{A}p^{(k)}}=\frac{\|s^{(k+1)}\|_2^2}{\|s^{(k)}\|_2^2}, \tag{13.5.13}$$

(13.5.11)—(13.5.13) 式称为共轭梯度法 (CGLS). 由 (13.5.11)—(13.5.13) 式知, 若 $k\geqslant 0$ 使得 $s^{(k)}=0$, 则 $x^{(k)}$ 为 QLS 问题的解, 且 $\alpha_k=\beta_k=0$, $s^{(k+1)}=p^{(k+1)}=0$.

下面给出 CGLS 的算法.

算法 13.5.1 (CGLS)　给定 $A\in\mathbf{Q}^{m\times n}$, $b\in\mathbf{Q}^m$, $x^{(0)}\in\mathbf{Q}^n$ 和小参数 tol >0. 令 $B=A^R$, $y=x_c^R$, $c=b_c^R$.

step 1　计算 $r^{(0)}=c-By^{(0)}$, $p^{(0)}=s^{(0)}=B^Tr^{(0)}$, $\gamma_0=\|s^{(0)}\|_2^2$.

step 2　对于 $k=0,1,2,\cdots$, 当 $\gamma_k>$ tol 时, 计算

$$\begin{aligned} q^{(k)}&=Bp^{(k)},\ \alpha_k=\gamma_k/\|q^{(k)}\|_2^2,\\ y^{(k+1)}&=y^{(k)}+\alpha_k p^{(k)},\ r^{(k+1)}=r^{(k)}-\alpha_k q^{(k)},\ s^{(k+1)}=B^Tr^{(k+1)},\\ \gamma_{k+1}&=\|s^{(k+1)}\|_2^2,\ \beta_k=\gamma_{k+1}/\gamma_k,\ p^{(k+1)}=s^{(k+1)}+\beta_k p^{(k)}. \end{aligned}$$

结束

注 13.5.2　(1) 若矩阵 A 有 l 个不同的奇异值, 则由 A 的 SVD, $A=U\Sigma V^H$, $\widehat{A}$ 有分解式 $\widehat{A}=A^R=U^R\Sigma^R(V^R)^T$, 即 $\widehat{A}$ 也有 l 个不同的奇异值. 于是, 由定理 10.2.9 知, 四元数 LS 问题的 CGLS 方法在理论上最多 l 次迭代就收敛.

(2) 若 A 非列满秩, 取 $y^{(0)}=0$, 则 CGLS 方法收敛到 QLS 问题的极小范数解.

2. QR LS *方法* (LSQR)

设 $A\in\mathbf{Q}^{m\times n}$, $m\geqslant n$. 则存在四元数酉矩阵 $U=(u_1,\cdots,u_m)$, $V=(v_1,\cdots,v_n)$ 和双对角矩阵

$$B=\begin{pmatrix} \alpha_1 & \beta_1 & & & \\ & \alpha_2 & \beta_2 & & \\ & & \ddots & \ddots & \\ & & & \alpha_{n-1} & \beta_{n-1} \\ & & & & \alpha_n \end{pmatrix}\in\mathbf{R}^{n\times n},$$

使得

$$A = U \begin{pmatrix} B \\ 0 \end{pmatrix} V^H,$$

记 $U_1 = (u_1, \cdots, u_n)$, 则有

$$AV = U_1 B, \quad A^H U_1 = V B^H. \tag{13.5.14}$$

利用四元数矩阵运算与其实表示矩阵的运算的关系得

$$A^R V_c^R = (U_1)^R B_c^R, \quad (A^R)^T (U_1)_c^R = V^R (B^R)_c^T.$$

令 $\widehat{A} = A^R$, $\widehat{V} = V_c^R$, $\widehat{U}_1 = (U_1)_c^R$, 则有

$$\begin{aligned} \widehat{A}\widehat{v}_j &= \alpha_j \widehat{u}_j + \beta_{j-1}\widehat{u}_{j-1}, \\ \widehat{A}^T \widehat{u}_j &= \alpha_j \widehat{v}_j + \beta_j \widehat{v}_{j+1}, \quad j = 1:n. \end{aligned}$$

为方便起见, 取 $\beta_0 \widehat{u}_0 = 0$, $\beta_n \widehat{v}_{n+1} = 0$. 对于给定的向量 $\widehat{v}_1 \in \mathbf{R}^{4n}$, $\|\widehat{v}_1\|_2 = 1$, 可用如下的 Golub-Kahan 双对角化递推公式[87], 得到 α_j, u_j, β_j, v_{j+1},

$$\begin{aligned} &\widehat{r}_j = \widehat{A}\widehat{v}_j - \beta_{j-1}\widehat{u}_{j-1}, \quad \alpha_j = \|\widehat{r}_j\|_2, \ \widehat{u}_j = \widehat{r}_j/\alpha_j, \\ &\widehat{p}_j = \widehat{A}^T \widehat{u}_j - \alpha_j \widehat{v}_j, \quad \beta_j = \|\widehat{p}_j\|_2, \quad \widehat{v}_{j+1} = \widehat{p}_j/\beta_j, \quad j = 1:n. \end{aligned} \tag{13.5.15}$$

显然, 如果 $\alpha_j \neq 0$, $\beta_j \neq 0$, $j = 1:k$, 则 $\widehat{v}_1, \cdots, \widehat{v}_k$ 互相正交, $\widehat{u}_1, \cdots, \widehat{u}_k$ 也互相正交,

$$\widehat{v}_j \in \mathcal{K}_k(\widehat{A}^T\widehat{A}, \widehat{v}_1), \quad \widehat{u}_j \in \mathcal{K}_k(\widehat{A}\widehat{A}^T, \widehat{A}\widehat{v}_1).$$

当 $\alpha_j = 0$ 或 $\beta_j = 0$, 迭代过程 (13.5.15) 停止. 如果迭代在 $\alpha_j = 0$, $j < n$ 时停止, 则可知 $\widehat{A}\widehat{v}_j = \beta_{j-1}\widehat{u}_{j-1}$ 和 $\mathrm{span}\{\widehat{A}\widehat{v}_1, \cdots, \widehat{A}\widehat{v}_j\} \subset \mathrm{span}\{\widehat{u}_1, \cdots, \widehat{u}_{j-1}\}$. 因此这种情况仅当 $\mathrm{rank}(\widehat{A}) < n$ 时才会发生. 如果迭代在 $\beta_j = 0$ 时停止, 则可验证

$$A(\widehat{v}_1, \cdots, \widehat{v}_j) = (\widehat{u}_1, \cdots, \widehat{u}_j)B_j, \quad \widehat{A}^T(\widehat{u}_1, \cdots, \widehat{u}_j) = (\widehat{v}_1, \cdots, \widehat{v}_j)\widehat{B}_j^T.$$

从而 $\sigma(\widehat{B}_j) \subset \sigma(\widehat{A})$.

Paige 和 Saunders[157] 描述了另外一种双对角化的算法. 该方法可以推广到 QLS 问题[212]. 取初始向量 $u_1 \in \mathbf{Q}^m$, k 步之后, 把 A 变换成一个下双对角形式:

$$B = B_n = \begin{pmatrix} \alpha_1 & & & \\ \beta_2 & \alpha_2 & & \\ & \beta_3 & \ddots & \\ & & \ddots & \alpha_n \\ & & & \beta_{n+1} \end{pmatrix} \in \mathbf{R}^{(n+1)\times n}, \tag{13.5.16}$$

这时 B_n 不是方阵. 令 (13.5.14) 式中的列对应相等, 并令 $\beta_1 v_0 \equiv 0$, $\alpha_{n+1}v_{n+1} \equiv 0$, 得到递推关系

$$\begin{aligned} \widehat{A}^T\widehat{u}_j &= \beta_j\widehat{v}_{j-1} + \alpha_j\widehat{v}_j, \\ \widehat{A}\widehat{v}_j &= \alpha_j\widehat{u}_j + \beta_{j+1}\widehat{u}_{j+1}, \quad j = 1:n. \end{aligned}$$

给定初始向量 $\widehat{u}_1 \in \mathbf{R}^{4m}, \|\widehat{u}_1\|_2 = 1$, 并且对 $j = 1, 2, \cdots$, 用公式

$$\begin{aligned} &\widehat{r}_j = \widehat{A}^T\widehat{u}_j - \beta_j\widehat{v}_{j-1}, \quad \alpha_j = \|\widehat{r}_j\|_2, \quad \widehat{v}_j = \widehat{r}_j/\alpha_j, \\ &\widehat{p}_j = \widehat{A}\widehat{v}_j - \alpha_j\widehat{u}_j, \quad \beta_{j+1} = \|\widehat{p}_j\|_2, \quad \widehat{u}_{j+1} = \widehat{p}_j/\beta_{j+1}, \end{aligned} \tag{13.5.17}$$

得 $\widehat{B}_n$ 的 α_i, β_i 及向量 $\widehat{v}_i$, $\widehat{u}_i$. 对这个双对角化方案, 有

$$\widehat{u}_j \in \mathcal{K}_j(\widehat{A}\widehat{A}^T, \widehat{u}_1), \quad \widehat{v}_j \in \mathcal{K}_j(\widehat{A}^T\widehat{A}, \widehat{A}^T\widehat{u}_1).$$

现在考虑计算四元数 LS 问题 (13.5.1) 式的 LSQR 算法[157]. 取向量 $\widehat{u}_1 = \widehat{b}/\|\widehat{b}\|_2$, 采用 (13.5.17) 式经 k 步迭代后, 得到矩阵

$$\widehat{V}_k = (\widehat{v}_1, \cdots, \widehat{v}_k), \quad \widehat{U}_{k+1} = (\widehat{u}_1, \cdots, \widehat{u}_{k+1})$$

和 $\widehat{B}_k$, 其中 $\widehat{B}_k$ 是 $\widehat{B}_n$ 的左上角的 $(k+1)\times k$ 子矩阵, 且 (13.5.17) 式可写成

$$\beta_1\widehat{U}_{k+1}\widehat{e}_1 = \widehat{b}, \quad \widehat{A}\widehat{V}_k = \widehat{U}_{k+1}\widehat{B}_k, \quad \widehat{A}^T\widehat{U}_{k+1} = \widehat{V}_k\widehat{B}_k^T + \alpha_{k+1}\widehat{v}_{k+1}\widehat{e}_{k+1}^T.$$

现在寻找 (13.5.1) 式的一个近似解 $x^{(k)}$ 的实表示矩阵的第一列

$$\widehat{x}^{(k)} = (x^{(k)})_c^R \in \mathcal{K}_k, \quad \mathcal{K}_k = \mathcal{K}_k(\widehat{A}^T\widehat{A}, \widehat{A}^T\widehat{b}).$$

则 $\widehat{x}^{(k)}$ 可表示为 $\widehat{x}^{(k)} = \widehat{V}_k y^{(k)}$, 且

$$\widehat{b} - \widehat{A}^{(k)}\widehat{x}^{(k)} = \widehat{U}_{k+1}t_{k+1}, \quad t_{k+1} = \beta_1 e_1 - B_k y^{(k)}.$$

于是有

$$\min_{\widehat{x}^{(k)}\in\mathcal{K}_k} \|\widehat{A}\widehat{x}^{(k)} - \widehat{b}\|_2 = \min_{\widehat{y}^{(k)}} \|\widehat{B}_k\widehat{y}^{(k)} - \beta_1\widehat{e}_1\|_2.$$

下面给出 LSQR 算法.

算法 13.5.2 (LSQR)　给定 $A \in \mathbf{Q}_n^{m\times n}$, $b \in \mathbf{Q}^m$, $x^{(0)} \in \mathbf{Q}^n$ 和小参数 tol > 0. 令 $\widehat{A} = A^R$, $\widehat{x} = x_c^R$, $\widehat{b} = b_c^R$, $\widehat{V} = V^R$.

step 1　计算

$$\begin{aligned} &\widehat{x}^{(0)} := 0;\ \beta_1 u_1 := \widehat{b};\ \alpha_1 v_1 = \widehat{A}^T u_1; \\ &w_1 = v_1;\ \widehat{\phi}_1 = \beta_1;\ \widehat{\rho}_1 = \alpha_1; \end{aligned}$$

step 2 对于 $i = 1, 2, \cdots$, 重复下列步骤直到收敛

$$\begin{aligned}
\beta_{i+1}u_{i+1} &:= \widehat{A}v_i - \alpha_i u_i;\\
\alpha_{i+1}v_{i+1} &:= \widehat{A}^T u_{i+1} - \beta_{i+1}v_i;\\
(c_i, s_i, \rho_i) &= q\,\text{Givens}(\widehat{\rho}_i, \beta_{i+1});\\
\theta_i &= s_i\alpha_{i+1};\ \ \widehat{\rho}_{i+1} = c_i\alpha_{i+1};\\
\phi_i &= c_i\widehat{\phi}_i;\ \ \widehat{\phi}_{i+1} = -s_i\widehat{\phi}_i;\\
\widehat{x}^{(i)} &= \widehat{x}^{(i-1)} + (\phi_i/\rho_i)w_i;\\
w_{i+1} &= v_{i+1} - (\theta_i/\rho_i)w_i;
\end{aligned}$$

停止

§ 13.6 四元数 TLS 问题的数值解法

本节中将讨论求解四元数 TLS 问题 (QTLS) 的直接方法和迭代算法. QTLS 问题的理论分析和复矩阵情形类似, 这里不再重复. QTLS 问题的定义同定义 4.1.2(见文献 [226], [227]).

定义 13.6.1 设 $A \in \mathbf{Q}^{m\times n}$, $B \in \mathbf{Q}^{m\times d}$. QTLS 问题是指确定一个整数 p ($0 \leqslant p \leqslant n$) 及四元数矩阵 $\widehat{A} \in \mathbf{Q}^{m\times n}$, $\widehat{B} \in \mathbf{Q}^{m\times d}$, $\widehat{G} = (\widehat{A}, \widehat{B})$, 使得

$$\|(A, B) - \widehat{G}\|_F = \min_{\text{rank}(G)\leqslant p} \|(A, B) - G\|_F, \tag{13.6.1}$$

并且 $\mathcal{R}(\widehat{B}) \subseteq \mathcal{R}(\widehat{A})$.

13.6.1 四元数 TLS 问题的直接方法

1. *基本 SVD 方法*

QTLS 问题的极小范数解 X_{TLS} 可以按照如下方法计算. 设 $C = (A, B)$ 的 SVD 为

$$C = (A, B) = U\Sigma V^H, \tag{13.6.2}$$

其中 U, V 为酉矩阵, $\Sigma = \text{diag}(\sigma_1, \cdots, \sigma_{n+d})$, $\sigma_1 \geqslant \sigma_2 \geqslant \cdots \geqslant \sigma_{n+d}$. C 的 SVD 可由实保结构算法 13.4.1 得到. 给定参数 $\eta > 0$.

step 1 若对某一整数 $p \leqslant n$, 有 $\sigma_p \geqslant \eta > \sigma_{p+1}$, 把 V 写成分块形式

$$V = \begin{pmatrix} V_{11} & V_{12} \\ V_{21} & V_{22} \end{pmatrix} \begin{matrix} n \\ d \end{matrix} . \tag{13.6.3}$$
$$\qquad\quad p, \qquad n+d-p$$

step 2 对 V_{22} 进行 QL 分解 $V_{22} = (0, \Gamma)Q^T$, 并记

$$\begin{pmatrix} V_{12} \\ V_{22} \end{pmatrix} Q = \begin{pmatrix} Y & Z \\ 0 & \Gamma \end{pmatrix}. \tag{13.6.4}$$

若 Γ 为非奇异方矩阵, 则 $x_{\text{TLS}} = -Z\Gamma^{-1}$. 否则, 令 $p := p - 1$, 并回到 Step 1—2, 一直到 Γ 为非奇异方阵.

在重复 (13.6.3)—(13.6.4) 的过程中, 由原来的 V_{22} 进行 QL 分解得到的 Γ, 在后续过程中还可以利用, 只要在 Γ 第一列前添加 V_{22} 的前一列, 可以减少计算量.

注 13.6.1 (1) 注意计算第二步时, 为了数值稳定性, 可以用选主行 Householder 矩阵右乘 $V_2 = (V_{12}^T, V_{22}^T)^T$, 把 V_{22} 化为斜下三角矩阵 Γ. 若 Γ 奇异, 令 $p := p - 1$, 在 Γ 第一列前添加 V_{22} 的前一列, 可应用定理 13.1.3 类似的思想，用四元数 Givens 矩阵右乘 Γ, 把新添的一列从上到下逐步消去, 得到新的 Γ.

(2) 上述计算过程, 可以采用实保结构算法, 这时可以取 V^R 的第一行块进行操作.

2. 完全正交分解方法

也可以用 C 的完全正交分解方法计算 X_{TLS}. 设 C 的完全正交分解为

$$C = URV^H = U \begin{pmatrix} R_{11} & R_{12} \\ 0 & R_{22} \end{pmatrix} V^H, \tag{13.6.5}$$

其中, U, V 为酉矩阵, $R_{11} \in \mathbf{Q}^{p\times p}$ 为非奇异上三角矩阵, 且对于小参数 tol,

$$|r_{pp}| \geqslant \text{tol}, \quad \|R_{12}\|_2 < \text{tol}, \quad \|R_{22}\|_2 < \text{tol}.$$

则 V 的最后 $n+d-p$ 列 V_2 可以近似看成 C 的最小奇异值对应的右奇异向量. 对 V_2 作 QL 分解可得 $X_{\text{TLS}} = -Z\Gamma^{-1}$.

3. Cholesky 分解法

当 $\text{rank}(A) = n$, 线性方程组 $Ax = b$ 近于相容时, 有

$$\sigma_n(A) > \sigma_{n+1}(C) \equiv \sigma_{n+1}.$$

注意到 $\begin{pmatrix} x_{\text{TLS}} \\ -1 \end{pmatrix}$ 为 $C^HC = (A, b)^H(A, b)$ 的一个右特征向量,

$$\begin{pmatrix} A^HA & A^Hb \\ b^HA & b^Hb \end{pmatrix} \begin{pmatrix} x_{\text{TLS}} \\ -1 \end{pmatrix} = \sigma_{n+1}^2 \begin{pmatrix} x_{\text{TLS}} \\ -1 \end{pmatrix},$$

于是

$$(A^H A - \sigma_{n+1}^2 I)x_{\text{TLS}} = A^H b. \tag{13.6.6}$$

于是可以选择参数 $\eta \approx \sigma_{n+1}^2$, 用 Cholesky 分解计算

$$(A^H A - \eta I)x = A^H b$$

的解 x_{TLS}. 该方法的主要问题是如何精确地确定参数 η.

13.6.2　四元数 TLS 问题的迭代算法

本小节讨论四元数 TLS 问题 (13.6.1) 的迭代解法.

设 $Ax = b$, 其中 $A \in \mathbf{Q}^{m\times n}, b \in \mathbf{Q}^m$. 考虑用 Lanczos 双对角化过程计算 QTLS 问题

$$\min_{E,r} \|(E, r)\|_{\text{F}}, \quad (A+E)x = b + r$$

的近似解. 如果 $\overline{\sigma}_n > \sigma_{n+1}$, 则 QTLS 问题的解可由 (A, b) 的右奇异向量 v_{n+1} 决定. 因此可以对增广矩阵 (A, b) 应用 LSQR Lanczos 双对角化方法, 在 Krylov 子空间 $\mathcal{K}_k = \mathcal{K}_k(A^T A, A^T u_1)$ 中产生一个近似的 TLS 解.

取 $\beta_1 = \|b\|_2$, $u_1 = b/\beta_1$, 令 $\beta_1 v_0 \equiv 0$, $\alpha_{n+1} v_{n+1} \equiv 0$, 并且对 $j = 1, 2, \cdots$, 用公式

$$\begin{aligned} &r_j = A^H u_j - \beta_j v_{j-1}, \quad \alpha_j = \|r_j\|_2, \quad v_j = r_j/\alpha_j, \\ &p_j = A v_j - \alpha_j u_j, \quad \beta_{j+1} = \|p_j\|_2, \quad u_{j+1} = p_j/\beta_{j+1} \end{aligned} \tag{13.6.7}$$

得到 B_n 中相应的元素 α_i, β_i 和向量 v_i u_i. 对这个双对角化方案, 有

$$u_j \in \mathcal{K}_j(AA^H, u_1), \quad v_j \in \mathcal{K}_j(A^H A, A^H u_1),$$

$$(\beta_1 e_1, B_k) = \begin{pmatrix} \beta_1 & \alpha_1 & & & \\ & \beta_2 & \alpha_2 & & \\ & & \beta_3 & \ddots & \\ & & & \ddots & \alpha_k \\ & & & & \beta_{k+1} \end{pmatrix} \in \mathbf{R}^{(k+1)\times(k+1)}.$$

接着寻找一个近似的 TLS 解 $x^{(k)} = V_k y_k \in \mathcal{K}_k$, 从而有

$$(A + E_k)x^{(k)} = (A + E_k)V_k y_k = (U_{k+1}B_k + E_k V_k)y_k = \beta_1 U_{k+1} e_1 + r_k.$$

因此相容性关系变成

$$(B_k + F_k)y_k = \beta_1 e_1 + s_k, \quad F_k = U_{k+1}^H E_k V_k, \quad s_k = U_{k+1}^H r_k.$$

所以 y_k 应取为 QTLS 子问题

$$\min_{F,s}\|(F,s)\|_{\mathrm{F}}, \quad (B_k+F)y_k=\beta_1 e_1+s$$

的解. 可以通过标准的隐式 QR 算法计算矩阵 B_k 的 SVD,

$$B_k=P_{k+1}\Omega_k Q_{k+1}^H,$$

并有

$$(b,A)\begin{pmatrix} V_k^1 \\ V_k^2 \end{pmatrix}(Q_k e_k)=\omega_k(U_{k+1}P_{k+1}e_k).$$

因此, 由

$$\begin{pmatrix} z_k \\ \gamma_k \end{pmatrix}=\begin{pmatrix} V_k^1 \\ V_k^2 \end{pmatrix}Q_k e_k$$

可得到近似的 TLS 解 $x^{(k)}=-z_k/\gamma_k\in\mathcal{K}_k$. 注意, 为了计算 $x^{(k)}$, 仅需要对应最小奇异值 σ_{n+1} 的右奇异向量 $Q_k e_k$, 但是向量 v_k 需要保存或重新产生. 如果最小的奇异值等于 $\sigma_{k+1}^{(k)}$, 那么有

$$\|(E_k,r_k)\|_{\mathrm{F}}=\sigma_{k+1}^{(k)},$$

并有如下的估计式

$$\|(E_k,r_k)\|_{\mathrm{F}}^2\leqslant\min\|(E,r)\|_{\mathrm{F}}^2+\sigma_1^2\Big(\frac{\tan\theta(v,u_1)}{T_{k-1}(1+2\gamma_1)}\Big)^2.$$

注 13.6.2 双二对角化过程 (13.6.7) 式的计算中, 四元数向量的计算可采用实保结构算法.

§ 13.7 四元数 LSE 问题的数值解法

本节中将讨论求解四元数 LSE 问题 (QLSE) 的直接方法. QLSE 问题的理论分析类似于第五章.

定义 13.7.1 设 $L\in\mathbf{Q}^{m_1\times n}$, $K\in\mathbf{Q}^{m_2\times n}$ 及四元数向量 $h\in\mathbf{Q}^{m_1}$, $g\in\mathbf{Q}^{m_2}$, 其中 $m=m_1+m_2$,

$$A=\begin{pmatrix} L \\ K \end{pmatrix}, \quad b=\begin{pmatrix} h \\ g \end{pmatrix}.$$

QLSE 问题是指求四元数向量 $x\in\mathbf{Q}^n$ 使得

$$\begin{cases}\|Kx-g\|_2=\min\limits_{y\in S}\|Ky-g\|_2, \\ \text{s.t. } S=\{y\in\mathbf{Q}^n:\ Ly=h\}.\end{cases} \tag{13.7.1}$$

如果 $h \notin \mathcal{R}(L)$, 则集合 S 可以定义为

$$S = \{y \in \mathbf{Q}^n : \|Ly - h\|_2 = \min_{z \in \mathbf{Q}^n} \|Lz - h\|_2\}.$$

如果

$$\operatorname{rank}(L) = m_1, \quad \operatorname{rank}(A) = n,$$

则 QLSE 问题 (13.7.1) 存在唯一解. 记

$$P = I - L^\dagger L, \quad L_K^\ddagger = (I - (KP)^\dagger K)L^\dagger.$$

关于 QLSE 问题的解有下列定理.

定理 13.7.1 对于给定的四元数矩阵 $L \in \mathbf{Q}^{m_1 \times n}$, $K \in \mathbf{Q}^{m_2 \times n}$ 及四元数向量 $h \in \mathbf{Q}^{m_1}$, $g \in \mathbf{Q}^{m_2}$, QLSE 问题 (13.7.1) 的极小范数解 x_{LSE} 有下面的形式:

$$x_{\text{LSE}} = L_K^\ddagger h + (KP)^\dagger g. \tag{13.7.2}$$

QLSE 问题 (13.7.1) 的解集为

$$\begin{aligned} S_{\text{LSE}} = \{x = &L_K^\ddagger h + (KP)^\dagger g \\ &+ (P - (KP)^\dagger KP)z : \ z \in \mathbf{Q}^n\}. \end{aligned} \tag{13.7.3}$$

QLSE 问题 (13.7.1) 的等价性问题可参阅文献 [246].

设 $\operatorname{rank}(L) = m_1$, $\operatorname{rank}(A) = n$. 下面叙述计算 QLSE 问题 (13.7.1) 的极小范数解 x_{LSE} 的常用的数值解法.

1. 零空间法

设 L^H 的选主列 QR 分解为

$$L^H \Pi = Q_1 R, \quad \text{即} \quad L = \Pi R^H Q_1^H, \tag{13.7.4}$$

其中 Π 为置换矩阵, $Q = (Q_1, Q_2)$ 为酉矩阵, Q_1 为 Q 的前 m_1 列, R 为非奇异的上三角矩阵. 于是有

$$\begin{aligned} &P = I - L^\dagger L = I - Q_1 Q_1^H = Q_2 Q_2^H, \\ &y = Q^H x_{\text{LSE}} \\ &\ \ = \begin{pmatrix} R^{-H}\Pi^T h \\ (KQ_2)^\dagger (g - KQ_1 R^{-H} \Pi^T h) \end{pmatrix} = \begin{pmatrix} y_1 \\ y_2 \end{pmatrix}, \end{aligned} \tag{13.7.5}$$

其中

$$y_1 = R^{-H}\Pi^T h, \quad y_2 = (KQ_2)^\dagger (g - KQ_1 y_1).$$

由此我们得到 $x_{\text{LSE}} = Q_1 y_1 + Q_2 y_2$.

2. **加权 LS 法**

设置一个很大的权因子 τ, 并计算无约束 LS 问题

$$\left\|\begin{pmatrix} \tau L \\ K \end{pmatrix} x - \begin{pmatrix} \tau h \\ g \end{pmatrix}\right\|_2 = \min_y \left\|\begin{pmatrix} \tau L \\ K \end{pmatrix} y - \begin{pmatrix} \tau h \\ g \end{pmatrix}\right\|_2 \tag{13.7.6}$$

的极小范数 LS 解 $x(\tau)$. 由于 $x(\tau)$ 满足

$$\lim_{\tau\to\infty} x(\tau) = x_{\mathrm{LSE}},$$

一般来说, 取 $\tau \geqslant u^{-\frac{1}{2}}$ 是比较适合的, 这里 u 为机器精度. 任何计算 LS 问题的算法都可以用于加权 LS 法来求 LSE 问题的解. 但是, 计算得到的矩阵 $\widehat{L}$ 和 $\widehat{A}$ 要满足 $\mathrm{rank}(\widehat{L}) = p$, $\mathrm{rank}(\widehat{A}) = r$. 因此, 当 $\mathrm{rank}(L) = m_1$, $\mathrm{rank}(A) = n$ 时, 可以用选主列 QR 分解计算 $x(\tau)$.

3. **直接消去法**

当 L 行满秩, A 列满秩时, 可以用下列直接消去法来解 QLSE 问题.

首先计算 L 的选主列 QR 分解:

$$Q_L^H L \Pi_L = (R_{11} \quad R_{12}),$$

其中 R_{11} 为非奇异的上三角矩阵.

将 Q_L^H 作用于向量 h, 把约束方程转化为

$$(R_{11}, R_{12})\widehat{x} = \widehat{h}, \quad \widehat{x} = \Pi_L^H x, \quad \widehat{h} = Q_L^H h.$$

把矩阵 $\widehat{K} = K\Pi_L$ 及向量 $\widehat{x}$ 划分成与 (R_{11}, R_{12}) 相应的子块,

$$Kx - g = \widehat{K}\widehat{x} - g = (\widehat{K}_1, \widehat{K}_2)\begin{pmatrix} \widehat{x}_1 \\ \widehat{x}_2 \end{pmatrix} - g, \quad \widehat{K} = K\Pi_L.$$

把 $\widehat{x}_1 = R_{11}^{-1}(\widehat{h} - R_{12}\widehat{x}_2)$ 代入上式, 得

$$Kx - g = \widetilde{K}_2\widehat{x}_2 - \widehat{g},$$

$$\widetilde{K}_2 = \widehat{K}_2 - \widehat{K}_1 R_{11}^{-1} R_{12}, \quad \widehat{g} = g - \widehat{K}_1 R_{11}^{-1}\widehat{h}.$$

解 LS 问题

$$\|\widetilde{K}_2\widehat{x}_2 - \widehat{g}\|_2 = \min_y \|\widetilde{K}_2 y - \widehat{g}\|_2,$$

得到 $\widehat{x}_2$. 计算 $\widehat{x}_1 = R_{11}^{-1}(\widehat{h} - R_{12}\widehat{x}_2)$. 最后得到 $x = \Pi_L^T\widehat{x}$.

注 13.7.1 上述几种方法全都可以采用实保结构算法, 因为其中主要是四元数矩阵的 QR 分解, 这里不再详细给出算法程序.

习 题 十 三

1. 设 $A \in \mathbf{R}^{n \times n}$ 为实对称 (半) 正定矩阵. 改写算法 9.1.1 计算 $\Pi A \Pi^T = LL^T$ 的算法, 使得算法能够利用 Matlab 函数文件的快速运算, 并和原算法比较.

2. 设 $A \in \mathbf{R}^{m \times n}$. 改写算法 9.2.3 计算选主列 MGS 分解的算法, 使得算法能够利用 Matlab 函数文件的快速运算, 并和原算法比较.

3. 设 $A \in \mathbf{R}^{m \times n}$. 写出计算选主列 Householder QR 分解的算法, 使得算法能够利用 Matlab 函数文件的快速运算.

4. 设 $0 \neq y \in \mathbf{Q}^m$. 求四元数 α 和单位四元数向量 u, 使得 $H_1 = I_m - 2uu^H$ 满足 $H_1 y = \alpha e_m$, 这里 e_m 为 I_m 的最后一列.

5. 设 $A \in \mathbf{Q}^{m \times n}$. 利用第 4 题的结果, 写出计算选主列 Householder QL 分解的实保结构算法, 把 A 变换为斜下三角矩阵, 使得算法能够利用 Matlab 函数文件的快速运算.

第十四章　四元数 LS 与 WLS 问题的误差分析

计算广义最小二乘问题 (GLS) 的一个基本问题是, 当系数矩阵和右端项向量都含有误差时, 解的误差的大小. 在实或复系统的情形下, 第二至五章有详细讨论. 有学者在分析 GLS 问题时, 引进了有效条件数的概念, 见文献 [31], [136], [137] 及 [258].

本章研究四元数 LS 问题

$$\|Ax-b\|_2=\min_{v\in\mathbf{Q}^n}\|Av-b\|_2 \tag{14.0.1}$$

与四元数 WLS 问题

$$\|Ax-b\|_M=\min_{v\in\mathbf{Q}^n}\|Av-b\|_M \tag{14.0.2}$$

的扰动分析, 其中 $A\in\mathbf{Q}^{m\times n}$, $b\in\mathbf{Q}^m$, 四元数加权范数见 §14.2. 条件数 $\kappa_2(A)=\|A\|_2\|A^{\dagger}\|_2$ 常被用来刻画某一问题的解对于扰动的敏感程度, 但是利用 κ_2 表示的误差界有时过于保守. 我们在不同的情形下, 定义不同的条件数与有效条件数的概念, 利用这些条件数与有效条件数, 给出四元数 LS 与四元数 WLS 问题解的绝对误差与相对误差的更为准确的估计. §14.1 讨论四元数 LS 问题的误差估计, §14.2 讨论四元数 WLS 问题的误差估计, §14.3 讨论不同情形下的四元数 LS 问题的误差估计. 本章仅就矩阵 A 与其扰动矩阵的秩相等的情况进行讨论. 该章内容取自文献 [135].

§ 14.1　四元数 LS 问题的误差估计

本节讨论四元数 LS 问题的扰动分析, 其中 $\widehat{A}=A+\Delta A\in\mathbf{Q}^{m\times n}$ 及 $\widehat{b}=b+\Delta b\in\mathbf{Q}^m$, 扰动的四元数 LS 问题为

$$\|\widehat{A}\widehat{x}-\widehat{b}\|_2=\min_{y\in\mathbf{Q}^n}\|\widehat{A}y-\widehat{b}\|_2. \tag{14.1.1}$$

其最小范数 LS 解为 $\widehat{x}_{\rm LS}=\widehat{A}^{\dagger}\widehat{b}=x_{\rm LS}+\Delta x_{\rm LS}$.

首先给出四元数矩阵 MP-逆的分解定理.

定理 14.1.1　设 A, $\widehat{A}=A+\Delta A\in\mathbf{Q}^{m\times n}$. 则

$$\widehat{A}^{\dagger}-A^{\dagger}=-\widehat{A}^{\dagger}\Delta AA^{\dagger}+\widehat{A}^{\dagger}P_A^{\perp}-P_{\widehat{A}^H}^{\perp}A^{\dagger}$$

$$
\begin{aligned}
&= -\widehat{A}^\dagger P_{\widehat{A}}\Delta A P_{A^H}A^\dagger + \widehat{A}^\dagger P_{\widehat{A}}P_A^\perp - P_{\widehat{A}^H}^\perp P_{A^H}A^\dagger \\
&= -\widehat{A}^\dagger P_{\widehat{A}}\Delta A P_{A^H}A^\dagger + (\widehat{A}^H\widehat{A})^\dagger \Delta A^H P_A^\perp + P_{\widehat{A}^H}^\perp \Delta A^H (AA^H)^\dagger. \quad (14.1.2)
\end{aligned}
$$

可以证明关于四元数矩阵 MP-逆的扰动具有下列结论.

定理 14.1.2　设 A, $\widehat{A} = A + \Delta A \in \mathbf{Q}^{m\times n}$. 如果 $\delta \equiv \|\Delta A\|_2\|A^\dagger\|_2 < 1$ 且 $\operatorname{rank}(\widehat{A}) = \operatorname{rank}(A) = p$, 则

$$
\frac{\|A^\dagger\|_2}{1+\delta} \leqslant \|\widehat{A}^\dagger\|_2 \leqslant \frac{\|A^\dagger\|_2}{1-\delta}. \tag{14.1.3}
$$

证明　利用四元数矩阵奇异值的 Courant-Fischer 极大极小定理, 有

$$
\sigma_q - \|\Delta A\|_2 \leqslant \widehat{\sigma}_q \leqslant \sigma_q - \|\Delta A\|_2, \quad q = 1 : l(=\min\{m,n\}).
$$

注意到 $\|A^\dagger\|_2 = \dfrac{1}{\sigma_p}$ 及 $\|\widehat{A}^\dagger\|_2 = \dfrac{1}{\widehat{\sigma}_p}$, 所以

$$
\frac{\|A^\dagger\|_2}{1+\delta} = \frac{1}{\sigma_q + \|\Delta A\|_2} \leqslant \|\widehat{A}^\dagger\|_2 \leqslant \frac{1}{\sigma_q - \|\Delta A\|_2} = \frac{\|A^\dagger\|_2}{1-\delta}.
$$

四元数 LS 问题的解有如下结论.

定理 14.1.3 ([246])　四元数 LS 问题 (14.0.1) 的 LS 解为

$$
x = A^\dagger b + (I - P_{A^H})z = A^\dagger b + P_{A^H}^\perp z,
$$

其中 $z \in \mathbf{Q}^n$ 为任一四元数向量. (14.0.1) 式的最小范数 LS 解为

$$
x_{LS} = A^\dagger b.
$$

下面给出四元数 LS 问题的解的扰动定理.

定理 14.1.4　给定 A, $\widehat{A} = A + \Delta A \in \mathbf{Q}^{m\times n}$ 及 b, $\widehat{b} = b + \Delta b \in \mathbf{Q}^m$, 四元数 LS 问题 (14.0.1) 及其扰动问题 (14.1.1) 的最小范数 LS 解分别为 $x_{\rm LS}$ 和 $\widehat{x}_{\rm LS} = x_{\rm LS} + \Delta x_{\rm LS}$. $r = b - Ax_{\rm LS}$ 为残差向量. 如果 $\operatorname{rank}(A) = \operatorname{rank}(\widehat{A}) = p$, 且 $\delta = \|A^\dagger\|_2\|\Delta A\|_2 < 1$, 则

$$
\begin{aligned}
\|\Delta x_{\rm LS}\|_2 \leqslant & \frac{\|A^\dagger\|_2}{1-\delta}\Big\{ \|P_{\widehat{A}}\Delta b\|_2 + \|A^\dagger\|_2\|P_{\widehat{A}}^\perp \Delta A P_{A^H}\|_2\|r\|_2 \\
& + \left(\|P_{\widehat{A}}\Delta A P_{A^H}\|_2^2 + \|P_{\widehat{A}}\Delta A P_{A^H}^\perp\|_2^2\right)^{\frac{1}{2}} \|x_{\rm LS}\|_2 \Big\},
\end{aligned} \tag{14.1.4}
$$

进一步有

$$
\frac{\|\Delta x_{\rm LS}\|_2}{\|x_{\rm LS}\|_2} \leqslant \frac{\kappa_{eff}(x_{\rm LS})}{1-\delta}\left(\frac{\|P_{\widehat{A}}\Delta b\|_2}{\|b\|_2} + \kappa_2 \frac{\|P_{\widehat{A}}^\perp \Delta A P_{A^H}\|_2}{\|A\|_2}\frac{\|r\|_2}{\|b\|_2} \right)
$$

$$+\frac{\kappa_2}{1-\delta}\frac{(\|P_{\widehat{A}}\Delta AP_{A^H}\|_2^2+\|P_{\widehat{A}}\Delta AP_{A^H}^{\perp}\|_2^2)^{\frac{1}{2}}}{\|A\|_2}. \tag{14.1.5}$$

证明 由 (14.1.2) 式可得

$$\begin{aligned}\Delta x_{\mathrm{LS}} &= \widehat{A}^{\dagger}(b+\Delta b)-A^{\dagger}b=(\widehat{A}^{\dagger}-A^{\dagger})b+\widehat{A}^{\dagger}\Delta b\\ &=(-\widehat{A}^{\dagger}P_{\widehat{A}}\Delta AP_{A^H}A^{\dagger}+\widehat{A}^{\dagger}P_{\widehat{A}}P_A^{\perp}-P_{\widehat{A}^H}^{\perp}P_{A^H}A^{\dagger})b+\widehat{A}^{\dagger}\Delta b\\ &=\widehat{A}^{\dagger}P_{\widehat{A}}\Delta b+(-\widehat{A}^{\dagger}P_{\widehat{A}}\Delta AP_{A^H}x_{\mathrm{LS}}+\widehat{A}^{\dagger}P_{\widehat{A}}P_A^{\perp}r-P_{\widehat{A}^H}^{\perp}P_{A^H}x_{\mathrm{LS}}).\end{aligned} \tag{14.1.6}$$

因为 $\mathcal{R}(\widehat{A}^H)\perp\mathcal{R}(P_{\widehat{A}^H}^{\perp})$ 且 $P_{A^H}A^{\dagger}=A^{\dagger}$, 所以

$$\|P_{\widehat{A}}P_A^{\perp}\|_2=\|P_{\widehat{A}}^{\perp}P_A\|_2=\|(I-\widehat{A}\widehat{A}^{\dagger})(A-\widehat{A})A^{\dagger}\|_2\leqslant\|P_{\widehat{A}}^{\perp}\Delta AP_{A^H}\|_2\|A^{\dagger}\|_2,$$

且

$$\|P_{\widehat{A}^H}^{\perp}P_{A^H}\|_2=\|P_{\widehat{A}^H}P_{A^H}^{\perp}\|_2=\|\widehat{A}^{\dagger}(\widehat{A}-A)(I-A^{\dagger}A)\|_2\leqslant\|P_{\widehat{A}}\Delta AP_{A^H}^{\perp}\|_2\|\widehat{A}^{\dagger}\|_2.$$

由 (14.1.3) 式, (14.1.6) 式及上述等式, (14.1.4) 式成立. 利用 (14.1.4) 式可得

$$\begin{aligned}\frac{\|\Delta x_{\mathrm{LS}}\|_2}{\|x_{\mathrm{LS}}\|_2} &\leqslant \frac{\|A^{\dagger}\|_2\|b\|_2}{(1-\delta)\|x_{\mathrm{LS}}\|_2}\left(\frac{\|P_{\widehat{A}}\Delta b\|_2}{\|b\|_2}+\frac{\|A\|_2\|A^{\dagger}\|_2\|P_{\widehat{A}}^{\perp}\Delta AP_{A^H}\|_2\|r\|_2}{\|A\|_2\|b\|_2}\right)\\ &\quad+\frac{\|A\|_2\|A^{\dagger}\|_2}{1-\delta}\frac{(\|P_{\widehat{A}}\Delta AP_{A^H}\|_2^2+\|P_{\widehat{A}}\Delta AP_{A^H}^{\perp}\|_2^2)^{\frac{1}{2}}}{\|A\|_2}\\ &=\frac{\kappa_eff(x_{LS})}{1-\delta}\left(\frac{\|P_{\widehat{A}}\Delta b\|_2}{\|b\|_2}+\kappa_2\frac{\|P_{\widehat{A}}^{\perp}\Delta AP_{A^H}\|_2}{\|A\|_2}\frac{\|r\|_2}{\|b\|_2}\right)\\ &\quad+\frac{\kappa_2}{1-\delta}\frac{(\|P_{\widehat{A}}\Delta AP_{A^H}\|_2^2+\|P_{\widehat{A}}\Delta AP_{A^H}^{\perp}\|_2^2)^{\frac{1}{2}}}{\|A\|_2}.\end{aligned}$$

□

注 14.1.1 (1) 如果 $m=n=p$, 则 $P_A=P_{\widehat{A}}=P_{\widehat{A}^H}=P_{A^H}=I_n$, $P_A^{\perp}=P_{\widehat{A}^H}^{\perp}=0$. 由 (14.1.4) 式得

$$\|\Delta x_{\mathrm{LS}}\|_2\leqslant\frac{\|A^{\dagger}\|_2}{1-\delta}\Big\{\|\Delta b\|_2+\|\Delta A\|_2\|x_{\mathrm{LS}}\|_2\Big\},$$

因而

$$\frac{\|\Delta x_{\mathrm{LS}}\|_2}{\|x_{\mathrm{LS}}\|_2}\leqslant\frac{\kappa_{eff}(x_{\mathrm{LS}})}{1-\delta}\frac{\|\Delta b\|_2}{\|b\|_2}+\frac{\kappa_2}{1-\delta}\frac{\|\Delta A\|_2}{\|A\|_2}.$$

(2) 如果四元数 LS 问题 (14.0.1) 是相容的, 特别的当 $n>m=p$ 时, 有

$$P_A=P_{\widehat{A}}=I_m,\quad P_A^{\perp}=P_{\widehat{A}}^{\perp}=0.$$

由 (14.1.4) 式有

$$\|\Delta x_{\mathrm{LS}}\|_2 \leqslant \frac{\|A^\dagger\|_2}{1-\delta}\Big\{\|\Delta b\|_2 + \big(\|\Delta A P_{A^H}\|_2^2 + \|\Delta A P_{A^H}^\perp\|_2^2\big)^{\frac{1}{2}}\|x_{\mathrm{LS}}\|_2\Big\},$$

因而

$$\frac{\|\Delta x_{\mathrm{LS}}\|_2}{\|x_{\mathrm{LS}}\|_2} \leqslant \frac{\kappa_{eff}(x_{\mathrm{LS}})}{1-\delta}\frac{\|\Delta b\|_2}{\|b\|_2} + \frac{\kappa_2}{1-\delta}\frac{(\|\Delta A P_{A^H}\|_2^2 + \|\Delta A P_{A^H}^\perp\|_2^2)^{\frac{1}{2}}}{\|A\|_2}.$$

(3) 如果 $m > n = p$, 则 $P_{\widehat{A}^H} = P_{A^H} = I_n$, $P_{\widehat{A}^H}^\perp = 0$. 由 (14.1.4) 式得

$$\|\Delta x_{\mathrm{LS}}\|_2 \leqslant \frac{\|A^\dagger\|_2}{1-\delta}\Big(\|P_{\widehat{A}}\Delta b\|_2 + \|P_{\widehat{A}}\Delta A\|_2\|x_{\mathrm{LS}}\|_2 + \|A^\dagger\|_2\|P_{\widehat{A}}^\perp\Delta A\|_2\|r\|_2\Big),$$

因而

$$\frac{\|\Delta x_{\mathrm{LS}}\|_2}{\|x_{\mathrm{LS}}\|_2} \leqslant \frac{\kappa_{eff}(x_{\mathrm{LS}})}{1-\delta}\left(\frac{\|P_{\widehat{A}}\Delta b\|_2}{\|b\|_2} + \kappa_2\frac{\|P_{\widehat{A}}^\perp\Delta A\|_2}{\|A\|_2}\frac{\|r\|_2}{\|b\|_2}\right) + \frac{\kappa_2}{1-\delta}\frac{\|P_{\widehat{A}}\Delta A\|_2}{\|A\|_2}.$$

因此, 定理 14.1.4 的估计是精细的.

当 $\mathrm{rank}(A) = \mathrm{rank}(\widehat{A}) < n$ 时, 四元数 LS 问题 (14.0.1) 的一般 LS 解的扰动有如下结论.

定理 14.1.5　给定 A, $\widehat{A}=A+\Delta A \in \mathbf{Q}_p^{m\times n}$, 其中 $p<n$ 且 $\delta=\|A^\dagger\|_2\|\Delta A\|_2<1$. 对于四元数 LS 问题 (14.0.1) 的任一 LS 解

$$x = A^\dagger b + (I - A^\dagger A)z,$$

都存在扰动四元数 LS 问题 (14.1.1) 的一个 LS 解 $\widehat{x}$, 满足

$$\|\Delta x\|_2 \leqslant \frac{\|A^\dagger\|_2}{1-\delta}\Big(\|P_{\widehat{A}}\Delta b\|_2 + \|A^\dagger\|_2\|P_{\widehat{A}}^\perp\Delta A P_{A^H}\|_2\|r\|_2 + \|P_{\widehat{A}}\Delta A\|_2\|x\|_2\Big), \tag{14.1.7}$$

其中 $\Delta x = \widehat{x} - x$, $r = b - Ax = b - Ax_{\mathrm{LS}}$, 因而

$$\frac{\|\Delta x\|_2}{\|x\|_2} \leqslant \frac{\kappa_{eff}(x)}{1-\delta}\left(\frac{\|P_{\widehat{A}}\Delta b\|_2}{\|b\|_2} + \kappa_2\frac{\|P_{\widehat{A}}^\perp\Delta A P_{A^H}\|_2}{\|A\|_2}\frac{\|r\|_2}{\|b\|_2}\right) + \frac{\kappa_2}{1-\delta}\frac{\|P_{\widehat{A}}\Delta A\|_2}{\|A\|_2}. \tag{14.1.8}$$

证明　对于四元数 LS 问题 (14.0.1) 的任一 LS 解 $x = A^\dagger b + (I - A^\dagger A)z$, 令

$$\widehat{x} = \widehat{A}^\dagger\widehat{b} + (I - \widehat{A}^\dagger\widehat{A})(A^\dagger b + (I - A^\dagger A)z),$$

则 $\widehat{x}$ 是扰动四元数 LS 问题 (14.1.1) 的一个 LS 解. 由 (14.1.2) 式得

$$\widehat{x} - x = \widehat{A}^\dagger\Delta b + (I - \widehat{A}^\dagger\widehat{A})A^\dagger b - \widehat{A}^\dagger\widehat{A}(I - A^\dagger A)z + (\widehat{A}^\dagger - A^\dagger)b$$

$$
\begin{aligned}
&=\widehat{A}^{\dagger}\Delta b+(I-\widehat{A}^{\dagger}\widehat{A})A^{\dagger}b-\widehat{A}^{\dagger}(A+\Delta A)(I-A^{\dagger}A)z\\
&\quad+\left(-\widehat{A}^{\dagger}(\Delta A)A^{\dagger}+\widehat{A}^{\dagger}(I-AA^{\dagger})-(I-\widehat{A}^{\dagger}\widehat{A})A^{\dagger}\right)b\\
&=\widehat{A}^{\dagger}P_{\widehat{A}}\Delta b-\widehat{A}^{\dagger}P_{\widehat{A}}\Delta Ax+\widehat{A}^{\dagger}P_{\widehat{A}}P_{A}^{\perp}r.
\end{aligned}
\tag{14.1.9}
$$

于是

$$
\begin{aligned}
\|\Delta x\|_2 &\leqslant A^{\dagger}\|_2(\|P_{\widehat{A}}\Delta b\|_2+\|P_{\widehat{A}}P_{A}^{\perp}\|_2\|r\|_2+\|P_{\widehat{A}}\Delta A\|_2\|x\|_2)\\
&\leqslant \frac{\|A^{\dagger}\|_2}{1-\delta}\left(\|P_{\widehat{A}}\Delta b\|_2+\|A^{\dagger}\|_2\|P_{\widehat{A}}^{\perp}\Delta AP_{A^H}\|_2\|r\|_2+\|P_{\widehat{A}}\Delta A\|_2\|x\|_2\right),
\end{aligned}
$$

即 (14.1.7) 式成立. 进一步得

$$
\begin{aligned}
\frac{\|\Delta x\|_2}{\|x\|_2} &\leqslant \frac{\|A^{\dagger}\|_2}{(1-\delta)\|x\|_2}\left(\|P_{\widehat{A}}\Delta b\|_2+\|P_{\widehat{A}}\Delta A\|_2\|x\|_2+\|A^{\dagger}\|_2\|P_{\widehat{A}}^{\perp}\Delta AP_{A^H}\|_2\|r\|_2\right)\\
&=\frac{\|A^{\dagger}\|_2\|b\|_2}{(1-\delta)\|x\|_2}\left(\frac{\|P_{\widehat{A}}\Delta b\|_2}{\|b\|_2}+\frac{\|A\|_2\|A^{\dagger}\|_2\|P_{\widehat{A}}^{\perp}\Delta AP_{A^H}\|_2\|r\|_2}{\|A\|_2\|b\|_2}\right)\\
&\quad+\frac{\|A\|_2\|A^{\dagger}\|_2}{1-\delta}\frac{\|P_{\widehat{A}}\Delta A\|_2}{\|A\|_2}\\
&=\frac{\kappa_e ff(x)}{1-\delta}\left(\frac{\|P_{\widehat{A}}\Delta b\|_2}{\|b\|_2}+\kappa_2\frac{\|P_{\widehat{A}}^{\perp}\Delta AP_{A^H}\|_2}{\|A\|_2}\frac{\|r\|_2}{\|b\|_2}\right)+\frac{\kappa_2}{1-\delta}\frac{\|P_{\widehat{A}}\Delta A\|_2}{\|A\|_2}.
\end{aligned}
$$

□

§ 14.2　四元数 WLS 问题的扰动分析

本节将讨论四元数 WLS 问题的解的扰动, 其中扰动的四元数 WLS 问题为

$$
\|\widehat{A}\widehat{x}-\widehat{b}\|_M=\min_{v\in\mathbf{Q}^n}\|\widehat{A}v-\widehat{b}\|_M,
\tag{14.2.1}
$$

其中, $\widehat{A}=A+\Delta A\in\mathbf{Q}^{m\times n}$, $\widehat{b}=b+\Delta b\in\mathbf{Q}^m$, M, N 为 Hermite 正定矩阵.

首先定义加权范数与加权广义逆的概念.

定义 14.2.1　给定 $x\in\mathbf{Q}^n$, $y\in\mathbf{Q}^m$ 及四元数 Hermite 正定矩阵 $M\in\mathbf{Q}^{m\times m}$, $N\in\mathbf{Q}^{n\times n}$. 四元数加权向量范数定义为

$$
\|y\|_M=\|M^{\frac{1}{2}}y\|_2,\qquad \|x\|_N=\|N^{\frac{1}{2}}x\|_2.
$$

给定四元数矩阵 $A\in\mathbf{Q}^{m\times n}$, $B\in\mathbf{Q}^{n\times m}$, 四元数加权矩阵范数定义为

$$
\|A\|_{MN}=\|M^{\frac{1}{2}}AN^{-\frac{1}{2}}\|_2,\quad \|B\|_{NM}=\|N^{\frac{1}{2}}BM^{-\frac{1}{2}}\|_2.
$$

定义 14.2.2 给定 $A \in Q^{m\times n}$ 及四元数 Hermite 正定矩阵 $M \in Q^{m\times m}$, $N \in Q^{n\times n}$. A 的加权 MP-逆矩阵 X 为满足下列四个矩阵方程的矩阵, $X \in \mathbf{Q}^{n\times m}$,

$$\begin{array}{llll} (1) & AXA = A; & (2) & XAX = X; \\ (3)_M & (MAX)^H = MAX; & (4)_N & (NXA)^H = NXA. \end{array} \tag{14.2.2}$$

记为 $A^\dagger_{MN}$.

事实上, 如果 X 是 A 的加权 MP-逆, 令

$$C = M^{\frac{1}{2}}AN^{-\frac{1}{2}}, \quad Y = N^{\frac{1}{2}}XM^{-\frac{1}{2}}, \tag{14.2.3}$$

易证

$$\begin{array}{llll} (1) & CYC = C; & (2) & YCY = Y; \\ (3) & (CY)^H = CY; & (4) & (YC)^H = YC. \end{array} \tag{14.2.4}$$

即 $Y = C^\dagger = (M^{\frac{1}{2}}AN^{-\frac{1}{2}})^\dagger$, 且

$$A^\dagger_{MN} = N^{-\frac{1}{2}}YM^{\frac{1}{2}} = N^{-\frac{1}{2}}(M^{\frac{1}{2}}AN^{-\frac{1}{2}})^\dagger M^{\frac{1}{2}} \tag{14.2.5}$$

是 A 的唯一的加权 MP-逆.

对于给定的四元数矩阵 A, $\widehat{A} = A + \Delta A \in \mathbf{Q}^{m\times n}$ 及四元数向量 b, $\widehat{b} = b + \Delta b \in \mathbf{Q}^m$, 定义

$$\begin{aligned} &C = M^{\frac{1}{2}}AN^{-\frac{1}{2}}, \quad y = N^{\frac{1}{2}}x, \quad d = M^{\frac{1}{2}}b, \\ &\widehat{C} = M^{\frac{1}{2}}\widehat{A}N^{-\frac{1}{2}}, \quad \widehat{y} = N^{\frac{1}{2}}\widehat{x}, \quad \widehat{d} = M^{\frac{1}{2}}\widehat{b}, \\ &\Delta C = M^{\frac{1}{2}}\Delta AN^{-\frac{1}{2}}. \end{aligned}$$

则四元数 WLS 问题 (14.0.2)

$$\|Ax - b\|_M = \min_{v\in\mathbf{Q}^n} \|Av - b\|_M$$

等价于

$$\|Cy - d\|_2 = \min_{v\in\mathbf{Q}^n} \|Cv - d\|_2. \tag{14.2.6}$$

扰动的四元数 WLS 问题 (14.2.1)

$$\|\widehat{A}\widehat{x} - \widehat{b}\|_M = \min_{v\in\mathbf{Q}^n} \|\widehat{A}v - \widehat{b}\|_M$$

等价于

$$\|\widehat{C}\widehat{y} - \widehat{d}\|_2 = \min_{v\in\mathbf{Q}^n} \|\widehat{C}v - \widehat{d}\|_2. \tag{14.2.7}$$

下面给出四元数 WLS 问题的扰动定理.

定理 14.2.1 给定四元数矩阵 A, $\widehat{A}=A+\Delta A\in\mathbf{Q}^{m\times n}$ 及四元数向量 b, $\widehat{b}=b+\Delta b\in\mathbf{Q}^{m}$, 四元数 WLS 问题 (14.0.2) 和扰动的四元数 WLS 问题 (14.2.1) 的极小范数 LS 解分别为 $x_{\rm WLS}$, $\widehat{x}_{\rm WLS}=x_{\rm WLS}+\Delta x_{\rm WLS}$. $r_W=b-Ax_{\rm WLS}$ 为残差向量. 如果 $\mathrm{rank}(A)=\mathrm{rank}(\widehat{A})=p$, 且 $\delta=\|A^{\dagger}\|_{NM}\|\Delta A\|_{MN}<1$, 则

$$\begin{aligned}\|\Delta x_{\rm WLS}\|_N\leqslant\frac{\|{A_{MN}}^{\dagger}\|_{NM}}{1-\delta}\Big\{&\|\widehat{A}\widehat{A}^{\dagger}_{MN}\Delta b\|_M\\&+\|A^{\dagger}_{MN}\|_{NM}\|(I-\widehat{A}\widehat{A}^{\dagger}_{MN})\Delta AA^{\dagger}_{MN}A\|_{MN}\|r_W\|_M\\&+(\|\widehat{A}\widehat{A}^{\dagger}_{MN}\Delta AA^{\dagger}_{MN}A\|^2_{MN}\\&+\|\widehat{A}\widehat{A}^{\dagger}_{MN}\Delta A(I-A^{\dagger}_{MN}A)\|^2_{MN})^{\frac{1}{2}}\|x_{\rm WLS}\|_N\Big\},\end{aligned}\tag{14.2.8}$$

进一步有

$$\begin{aligned}\frac{\|\Delta x_{\rm WLS}\|_N}{\|x_{\rm WLS}\|_N}\leqslant&\frac{\kappa_{MN-eff}(x_{\rm WLS})}{1-\delta}\left(\frac{\|\widehat{A}\widehat{A}^{\dagger}_{MN}\Delta b\|_M}{\|b\|_M}\right.\\&\left.+\kappa_{MN}\frac{\|(I-\widehat{A}\widehat{A}^{\dagger}_{MN})\Delta AA^{\dagger}_{MN}A\|_{MN}}{\|A\|_{MN}}\frac{\|r_W\|_M}{\|b\|_M}\right)\\&+\frac{\kappa_{MN}}{1-\delta}\frac{(\|\widehat{A}\widehat{A}^{\dagger}_{MN}\Delta AA^{\dagger}_{MN}A\|^2_{MN}+\|\widehat{A}\widehat{A}^{\dagger}_{MN}\Delta A(I-A^{\dagger}_{MN}A)\|^2_{MN})^{\frac{1}{2}}}{\|A\|_{MN}},\end{aligned}\tag{14.2.9}$$

其中,

$$\kappa_{MN}=\|A\|_{MN}\|A^{\dagger}_{MN}\|_{NM},$$
$$\kappa_{MN-eff}(x_{WLS})=\frac{\|A^{\dagger}_{MN}\|_{NM}\|b\|_M}{\|x_{WLS}\|_N}$$

分别称为加权条件数和加权有效条件数.

证明 因为

$$\Delta x_{\rm WLS}=\widehat{A}^{\dagger}_{MN}(b+\Delta b)-A^{\dagger}_{MN}b=\widehat{A}^{\dagger}\Delta b+(\widehat{A}^{\dagger}_{MN}-A^{\dagger}_{MN})b,\tag{14.2.10}$$

由 A 的加权 MP-逆与 C 的 MP-逆的关系得

$$\begin{aligned}&\widehat{A}^{\dagger}_{MN}-A^{\dagger}_{MN}\\=&N^{-\frac{1}{2}}(\widehat{C}^{\dagger}-C^{\dagger})M^{\frac{1}{2}}\\=&N^{-\frac{1}{2}}[-\widehat{C}^{\dagger}\Delta CC^{\dagger}-(I-\widehat{C}^{\dagger}\widehat{C})C^{\dagger}+\widehat{C}^{\dagger}(I-CC^{\dagger})]M^{\frac{1}{2}}\\=&-\widehat{A}^{\dagger}_{MN}\Delta AA^{\dagger}_{MN}-(I-\widehat{A}^{\dagger}_{MN}\widehat{A})A^{\dagger}_{MN}+\widehat{A}^{\dagger}_{MN}(I-AA^{\dagger}_{MN}).\end{aligned}\tag{14.2.11}$$

显然,

$$(I - AA_{MN}^{\dagger})b = (I - AA_{MN}^{\dagger})(I - AA_{MN}^{\dagger})b = b - Ax_{WLS} = r_W.$$

因而由 (14.2.11) 式, 有

$$\begin{aligned}\Delta x_{\mathrm{WLS}} &= \widehat{A}_{MN}^{\dagger}\Delta b + (-\widehat{A}_{MN}^{\dagger}\Delta AA_{MN}^{\dagger} - (I - \widehat{A}_{MN}^{\dagger}\widehat{A})A_{MN}^{\dagger} + \widehat{A}_{MN}^{\dagger}(I - AA_{MN}^{\dagger}))b \\ &= \widehat{A}_{MN}^{\dagger}\widehat{A}\widehat{A}_{MN}^{\dagger}\Delta b + \widehat{A}_{MN}^{\dagger}\widehat{A}\widehat{A}_{MN}^{\dagger}(I - AA_{MN}^{\dagger})r_W \\ &\quad - \widehat{A}_{MN}^{\dagger}\widehat{A}\widehat{A}_{MN}^{\dagger}\Delta AA_{MN}^{\dagger}Ax_{WLS} - (I - \widehat{A}_{MN}^{\dagger}\widehat{A})x_{WLS}. \end{aligned} \tag{14.2.12}$$

注意到

$$\begin{aligned} P_C &= CC^{\dagger} = M^{\frac{1}{2}}AN^{-\frac{1}{2}}(M^{\frac{1}{2}}AN^{-\frac{1}{2}})^{\dagger} = M^{\frac{1}{2}}AA_{MN}^{\dagger}M^{-\frac{1}{2}}, \\ P_{C^H} &= C^{\dagger}C = (M^{\frac{1}{2}}AN^{-\frac{1}{2}})^{\dagger}M^{\frac{1}{2}}AN^{-\frac{1}{2}} = N^{\frac{1}{2}}A_{MN}^{\dagger}AN^{-\frac{1}{2}}. \end{aligned}$$

因而有 (14.2.8) 式和 (14.2.9) 式的估计式.

定理 14.2.2　给定四元数矩阵 A, $\widehat{A} = A + \Delta A \in \mathbf{Q}_p^{m\times n}$ 及四元数向量 b, $\widehat{b} = b + \Delta b \in \mathbf{Q}^m$, 其中 $p < n$ 且

$$\delta = \|C^{\dagger}\|_2\|\Delta C\|_2 \equiv \|A^{\dagger}\|_{NM}\|\Delta A\|_{MN} < 1,$$

则对于四元数 WLS 问题 (14.0.2) 的任一 LS 解

$$x_W = A_{MN}^{\dagger}b + (I - A_{MN}^{\dagger}A)z$$

都存在扰动的四元数加权最小二乘问题 (14.2.1) 的一个 LS 解 $\widehat{x}_{\mathrm{W}}$ 满足

$$\begin{aligned}\|\Delta x_W\|_N \leqslant &\frac{\|A_{MN}^{\dagger}\|_{NM}}{1-\delta}\Big\{\|\widehat{A}\widehat{A}_{MN}^{\dagger}\Delta b\|_M \\ &+ \|A_{MN}^{\dagger}\|_{NM}\|(I - \widehat{A}\widehat{A}_{MN}^{\dagger})\Delta AA_{MN}^{\dagger}A\|_{MN}\|r_W\|_M \\ &+ (\|\widehat{A}\widehat{A}_{MN}^{\dagger}\Delta A\|_{MN}\|x_W\|_N\Big\}, \end{aligned} \tag{14.2.13}$$

进一步地, 有

$$\begin{aligned}\frac{\|\Delta x_W\|_N}{\|x_W\|_N} \leqslant &\frac{\kappa_{MN-eff}(x)}{1-\delta}\left(\frac{\|\widehat{A}\widehat{A}_{MN}^{\dagger}\Delta b\|_M}{\|b\|_M}\right. \\ &\left. + \kappa_{MN}\frac{\|(I - \widehat{A}\widehat{A}_{MN}^{\dagger})\Delta AA^{\dagger}A_{MN}\|_{MN}}{\|A\|_{MN}}\frac{\|r_W\|_M}{\|b\|_M}\right) \\ &+ \frac{\kappa_{MN}}{1-\delta}\frac{\|\widehat{A}\widehat{A}_{MN}^{\dagger}\Delta A\|_{MN}}{\|A\|_{MN}}, \end{aligned} \tag{14.2.14}$$

其中 $\Delta x_W = \widehat{x}_W - x_W$.

证明 对于四元数 WLS 问题 (14.0.2) 的任一 LS 解

$$x_W = A_{MN}^{\dagger} b + (I - A_{MN}^{\dagger} A) z,$$

令

$$\widehat{x}_W = \widehat{A}_{MN}^{\dagger} \widehat{b} + (I - \widehat{A}_{MN}^{\dagger} \widehat{A})(A_{MN}^{\dagger} b + (I - A_{MN}^{\dagger} A) z),$$

则 $\widehat{x}$ 是扰动的四元数 WLS 问题 (14.2.1) 的一个 LS 解. 由 (14.2.11) 式得

$$\begin{aligned}\widehat{x}_W - x_W =& \widehat{A}_{MN}^{\dagger} \Delta b + \widehat{A}_{MN}^{\dagger} \widehat{A}(\widehat{A}_{MN}^{\dagger} - A_{MN}^{\dagger}) b - \widehat{A}_{MN}^{\dagger} \widehat{A}(I - A_{MN}^{\dagger} A) z \\ =& \widehat{A}_{MN}^{\dagger} \Delta b - \widehat{A}_{MN}^{\dagger} \Delta A x_W + \widehat{A}_{MN}^{\dagger}(I - A A_{MN}^{\dagger}) r_W.\end{aligned} \tag{14.2.15}$$

于是, (14.2.13) 式和 (14.2.14) 式成立.

注 14.2.1 (1) 可以验证 (14.2.8) 式和 (14.2.9) 式分别等价于

$$\begin{aligned}\|N^{\frac{1}{2}} \Delta x_{\mathrm{WLS}}\|_2 \leqslant& \frac{\|C^{\dagger}\|_2}{1-\delta} \Big\{ \|P_{\widehat{C}} M^{\frac{1}{2}} \Delta b\|_2 + \|C^{\dagger}\|_2 \|P_{\widehat{C}}^{\perp} \Delta C P_{C^H}\|_2 \|(I - CC^{\dagger}) M^{\frac{1}{2}} b\|_2 \\ &+ \left(\|P_{\widehat{C}} \Delta C P_{C^H}\|_2^2 + \|P_{\widehat{C}} \Delta C P_{C^H}^{\perp}\|_2^2\right)^{\frac{1}{2}} \|N^{\frac{1}{2}} x_{\mathrm{WLS}}\|_2 \Big\}\end{aligned}$$

和

$$\begin{aligned}\frac{\|N^{\frac{1}{2}} \Delta x_{\mathrm{WLS}}\|_2}{\|N^{\frac{1}{2}} x_{\mathrm{WLS}}\|_2} \leqslant& \frac{\kappa_{eff}(N^{\frac{1}{2}} x_{\mathrm{WLS}})}{1-\delta} \left(\frac{\|P_{\widehat{C}} M^{\frac{1}{2}} \Delta b\|_2}{\|M^{\frac{1}{2}} b\|_2} \right. \\ &\left. + \kappa_2 \frac{\|P_{\widehat{C}}^{\perp} \Delta C P_{C^H}\|_2}{\|C\|_2} \frac{\|(I - CC^{\dagger}) M^{\frac{1}{2}} b\|_2}{\|M^{\frac{1}{2}} b\|_2} \right) \\ &+ \frac{\kappa_2}{1-\delta} \frac{(\|P_{\widehat{C}} \Delta C P_{C^H}\|_2^2 + \|P_{\widehat{C}} \Delta C P_{C^H}^{\perp}\|_2^2)^{\frac{1}{2}}}{\|C\|_2}.\end{aligned}$$

(2) 可以验证 (14.2.13) 式和 (14.2.14) 式分别等价于

$$\begin{aligned}\|N^{\frac{1}{2}} \Delta x_W\|_2 \leqslant& \frac{\|C^{\dagger}\|_2}{1-\delta} \Big(\|P_{\widehat{C}} M^{\frac{1}{2}} \Delta b\|_2 + \|C^{\dagger}\|_2 \|P_{\widehat{C}}^{\perp} \Delta C P_{C^H}\|_2 \|(I - CC^{\dagger}) M^{\frac{1}{2}} b\|_2 \\ &+ \|P_{\widehat{C}} \Delta C\|_2 \|N^{\frac{1}{2}} \Delta x_W\|_2 \Big).\end{aligned}$$

和

$$\begin{aligned}\frac{\|N^{\frac{1}{2}} \Delta x_W\|_2}{\|N^{\frac{1}{2}} x_W\|_2} \leqslant& \frac{\kappa_{eff}(y)}{1-\delta} \left(\frac{\|P_{\widehat{C}} M^{\frac{1}{2}} \Delta b\|_2}{\|M^{\frac{1}{2}} b\|_2} + \kappa_2 \frac{\|P_{\widehat{C}}^{\perp} \Delta C P_{C^H}\|_2}{\|C\|_2} \frac{\|(I - CC^{\dagger}) M^{\frac{1}{2}} b\|_2}{\|M^{\frac{1}{2}} b\|_2} \right) \\ &+ \frac{\kappa_2}{1-\delta} \frac{\|P_{\widehat{C}} \Delta C\|_2}{\|C\|_2},\end{aligned}$$

其中 $\Delta x_W = \widehat{x}_W - x_W$, 这就是 LS 问题 (14.2.6) 与扰动的 LS 问题 (14.2.7) 的扰动界.

§ 14.3　四元数 LS 扰动问题的进一步讨论

在 §14.1 中, 我们利用条件数 κ_2 及有效条件数刻画了四元数 LS 问题的一般 LS 解及最小范数 LS 解的扰动界. 如果 κ_2 及有效条件数都比较小, 我们可以得到由 (14.1.5) 式, (14.1.8) 式刻画的较为准确的误差界. 如果 A 是坏条件的, 我们可以通过左乘或右乘一个加权矩阵对 A 进行预处理, 得到矩阵 $C = M^{\frac{1}{2}}AN^{-\frac{1}{2}}$, 使得条件数 κ_{MN} 和有效条件数 $\kappa_{MN-eff}(x)$ 都比较小, 从而得到利用 (14.2.9) 式和 (14.2.14) 式刻画的较准确的误差界. 然而在很多科学问题中, 我们遇到的 WLS 问题中的矩阵 $C = M^{\frac{1}{2}}AN^{-\frac{1}{2}}$ 是坏条件的，但 $\|A^{\dagger}_{MN}\|_2\|A\|_2$ 较小, 这时前面给出的误差界都过于保守, 本节将给出四元数 WLS 的有效的误差估计.

定理 14.3.1　给定 A, $\widehat{A} = A + \Delta A \in \mathbf{Q}^{m\times n}$ 及 b, $\widehat{b} = b + \Delta b \in \mathbf{Q}^m$, 四元数 WLS 问题 (14.0.2) 和扰动的四元数 WLS 问题 (14.2.1) 的最小范数 LS 解分别为 x_{WLS} 和 $\widehat{x}_{\mathrm{WLS}} = x_{\mathrm{WLS}} + \Delta x_{\mathrm{WLS}}$. $r_W = b - Ax_{\mathrm{WLS}}$ 为残差向量. 如果 $\mathrm{rank}(A) = \mathrm{rank}(\widehat{A}) = p$ 且 $\delta = \|A^{\dagger}_{MN}\|_2\|\Delta A\|_2 < 1$, 则

$$\begin{aligned}\|\Delta x_{\mathrm{WLS}}\|_2 \leqslant\ & \frac{\|A^{\dagger}_{MN}\|_2}{1-\delta}(\|\widehat{A}\widehat{A}^{\dagger}_{MN}\Delta b\|_2 \\ & + \|(I - AA^{\dagger}_{MN})\Delta A\widehat{A}^{\dagger}_{MN}\widehat{A}\|_2\|\widehat{A}^{\dagger}_{MN}\|_2\|r_W\|_2) \\ & + \frac{\|A^{\dagger}_{MN}\|_2}{1-\delta}(\|\widehat{A}\widehat{A}^{\dagger}_{MN}\Delta AA^{\dagger}_{MN}A\|_2 \\ & + \|AA^{\dagger}_{MN}\Delta A(I - \widehat{A}^{\dagger}_{MN}\widehat{A})\|_2)\|x_{WLS}\|_2,\end{aligned} \tag{14.3.1}$$

并有

$$\begin{aligned}\frac{\|\Delta x_{\mathrm{WLS}}\|_2}{\|x_{\mathrm{WLS}}\|_2} \leqslant\ & \frac{\kappa_{eff}(x_{\mathrm{WLS}})}{1-\delta}\left(\frac{\|\widehat{A}\widehat{A}^{\dagger}_{MN}\Delta b\|_2}{\|b\|_2} + \frac{\kappa_2}{1-\delta}\frac{\|(I-AA^{\dagger}_{MN})\Delta A\widehat{A}^{\dagger}_{MN}\widehat{A}\|_2}{\|A\|_2}\frac{\|r_W\|_2}{\|b\|_2}\right) \\ & + \frac{\kappa_2}{1-\delta}\left(\frac{\|\widehat{A}\widehat{A}^{\dagger}_{MN}\Delta AA^{\dagger}_{MN}A\|_2}{\|A\|_2} + \frac{\|AA^{\dagger}_{MN}\Delta A(I-\widehat{A}^{\dagger}_{MN}\widehat{A})\|_2}{\|A\|_2}\right),\end{aligned} \tag{14.3.2}$$

其中,

$$\kappa_2 = \|A^{\dagger}_{MN}\|_2\|A\|_2, \quad \kappa_{eff}(x_{WLS}) = \frac{\|A^{\dagger}_{MN}\|_2\|b\|_2}{\|x_{WLS}\|_2}$$

为条件数和有效条件数.

证明　由于

$$\begin{aligned}\|\widehat{A}\widehat{A}^{\dagger}_{MN}(I - AA^{\dagger}_{MN})\|_2 &= \|M^{-\frac{1}{2}}\widehat{C}\widehat{C}^{\dagger}(I - CC^{\dagger})M^{\frac{1}{2}})\|_2 \\ &= \|(I - AA^{\dagger}_{MN})\Delta A\widehat{A}^{\dagger}_{MN}\widehat{A}\widehat{A}^{\dagger}_{MN}\|_2\end{aligned}$$

$$\leqslant \|\widehat{A}_{MN}^{\dagger}\|_2\|(I-AA_{MN}^{\dagger})\Delta A\widehat{A}_{MN}^{\dagger}\widehat{A}\|_2, \qquad (14.3.3)$$

由 (14.2.12) 式和 (14.3.3) 式知 (14.3.1) 式和 (14.3.2) 式成立.

定理 14.3.2　给定四元数矩阵 A, $\widehat{A}=A+\Delta A\in \mathbf{Q}_p^{m\times n}$ 及四元数向量 b, $\widehat{b}=b+\Delta b\in \mathbf{Q}^m$, 其中 $p<n$ 且 $\delta=\|A_{NM}^{\dagger}\|_2\|\Delta A\|_2<1$. 则对于四元数 WLS 问题 (14.0.2) 的任一 LS 解

$$x_W=A_{MN}^{\dagger}b+(I-A_{MN}^{\dagger}A)z,$$

存在扰动的四元数 WLS 问题 (14.2.1) 一个 LS 解 $\widehat{x}_W$ 满足

$$\begin{aligned}\|\Delta x_W\|_2\leqslant &\frac{\|A_{MN}^{\dagger}\|_2}{1-\delta}(\|\widehat{A}\widehat{A}_{MN}^{\dagger}\Delta b\|_2+\|\widehat{A}\widehat{A}_{MN}^{\dagger}\Delta A\|_2\|x_W\|_2\\&+\frac{\|A_{MN}^{\dagger}\|_2}{1-\delta}\|(I-AA_{MN}^{\dagger})\Delta A\widehat{A}_{MN}^{\dagger}\widehat{A}\|_2\|r_W\|_2),\end{aligned} \qquad (14.3.4)$$

并有

$$\begin{aligned}\frac{\|\Delta x_W\|_2}{\|x_W\|_2}\leqslant &\frac{\kappa_{eff}(x_W)}{1-\delta}\left(\frac{\|\widehat{A}\widehat{A}_{MN}^{\dagger}\Delta b\|_2}{\|b\|_2}+\frac{\kappa_2}{1-\delta}\frac{\|(I-AA_{MN}^{\dagger})\Delta A\widehat{A}_{MN}^{\dagger}\widehat{A}\|_2}{\|A\|_2}\frac{\|r_W\|_2}{\|b\|_2}\right)\\&+\frac{\kappa_2}{1-\delta}\frac{\|\widehat{A}\widehat{A}_{MN}^{\dagger}\Delta A\|_2}{\|A\|_2}.\end{aligned} \qquad (14.3.5)$$

其中,

$$\kappa_2=\|A_{MN}^{\dagger}\|_2\|A\|_2, \quad \kappa_{eff}(x_W)=\frac{\|A_{MN}^{\dagger}\|_2\|b\|_2}{\|x_W\|_2}$$

为条件数和有效条件数.

证明　对于四元数 WLS 问题 (14.0.2) 的任一 LS 解

$$x_W=A_{MN}^{\dagger}b+(I-A_{MN}^{\dagger}A)z,$$

令

$$\widehat{x}_W=\widehat{A}_{MN}^{\dagger}\widehat{b}+(I-\widehat{A}_{MN}^{\dagger}\widehat{A})(A_{MN}^{\dagger}b+(I-A_{MN}^{\dagger}A)z),$$

则 $\widehat{x}_W$ 是扰动的四元数 WLS 问题 (14.2) 一个 LS 解.

由 (14.2.15) 式和 (14.3.3) 式, 可得

$$\begin{aligned}\|\Delta x_W\|_2\leqslant &\frac{\|A_{MN}^{\dagger}\|_2}{1-\delta}(\|\widehat{A}\widehat{A}_{MN}^{\dagger}\Delta b\|_2+\|\widehat{A}\widehat{A}_{MN}^{\dagger}\Delta A\|_2\|x_W\|_2\\&+\|\widehat{A}\widehat{A}_{MN}^{\dagger}(I-AA_{MN}^{\dagger})\|_2\|r_W\|_2)\\\leqslant &\frac{\|A_{MN}^{\dagger}\|_2}{1-\delta}(\|\widehat{A}\widehat{A}_{MN}^{\dagger}\Delta b\|_2+\|\widehat{A}\widehat{A}_{MN}^{\dagger}\Delta A\|_2\|x_W\|_2\end{aligned}$$

$$+\frac{\|A_{MN}^{\dagger}\|_2}{1-\delta}\|(I-AA_{MN}^{\dagger})\Delta A\widehat{A}_{MN}^{\dagger}\widehat{A}\|_2\|r_W\|_2)$$

和

$$\begin{aligned}\frac{\|\Delta x_W\|_2}{\|x_W\|_2}\leqslant&\frac{\kappa_{eff}(x_W)}{1-\delta}\left(\frac{\|\widehat{A}\widehat{A}_{MN}^{\dagger}\Delta b\|_2}{\|b\|_2}+\|\widehat{A}\widehat{A}_{MN}^{\dagger}(I-AA_{MN}^{\dagger})\|_2\frac{\|r_W\|_2}{\|b\|_2}\right)\\&+\frac{\kappa_2}{1-\delta}\frac{\|\widehat{A}\widehat{A}_{MN}^{\dagger}\Delta A\|_2}{\|A\|_2}\\\leqslant&\frac{\kappa_{eff}(x_W)}{1-\delta}\left(\frac{\|\widehat{A}\widehat{A}_{MN}^{\dagger}\Delta b\|_2}{\|b\|_2}+\frac{\kappa_2}{1-\delta}\frac{\|(I-AA_{MN}^{\dagger})\Delta A\widehat{A}_{MN}^{\dagger}\widehat{A}\|_2}{\|A\|_2}\frac{\|r_W\|_2}{\|b\|_2}\right)\\&+\frac{\kappa_2}{1-\delta}\frac{\|\widehat{A}\widehat{A}_{MN}^{\dagger}\Delta A\|_2}{\|A\|_2}.\end{aligned}$$

□

一般的, 对于四元数 LS 问题 (14.0.1) 及其扰动问题 (14.1.1), 如果 (14.0.1) 式是相容的, 且存在四元数矩阵 $D\in\mathbf{Q}^{m\times m}$ 使得

$$\Delta A=D\Delta A_1,\quad \Delta b=D\Delta b_1,\quad \|\Delta A_1\|_2\leqslant c_1\|\Delta A\|_2,\quad \|\Delta b_1\|_2\leqslant c_2\|\Delta b\|_2 \tag{14.3.6}$$

和

$$\|A^{\dagger}D\|_2\ll\|A^{\dagger}\|_2,\quad \|\widehat{A}^{\dagger}D\|_2\ll\|A^{\dagger}\|_2,\quad c_1=O(1),\quad c_2=O(1). \tag{14.3.7}$$

由于系统是相容的, 残差 $r=b-Ax_{LS}=0$, 因此由 (14.1.6) 式得

$$\Delta x_{\rm LS}=\widehat{A}^{\dagger}\Delta b-\widehat{A}^{\dagger}\Delta AA^{\dagger}b-(I-\widehat{A}^{\dagger}\widehat{A})A^{\dagger}b.$$

再由 (14.1.2) 式得

$$\begin{aligned}\|\Delta x_{\rm LS}\|_2\leqslant&\|\widehat{A}^{\dagger}D\Delta b_1\|_2+(\|\widehat{A}^{\dagger}D\Delta A_1A^{\dagger}A\|_2^2+\|\widehat{A}^{\dagger}D\Delta A_1(I-A^{\dagger}A)\|_2^2)^{\frac{1}{2}}\|x_{\rm LS}\|_2\\\leqslant&\frac{\|A^{\dagger}D\|_2}{1-\delta}(c_2\|\Delta b\|_2+\sqrt{2}c_1\|\Delta A\|_2\|x_{LS}\|_2)\end{aligned} \tag{14.3.8}$$

和

$$\frac{\|\Delta x_{\rm LS}\|_2}{\|x_{\rm LS}\|_2}\leqslant\frac{c_2\kappa_{eff}(x_{LS})}{1-\delta}\frac{\|\Delta b\|_2}{\|b\|_2}+\frac{\kappa_2}{1-\delta}\sqrt{2}c_1\frac{\|\Delta A\|_2}{\|A\|_2}. \tag{14.3.9}$$

进一步的, 如果 $\mathrm{rank}(A)=\mathrm{rank}(\hat{A})=p<n$, 由 (14.1.9) 式可得四元数最小二乘问题 (14.0.1) 的一般 LS 解的误差估计

$$\|\Delta x\|_2\leqslant\|\widehat{A}^{\dagger}D\Delta b_1\|_2+\|\widehat{A}^{\dagger}D\Delta A_1\|_2\|x\|_2$$

$$\leqslant \frac{\|A^{\dagger}D\|_2}{1-\delta}(c_2\|\Delta b\|_2 + c_1\|\Delta A\|_2\|x\|_2) \tag{14.3.10}$$

和

$$\frac{\|\Delta x\|_2}{\|x\|_2} \leqslant \frac{c_2\kappa_{eff}(x)}{1-\delta}\frac{\|\Delta b\|_2}{\|b\|_2} + \frac{c_1\kappa_2}{1-\delta}\frac{\|\Delta A\|_2}{\|A\|_2}, \tag{14.3.11}$$

其中, $\kappa_2 = \|A^{\dagger}D\|_2\|A\|_2$, $\kappa_{eff}(x_{\text{LS}}) = \dfrac{\|A^{\dagger}D\|_2\|b\|_2}{\|x_{LS}\|_2}$, $\kappa_{eff}(x) = \dfrac{\|A^{\dagger}D\|_2\|b\|_2}{\|x\|_2}$ 为条件数和有效条件数.

§ 14.4 数值例子

本节将利用数值例子对 §14.2 和 §14.3 所定义的各种条件数及有效条件数进行比较. 我们将用加权的方法计算四元数等式约束 LS 问题

$$\|Kx - g\|_2 = \min_{y\in S}\|Ky - g\|_2, \tag{14.4.1}$$

其中, $L \in \mathbf{Q}^{m_1\times n}$, $K \in \mathbf{Q}^{m_2\times n}$, $h \in \mathbf{Q}^{m_1}$, $g \in \mathbf{Q}^{m_2}$, $m = m_1 + m_2$ 且

$$S = \{y \in \mathbf{Q}^n : Ly = h\}. \tag{14.4.2}$$

如果 $h \notin R(L)$, 则集合 S 可以在 LS 意义下定义

$$S = \{y \in Q^n : \|Ly - h\|_2 = \min_{z\in\mathbf{Q}^n}\|Lz - h\|_2\}. \tag{14.4.3}$$

令

$$A = \begin{pmatrix} L \\ K \end{pmatrix} \in \mathbf{Q}^{m\times n}, \quad b = \begin{pmatrix} h \\ g \end{pmatrix} \in \mathbf{Q}^m,$$

定义

$$W(\tau) = \begin{pmatrix} \tau^2 I_{m_1} & \\ & I_{m_2} \end{pmatrix}, \tag{14.4.4}$$

四元数 WLS 问题为

$$\left\|W(\tau)^{\frac{1}{2}}(Ax - b)\right\|_2 = \min_{y\in\mathbf{Q}^n}\left\|W(\tau)^{\frac{1}{2}}(Ay - b)\right\|_2. \tag{14.4.5}$$

当 $\tau \to +\infty$, 四元数 WLS 问题 (14.4.5) 的解趋向于四元数等式约束 LS 问题 (14.4.1) 的解.

为了对结果进行比较, 在下面的数值例子中, 我们随机地选取两组不同规模的四元数矩阵 $L \in \mathbf{Q}^{m_1\times n}$, $K \in \mathbf{Q}^{m_2\times n}$ 和四元数向量 $x \in \mathbf{Q}^n$. 四元数向量 $h \in \mathbf{Q}^{m_1}$ 和 $g \in \mathbf{Q}^{m_2}$ 分别是由 $h = Lx$ 及 $g = Kx$ 得到的, 即 $Lx = h$ 与 $Kx = g$ 都相容. 我

们将利用实保结构算法计算问题 (14.4.5) 的解 $\hat{x}$, 并对 $\hat{x}$ 和 x 进行比较. 在计算过程中, 我们令 $m_1 < n,\ m > n$, 由于选取的随机性, 矩阵 L 以概率 1 行满秩, 矩阵 $A = \begin{pmatrix} L \\ K \end{pmatrix}$ 以概率 1 列满秩. 我们将利用 Householder 变换 H_1 (见文献 [133]) 的实保结构算法在 $W(\tau)^{\frac{1}{2}}(A, b)$ 上实施 QR 分解.

例 14.4.1　令 $m_1 = 50,\ m_2 = 100,\ n = 100,\ \tau = 10^t, t = 0, 2, 4, 6, 8, 10$, 我们利用加权的方法计算四元数 LSE 问题, 在表 14.4.1 中列出计算结果的误差, 并对 §14.2 和 §14.3 所定义的各种条件数及有效条件数进行比较, 其中 $\kappa\{2\}$, $eff - \kappa\{2\}$ 分别表示 §14.2 中定义的 κ_{MN}; κ_{MN-eff}; $\kappa\{3\}$ 和 $eff - \kappa\{3\}$ 分别表示 §14.3 中定义的 κ_2 和 κ_{eff}.

表 14.4.1　§14.2 与 §14.3 中条件数的比较

τ	$\frac{\|\hat{x}-x\|_2}{\|x\|_2}$	$\kappa\{2\}$	$eff-\kappa\{2\}$	$\kappa\{3\}$	$eff-\kappa\{3\}$
10^0	$0.1426 * 10^{-13}$	$0.1842 * 10^3$	$0.1576 * 10^3$	$0.1842 * 10^3$	$0.1576 * 10^3$
10^2	$0.2107 * 10^{-13}$	$0.1379 * 10^5$	$0.5820 * 10^4$	$0.1085 * 10^3$	$0.9284 * 10^2$
10^4	$0.2409 * 10^{-13}$	$0.1379 * 10^7$	$0.5817 * 10^6$	$0.1086 * 10^3$	$0.9288 * 10^2$
10^6	$0.2724 * 10^{-13}$	$0.1379 * 10^9$	$0.5817 * 10^8$	$0.1086 * 10^3$	$0.9288 * 10^2$
10^8	$0.2142 * 10^{-13}$	$0.1379 * 10^{11}$	$0.5817 * 10^{10}$	$0.1086 * 10^3$	$0.9288 * 10^2$
10^{10}	$0.1988 * 10^{-13}$	$0.1379 * 10^{13}$	$0.5817 * 10^{12}$	$0.1086 * 10^3$	$0.9288 * 10^2$

例 14.4.2　令 $m_1 = 100,\ m_2 = 200,\ n = 200,\ \tau = 10^t,\ t = 0, 2, 4, 6, 8, 10$, 我们利用加权的方法计算四元数 LSE 问题, 在表 14.4.2 中列出计算结果的误差, 并对 §14.2 和 §14.3 所定义的各种条件数及有效条件数进行比较, 其中 $\kappa\{2\}$, $eff - \kappa\{2\}$ 分别表示 §14.2 中定义的 κ_{MN} 和 κ_{MN-eff}; $\kappa\{3\}$ 和 $eff - \kappa\{3\}$ 分别表示 §14.3 中定义的 κ_2 和 κ_{eff}.

表 14.4.2　§14.2 与 §14.3 中条件数的比较

τ	$\frac{\|\hat{x}-x\|_2}{\|x\|_2}$	$\kappa\{2\}$	$eff-\kappa\{2\}$	$\kappa\{3\}$	$eff-\kappa\{3\}$
10^0	$0.3047 * 10^{-13}$	$0.1251 * 10^3$	$0.1079 * 10^3$	$0.1251 * 10^3$	$0.1079 * 10^3$
10^2	$0.4064 * 10^{-13}$	$0.3656 * 10^5$	$0.1565 * 10^5$	$0.1633 * 10^3$	$0.1409 * 10^3$
10^4	$0.4457 * 10^{-13}$	$0.3655 * 10^7$	$0.1565 * 10^7$	$0.1633 * 10^3$	$0.1410 * 10^3$
10^6	$0.4207 * 10^{-13}$	$0.3655 * 10^9$	$0.1565 * 10^9$	$0.1633 * 10^3$	$0.1410 * 10^3$
10^8	$0.4169 * 10^{-13}$	$0.3655 * 10^{11}$	$0.1565 * 10^{11}$	$0.1633 * 10^3$	$0.1410 * 10^3$
10^{10}	$0.4489 * 10^{-13}$	$0.3655 * 10^{13}$	$0.1565 * 10^{13}$	$0.1633 * 10^3$	$0.1410 * 10^3$

在例 14.4.1 和例 14.4.2 中, 机器精度为 $\mu = O(10^{-16})$, 因此舍入误差导致

$$\|\delta A\|_2 = O(10^{-16}\|A\|_2), \quad \|\delta b\|_2 = O(10^{-16}\|b\|_2),$$

结果数据的计算误差为 $\frac{\|\delta x\|_2}{\|x\|_2} = O(10^{-13})$. §14.2 定义的条件数和有效条件数为 $\kappa_2 = O(10^3)$, $\kappa_{eff} = O(10^3)$. 因此 §14.4 的误差估计是比较准确的. 从表 14.4.1 和表 14.4.2 可以看出, 当 $\tau > 1$ 逐渐增大时, §14.2 定义的条件数和有效条件数 $\kappa\{2\}$ 和 $eff-\kappa\{2\}$ 都要比 §14.3 中的 $\kappa\{3\}$ 和 $eff-\kappa\{3\}$ 大. 随着 τ 的增大, 加权 LS 问题的解逐步逼近四元数等式约束 LS 问题的解, 在这一过程中, $\kappa\{2\}$ 和 $eff-\kappa\{2\}$ 相应的增大, 而 $\kappa\{3\}$ 和 $eff-\kappa\{3\}$ 稳定在 $O(10^2)$ 和 $O(10^3)$. 因此, 当我们用 §14.3 的条件数和有效条件数做误差估计时, 可以得到更精确的误差界.

参 考 文 献

[1] Anda A A, Park H. Fast plane rotations with dynamic scaling. SIAM J. Matrix Anal. Appl., 1994, 15: 162-174.

[2] Anda A A, Park H. Self-scaling fast rotations for stiff least squares problems. Linear Algebra Appl., 1996, 234: 137-162.

[3] Anderson E, Bai Z, Bischof C, Demmel J, Dongarra J, Du Croz J, Greenbaum A, Hammarling S, McKenney A, Ostrouchov S, Sorensen D. LAPACK Users' Guide. Second Edition. Philadelphia: SIAM, 1995.

[4] Axelsson O. A generalized SSOR method. BIT, 1972, 12: 443-467.

[5] Axelsson O. A generalized conjugate gradient least squares method. Numer. Math., 1987, 51: 209-227.

[6] Axelsson O. Iterative Solution Methods. Cambridge: Cambridge Univ. Press, 1994.

[7] Bai Z J, Demmel J W. Computing the generalized singular value decomposition. SIAM J. Sci. Comput., 1993, 14: 1464-1486.

[8] Bai Z Z. A class of modified block SSOR preconditioners for symmetric positive definite systems of linear equations. Advan. Comput. Math., 1999, 10: 169-186.

[9] Bai Z Z, Golub G H, Ng M K. Hermitian and skew-Hermitian splitting methods for non-Hermitian positive definite linear systems. SIAM J. Matrix Anal. Appl., 2003, 24: 603-626.

[10] Bai Z Z, Golub G H, Pan J Y. Preconditioned Hermitian and skew-Hermitian splitting methods for non-Hermitian positive semidefinite linear systems. Numer. Math., 2004, 98: 1-32.

[11] Baksalary J K, Kala R. The matrix equation $AYB-CZD=E$. Linear Algebra Appl., 1987, 130: 141-147.

[12] Barlow J L. Error analysis and implementation aspects of deferred correction for equality constrained least squares problems. SIAM J. Numer. Anal., 1988, 25: 1340-1358.

[13] Barlow J L, Handy S L. The direct solution of weighted and equality constrained least squares problems. SIAM J. Sci. Stat. Comput. 1988, 9: 704-716.

[14] Ben-Israel A, Greville T N E. Generalized Inverses: Theory and Applications. New York: John Wiley, 1974.

[15] Bischof C H, Hansen P C. Structure preserving and rank-revealing QR factorizations. SIAM J. Sci. Statist. Comput., 1991, 12: 1332-1350.

[16] Björck A. Solving linear least squares problems by Gram-Schmidt orthogonalization. BIT, 1967, 7: 1-21.

[17] Björck A. Iterative refinement of linear least squares solutions I. BIT, 1967, 7: 257-278.

[18] Björck A. Iterative refinement of linear least squares solutions II. BIT, 1968, 8: 8-30.

[19] Björck A. Numerics of Gram-Schmidt orthogonalization. Linear Algebra Appl., 1994, 197/198: 297-316.

[20] Björck A. Numerical Methods for Least Squares Problems. Philadelphia: SIAM, 1996.

[21] Björck A, Golub G H. Iterative refinement of linear least squares solution by Householder transformation. BIT, 1967, 7: 322-337.

[22] Björck A, Paige C C. Loss and recapture of orthogonality in the modified Gram-Schmidt algorithm. SIAM J. Matrix Anal. Appl., 1992, 13: 176-190.

[23] Björck A, Pereyra V. Solution of Vandermonde systems of equations. Math. Comp., 1970, 24: 893-903.

[24] Bobrovnikova E Y, Vavasis S A. Accurate solution of weighted least squares by iterative methods. SIAM J. Matrix Anal. Appl., 2001, 22: 1153-1174.

[25] Bunse-Gerstner A, Byers R, Mehrmann V. A quternion QR algorithm, Numer. Math., 1989, 55: 83-95.

[26] Businger P, Golub G H. Linear least squares solutions by Householder transformations. Numer. Math., 1965, 7: 269-276.

[27] Campbell S L, Meyer Jr C D. Generalized Inverses of Linear Transformations. London: San Francisco: Pitman, 1979.

[28] 曹志浩. 变分迭代法. 北京: 科学出版社, 2005.

[29] Chan T F. An improved algorithm for computing the singular value decomposition. ACM Trans. Math. Software, 1982, 8: 72-83.

[30] Chan T F. Rank revealing QR-factorizations. Linear Algebra Appl., 1987, 88/89: 67-82.

[31] Chan T F, Foulser D E. Effectively Well-Conditioned Linear Systems. SIAM J. Sci. Stat. Comput., 1988, 9(6): 963-969.

[32] Chan T F, Hansen P C. Computing truncated SVD least squares solutions by rank revealing QR factorizations. SIAM J. Sci. Statist. Comput., 1990, 11: 519-530.

[33] Chandrasekaran S, Ipsen I C F. On rank-revealing factorizations. SIAM J. Matrix Anal., 1994, 15: 592-622.

[34] Chang X W, Paige C C, Stewart G W. Perturbation analysis for the QR factorization. SIAM J. Matrix Anal. Appl., 1997, 18: 775-791.

[35] Chang X W, Wang J S. The sysmmetric solution of the matrix equation $AY+ZA=C$, $AYA^T+BZB^T=C$, and $(A^TYA, B^TYB)=(C,D)$. Linear Algebra Appl., 1993, 179: 171-189.

[36] Chen G, Wei M, Xue Y. Perturbation analysis of the least squares solution in Hilbert spaces. Linear Algebra Appl., 1996, 244: 69-80.

[37] Chen G, Xue Y. The expression of the generalized inverse of the perturbed operator under type I perturbation in Hilbert spaces. Linear Algebra Appl.,1998, 285: 1-6.

[38] Chen Y. On block independence in g-inverse of block matrix $\begin{pmatrix} A & B \\ C & 0 \end{pmatrix}$. J. Math. Res. Exposition, 1991, 11: 17-20.

[39] Chen Y, Zhou B. On g-inverses and nonsingularity of a bordered matrix $\begin{pmatrix} A & B \\ C & 0 \end{pmatrix}$. Linear Algebra Appl., 1990, 133: 133-151.

[40] Chu K W E. Symmetric solutionsof linear matrix equations by matrix decomposition. Linear Algebra Appl., 1987, 119: 35-50.

[41] Chu E C H, George J A. QR factorization of a dense matrix on a hypercube multiprocessor. Parallel Comput., 1989, 11: 55-71.

[42] Cohen N, De Leo S. The quaternionic determinant. Electron. J. Linear Algebra, 2000, 7: 100-111.

[43] Cohn P M. Skew Field Constructions. Cambridge: Cambridge University Press, 1977.

[44] Cox A J, Higham N J. Stability of Householder QR factorization for weighted least squares problems. Numerical analysis 1997, Proceedings of the 17th Dundee Conference, D. F. Griffiths, D. J. Higham, and G. A. Watson Edit. Harlow, Essex: Addison-Wesley Longman Ltd, 1998: 57-73.

[45] Cox A J, Higham N J. Row-wise backward stable elimination methods for the equality constrained least squares problem. SIAM J. Matrix Anal. Appl., 1999, 21: 313-326.

[46] Cox A J, Higham N J. Backward error bounds for constrained least squares problems. BIT, 1999, 39: 210-227.

[47] Cullum J K, Willoughby R A, Lake M. A Lanczos algorithm for computing singular values and vectors of large matrices. SIAM J. Sci. Stat. Comput., 1983, 4: 197-215.

[48] Dai H. On the symmetric solutions of linear matrix equation. Linear Algebra Appl., 1990, 131: 1-7.

[49] Dai H, Lancaster P. Linear matrix equations from an inverse problem of vibration theory. Linear Algebra Appl., 1996, 246: 31-47.

[50] Daniel J, Gragg W B, Kaufman L, Stewart G W. Reorthogonalization and stable algorithms for updating the Gram-Schmidt QR factorization. Math. Comp., 1976, 30: 772-795.

[51] Davies A J, McKellar B H. Non-relativistic quaternionic quantum mechanics. Phys. Rev. A, 1989, 40: 4209-4214.

[52] Davies A J, McKellar B H. Observability of quaternionic quantum mechanics. Phys. Rev. A, 1992, 46: 3671-3675.

[53] Davis C, Kahan W M. Some new bounds on perturbations of subspaces. Bull. Amer. Math. Soc., 1969, 75: 863-868.

[54] Davis C, Kahan W M. The rotation of eigenvectors by a perturbation III. SIAM J. Numer. Anal., 1970, 7: 1-46.

[55] De Moor B, Golub G H. The restricted singular value decomposition: properties and applications. SIAM J. Matrix. Anal. Appl., 1991, 12: 401-425.

[56] De Moor B, Zha H. A tree of generalizations of the ordinary singular value decomposition. Linear Algebra Appl., 1991, 147: 469-500.

[57] De Pierro A R, Wei M. Reverse order law for reflexive generalized inverses of products of matrices. Linear Algebra Appl., 1998, 277: 299-311.

[58] De Pierro A R, Wei M. Some new properties of the constrained and weighted least squares problem. Linear Algebra Appl., 2000, 320: 145-165.

[59] Demmel J W. The smallest perturbation of a submatrix which lowers the rank and a constrained total least squares problem. SIAM J. Numer. Anal., 1987, 24: 199-206.

[60] Demmel J W. On condition numbers and the distance to the nearest ill-posed problem. Numer. Math., 1987, 51: 251-289.

[61] Demmel J W. The componentwise distance to the nearest singular matrix. SIAM J. Matrix Anal. Appl., 1992, 13: 1-19.

[62] Demmel J W. Accurate singular value decompositions of structured matrices. SIAM J. Matrix Anal. Appl., 1999, 21: 562-580.

[63] Demmel J W, Kahan W. Accurate singular values of bidiagonal matrices. SIAM J. Sci. Statist. Comput., 1990, 11: 873-912.

[64] Demmel J W, Veselić K. Jacobi's method is more accurate than QR. SIAM J. Matrix Anal. Appl., 1992, 13: 1204-1245.

[65] Ding J. Perturbation bounds for least squares problem with equality constraints. J. Math. Anal. Appl., 1999, 229: 631-638.

[66] Ding J, Huang W. On the perturbation of the least squares solution in Hilbert spaces. Linear Algebra Appl., 1994, 212/213: 487-500.

[67] Dixon G M. Division Algebras: Octonions, Quaternions, Complex Numbers and the Algebraic Design of Physics. Dordrecht: Kluwer, 1994.

[68] Eckart C, Young G. The approximation of one matrix by another of lower rank. Psychometrica, 1936, 1: 211-218.

[69] Eldén L. Perturbation theory for the least squares problem with linear equality constraints. SIAM J. Numer. Anal., 1980, 17: 338-350.

[70] Eldén L. A weighted pseudoinverse, generalized singular values, and constrained least squares problems. BIT, 1983, 22: 487-502.

[71] Faβender H, Mackey D S, Mackey N. Hamilton and Jacobi come full circle: Jacobi algorithms for structured Hamiltonian problems. Linear Algebra Appl. , 2001, 332-334: 37-80.

[72] Fan K, Hoffman A J. Some metric inequalities in the space of matrices. Proc. Amer. Math. Soc., 1955, 6: 111-116.

[73] Fierro R D, Bunch J R. Perturbation theory for orthogonal projection methods with

applications to least squares and total least squares. Linear Algebra Appl., 1996, 234: 71-96.

[74] Finkelstein D, Jauch J M, Schiminovich S, Speiser D. Foundations of quaternion quantum mechanics. J. Math. Phys., 1962, 3: 207-220.

[75] Finkelstein D, Jauch J M, Schiminovich S, Speiser D. Principle of general Q-covariance. J. Math. Phys., 1963, 4: 788-796.

[76] Finkelstein D, Jauch J M, Speiser D. Quaternionic representations of compact groups. J. Math. Phys., 1963, 4: 136-140.

[77] Finkelstein D, Jauch J M, Speiser D. Notes on quaternion quantum mechanics. Logico-Algebraic Approach to Quantum Mechanics vol II, Dordrecht: Reidel, 1979: 367-421.

[78] Forsgren A. On linear least-squares problems with diagonally dominant weight matrices. SIAM J. Matrix Anal. Appl., 1996, 17: 763-788.

[79] Forsgren A, Gill P E, Shinnerl J R. Stability of symmetric ill-conditioned systems arising in interior methods for constrained optimization. SIAM J. Matrix Anal. Appl., 1996, 17: 187-211.

[80] Freund R W, Golub G H, Nachtigal N. Iterative solution of linear systems. Acta Numerica, 1991, 1: 57-100.

[81] Gauss C F. Theory of the Motion of the Heavenly Bodies Moving about the Sun in Conic Sections. C. H. Davis, Trans., New York: Dover 1963 (First published in 1809).

[82] Gentleman W M. Least squares computations by Givens transformations without square roots. J. Inst. Maths. Applic., 1973, 12: 329-336.

[83] Gill P E, Murray W, Wright M H. Numerical Linear Algebra and optimization. Vol. 1. Redwood City: Addison-Wesley, 1991.

[84] Givens W. Computation of plane unitary rotations transforming a general matrix to triangular form. SIAM J. Appl. Math., 1958, 6: 26-50.

[85] Golub G H. Numerical methods for solving least squares problems. Numer. Math., 1965, 7: 206-216.

[86] Golub G H, Hoffman A, Stewart G W. A generalization of the Eckhard-Young-Mirsky matrix approximation theorem. Linear Algebra Appl., 1987, 88/89: 317-327.

[87] Golub G H, Kahan W. Calculating the singular values and pseudo-inverse of a matrix. SIAM J. Numer. Anal. Ser. B, 1965, 2: 205-224.

[88] Golub G H, Pereyra V. The differentiation of pseudoinverses and nonlinear least squares problems whose variables separate. SIAM J. Numer. Anal., 1973, 10: 413-432.

[89] Golub G H, Reinsch C. Singular value decomposition and least squares solutions. Numer. Math., 1970, 14: 403-420.

[90] Golub G H, Van Loan C F. An analysis of the total least squares problem. SIAM J. Numer. Anal., 1980, 17: 883-893.

[91] Golub G H, Van Loan C F. Matrix Computations. 4th Edit. Baltimore: The Johns Hopkins University Press, 2013.

[92] Golub G H, Zha H. Perturbation analysis of the canonical correlation of matrix pairs. Linear Algebra Appl., 1994, 210: 3-28.

[93] Greville T E. Note on the generalized inverse of a matrix product. SIAM Review, 1966, 8: 518-521.

[94] Gu M, Eisenstat S C. A divide-and-conquer algorithm for the bidiagonal SVD. SIAM J. Matrix. Anal. Appl., 1995, 16: 79-92.

[95] Gu M, Eisenstat S C. Downdating the singular value decomposition. SIAM J. Matrix. Anal. Appl., 1995, 16: 793-810.

[96] Gulliksson M. Backward error analysis for the constrained and weighted linear least squares problem when using the weighted QR decomposition. SIAM J. Matrix. Anal. Appl., 1995, 16: 675-687.

[97] Gulliksson M. On modified Gram-Schmidt for weighted and constrained linear least squares. BIT, 1995, 35: 458-473.

[98] Gulliksson M, Jin X, Wei Y. Perturbation bounds for constrained and weighted least squares problems. Linear Algebra Appl., 2002, 349: 221-232.

[99] Gulliksson M, Wedin P A. Modifying the QR-decomposition to constrained and weighted linear least squares. SIAM J. Matrix Anal. Appl., 1992, 13: 1298-1313.

[100] 郭文彬. 奇异值分解及其在广义逆理论中的应用. 上海: 华东师范大学博士论文, 2004.

[101] 郭文彬, 刘永辉, 魏木生. 分块矩阵 g-逆的块独立性. 数学学报, 2004, 47(6): 1205-1212.

[102] Guo W, Wei M, Wang M. On least squares g-inverses and minimum norm g-inverses of a bordered matrix. Linear Algebra Appl., 2006, 416: 627-642.

[103] Gürsey F, Tze C H. On the Role of Division, Jordan and Related Algebras in Particle Physics. Singapore: World Scientific, 1996.

[104] Hall J. Generalized inverses of a bordered matrix of operators. SIAM J. Appl. Math., 1975, 29: 152-163.

[105] Hall J. On the independence of generalized inverses of bordered matrices. Linear Algebra Appl., 1976, 14: 53-61.

[106] Hall J, Hartwig R E. Further result on generalized inverses of partitioned matrices. SIAM J. Appl. Math., 1976, 30: 617-624.

[107] Hammarling S. A note on modifications to the Givens plane rotation. J. Inst. Maths. Applic., 1974, 13: 215-218.

[108] Hanke M. Conjugate Gradient Type Methods for ill-posed Problems. Pitman Research Notes in Mathematics. Harlow: Longman Scientific and Technical, 1995.

[109] Hansen P C. The truncated SVD as a method for regularization. BIT, 1987, 27: 534-553.

[110] Hansen P C. Truncated singular value decomposition solutions to discrete ill-posed

problems with ill-determined numerical rank. SIAM J. Sci. Statist. Comput., 1990, 11: 503-518.

[111] Hanson R J, Lawson C L. Extensions and applications of the Householder algorithm for solving linear least squares problems. Math. Comp., 1969, 23: 787-812.

[112] Hartwig R E. Singular value decomposition and the Moore-Penrose inverse of bordered matrices. SIAM J. Appl. Math., 1976, 31: 31-41.

[113] Hartwig R E. The reverse order law revisited. Linear Algebra Appl., 1986, 76: 241-246.

[114] 何旭初, 孙文瑜. 广义逆矩阵引论. 南京: 江苏科技出版社, 1990.

[115] Heath M T, Laub A J, Paige C C, Ward R C. Computing the SVD of a product of two matrices. SIAM J. Sci. Statist. Comput., 1986, 7: 1147-1149.

[116] Hestenes M R, Stiefel E. Methods of conjugate gradients for solving linear system. J. Res. Nat. Bur. Standards., 1952, 49: 409-436.

[117] Higham N J. Iterative refinement enhances the stability of QR factorization methods for solving linear equations. BIT, 1991, 31: 447-468.

[118] Higham N J. Accuracy and Stability of Numerical Algorithms. 2nd Edit. Philadelphia: SIAM, 2002.

[119] Hoffman A J, Wielandt H W. The variation of the spectrum of a normal matrix. Duke Math. J., 1953, 20: 37-39.

[120] Hong H P, Pan C T. Rank-revealing QR factorization and SVD. Math. Comp., 1992, 58: 213-232.

[121] Horn R A, Johnson C R. Matrix Analysis. Cambridge: Cambridge University Press, 1985.

[122] Hough P D, Vavasis S A. Complete orthogonal decomposition for weighted least squares. SIAM J. Matrix Anal. Appl., 1997, 18: 369-372.

[123] Householder A S. Unitary triangularization of a nonsymmetric matrix. J. Assoc. Comput. Mach., 1958, 5: 339-342.

[124] Jia Z, Wei M, Ling S. A new structure-preserving method for quaternion Hermitian eigenvalue problems. J. Comput. Appl. Math., 2013, 239: 12-24.

[125] Jia Z, Niu D. An implicitly restarted bidiagonalization Lanczos method for computing a partial singular value decomposition. SIAM J. Matrix Analysis Appl., 2005, 25: 246-265.

[126] Kahan W. Numerical linear algebra. Canad. Math. Bull., 1966, 9: 757-801.

[127] Karmarkar N. A new polynomial time algorithm for linear programming. Combinatorica, 1984, 4: 373-395.

[128] Kaufman L, Pereyra V. A method for separable nonlinear least squares problems with separable nonlinear equality constraints. SIAM J. Numer. Anal., 1978, 15: 12-20.

[129] Kaufman L, Sylvester G. Separable nonlinear least squares problems with multiple right hand sides. SIAM J. Matrix Anal. Appl., 1992, 13: 68-89.

[130] Kelley C T. Iterative Methods for Linear and Nonlinear Equations. Philadelphia: SIAM, 1995.

[131] Lawson C L, Hanson R J. Solving Least Squares Problems. 3nd Edit. Philadelphia: SIAM, 1995.

[132] Li Y, Wei M, Zhang F, Zhao J. A fast structure-preserving method for computing the singular value decomposition of quaternion matrix. Appl. Math. Comput., 2014, 235: 157-167.

[133] Li Y, Wei M, Zhang F, Zhao J. Real structure-preserving algorithms of Householder based transformations for quaternion matrices. J. Comput. Appl. Math., 2016, 305(15): 82-91.

[134] Li Y, Wei M, Zhang F, Zhao J. Real structure-preserving algorithms for the quaternion Cholesky decomposition: revisit. J. Liaocheng University (Natural Science Edit,) 2018, 32(1): 27-34.

[135] Li Y, Wei M, Zhang F, Zhao J. On accurate error estimates for the quaternion least squares and weighted least squares problems. Inter. J. Comput. Math. DOI:10.1080/00207160.2019.1642469.

[136] Li Z, Chien C S, Huang H T. Effective condition number for Finite difference method. J. Comput. Appl. Math., 2007, 198: 208-235.

[137] Li Z, Huang H. Effective condition number for numerical partial differential equations. Numer. Linear Algebra Appl., 2008, 15: 575-594.

[138] 廖安平, 白中治. 矩阵方程 $A^TXA = D$ 的双对称极小范数解. 计算数学, 2002, 24: 9-20.

[139] 刘巧华. 若干最小二乘问题的舍入误差研究. 上海: 华东师范大学博士论文, 2005.

[140] Liu Q, Wei M. The MGS-like method for solving the equality constrained least squares problem. Tech. Rep., Dept. Math., East China Normal Univ., 2004.

[141] 刘新国. 关于 TLS 问题的可解性及扰动分析. 应用数学学报, 1996, 19: 254-262.

[142] 刘新国, 徐兴忠. G. W. Stewart 一个待解问题的肯定回答. 高校计算数学学报, 1995, 17: 31-35.

[143] 刘永辉. 广义逆矩阵中若干问题的研究. 上海: 华东师范大学博士论文, 2004.

[144] 刘永辉, 魏木生. 关于 TLS 和 LS 问题的比较. 计算数学, 2003, 25: 479-492.

[145] Marsaglia G, Styan G P H. Equalities and inequalities for ranks of matrices. Linear and Multilinear Algebra, 1974, 2: 269-292.

[146] Meijerink J A, van der Vorst H A. An iterative solution method for linear systems of which the coefficient matrix is a symmetric M-matrix. Math. Comput., 1977, 31: 148-162.

[147] Mirsky L. Symmetric gauge functions and unitarily invariant norms. Quart. J. Math. Oxford, 1960, 11: 50-59.

[148] Moore E H. On the reciprocal of the general algebraic matrix (Abstract). Bull. Amer. Math. Soc., 1920, 26: 394-395.

[149] Nashed M Z. Generalized inverses and Applications. New York: Academic Press, 1976.

[150] O'Leary D P. On bounds for scaled projections and pseudo-inverses. Linear Algebra Appl., 1990, 132: 115-117.

[151] O'Leary D P. Robust regression computation using iteratively reweighted least squares. SIAM J. Matrix Anal. Appl., 1990, 11: 466-480.

[152] O'Leary D P, Rust B W. Confidence intervals for inequality-constrained least squares problems, with applications to ill-posed problems. SIAM J. Sci. Statist. Comput., 1986, 7: 473-489.

[153] Ortega J M, Rheinboldt W C. Iterative Solution of Nonlinear Equations in Several Variables. New York: Academic Press, 1970.

[154] Paige C C. Computing the generalized singular value decomposition. SIAM J. Sci. Statist. Comput., 1986, 7: 1126-1146.

[155] Paige C C, Saunders M A. Solution of sparse indefinite systems of linear equations. SIAM J. Numer. Anal., 1975, 12: 617-629.

[156] Paige C C, Saunders M A. Toward a generalized singular value decomposition. SIAM J. Numer. Anal., 1981, 18: 398-405.

[157] Paige C C, Saunders M A. LSQR: An algorithm for sparse linear equations and sparse least squares. ACM Trans. Math. Software, 1982, 8: 43-71.

[158] Paige C C, Wei M. Analysis of the generalized total least squares problem $AX \approx B$ when some columns are free of errors. Numer. Math., 1993, 65: 177-202.

[159] Paige C C, Wei M. History and generality of the CS decomposition. Linear Algebra Appl., 1994, 108/109: 303-326.

[160] Penrose R. A generalized inverse for matrices. Proc. Cambridge Philos. Soc., 1955, 51: 406-413.

[161] Pereyra V. Iterative methods for solving nonlinear least squares problems. SIAM J. Numer. Anal., 1967, 4: 27-36.

[162] Plemmons R J. Linear least squares by elimination and MGS. J. Assoc. Comput. Mach., 1974, 21: 581-585.

[163] Powell M, Reid J. On applying Householder transformations to linear least squares problems. Proc. of the IFIP Congress, 1968: 122-126.

[164] Prasad K B, Rao K P S B. On bordering of matrices. Linear Algebra Appl., 1996, 234: 245-259.

[165] Rader C M, Steinhardt A O. Hyperbolic Householder Transformations. IEEE Trans. on Acoustics, Speech and Signal Processing, ASSP-34, 1986: 1589-1602.

[166] Rao C R, Mitra S K. Generalized Inverses of Matrices and Its Applications. New York: John Wiley & Sons., 1971.

[167] Ruhe A. Accelerated Gauss-Newton algorithms for nonlinear least squares problems.

BIT, 1979, 19: 356-367.

[168] Ruhe A, Wedin P A. Algorithms for separable nonlinear least squares problems. SIAM Review, 1980, 22: 318-337.

[169] Saad Y. On the rates of convergence of the Lanczos and block-Lanczos methods. SIAM J. Numer. Anal., 1980, 17: 687-706.

[170] Saad Y, Schultz M H. GMRES: ageneralized minimal residual algorithm for solving nonsymmetric linear systems. SIAM J. Sci. Statist., 1986, 7: 856-869.

[171] Sangwine S J, Le Bihan N. Quaternion toolbox for Matlab. http://qtfm.sourceforge.net/

[172] Schmidt E. Über die auflösung linearer gleichungen mit unendlich vielen unbekannten. Rend. Circ. Mat. Palermo. Ser. 1, 1908, 25: 53-77.

[173] Shinozaki N, Sibuya M. The reverse order law $(AB)^- = B^-A^-$. Linear Algebra Appl., 1974, 9: 29-40.

[174] Shinozaki N, Sibuya M. Further results on the reverse order law. Linear Algebra Appl., 1979, 27: 9-16.

[175] So W. Eigenvalues of quaternionic matrices. A Private Communication, 1994.

[176] Steinhardt A O. Householder Transformations in Signal Processing. IEEE ASSP Magazine, 1988: 4-12.

[177] Stewart G W. On the continuity of the generalized inverse. SIAM J. Appl. Math., 1969, 17: 33-45.

[178] Stewart G W. On the perturbation of pseudo-inverses, projections, and linear least squares problems. SIAM Rev., 1977, 19: 634-662.

[179] Stewart G W. On the asymptotic behavior of scaled singular value and QR decompositions. Math. Comp., 1984, 43: 483-489.

[180] Stewart G W. On scaled projections and pseudoinverses. Linear Algebra Appl., 1989, 112: 189-193.

[181] Stewart G W. Updating a rank-revealing ULV decomposition. SIAM J. Matrix Anal. Appl., 1993, 14: 494-499.

[182] Stewart G W. On the weighting method for least squares problems with linear equality constraints. BIT, 1997, 37: 961-967.

[183] Stewart G W, Sun J G. Matrix Perturbation Theory. Boston: Academic Press, 1990.

[184] Strang G. A framework for equilibrium equations. SIAM Rev., 1988, 30: 283-297.

[185] Sun J G. Perturbation analysis for the generalized singular value problem. SIAM J. Numer. Anal., 1983, 20: 611-625.

[186] Sun J G. On perturbation bounds for the QR factorization. Linear Algebra Appl., 1995, 215: 95-111.

[187] Sun J G. Optimal backward perturbation bounds for the linear LS problem with multiple right-hand sides. SIMA J. Numer. Anal., 1996, 16: 1-11.

[188] 孙继广. 矩阵扰动分析. 第二版. 北京: 科学出版社, 2001.

[189] Tian Y. Reverse order laws for the generalized inverses of multiple matrix products. Linear Algebra Appl., 1994, 211: 85-100.

[190] Van Der Sluis A. Condition numbers and equilibration of matrices. Numer. Math., 1969, 14: 14-23.

[191] Van Der Sluis A, van der Vorst H. The rate of convergence of conjugate gradients. Numer. Math., 1986, 48: 543-560.

[192] Van Der Sluis A, Veltkamp G W. Restoring rank and consistency by orthogonal projection. Linear Algebra Appl., 1979, 28: 257-278.

[193] Van Der Vorst H. Bi-CGSTAB: A fast and smoothing converging variant of Bi-CG for solution of non-symmetric linear systems. SIAM J. Sci. Statist. Comput., 1992, 13: 631-644.

[194] Van Der Vorst H. Iterative Krylov Methods for Large Linear Systems. Cambridge: Cambridge Univ. Press, 2003.

[195] Van Huffel S Edit. Recent Advances in Total Least Squares Techniques and Errors-in-Variables Modelling. Philadelphia: SIAM, 1997.

[196] Van Huffel S, Lemmerling P Edit. Total Least Squares and Errors-in-Variables Modelling: Analysis, Algorithms, and Applications. Dordrecht: Kluwer Academic Publishers, 2002.

[197] Van Huffel S, Vandewalle J. Algebraic relationships between classical regression and total least-squares estimation. Linear Algebra Appl., 1987, 93: 149-162.

[198] Van Huffel S, Vandewalle J. Analysis and solution of the nongeneric total least squares problem. SIAM J. Matrix Anal. Appl., 1988, 9: 360-372.

[199] Van Huffel S, Vandewalle J. Algebraic connections between the least squares and total least squares problems. Numer. Math., 1989, 55: 431-449.

[200] Van Huffel S, Vandewalle J. Analysis and properties of the generalized total least squares problem $AX \approx B$ when some or all columns in A are subject to error. SIAM J. Matrix. Anal. Appl., 1989, 10: 294-315.

[201] Van Huffel S, Vandewalle J. The Total Least Squares Problem: Computational Aspects and Analysis. Philadelphia: SIAM, 1991.

[202] Van Huffel S, Zha H. Restricted total least squares problem: formulation, algorithm, and properties. SIAM J. Matrix Anal. Appl., 1991, 12: 292-309.

[203] Van Loan C F. Generalizing the singular value decomposition. SIAM J. Numer. Anal., 1976, 13: 76-83.

[204] Van Loan C F. Computing the CS and the generalized singular value decomposition. Numer. Math., 1985, 46: 479-492.

[205] Van Loan C F. On the method of weighting for equality- constrained least squares problems. SIAM J. Numer. Anal., 1985, 22: 851-864.

[206] Varga R S. Matrix Iterative Analysis. Englewood Cliffs, NJ: Prentice-Hall, 1962.

[207] Vavasis S A. Stable numerical algorithms for equilibrium system. SIAM J. Matrix Anal. Appl., 1994, 15: 1108-1131.

[208] Von Neumann J. Some matrix-inequalities and metrization of matrix-space. Bull. Inst. math. Mčan. Univ. Kouybycheff Tomsk, 1935-1937, 1: 286-300.

[209] Wang G. The reverse order law for Drazin inverses of mautiple matrix products. Linear Algebra Appl., 2002, 348: 265-272.

[210] Wang G, Wei Y, Qiao S. Generalized inverses: theory and computations. Second edition. Developments in Mathematics, 53. Beijing. Science Press, 2018.

[211] Wang G, Zheng B. The reverse order law for the generalized inverse $A_{T,S}^{(2)}$. Appl. Math. Comput., 2004, 157: 295-305.

[212] Wang M. Algorithm Q-LSQR for the least squares problem in quaternionic quantum theory. Comput. Phys. Commun., 2010, 181: 1047-1050.

[213] Wang M, Ma W. A structure-preserving algorithm for the quaternion Cholesky decomposition. Appl. Math. Comput., 2013, 223: 354-361.

[214] Wang M, Ma W. A structure-preserving method for the quaternion LU decomposition in quaternionic quantum theory. Comput. Phys. Commun., 2013, 184: 2182-2186.

[215] Wang M, Wei M, Feng Y. An iterative algorithm for least squares problem in quaternionic quantum theory. Comput. Phys. Commun., 2008, 179: 203-207.

[216] Wang Y. On the block independence in reflexive inner inverse and M-P inverse of block matrix. SIAM. J. Matrix Anal. Appl., 1998, 19: 407-415.

[217] Watson G A. The smallest perturbation of a submatrix which lowers the rank of the matrix. SIMA J. Numer. Anal., 1988, 8: 295-303.

[218] Wedin P A. Perturbation bounds in connection with the singular value decomposition. BIT, 1972, 12: 99-111.

[219] Wedin P A. On the almost rank deficient case of the least squares problem. BIT, 1973, 13: 344-354.

[220] Wedin P A. Perturbation theory for pseudoinverses. BIT, 1973, 13: 217-232.

[221] Wedin P A. Perturbation theory and condition numbers for generalized and constrained linear least squares problems. Tech. Report UMINF-125. 85, Institute of Information Processing, Univ. Umeä, Sweden, 1985.

[222] Wei M. The perturbation of consistent least squares problems. Linear Algebra Appl., 1989, 112: 231-245.

[223] Wei M. Perturbation of the least squares problem. Linear Algebra Appl., 1990, 141: 177-182.

[224] Wei M. Perturbation analysis for the rank deficient equality constrained least squares problem. SIAM J. Numer. Anal., 1992, 29: 1462-1481.

[225] Wei M. Algebraic properties of the rank deficient equality constrained least squares

and weighted least squares problems. Linear Algebra Appl., 1992, 161: 27-43.

[226] Wei M. Algebraic relations between the total least squares and least squares problems with more than one solution. Numer. Math., 1992, 62: 123-148.

[227] Wei M. The analysis for the total least squares problem with more than one solution. SIAM J. Matrix Anal. Appl., 1992, 13: 746-763.

[228] Wei M. Upper bound and stability of scaled pseudoinverses. Numer. Math., 1995, 72: 285-293.

[229] 魏木生. 用 Prony 方法计算系统参数的误差估计. 计算数学, 1995, 17: 349-359.

[230] Wei M. Equivalent formulae for the supremum and stability of weighted pseudoinverses. Math. Comp., 1997, 66(220): 1487-1508.

[231] Wei M. Equivalent conditions for generalized inverses of products. Linear Algebra Appl., 1997, 266: 347-363.

[232] Wei M. Perturbation theory for the Eckart-Young-Mirsky theorem and the constrained total least squares problem. Linear Algebra Appl., 1998, 280: 267-287.

[233] 魏木生. 关于 TLS 和 LS 解的扰动分析. 计算数学, 1998, 20(3): 267-278.

[234] Wei M. Reverse order laws for generalized inverses of multiple matrix products. Linear Algebra Appl., 1999, 293: 273-288.

[235] Wei M. Supremum and Stability of Weighted Pseudoinverses and Weighted Least Squares Problems: Analysis and Computations. New York: Nova Science Publishers, 2001.

[236] Wei M. Relationship between the stiffly weighted pseudoinverse and multi-level constrained pseudoinverse. J. Comput. Math., 2004, 22: 427-436.

[237] Wei M. On stable perturbations of the stiffly weighted pseudoinverse and weighted least squares problem. J. Comput. Math., 2005, 23(5): 527-536.

[238] 魏木生. 双侧加权广义逆的上确界和稳定性. 应用数学学报, 2005, 28(3): 411-418.

[239] 魏木生. 广义最小二乘问题的理论和计算. 北京: 科学出版社, 2006.

[240] Wei M, Chen W. The nested total least squares problem: Formulation, solution and perturbation analysis. Numer. Math., J. Chinese Univ. (English Series), 1996, 5(1): 103-117.

[241] 魏木生, 陈果良. MK-加权广义逆, 加权最小二乘和加权等式约束最小二乘问题. 计算数学, 1995, 17: 196-209; Chinese J. Numer. Math. Appl. (in English), 1995, 17: 76-89.

[242] Wei M, De Pierro A R. Perturbation analysis of the canonical subspaces. Linear Algebra Appl., 1998, 279: 135-151.

[243] Wei M, De Pierro A R. Upper perturbation bounds of weighted projections, weighted and constrained least squares problems. SIAM J. Matrix Anal. Appl., 2000, 21: 931-951.

[244] Wei M, Guo W. Reverse order laws for least squares g-inverses and minimum norm g-inverses of products of two matrices. Linear Algebra Appl., 2002, 342: 117-132.

[245] Wei M, Guo W. On g-inverses of a bordered matrix: revisited. Linear Algebra Appl., 2002, 347: 189-204.

[246] Wei M, Li Y, Zhang F, Zhao J. Quaternion Matrix Computations New York: Nova Science Publishers, 2018.

[247] Wei M, Liu A. A perturbation analysis for the projection of a stiffly scaled matrix. Numer. Math., J. Chinese Univ. (English series), 2004, 13: 194-203.

[248] Wei M, Liu Q. Roundoff error estiamtes of the modified Gram-Schmidt algorithm with column pivoting. BIT, 2003, 43: 627-645.

[249] Wei M, Liu Q. On growth factors of the modified Gram-Schmidt algorithm. Numer. Linear Algebra Appl., 2008, 15(7): 621-636.

[250] Wei M, Liu Q. A numerically stable block modified Gram-Schmidt algorithm for solving stiffly weighted least squares problems. J. Comput. Math., 2007, 25(5): 595-619.

[251] Wei M, Majda G. A new theoretic approach for Prony's method. Linear Algebra Appl., 1990, 136: 119-132.

[252] Wei M, Majda G. On the accuracy of the least squares and the total least squares methods. Tech. Report, Math. Dept., East China Normal Univ., 1991; Numer. Math., J. Chinese Universities(English series), 1994, 3: 135-153.

[253] Wei M, Zhang B. Structure and the uniqueness conditions of MK-weighted pseudoinverses. BIT, 1994, 34: 437-450.

[254] 魏木生, 朱超. 关于 TLS 问题. 计算数学, 2002, 24: 345-352.

[255] Wei Y. A characterization and representation of the Drazin inverse. SIAM J. Matrix Anal. Appl., 1996, 17: 744-747.

[256] Wei Y. A characterization and representation of the generalied inverse $A_{T,S}^{(2)}$ and its applications. Linear Algebra Appl., 1998, 280: 87-96.

[257] Wei Y, Ding J. A representation for Moore-Penrose inverse in Hilbert space. Appl. Math. Lett., 2001, 14: 599-604.

[258] Wei Y, Lu T, Hung T, Li Z. Effective condition number for weighted linear least squares problems and applications to the Trefftz method. Engineering Analysis with Boundary Elements, 2012, 36: 53-62.

[259] Werner H J. (Schach S, Trenkler G Eds.) g-inverses of matrix products. in: Data Analysis and Statistical Inference, Bergisch-Gladbach: Eul-Verlag, 1992: 531-546.

[260] Werner H J. When is $B^{-}A^{-}$ a generalized inverse of AB. Linear Algebra Appl., 1994, 210: 255-263.

[261] Wielandt H. An extremum property of sums of eigenvalues. Proc. Amer. Math. Soc., 1955, 6: 106-110.

[262] Wilkinson J H. Error analysis of direct methods of matrix inversion. J. Assoc. Comput. Math., 1961, 8: 281-330.

[263] Wilkinson J H. The Algebraic Eigenvalue Problem. Oxford: Clarendon Press, 1965.

[264] Wood R M W. Quaternionic eigenvalues. Bull. London Math. Sot., 1985, 17: 137-138.

[265] Xie D X, Hu X Y, Zhang L. Solvability conditions for the inverse eigenproblems of symmetric and anti-persymmetric matrices and its approximation. Numer. Linear Algebra Appl., 2003, 10: 223-234.

[266] Xie P, Xiang H, Wei Y. A contribution to perturbation analysis for total least squares problems. Numer Algor, 2017, 75: 381-395.

[267] Xu G, Wei M, Zheng D. On solutions of matrix equation $AXB + CYD = F$. Linear Algebra Appl., 1998, 279: 93-109.

[268] Young D M. Iterative Solution of Large Linear Systems. New York: Academic Press, 1971.

[269] 袁亚湘, 孙文瑜. 最优化理论与方法. 北京: 科学出版社, 1997.

[270] Zha H. Implicit QR factorization of a product of three matrices. BIT, 1991, 31: 375-379.

[271] Zha H. Restricted singular value decomposition of matrix triples. SIAM J. Matrix Anal. Appl., 1991, 12: 172-194.

[272] Zhang F. Quaternions and matrices of quaternions. Linear Algebra Appl. , 1997, 251: 21-57.

[273] 周树荃, 戴华. 代数特征值反问题. 郑州: 河南科学技术出版社, 1991.

[274] Zoltowski M D. Generalized minimum norm and constrained total least squares with applications to array processing. San Diego: SPIE Signal Processing III, 1988, 975: 78-85.

《大学数学科学丛书》已出版书目

1．代数导引　万哲先　著　2004 年 8 月
2．代数几何初步　李克正　著　2004 年 5 月
3．线性模型引论　王松桂等　编著　2004 年 5 月
4．抽象代数　张勤海　著　2004 年 8 月
5．变分迭代法　曹志浩　编著　2005 年 2 月
6．现代偏微分方程导论　陈恕行　著　2005 年 3 月
7．抽象空间引论　胡适耕　张显文　编著　2005 年 7 月
8．近代分析基础　陈志华　编著　2005 年 7 月
9．抽象代数——理论、问题与方法　张广祥　著　2005 年 8 月
10．混合有限元法基础及其应用　罗振东　著　2006 年 3 月
11．孤子引论　陈登远　编著　2006 年 4 月
12．矩阵不等式　王松桂等　编著　2006 年 5 月
13．算子半群与发展方程　王明新　编著　2006 年 8 月
14．Maple 教程　何　青　王丽芬　编著　2006 年 8 月
15．有限群表示论　孟道骥　朱　萍　著　2006 年 8 月
16．遗传学中的统计方法　李照海　覃　红　张　洪　编著　2006 年 9 月
17．广义最小二乘问题的理论和计算　魏木生　著　2006 年 9 月
18．多元统计分析　张润楚　2006 年 9 月
19．几何与代数导引　胡国权　编著　2006 年 10 月
20．特殊矩阵分析及应用　黄廷祝等　编著　2007 年 6 月
21．泛函分析新讲　定光桂　著　2007 年 8 月
22．随机微分方程　胡适耕　黄乘明　吴付科　著　2008 年 5 月
23．有限维半单李代数简明教程　苏育才　卢才辉　崔一敏　著　2008 年 5 月
24．积分方程　李　星　编著　2008 年 8 月
25．代数学　游　宏　刘文德　编著　2009 年 6 月
26．代数导引（第二版）　万哲先　著　2010 年 2 月
27．常微分方程简明教程　王玉文　史峻平　侍述军　刘　萍　编著　2010 年 9 月
28．有限元方法的数学理论　杜其奎　陈金如　编著　2012 年 1 月
29．近代分析基础（第二版）　陈志华　编著　2012 年 4 月
30．线性代数核心思想及应用　王卿文　编著　2012 年 4 月
31．一般拓扑学基础（第二版）　张德学　编著　2015 年 1 月

32. 公钥密码学的数学基础　王小云　王明强　孟宪萌　著　2013 年 1 月
33. 常微分方程　张　祥　编著　2015 年 5 月
34. 巴拿赫空间几何与最佳逼近　张子厚　刘春燕　周　宇　著　2016 年 2 月
35. 实变函数论教程　杨力华　编著　2017 年 5 月
36. 现代偏微分方程导论（第二版）　陈恕行　著　2018 年 5 月
37. 测度与概率教程　任佳刚　巫　静　著　2018 年 12 月
38. 基础实分析　徐胜芝　编著　2019 年 9 月
39. 广义最小二乘问题的理论和计算（第二版）　魏木生　李　莹　赵建立　著　2020 年 3 月